數位邏輯設計 原理與應用

第八版

Digital Electronics: Principles and Applications

Eighth Edition

Roger Tokheim

著

林熊徵

審閱

謝韶徽 洪玉城 游信強

譯

國家圖書館出版品預行編目資料

> 數位邏輯設計：原理與應用 / Roger Tokheim 著；林熊徵等譯.
> -- 三版. -- 臺北市：麥格羅希爾, 2014.05
> 面； 公分. -- (電子/電機工程叢書；EE032)
> 譯自：Digital electronics : principles and applications, 8th ed.
> ISBN 978-986-341-087-4(平裝)
> 1.積體電路
>
> 448.62　　　　　　　　　　　　　　　　103005839

電子／電機工程叢書 EE032

數位邏輯設計：原理與應用 第八版

作　　　者	Roger Tokheim
審　閱　者	林熊徵
譯　　　者	謝韶徽 洪玉城 游信強
教科書編輯	胡天慈
特 約 編 輯	張文惠
企 劃 編 輯	陳佩狄
業 務 行 銷	李本鈞 陳佩狄
業 務 副 理	黃永傑
出 　版 　者	美商麥格羅・希爾國際股份有限公司台灣分公司
地　　　址	台北市 10044 中正區博愛路 53 號 7 樓
網　　　址	http://www.mcgraw-hill.com.tw
讀 者 服 務	E-mail: tw_edu_service@mheducation.com TEL: (02) 2383-6000　　FAX: (02) 2388-8822
法 律 顧 問	惇安法律事務所盧偉銘律師、蔡嘉政律師
總經銷(台灣)	臺灣東華書局股份有限公司
地　　　址	台北市 10045 重慶南路一段 147 號 3 樓 TEL: (02) 2311-4027　　FAX: (02) 2311-6615 郵撥帳號：00064813
網　　　址	http://www.tunghua.com.tw
門 市 一	台北市 10045 重慶南路一段 77 號 1 樓　TEL: (02) 2371-9311
門 市 二	台北市 10045 重慶南路一段 147 號 1 樓　TEL: (02) 2382-1762
出 版 日 期	2014 年 5 月（三版一刷）

Traditional Chinese Adaptation Copyright © 2014 by McGraw-Hill International Enterprises, LLC., Taiwan Branch
Original title: Digital Electronics: Principles and Applications, 8e　ISBN: 978-0-07-337377-5
Original title copyright © 2014 by McGraw-Hill Education
All rights reserved.

ISBN：978-986-341-087-4

※著作權所有，侵害必究。如有缺頁破損、裝訂錯誤，請寄回退換

尊重智慧財產權！

本著作受銷售地著作權法令暨國際著作權公約之保護，如有非法重製行為，將依法追究一切相關法律責任。

審閱序

本書譯自原文書 *Digital Electronics* 第八版，作者是 Roger L. Tokheim 教授。內容淺顯易懂，編排兼具邏輯性與嚴謹的架構，是一本相當優質的國際版教科書。此書提供了數位邏輯基礎性的知識，輔以圖表、自我測驗等內容，可完全掌握學習重點。本書的特點包括：簡易的學習目標、豐富的圖片說明、自我測驗、章節回顧問題、有關電子學的專欄短文等。對於此一領域剛入門的學生而言，這是一本相當易於閱讀的教材。最重要的是，本書提供了所需的基本知識與技能，但研讀前最好具備一般數學與基本電學或電子學的相關知識。如此一來，在學習上必能駕輕就熟。

書中對於二進制數學、布林代數觀念、簡易的程式設計及各類型數字編碼均有所涉獵，所有觀念也都會連結到目前最新工業界實務的應用，已廣泛用於如電子技術、電子商務與職業訓練、電腦修護、通訊電子、電腦科學等範疇。因此，本書非常適合作為電機、電子、自動化、控制與資訊等相關領域的教材，或者亦可作為學生、工程師自修參考之用。內容主要涵蓋第 1 章數位電子學的概念與基礎，論及有關數位訊號與數位電路觀念的建立。第 2 章介紹數值系統，例如十進制、二進制、十六進制、八進制數字等的轉換與計算。第 3 章是各種邏輯閘如 AND 閘、OR 閘、TTL 邏輯閘、CMOS 邏輯閘等說明以及應用。第 4 章是有關組合邏輯電路設計與如何利用布林代數或卡諾圖等工具進行電路簡化的動作。第 5 章是介紹 IC 規格與簡單的介面電路，如邏輯準位與雜訊邊限，TTL 與 CMOS 連結類比電路之介面等。第 6 章內容為編碼、解碼以及各種顯示器的介紹。第 7 章講解各類型正反器及其應用，如 RS 正反器、D 型正反器、JK 正反器等。第 8 章主要是計數器的設計與應用，如漣波計數器、同步計數器等。第 9 章說明什麼是移位暫存器，以及如何使用等內容。第 10 章講解如何利用邏輯電路實現算術運算的電路，例如加、減、乘法等運算。第 11 章包含各類型記憶體的介紹，像是隨機存取記憶體、唯讀記憶體、非揮發性讀／寫記憶體等。最後，第 12 章是談論有關數位電路與類比裝置之連結，亦包括數種實用電路的介紹。

譯者任教於技專校院多年，有感於國內學子普遍對於專業英文書的閱讀心有餘而力不足，因而造成學習上的困難，殊屬可惜。因此，決定協力共同完成本書之翻譯，希望能有助於莘莘學子排除語文上的障礙，一窺國際級教科書的內涵，進而在數位邏輯的學習上有所斬獲。本書之如期翻譯完成，要特別感謝美商麥格羅‧希爾國際股份有限公司台灣分公司的協助，在此表達誠摯感激之意。

林熊徵

前言

《數位邏輯設計：原理與應用》（第八版）對於剛接觸此一領域的學生是一本相當易於閱讀的教材，提供廣泛入門的知識與技能是本書的主要目標。學習本書必須具備一般數學與基本電學／電子學相關知識，書中對於二進制數學、布林代數觀念、簡易的程式設計及各類型編碼均有所涉獵。所有觀念也都會連結到目前最新工業界實務的應用，本書先前的版本已廣為用於各種範疇，例如電子技術、電子商務與職業訓練、電腦修護、通訊電子、電腦科學等，此精簡版亦可以用於數位電子學快速瀏覽與複習之用。

本版更新之處

第 1 章

- 數位的應用，包括汽車油箱指示計、車輛速度感測器以及引擎控制模組。
- 新的章節介紹數位電路之應用。
- 有關邏輯探棒用於故障排除的資訊。
- 更新儀器單元的內容。

第 2 章

- 小部分章節內容介紹有關編碼器與解碼器的應用。

第 3 章

- 最新實用晶片的資訊，包括低電壓 IC。
- 延伸大部分自我測驗的題目。

第 4 章

- 延伸部分自我測驗的題目。
- 更新資料選擇器的內容。

第 5 章

- 低電壓 IC 的資訊。
- 增加有關介面應用的作業。

第 6 章

- 格雷碼最新的應用，包括轉軸編碼器，以及最新光學編碼器的資訊。
- 最新顯示器技術的資訊。

第 7 章
- R-S 門鎖的應用。
- 具有鎖住功能的編碼器－解碼器系統最新詳細的應用。

第 8 章
- 延伸自我測驗的題目。

第 10 章
- 延伸數個自我測驗的內容。

第11章
- 更新記憶體章節的內容。
- 更新揮發性讀／寫記憶體章節的內容。
- 更新記憶體包裝的章節。
- 延伸大量儲存章節的內容，包括 USB 快閃驅動器的相關資訊。
- 網際網路研究的主題。

第 12 章
- 延伸數個自我測驗的內容。

額外的學習資源

　　本書之英文版實驗手冊，提供了綜合的測驗，各種動手做的練習與實驗，以及每一章均提供更多的題目。

　　英文版線上學習中心：網址為 www.mhhe.com/tokheim8e，其包括教學軟體 Multisim 檔案，第 8 版關鍵電路，以及 Multisim Primer（Gateway Technical College 的 Patrick Hoppe 所撰寫），此站提供了初學者教學軟體，但 Multisim 程式並沒有放在網站上，但最新的第 12 版，可以用優惠的價格透過麥格羅・希爾國際股份有限公司購買。請至 www.mhhe.com/tokheim8e 瀏覽，或者向麥格羅・希爾國際股份有限公司各地代理商洽詢。

　　英文版線上學習中心同時亦提供了各章節的學習資源，其可連結至業界相關網站，另有作業與測驗等內容，教師則可進入教師專欄的部分，尋找相關的資訊，包括：

- 教師使用手冊，內容有實驗所需的儀器，各章節學習目標，問題解答等。
- 各章節教學簡報檔，以及麵包板接線、焊接、電路中斷與儀表使用等。
- 豐富的題庫。

安全規範

電機與電子的電路有可能極為危險。因此，實踐安全的守則是防範觸電、起火、爆炸、毀損、受傷等的不二法門。

最大的危險可能是觸電。通過身體的電流只要超過 10 毫安培，便能使人全身癱瘓，甚至無法將導電物品放手。事實上，10 毫安培是非常小的電流量，僅是 1 安培的千分之一，一般手電筒就足以提供超過 100 倍的電流量！

手電筒及其電池在使用上是安全的，因為人體皮膚的電阻足以使得通過的電流相當小。例如，接觸到一般 1.5 V 的電池僅能產生微安培（百萬分之一安培）左右的電流，此電流量已小到可以忽略。

但是在另一方面，高電壓能夠產生足夠的電流通過皮膚，而造成電擊。假如電流接近或者超過 100 毫安培，便足以讓人致命。因此，電擊的危險性會隨著電壓的升高而增加。在高壓環境下工作的人，均必須接受正確的訓練與具有安全的配備。

當人的皮膚微濕或者有傷口時，其電阻值便會大幅下降。當此現象發生時，縱使是一般的電壓大小也可能會造成嚴重的電擊。有經驗的技術人員都知道這種情形，當然他們也了解低電壓儀器中有可能幾處會有高電壓；換句話說，他們不會用兩種方法分別去操作高電壓或低電壓電路，而是隨時遵守安全的規定。當然，他們更不會假設操作的儀器是絕對安全的。縱使開關轉在 OFF 的地方，也不會假設電源是在關閉的狀態，因為，開關有可能會故障。

即使是低電壓高電流容量的系統（如自動化電機系統）也可能十分危險。短路的現象，像是系統接觸到項鍊或金屬之類的東西均可能造成非常嚴重的起火，特別是這些項鍊或金屬焊接到造成短路的接點。

隨著知識與經驗的累積，你會學習到許多詳細的用電安全程序，例如：

1. 依標準程序作業。
2. 儘可能經常使用服務手冊，因為其中包含許多詳細的安全訊息，必須仔細閱讀且遵守規定。
3. 在動作前需要仔細觀察與研究相關程序。
4. 若有任何疑問時，不要動作，詢問一下你的指導教師。

電機與電子一般安全規則

安全的操作方式可以保護你及你的同事免於受傷，記得研讀下列的規則，也可以和其他人一起討論。若有任何疑問，必須請教你的老師。

1. 當感覺疲憊或服用讓人昏睡的藥物時，千萬不可工作。
2. 不要在昏暗的燈光下工作。
3. 不要在潮濕的環境下工作，或者穿著潮濕的鞋子或衣服工作。
4. 使用經過認證的工具、儀器以及安全的設備。
5. 避免穿戴戒指、手鐲或者類似的金屬物品從事與電路接觸的工作。
6. 從不假設電路是處於關閉的狀態，務必再次確認使用的儀器是在正常動作的情形。
7. 在某些場合，若同時需要兩人一起工作時，要確保一位技術人員在工作時，電源絕對不會開啟。
8. 萬萬不可自行強制操作自動的安全裝置，例如互鎖開關或斷電器等。
9. 保持工具與儀器在清潔乾淨以及良好的狀態。若絕緣探針與導線有變形的情形，必須進行更換。
10. 有一些元件（例如電容等）可能存有致命的電荷量。它們儲存的電荷可持續一段很長的時間，在使用這些元件之前，必須先行放電以策安全。
11. 勿移除接地線，且特別注意應使用適當的轉接頭，以解決儀器接地的問題。
12. 僅有經過認證的滅火器可以使用於在電子儀器上。勿用水滅火，因為水是良導體，可能會毀損設備。二氧化碳或是鹵化型態的滅火器是較佳的選擇，泡沫滅火器在某些場合也相當好用。一些商業型的滅火器也有一定的效能，但需要慎選適當的類型。
13. 溶劑或其他化學藥劑用法需要依循指示。由於這些東西可能具有腐蝕性、易燃性，會損壞塑膠類的材質，因此，必須非常小心地閱讀及遵守相關的安全規定。
14. 有一些使用在設備中的材料是具有腐蝕性的，例如鉭電容器或鈹氧化物電晶體等元件。這些設備不可壓碎或磨損，接觸之後應該洗手。其他的熱縮管材料過熱時可能會冒煙，因此，必須非常小心地閱讀及遵守相關的安全規定。
15. 有些電路元件會影響到儀器及系統的安全，因此，必須選用正確的元件規格。
16. 當操作高真空設備時，例如影像管、陰極射線管等，必須穿戴具防護性衣著及安全眼鏡。
17. 在未清楚安全操作程序之前，不可操作儀器設備。
18. 許多的意外產生是導因於急躁、抄捷徑，因此，寧可多花一點時間以保護自身與他人的安全。在實驗室中，絕對嚴禁跑跳、喧嘩、嬉戲等行為。
19. 不可直接正視發光二極體或光纖電纜；一些光源縱使是不可見的，也有可能會對眼睛造成傷害。

電路及儀器設備均必須小心地使用，學習正確的安全操作方法是不可忽視的一環。一定要隨時遵循安全規範：你的健康和生命都仰賴著它。

目 次

CHAPTER 1
數位電子學 　　1

1-1	何謂數位訊號？	2
	自我測驗	3
1-2	為什麼需要使用數位電路呢？	4
	應用：汽車的油表指示計	6
	數位電路：優點與限制	7
	自我測驗	7
1-3	數位電路用在哪些地方呢？	8
	自我測驗	9
1-4	如何產生數位訊號？	9
	產生數位訊號	9
	多諧振盪器電路	11
	多諧振盪器之接線	11
	彈跳消除開關的接線	12
	單擊多諧振盪器之接線	13
	數位電路實驗器	15
	自我測驗	15
1-5	如何測試一個數位訊號？	16
	自我測驗	19
1-6	簡易型儀器	20
	函數產生器	20
	邏輯探棒	21
	示波器	21
	自我測驗	22
第1章	總結與回顧	23
	總　結	23
	章節回顧問題	24
	關鍵性思考問題	25

CHAPTER 2
數位電子之數字系統 　　27

2-1	十進位與二進位的計數	27
	自我測驗	28
2-2	位值	28
	自我測驗	29
2-3	二進位至十進位轉換	29
	自我測驗	30
2-4	十進位至二進位轉換	31
	自我測驗	31
2-5	電子編譯器	31
	通用的定義	32
	應用：編碼器與解碼器	33
	自我測驗	33
2-6	十六進位數	35
	自我測驗	36
2-7	八進位數	36
	自我測驗	38
2-8	位元、位元組、半字節與字元	38
	自我測驗	39
第2章	總結與回顧	39
	總　結	39
	章節回顧問題	40
	關鍵性思考問題	41

CHAPTER 3
邏輯閘 　　43

3-1	AND 閘	43
	總結	45
	自我測驗	45
3-2	OR 閘	46
	自我測驗	47

3-3	反相器與緩衝器	47
	自我測驗	49
3-4	NAND 閘	49
	自我測驗	50
3-5	NOR 閘	51
	自我測驗	52
3-6	互斥 OR 閘	52
	自我測驗	53
3-7	互斥 NOR 閘	54
	自我測驗	55
3-8	NAND 閘作為通用閘	55
	自我測驗	56
3-9	有兩個以上輸入端的邏輯閘	57
	自我測驗	58
3-10	使用反相器作邏輯閘轉換	59
	自我測驗	61
3-11	實用 TTL 邏輯閘	61
	IC 封裝	62
	IC 接線	62
	IC 元件編號	63
	自我測驗	65
3-12	實用 CMOS 邏輯閘	65
	IC 封裝	65
	IC 接線	66
	CMOS 子家族	66
	較低電壓 IC	67
	自我測驗	69
3-13	簡易邏輯閘電路維修	69
	總結	71
	自我測驗	71
3-14	IEEE 邏輯符號	71
	自我測驗	72
3-15	簡易邏輯閘之應用	73
	自我測驗	76
3-16	邏輯函數使用軟體	77
	PBASIC 程式：兩輸入 AND 函數	77

	程式化其他邏輯函數	80
	自我測驗	81
第 3 章	總結與回顧	81
	總　結	81
	章節回顧問題	83
	關鍵性思考問題	85

CHAPTER 4
組合邏輯閘 89

4-1	從布林式建構電路	90
	自我測驗	91
4-2	從最大項布林式畫出電路	91
	自我測驗	92
4-3	真值表與布林式	92
	真值表到布林式	92
	布林式到真值表	92
	電路模擬轉換	93
	自我測驗	94
4-4	範例問題	95
	自我測驗	97
4-5	布林式化簡	97
	自我測驗	98
4-6	卡諾圖	98
	自我測驗	99
4-7	三變數卡諾圖	100
	自我測驗	101
4-8	四變數卡諾圖	101
	自我測驗	101
4-9	更多的卡諾圖	102
	自我測驗	103
4-10	五變數卡諾圖	104
	自我測驗	105
4-11	使用 NAND 邏輯	105
	自我測驗	106
4-12	電腦模擬：邏輯轉換器	106
	自我測驗	110

4-13	解決邏輯問題：資料選擇器	111
	解決邏輯問題	111
	總結	112
	自我測驗	113
4-14	可程式邏輯元件	114
	PLD 的優點	115
	程式化 PLD	115
	PLD 內部是什麼？	116
	實用的 PLD	120
	自我測驗	122
4-15	使用迪摩根定理	123
	布林式：鍵盤版本	123
	最小項至最大項或最大項至最小項	123
	總結	125
	自我測驗	125
4-16	使用 BASIC Stamp 模組以解決邏輯問題	125
	PBASIC 程式：三輸入三輸出邏輯問題	127
	自我測驗	129
第 4 章	總結與回顧	130
	總　結	130
	章節回顧問題	131
	關鍵性思考問題	134

CHAPTER 5
IC 規格與簡單介面　135

5-1	邏輯準位與雜訊容限	135
	邏輯準位：TTL	136
	邏輯準位：CMOS	136
	邏輯準位：低電壓 CMOS	138
	雜訊容限	138
	自我測驗	140
5-2	其他數位 IC 規格	140
	驅動能力	140
	傳遞延遲	142
	功率消耗	143
	自我測驗	144
5-3	MOS IC 與 CMOS IC	144
	MOS IC	144
	CMOS IC	145
	自我測驗	146
5-4	使用開關作 TTL 與 CMOS 介面	147
	開關彈跳消除	147
	自我測驗	150
5-5	LED 與 TTL 及 CMOS 的介面	151
	CMOS 對 LED 介面	151
	TTL 對 LED 介面	151
	電流源與電流導入	152
	改良的 LED 輸出指示燈	153
	自我測驗	154
5-6	TTL 與 CMOS IC 之介面	155
	自我測驗	158
5-7	警報器、繼電器、馬達與線圈之介面	158
	蜂鳴器介面	158
	繼電器介面	159
	自我測驗	160
5-8	光隔離器	161
	自我測驗	164
5-9	伺服馬達與步進馬達介面	164
	伺服馬達	165
	步進馬達	167
	步進馬達控制順序	168
	步進馬達介面	169
	總結	172
	自我測驗	172
5-10	使用霍爾效應感測器	172
	基本霍爾效應感測器	173
	霍爾效應開關	174
	齒輪牙感測	177

	自我測驗	177
5-11	**簡易邏輯電路維修**	**179**
	自我測驗	180
5-12	**伺服馬達介面**	**181**
	PBASIC 程式－Servo Test 1	182
	自我測驗	183
第5章	**總結與回顧**	**183**
	總　結	183
	章節回顧問題	184
	關鍵性思考問題	188

CHAPTER 6
編碼、解碼與七段顯示器　191

6-1	**8421 BCD 碼**	**192**
	自我測驗	193
6-2	**超 3 碼**	**193**
	自我測驗	193
6-3	**格雷碼**	**194**
	轉軸編碼器	194
	正交編碼器	195
	自我測驗	196
6-4	**ASCII 碼**	**197**
	自我測驗	197
6-5	**編碼器**	**197**
	自我測驗	200
6-6	**七段 LED 顯示器**	**200**
	顯示技術	200
	發光二極體	201
	七段 LED 顯示器	202
	自我測驗	202
6-7	**解碼器**	**202**
	自我測驗	204
6-8	**BCD 對七段解碼器／驅動器**	**204**
	自我測驗	207
6-9	**液晶顯示器**	**208**
	單色 LCD	208

	驅動 LCD	209
	商業用 LCD	210
	彩色 LCD	210
	自我測驗	212
6-10	**使用 CMOS 驅動 LCD 顯示器** **213**	
	自我測驗	216
6-11	**真空螢光顯示器**	**216**
	自我測驗	219
6-12	**驅動 VF 顯示器**	**219**
	自我測驗	221
6-13	**維修解碼電路**	**222**
	範例電路 1	222
	範例電路 2	222
	自我測驗	223
第6章	**總結與回顧**	**223**
	總　結	223
	章節回顧問題	224
	關鍵性思考問題	227

CHAPTER 7
正反器　229

7-1	**RS 正反器**	**229**
	自我測驗	232
7-2	**時序式 RS 正反器**	**232**
	自我測驗	234
7-3	**D 型正反器**	**234**
	自我測驗	236
7-4	**JK 正反器**	**236**
	自我測驗	240
7-5	**積體電路閂鎖**	**240**
	自我測驗	242
7-6	**觸發正反器**	**242**
	自我測驗	244
7-7	**史密特觸發器**	**244**
	自我測驗	246

7-8	IEEE 邏輯符號	**246**		應用	**278**
	自我測驗	247		自我測驗	278
7-9	應用：門鎖編碼器—解碼器系統	**247**	8-10	計數工作事件	**280**
				自我測驗	283
	自我測驗	250	8-11	電子遊戲所使用的 CMOS 計數器	**283**
第 7 章	總結與回顧	**250**		自我測驗	284
	總　結	250	8-12	使用計數器──實驗性轉速計	**287**
	章節回顧問題	251
	關鍵性思考問題	253		自我測驗	291
			8-13	計數器的故障檢修	**291**
				自我測驗	293

CHAPTER 8
計數器　　　　　　　　　　**255**

8-1	漣波計數器	**256**
	自我測驗	257
8-2	模數 10 漣波計數器	**258**
	自我測驗	258
8-3	同步計數器	**259**
	自我測驗	261
8-4	下數計數器	**262**
	自我測驗	263
8-5	自我停止的計數器	**263**
	自我測驗	264
8-6	使用計數器作為除頻器	**264**
	自我測驗	266
8-7	TTL 積體電路計數器	**266**
	7493 TTL 四位元計數器	266
	74192 上數／下數十進位計數器	268
	應用	268
	自我測驗	271
8-8	CMOS 積體電路計數器	**271**
	74HC393 四位元二進位計數器	271
	74HC193 四位元二進位上數／下數計數器	272
	應用	274
	自我測驗	275
8-9	三位數 BCD 計數器	**276**

第 8 章	總結與回顧	**293**
	總　結	293
	章節回顧問題	294
	關鍵性思考問題	298

CHAPTER 9
移位暫存器　　　　　　　　**299**

9-1	串列載入移位暫存器	**301**
	自我測驗	302
9-2	並列載入移位暫存器	**303**
	自我測驗	305
9-3	通用移位暫存器	**305**
	自我測驗	307
9-4	使用 74194 積體電路移位暫存器	**307**
	自我測驗	310
9-5	8 位元 CMOS 移位暫存器	**310**
	自我測驗	312
9-6	使用移位暫存器──數位輪盤	**313**
	自我測驗	318
9-7	簡單移位暫存器的故障排除	**318**
	自我測驗	320
第 9 章	總結與回顧	**320**

總　結	320	
章節回顧問題	320	
關鍵性思考問題	322	

總　結	352	
章節回顧問題	352	
關鍵性思考問題	353	

CHAPTER 10
算術電路　　325

10-1	二進位加法	**326**
	自我測驗	327
10-2	半加器	**327**
	自我測驗	328
10-3	全加器	**328**
	自我測驗	329
10-4	三位元加法器	**330**
	自我測驗	331
10-5	二進位減法	**331**
	自我測驗	332
10-6	並列減法器	**334**
	自我測驗	335
10-7	積體電路加法器	**335**
	自我測驗	338
10-8	二進位乘法	**338**
	自我測驗	340
10-9	二進位乘法器	**340**
	自我測驗	343
10-10	2 的補數表示法、加法與減法	**343**
	4 位元 2 的補數	343
	2 的補數加法	344
	2 的補數減法	345
	8 位元 2 的補數	345
	自我測驗	348
10-11	2 的補數加法器／減法器	**348**
	自我測驗	349
10-12	全加器的故障檢修	**350**
	自我測驗	351
第 10 章　總結與回顧		352

CHAPTER 11
記憶體　　355

11-1	記憶體概述	**356**
	電腦中的記憶體裝置	356
	磁式儲存	356
	光學式儲存	357
	半導體式儲存	358
	半導體儲存單元	358
	自我測驗	359
11-2	隨機存取記憶體	**360**
	自我測驗	361
11-3	靜態隨機存取記憶體積體電路	**362**
	自我測驗	364
11-4	SRAM 的使用	**366**
	自我測驗	367
11-5	唯讀記憶體	**367**
	自我測驗	370
11-6	運用 ROM	**371**
	自我測驗	373
11-7	可程式唯讀記憶體	**373**
	自我測驗	377
11-8	非揮發性讀／寫記憶體	**377**
	備用電池式靜態隨機存取記憶體	378
	非揮發性靜態隨機存取記憶體	378
	快閃記憶體	378
	鐵電隨機存取記憶體	379
	磁阻式隨機存取記憶體	381
	自我測驗	381
11-9	記憶體封裝技術	**381**
	自我測驗	384
11-10	電腦大容量記憶體裝置	**385**

	機械式裝置	385	12-8	其他 A/D 轉換器	415
	磁式裝置	385		自我測驗	419
	硬式磁碟	386	12-9	A/D 轉換器規格	419
	軟式磁碟	387		輸出型態	419
	光碟	387		解析度	419
	通用序列匯流排快閃記憶體	390		精確性	420
	存取時間	391		轉換時間	420
	自我測驗	391		其他規格	420
11-11	數位式電位計：使用非揮發性記憶體	393		自我測驗	420
	自我測驗	395	12-10	A/D 轉換器積體電路	421
第 11 章	總結與回顧	396		自我測驗	423
	總 結	396	12-11	數位測光表	423
	章節回顧問題	397		自我測驗	426
	關鍵性思考問題	399	12-12	溫度數位化	426
				自我測驗	428

CHAPTER 12
與類比元件連接　401

12-1	D/A 轉換	402
	自我測驗	403
12-2	運算放大器	403
	自我測驗	405
12-3	基本 D/A 轉換器	405
	自我測驗	406
12-4	階梯式 D/A 轉換器	407
	自我測驗	408
12-5	A/D 轉換器	408
	自我測驗	411
12-6	電壓比較器	411
	自我測驗	411
12-7	基本數位電壓表	412
	自我測驗	415

第 12 章　總結與回顧　428
　總　結　428
　章節回顧問題　429
　關鍵性思考問題　430

自我測驗解答　433

附錄 A
焊接與焊接程序　447

附錄 B
2 的補數轉換　453

專有名詞與符號　455

英中索引　469

CHAPTER 1 數位電子學

學習目標 本章將幫助你：

1-1 判別數種數位電路與線性（類比）電路之特性差異，且能夠區分數位與類比訊號，以及判別數位訊號波形中高電位與低電位的部分。

1-2 分辨一些應用電路訊號的種類（類比或數位）。分析數種液位量測電路的運作，解釋為何需要將類比輸入（電流與電壓）從感測器轉換成數位訊號的型態以供使用。

1-3 列出數種含有數位電路之通用性電子齒輪的部分。討論電腦與電子技術人員之需求，以及確認一些技術訓練的機會。

1-4 列出三種類型之多諧振盪器電路，以及描述它們如何產生數位訊號。分析數種多諧振盪器以及開關彈跳消除之電路。

1-5 分析數種邏輯指示計電路，詮釋在邏輯電路測試當中的探棒讀數。在 TTL 與 CMOS 邏輯數位電路中，了解高電位、低電位以及未定義之邏輯準位的區間。

1-6 說明數種實驗設備的使用方法。

　　工程師通常會把電子電路依其本質分類成類比電路或是數位電路。以往大多數的電子產品屬於類比電路，然而，最新設計的電子產品均會包含數位電路。本章將帶領你進入數位電子的世界。

　　要根據何種線索來確認電子產品包含**數位電路 (digital circuitry)** 呢？以下為判斷準則：

1. 有字母、數字、圖形或是影像的顯示嗎？
2. 它有記憶體或者可以儲存資料嗎？
3. 此儀器可以程式化操作嗎？
4. 可以連上網路嗎？

　　假如以上的任何一個答案為是的話，則此類產品應該含有數位電路。

　　數位電路之所以能夠快速普及化的原因，主要有以下幾個優點：

1. 一般而言，使用現代積體電路較容易設計數位電路。
2. 資料的儲存使用數位訊號較為方便。
3. 儀器設備使用數位訊號較易於可程式化。
4. 準確度與精密度較可能提高。

5. 數位訊號較不會受到不預期電子雜訊的干擾。

所有從事電子產業的人必須具備數位電子學的背景，因此，你將會學習到如何使用簡單的積體電路及顯示器來說明數位電路的原理。

1-1 何謂數位訊號？

假如你具有一些電力和電子方面的經驗，那麼極有可能早已經使用過類比電路了。圖 1-1(a) 的電路輸出一個**類比訊號 (analog signal)** 或電壓。當電位計的接觸點往上移動時，電壓會從 A 點到 B 點逐步地提高。若電位計的接觸點往下移動時，電壓會從 5 V 到 0 V 之間逐步地降低。圖 1-1(b) 是類比訊號之波形圖。在左邊的部分，由 A 到 B 的電壓值逐漸地增加至 5 V；而在右邊的部分，電壓則逐漸地下降到 0 V。無論電位計的接觸點停在何處，其電壓值必然介於 0 到 5 V 之間。對於類比儀器而言，訊號是隨著輸入的大小而呈現連續性的變化。

數位儀器是指以數位訊號處理的裝置。圖 1-2(a) 是方波產生器，此產生器可以輸出方波的訊號並顯示於示波器上。數位訊號僅有 +5 V 或是 0 V 兩種準位規格，如圖 1-2(b) 所示。電壓於 A 點時是從 0 V 移至 +5 V，然後此時電壓會停留在 +5 V 一段時間，在 B 點時電壓馬上從 +5 V 下降至 0 V，然後電壓也會停留在 0 V 一段時間。數位電路僅存在兩種電壓。在圖 1-2(b) 的波形圖中，這些電壓被標示為**高電位 (HIGH)** 和**低電位 (LOW)**。高電位為 +5 V，而低電位為 0 V。之後，我們將稱呼高電位 (+5 V) 為邏輯 1，而低電位 (0 V) 為邏輯 0。電路中僅使用高與低電位者稱之為**數位電路 (digital circuits)**。

圖 1-2(b) 中的數位訊號可以利用簡單的開關以導通及截止的方式來產生，亦可以使用電晶體的導通與截止來產生。不過數位電路的訊號一般是由積體電路產生與處理的。

類比與數位訊號分別以圖 1-1 和圖 1-2 來表示。**訊號 (signal)** 在電路之間的傳遞可以被定義成有用的資訊，而訊號一般均以時變的電壓來表示，如圖 1-1 和圖 1-2 所示。然而，訊號亦可以電流方式來呈現，例如連續的類比電流訊號，或者是具有開關的數位特性訊號。習慣上，絕大多數的數位訊

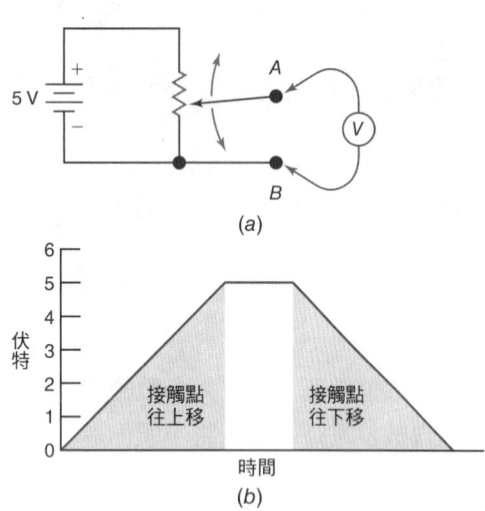

圖 1-1 (a) 電位計的類比輸出。(b) 類比訊號波形。

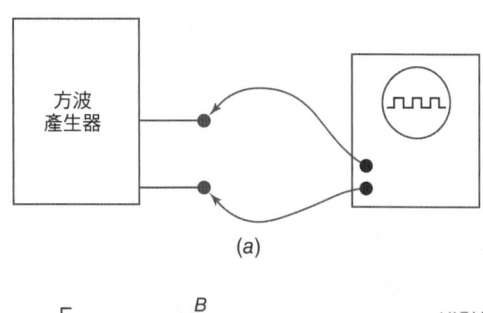

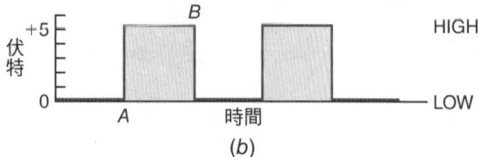

圖 1-2 (a) 示波器上的數位訊號。(b) 數位訊號波形。

號均以電壓對時間的關係來表示,但是,當數位電路與非數位設備(例如燈泡或馬達)連結時,此時的訊號可以視為電流對時間的關係。

圖 1-3(a) 為標準的**電壓歐姆表 (volt-ohm-millimeter, VOM)**,當量測電壓、電阻或電流時,指針會逐漸轉到正確刻度的位置。圖 1-3(b) 為**數位電表 (digital multimeter, DMM)**,當量測電流、電阻或電壓時,螢幕馬上會顯示其數值。數位電表僅是數位電路取代類比裝置其中的一個例子而已。事實上,數位電路的發展與成長是時勢所趨。目前,兩種電表技術人員都有可能會用到。

(a)　　　　　　　　　　(b)

圖 1-3　(a) 類比電表。(b) 數位電表。(Courtesy Fluke Corporation. Reproduced with permission.)

自我測驗

請填入下列空格。
1. 參考圖 1-2,_____(類比的,數位的)訊號 +5 V 準位也可稱為邏輯 1 或_____(高,低)電位。
2. _____(類比的,數位的)裝置是指其訊號隨著輸入連續的變化。
3. 參考圖 1-4,輸入至電子方塊中的訊號是歸類為_____(類比的,數位的)訊號。
4. 參考圖 1-4,從電子方塊圖中的輸出是歸類為_____(類比的,數位的)訊號。
5. 類比電路是指處理類比訊號的電路,而數位電路是指處理_____訊號的電路。

圖 1-4　正弦波轉換成方波之電路方塊圖。

電子學的歷史

電腦歷史照片圖。Eniac（左上圖）為 1940 年代所發展出來的第一部電腦。在 1970 年代，電腦開始使用於商業用途，大型電腦（右上圖）是那個時期的典型代表產品。1980 年代個人電腦像是 Apple IIe（左下圖）將電腦帶入了我們的家庭與學校。今天，個人電腦隨處可見，右下圖的筆記型電腦更是逐漸受到喜愛。

1-2　為什麼需要使用數位電路呢？

電子設計者以及技術人員必須同時具備類比與數位系統的專業知識。設計者必須有能力決定採用類比或數位或是兩者混合之系統，而技術人員則必須能建立系統維修之標準程序。

有關電子學

一個變化中的領域。 電子學可說是最容易引發風潮的工程研究領域之一，每週均會有最新的發展現況報導，然而有趣的是，大部分電子技術的發展均建立在基礎電學、類比與數位電路、電腦技術、機器人學與通訊相關的課程中。

過去，**類比電子系統 (analog electronic system)** 一直較為普及，如較老舊的電視、電話機，以及汽車上的類比電路等。在現代化數位電腦之前，過去類比電腦曾在某些軍事用途上面使用過，例如船艦的火炮發射控制器等。

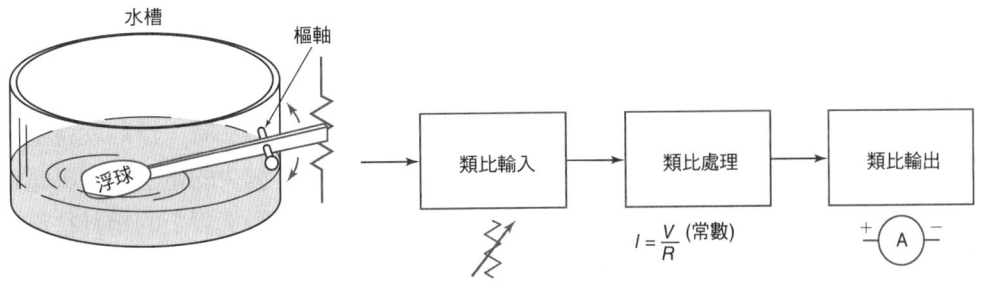

圖 1-5 用於偵測水位高低的類比系統。

大部分真實世界裡面的資訊，像是時間、溫度、溼度、風速、輻射與聲音強度等，這些都是屬於自然現象的類比訊號。或許你曾經在其他相關電子課程中量測過電壓、電流、電阻、功率、電容、電感、頻率等訊號，以及其他需要量測的訊號包括壓力、重量、氧氣（與其他氣體）、超音波、加速與偏向、震動、方向（羅盤）、全球定位、近接、磁場、直線距離，以及旋轉角度（角速度）等。在本質上它們均是類比訊號，而工程師與技術人員通常是利用感測器來量測這些數據，而許多感測器產生的是類比訊號。

圖 1-5 是一個簡單的類比電子系統，用於量測桶子裡液體量的多寡。輸入到系統的是變化中的電阻值，係根據歐姆定律 ($I = V/R$) 而來。而輸出的指示計是一個經過水位高低校正之後之電流計。如圖 1-5 之類比系統，當水位上升時，輸入的電阻會降低，而減少電阻時，電流 (I) 會隨之增加，上升之電流會使電流讀數增加。

圖 1-5 之類比系統既簡單又有效。圖 1-5 的量計標出槽內水位。如果需要更多有關水位高低的資訊，則可以採用圖 1-6 之數位系統。

當資料需要儲存、計算或者顯示的時候，就會需要利用數位系統來處理。圖 1-6 顯示一個較為複雜的水位量測數位系統。輸入和類比系統類似，也是個可調電阻，但電阻值會利用**類比／數位轉換器 (analog-to-digital converter)** 轉成數值資料。電腦中的**中央處理單元 (central processing unit)** 可以處理輸入資料、輸出資訊、儲存資訊、計算進出之流速，也可以利用流速計算出水槽滿位（淨空）時所需之時間等。因此，數位系統對於演算、資料處理與儲存、數據或是影像的輸出等均展現出絕對的優勢。透過網際網路來傳輸資料目前相當普遍。

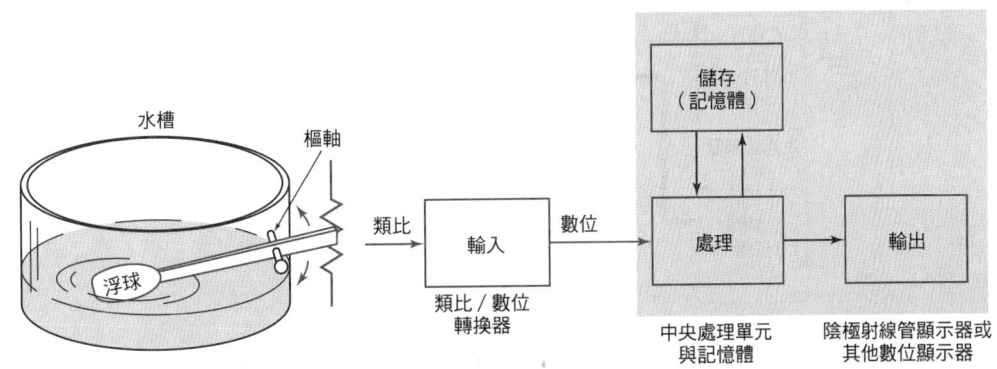

圖 1-6 用於偵測水位高低的數位系統。

應用：汽車的油表指示計

較舊款的汽車電路使用的是類比電路。傳統的油表系統如圖 1-7(a) 所示，其中油箱傳送裝置中有一個浮球，可以移動電阻的接觸點，當油量準位增加時，浮球就會上升，使得接觸點往電阻的左邊移動，造成電阻值因而減少，如此，減少的電阻在串聯電路中會增加電流量（根據歐姆定律，$I = V/R$），此增加之電流會使得儀表上的指針往滿載方向移動。圖 1-7(a) 所示之舊款儀表圖解圖為類比電路的範例。

較新型的汽車會將由油箱裡面的傳送裝置中獲得的訊息用於不同目的。圖 1-7(b) 顯示油箱裡面的傳送裝置會傳送類比訊號到儀表板模組。此電腦模組會將類比訊號轉換成數位訊號，也會接收來自車速感測器、引擎控制模組的訊號。這些輸入的訊號均會由電腦模組加以處理，而儀表控制模組會驅動位於儀表板中的顯示器。儀表板上可能還有轉速計。從圖 1-7(b) 中輸入的資訊可以算出平均耗油量與剩餘里程的資訊。駕駛者只要看到儀表板上的 LCD 顯示即可知道這個資訊。

要注意的是，圖 1-7(b) 中感測器所傳來的訊號有不同形式。例如，油箱的傳送裝置會傳送不同電壓的訊號到電腦模組中，如果油量較多，則正電壓也會較高。

車輛速度感測器傳送的是不同的頻率訊號，低速時傳送的是低頻訊號，高速時則傳送高頻訊號至電腦模組中。

引擎控制模組會傳送數種數位訊號至儀表控制模組。儀表控制模組可以決定在什麼時間點要送多少汽油至引擎汽缸中。

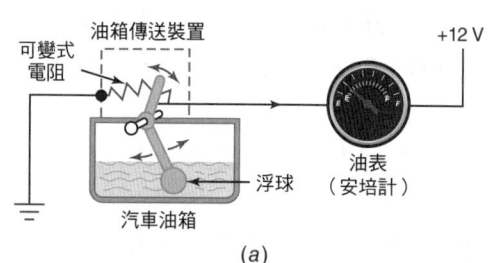

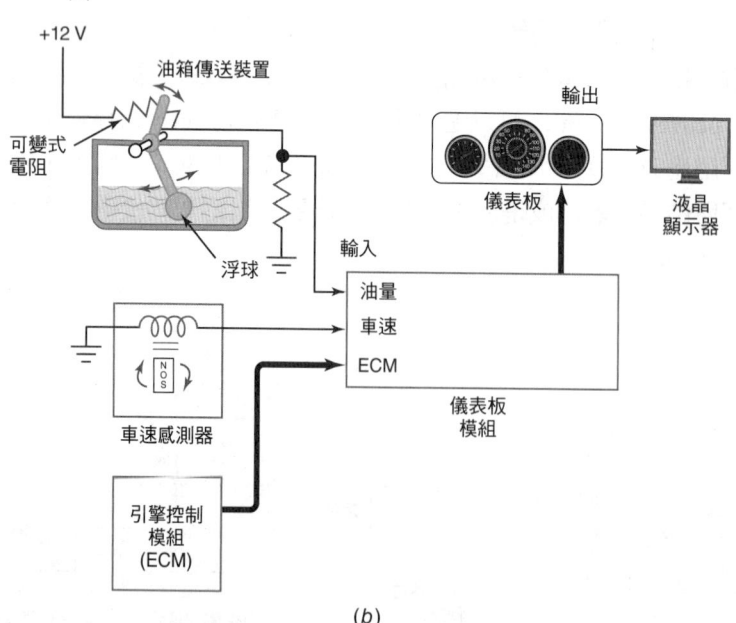

圖 1-7　(a) 汽車油箱的傳送裝置與油表指示計。(b) 具電腦模組的現代化汽車油量指示系統。

數位電路：優點與限制

相對於類比電路，數位電路具有以下的優點：

1. IC 不但成本低廉，且僅需要少量的外接元件。
2. 資料可以短時間或者長期保存。
3. 資料可用於精確的運算。
4. 系統使用同一相容性族群的數位邏輯電路會較容易設計。
5. 系統可以程式化以及可具有某些「智慧」的功能。
6. 不同的電子顯示器可顯示數字符號、圖片與影像資訊。
7. 數位電路較不易受到雜訊 (noise) 的干擾。
8. 此類電路具有與網際網路和電腦連結之相容性。

數位電路的限制如下：

1. 大部分現實世界中的事物本質上為類比。
2. 類比訊號的處理通常較簡單也較快速。

因為 IC 的價格低廉且穩定性品質高，因此愈來愈多的產品使用數位電路。其他逐漸受到歡迎的理由是其具有高精準度、穩定性、電腦相容性、記憶體、容易操作、設計簡單，以及數字顯示等功能。

自我測驗

請填入下列空格。

6. 通常電子電路可分為類比的或＿＿＿＿＿＿。
7. 時間、速度、重量、壓力、光線強度以及位置的量測，在本質上是屬於＿＿＿＿＿＿（類比，數位）特性。
8. 參考圖 1-5，當水位下降時，輸入的電阻值會增加，使得電流＿＿＿＿＿＿（減少，增加），而水位計（電流計）之讀數會＿＿＿＿＿＿（提高，降低）。
9. 參考圖 1-5 與圖 1-6，假如這個水槽是城市水源系統中的一部分，亦即水使用的速度將會是很重要的一環，則圖＿＿＿＿＿＿（1-5，1-6）中的系統特別適合此類型。
10. 數位電路之所以愈來愈受歡迎最重要的理由是，因為它比類比電路較為簡單與執行速度較快。（是非題）
11. 參考圖 1-7(a)，傳統上汽車油量感測與多寡的指示是屬於＿＿＿＿＿＿（類比，數位）電路。
12. 參考圖 1-7(b)，油箱傳送裝置中之輸入電壓在進入儀表板模組前是屬於數位訊號。（是非題）
13. 參考圖 1-7(b)，引擎控制模組中之輸入訊號用於控制油量與時間，是屬於＿＿＿＿＿＿（類比，數位）訊號。

1-3 數位電路用在哪些地方呢？

數位電子學是一個巨大且快速發展的領域。稱為**網際網路 (Internet)** 的全球化連結電腦網路，提供了數以億計用戶們的使用。數位電腦為其骨幹。網際網路含括學術、商業、私人、政府部門等範疇，讓使用者能利用全球資訊網存取龐大的資訊。網際網路同時支援雙向通訊的機制，如電子郵件、臉書等社群網站。龐大的資料藉由銀行、公司、軍方、醫療機構、保全、政府以及商業行號等透過網際網路加以傳送。因此，若沒有數位電腦、龐大記憶體以及網際網路，全球的經濟將難以生存。

數以百萬計之個人電子產品需要經由設計、製造、測試以及技術人員的維修，因而造成對電子技術人員與工程師的大量需求。圖 1-8 所示為一些數位電子在應用上使用的圖形符號。

多數高科技領域有許多技術人員的職缺。很多政府部門也需要電腦（含電子）方面專長的技能。一些具有特殊專長的技術人員服務於高科技的軍用電子領域。根據報導指出，軍用飛機有一半的成本用在電子設備。軍方有相當多優異的高科技電子訓練課程。遇有招聘機會時，不妨詢問一下相關事宜。

現今的汽車駕馭快感多拜進步的電子設備之賜，使得汽車引擎更加有力及平穩，油耗亦有明顯改善，此歸功於精密的電子引擎控制。目前已有很多的汽車配備相當好的娛樂系統，像是藍芽手機、導航系統、觸控螢幕等都非常普遍。有些汽車甚至配有自動停車、盲點偵測等作為標準配備。在安全性方面，防滑、碟煞、平穩等控制系統均須仰賴數位電子。若想學習這些相關的技能，可向學校老師詢問看看是否有開設相關課程。

為了防止汽車遭竊，汽車的鑰匙可能會使用訊號發射器，再由引擎控制模組轉發器所接收。此轉發器可從鑰匙中讀取無線訊號而允許引擎發動。有一些汽車甚至擁有超過 50 種以上的電子控制模組（電腦）。因

圖 1-8　數位電子的應用。

第 1 章 數位電子學

此,技術人員必須接受現代化科技的訓練方可勝任工作,若對這方面工作有興趣,可詢問一下鄰近科技大學是否有開設相關課程。另外,汽車製造廠有時也會開設很好的訓練課程。

目前大部分在實驗室中使用的電子儀器均含數位電路,例如,邏輯探棒、數位電錶、電容表、頻率計數器、訊號產生器以及可程式化電源供應器等。新型的示波器也都會內含數位電路。

本書會提供實作的實驗內容,最新數位電子的實驗操作也會在各章節中提供。

自我測驗

請填入下列空格。
14. 列出四種使用數位電路的設備或儀器。
15. 電腦及電子技術人員有很大的需求量。(是非題)
16. 軍方擁有許多優秀的電子技術訓練學校。(是非題)
17. 所有專精電子的汽車技工其技術均來自於自我學習。(是非題)
18. 列出至少兩種身為技術人員時會用到且內含數位電路之量測儀器。

1-4 如何產生數位訊號?

數位訊號由兩種電壓準位所組合而成。通常高電位大約介於 +3 V 到 +5 V 之間,而低電位則為 0 V(接地),這些一般稱為 **TTL 電壓準位 (TTL voltage levels)**,因為它們使用了**電晶體-電晶體邏輯 (transistor-transistor logic, TTL)** 族 IC。

產生數位訊號

TTL 數位訊號可以利用機械式開關產生。參考圖 1-9(a) 之簡單電路,當單極雙投 (single-pole, double-throw; SPDT) 開關的鐵片向上或向下移動時,它會產生如右邊所示的**數位波形 (digital waveform)**。在時間 t_1 時,輸出電壓為 0 V,或是低電位 (LOW);在時間 t_2 時,電壓則為 +5 V,或是高電位 (HIGH);當在時間 t_3 時,電壓再度變為 0 V,或是低電位;而在時間 t_4 時,電壓再度變為 5 V,或是高電位。

開關的動作會產生如圖 1-9(a) 之低電位、高電位、低電位、高電位波形,此稱為**切換 (toggling)**。根據定義,切換意即會產生相反的狀態。圖 1-9(a) 就是其中一個例子,當開關從低電位移到高電位時,此時可說輸出被切換了。同理,當開關從高電位移到低電位時,此時可說輸出再次被切換了。

使用機械式開關的問題是會產生**接觸點彈跳 (contact bounce)**。假如仔細觀察,便可看出開關從低電位到高電位切換時,看起來就像是圖 1-9(b) 的波形。波形先直接從低電位升到高電位(參考 A 點),但由於接觸點彈跳的原因,波形又會降至低電位(參考 B 點),然後再跳回高電位。縱使此現象僅發生在極短的時間裡,數位電路反應的速度

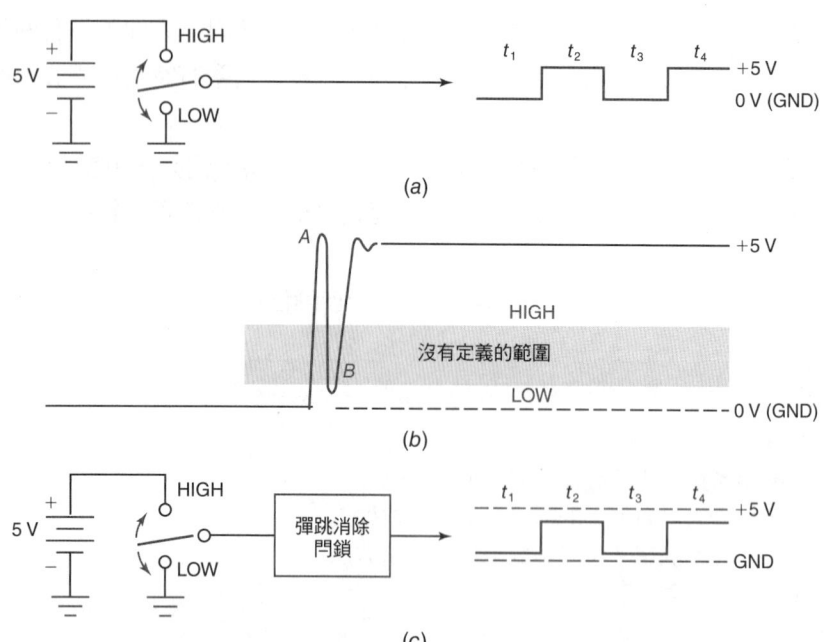

圖 1-9 (a) 以一個開關產生數位訊號。(b) 機械開關所造成的彈跳波形。(c) 加入彈跳消除閂鎖至機械開關，形成良好的數位訊號。

足以快到可以看到低電位、高電位、低電位、高電位的波形。圖 1-9(b) 顯示高電位與低電位電壓有實際的定義範圍。兩者間未定義的範圍在數位電路中會造成麻煩，且應避免之。

為了解決如圖 1-9(b) 所出現的問題，機械開關有時會被做成具有**彈跳消除 (debounced)** 的功能，如圖 1-9(c) 的方塊圖所示。事實上，有一些在實驗儀器上會用到的機械邏輯開關，已經利用閂鎖電路來防止彈跳問題的發生。**閂鎖 (latch)** 有時稱作**正反器(flip-flop)**。注意圖 1-9(c) 閂鎖的輸出在 t_1 週期裡是屬於低電位，但不是 0 V。在 t_2 期間，縱使有時閂鎖的輸出值低於 +5 V，還是屬於高電位。同樣地，圖 1-9(c) 的 t_3 是低電位，而 t_4 是高電位。

有人可能會建議以按鈕開關來產生一個數位訊號。開關按下時，可以產生高電位；反之，當開關放開時，低電位訊號隨即產生。如圖 1-10(a) 所示的簡單電路，按鈕開關壓下時，即可產生大約 +5 V 的高電位。然而，當按鈕關關放開時，此時輸出之電壓是

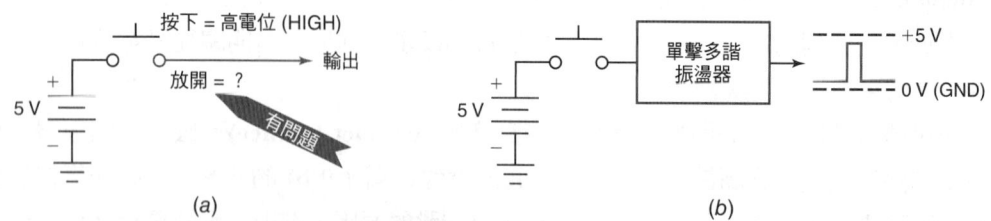

圖 1-10 (a) 不會產生數位訊號的按鈕關關。(b) 用於激發單擊多諧振盪器以產生單一脈波數位訊號的按鈕關關。

未定義的。因為介於輸出與電源之間形成一種開路狀態，因此，無法正確地當成一個邏輯開關。

一個常開之按鈕關關可以使用在特殊的電路上，以產生數位脈波。如圖 1-10(b) 所示，按鈕關關與**單擊多諧振盪器 (one-shot multivibrator)** 電路連接。因此，每按一次按鈕關關，即會在輸出端產生一個單一且很短的正向脈波 (positive pulse) 訊號。輸出的脈波寬度取決於單擊多諧振盪器的設計，而與按下按鈕關關的時間長短無關。

多諧振盪器電路

閂鎖電路與單擊電路使用的較早，兩者均被歸類成**多諧振盪器 (multivibrator)** 電路。閂鎖也稱為正反器，或是**雙穩態多諧振盪器 (bistable multivibrator)**。單擊也稱為**單穩態多諧振盪器 (monostable multivibrator)**。第三種多諧振盪器電路為**非穩態多諧振盪器 (astable multivibrator)**，亦稱為**自由振盪多諧振盪器 (free-running multivibrator)**，可作為簡單的**時脈 (clock)** 之用。

自由振盪多諧振盪器無需外加電路，本身即可自行產生振盪訊號，如圖 1-11 之方塊圖所示。自由振盪多諧振盪器可產生連續性 TTL 脈波訊號，由圖 1-11 之輸出輪流激發低電位到高電位、高電位到低電位等訊號。

在實驗室裡往往需要產生數位訊號，所需要的儀器如滑動開關、按鈕關關、自由振盪時脈，以產生類似於圖 1-9、圖 1-10 和圖 1-11 之 TTL 準位訊號。在實驗室中，也會需要使用到**邏輯開關 (logic switches)** 以如圖 1-9(c) 之閂鎖電路去控制，當然也可能使用到以按鈕關關所產生的**單脈波時脈 (single-pulse clock)**。此按鈕關關可連接到如圖 1-10(b) 之單擊多諧振盪器。最後，你的儀器會用到自由振盪時脈，以產生連續性 TTL 脈波訊號，如圖 1-11 所示。

多諧振盪器之接線

非穩態、單穩態與雙穩態多諧振盪器可以利用離散元件（如單獨的電阻、電容與電晶體）接線組成，或者直接使用 IC。因為 IC 具有良好的效能、易於使用以及低價格等優點，因此本書均採用 IC 電路。自由振盪時脈的電路簡圖如圖 1-12(a) 所示。此時脈電路可以產生低頻（1 Hz 到 2 Hz）TTL 準位的訊號，其中心是使用普通的 555 計時器 IC。注意，此電路必須搭配電阻、電容與電源等。

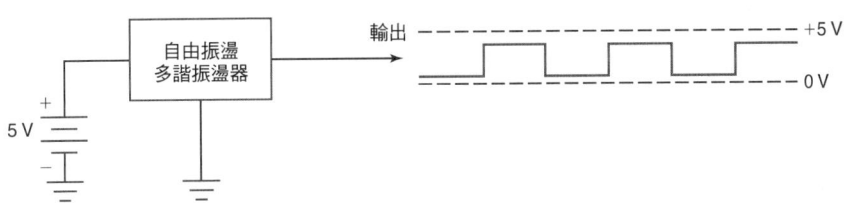

圖 1-11 自由振盪多諧振盪器產生一連串的數位訊號。

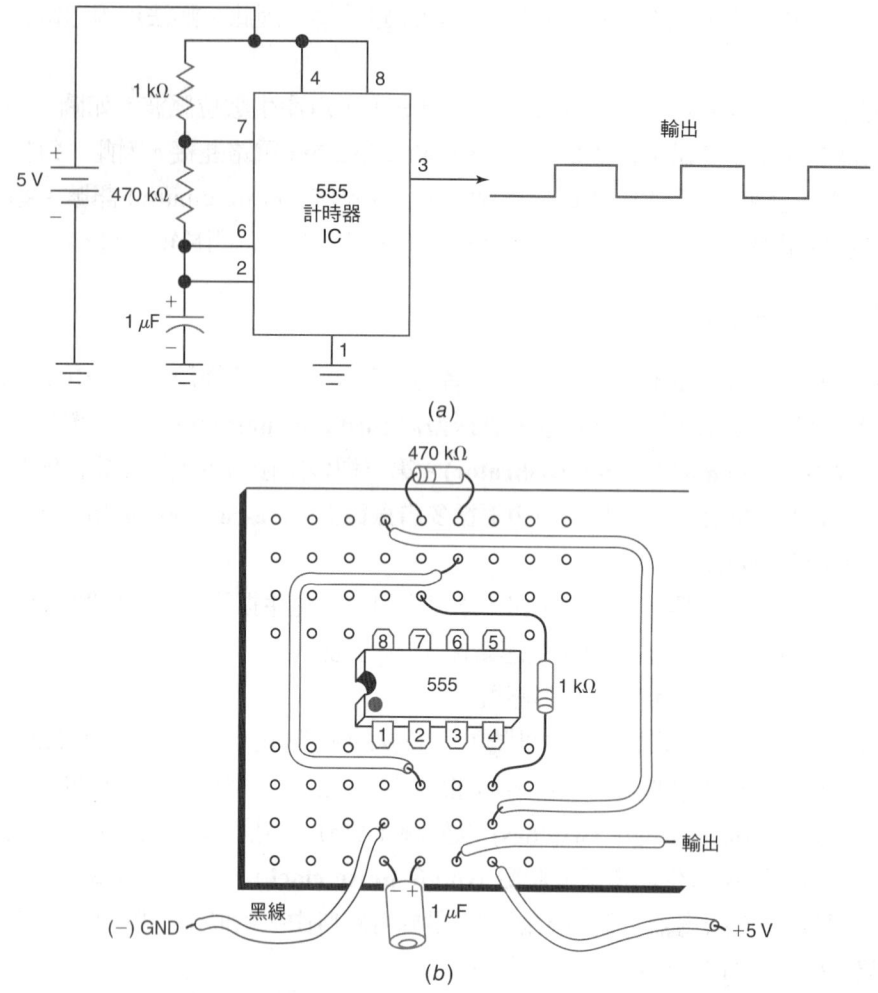

圖 1-12 (a) 使用 555 計時器 IC 之自由振盪時脈電路的簡圖。(b) 使用無焊錫麵包板的自由振盪時脈電路接線。

典型的自由振盪時脈電路使用麵包板，如圖 1-12(b) 所示。需注意無焊錫麵包板之使用。另外，也要注意 IC 第 1 支接腳，是從 8 支接腳 IC 末端附近之凹口處立即以逆時鐘方向算起的第一個位置。圖 1-12(b) 為方便檢視之接線圖，但我們通常必須直接依簡圖進行麵包板的接線。

彈跳消除開關的接線

將簡易型的機械式開關作為輸入裝置接在數位電路上會產生一些問題。例如，當按鈕開關 (SW$_1$) 按下（接通）的瞬間，將會產生如圖 1-13(a) 所示 A 點的波形。因為開關彈跳的關係，造成輸出訊號由高電位、低電位，然後高電位的現象。同樣地，當開關放開（斷路）的瞬間，B 點亦會有訊號彈跳現象產生，這些問題必須要克服。

為了解決開關彈跳問題，**彈跳消除電路 (debouncing circuit)** 已經加入至圖 1-13(b)

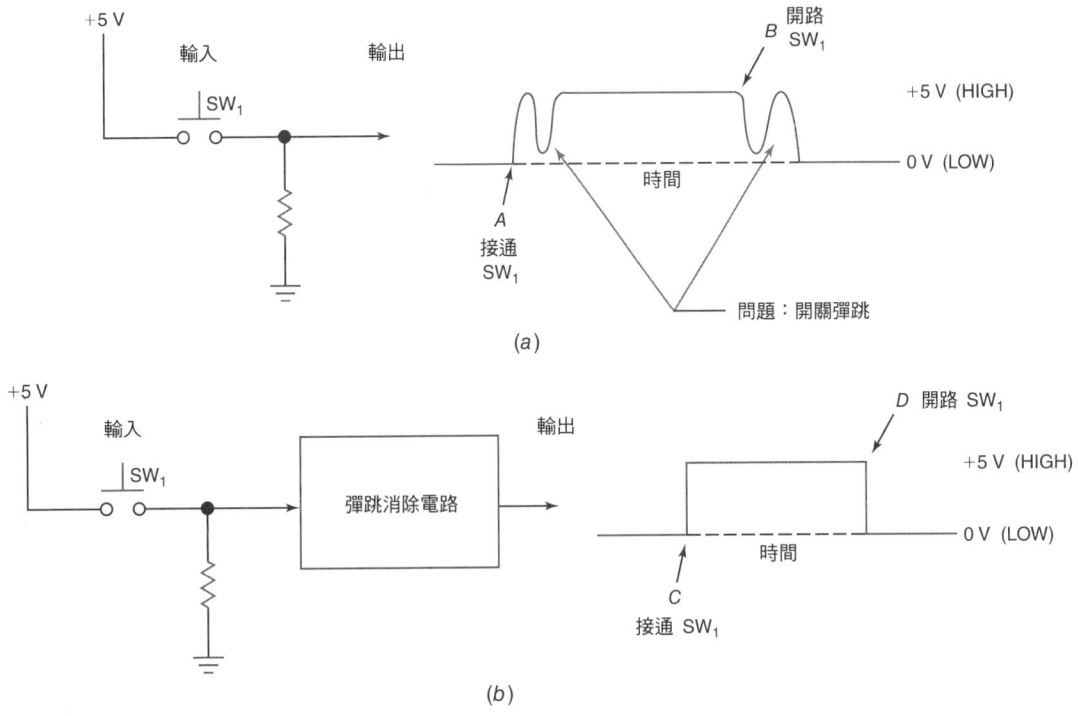

圖 1-13 (a) 機械式開關造成的開關彈跳。(b) 開關彈跳消除電路。

中。因此，當開關按下時，在 C 點處已經沒有彈跳現象，而輸出的訊號由低電位直接轉換到高電位。同樣地，當開關 SW₁ 開路時，在 D 點處其波形沒有彈跳現象，輸出電壓直接由高電位轉換到低電位。

圖 1-14 顯示輸入開關加上彈跳消除電路。觀察 555 計時器 IC 之彈跳消除電路電路可發現，當按鈕開關 SW₁ 接通時（E 點的波形輸出），電壓由低電位轉換至高電位。之後，當按鈕開關 SW₁ 開路時（F 點的波形輸出），從 555 計時器 IC 電壓仍然保持高電位一段時間。在一段延遲時間（約 1 秒）之後，輸出再從高電位轉至低電位。延遲的時間可由 C_2 電容值加以調整。若減少 C_2 電容值會降低延遲時間，若增加 C_2 電容值則會延長延遲時間。

單擊多諧振盪器之接線

單擊多諧振盪器 (one-shot multivibrator) 亦稱為單穩態多諧振盪器，給予一個激發的脈波訊號，即可產生一定寬度或時間延遲的脈波訊號。

單擊多諧振盪器線路如圖 1-15 所示。74121 單擊多諧振盪器 IC 使用一個按鈕開關，在輸入接點 B 的電壓由接地提升至 +3 V，此即為激發訊號。當激發時，單擊多諧振盪器會在兩個輸出處輸出短脈波。輸出處 Q 點（接腳 6）會產生 2 至 3 微秒的正脈波訊號。補數輸出 $\overline{Q}$ 會產生一個相反輸出，或一個負脈波訊號。而一般正反器的輸出是 Q 與 $\overline{Q}$，它們的輸出是呈現相反或互補的狀態。在互補的輸出端，假如 Q 是高電位，$\overline{Q}$ 就會

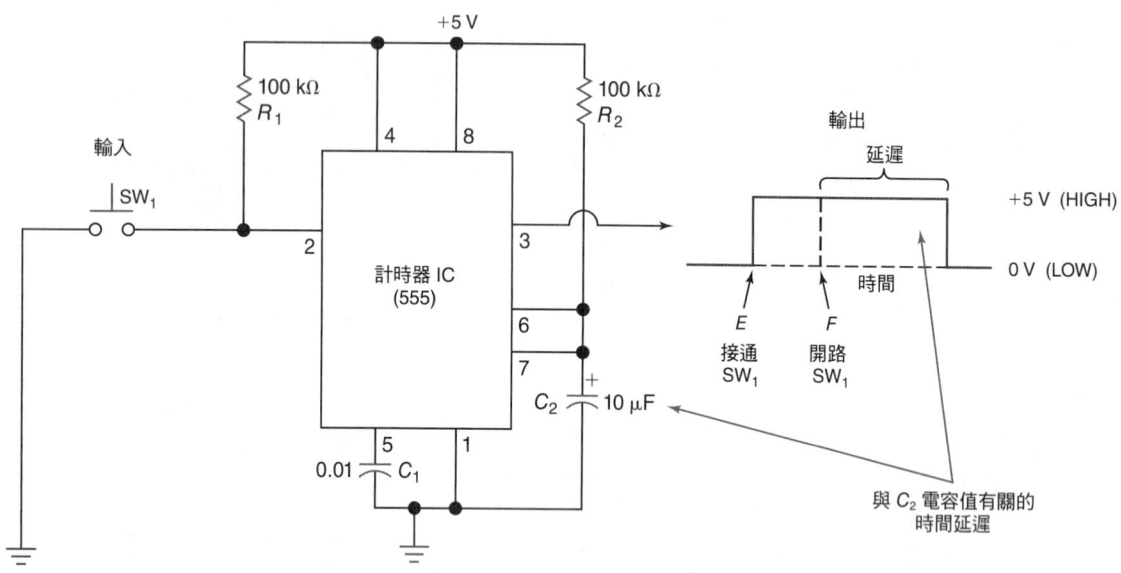

圖 1-14 開關彈跳消除電路。

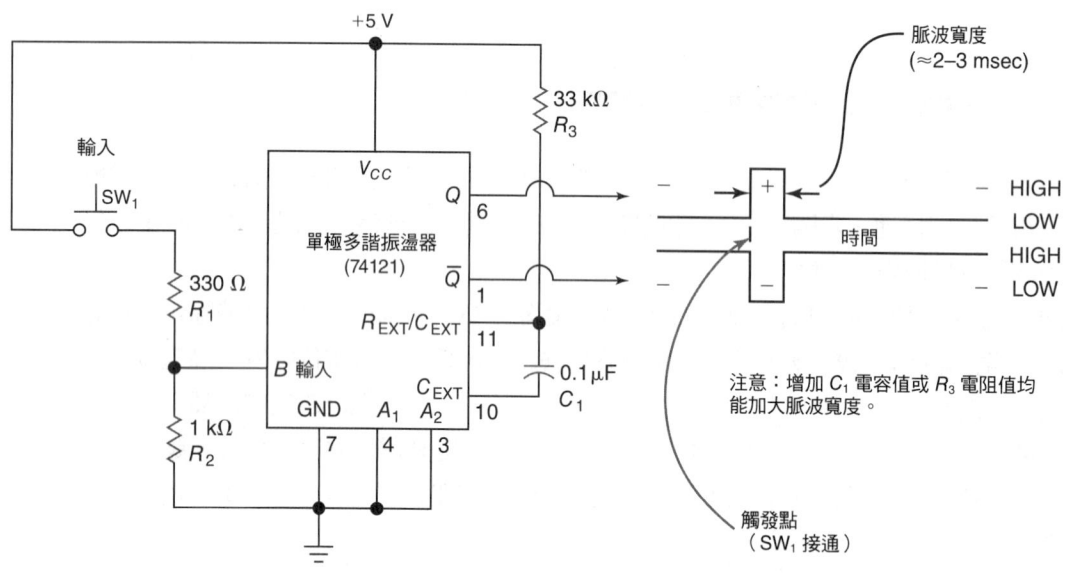

圖 1-15 使用 74121 TTL IC 之單擊多諧振盪器。

是低電位；但是，如果 Q 是低電位，$\overline{Q}$ 即為高電位。74121 單擊多諧振盪器 IC 的輸出端是直接由內部正反器得來，因此標示為 Q 與 $\overline{Q}$。

由單擊多諧振盪器所產生的**脈波寬度 (pulse width)** 和其電路設計有關，與開關壓下的時間長短無關。例如圖 1-15 中的單擊多諧振盪器，增加電容值 C_1 或電阻值 R_3 均可增加其脈波寬度，而減少電容值 C_1 或電阻值 R_3 則會減少其脈波寬度。

在實務上，如圖 1-15 的電路可能需要開關彈跳消除電路，以免造成一次產生多個脈波訊號。採用品質較好的「快速反應」按鈕開關亦可有效解決訊號彈跳的問題。

數位電路實驗器

圖 1-16 顯示一個用於實驗室的傳統數位電路實驗器。照片中顯示兩個成對的面板，特別針對本書的實驗手冊所設計。左邊的 Dynalogic 的 DT-1000 型數位電路實驗器包括免焊錫的麵包板。它也包括 12 個邏輯開關（2 個為彈跳消除開關）、按鍵、單擊多諧振盪器和可調頻率時脈。裝在 DT-1000 實驗板之輸出端包括 16 個 LED 顯示器、壓力警報器、繼電器與小型直流馬達。另外，在 DT-1000 數位實驗板左上方也提供電源接頭，圖 1-16 右邊是第二個面板，包括精密的 LED、LCD 以及螢光顯示器。Dynalogic 的 DB-1000 顯示板是非常好用的工具，因為它具有七段顯示器的功能。如果搭配一些 IC 零件，就可以在課堂上從事數位電路的實驗了。

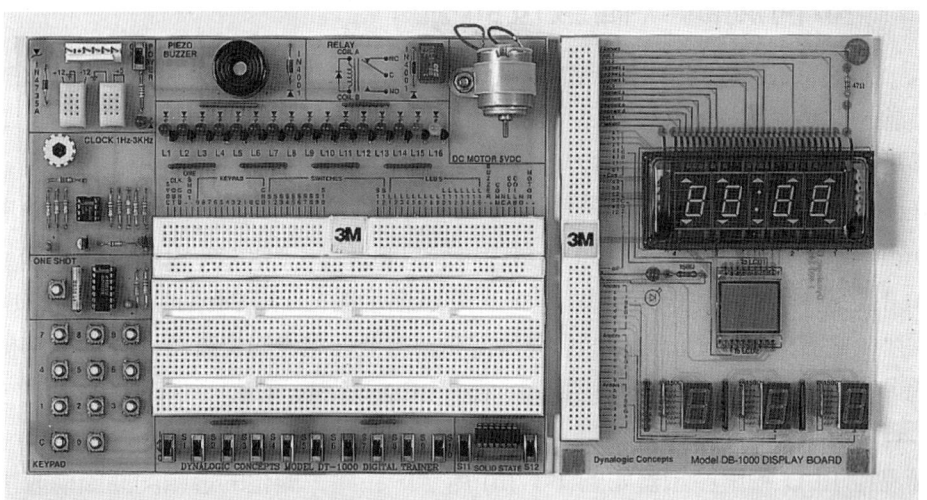

圖 1-16 數位電路實驗器是用於實驗的裝配器材。

自我測驗

請填入下列空格。

19. 參考圖 1-9(c)，在時間點 t_2 的數位訊號是＿＿＿＿＿＿＿（高電位，低電位），而在時間點 t_3 的數位訊號是＿＿＿＿＿＿＿（高電位，低電位）。
20. 參考圖 1-10(a)，當按鈕開關放開時（開路），此時輸出是＿＿＿＿＿＿＿。
21. 參考圖 1-9(c)，彈跳消除門鎖亦稱為正反器或＿＿＿＿＿＿＿多諧振盪器。
22. 參考圖 1-10(b)，單擊多諧振盪器可以產生之數位訊號亦稱為＿＿＿＿＿＿＿多諧振盪器。
23. 參考圖 1-12，一個＿＿＿＿＿＿＿IC 與數個元件可以用於產生連續的 TTL 脈波訊號，自由振盪時脈亦稱為自由振盪多諧振盪器或者＿＿＿＿＿＿＿多諧振盪器。
24. 參考圖 1-14，555 計時器 IC 與數個元件組合可用於按鈕開關 SW_1 之＿＿＿＿＿＿＿（消除彈跳，增加電壓）。
25. 參考圖 1-15，74121 IC 可用於＿＿＿＿＿＿＿（自由振盪，單擊）多諧振盪器。
26. 參考圖 1-15，74121 IC 有兩個輸出（標示為 Q 與 $\overline{Q}$）可以產生＿＿＿＿＿＿＿（互補，同步）之脈波訊號。

27. 參考圖 1-15，單擊多諧振盪器輸出之脈波寬度可由_____決定。
    a. SW₁ 關閉時間。
    b. C_1 與 R_3 之數值。
28. 參考圖 1-16，每當按下按鈕開關時，DT-1000 實驗板左邊單擊可以發出單一脈波訊號，此單擊亦稱為_____（非穩態，單穩態）多諧振盪器。
29. 參考圖 1-16，DT-1000 實驗板左邊之時脈可以產生一連續之數位脈波訊號，此脈波亦稱為_____（非穩態，雙穩態）多諧振盪器。
30. 參考圖 1-16，DT-1000 數位電路實驗器左邊有數個輸出裝置，請至少列出其中三種類型。
31. 參考圖 1-16，DB-1000 實驗板之顯示器右邊有哪三種類型之七段顯示器？

1-5　如何測試一個數位訊號？

上一節中，我們提到使用不同的多諧振盪器可以產生數位訊號。你可以將這些方法用於實驗，以產生建構的數位電路所需之輸入訊號。本章接著將討論幾個對數位電路輸出的簡單測試方法。

在圖 1-17(a) 中，簡單的單極雙投 (SPDT) 開關與電源即可做成輸入訊號。**輸出顯示器 (output indicator)** 為 LED。150 Ω 電阻用於限制通過 LED 的電流以保護 LED。當圖 1-17(a) 的開關轉至高電位的位置時，+5 V 的電壓是加在 LED 的陽極端，使 LED 處於順向偏壓，電流因此往上流而使其發亮。當開關轉至低電位的位置時，LED 的陽極端接地，因此，LED 不會發亮。使用這種顯示器，LED 亮時表示為「高電位」；反之，不亮時為「低電位」。

簡易型 LED 輸出顯示器如圖 1-17(b) 所示。在此，簡化的邏輯開關圖構成了輸入端，其功能正如圖 1-17(a)，不過可能有彈跳消除。輸出指示器是由 LED 串接限流電阻所組成。如圖 1-17(b) 所示，當輸入邏輯開關產生一個低電位時，LED 不會發亮。然而，當邏輯開關為高電位時，LED 將會發亮。

另一種 LED 輸出顯示器如圖 1-18。此 LED 的動作完全如前述類型，燈亮時表示

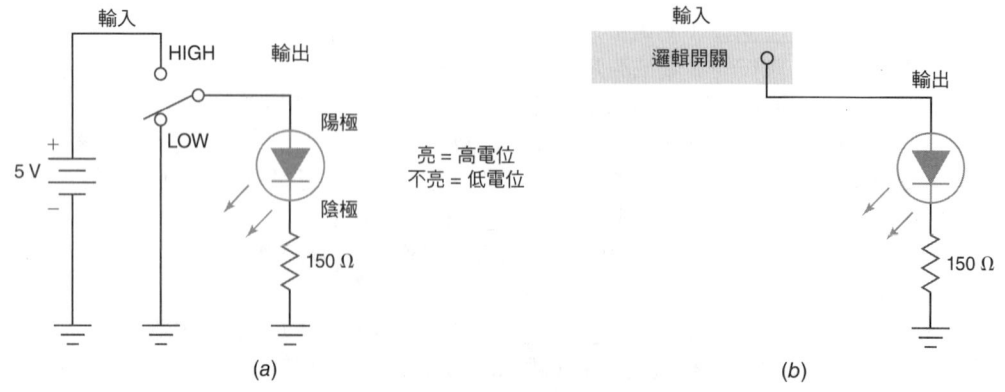

圖 1-17　(a) 簡易型 LED 輸出顯示器。(b) 連接 LED 輸出顯示器之邏輯開關。

為「高電位」，不亮時則為「低電位」。圖 1-18 之 LED 透過 NPN 電晶體驅動，而不是直接由輸入訊號驅動，其優點是開關不需要提供太多的電流。此 LED 輸出顯示器電路的接法如圖 1-18，常見於一般的實驗儀器中。

參考圖 1-19 中使用兩個 LED 為輸出顯示器的電路。當輸入為「高電位」(+5 V) 時，下排的 LED 會亮，而上排的 LED 則不亮。當輸入為「低電位」（接地）時，僅上排的 LED 會亮。如果圖 1-19 中之 Y 點輸入介於高電位與低電位之間未定義的範圍，或者空接的狀態，兩排 LED 會亮起。

數位電路之輸出電壓可使用標準的電壓表加以量測。對於 TTL 家族系列的 IC 而言，0 到 0.8 V 之間的電壓均為低電位，電壓從 2 V 到 5 V 則是為高電位。0.8 V 與 2 V 均屬於未定義區域，此為 TTL 電路訊號錯誤的情形。

圖 1-20 顯示邏輯準位示意圖。需要注意的是，TTL 邏輯電路之典型工作電壓為 +5 V，而 CMOS IC 族系的工作電壓依其特性範圍則較大，包括 +12 V、+9 V、+5 V，甚至更小。TTL 與 CMOS 邏輯電路對高與低電位之定義有所差異。無論是 TTL 與 CMOS 邏輯電路，凡介於高電位與低電位之間的電壓均屬於未定義的區域。此範圍的電壓會造成電路的錯誤。

邏輯探棒 (logic probe) 為可攜式的邏輯量測儀器。簡易型邏輯探棒如圖 1-21(a) 所示。在用於測試電路之前，操作者須事先選擇數位電路的種類，將選擇開關選擇 TTL 或是 CMOS 電路，因為 TTL 與 CMOS 是屬不同族系的數位電路。圖 1-20 說明了高電位、低電位及未定義的區域的範圍不同。操作邏輯探

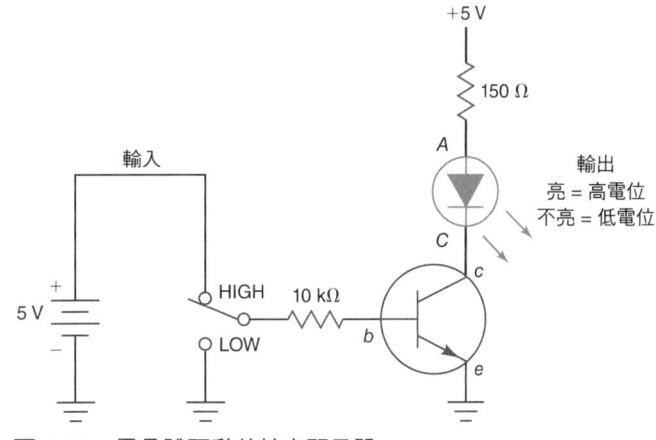

圖 1-18 電晶體驅動的輸出顯示器。

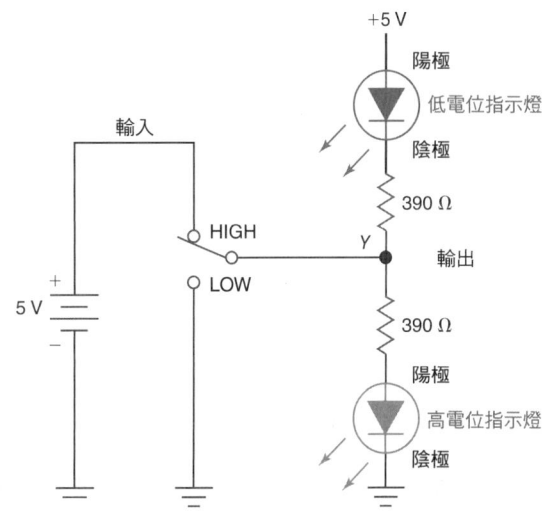

圖 1-19 LED 輸出顯示器呈現低電位、高電位及未定義的準位。

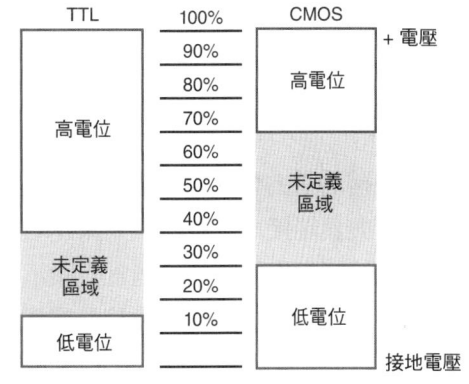

圖 1-20 定義 TTL 與 CMOS IC 族系的邏輯準位。

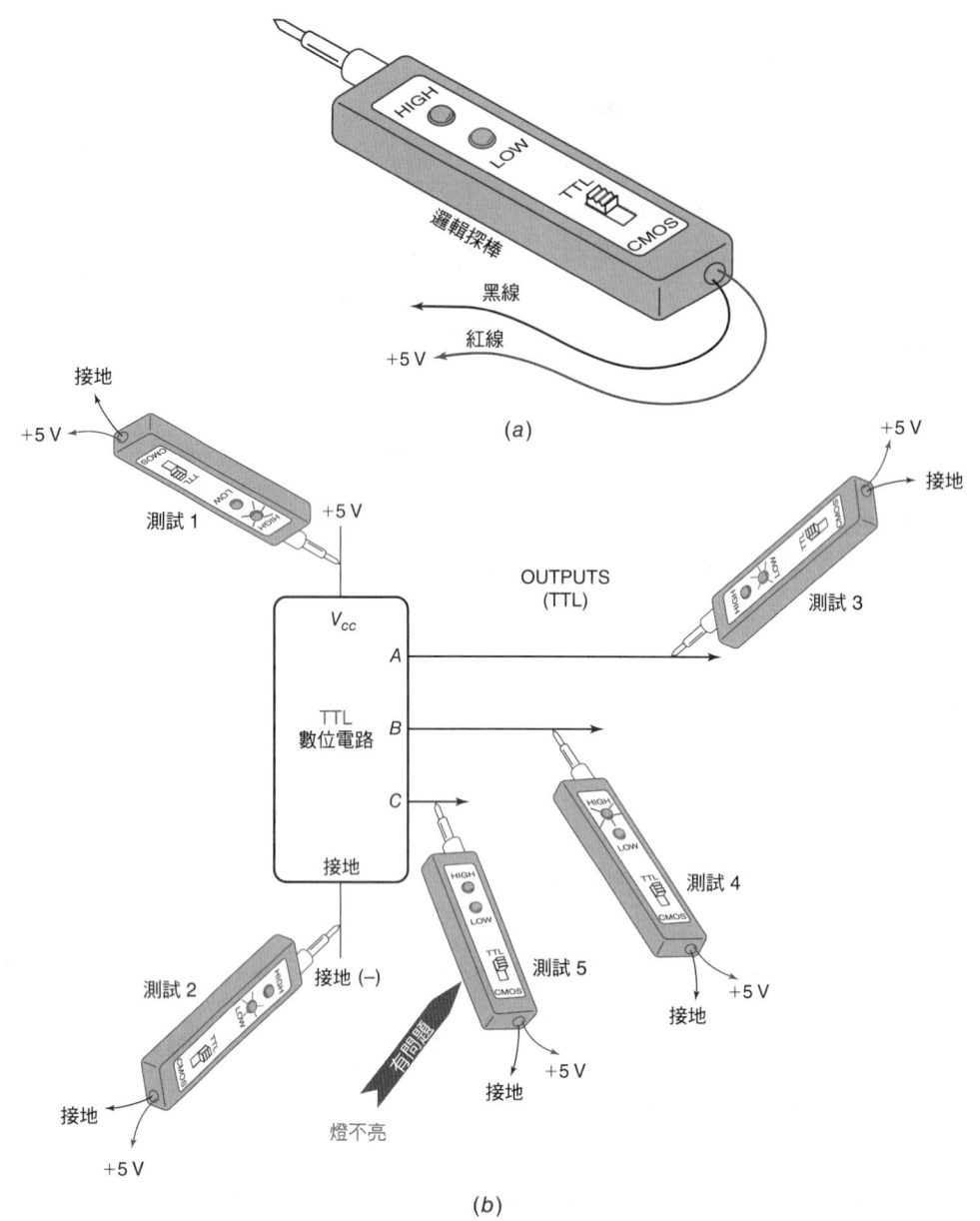

圖 1-21 (a) 簡易型邏輯探棒。(b) 以邏輯探棒測試 TTL 邏輯電路。

棒所需的電力是來自被測試電路本身的電源。探棒的頂端有 2 條線，分別接到 +V（紅線）與負端接地（黑線）。探棒的金屬尖端必須接觸到量測的接點，此時探棒的 LED 會根據接觸點電位的準位適當的顯示（高電位或低電位）。

圖 1-21(b) 係利用簡易型邏輯探棒檢測 TTL 電路。此時開關要切換至 TTL（而非 CMOS）。紅線與黑線需連結至電路的電源端，之後，再把電源打開。以下是 5 種測試方式：

測試 1：尖端觸接 +5 V 輸入端。
結果：顯示高電位，這是正確的。
測試 2：尖端觸接接地輸入端。
結果：顯示低電位，這是正確的。
測試 3：尖端觸接 A 點輸出端。
結果：顯示低電位，這是正確的。
測試 4：尖端觸接 B 點輸出端。
結果：顯示高電位，這是正確的。
測試 5：尖端觸接 C 點輸出端。
結果：未顯示高電位或低電位。

以上說明輸出結果若不是高電位，也不是低電位的話，可能是浮接（漂浮於未定義區）或開路的狀態。此問題一定要修正。

圖 1-21(b) 之測試 5 顯示電路有浮接狀況。輸入或輸出端若有浮接通常表示電路有誤，需要修正。

使用如圖 1-21(b) 所示之邏輯探棒來測試電路是排除故障步驟之一。不過，對於電路操作的了解才是能否達成故障排除的關鍵。

或許你有注意到，我們測試的電路其輸出是靜態訊號，適合用邏輯探棒來測試，但對於動態的輸出則不適用。

在實驗室中，你將會使用到邏輯探棒來測試電路，並且對麵包板上的數位電路進行故障排除。不過，由於不同的邏輯探棒的操作方式可能有所差異，因此，使用前需要詳閱說明書。

自我測驗

請填入下列空格。

32. 參考圖 1-17，如果輸入是高電位，則 LED 將會_____（亮，不亮），因為二極體是_____（順向，逆向）偏壓的狀態。
33. 參考圖 1-18，如果輸入是低電位，則電晶體_____（關閉，開啟），LED _____（會，不會）亮。
34. 參考圖 1-19，如果輸入是高電位，則_____（下面，上面）LED 會亮，因為它的_____（陰極，陽極）接上 +5 V，二極體是在順向偏壓的狀態。
35. 參考圖 1-20，假設提供 5 V 之電源，在 TTL 電路中，2.5 V 之電壓會被視為_____（高，低，未定義）之邏輯準位。
36. 參考圖 1-20，假設提供 12 V 之電源，在 CMOS 電路中，2 V 之電壓會被視為_____（高，低，未定義）之邏輯準位。
37. 參考圖 1-21(a)，邏輯探棒之電源使用_____。
    a. 太陽能電池。
    b. 9 V 電池。
    c. 測試電路的電源。

38. 參考圖 1-21(b)，測試 5 結果指出輸出是開路，或者電路之輸出 C 點是位於未定義區域的浮接狀態。（是非題）
39. 參考圖 1-21(b)，測試 5 結果發現此電路不會造成任何問題，因為它是使用 TTL 數位電路。（是非題）

1-6 簡易型儀器

本節將介紹數種以數位電路為主的基本商用型儀器，簡易的功能為其特色。實際的商用型函數產生器、邏輯探棒及示波器會有較多進階的功能。

函數產生器

函數產生器（function generator，或譯為**函數波產生器**）是目前在學校與業界實驗室最常使用的輸出型設備。簡易型的函數產生器如圖 1-22 所示。假如你在實驗室中使用的是數位電路實驗器（如圖 1-16 所示之 DT1000 實驗器），其涵蓋輸出的部分可能像函數產生器一般。

當使用函數產生器時，首先必須選擇波形的形狀，像是用於數位電路時需選擇方波。其次，利用類比的旋鈕開關可以選擇輸出的頻率（單位為赫茲，Hz）。第三，此函數產生器有兩種不同的輸出電壓（5 V TTL 與可調式電壓）。如果你使用的是振幅旋轉開關，則可以調整輸出電壓的大小。

由圖 1-22 函數產生器所產生的波形形狀與頻率為何呢？此處，波形旋鈕開關轉到方波位置，範圍頻率旋鈕開關轉到 10 Hz，倍率轉到 1。其輸出頻率為 10 Hz（範圍×倍數 = 頻率，或 10×1 = 10 Hz）。在圖 1-22 中，其輸出為 5 V TTL，因此，可以用於直接推動 TTL 邏輯電路。

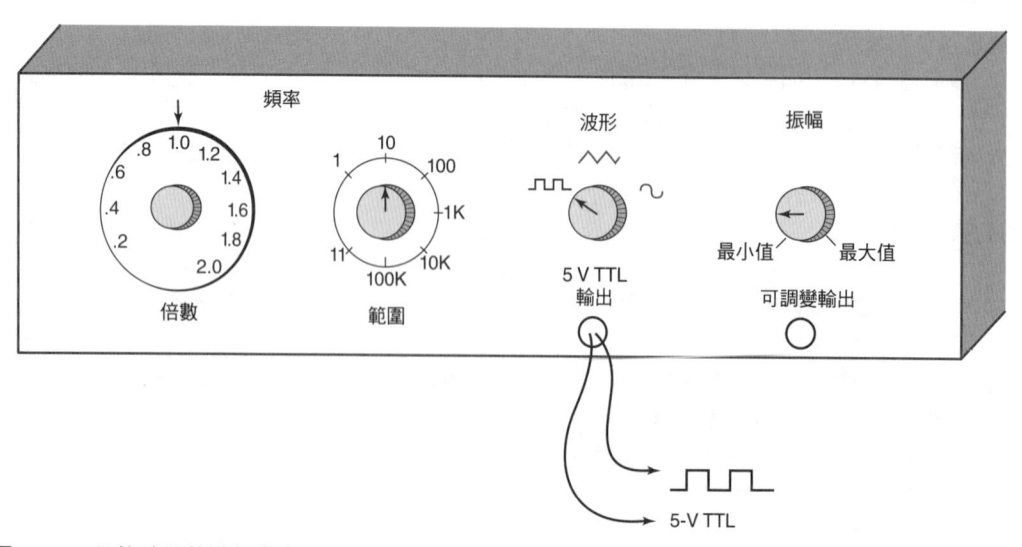

圖 1-22 函數（函數波）產生器。

邏輯探棒

邏輯探棒是最基礎的數位電路測試儀器。簡單的邏輯探棒如圖 1-23 所示。通常滑動開關可以用來選擇測試之邏輯電路的種類，如 TTL 或是 CMOS。圖 1-23 中的邏輯探棒是用來測試 TTL 型數位電路。一般而言，有兩種導線提供電源連至邏輯探棒，紅線接到電源的正端 (+)，黑線則接到電源的負端 (−) 或接地。接上電源之後，就可以利用類似針頭的探棒去檢測測試點，此時，高電位（紅色 LED）或低電位（綠色 LED）其中一個指示燈會亮起。若兩者皆沒有亮或同時亮，則表示電壓是介於高電位與低電位之間。高電位、低電位及未定義的邏輯準位詳如圖 1-20 所示。

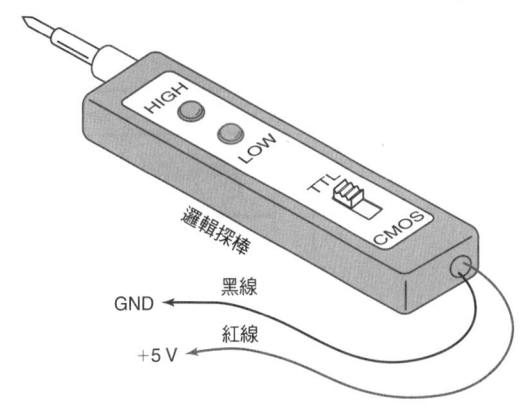

圖 1-23 邏輯探棒。

邏輯探棒在數位電路的測試上是相當好用的工具，但需閱讀操作手冊以了解詳細的使用方式。

示波器

示波器是一種非常好用的測試儀器。簡易型的示波器如圖 1-24 所示，其最主要的功能為顯示輸入電壓的波形。螢幕橫軸為時間單位，縱軸則為電壓單位。示波器最能精確地顯示不斷重複出現的訊號。

如圖 1-24，4 V p-p 以及 100 Hz 的數位訊號輸入至示波器中。橫軸掃描時間選擇 2 毫秒，即 0.002 秒。亮點會以每間隔 2 毫秒的速度從螢幕左邊移至右邊（跨越整個螢幕所需時間為 20 毫秒），之後亮點會回到左邊再重複同樣的程序。縱軸的部分每隔一格設為 1 V。

此例中輸入訊號為 0 V 至 +4 V。首先，亮點從螢幕最左邊出發，剛開始時前 5 毫秒亮點偏離 4 個間隔（每格 1 V）。接著，輸入電壓下降至 0 V 而到達基準線，使得亮點沿著底部持續行進 5 毫秒。然後，輸入電壓跳至 +4 V 而進行第二次向上軌跡的追蹤。再來，電壓下降至 0 V 以進行第二次向下軌跡的追蹤。最後，亮點會重回螢幕最左邊，重複原來的動作。TTL 邏輯準位標示為圖 1-24 之高電位 (4 V) 與低電位 (0 V)。

注意圖 1-24 中示波器螢幕上追蹤的波形。此訊號波形是方波，在數位電子學中相當有用。仔細觀察螢幕可以發現有兩個波形出現，我們可說顯示的訊號循環有兩個。

觀察一下圖 1-24 中示波器的波形。一個週期的**持續時間 (time duration)** 為何？此處總共有 5 個間隔，代表第一個訊號循環的時間是 10 毫秒（5 個間隔×2 毫秒／間隔＝10 毫秒，或 0.010 秒）。而頻率為週期的倒數，即 $f = 1/t$，f 為頻率，單位為 Hz，t 為時間，單位為秒。因此，計算圖 1-24 中輸入訊號的頻率是 100 Hz ($f = 1/0.01$ s)。注意，示波器可以協助我們確認輸入波形與其頻率。

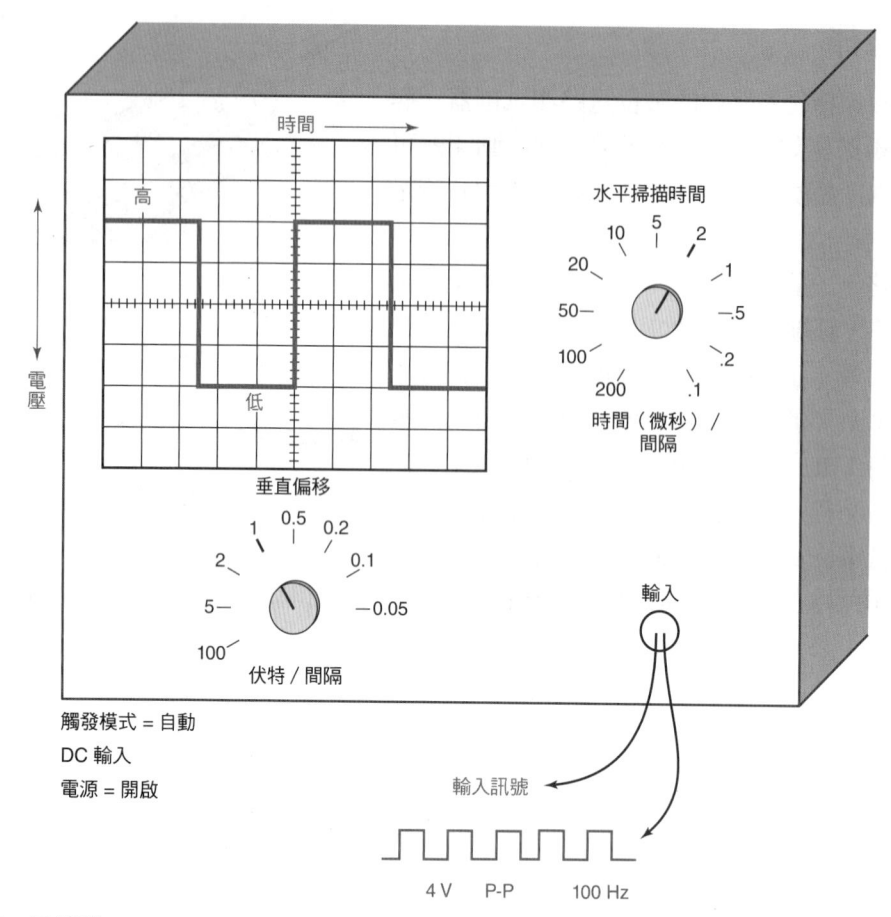

圖 1-24 示波器。

實際上，在實驗室中使用的示波器會比圖 1-24 所示的複雜多了。不過，示波器的基本功能均已在本文中說明。

自我測驗

請填入下列空格。
40. 列出兩種量測數位訊號的儀器。
41. ＿＿＿＿＿＿＿（函數產生器，邏輯分析儀）可用於產生電子訊號，此儀器可以控制調變電壓、波形以及輸出的頻率。
42. 參考圖 1-25，示波器螢幕顯示了幾個訊號週期？
43. 參考圖 1-25，一個週期的持續時間為何？
44. 參考圖 1-25，輸入訊號頻率為何？
45. 參考圖 1-25，電壓峰對峰值為何？
46. 參考圖 1-25，輸入之數位訊號停留在高電位＿＿＿＿＿＿＿（1 ms，10 ms），低電位 ＿＿＿＿＿＿＿（4 ms，8 ms）。

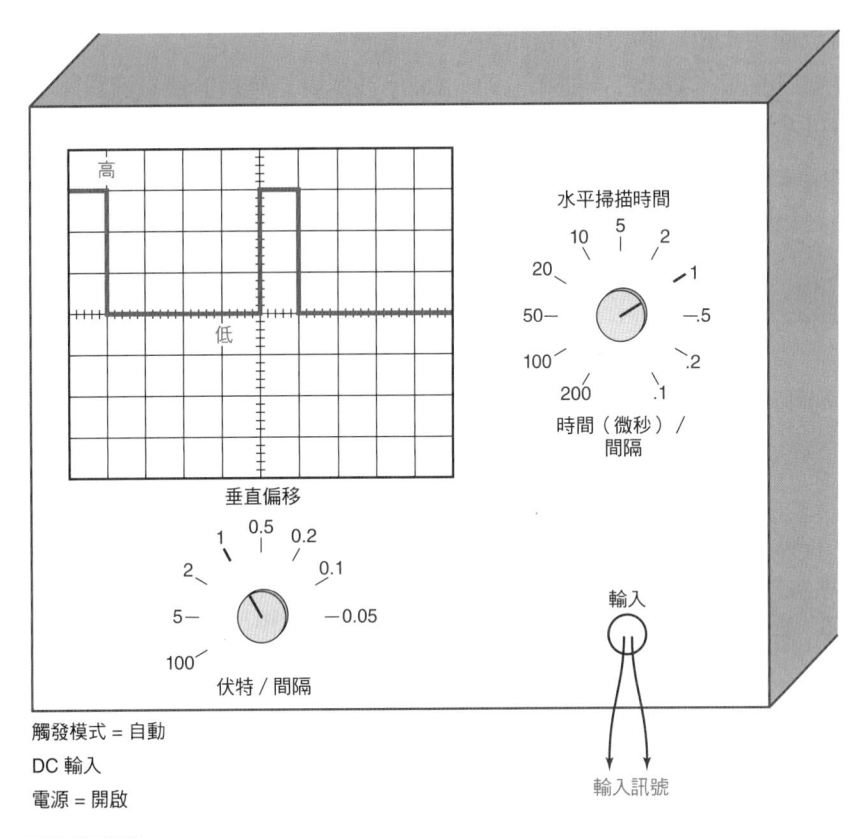

圖 1-25 示波器問題。

第 1 章 總結與回顧

總　結

1. 類比訊號的變化是漸進式與連續性的，而數位訊號產生離散電壓訊號，通常分為高電位和低電位兩種狀態。
2. 大部分現代的電子儀器均包含類比和數位電路。
3. 不同的數位邏輯族系有不同的邏輯準位，例如，TTL 與 CMOS。這些邏輯準位通常區分為高電位、低電位以及未定義狀態。圖 1-20 詳細呈現這些 TTL 與 CMOS 的邏輯準位。
4. 數位電路應用廣泛，原因在於低價格的 IC。另一個優勢則是其與電腦相容、記憶體、使用方便、設計簡易、精確度與穩定度。
5. 現代化的汽車同時使用了許多類比感測器與數位引擎控制模組的結合。這些引擎控制模組在一秒鐘內便可做出數千個決定，以控制整體駕駛品質以及確保其安全性。
6. 數位電子學是一門龐大與快速發展的領域，如各種類型的數位電腦正是網際網路的主要骨幹。
7. 雙穩態、單穩態、非穩態多諧振盪器用於產生數位訊號。這些電路通常分別稱為閂鎖、單擊、自由振盪多諧振盪器。

8. 邏輯準位可以使用 LED 加電阻、電壓表或邏輯探棒加以檢測。發光二極體準位顯示器通常可以在實驗室的儀器中見到。
9. 函數產生器是用於產生電子訊號的實驗設備，輸出之訊號可調整其電壓、頻率與波形。
10. 示波器廣泛應用於測試與故障檢測，其可以顯示訊號波形形狀、時間長短、頻率與重複性的訊號。

章節回顧問題

回答下列問題。

1-1. 定義下列名詞：
  a. 類比訊號。
  b. 數位訊號。

1-2. 請畫出方波訊號，下方標示為「0 V」，上方標示為「+5 V」，在波形上標示高電位 (HIGH) 和低電位 (LOW)。

1-3. 請列出兩種包含數位電路可作數學運算的裝置。

1-4. 參考圖 1-6。在此系統中，資料的處理、儲存與輸出大部分均包含＿＿＿＿＿＿（類比，數位）電路。

1-5. 參考圖 1-7(a)。舊式的油表係將逐漸變化的電流量由油箱中傳送至儀表上顯示，此屬於典型的＿＿＿＿＿＿（類比，數位）訊號。

1-6. 參考圖 1-7(b)。現代化汽車的儀表面板為數位化的裝置，可以驅動油表、計算與顯示平均每加侖耗油狀況，以及剩餘里程數等。請列舉數種其必須輸入資料至儀表板的感測器與模組。

1-7. 傳統上，大多數的消費性電子產品（電視、收音機和電話）已經使用了＿＿＿＿＿＿（類比，數位）電路。

1-8. 在電子電路中，不想要的電子干擾通常稱為＿＿＿＿＿＿（雜音過濾布，雜訊）。

1-9. 若電子產品具有數字顯示與可程式化，以及確定可以儲存資訊，其必含有＿＿＿＿＿＿（類比，數位）電路。

1-10. 數位電路愈來愈普遍，主要是因為其較易儲存資料、可程式化，以及較有可能提供＿＿＿＿＿＿（較高，較低）的精確度。

1-11. 請列出兩種你個人使用到的數位電子產品。

1-12. 軍方擁有相當好電子訓練學校。

1-13. 請列出兩種實驗室中會使用到的數位儀表設備。

1-14. 參考圖 1-9。當使用 SPDT 開關產生一個數位訊號，＿＿＿＿＿＿閂鎖是用於決定輸出的狀態。

1-15. 參考圖 1-10。＿＿＿＿＿＿多諧振盪器電路一般是用於產生一個單一數位脈波，由按鈕關關決定其輸出。

1-16. 一種非穩態，或者＿＿＿＿＿＿多諧振盪器電路可以產生一連串的數位脈波。

1-17. 圖 1-12 的電路歸類成＿＿＿＿＿＿（非穩態，雙穩態）多諧振盪器。

1-18. 參考圖 1-16。在 DT-1000 實驗器的單擊多諧振盪器，當按下按鈕開關時會產生一＿＿＿＿＿＿（連續脈波，單一脈波）。

1-19. 參考圖 1-16。在 DT-1000 實驗器的時脈可以產生一＿＿＿＿＿＿（連續脈波，單一脈波），此電路可視為＿＿＿＿＿＿（非穩態，單穩態）多諧振盪器。

1-20. 參考圖 1-16。在 DT-1000 實驗器的兩個固態邏輯開關是＿＿＿＿＿＿（類比，彈跳消除）。

1-21. 參考圖 1-16。DB-1000 板有哪三種特別的七段顯示器型態呢？

1-22. 圖 1-17(b) 中，當輸入邏輯開關是_____（高，低）電位時，LED 會亮。

1-23. 參考圖 1-19。當輸入開關是低電位時，_____（下面，上面）LED 會亮。

1-24. 參考圖 1-20。假設有 5 V 的電源，在 TTL 電路中，電壓 1.2 V 被視為_____（高，低，未定義）邏輯準位。

1-25. 參考圖 1-20。假設有 10 V 的電源，在 CMOS 電路中，9 V 的電壓被視為_____（高，低，未定義）邏輯準位。

1-26. 參考圖 1-20。假設有 10 V 的電源，在 CMOS 電路中，0.5 V 的電壓被視為_____（高，低，未定義）邏輯準位。

1-27. 當涉及數位 IC 時，TTL 代表_____。

1-28. 當涉及數位 IC 時，CMOS 代表_____。

1-29. 參考圖 1-14。555 計時器 IC 接線具有_____（非穩態多諧振盪器，非彈跳開關）電路的功能。

1-30. 參考圖 1-14。增加 C_2 電容值時，將會_____（減少，增加）輸出波形的延遲時間。

1-31. 參考圖 1-15。74121 IC 可用於_____（非穩態，雙穩態，單穩態）多諧振盪器。

1-32. 參考圖 1-15。觸動輸入開關 SW_1 會產生一個_____（負脈波，正脈波）訊號，是從 IC74121（單擊多諧振盪器 IC）正常的 Q 輸出端發射出來。

1-33. 正反器依其名稱是歸類為_____（非穩態，雙穩態，單穩態）多諧振盪器。

1-34. 開關的重複動作或者其他裝置可構成低，高，低，高電位輸出的現象稱為_____（互補，觸發）。

1-35. 參考圖 1-22。從函數產生器的輸出是 5 V TTL 方波訊號，其頻率為_____Hz。

1-36. 參考圖 1-23。此邏輯探棒可測出 TTL 或者_____（CMOS，PPC）邏輯電路。

1-37. 示波器在測試以及故障排除上的優點是其波形之電壓、時間間隔、頻率以及_____（量子準位，形狀）可容易地決定之。

關鍵性思考問題

1-1. 請列出數個數位電路相對於類比電路的優點。

1-2. 當你仔細觀察電子儀表，有哪些線索可以看出其中可能包含了數位電路？

1-3. 參考圖 1-9(a)。此電路用以產生數位訊號，主要的缺點為何？

1-4. 參考圖 1-10(a)。以此電路產生數位訊號的困難何在？

1-5. 參考圖 1-26。從示波器的設定與顯示，請確認下列的特性：
 a. 電壓（峰對峰值）。
 b. 波形。
 c. 持續時間（一週期）。
 d. 頻率 ($f = 1/t$)。

1-6. 此部分由授課教師自由決定是否教授。使用電路模擬軟體進行：(1) 畫出自由振盪時脈電路，使用如圖 1-27 所示的 555 計時器 IC；(2) 測試時脈電路的動作；(3) 利用示波器之時間量測與公式 $f = 1/t$，決定時脈的近似頻率。

1-7. 此部分由授課教師自由決定是否教授。使用電路模擬軟體進行：(1) 畫出如問題 1-6 的圖 1-27 中之時脈電路；(2) 更改 R_2 值至 100 kΩ；(3) 測試時脈電路的動作；(4) 利用示波器之時間量測與公式 $f = 1/t$，決定時脈的近似頻率。

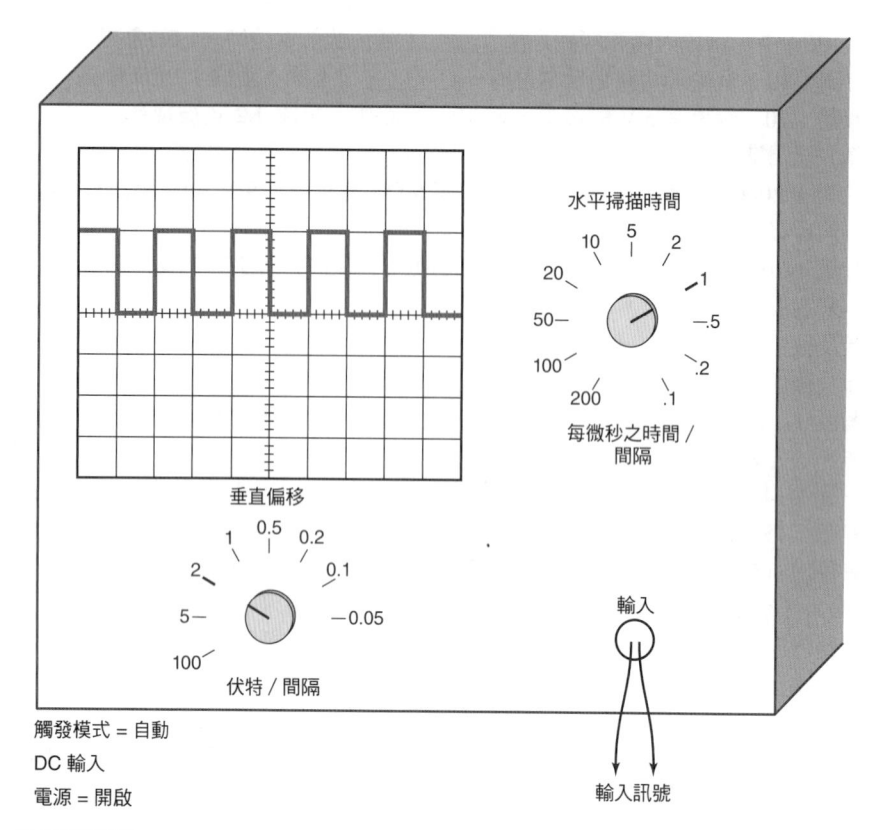

圖 **1-26** 示波器問題。

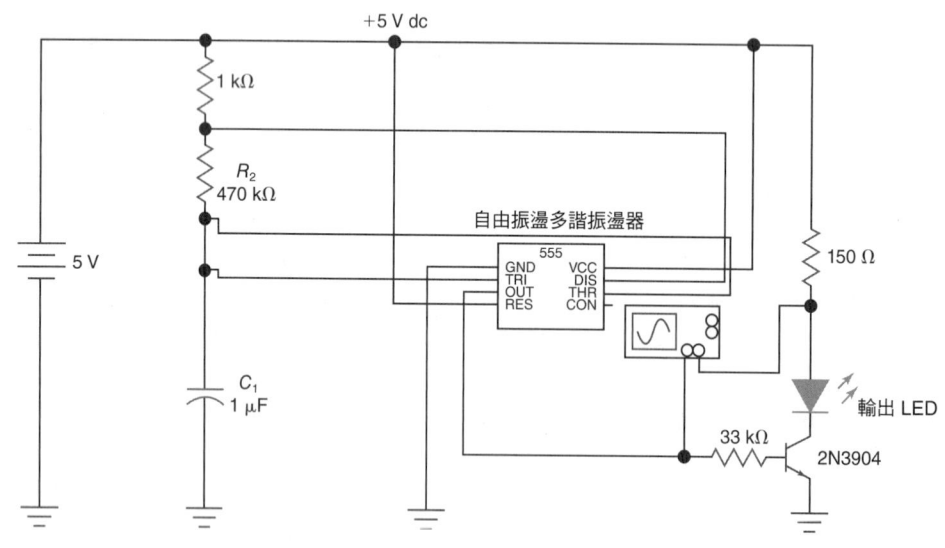

圖 **1-27** 電路模擬問題——時脈電路。

CHAPTER 2
數位電子之數字系統

學習目標 本章將幫助你：

2-1 了解十進位、二進位、八進位以及十六進位數字系統之位值觀念。
2-2 轉換二進位至十進位以及轉換十進位至二進位。
2-3 分析數種十進位至二進位及二進位至十進位轉換之方塊圖，以及了解在數位電子中有關編碼與編碼器、解碼與解碼器之使用。
2-4 轉換十六進位至二進位、二進位至十六進位、十六進位至十進位，以及十進位至十六進位。
2-5 轉換八進位至二進位、二進位至八進位、八進位至十進位，以及十進位至八進位。
2-6 當描述資料群組時，能使用位元、位元組和字元等專有名詞。

　　當我們說手上有 9 個一分硬幣時，大部分的人皆可了解這句話的意義。數字 9 是我們每天都在使用的**十進位 (decimal)** 數字中的一個數值。然而，數位電子裝置卻使用一個「奇怪」的**二進位 (binary)** 數字系統。數位電腦以及許多的數位系統也使用其他的數字系統，例如**十六進位 (hexadecimal)** 與**八進位 (octal)**。從事電子工作的人必須知道如何將日常使用的十進位轉換成二進位、十六進位及八進位系統。

　　除了十進位、二進位、十六進位及八進位之外，數位電子學中也會使用其他的數碼，像是 **BCD 碼 (binary coded decimal)**、**格雷碼 (Gray code)**、**ASCII 碼 (ASCII code)** 等。算術電路中的正數與負數係利用 **2 的補數 (2s complement numbers)** 表示。這些特殊的數碼均會在本章中探討。

2-1 十進位與二進位的計數

　　一個數字系統使用一些符號來對應項目的數值。**十進位數字系統 (decimal number system)** 用 0、1、2、3、4、5、6、7、8 和 9 等十種符號，因此，有時候稱為**基底 10 系統 (base-10 system)**。**二進位系統 (binary number system)** 僅使用兩種符號 0 和 1，有時稱為**基底 2 系統 (base-2 system)**。

　　圖 2-1 以我們用於計數的符號來比較硬幣的數量。在左邊一欄，我們使用最常用的十進位系統，右邊則為二進位系統。請注意 0 和 1 的二進位計數與十進位計數表示的數值相同。要表示 2 個硬幣，二進位為 10。若表示 3 個硬幣，二進位為 11。若為 9 個硬

幣，二進位數為 1001。

從事數位電子工作的專業人員應該至少能記住到 15 的二進位符號。

自我測驗

請填入下列空格。
1. 二進位數字系統有時稱為_____系統。
2. 十進位數 8 等於二進位數之_____。
3. 二進位數 0110 等於十進位數_____。
4. 二進位數 1001 等於十進位數_____。

硬幣數	十進位符號	二進位符號
無硬幣	0	0
	1	1
	2	10
	3	11
	4	100
	5	101
	6	110
	7	111
	8	1000
	9	1001

圖 2-1　計數的符號。

2-2　位值

商店中的店員幫你結帳之後，告訴你要付 2.43 美元。我們都知道總數就是 243 分，然而，若不直接支付 243 個 1 分硬幣，你也可以付給店員如圖 2-2 所示的金額，即 2 張 1 元紙鈔、4 個 10 角硬幣以及 3 個 1 分硬幣。此金額的例子說明了**位值 (place value)** 是一個非常重要的觀念。

考慮圖 2-3 中的十進位數字 648。位元 6 表示 600，因為它位於十進位小數點左邊的第三個位置；位元 4 表示 40，因為它位於十進位小數點左邊的第二個位置；位元 8 表示 8，因為它位於十進位小數點左邊的第一個位置。總數為 648 表示其為 6 個 100、4 個 10 與 8。此為十進位位值的一個例子。

二進位數字系統也使用了位值的觀念，例如，二進位數 1101 的意義為何呢？圖 2-4 顯示最靠近二進位小數點之處為 1（或 1s 的位置），為個位數，因此，數值加 1；在 2s 處的位元沒有數值；而在 4s 處位元為 1，因此加 4；在 8s 處位元為 1，因此加 8。當我們計算所有項目時，發現二進位數 1101 表示有 13 個項目。

二進位數 1100 的數值為何呢？利用圖 2-4，我們發現有如下的情形：

243 分 = (1$ + 1$ + 1$ + 1$) + (10¢ + 10¢ + 10¢ + 10¢) + (1¢ + 1¢ + 1¢)

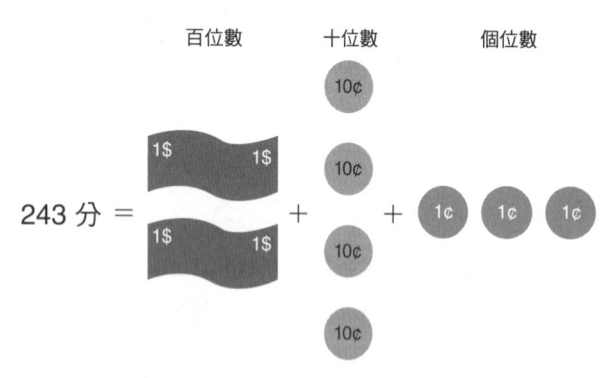

圖 2-2　位值的例子。

648　=　600　+　40　+　8
　　　百位數　十位數　個位數

圖 2-3　十進位系統的位值。

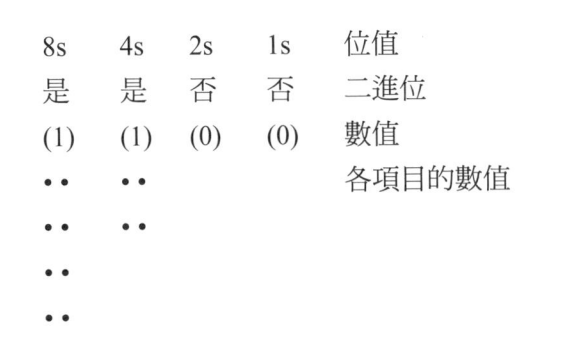

8s	4s	2s	1s	位值
是	是	否	否	二進位
(1)	(1)	(0)	(0)	數值
··	··			各項目的數值
··	··			
··				
··				

二進位數 1100 代表 12 個項目。

圖 2-5 顯示二進位系統的每一個位值。請注意每一位值的大小是右邊數值的 2 倍。專有名詞「基底 2」是來自於這個觀念。

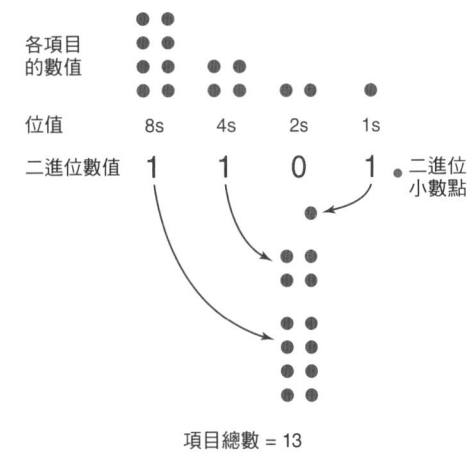

圖 2-4 二進位系統的位值。

在二進位系統中，每一位值均為 2 的次方 (power of 2)。在圖 2-5 中，二進位數的位值以十進位數字和 2 的次方兩種方式呈現。例如，8s 的位置等同於 2^3 的位置，32s 的位置等同於 2^5 的位置，以此類推。

請回想一下，2^4 意即 $2\times2\times2\times2$，等於 16。從圖 2-5 中得知，二進位數小數點的左邊第五個位值是 2^4，或者 16s 的位置。

2^9	2^8	2^7	2^6	2^5	2^4	2^3	2^2	2^1	2^0
512s	256s	128s	64s	32s	16s	8s	4s	2s	1s

圖 2-5 二進位小數點左邊的位值。

自我測驗

請填入下列空格。

5. 二進位數 1000 中的 1 是等於十進位數_____的位值。
6. 二進位數 1010 等於十進位數_____。
7. 二進位數 100000 等於十進位數_____。
8. 2^7 等於十進位數_____。
9. 二進位數 11111111 等於十進位數_____。
10. 二進位小數點左邊第 1 個位置其值為 1 或是_____（2^0，2^1）。
11. 2^6 意即 $2\times2\times2\times2\times2\times2$，等於十進位數_____。

2-3 二進位至十進位轉換

當使用數位儀器時，你必須將二進位碼轉成十進位數，稱為**二進位至十進位轉換 (binary to decimal conversion)**。假如有一個二進位數 110011，那麼它等於多少的十進位

數呢？首先，寫下此二進位數：

$$\text{二進位} \quad \boxed{1\,|\,1\,|\,0\,|\,0\,|\,1\,|\,1} \cdot \text{二進位小數點}$$

$$\text{十進位} \quad 32+16 \quad + \quad 2+1 = 51$$

從**二進位數小數點 (binary point)** 左邊開始，對於每一個二進位元 1，對應位於二進位數下方之十進位值（參考圖 2-5）。把四個十進位值相加，可以得到等同十進位的值。因此，最後求得二進位值 110011 等於十進位數 51。

另一個實用的問題是將二進位數 101010 轉換到十進位數。再一次寫下二進位數：

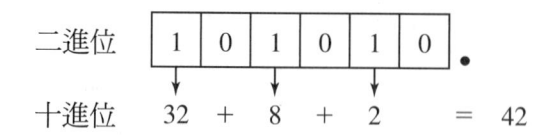

$$\text{二進位} \quad \boxed{1\,|\,0\,|\,1\,|\,0\,|\,1\,|\,0} \cdot$$

$$\text{十進位} \quad 32 \;+\; 8 \;+\; 2 \;=\; 42$$

從二進位數小數點左邊開始，對於每一個二進位元 1，對應位於二進位數下方之十進位值（參考圖 2-5）。把三個十進位值相加，可以得到等同於十進位的值。因此，最後求得二進位值 101010 等於十進位數 42。

現在試一下一個較長且較難的二進位數：轉換二進位數 1111101000 至十進位數。寫下二進位數：

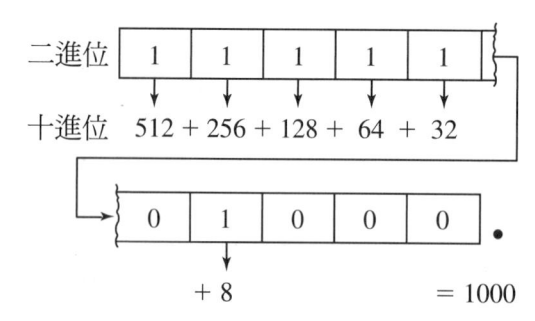

$$\text{二進位} \quad \boxed{1\,|\,1\,|\,1\,|\,1\,|\,1}$$

$$\text{十進位} \quad 512 + 256 + 128 + 64 + 32$$

$$\boxed{0\,|\,1\,|\,0\,|\,0\,|\,0} \cdot$$

$$+\,8 \qquad\qquad = 1000$$

根據圖 2-5，每一個二進位元 1 轉換至正確的十進位值。把十進位數值全部相加，即可得到十進位總數。因此，二進位數 1111101000 等於十進位數 1000。

自我測驗

請填入下列空格。
12. 二進位數 1111 等於十進位數_____。
13. 二進位數 100010 等於十進位數_____。
14. 二進位數 1000001010 等於十進位數_____。

2-4　十進位至二進位轉換

當使用數位電子儀器時，也時常必須要能將十進位數轉換成二進位數，稱為**十進位至二進位轉換 (decimal to binary conversion)**。在此，我們將教你如何進行轉換的方法。

假設你想要將十進位數 13 轉換成二進位數，可以使用**重複除以 2 的程序 (repeated divided-by-2 process)**，如右圖所示。

注意 13 首先除以 2，商為 6，餘數為 1，此餘數變成二進位數的第 1s 位值；之後，6 再除以 2，商為 3，餘數為 0，此餘數成為二進位數的第 2s 位值；再來，3 除以 2，商為 1，餘數為 1，此餘數為二進位數之第 4s 位值；然後 1 除以 2，商為 0，餘數為 1，此餘數為二進位數之第 8s 位值。當商數變為 0 時，此時重複除以 2 的過程即停止，因此，十進位數 13 就轉成二進位數 1101。

練習一下這個轉換步驟，將十進位數 37 轉成二進位數，根據前面的步驟，如右圖所示。

注意當商數為 0 時，程序即停止，此時可得到 37 等於二進位數 100101。

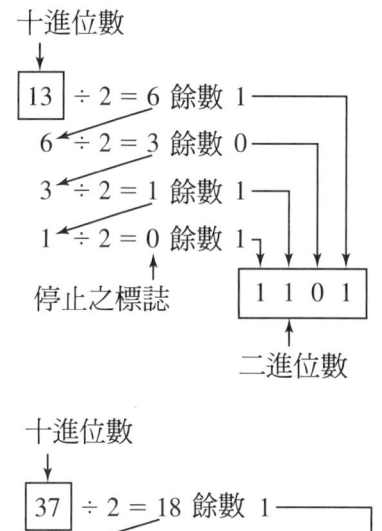

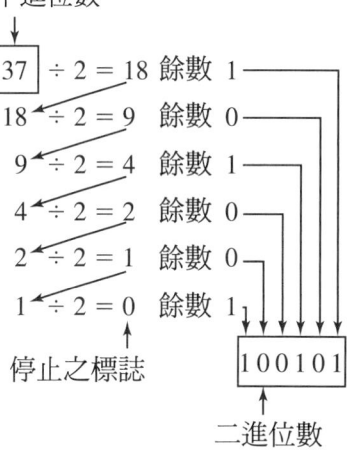

自我測驗

請填入下列空格。
15. 十進位數 39 等於二進位數_____。
16. 十進位數 100 等於二進位數_____。
17. 十進位數 133 等於二進位數_____。

2-5　電子編譯器

假如你嘗試和一位不懂英語的法國人溝通，你需要某人協助將英語翻譯成法語，然後再將法語翻譯成英語。同樣的問題也出現在數位電子學。幾乎所有的數位電路（計算機、電腦）都僅能理解二進位數。然而，大多數的人只知道十進位數。因此，需要有一個電子裝置〔即**電子編譯器 (electronic translators)**〕可以將十進位數轉換成二進位數，再將二進位數轉換成十進位數。

圖 2-6 顯示一個可以將十進位轉換成二進位，再由二進位轉成十進位數的典型系統。從鍵盤中十進位碼編譯成二進位的裝置稱為**編碼器 (encoder)**；而標示為**解碼器**

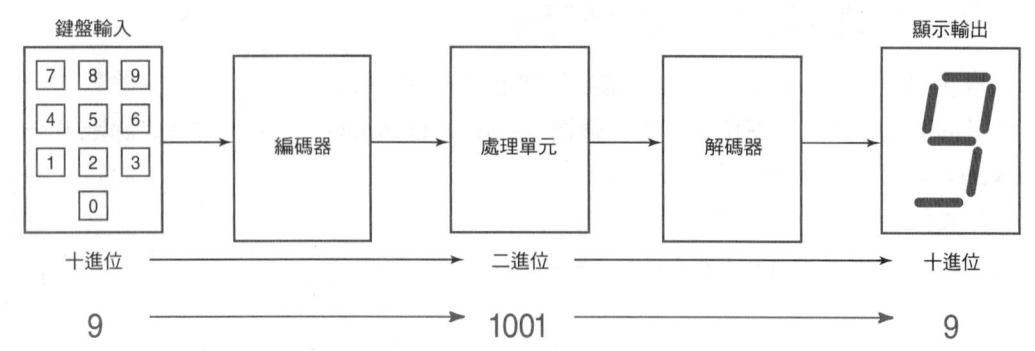

```
                          鍵盤輸入                                              顯示輸出
                       ┌─────────┐                                           ┌─────┐
                       │ 7  8  9 │      ┌──────┐      ┌──────┐      ┌──────┐ │     │
                       │ 4  5  6 │ ───► │ 編碼器│ ───► │處理單元│ ───► │ 解碼器│ ───►│  9  │
                       │ 1  2  3 │      └──────┘      └──────┘      └──────┘ │     │
                       │    0    │                                           └─────┘
                       └─────────┘
                       ├── 十進位 ──┼─────────── 二進位 ────────────┼── 十進位 ──┤
                            9                    1001                       9
```

圖 2-6 使用編碼器與解碼器的系統。

(decoder) 的裝置，其功能則是將二進位碼轉譯至十進位數。

圖 2-6 的下端顯示了典型的轉換機制，假如你在鍵盤上鍵入十位數 9，編碼器將會把 9 轉成二進位數 1001。解碼器將二進位數 1001 轉換成十進位數 9，再輸出至顯示器上。

編碼器與解碼器在數位裝置上是屬於非常普遍的電子電路。例如，一個袖珍型的計算機必須有編碼器與解碼器，以便以電子式的方式將十進位轉成二進位數，再將其轉回成十進位數。因此，當你在鍵盤上按下 9 時，顯示器上即出現這個數值。

在現代的電子系統中，編碼與解碼可以如圖 2-6 的**硬體 (hardware)** 方式加以實現，或者利用電腦程式或**軟體 (software)** 亦可。在電腦術語中，encrypt 意即編碼。同樣地，在電腦軟體中，解碼意即將難以辨識或者已編碼的代碼轉換成可讀性的數值或文字。在電子硬體中，解碼意即將一種代碼翻譯成另一種代碼。一般而言，解碼器是將已編碼的代碼轉換成較具可讀性的型態。

你可以買到一些編碼器與解碼器，將代碼進行數位電子學中通用代碼的翻譯。大部分的編碼器與解碼器都做成單一 IC 的型態。

通用的定義

以下是一些通用的定義：

- **解碼（動詞）**：將難以辨識的代碼翻譯成可讀性較高的型態，例如，將二進位碼轉換成十進位。
- **解碼器（名詞）**：一種邏輯裝置，可以將二進位轉成十進位。一般而言，它是進行數位系統之資料轉換，使其變成較具可讀性的資料型態，例如字母與數字符號。
- **編碼（動詞）**：轉化或譯成代碼，例如，將十進位轉換成二進位碼。
- **編碼器（名詞）**：一種邏輯裝置，可以將十進位轉換成其他的數碼，例如二進位。一般來說，它是將輸入的資訊轉換成在數位電路中有用的數碼。

應用：編碼器與解碼器

積體電路 (integrated circuits, IC) 製造廠生產各種類型的編碼器與解碼器，讓十進位轉二進位或者二進位轉十進位更為簡單。圖 2-7(a) 之方塊圖為編碼—解碼器系統之概要圖，你可以在後面幾個章節的學習中，在實驗室裡建構這樣的系統。在編碼器區段的部分，74147 是一個十進位至二進位編碼器 IC。圖 2-7(a) 中段區域為訊號處理的部分。此一範例是使用 7404 反向器進行 4 位元二進位數的反向或補數。圖 2-7(a) 後段區域為解碼器，係將二進位轉成十進位，而十進位則利用七段 LED 加以顯示。執行這個工作的是 IC 7447 二進位至七段 LED 解碼器／驅動器，目前有許多廠商生產這樣的 IC。

當按下鍵盤 7 時，編碼器—解碼器系統的詳細動作如圖 2-7(b) 所示。

步驟 1. 按下 7。74147 IC 的輸入 7 這條線會以低電位啟動。
步驟 2. 編碼器 (74147 IC) 輸出反向二進位值 1000。
步驟 3. 反向器 (7404 IC) 將反向二進位值 1000 轉成實際的 0111 數值。反向或者取補數，係改變每一個位元相反的準位。
步驟 4. 解碼器 (7447 IC) 將二進位 0111 藉由線路驅動 a、b、c 區段為低電位而轉成七段 LED 碼，因為僅有 a、b、c 區段的燈會亮，而形成十進位 7 的數值。

當按下鍵盤 2 時，編碼器—解碼器系統的詳細動作如圖 2-7(c) 所示。

步驟 1. 按下 2。74147 IC 的輸入 2 這條線會以低電位啟動。
步驟 2. 編碼器 (74147 IC) 輸出反向二進位值 1101。
步驟 3. 反向器 (7404 IC) 將反向二進位值 1101 轉成實際的 0010 數值。
步驟 4. 解碼器 (7447 IC) 將二進位 0010 藉由線路驅動 a、b、d、e、g 區段為低電位而轉成七段 LED 碼，因為僅有 a、b、d、e、g 區段的燈會亮，而形成十進位 2 的數值。

透過網際網路的搜尋，可以發現許多其他相關二進位的代碼，其中有一些代碼將會在本書後面章節中加以介紹。

本節係使用硬體來進行代碼的轉換，然而，大部分的轉換是藉由微處理機或微控制器的軟體程式來完成的。

自我測驗

請填入下列空格。

18. ＿＿＿＿＿＿是一種電子裝置，其負責將十進位碼轉成二進位。
19. 計算機的處理單元輸出二進位數，而此二進位數被轉成十進位的輸出顯示，此裝置稱為＿＿＿＿＿＿。

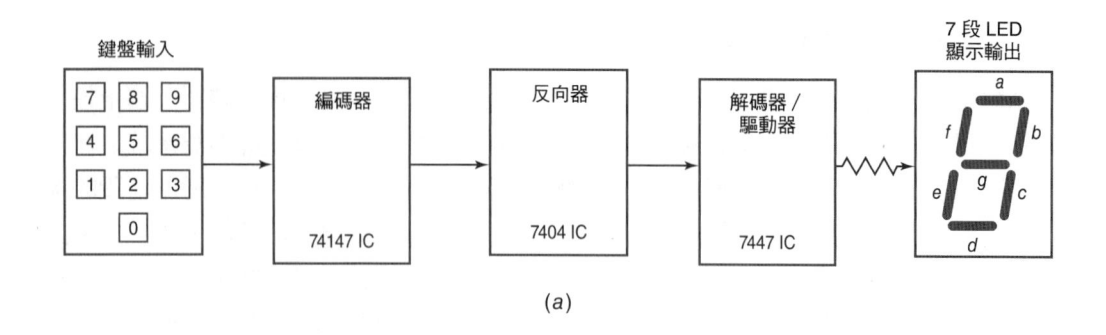

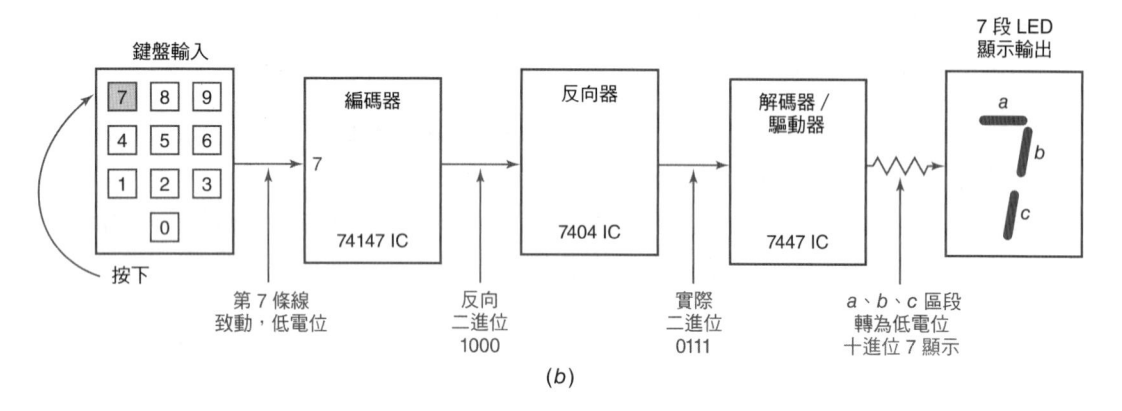

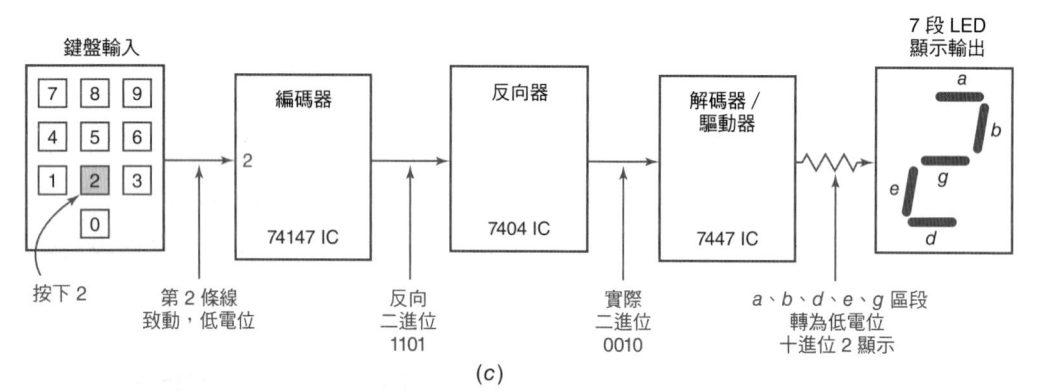

圖 2-7 (a) 編碼器—解碼器系統（方塊圖）。(b) 按下鍵盤的 7 在 LED 顯示器上呈現的是 7。(c) 按下鍵盤的 2 在 LED 顯示器上呈現的是 2。

20. 將可讀性的資料型態轉換成二進位碼，此過程稱為＿＿＿＿＿＿＿＿（解碼，編碼）。
21. 將難以辨識的代碼（例如二進位）翻譯成可讀性較高的型態（例如十進位），此過程稱為＿＿＿＿＿＿＿＿（解碼，編碼）。
22. 參考圖 2-8，當輸入至 74147 編碼器 IC 之第 3 條線以低電位致動時，A 點之 4 位元輸出為＿＿＿＿＿＿＿＿（4 位元）。
23. 參考圖 2-8，7404 反向器 IC 在 B 點之 4 位元輸出為＿＿＿＿＿＿＿＿（4 位元）。
24. 參考圖 2-8，7447 解碼器之輸出將會驅動哪些區段為低電位呢？

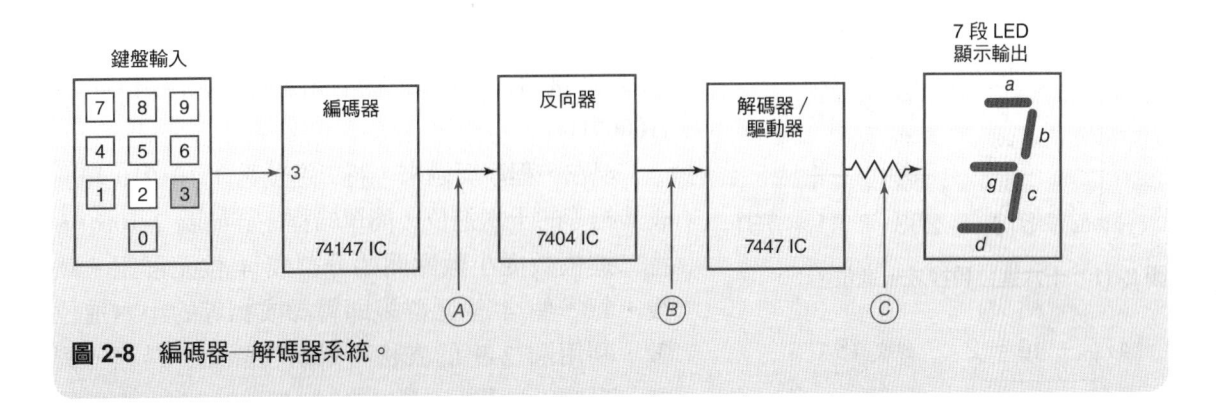

鍵盤輸入 → 編碼器 (74147 IC) → 反向器 (7404 IC) → 解碼器/驅動器 (7447 IC) → 7段 LED 顯示輸出

圖 2-8 編碼器—解碼器系統。

2-6 十六進位數

十六進位數字系統 (hexadecimal number system) 使用了 16 種符號，0、1、2、3、4、5、6、7、8、9、A、B、C、D、E 和 F，也稱為**基底 16 系統 (base 16 system)**。圖 2-9 列出二進位、十六進位等同於十進位數（0 到 17）的表示方式。字母「A」表示 10，字母「B」表示 11，以此類推。十六進位的優點是可以直接將 4 位元的二進位數進行轉換。例如，十六進位「F」表示 4 位元的二進位數 1111。**十六進位標示 (hexadecimal notation)** 一般是用以表示二進位數值。例如，十六進位 A6 表示 8 位元二進位數 10100110。十六進位標示廣泛地應用於**微處理機系統 (microprocessor-based system)**，表示 4、8、16、32 或 64 位元二進位數。

數字 10 可以表示多少數量的物件呢？從圖 2-9 中可以看出，可能是 10 個物件、2 個物件或者 16 個物件，其係根據使用數字的基底而定。**下標 (subscripts)** 符號有時會被用來表示數字的基底，使用下標之數字 10_{10} 代表 10 個物件，其下標（此例為 10）指出其為**基底 10 (base 10)**，或者十進位。使用下標之數字 10_2 代表 2 個物件，因其為二進位〔**基底 2 (base 2)**〕。另外，使用下標數字 10_{16} 代表 16 個物件，因其為十六進位〔**基底 16 (base 16)**〕。

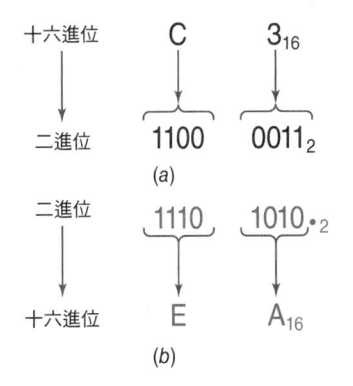

當使用微處理機和微控制器時，進行**十六進位至二進位轉換 (hexadecimal to binary conversion)** 以及**二進位至十六進位轉換 (binary to hexadecimal conversion)** 是相當普遍的工作。考慮轉換 $C3_{16}$ 至相等的二進位數。在圖 2-10(a) 中，每一個十六進位位元可以轉換成其 4 位元的二進位型態（參閱

十進位	二進位	十六進位
0	0000	0
1	0001	1
2	0010	2
3	0011	3
4	0100	4
5	0101	5
6	0110	6
7	0111	7
8	1000	8
9	1001	9
10	1010	A
11	1011	B
12	1100	C
13	1101	D
14	1110	E
15	1111	F
16	10000	10
17	10001	11

圖 2-9 二進位與十六進位等同於十進位數之列表。

十六進位 C 3_{16}
二進位 1100 0011_2
(a)

二進位 1110 $1010._2$
十六進位 E A_{16}
(b)

圖 2-10 (a) 十六進位轉換成二進位。(b) 二進位轉換成十六進位。

位值	256s	16s	1s
十六進位	2	D	B₁₆
	↓	↓	↓
	256	16	1
	× 2	× 13	× 11
	512	208	11
十進位	512 + 208 + 11 = 731₁₀

圖 2-11 十六進位轉換成十進位。

$47_{10} \div 16 = 2$　餘數 15
$2 \div 16 = 0$　餘數 2
$47_{10} = 2F_{16}$

圖 2-12 使用重複除以 16 的程序將十進位轉換成十六進位。

圖 2-9）。十六進位 C 等於 4 位元二進位數 1100。3_{16} 等於 0011。合併此二進位群組，結果得到 $C3_{16} = 11000011_2$。

現在，程序反過來，將二進位數 11101010 轉換成其相等的十六進位，簡單的程序詳如圖 2-10(b)。將二進位數從小數點開始分割成 4 位元群組。然後，每一個 4 位元群組即轉譯成相等的十六進位數，利用圖 2-9 的表格可幫助理解此一過程。例如，圖 2-10(b) 顯示 $11101010_2 = EA_{16}$。

考慮轉換十六進位數 $2DB_{16}$ 至其相等的十進位數。十六進位的前 3 個位值如圖 2-11 上端所示，分別為 256s、16s 和 1s。在圖 2-11 中，有 11 個 1s；有 13 個 16s，其等於 208；有 2 個 256s，其等於 512。所以 11 + 208 + 512 等於 731_{10}。此例如圖 2-11 所示，指出 $2DB_{16} = 731_{10}$。

現在，程序反過來，將十進位數 47 轉換成相等的十六進位數。圖 2-12 詳述了**重複除以 16 的程序 (repeated divided-by-16 process)**。十進位數 47 先除以 16，商為 2，餘數為 15。此餘數 15（十六進位為 F）成為了十六進位的最低位元 (least significant digit, LSD)。商數（在此例中為 2）轉為被除數的位置，再除以 2。結果商為 0，餘數為 2。此餘數 2 成為十六進位的下一個位元。此程序到此為止，因為此時商的整數部分為 0。除以 16 的程序如圖 2-12 所示，轉換 47_{10} 至其十六進位數值為 $2F_{16}$。

自我測驗

請填入下列空格。
25. 十進位數 15 等於十六進位數_____。
26. 十六進位數 A6 等於二進位數_____。
27. 二進位數 11110 等於十六進位數_____。
28. 十六進位數 1F6 等於十進位數_____。
29. 十進位數 63 等於十六進位數_____。

2-7　八進位數

有一些較舊型的電腦是採用八進位來表示二進位的資訊。**八進位數字系統 (octal number system)** 使用 8 種符號：0、1、2、3、4、5、6 和 7，亦可稱為**基底 8 (base 8)** 系統。圖 2-13 的表格列出了與十進位數 0 到 17 相等的二進位與八進位數。八進位系統的優點是很容易將 3 位元二進位數直接進行轉換。八進位標記法是用來表示二進位數的。

當使用某些電腦系統時，**八進位至二進位轉換 (octal-to-binary conversion)** 是相當

普遍的運算。考慮轉換八進位數 67_8 至其相對應的二進位數。如圖 2-14(a)，每一個八進位位元被轉成相等的二進位數。八進位 6 等於 110，而 7 等於 111；將兩者合併則產生 $67_8 = 110111_2$。

現在，程序反過來，將二進位數 100001101 轉成相等的八進位數，此簡單程序如圖 2-14(b) 所示。將此二進位數從小數點開始分割成 3 位元一組 (100 001 101)，接著，每 3 位元組編譯成相等的八進位數。如圖 2-14(b) 的例子，$100\ 001\ 101_2 = 415_8$。

考慮轉換八進位數 415 至其相等的十進位數，前 3 個位值顯示於圖 2-15 之第一列，即 64s、8s 和 1s，總共有 5 個 1s、1 個 8s 和 4 個 64s。4 個 64s 等於 256。加總 5 + 8 + 256 = 269_{10}。此例結果如圖 2-15 所示，$415_8 = 269_{10}$。

現在，程序反過來，將十進位數 498 轉換成相等的八進位數。圖 2-16 為**重複除以 8 的程序 (repeated divide-by-8 process)**。首先，將十進位數 498 除以 8 得到商為 62，餘數為 2。此餘數 2 成為八進位的最低位元。將商 62 轉為被除數再除以 8，得到商為 7，餘數為 6。此 6 變成八進位的下一個位元。再將商數轉成被除數而除以 8，此時商為 0，餘數為 7。此 7 為八進位的最高位元 (most significant digital, MSD)。除以 8 之程序如圖 2-16 所示，498_{10} 轉成 762_8。注意當商數為 0 時，重複除以 8 的程序即停止動作。

技術人員、工程師以及程式設計師必須知道如何在不同數字系統之間做轉換。現在許多商用計算機可以用於二進位、八進位、十六進位以及十進位的轉換，亦可執行二進位、八進位、十六進位以及十進位數字之算術運算。

大部分家庭與學校使用的電腦有不同計算機的特性。當需要從事各種不同類型的數

十進位	二進位	八進位
0	000	0
1	001	1
2	010	2
3	011	3
4	100	4
5	101	5
6	110	6
7	111	7
8	001 000	10
9	001 001	11
10	001 010	12
11	001 011	13
12	001 100	14
13	001 101	15
14	001 110	16
15	001 111	17
16	010 000	20
17	010 001	21

圖 2-13 二進位和八進位等同於十進位數之列表。

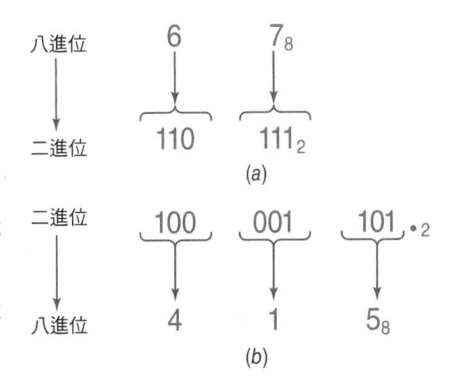

圖 2-14 (a) 八進位轉換成二進位。(b) 二進位轉換成八進位。

圖 2-15 八進位轉換成十進位。

圖 2-16 使用重複除以 8 的程序將十進位轉換成八進位。

> **有關電子學**
>
> **微控制器的過去與現在。**Intel 4004 之 4 位元微控制器於 1971 年問世。此處理器包含約 2300 個電晶體。利用網路搜尋，找出當今微處理器的複雜度。

字系統時，應選擇科學用計算機。此類計算機可以允許各種數字系統之間的轉換（介於二進位、八進位、十六進位以及十進位），亦可在各類型數字系統進行算術運算（例如加、減等）。

自我測驗

請填入下列空格。
30. 八進位數 73 等於二進位數_____。
31. 二進位數 100000 等於八進位數_____。
32. 八進位數 753 等於十進位數_____。
33. 十進位數 63 等於八進位數_____。

2-8 位元、位元組、半字節與字元

單一的二進位數（非 0 即 1）稱為**位元 (bit)**，是二進位數字 (binary digit) 的縮寫。位元是數位系統最小的資料單位。實際上，數位電路的單一位元通常表示為高或低電位。在磁儲存媒體（例如軟碟）上，一個位元是一個很小的一段，表示為 1 或 0；在光碟（例如 CD-ROM）上，一個位元是一個很小的區域，分為凹處與無凹處，表示為 1 或 0。

字元 (word) 為電腦的專門術語，是數位裝置中所處理較大的資料群組。對大部分的電腦而言，其主要資料匯流排的寬度和**字元大小 (word size)** 是一樣的。例如，微處理機或微控制器所執行與儲存之 8 位元群組可作為資料的一個單位。許多通用的微處理機具有 8、16、32 或 64 字元的長度。通常，16 位元長度之資料是視為一個字元。**雙字元 (double-word)** 則包含 32 位元，而**四倍字元 (quad-word)** 為 64 位元。

在數位裝置中，位元代表數字、字母、標點符號、控制元或一些運算碼的 8 位元資料群組稱為**位元組 (byte)**。例如，十六進位數 4F 為位元組 0100 1111 之速記法。位元組是**二進位項 (binary term)** 的縮寫。一個位元組表示一個小量的資訊。在記憶體中，我們常講的是千位元組（2^{10} 或 1024 位元組）、百萬位元組（2^{20} 或 1,048,576 位元組）或者十億位元組（2^{30} 或 1,073,741,824 位元組）。

一個簡單的數位裝置可以設計來處理 4 位元群組的資料。半位元組或 4 位元資料群組稱為**半字節 (nibble)**。例如，十六進位數 C 是半字節 1100 的速記法。

總之，二進位數位群組通用的名稱是

位元　　　1 位元（例如 0 或 1）
半字節　　4 位元（例如 1010）

位元組	8 位元（例如 1110 11111）	
字元	16 位元（例如 1100 0011 1111 1010）	
雙字元	32 位元（例如 1001 1100 1111 0001 0000 1111 1010 0001）	
四倍字元	64 位元（例如 1110 1100 1000 0000 0111 0011 1001 1000 0011 0000 1111 1110 1001 0111 0101 0001）	

自我測驗

請填入下列空格。

34. 單一二進位位元（例如 0 或 1）一般稱為_____（位元，字元）。
35. 一個 8 位元資料群組可以表示一個數字、字母、標點符號或控制元，一般視為_____（位元組，半字節）。
36. 一個 4 位元資料群組可以表示某些數字或代碼，稱為_____（半字節，八位元組）。
37. 資料群組的長度在電腦裡，一般視為_____（記憶體，字元）大小。
38. 一個 32 位元資料群組在電腦裡，一般視為_____（雙字元，半字節）。
39. 一個字元在電腦裡，一般是建議為_____（16 位元，64 位元）資料群組。

第 2 章　總結與回顧

總　結

1. 十進位數字系統包含了十個符號：0、1、2、3、4、5、6、7、8 和 9。
2. 二進位數字系統包含了兩個符號：0 和 1。
3. 在二進位小數點左邊的位值是 128、64、32、16、8、4、2 和 1。
4. 從事數位電子學領域的人必須知道如何轉換二進位至十進位，以及十進位至二進位。
5. 編碼器是一種電子電路，可將十進位數轉成二進位數。
6. 解碼器是一種電子電路，可將二進位數轉成十進位數。
7. 根據通用的定義，編碼係指轉換可讀性的數碼（例如十進位）至某一代碼（例如二進位）。
8. 根據通用的定義，解碼係指轉換某一機械碼（例如二進位）至可讀性的數碼（例如字母與數字符號）。
9. 十六進位數字系統包含了 16 個符號：0、1、2、3、4、5、6、7、8、9、A、B、C、D、E 和 F。
10. 十六進位位元廣泛使用於表示電腦領域中的二進位數。
11. 八進位數字系統包含了 8 個符號：0、1、2、3、4、5、6 和 7。八進位數在某些電腦系統中是用來代表二進位數。
12. 資料群組有一些通用的名詞，包括位元、半字節（4 位元）、位元組（8 位元）、字元（16 位元）、雙字元（32 位元）以及四倍字元（64 位元）。

章節回顧問題

回答下列問題。

2-1. 十進位數 1001 要怎麼念？

2-2. 二進位數 1001 要怎麼念？

2-3. 將下列 **a** 到 **j** 中的二進位數轉換至十進位數：
   a. 1   f. 10000
   b. 100   g. 10101
   c. 101   h. 11111
   d. 1011   i. 11001100
   e. 1000   j. 11111111

2-4. 將下列 **a** 到 **j** 中的十進位數轉換至二進位數：
   a. 0   f. 64
   b. 1   g. 69
   c. 18   h. 128
   d. 25   i. 145
   e. 32   j. 1001

2-5. 將下列 **a** 到 **f** 中的十進位數編碼成二進位數：
   a. 9   d. 13
   b. 3   e. 10
   c. 15   f. 2

2-6. 將下列 **a** 到 **f** 中的二進位數解碼成十進位數：
   a. 0010   d. 0111
   b. 1011   e. 0110
   c. 1110   f. 0000

2-7. 編碼器的作用為何？

2-8. 解碼器的作用為何？

2-9. 寫出十進位數 0 到 15 的二進位數。

2-10. 將下列 **a** 到 **d** 中的十六進位數轉換至二進位數：
   a. 8A   c. 6C
   b. B7   d. FF

2-11. 將下列 **a** 到 **d** 中的二進位數轉換至十六進位數：
   a. 01011110   c. 11011011
   b. 00011111   d. 00110000

2-12. 十六進位數 3E6 = _____ $_{10}$。

2-13. 十進位數 4095 = _____ $_{16}$。

2-14. 八進位數 156 = _____ $_{10}$。

2-15. 十進位數 391 = _____ $_{8}$。

2-16. 單一個 0 或 1 通常稱為_____（位元，字元）。

2-17. 由 0 和 1 組成之 8 位元群組可表示數字、字母或運算碼，通常稱為_____（位元組，半字節）。

2-18. 半字節為專有名詞，用於描述_____（4 位元，12 位元）資料群組。

2-19. 在微處理機系統（例如電腦）中，以_____（檔案，字元）長度定義資料群組的大小。

2-20. 轉譯可讀性的資料形式（例如字母與數字符號）至機械碼，以便用於數位系統，此稱為_____（編碼，接合）。

關鍵性思考問題

2-1. 假如電腦中的數位電路僅對二進位數作出反應，為何電腦專家還廣泛地使用八進位數與十六進位數呢？

2-2. 在數位系統（例如微電腦）中，通常是考慮 8 位元群組（稱為位元組）作為有意義的資料，請猜測位元組（例如 11011011_2）在微電腦中可能代表的意義。

2-3. 此題由教師決定是否作答。請使用電路模擬軟體 (a) 畫出十進位至二進位編碼器電路之邏輯圖，如圖 2-17 所示。(b) 執行此電路，以及 (c) 向授課教師說明此一模擬結果。

2-4. 此題由教師決定是否作答。請使用電路模擬軟體 (a) 畫出二進位至十進位解碼器電

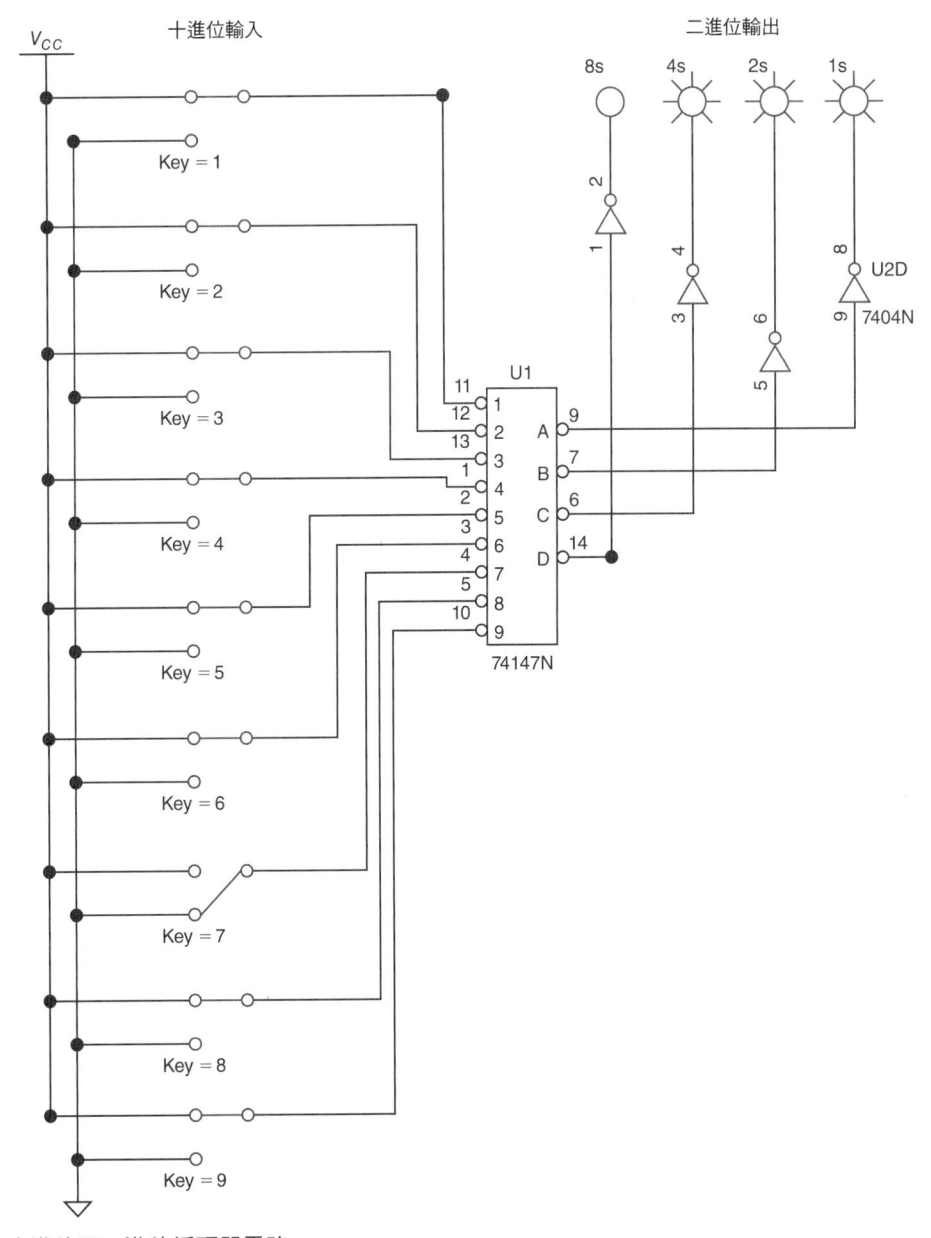

圖 2-17 十進位至二進位編碼器電路。

路之邏輯圖，如圖 2-18 所示。(b) 執行此電路，以及 (c) 向授課教師說明此一模擬結果。

2-5. 在教師指導之下，使用科學用計算機，將一種數字系統轉換成另一種數字系統，並向教師展示執行程序與結果。

2-6. 在教師指導之下，使用網站將一種數字系統轉換成另一種數字系統，並向教師展示結果。

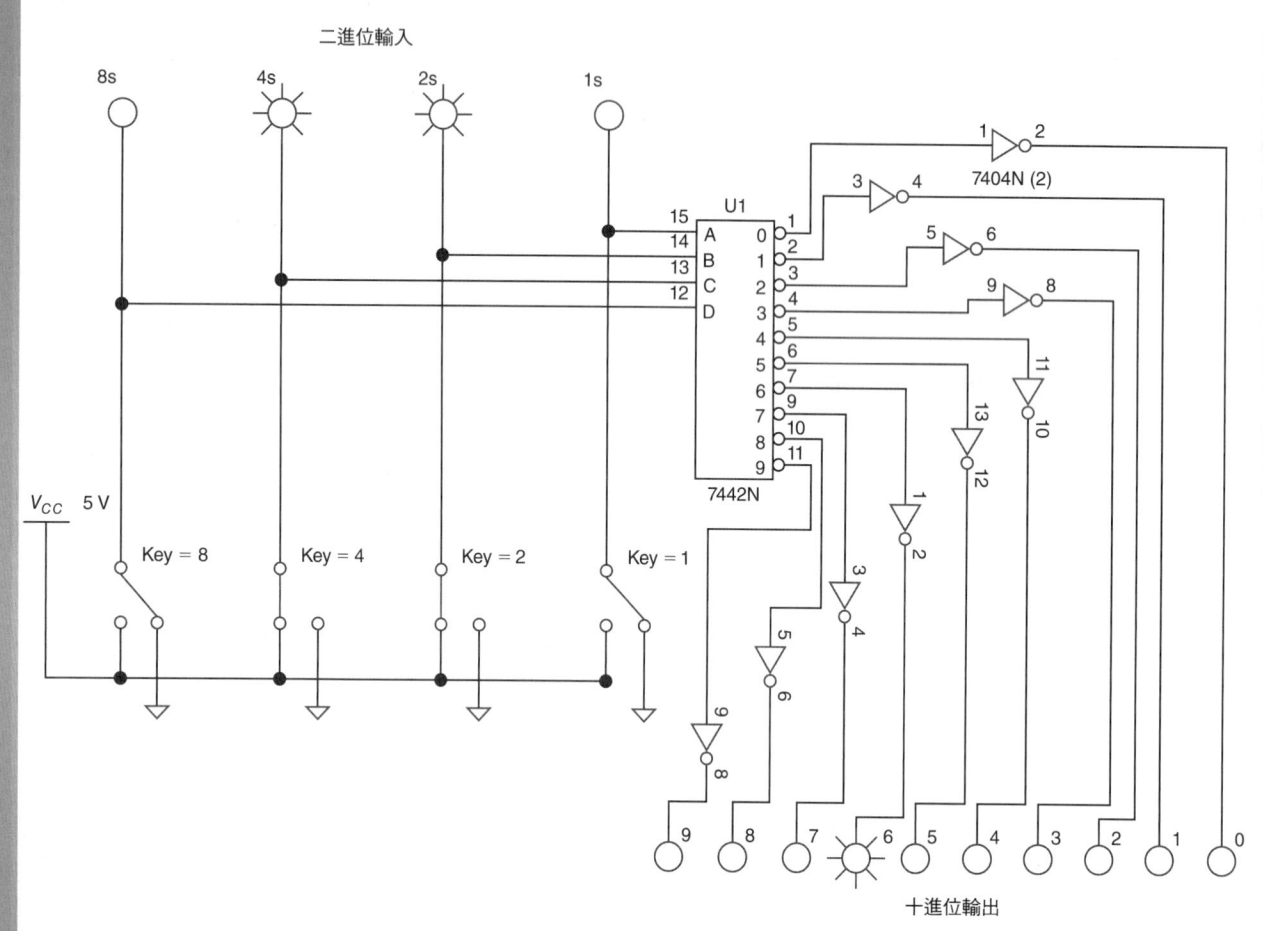

圖 2-18 二進位 (BCD) 至十進位解碼器電路。

CHAPTER 3
邏輯閘

學習目標 本章將幫助你：

3-1 記住七個基本邏輯閘（AND 閘、OR 閘、NOT 閘、NAND 閘、NOR 閘、XOR 閘、XNOR 閘）的名稱、符號、真值表、函數及布林式。

3-2 僅藉由 NAND 閘來表示七個基本邏輯閘中任一個邏輯圖。

3-3 描繪邏輯圖說明如何使用兩輸入邏輯閘來建立多輸入邏輯閘。

3-4 藉由使用反閘轉換基本邏輯閘至其他邏輯函數。

3-5 辨識 TTL 與 CMOS IC 的 DIP 封裝之接腳與製造商標示資料。

3-6 維修簡易之邏輯閘電路。

3-7 識別出新的邏輯閘符號（IEEE 標準 91-1984）。

3-8 能分析簡單邏輯閘應用之運作原理。

一般人可能會認為電腦、計算機與其他數位設備的功能相當神奇。實際上這些數位電子設備在運算上極度具有邏輯性。這些數位電路的組成基本元件為**邏輯閘 (logic gate)**。從事數位電子工作的人都了解且每天使用邏輯閘。請記得，無論多複雜的電腦系統，邏輯閘都為其組成的基本元件。藉由簡單開關元件、繼電器、真空管、電晶體、二極體或 IC 可建構這些邏輯閘。因為 IC 的可用性、廣泛使用與低成本特性，IC 常被使用以建構這些數位電路。這些邏輯閘有多種邏輯閘家族系列可供用，包括 TTL 與 CMOS。

邏輯閘所執行的工作被稱為**邏輯函數 (logic function)**，而邏輯函數能被硬體（邏輯閘）或藉由微控制器與電腦等可規劃式設備所實現。

3-1 AND 閘

AND 閘（AND gate，亦稱為「及閘」）有時被稱為「全有或全無閘」(all or nothing gate)。圖 3-1 說明其使用簡單開關所實現之基本觀念。

在圖 3-1 中，如何能點亮燈光 (L_1)？你必須關閉開關 A 與開關 B 以點亮燈光。你可以說開關 A 與開關 B 必須同時關閉以致輸出有燈光。常用的 AND 閘多為二極體與電晶體所建構，並被封裝於 IC。圖 3-2 為 AND 閘之**邏輯符號 (logic symbol)**。從現在開

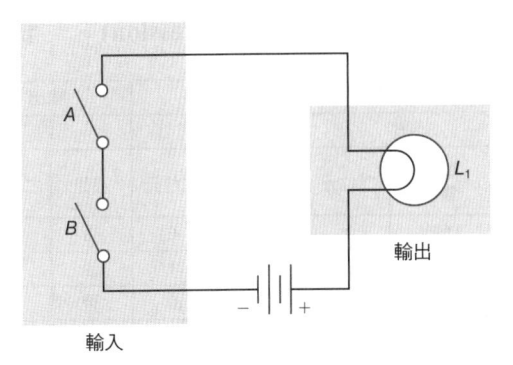

圖 3-1 使用開關的 AND 閘電路。

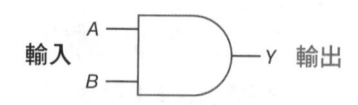

圖 3-2　AND 閘邏輯符號。

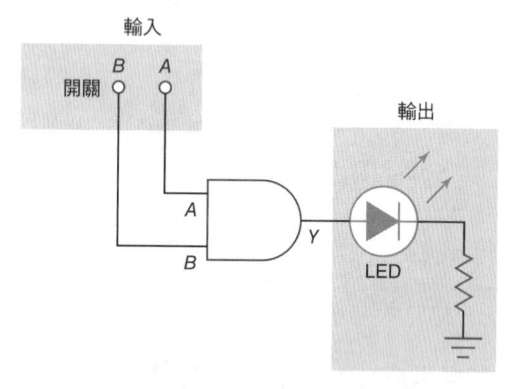

圖 3-3　實際的 AND 閘電路。

始，你必須記住這個標準符號，在後續章節均會使用。

「邏輯」這個名詞通常使用在與決策過程相關的情況。因此，根據輸入訊號狀況，邏輯閘為一個可以在輸出端決定是 (yes) 或否 (no) 的電子電路。在圖 3-1 中，我們已知只有在兩個輸入端均為是（開關關閉）之情況下，輸出端才會說是（燈亮）。

讓我們考慮在實驗室中相同情況之真實電路。如圖 3-3，AND 閘被連接到輸入開關 A 與 B。輸出端為一 LED 指示器。假使兩輸入端 A 與 B 均為 LOW 電壓（或 GND），LED 燈將不會亮，情況如同圖 3-4 真值表第一列。請注意圖 3-4 第一列中，輸入與輸出狀態亦被表示為二位元位數 (binary digits)。第一列表示：當輸入均為二位元 0 時，輸出亦為二位元 0。小心查看圖 3-4 之四種組合。只有在開關 A 與 B 均為二位元 1 時，輸出端才為二位元 1（如表最後一列）。

對應於接地 (GND) 之 +5 V 出現在 A、B 或 Y，才會被稱為二位元 1 或 HIGH 電壓。二位元 0 或 LOW 電壓被定義為出現在 A、B 或 Y 的 GND 電壓（近於 0 V）。我們使用**正邏輯 (positive logic)**，因為二位元 1 是以 +5 V 來表示。數位電子學大多數採用正邏輯表示。

圖 3-4 的表稱為**真值表 (truth table)**。AND 閘的真值表列出輸入 A 和 B 所有可能之組合與相對應之輸出。因此，圖 3-4 真值表定義此 AND 閘正確之運作情況，也可說是描述 **AND 函數 (AND function)**。你必須記住 AND 函數的真值表。它的唯一特性是，僅有在所有 AND 輸入均為 HIGH 時，AND 輸出才為 HIGH。圖 3-4 AND 之輸出行，只有最後一列為 1，其餘均為 0。

到目前為止，我們已經記得 AND 閘之符號與真值表。接下來，我們將學習一種速記法來表達「輸入 A 與輸入 B 作 AND 以得到輸出 Y」。此種速記法被稱為**布林表示式 (Boolean expression)**。「布林」這個名稱來自處理邏輯運算的**布林代數 (Boolean algebra)**。布林表示式是一種通用的語言，在數位電子學領域常被工程師與技術人員所使用。圖 3-5 呈現出表達「輸入 A 與輸入 B 作 AND 以得到輸出 Y」，第一列是語言表達方式，表達輸入 A 與輸入 B 作 AND 以得到輸出 Y。第二列是布林表示式，注意這個「點」(‧)在布林式中表達 AND 函數。一般實務上，

輸入				輸出	
B		A		Y	
開關電壓	二位元	開關電壓	二位元	亮燈	二位元
LOW	0	LOW	0	否	0
LOW	0	HIGH	1	否	0
HIGH	1	LOW	0	否	0
HIGH	1	HIGH	1	是	1

圖 3-4　AND 閘的真值表。

$A \cdot B = Y$ 能簡化表達為 $AB = Y$。$A \cdot B = Y$ 與 $AB = Y$ 兩者均表達兩輸入端之 AND 函數。

查看圖 3-5 第四列真值表之輸出欄，你會發現唯一的 HIGH 輸出是在最後一列，且只存在於所有輸入均為 HIGH 時。

總結

圖 3-5 詳細列出表達輸入 A 與 B 作 AND 之四種常用方法，每種方法均被廣泛使用在電子工業且相關工作者皆必須學習其使用方法。

「邏輯函數」一詞隱喻輸入端與輸出端訊號之邏輯關係，而「邏輯閘」為其實體實現。我們可以說 AND 邏輯閘 (IC) 實現此 AND 函數。

AND 閘函數描述	
語言表達方式	輸入 A 與輸入 B 作 AND 以得到輸出 Y
布林表示式	$A \cdot B = Y$ （AND 符號）
邏輯符號表示	A ─┐ B ─┘ ⊃─ Y
真值表表示	A B Y 0 0 0 0 1 0 1 0 0 1 1 1

圖 3-5 A 與 B 作邏輯 AND 之四種表示。

AND 邏輯閘唯一的 HIGH 輸出，只存在於所有輸入均為 HIGH 時。

自我測驗

請填入下列空格。
1. 寫出兩輸入 AND 閘之布林表示式。
2. 參考圖 3-3，當兩輸入均為 HIGH，輸出 Y 將為_____（HIGH，LOW），以及 LED 燈將_____（亮，暗）。
3. 參考圖 3-6，在時間 t_1 時 AND 閘之輸出是邏輯_____（0，1）。
4. 參考圖 3-6，在時間 t_2 時 AND 閘之輸出是邏輯_____（0，1）。
5. 參考圖 3-6，在時間 t_3 時 AND 閘之輸出是邏輯_____（0，1）。
6. 參考圖 3-6，在時間 t_4 時 AND 閘之輸出是邏輯_____（0，1）。
7. AND 閘之唯一輸出是_____（HIGH，LOW），且僅存在於所有輸入均為 HIGH 時。
8. 參考圖 3-7，假如 AND 閘所有三個輸入（A、B 與 C）均是 HIGH，則輸出 Y 將是_____（HIGH，LOW）。

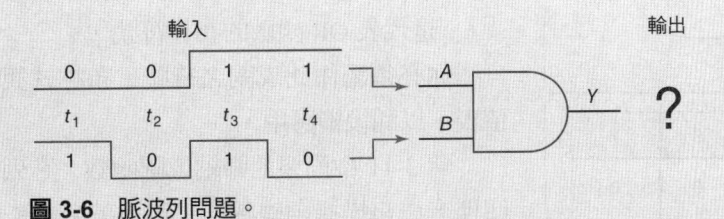

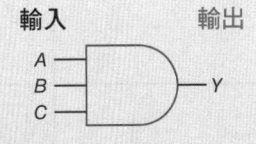

圖 3-6 脈波列問題。

圖 3-7 三個輸入端 AND 閘之邏輯符號。

3-2 OR 閘

OR 閘（OR gate，亦稱為「或閘」）有時被稱為「任意或全部閘」(any or all gate)。圖 3-8 說明其使用簡單開關所實現之基本觀念。在圖 3-8 中，當任一開關（開關 A 或開關 B）關閉或兩者均關閉，就能點亮燈光 (L_1)；若兩者均開路，燈光會熄滅。圖 3-9 是 OR 閘之真值表，此真值表列出圖 3-8 開關與燈光狀態之相關性，也說明了**包含 OR 之函數 (inclusive OR function)**。當輸入訊號均為 LOW 時，OR 閘為唯一輸出 LOW，圖 3-9 之輸出行顯示只有第一列輸出 0，其他情形 OR 閘之輸出為 1。

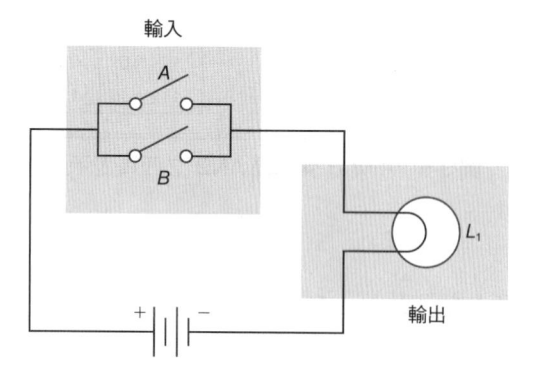

圖 3-8 使用開關的 OR 閘電路。

輸入				輸出	
A		B		Y	
開關	二位元	開關	二位元	亮燈	二位元
開路	0	開路	0	否	0
開路	0	關閉	1	是	1
關閉	1	開路	0	是	1
關閉	1	關閉	1	是	1

圖 3-9 OR 閘的真值表。

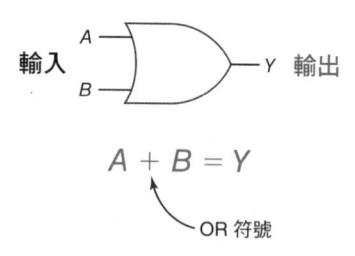

$$A + B = Y$$

圖 3-10 OR 閘的符號與布林式。

圖 3-10 為 OR 閘之符號與布林表示式，輸入 A 與 B 被「OR」後，產生輸出 Y。布林表示式亦同時表示在圖 3-10 內。注意，「+」是代表 OR 函數的布林符號。

你必須記住此或閘之符號、布林式與真值表，以利後續應用。

圖 3-11 中簡要地歸納或閘函數。它列出四種方法來描述兩變數（A 和 B）之 OR 邏輯運算。

只有在輸入訊號均為 LOW 時，OR 閘為唯一輸出 LOW。圖 3-11 真值表中之 Y 輸出行之第一列為此情形。

OR 閘函數描述

語言表達方式	輸入 A 與輸入 B 作 OR 以得到輸出 Y
布林表示式	$A + B = Y$ OR 符號
邏輯符號表示	(A、B 輸入，Y 輸出之 OR 閘符號)
真值表表示	A B Y 0 0 0 0 1 1 1 0 1 1 1 1

圖 3-11 A 與 B 作邏輯 OR 之四種表示。

自我測驗

請填入下列空格。

9. 寫出兩輸入 OR 閘之布林表示式。
10. 參考圖 3-12，在時間 t_1 時 OR 閘之輸出是邏輯＿＿＿＿＿＿＿（0，1）。
11. 參考圖 3-12，在時間 t_2 時 OR 閘之輸出是邏輯＿＿＿＿＿＿＿（0，1）。
12. 參考圖 3-12，在時間 t_3 時 OR 閘之輸出是邏輯＿＿＿＿＿＿＿（0，1）。
13. OR 閘之唯一輸出是＿＿＿＿＿＿＿（HIGH，LOW），且僅存在於所有輸入均為 LOW 時。
14. 技術上來講，圖 3-11 之真值表描述＿＿＿＿＿＿＿（互斥，包含）OR 之邏輯函數。
15. 參考圖 3-13，假如 OR 閘所有三個輸入（A、B 與 C）均是 LOW，則輸出 Y 將是＿＿＿＿＿＿＿（HIGH，LOW）。

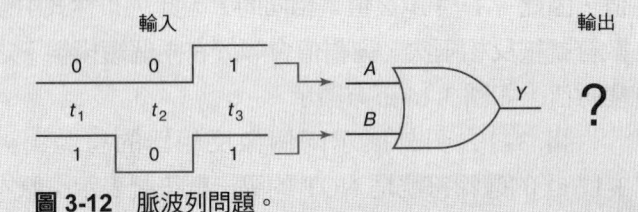

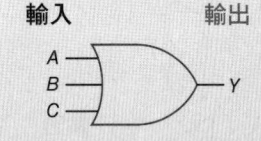

圖 3-12　脈波列問題。

圖 3-13　三個輸入端 OR 閘之邏輯符號。

3-3 反相器與緩衝器

到目前為止，所有的邏輯閘至少有兩個輸入端與一個輸出端。但 **NOT 電路 (NOT circuit)** 只有一個輸入端與一個輸出端。NOT 電路經常被稱為**反相器 (inverter)**，其作用為：輸出準位永遠不會與輸入準位一樣。圖 3-14 為反相器（NOT 電路）之邏輯符號。

在圖 3-14 把輸入 A 設為邏輯 1，其輸出端 Y 將得到相反的準位──邏輯 0。我們可以說反相器的作用是**互補 (complement)** 輸入或**反相 (invert)** 輸入。在圖 3-14 也表達 NOT 或 INVERT 之布林式，符號「‾」在 A 上方，表示 $\overline{A}$ 被反相或被互補；布林式亦即反相 A。

圖 3-14 亦呈現另一種布林式 NOT 符號表示，「′」。A' 表「互補」A 或「反相」A。使用「‾」是表達 NOT 較佳的表示法，但在電路模擬軟體上顯示在電腦螢幕之布林表示式大都以撇號「′」呈現較方便。

圖 3-15 是反相器之真值表。反相器之輸入電壓為 LOW，輸出電壓為 HIGH；相反地，若輸入電壓為 HIGH，輸出電壓為 LOW。如我們剛剛學

$Y = \overline{A}$　NOT 符號

$Y = A'$　另一種 NOT 符號

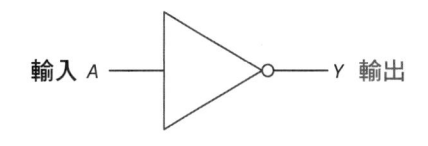

圖 3-14　反相器的符號與布林式。

輸入		輸出	
A		Y	
電壓	二位元	電壓	二位元
LOW	0	HIGH	1
HIGH	1	LOW	0

圖 3-15　反相器的真值表。

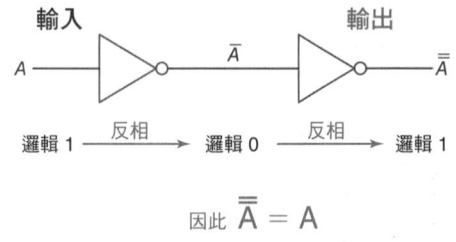

圖 3-16 兩次反相之效應。

因此 $\overline{\overline{A}} = A$

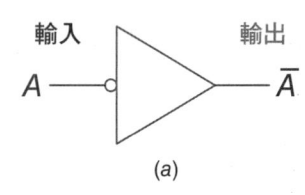

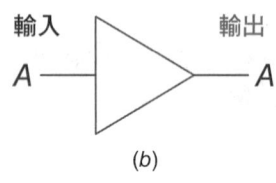

圖 3-17 (a) 反相器的另一種符號（小圓圈在輸入端）。(b) 非反相的緩衝器或驅動器符號。

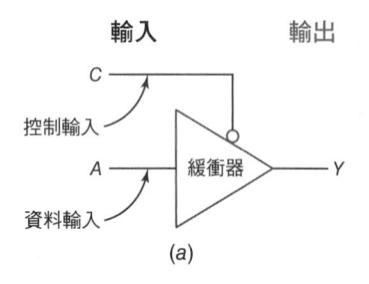

輸入		輸出
C	**A**	**Y**
L	L	L
L	H	H
H	X	(Z)
控制輸入	資料輸入	

L ＝ 低電位
H ＝ 高電位
X ＝ 不用理會（不會影響輸出）
(Z) ＝ 高阻抗

圖 3-18 非反相的緩衝器或驅動器（三態輸出）：(a) 三態緩衝器符號；(b) 三態緩衝器真值表。

習到的，輸出永遠反相輸入。真值表亦呈現輸入端與輸出端之間邏輯 0 與邏輯 1 之關係。

我們已經學到，當一個訊號通過反相器時，輸入訊號已經被反相或互補，可以說這是一種**否定 (negated)**。因此，「否定」、「互補」與「反相」等詞均指同一件事。

圖 3-16 是讓 A 訊號連續通過兩個反相器；A 訊號首先被反相為 $\overline{A}$，再被第二次反相變為 $\overline{\overline{A}}$。以二位元數值來看，1 被反相兩次後，會恢復為原來的數值，因此，$\overline{\overline{A}}$ 與 A 之值是相同的。因此，布林式中變數符號被反相兩次，邏輯值會等於在兩個短橫線下之變數值，如圖 3-16 下方顯示。

圖 3-17 另外展示兩個像反相器的符號。圖 3-17(a) 的邏輯符號是 NOT 的另一種符號表示；原本在反相器左邊表示反相的小圓圈表示為一主動 LOW 的輸入。

圖 3-17(b) 是**非反相的緩衝器或驅動器 (noninverting buffer/driver)**。非反相的緩衝器沒有邏輯功能（它不反相），但相較於原來電路設計，它能在緩衝器輸出端提供較大的推動電流。因為一般常用的數位 IC 均有一定輸出電流額定量限制，當 IC 作為介面電路處理訊號時，如需推動 LED、燈泡與其他的元件時，非反相的緩衝器或驅動器功能就很重要。緩衝器或驅動器均可設計在非反相或反相運作模式。

在數位電子領域中，你可能會碰到像圖 3-18(a) 之符號。它代表一種常用於匯流排 (bus) 系統（匯流排常被使用於電腦系統內）的緩衝器或驅動器。圖 3-18 的符號亦稱為**三態緩衝器 (three-state buffer)**；它看似一般的緩衝器或驅動器，但多了一個額外的控制輸入 (control input)。圖 3-18(b) 呈現三態緩衝器之真值表。當控制 (C) 電壓為 HIGH 時，輸出端呈現高阻抗狀態 (high-impedance state, high-Z state)。在高阻抗狀態下，輸出就好像一個開路開關連接在緩衝器輸出端與匯流排之間。在此高阻抗狀態下，緩衝器輸出端將不會影響所連接匯流排之邏輯值，讓多個具有三

態輸出的緩衝器能夠同時連接到相同的匯流排，而不影響電路運作。但無論如何，在同一時間點只能有一個三態緩衝器可被啟動。

當控制電壓為 LOW 時，如圖 3-18，緩衝器會將真實資料（非反相）由輸入端傳送至輸出端。

總之，我們現在已經了解反相器或 NOT 閘的符號表示、布林式與真值表，也了解非反相緩衝器或驅動器之符號與使用目的，如推動 LED 或燈泡等。另外，我們也了解三態緩衝器或驅動器在匯流排連接之功用。

自我測驗

請填入下列空格。
16. 參考圖 3-14，輸入 A 是 HIGH，反相器的輸出 Y 將為_____。
17. 參考圖 3-16，左邊反相器之輸入 A 是 LOW，最右邊反相器的輸出將為_____。
18. 寫出反相器之布林表示式。
19. 列出兩個常用來表示「反相」(inverted) 的名詞。
20. 參考圖 3-17(b)，輸入 A 是 LOW，緩衝器的輸出將為_____。
21. 參考圖 3-19，在時間 t_1 時三態緩衝器之輸出是_____（HIGH，LOW，高阻抗）。
22. 參考圖 3-19，在時間 t_2 時三態緩衝器之輸出是_____（HIGH，LOW，高阻抗）。
23. 參考圖 3-19，在時間 t_3 時三態緩衝器之輸出是_____（HIGH，LOW，高阻抗）。

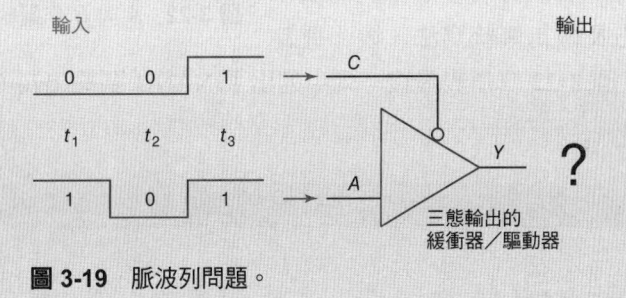

圖 3-19 脈波列問題。

3-4 NAND 閘

AND 閘、OR 閘、NOT 閘是組成所有數位電路的三個基本電路。**NAND 閘**（NAND gate，亦稱為「反及閘」）是 NOT AND 函數，或反相的 AND 函數，圖 3-20(a) 是 NAND 的標準邏輯符號。在符號右邊的反相小圓圈即為將 AND 閘輸出反相的意思。

圖 3-20(b) 是將一個 AND 與一個 NOT 組成為 NAND 邏輯函數。圖 3-20(b) 內亦表達 AND ($A \cdot B$) 與 NAND ($\overline{A \cdot B}$) 之布林式。

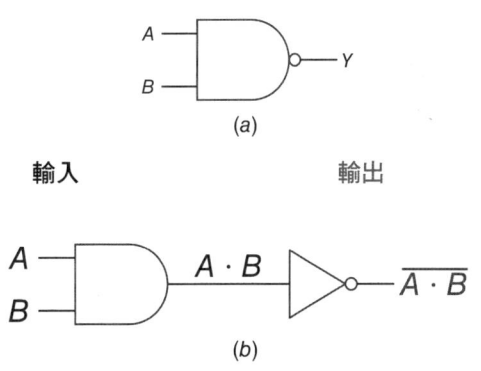

圖 3-20 (a) NAND 邏輯閘符號。(b) NAND 閘布林式。

數位邏輯設計 原理與應用

輸入		輸出	
B	A	AND	NAND
0	0	0	1
0	1	0	1
1	0	0	1
1	1	1	0

圖 3-21 AND 與 NAND 閘的真值表。

圖 3-21 右側為 NAND 閘之真值表，是藉由反相 AND 輸出端真值表而來。AND 輸出端的真值表亦列出供參考。

你知道 NAND 的符號、布林式與真值表嗎？你必須熟記它們。NAND 唯一輸出 LOW 僅存在於所有輸入均為 HIGH 時。圖 3-21 之 NAND 閘真值表最後一列，即為 NAND 輸出為 0 僅存在所有輸入為 1 時。

圖 3-22 為 NAND 函數的簡短整理，列出四個方法描述兩輸入變數（A 與 B）之 NAND 函數。NAND 的布林式亦有多個不同寫法，前兩種利用上方長線為傳統寫法，後一種為電腦顯示版本。圖 3-22 真值表最後一列中列出了 NAND 閘輸出為 0 僅存在所有輸入為 1 時之情況。

NAND 閘函數描述

語言表達方式	輸入 A 與輸入 B 作 NAND 以得到輸出 Y
布林表示式	$\overline{A \cdot B} = Y$ 或 （NOT 符號、AND 符號） $\overline{AB} = Y$ 或 $(AB)' = Y$
邏輯符號表示	（A、B 輸入之 NAND 閘符號，輸出 Y）

A	B	Y
0	0	1
0	1	1
1	0	1
1	1	0

圖 3-22 A 與 B 作邏輯 NAND 之四種表示。

自我測驗

請填入下列空格。

24. 寫出兩輸入 NAND 閘之布林表示式。
25. 參考圖 3-23，在時間 t_1 時 NAND 閘之輸出是邏輯＿＿＿＿＿（0，1）。
26. 參考圖 3-23，在時間 t_2 時 NAND 閘之輸出是邏輯＿＿＿＿＿（0，1）。
27. 參考圖 3-23，在時間 t_3 時 NAND 閘之輸出是邏輯＿＿＿＿＿（0，1）。
28. NAND 閘之唯一輸出是＿＿＿＿＿（HIGH，LOW），且僅存在於所有輸入均為 HIGH 時。
29. 參考圖 3-24，寫出三輸入 NAND 閘之布林表示式。
30. 參考圖 3-24，假如 NAND 閘所有三個輸入（A、B 與 C）均是 HIGH，則輸出 Y 將是＿＿＿＿＿（HIGH，LOW）。

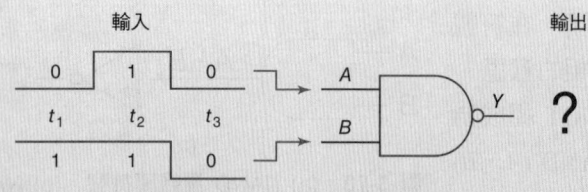

圖 3-23 脈波列問題。

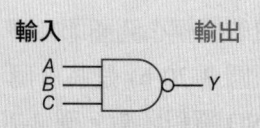

圖 3-24 三個輸入端 NAND 閘之邏輯符號。

3-5 NOR 閘

NOR 閘（NOR gate，亦稱為「反或閘」）其實是 NOT OR 閘。換句話說，OR 閘輸出反相後成為 NOR 閘。圖 3-25(a) 是 NOR 閘的邏輯符號，也就是在 OR 符號的右邊有個反相小圓圈。圖 3-25(b) 是將一個 OR 與一個反相器組成 NOR 函數；圖 3-25(b) 亦呈現 OR 運算 ($A+B$) 與 NOR 運算 ($\overline{A+B}$) 之布林式。

圖 3-26 為 NOR 閘之真值表。NOR 閘真值表可藉由反相 OR 閘輸出端真值表而來。OR 閘輸出端真值表亦列出供參考。

你必須熟記 NOR 閘的符號、布林式與真值表。在設計數位電路時，你將經常使用它們。NOR 唯一輸出 HIGH 僅存在於所有輸入均為 LOW 時。圖 3-26 所示 NOR 閘真值表的第一列，即為 NOR 輸出為 1 僅存在所有輸入為 0 時。

圖 3-27 為 NOR 函數簡短整理，列出四個方法描述兩輸入（A 與 B）之 NOR 函數。NOR 的布林式有幾個不同寫法，如圖 3-27 所示。第一種利用上方長線為傳統寫法，第二種 $(A+B)' = Y$ 為電腦顯示版本。

NOR 閘唯一輸出為 HIGH，僅存在所有輸入為 LOW 時之情況。

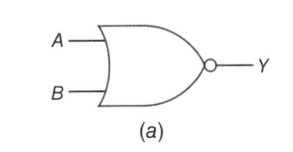

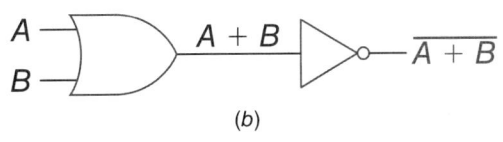

圖 3-25 (a) NOR 邏輯閘符號。(b) NOR 閘布林式。

圖 3-26 OR 與 NOR 閘的真值表。

| 輸入 || 輸出 ||
B	A	OR	NOR
0	0	0	1
0	1	1	0
1	0	1	0
1	1	1	0

NOR 閘函數描述

語言表達方式	輸入 A 與輸入 B 作 NOR 以得到輸出 Y
布林表示式	$\overline{A+B} = Y$ 或 $(A+B)' = Y$
邏輯符號表示	
真值表表示	A B Y 0 0 1 0 1 0 1 0 0 1 1 0

圖 3-27 A 與 B 作邏輯 NOR 之四種表示。

自我測驗

請填入下列空格。

31. 寫出兩輸入 NOR 閘之布林表示式。
32. 參考圖 3-28,在時間 t_1 時 NOR 閘之輸出是邏輯_____(0,1)。
33. 參考圖 3-28,在時間 t_2 時 NOR 閘之輸出是邏輯_____(0,1)。
34. 參考圖 3-28,在時間 t_3 時 NOR 閘之輸出是邏輯_____(0,1)。
35. NOR 閘之唯一輸出是_____(HIGH,LOW),且僅存在於所有輸入均為 LOW 時。
36. 參考圖 3-29,寫出三輸入 NOR 閘之布林表示式。
37. 參考圖 3-29,假如 NOR 閘所有三個輸入(A、B 與 C)均是 LOW,則輸出 Y 將是_____(HIGH,LOW)。

圖 3-28 脈波列問題。

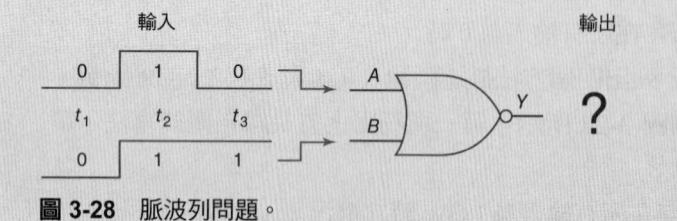

圖 3-29 三個輸入端 NAND 閘之邏輯符號。

3-6　互斥 OR 閘

互斥 OR 閘(exclusive OR gate,亦稱為「互斥或閘」)有時稱為「奇數非偶數閘」(odd but not even gate)。互斥 OR 閘經常被簡寫為 XOR 閘。圖 3-30(a) 是 XOR 邏輯符號。圖 3-30(b) 是 XOR 布林式,符號 ⊕ 表達 XOR 函數。

圖 3-31 右側為 XOR 閘輸出。注意,假如任何輸入 1 但非全部均為 1,輸出將為邏輯 1。圖 3-31 內亦表達 OR 真值表,讀者可檢查兩者之差異性。

XOR 唯一輸出 HIGH 僅存在於奇數個輸入均為 HIGH。為了說明此特性,圖 3-32 為三輸入端之 XOR 閘之符號、布林式與真值表。圖 3-32(b) 為三輸入端之 XOR 閘之真值表,輸出為 HIGH 僅在奇數個輸入為 HIGH 之情況(真值表 2、3、5 及 8 行);假如有

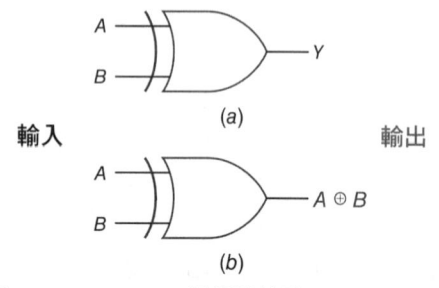

圖 3-30 (a) XOR 邏輯閘符號。(b) XOR 閘布林式。

輸入		輸出	
B	A	OR	XOR
0	0	0	0
0	1	1	1
1	0	1	1
1	1	1	0

圖 3-31 OR 與 XOR 閘的真值表。

第 3 章　邏輯閘

三輸入端 XOR

輸入			輸出
C	B	A	Y
0	0	0	0
0	0	1	1
0	1	0	1
0	1	1	0
1	0	0	1
1	0	1	0
1	1	0	0
1	1	1	1

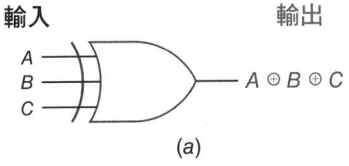

(a)　　　　　　　　　　　　(b)

圖 3-32　(a) 三輸入端 XOR 邏輯閘符號與布林式。(b) 三輸入端 XOR 閘的真值表。

偶數個輸入為 HIGH，XOR 輸出即為 LOW（真值表 1、4、6 及 7 行）。XOR 閘經常使用在多種的算術電路。

圖 3-33 為 XOR 函數簡短整理，列出四個方法描述三輸入（A、B 與 C）之 XOR 函數。XOR 唯一輸出 HIGH 僅存在於奇數個輸入均為 HIGH 時。

XOR 閘函數描述

語言表達方式	輸入 A 與輸入 B 作 XOR 以得到輸出 Y	真值表表示	A	B	C	Y
布林表示式	$A \oplus B \oplus C = Y$ （XOR 符號）		0	0	0	0
			0	0	1	1
			0	1	0	1
邏輯符號表示	(符號圖)		0	1	1	0
			1	0	0	1
			1	0	1	0
			1	1	0	0
			1	1	1	1

圖 3-33　A、B 與 C 作邏輯 XOR 之四種表示。

自我測驗

請填入下列空格。

38. 寫出三輸入 XOR 閘之布林表示式。
39. 參考圖 3-34，在時間 t_1 時 XOR 閘之輸出是邏輯 _____（0，1）。
40. 參考圖 3-34，在時間 t_2 時 XOR 閘之輸出是邏輯 _____（0，1）。
41. 參考圖 3-34，在時間 t_3 時 XOR 閘之輸出是邏輯 _____（0，1）。
42. 參考圖 3-34，在時間 t_4 時 XOR 閘之輸出是邏輯 _____（0，1）。

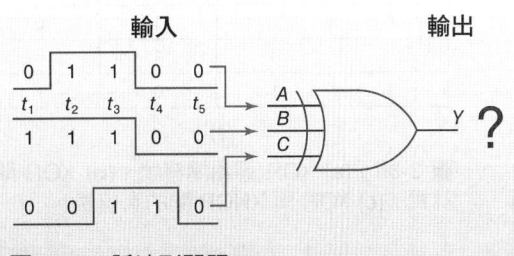

圖 3-34　脈波列問題。

43. 參考圖 3-34，在時間 t_5 時 XOR 閘之輸出是邏輯_____（0，1）。
44. XOR 閘之唯一輸出是 HIGH，且僅存在於_____（偶，奇）數個輸入為 HIGH 時。

3-7 互斥 NOR 閘

互斥 NOR 閘（exclusive NOR gate，亦稱為「反互斥或閘」）經常簡寫為 XNOR 閘。圖 3-35(a) 是 XNOR 邏輯符號，是把反相小圓圈接在 XOR 符號輸出端。圖 3-35(b) 是 XNOR 布林式其中一種表示法 $\overline{A \oplus B}$。$A \oplus B$ 上方長線表示把 XOR 閘輸出反相。圖 3-35(c) 是 XNOR 閘輸出真值表，請注意 XNOR 輸出與 XOR 閘真值表互補（反相）。圖 3-35(c) 亦表達 XOR 閘之輸出狀況。

你現在應已經了解 XNOR 的符號、真值表與布林式。

圖 3-36 為 XNOR 函數的簡短整理，列出四個方法描述三輸入（A、B 與 C）之 XNOR 函數。XNOR 唯一輸出 LOW 僅存在於奇數個輸入均為 HIGH 時。XNOR 函數與 XOR 函數正好相反。

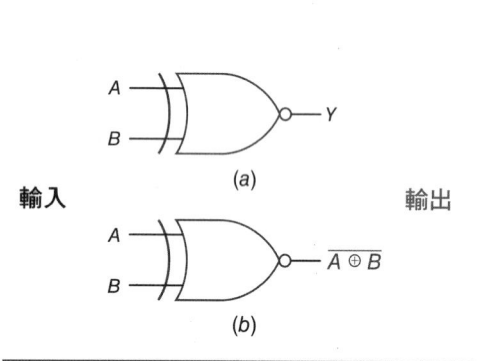

XNOR 閘函數描述

語言表達方式	輸入 A 與輸入 B 作 XNOR 以得到輸出 Y
布林表示式	$\overline{A \oplus B \oplus C} = Y$ （NOT 符號、XOR 符號）
邏輯符號表示	（A、B、C 輸入之 XNOR 閘符號，輸出 Y）
真值表表示	A B C Y 0 0 0 1 0 0 1 0 0 1 0 0 0 1 1 1 1 0 0 0 1 0 1 1 1 1 0 1 1 1 1 0

圖 3-35 之 XOR／XNOR：

(a) XOR 閘邏輯符號，輸入 A、B 輸出 Y

(b) XOR 閘布林式，輸出 $\overline{A \oplus B}$

(c) XOR 與 XNOR 閘的真值表：

輸入		輸出	
A	B	XOR	XNOR
0	0	0	1
0	1	1	0
1	0	1	0
1	1	0	1

圖 3-35 (a) XOR 邏輯閘符號。(b) XOR 閘布林式。(c) XOR 與 XNOR 閘的真值表。

圖 3-36 A、B 與 C 作邏輯 XNOR 之四種表示。

自我測驗

請填入下列空格。

45. 寫出三輸入 XNOR 閘之布林表示式。
46. 參考圖 3-37，在時間 t_1 時 XNOR 閘之輸出是邏輯_____（0，1）。
47. 參考圖 3-37，在時間 t_2 時 XNOR 閘之輸出是邏輯_____（0，1）。
48. 參考圖 3-37，在時間 t_3 時 XNOR 閘之輸出是邏輯_____（0，1）。
49. 參考圖 3-37，在時間 t_4 時 XNOR 閘之輸出是邏輯_____（0，1）。
50. 參考圖 3-37，在時間 t_5 時 XNOR 閘之輸出是邏輯_____（0，1）。
51. XNOR 閘之唯一輸出是_____（HIGH，LOW），且僅存在於奇數個輸入為 HIGH 時。

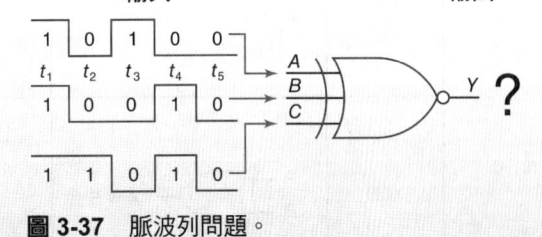

圖 3-37 脈波列問題。

3-8 NAND 閘作為通用閘

到目前為止，在本章我們已經學習了所有組成數位電路的基本邏輯電路，了解七種類型的邏輯閘電路，也知道 AND 閘、OR 閘、NAND 閘、NOR 閘、XOR 閘、XNOR 閘與反相器之運作特性。我們能夠從市面上買到執行這七種基本函數的 IC。

從製造廠商的資料文件可以發現，NAND 閘相較於其他形式邏輯閘更常被使用。因此，我們需了解如何利用 NAND 閘來實現其他邏輯閘功能。NAND 閘因此可視為一通用閘 (universal gate)。

圖 3-38 呈現如何利用 NAND 閘來建立其他基本邏輯函數。左邊第一行表示所需邏輯函數，第二行表示慣用的函數符號，第三行表示如何利用 NAND 閘間之相互接線以完成所需邏輯函數。圖 3-38 中的圖表不需記憶，但在未來數位電路設計上會參考到。

邏輯函數	符號	僅使用 NAND 閘的電路
反相器	$A \rightarrow \overline{A}$	$A \rightarrow \overline{A}$
AND	$A, B \rightarrow A \cdot B$	$A, B \rightarrow A \cdot B$
OR	$A, B \rightarrow A + B$	$A, B \rightarrow A + B$

圖 3-38 使用 NAND 閘作為其他邏輯閘替代電路。

閘	符號	使用 NAND 閘之替代電路
NOR	A, B → $\overline{A+B}$	(NAND 替代電路) → $\overline{A+B}$
XOR	A, B → $A \oplus B$	(NAND 替代電路) → $A \oplus B$
XNOR	A, B → $\overline{A \oplus B}$	(NAND 替代電路) → $\overline{A \oplus B}$

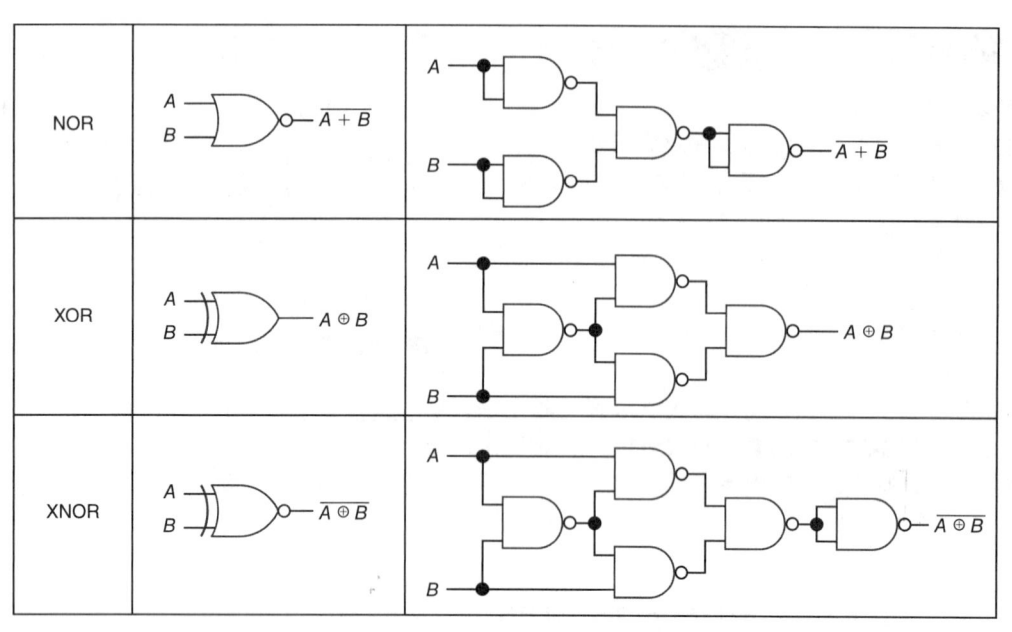

圖 3-38（續） 使用 NAND 閘作為其他邏輯閘替代電路。

自我測驗

請填入下列空格。

52. 使用 NAND 閘作為反相閘功能時，NAND 閘之輸入需＿＿＿＿＿（連接在一起，留著開路）。
53. 參考圖 3-39，使用 A 輸入變數、B 輸入變數與 Y 輸出變數，寫出一簡化之布林表示式以描述此兩輸入之邏輯電路。
54. 參考圖 3-39，此邏輯電路圖之輸出 Y，在時間 t_1 時是邏輯＿＿＿＿＿（0，1）。
55. 參考圖 3-39，此邏輯電路圖之輸出 Y，在時間 t_2 時是邏輯＿＿＿＿＿（0，1）。
56. 參考圖 3-39，此邏輯電路圖之輸出 Y，在時間 t_3 時是邏輯＿＿＿＿＿（0，1）。
57. 參考圖 3-40，此邏輯電路圖之輸出 Y，在時間 t_1 時是邏輯＿＿＿＿＿（0，1）。
58. 參考圖 3-40，此邏輯電路圖之輸出 Y，在時間 t_2 時是邏輯＿＿＿＿＿（0，1）。
59. 參考圖 3-40，此邏輯電路圖之輸出 Y，在時間 t_3 時是邏輯＿＿＿＿＿（0，1）。

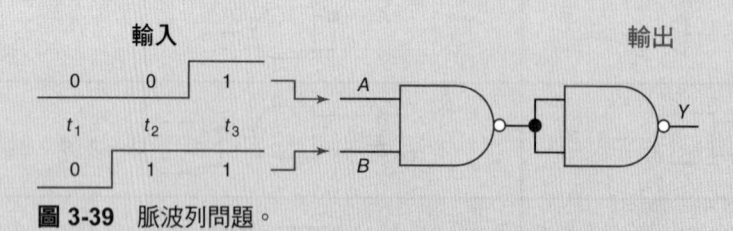

圖 3-39 脈波列問題。

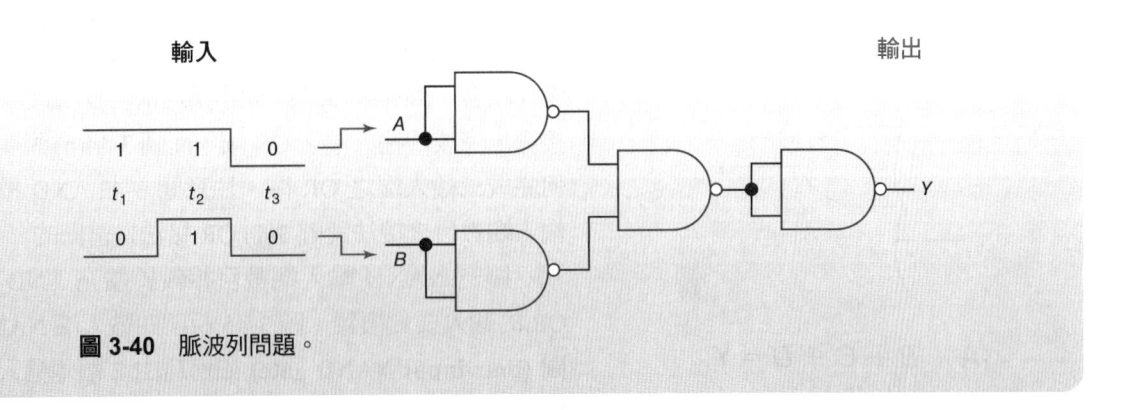

圖 3-40 脈波列問題。

3-9 有兩個以上輸入端的邏輯閘

圖 3-41(a) 為一個**三輸入端之 AND 閘 (three-input AND gate)**。圖 3-41(b) 為其布林式 $A \cdot B \cdot C = Y$。三個輸入 A、B 與 C 的所有可能組合如圖 3-41(c) 之真值表，表格最右行為其邏輯輸出。三輸入所有可能組合數目已增為八種 (2^3)。

假使我們只有兩輸入端之 AND 閘可利用，如何建構一個如圖 3-41 之三輸入端 AND 閘？答案如圖 3-42(a) 所示。藉由右邊兩輸入端 AND 之接線，可完成三輸入端之 AND 閘。圖 3-42(b) 說明如何藉由兩輸入端 AND 之接線，完成**四輸入端之 AND 閘 (four-input AND gate)**。

圖 3-43(a) 為一個**四輸入端之 OR 閘 (four-input OR gate)**。圖 3-43(b) 為其布林式 $A + B + C + D = Y$，其意義為輸入 A 或輸入 B 或輸入 C 或輸入 D 將等同輸出 Y。記住，在布林式中，符號 + 為布林式之邏輯 OR 的意思。圖 3-43(c) 為一個四輸入端之 OR 閘之真值表，輸入端 A、B、C 與 D 共有 16 種組合 (2^4)。欲接線完成四輸入端之 OR 閘，你可從製造商買到

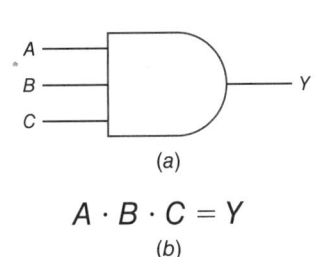

$A \cdot B \cdot C = Y$
(b)

輸入			輸出
A	B	C	Y
0	0	0	0
0	0	1	0
0	1	0	0
0	1	1	0
1	0	0	0
1	0	1	0
1	1	0	0
1	1	1	1

(c)

圖 3-41 三輸入端之 AND 閘。(a) 邏輯符號。(b) 布林式。(c) 真值表。

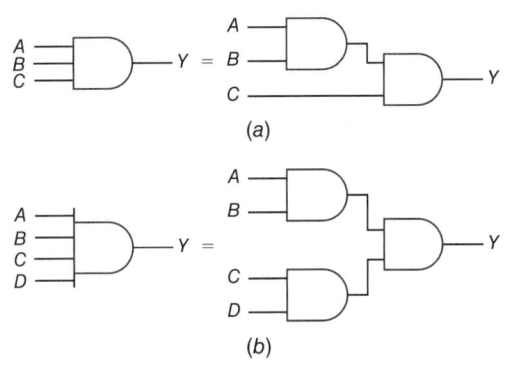

圖 3-42 擴充邏輯閘輸入端數目。(a) 使用兩個 AND 閘完成三輸入 AND。(b) 使用三個 AND 閘完成四輸入 AND。

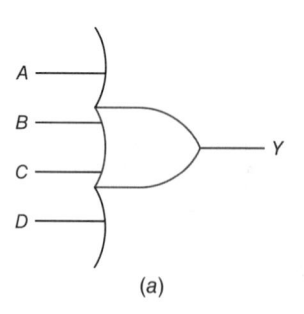

一個四輸入端之 OR 閘或自行利用兩輸入端之 OR 閘作組合。圖 3-44(a) 說明如何藉由兩輸入端 OR 之接線，完成四輸入端之 OR 閘，而圖 3-44(b) 說明如何完成三輸入端之 OR 閘。注意圖 3-42 AND 擴充輸入端數目之接法與圖 3-44 OR 接法是雷同的。

擴充 NAND 輸入端數目相較於擴充 AND 與 OR 的輸入要更複雜。圖 3-45 說明**四輸入端 NAND 閘 (four-input NAND gate)** 如何藉由 2 個兩輸入端 NAND 與 1 個兩輸入端 OR 來完成。

你將經常會碰到兩輸入端至八輸入端邏輯閘（甚至更多輸入）之需求，本節所使用的轉換技巧可供參考。

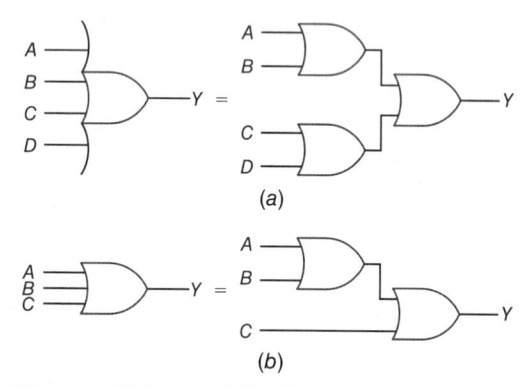

$A + B + C + D = Y$

(b)

輸入				輸出
A	B	C	D	Y
0	0	0	0	0
0	0	0	1	1
0	0	1	0	1
0	0	1	1	1
0	1	0	0	1
0	1	0	1	1
0	1	1	0	1
0	1	1	1	1
1	0	0	0	1
1	0	0	1	1
1	0	1	0	1
1	0	1	1	1
1	1	0	0	1
1	1	0	1	1
1	1	1	0	1
1	1	1	1	1

(c)

圖 3-43 四輸入端之 OR 閘。(a) 當外加的輸入數目超過符號寬度時的邏輯符號表示法。(b) 布林式。(c) 真值表。

圖 3-44 擴充 OR 邏輯閘輸入端數目。

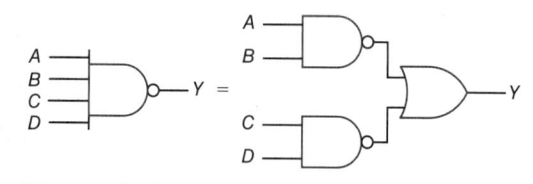

圖 3-45 擴充 NAND 邏輯閘輸入端數目。

自我測驗

請填入下列空格。
60. 寫出三輸入端之 NAND 閘布林式。
61. 三輸入端之 NAND 閘，輸入端將共有_____種可能的組合情形。
62. 寫出四輸入端之 NOR 閘布林式。
63. 五輸入端之 NOR 閘，輸入端將共有_____種可能的組合情形。

64. 參考圖 3-46，此電路產生輸出為 Y 之六輸入 _____（AND，NAND，OR）邏輯函數。
65. 參考圖 3-46，真值表包含 2^6 或_____（32，64，128）狀態組合列，將可描述六輸入之邏輯函數。

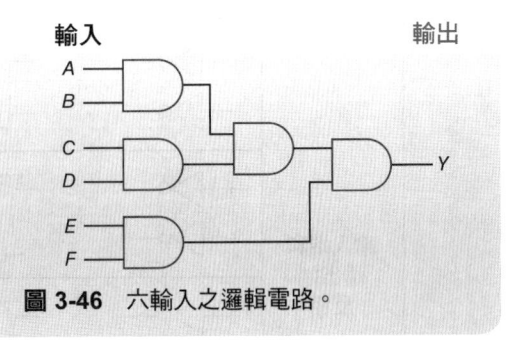

圖 3-46 六輸入之邏輯電路。

3-10 使用反相器作邏輯閘轉換

藉由反相器可以簡便地將 AND、OR、NAND 或 NOR 基本邏輯閘轉換成其他邏輯函數。圖 3-47 呈現出各種邏輯函數轉換。圖 3-47 的上面，僅將邏輯閘輸出反相，結果

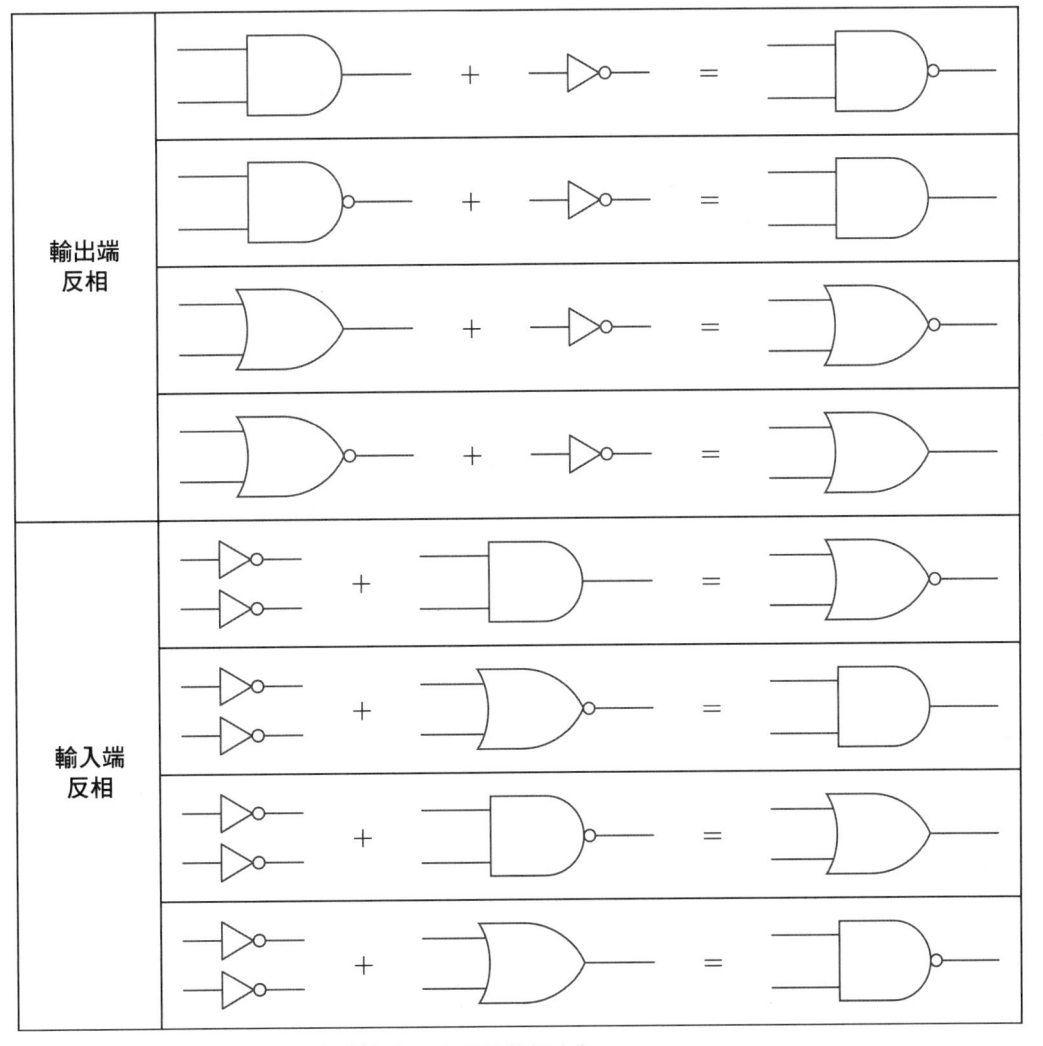

圖 3-47 使用反相器邏輯閘轉換（符號 + 表示函數組合）。

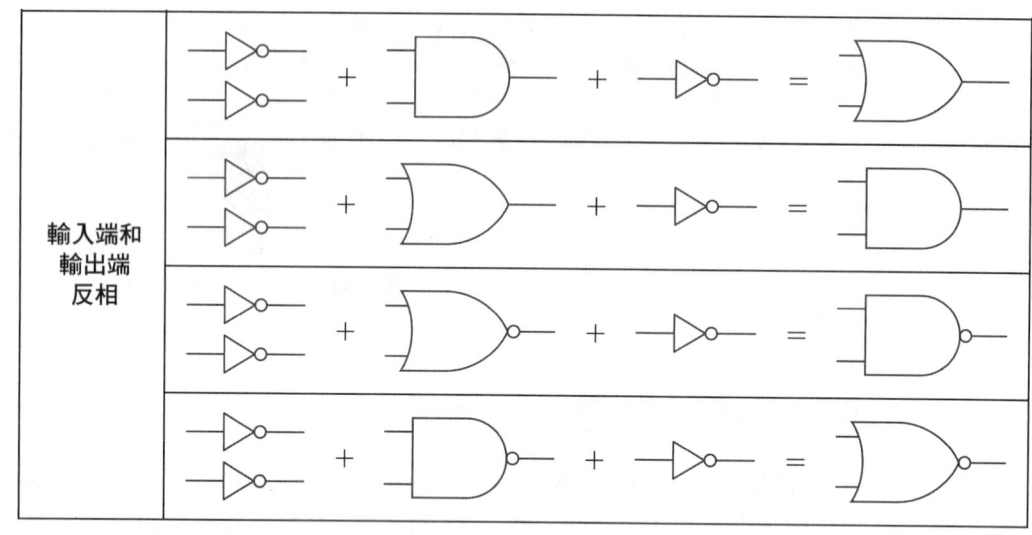

圖 3-47（續） 使用反相器邏輯閘轉換（符號 + 表示函數組合）。

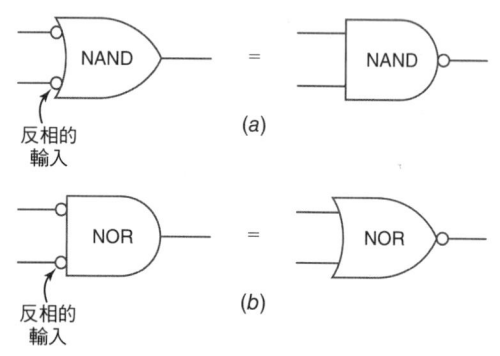

圖 3-48 常用邏輯閘符號的另一種表示。(a) NAND 符號。(b) NOR 符號。註：反相小圓圈出現在邏輯閘輸入端，一般的意義為主動 LOW 的輸入。

顯示於右邊。

圖 3-47 的中間僅將邏輯閘輸入端反相。例如，將 OR 閘兩輸入端均反相，會產生 NAND 函數；圖 3-48(a) 強調此轉換。注意，圖 3-48(a) 將反向小圓圈加在 OR 閘輸入端，將其反相轉變成為 NAND 函數。圖 3-47 中間部分亦將 AND 閘輸入端反相轉變成為 NOR 函數；此轉變重繪於圖 3-48(b)。在某些邏輯圖中，圖左的新符號（含反相小圓圈）會取代圖右較傳統的 NAND 及 NOR 邏輯閘符號。你日後很可能會遇到這些新符號。

圖 3-49 解釋如何藉由布林式來說明新增反相器以改變邏輯閘功能。考慮圖 3-49(a) 左的 NAND 符號，為在 AND 閘輸出端後接一個反相器，AND 閘布林式為 $A \cdot B = Y$。AND 輸出端反相會成為 $\overline{A \cdot B} = Y$，圖 3-49(a) 右側為 NAND 邏輯函數之真值表。

現在考慮表示 NAND 的另一符號，如圖 3-49(b)；此處，反相器是前接在 OR 閘輸入端，其布林式為 $\overline{A} + \overline{B} = Y$。圖 3-49(b) 右側為此邏輯閘之真值表，亦為 NAND 函數。這兩個布林式 $\overline{A \cdot B} = Y$ 與 $\overline{A} + \overline{B} = Y$ 均表達 NAND 邏輯函數，並產生相同真值表。使用**迪摩根定理（DeMorgan's theorem**，布林代數之一部分）可以有系統地將簡單邏輯函數轉換成基礎的 AND 或 OR 電路。迪摩根定理之相關細節在第 4 章將會再次提到。

圖 3-47 下面部分，是同時將邏輯閘輸入端與輸出端同時反相。請注意，藉由輸入與輸出端同時反相，能將 AND 函數變為 OR 函數（或將 OR 函數可變為 AND 函數），以及將 NAND 函數變為 NOR 函數（或將 NOR 函數可變為 NAND 函數）。

由圖 3-47 之十二種轉換，讓我們僅藉由反相器就可將任何基本邏輯閘（AND、

OR、NAND 與 NOR）轉換到其他形式的邏輯閘。你不需背誦圖 3-47 之十二種轉換，但記得可以參考使用。

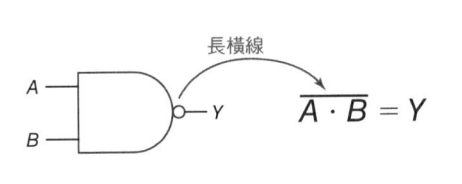

NAND 真值表

A	B	Y
0	0	1
0	1	1
1	0	1
1	1	0

$\overline{A \cdot B} = Y$

(a)

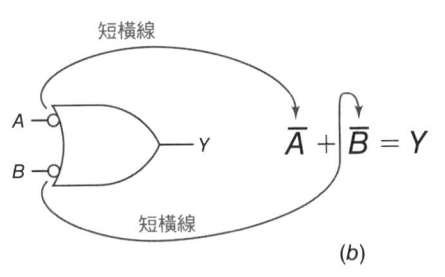

NAND 真值表

A	B	Y
0	0	1
0	1	1
1	0	1
1	1	0

$\overline{A} + \overline{B} = Y$

(b)

圖 3-49 (a) NAND 邏輯符號。(b) 布林式與真值表。

自我測驗

請填入下列空格。

66. 藉由新增_____至 OR 閘輸入端，可將 OR 閘轉換成 NAND 函數。
67. 藉由新增反相器至 AND 閘輸入端，將可產生_____邏輯函數。
68. 藉由新增反相器至 AND 閘輸出端，將可產生_____邏輯函數。
69. 藉由新增反相器至 AND 閘所有輸入與輸出端，將可產生_____邏輯函數。
70. 寫出圖 3-50(a) 兩輸入端之 NOR 閘布林式（使用長橫線）。
71. 寫出圖 3-50(b) NOR 閘另一符號表示之布林式（使用兩個短橫線）。

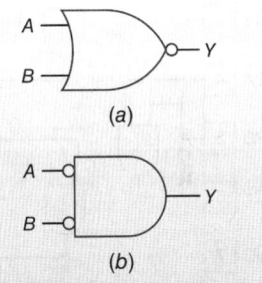

圖 3-50 NOR 邏輯符號。

3-11 實用 TTL 邏輯閘

數位電路會普及的部分原因是有可用的廉價 IC。製造商已經開發許多**數位 IC 家族系列 (families of digital ICs)**。屬於同一家族的元件可彼此相容並能搭配使用。

其中有一家族使用的是**雙極性製程 (bipolar technology)**。這些 IC 有著類似離散式雙極電晶體的元件。電晶體—電晶體邏輯 (transistor-transistor logic, TTL) 數位 IC 是藉由雙極性接面電晶體 (bipolar-junction transistor, BJT)、二極體與電阻所建構。

另一個數位 IC 邏輯家族使用的是**金屬氧化物半導體製程 [metal oxide semiconductor**

圖 3-51 DIP 封裝 IC。(a) 正規 DIP 封裝，用一凹陷處表接腳 1。(b) 正規 DIP 封裝，用一點表接腳 1。(c) 小尺寸 DIP 表面黏著技術 IC，用一點表接腳 1。(d) 小尺寸 DIP 表面黏著技術 IC，用一凹陷處表接腳 1。

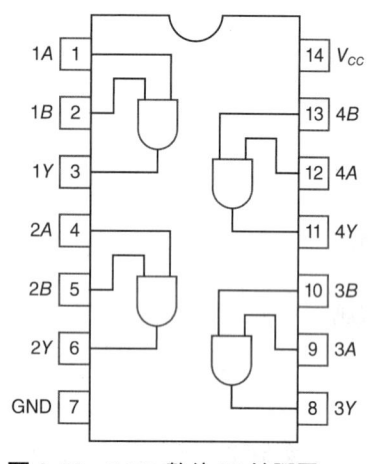

圖 3-52 7408 數位 IC 接腳圖。

(MOS) technology]。CMOS 互補氧化物半導體 (COMOS) 有與絕緣閘極場效電晶體 (insulated-gated field-effect transistors, IGFETs) 電性類似的元件。由 MOS 製程所作的 **CMOS 邏輯家族 (CMOS family)** 功率極低，使用廣泛。你在實驗室中均有機會使用到 TTL 與 CMOS IC。

IC 封裝

圖 3-51(a) 說明 IC 的傳統型式。這種封裝為**雙邊引腳 (dual-in-line package, DIP)**。此積體電路稱為 14 接腳 DIP IC。

圖 3-51(a) 在封裝缺口處下方逆時鐘方向為接腳 1。從 IC 正面來看，逆時鐘方向為 1 至 14 接腳；而圖 3-51(b) 則使用「點」來表示接腳編號 1。

圖 3-51(a) 與 (b) 的 IC 接腳較長，一般會用來穿過印刷電路板 (PCB) 上的細孔，並在另一面作焊接。圖 3-51(c) 與 (d) 的兩個 IC 較小，接腳也較短並且彎曲，可焊接在 PC 板上方。這種技術為**表面黏著技術 (surface-mount technology, SMT)** 封裝，可節省印刷電路板空間，且有助於使用自動化機具焊接時的位置對準作業。圖 3-51(c) 與 (d) 呈現兩種標示接腳 1 的方法。因為使用麵包板不需要焊接，在學校實驗室內經常使用的 IC 為接腳較長的 DIP 封裝 IC。

IC 製造商大多會提供類似圖 3-52 的**接腳圖 (pin diagram)**。此 IC 內含有 4 個兩輸入端 AND 閘，因此稱為**四個兩輸入端 AND 閘 (quadruple two-input AND)**。7408 是 TTL IC 7400 系列 (7400 series of TTL ICs) 其中一種，電源接腳為 GND（接腳 7）與 V_{CC}（接腳 14）。其餘接腳為 4 個 TTL AND 閘之輸入與輸出端。

IC 接線

圖 3-53(a) 為使用 7408 TTL IC 應用的邏輯圖，實際的接線圖為 3-53(b)。TTL 元件常使用 5-V 直流穩壓電源，正 (V_{CC}) 與負 (GND) 電源在 IC 接腳 14 與 7。開關（A 與 B）連線到 7408 IC 的接腳 1 與 2。注意，若開關位置上，表示邏輯 1 (+5 V) 送至 AND 閘輸入端；假如開關位置在下，則邏輯 0 送至輸入端。在圖 3-53(b) 右邊，一個 LED 與 150 Ω 限流電阻串接接至 GND。假如接腳 3 是 HIGH（接近 +5 V），電流將流經 LED。當 LED 為亮的狀態，表示 AND 閘輸出為 HIGH。

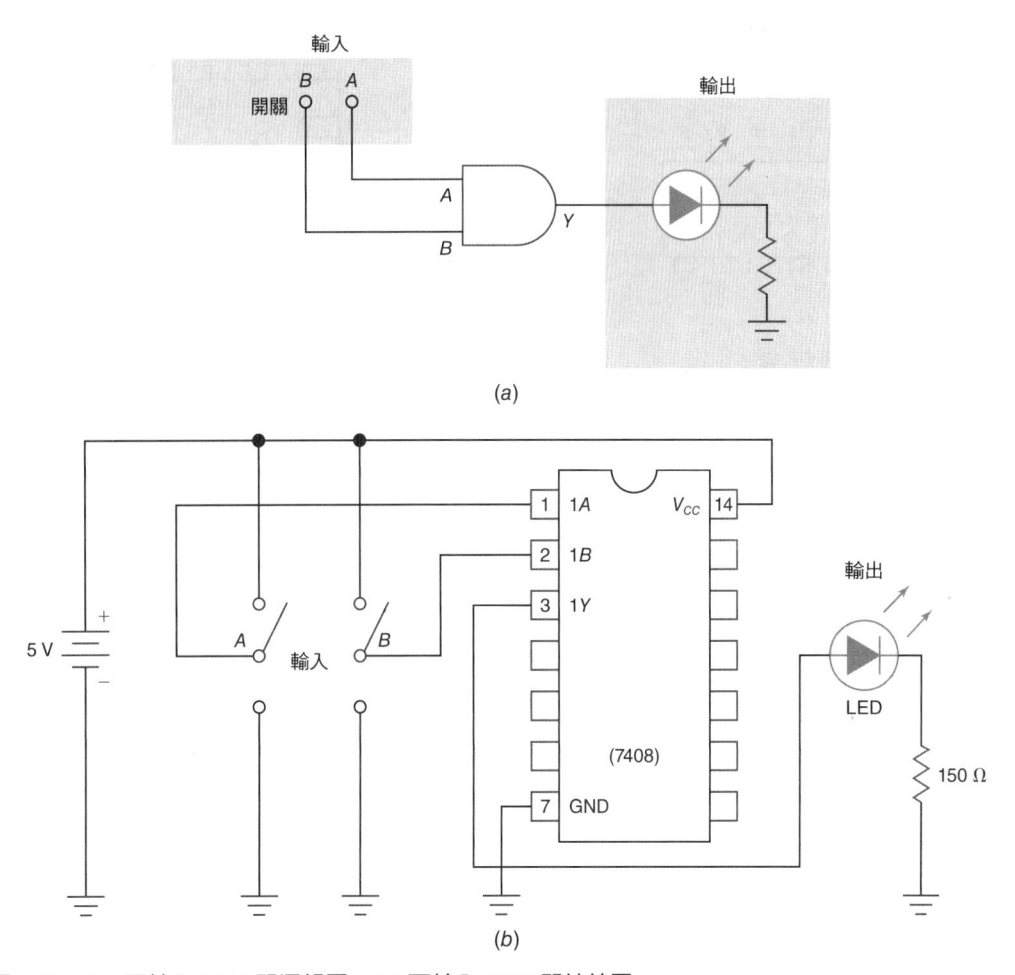

圖 3-53 (a) 兩輸入 AND 閘邏輯圖。(b) 兩輸入 AND 閘接線圖。

IC 元件編號

圖 3-54(a) 為典型 TTL 數位 IC 的正面。大寫「NS」字樣表示製造廠商為國際半導體公司 (National Semiconductor)。「DM7408N」元件編號可以如圖 3-54(b) 分成幾個部分來辨認:「DM」為製造廠商代碼（國際半導體公司使用 DM 前置字元）。核心元件編號為 7408，為 4 組兩輸入 AND 閘。這個核心元件編號在不同製造商皆是共用相同的編號。最後的「N」是許多製造廠採用為此 DIP 封裝的代碼。

圖 3-55(a) 是另一數位 IC 的正面。「SN」表示製造商為德州儀器公司 (Texas Instruments)。最後的「J」表示陶瓷 DIP 封裝，通常均為**商業規格 (commercial grade)**。圖 3-55 中 IC 的核心元件號碼為「74LS08」，如同前述的「7408」之 4 組兩輸入 AND 閘一樣。中間的「LS」表示此 TTL 電路為**低功率蕭特基 (low-power Schottky)**。

7400 系列 IC **核心元件編號 (core part number)** 中間的字母提供**邏輯家族 (logic family)** 或子家族 **(subfamily)** 資訊。典型字母包括：

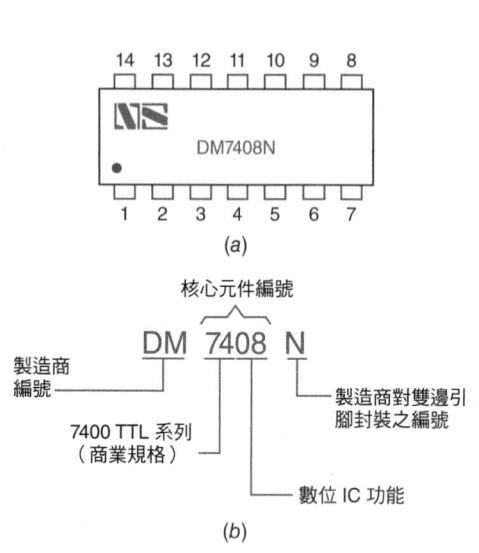

圖 3-54 (a) 典型數位 IC 的標示。(b) 典型 IC 元件編碼。

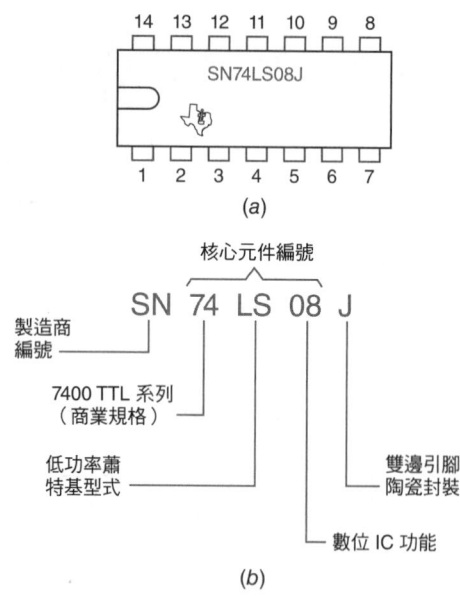

圖 3-55 (a) 德州儀器公司IC的標示。(b) 典型低功率蕭特基 IC 元件編碼。

AC　= FACT Fairchild Advanced CMOS Technology logic（新型 CMOS 進階家族）

ACT = FACT Fairchild Advanced CMOS Technology logic（具 TTL 邏輯準位之新型 CMOS 進階家族）

ALS = advanced low-power Schottky TTL logic（TTL 的子家族）

AS　= advanced Schottky TTL logic（TTL 的子家族）

C　　= CMOS logic（較早期的 CMOS 家族）

F　　= FAST Fairchild Advanced Schottky TTL logic（新型 TTL 進階子家族）

FCT = FACT Fairchild Advanced CMOS Technology logic（具 TTL 邏輯準位之 CMOS 家族）

H　　= high-speed TTL logic（TTL 子家族）

HC　= high-speed CMOS logic（CMOS 家族）

HCT = high-speed CMOS logic（具 TTL 輸入之 CMOS 家族）

L　　= low-power TTL logic（TTL 子家族）

LS　= low-power Schottky TTL logic（TTL 子家族）

S　　= Schottky TTL logic（TTL 子家族）

　　這些字母提供數位 IC 速度、功率消耗與製程的相關資訊。由於 IC 的速度和功率差異性，製造商建議在更換 IC 時，使用的編號（含內部字母）需完全一樣。字母「C」在 7400 系列時，代表的是 CMOS 數位 IC，而非 TTL 數位 IC。「HC」、「HCT」、「AC」、「ACT」與「FCT」也代表 CMOS IC。

製造廠商提供的資料手冊中有非常多有用的資訊，包含接腳圖、封裝資訊與其他資訊，可供技術人員、學生與工程師參閱。製造廠商的網站通常亦會提供有用的資訊，並可免費下載使用。

自我測驗

請填入下列空格。
72. 列出兩類流行的數位 IC 家族。
73. 參考圖 3-51(a)，此類 IC 被稱為_____封裝。
74. _____-V 直流電源使用於 TTL IC，V_{CC} 接腳接至_____（－，＋）電源。
75. 參考圖 3-53(b)，製造商如何描述 7408 IC？
76. 若數位 IC 編號為 74LS08N，你可得到哪些資訊？
77. 一個數位 IC 編號為 74F08，是 4 組兩輸入 AND 閘，是哪一種現代 TTL 的次家族？
78. 一個數位 IC 編號為 74ACT08，是 4 組兩輸入 AND 閘，使用_____（CMOS，TTL）製程與提供 TTL 邏輯準位。

3-12　實用 CMOS 邏輯閘

較舊型之 TTL 邏輯 7400 系列已廣泛流行數十年。它的缺點是功率消耗較高。在 1960 年代晚期，製造商開發 CMOS 數位 IC，其功率消耗小且適合在電池運作之電子產品。CMOS 為 complementary metal oxide semiconductor 的縮寫。

幾個 CMOS IC 邏輯相容的家族已經被發展出來。第一個是 4000 系列，接下來為 74C00 系列與更近期的 74HC00 系列。1985 年，Fairchild 公司開發的 74AC00 系列、74ACT00 系列與 74FCT00 系列均具有高速低功率特性。許多 LSI (large-scale integrated) 電路，如數位電子錶與計算器，其晶片均使用 CMOS 製程製作。

IC 封裝

圖 3-56(a) 為典型 4000 系列 CMOS IC。接腳 1 為正面凹陷逆時鐘方向的第一支接腳。CD4081BE 元件編號可分為幾個部分，如圖 3-56(b)。前置字母「CD」為製造廠商編碼。中間編號 4081B 代表 CMOS 具有 4 組兩輸入 AND 閘；此編號在不同製造廠商是共通的。字母「E」是封裝方式代碼，為塑膠 DIP 封裝。字母「B」是原始 4000A 系列，具緩衝 (buffered) 功能，表示具有較大的輸出推動能力與對靜電具某些保護功能。

圖 3-56(c) 是 CD4081BE 接腳圖，電源接腳是 V_{DD}（正電壓）與 V_{SS}（GND 或負電壓）。藉由比較圖 3-52 與 3-56(c)，可得知 TTL 及 4000 系列 CMOS IC 兩者間電源標示之差異。

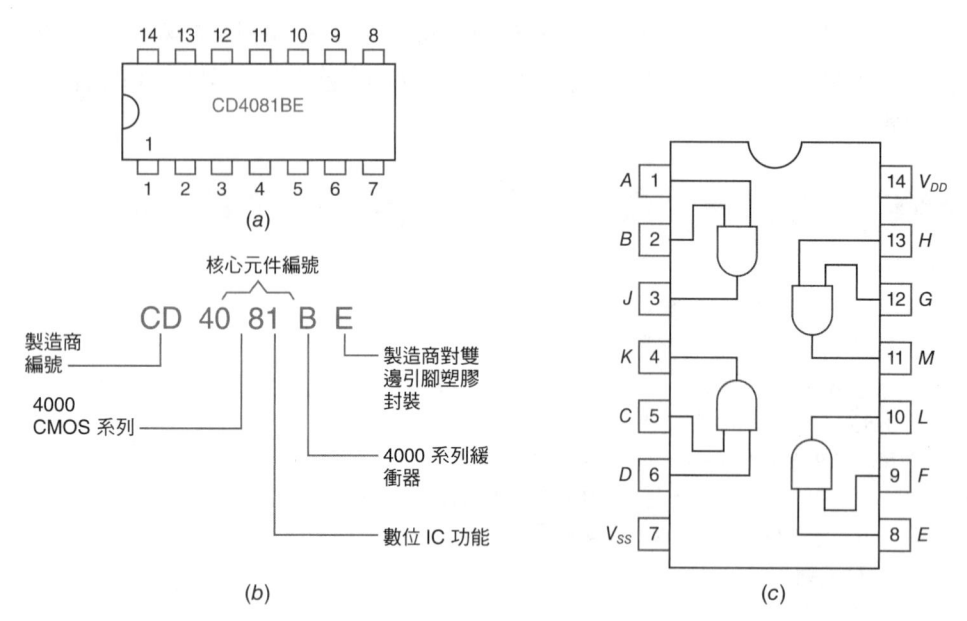

圖 3-56　(a) CMOS 數位 IC 的標示。(b) CMOS 數位 IC 4000B 系列元件編碼。(c) 4081B CMOS IC 接腳圖。

IC 接線

如圖 3-57(a) 所示，使用 4081B CMOS IC 連接電路；圖 3-57(b) 為接線圖。圖中使用 5 V 電源，但 CMOS IC 能夠使用 3 V dc 到 18 V dc。因為 CMOS IC 容易被靜電損壞，在拿取 CMOS IC 時需小心。將 IC 插入或固定在板子時，不要任意碰觸 CMOS IC 接腳。在連接 IC V_{DD} 與 V_{SS} 電源時，需先關掉電源。當使用 CMOS 數位 IC，不使用的接腳要接至 GND 或 V_{DD}。本例中，未使用到的接腳（C、D、E、F、H、G）需被接地。AND 閘輸出（接腳 3）接至驅動電晶體。當接腳 3 是 HIGH 時 LED 會亮，是 LOW 時 LED 會熄。最後，輸入 A 與 B 是連線到輸入開關。

當圖 3-57(b) 輸入開關在往上位置時，將產生 HIGH 輸入。輸入開關在往下位置時，將產生 LOW 輸入。兩個 LOW 輸入 AND 閘會產生 LOW 輸出（接腳 3）。這個 LOW 輸出將關掉電晶體，導致 LED 不會點亮。兩個 HIGH 輸入 AND 閘會在接腳 3 產生 HIGH 輸出。電晶體基極 Q_1 的輸出為 HIGH（約 +5 V）會導通電晶體，使 LED 發亮。4081 CMOS IC 會產生兩輸入 AND 的真值表。

CMOS 子家族

CMOS 數位 IC 有幾類邏輯家族可用，本節就是使用 4000 系列作為應用範例。較新的 74HC00 系列受到歡迎，因為它們更相容於 TTL 邏輯，而且 74HC00 系列比起舊型 4000 與 74C00 系列，在高頻運作時具有較大的推動能力。「HC」代表高速度 CMOS 的意義。

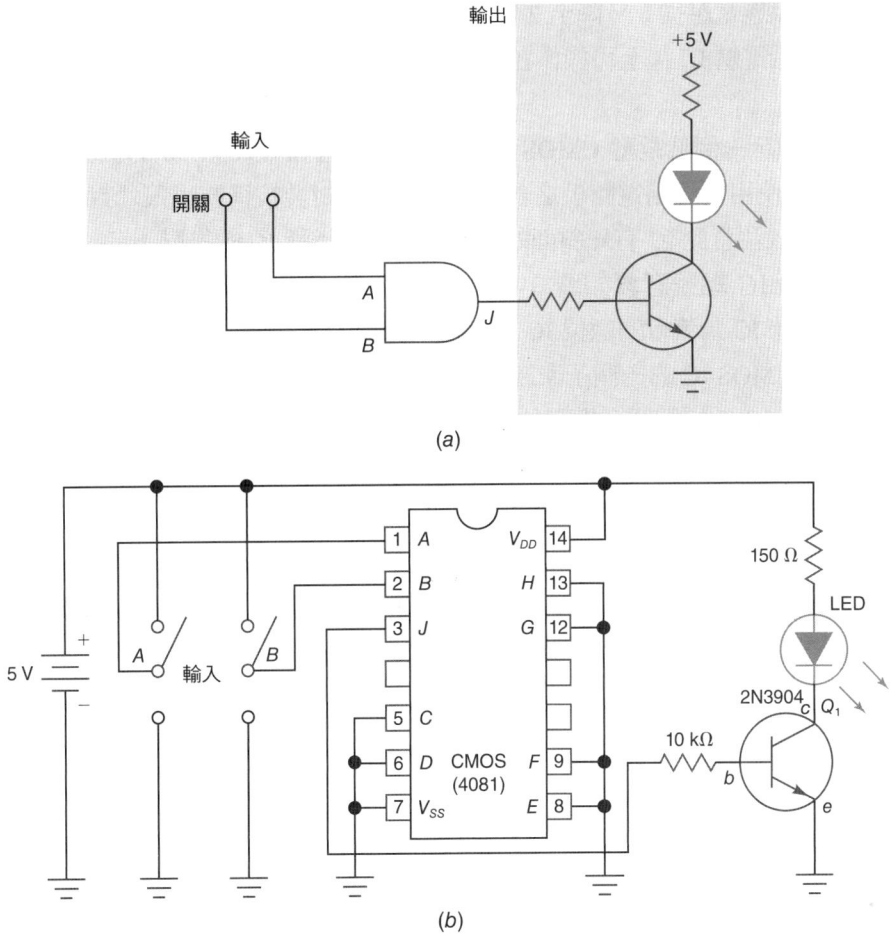

圖 3-57 (a) 兩輸入 AND 閘電路的邏輯圖。(b) 使用 4081 CMOS IC 實現兩輸入 AND 函數的接線圖。

FACT (Fairchild Advanced CMOS Technology) 邏輯系列是較新的 CMOS 系列，包含 74AC00-、74ACT00-、74ACTQ00-、74FCT00- 與 74FCTA00- 等子系列，其功能特性優於所有 CMOS 與大部分 TTL 子系列。如 TTL 74LS00 系列與 74ALS00 系列可被 74ACT00-、74ACTQ00-、74FCT00-、與 74FCTA00- 系列具有 TTL- 型式輸入電壓所取代。由於 FACT 邏輯系列具備低功耗與優秀高速度特性，因此極適用於可攜式系統。

注意，使用 CMOS IC 要小心，才不會受靜電電荷損壞。所有未使用接腳必須接地或連接至 V_{DD}。而且更重要的是，輸入電壓不得超過 GND (V_{SS}) 至 V_{DD} 的電壓。

較低電壓 IC

製造廠商持續整合更多半導體元件（電晶體二極體電阻）至單一晶片，然後將這些晶片封裝於更小的封裝體。較高的元件密度使元件彼此十分靠近。這雖然能提升速度，但較高的元件密度亦將帶來散熱與材料絕緣不足夠的問題。為解決高密度所帶來的問

題，製造廠商將供應電壓從 5 V 降至 3 V 或更低。較低電壓 3 V IC 可操作在 2.7 V 至 3.6 V 間，有些非常低電壓 IC 甚至可操作在 1.8 V。今日這些低電壓 IC 多使用於手持式消費性電子產品。

圖 3-58(a) 顯示一個低電壓 CMOS IC，元件編號是 SN74LVC08 的例子。這微小的 14 支接腳封裝可使用於印刷電路板之表面黏著。此種封裝被稱為小尺寸封裝 IC (small-outline IC, SOIC)。注意此 IC 有一斜面的邊緣是為了能辨識 IC 的接腳 1。

SN74LVC08 IC 編號意義如圖 3-58(b) 所示。SN 表示製造商代碼（德州儀器公司）。74為表示此 IC 為流行的數位 IC 7400 系列。元件編號的 LVC 表示此 IC 為低電壓 CMOS，為數位 CMOS IC 的一個子家族。

圖 3-58(c) 為 IC 的接腳圖，顯示的是電源接腳（V_{CC} = +3 V，GND 為負電源）。其餘 12 個 IC 接腳為四個兩輸入 AND 閘 74LVC08 IC 的輸入接腳或輸出接腳。最後，圖 3-58(d) 為單一個兩輸入 AND 閘之布林表示式 $Y = A \cdot B$。

許多低電壓數位 IC 的子家族系列已被發展出來。如果數位 IC 在低於 5 V 的電源供應時操作，則可視為低電壓數位 IC。有些的操作範圍大約在 3 V，有些會操作低至 1.8 V。一些低電壓數位 IC 子家族系列列舉如下：

- 74LVC（low-voltage CMOS，低電壓 CMOS）：運作在 3 V，能允許 5 V 輸入。此子家族系列包含廣泛多樣邏輯閘與許多邏輯元件。
- 74ALVC（advanced low-voltage CMOS，進階低電壓 CMOS）：只能運作在 3 V，是一個高性能的子家族系列。
- 74AVC（advanced very low voltage CMOS，進階非常低電壓 CMOS）：工作電壓能低至 1.2 V 至高到 3.3 V，是非常高性能的子家族系列。

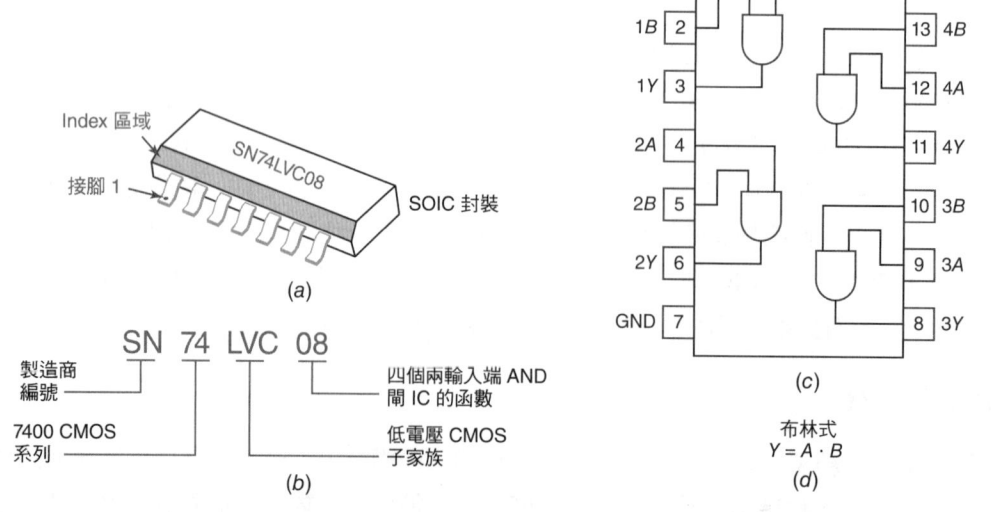

圖 **3-58** (a) 低電壓 CMOS 數位 IC 之標示。(b) 74LVC08 IC 之編號。(c) 74LVC08 IC 接腳圖。(d) 兩輸入 AND 閘布林式。

自我測驗

請填入下列空格。

79. CMOS 數位 IC 最主要優點是具有_____（高，低）功率消耗。
80. TTL IC 使用 5 V 電源，4000 系列 CMOS IC 能操作在_____ V 至_____ V。
81. 參考圖 3-56，製造商如何描述 4081B IC？
82. 當接線 CMOS IC 時，對未使用的接腳必須如何處理？
83. 參考圖 3-57，輸入 A 與 B 兩者均在 +5 V，輸出 J 將變為_____（HIGH，LOW），將電晶體 Q_1 變成_____（on，off），以致引起 LED 發光。
84. 精巧電子設備之新設計，將考慮使用低電壓 CMOS 晶片，而漸漸不使用舊型 4000 系列 IC 族群。（是非題）
85. 參考圖 3-58(a)，74LVC08 IC 採用 14 支接腳小尺寸封裝 (SOIC) 設計，以便用於印刷電路板之表面黏著用途。（是非題）
86. 參考圖 3-58，74LVC08 IC 是一個低電壓 CMOS IC，工作電壓在 3 V。（是非題）

3-13 簡易邏輯閘電路維修

數位電路維修最基本之測試儀表為**邏輯探棒 (logic probe)**。圖 3-59 為簡單邏輯探棒，上頭有一滑動開關以選擇所需測試電路的種類：TTL 或 CMOS。圖 3-59 是被設定在量測 TTL 電路。邏輯探棒一般有兩個引線提供電源，紅線是接至正 (+) 電壓，黑線接至負 (−) 電壓或 GND。邏輯探棒接上電源後，其探針頭可接觸待測電路的測試點，將會點亮 HIGH 或 LOW 指示燈。假使無任何一個燈亮著，通常表示測試點電壓落於高電位與低電位之間。

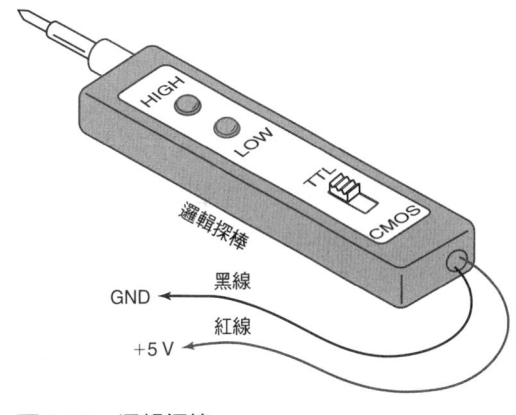

圖 3-59 邏輯探棒。

電子科技

天體軌道的溝通。在**地球同步軌道 (geostationary earth orbit, GEO)** 運行的衛星協助全世界開發中的區域從事傳真、視訊會議、網際網路、長途電話、電視與廣播多媒體。在**中地球軌道 (medium-earth orbit, MEO)** 的衛星可作行動電話、室內電話與其他個人通訊。在**低地球軌道 (low-earth orbit, LEO)** 的衛星可作手持式行動電話、呼叫器、傳真、船或卡車追蹤、多媒體廣播與遠方工廠監視等用途。

在實際電子產品上，大部分數位 IC 均被固定在**印刷電路板 (printed circuit board, PCB)**，如圖 3-60(a)，其對應之接線圖為圖 3-60(b)。有時為了簡化，+5 V (V_{CC}) 與 GND 連線在接線圖上並不會出現，但要記住它們是存在的。接腳編號一般會出現在接線圖

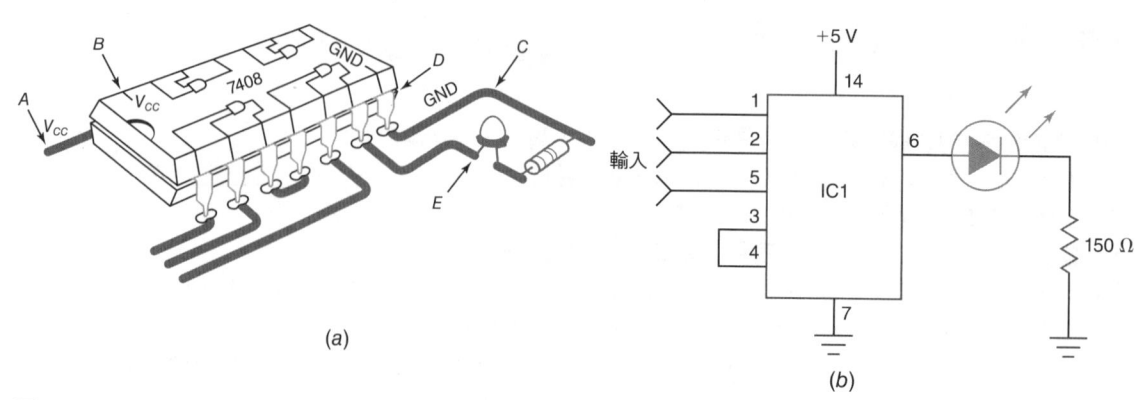

圖 3-60 (a) 數位 IC 固定在印刷電路板。(b) 數位邏輯閘的接線圖或電路圖。

上。IC 種類可能不會標明在電路圖上，但通常會列於電子產品手冊內之元件清單內。

維修數位電路第一步是利用你的直覺。IC 是否過熱？有些 IC 運作時溫度較低，有些溫度是溫溫的。但 CMOS IC 在操作時應該是涼涼的。連接、焊接、PCB 板上連接銅箔是否斷裂破損？IC 接腳是否彎折？是否聞得到有無過熱？尋找可能過熱的跡象，例如變色處或燒焦處。

下一個檢視步驟應檢查每一個 IC 電源是否正常。利用邏輯探棒檢查圖 3-60(a) 標示 A、B（V_{CC} 接腳）、C 及 D 處。檢查 A 與 B 處時，邏輯探棒上 HIGH 指示燈應該會亮，而檢查 C 與 D 處時 LOW 燈應該會亮。

再接下來，應追蹤電路的邏輯位準。圖 3-60 是一個三輸入 AND 閘。當所有輸入均為 HIGH 時，它的輸出為 HIGH。用邏輯探棒檢查圖 3-60(a) IC 接腳 1、2 與 5。讓邏輯閘所有輸入為 HIGH，此時 IC 接腳 6 應為 HIGH，及 LED 應亮。假使此狀況工作無誤，再測試其他輸入組合並檢查對應之輸出。

參考圖 3-60(a)。假使 A 點電位為 HIGH，但 B 點（IC 的接腳 14）為 LOW，這個問題可能出現在 PCB 連接線開路或 A 與 B 之間的焊接點不良所致。假使使用 DIP IC 腳座，亦可能發生故障在 IC 接腳彎曲，導致 IC 接腳與 IC 腳座之間接觸不良。

另一情形，圖 3-60(a) IC 接腳 1、2 與 3 均為 LOW，但邏輯探棒無法在接腳 4 讀取 HIGH 或 LOW。邏輯探棒無法顯示 HIGH 或 LOW，通常表示電壓介於 LOW 與 HIGH 之間（在 TTL 中，可能為 1 V 到 2 V）。此處接腳 4 可能是浮接（未連接），而 7408 IC 內 TTL 電路可能誤認此訊號為 HIGH。第一個 AND 閘輸出（接腳 3）應該可將第二個 AND 閘輸入（接腳 4）變成 LOW。假如不是這樣，有可能是 PCB 連接線故障、焊接點故障，或 IC 接腳折彎接觸不良所致。有時 IC 內部亦可能發生開路或短路。

除了少數例外，維修類似的 CMOS 電路，大多數與 TTL 維修步驟相同。邏輯探棒必須設在 CMOS 位置，而非 TTL。浮接輸入至 CMOS IC 將會損壞這個 IC。CMOS 的 LOW 電位大約在電源電壓 0 到 20% 左右，而 HIGH 電位大約在電壓源 80% 至 100% 左右。

總結

要找出數位電路的問題癥結，第一要憑感覺。第二是要用邏輯探棒查看每一個 IC 電源是否連接無誤。再來，確認每個閘該有的功能，然後檢查其唯一輸出條件是否正常。最後，改變輸入組合狀態，查看所對應輸出是否無誤。IC 內部與一般接線一樣，亦可能發生短路與開路情形。在更換數位 IC 時，應盡可能使用相同家族之 IC。

> **自我測驗**
>
> 請填入下列空格。
> 87. 參考圖 3-59，哪兩種邏輯家族可使用此邏輯探棒？
> 88. 維修 TTL 數位電路的第一個檢查動作是什麼？
> 89. 維修數位電路的第二個檢查動作是什麼？
> 90. 浮接 (floating) 輸入至 CMOS 數位 IC 是_____（允許，不允許）的。

3-14 IEEE 邏輯符號

目前你所記住的邏輯符號是傳統符號，已經被所有電子工業從業人士所採用。這些符號非常有用，因為它們的形狀都不同。製造商資料手冊包含這些傳統邏輯符號及近年來較新的**美國電子電機協會功能邏輯符號 (IEEE functional logic symbol)**。這些依照 ANSI/IEEE 標準 91-1984 與 IEC 617-12 所制定的新符號又稱為**附屬標記 (dependency notation)**。在簡單的電路，傳統符號可能較合適，而 IEEE 標準符號則在複雜 IC 電路上具有優勢。

圖 3-61 呈現傳統邏輯符號與 IEEE 版本。所有 IEEE 邏輯符號是矩形表示，每一個符號內均有一個辨識字元或辨識符號。例如，圖 3-61 方塊內嵌「&」字元表示 IEEE 標準 AND 符號。在方塊外部的字元並非標準符號的一部分，會隨著製造者不同而有差異。傳統邏輯符號（NOT、NAND、NOR 與 XOR）所採用之反相小圓圈，在 IEEE 新符號中被更改為正三角形。這個正三角形亦可使用在輸入端，以標示為主動 LOW 之輸入。雖然我們已經記住傳統符號的表示方式，並不需要再背 IEEE 新邏輯符號，但我們必須知道有這麼一組符號存在。

製造商近來在 IC 資料手冊上可能同時提供傳統符號與 IEEE 新符號。例如，7408 IC 四組兩輸入 AND 閘符號如圖 3-62 所示。圖 3-62(a) 呈現 7408 IC 之傳統邏輯符號圖；圖 3-62(b) 為其 IEEE 新符號。注意，在 7408 IEEE 新符號表示中，只有在最上面 AND 閘標示「&」，但我們了解其餘三個方塊亦表示為兩輸入 AND 閘。

邏輯函數	傳統符號	IEEE 邏輯符號*
AND	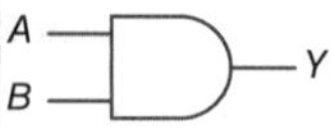 A, B → Y	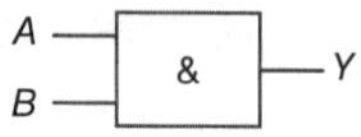 A, B → [&] → Y
OR	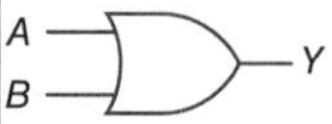 A, B → Y	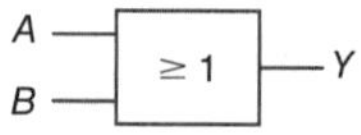 A, B → [≥1] → Y
NOT	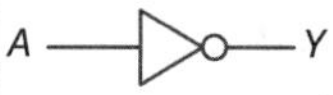 A → Y	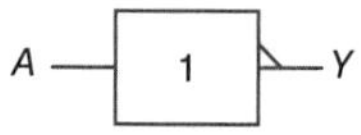 A → [1] → Y
NAND	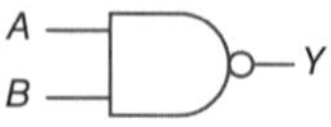 A, B → Y	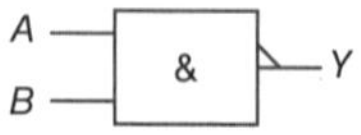 A, B → [&] → Y
NOR	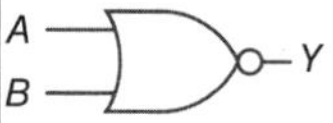 A, B → Y	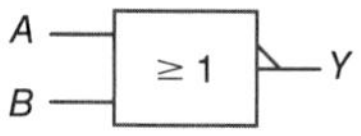 A, B → [≥1] → Y
XOR	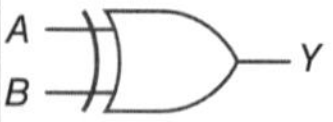 A, B → Y	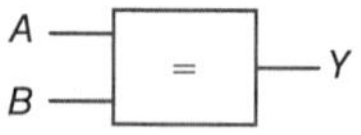 A, B → [=] → Y
XNOR	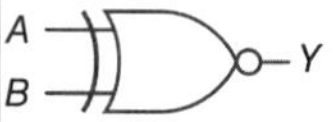 A, B → Y	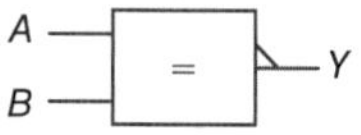 A, B → [=] → Y

* ANSI/IEEE 標準 91-1984 與 IEC 617-12。

圖 3-61 傳統符號與 IEEE 邏輯閘符號之比較。

自我測驗

請填入下列空格。

91. 畫出三輸入 AND 閘 IEEE 標準邏輯符號。
92. 畫出三輸入 OR 閘 IEEE 標準邏輯符號。
93. 畫出三輸入 NAND 閘 IEEE 標準邏輯符號。
94. IEEE 標準邏輯符號正三角形狀取代傳統邏輯符號之反相_____。
95. 在簡單的邏輯電路，由於_____（IEEE 標準符號，傳統符號）具有特殊的形狀，所以可能比較適合。

第 3 章 邏輯閘 73

(a)

(b)

這個符號是根據 ANSI/IEEE
標準 91-1984 與 IEC 617-12。

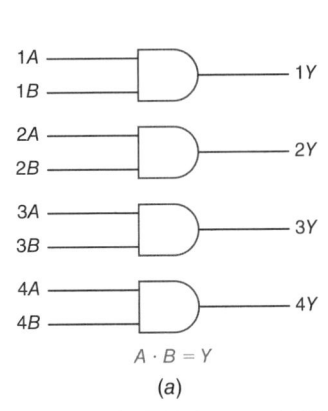

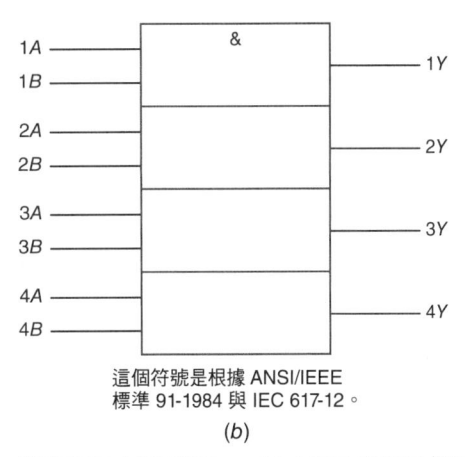

圖 3-62 7408 四組兩輸入 AND 閘邏輯符號。(a) 傳統符號（最普遍）。(b) IEEE 邏輯閘符號（新式）。

3-15 簡易邏輯閘之應用

圖 3-63(a) 為 AND 閘的應用。輸入 A 是控制訊號，控制時脈訊號是被隔開或是通過 AND 閘至輸出 Y。時脈波形是連續波形。假使 AND 閘的控制輸入是 HIGH，這個邏輯閘是被**致能 (enabled)**，表示時脈訊號通過邏輯閘至輸出端時並沒有被改變，如圖 3-63(b) 所示。假使控制輸入是 LOW，這個邏輯閘被**失能 (disabled)**，表示 AND 閘輸出會停留在 LOW，且時脈訊號被阻隔，無法通過至輸出端，如圖 3-63(c) 所示。

在圖 3-63 之 AND 閘控制訊號是主動 HIGH 輸入。主動 HIGH 輸入之定義為一個數位輸入在高電位時才能執行它本身的功能。圖 3-63 中的 AND 閘的功能是通過（非阻隔）時脈訊號。

圖 3-63(d) 中的 AND 閘為特殊控制閘。此電路為非常基礎的頻率計數器 (frequency counter) 電路。這個 AND 閘輸入端 A 的控制訊號剛好為 1 秒，使得時脈訊號的通過時間剛好為 1 秒。在此例中，從輸入 B 至輸出 Y 在 1 秒鐘內共有 5 個脈波通過 AND 閘。觀察圖 3-63(d) 中的計數邏輯閘輸出的脈波數目即可知道，時脈訊號必為每秒 5 週期 (5 Hz)。

圖 3-64 中，8 位元二進制計數器應用按鈕開關，將其壓下以清除 (CLR) 計數器內容。按鈕開關 SW_1 開路時，**拉升電阻 (pull-up resistor)** R_1 會將反相器輸入設為 HIGH。反相器此時輸出是 LOW，而 CLR 對計數器 IC 是沒有作動（失能）。當開關 SW_1 壓下時，反相器輸入 LOW 導致輸出為 HIGH，CLR 被致能，計數器內容被清除為 00000000。圖 3-64 中的 IC_1，輸入端有小圓圈表示 LOW 輸入時致能，而計數器 IC_2 CLR 輸入無小圓圈，表示主動 HIGH 才致能。

圖 3-65(a) 為簡單的汽車警報系統示意圖。當車門打開時，任何一個車門內嵌的正常關 (normally-closed, NC) 開關或所有開關被解除，使警報聲響起。NOR 閘各有一個**拉**

74 數位邏輯設計原理與應用

輸入　　　　　　　　　　　　　　　　　　　　　　　　輸出

HIGH = 致能
LOW = 失能
　　　　　　控制 → A
　　　　　　　　　B
　　　時脈訊號
　　　　　　　(a)

AND 致能
HIGH →
Y
　　　(b)

AND 失能
LOW →
Y
　　　(c)

1 秒控制脈波　　　　　　　　　　　　每秒 5 週期 (5 Hz)
A
B
Y
時脈訊號　　1 2 3 4 5　　　　1 2 3 4 5
　　　　　　(d)

圖 3-63 AND 閘作為控制閘。

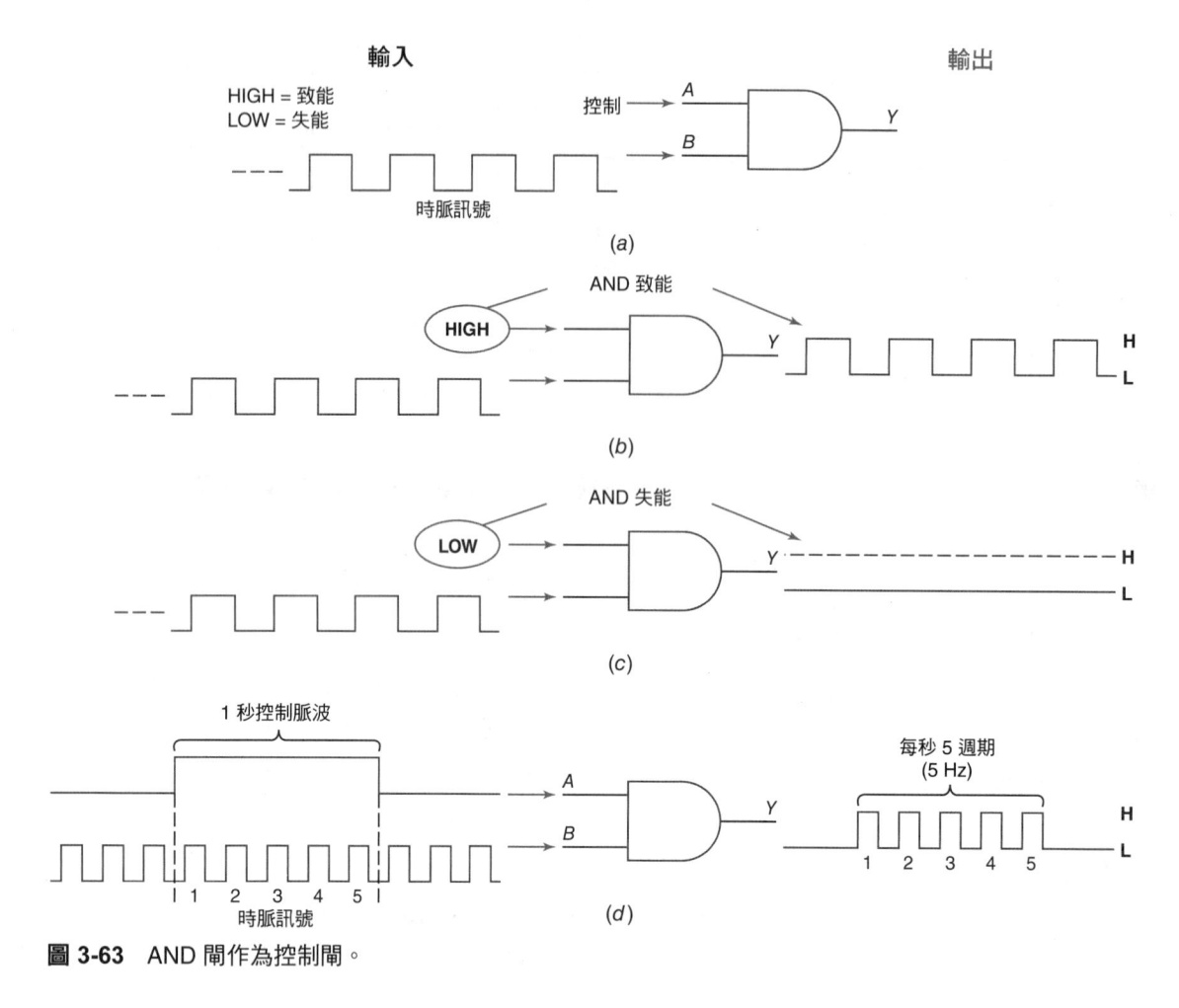

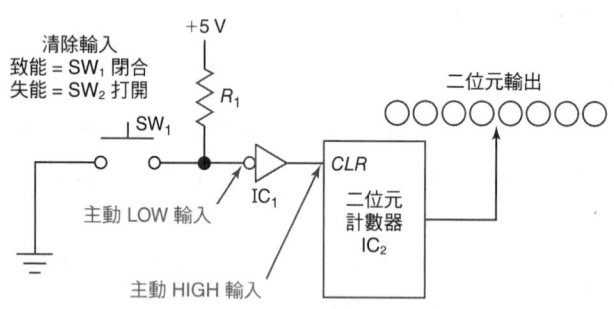

清除輸入
致能 = SW₁ 閉合
失能 = SW₂ 打開
+5 V
R₁
SW₁
IC₁
CLR
二位元計數器 IC₂
二位元輸出
主動 LOW 輸入
主動 HIGH 輸入

圖 3-64 主動 LOW 與主動 HIGH 輸入。

低電阻 (pull-down resistor)，使得開關開路時，NOR 閘之輸入為 LOW。NOR 閘輸出端的小圓圈表示此邏輯閘具有主動 LOW 輸出。圖 3-65(a) NOR 閘具有主動 HIGH 的輸入。如圖 3-65(a) 所示，當所有車門均為關閉，且輸入開關均為開路，NOR 閘的輸入均為 LLLL，導致輸出為 HIGH。警報器無電壓差，因此失能不會發出警報聲。

只要有車門被打開，輸入開關被關閉如圖 3-65(b)。此時 NOR 閘輸入為 HLLL，導

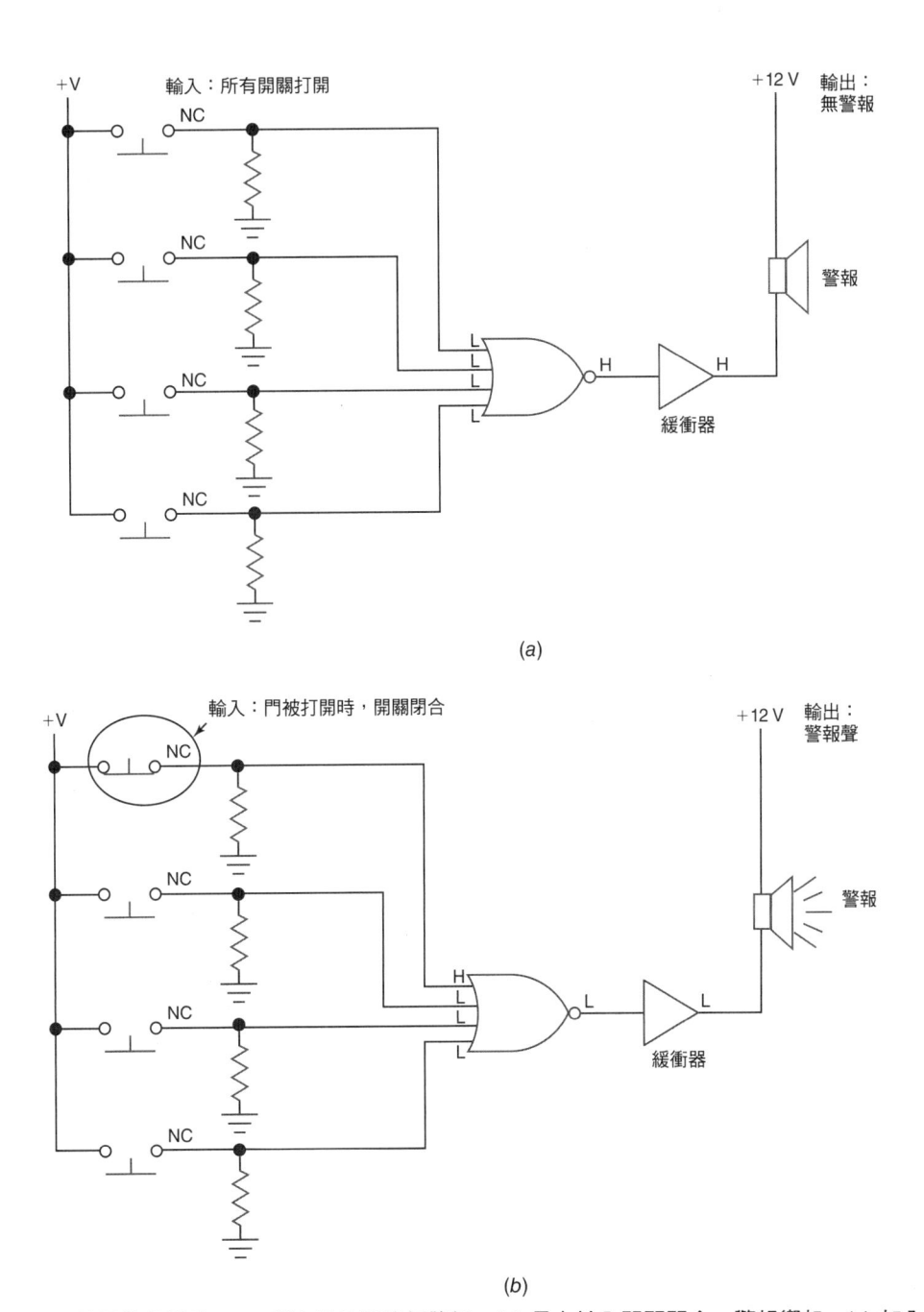

圖 3-65 簡易警報電路。(a) 所有輸入開路無警報。(b) 最上輸入開關閉合，警報響起。(c) 加入 ON/OFF 開關至警報。

致輸出經由非反相緩衝器為 LOW。警報器將作動發出警報聲。非反相緩衝器提供額外電流去驅動警報元件。

為了能停掉警報聲，電路加入一個開關 SW$_1$ 及 OR 閘，如圖 3-65(c)。這個 OR 閘已重新畫過，看起來好像輸入端與輸出端均反相之 AND 閘符號（參閱圖 3-47 的轉換圖）。作此轉換是讓讀者看到兩個 LOW 輸入將產生 LOW 輸出與觸發警報聲。輸入端

(c)

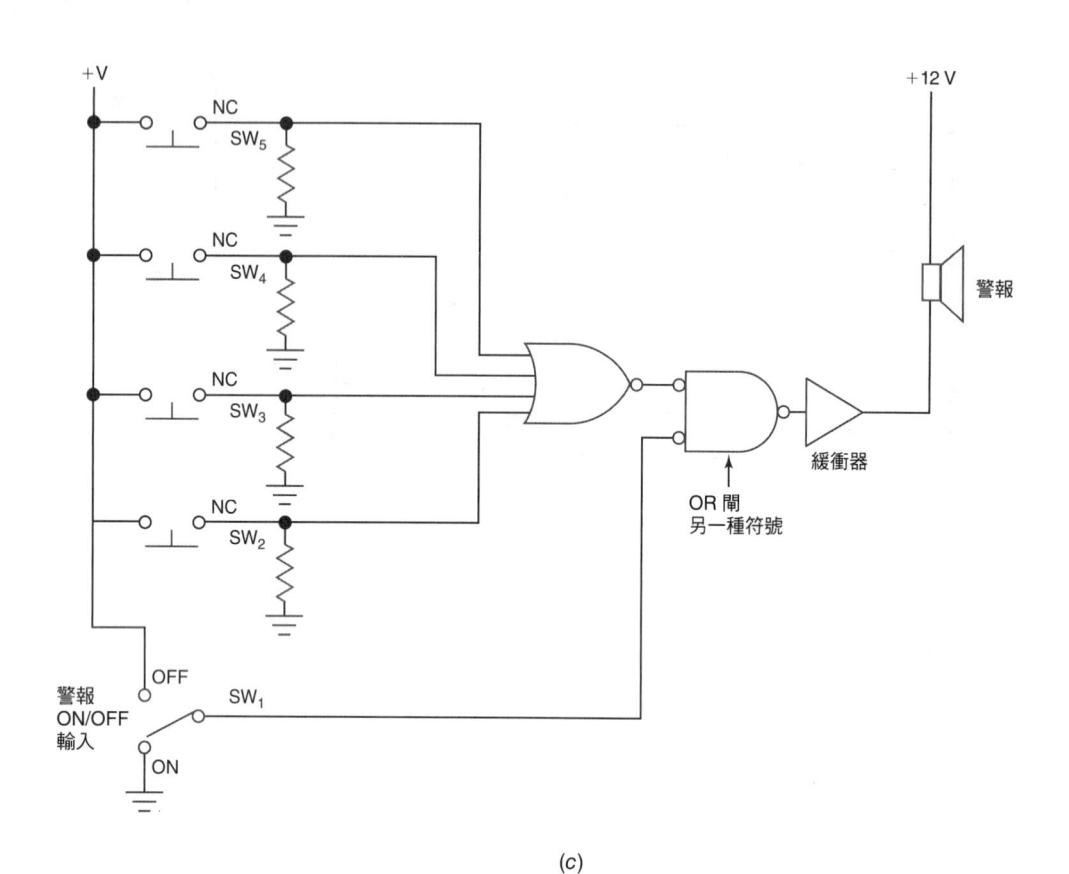

圖 3-65（續） 簡易警報電路。(a) 所有輸入開路無警報。(b) 最上輸入開關閉合，警報響起。(c) 加入 ON/OFF 開關至警報。

的兩個小圓圈表示從 ON/OFF 開關需取到 LOW 才能觸發，以及需從 NOR 閘取得 LOW 輸出，才能觸發警報。當開關 SW$_1$ 是在 OFF 位置，送出 HIGH 到此 OR 閘輸入，此時警報將被 OFF，因為 OR 閘任何一個輸入為 HIGH，輸出端將為 HIGH 並且關閉警報。

這個例子是提醒學生傳統邏輯閘與它們的另一種符號表示，均會出現製造商的文件裡。

自我測驗

請填入下列空格。

96. 參考圖 3-63(c)，AND 閘控制輸入 LOW，此邏輯閘_____（失能，致能）以及時脈訊號被阻隔至輸出端。

97. 參考圖 3-63(b)，AND 閘控制輸入 HIGH，此邏輯閘致能以及時脈訊號_____（被阻隔，通過）至輸出端。

98. 參考圖 3-63(d)，AND 閘持續 1 秒鐘的正控制脈波，說明此觀念的實驗室儀表是_____（數位多功能表，頻率計數器）。

99. 參考圖 3-64，為清除二位元計數器至二進制 00000000，按壓式開關必須是_____（壓下，鬆開），才能讓反相器 IC 輸入_____（HIGH，LOW）以推動 IC_2 的 CLR 輸入_____（HIGH，LOW）。

100. 參考圖 3-64，二位元計數器之清除或 CLR 接腳是_____（主動 HIGH，主動 LOW）輸入。
101. 習慣上邏輯符號會連接一_____以呈現出主動 LOW 輸入或主動 LOW 輸出。
102. 參考圖 3-65(c)，假使車門打開時，開關 SW$_1$ 是 LOW 以及 SW$_2$ 是閉合，警報聲_____（不會響，會響）。
103. 參考圖 3-65(c)，假使車門打開時，開關 SW$_1$ 是 HIGH 以及 SW$_1$ 與 SW$_2$ 兩者是閉合，警報聲_____（不會響，會響）。

3-16 邏輯函數使用軟體

利用軟體來規劃各式邏輯函數（AND、OR、XOR 等）相當常見。在此節，我們將使用 **PBASIC** 高階語言來完成邏輯函數。此語言是 Parallax 公司所開發之 BASIC 的一種版本。所使用的硬體元件為 Parallax 公司的 BASIC Stamp 2 (BS2) 微控制器模組，規劃的系統架構圖如圖 3-66(a)，包含 BASIC Stamp 2 模組、一部個人電腦、一串列信號線供下載（有些型號使用 USB 信號線），以及相關電子元件（開關、電阻、LED）。實際的 BS2 IC 如圖 3-66(b) 所示。注意 BS2 IC 為 24 接腳 DIP 封裝的 IC，內有數個元件，如使用 PBASIC 韌體編譯器的 PIC16C57 微控制器、**EEPROM** 程式記憶體與其他元件。

程式化 BASIC Stamp 模組以操作圖 3-66 所示的兩輸入 AND 閘。接線與程式化 BASIC Stamp 2 模組的步驟為：

1. 參閱圖 3-66，將兩個主動 HIGH 按鈕式開關及連接它們至 P11 與 P12，並連線紅色 LED 至 P1 埠。這些埠在 PBASIC 程式可定義為輸出端與輸入端。
2. 將 PBASIC 文字編修程式（BS2 IC 版本）下載至 PC。鍵入描述這個 AND 閘邏輯函數的 PBASIC 程式，如圖 3-67 所列之 'Two-input AND function 程式碼。
3. 利用串列線（有些型號使用 USB 信號線）將 PC 與 BASIC Stamp2 開發板（例如 Parallax 公司的 Board of Education）連接起來。
4. 將 BASIC Stamp 2 模組電源打開，使用「RUN」指令下載 BASIC 程式至 BS2 模組。
5. 移除在 BS2 模組之串列線或 USB 信號線。
6. 壓下外部開關，測試這個兩輸入 AND 程式。只有當兩個開關均壓下時，紅色 LED 才會亮。存於 BASIC Stamp 2 模組 EEPROM 程式記憶器內的 PBASIC 程式碼，在 BS2 IC 每次啟動時均會開始作動。

PBASIC 程式：兩輸入 AND 函數

參考圖 3-67 中標示為 'Two-input AND function 的 PBASIC 程式。第一行以單引號（'）開頭，表示是註解說明，並不會被微控制器執行。第二行至第四行是程式碼，宣告會

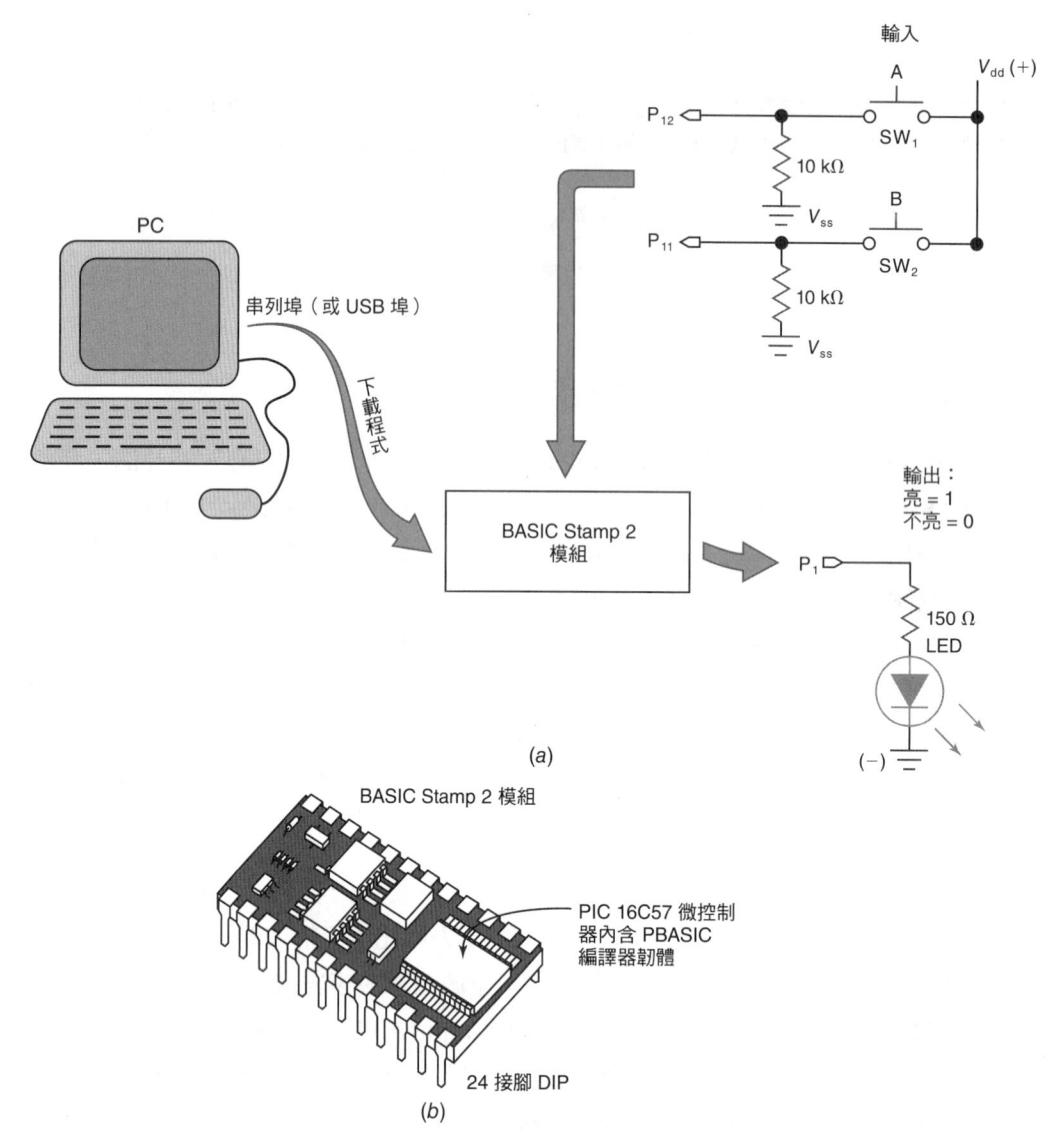

圖 3-66 (a) 兩輸入 AND 閘之 BASIC Stamp 2 模組接線圖。(b) Parallax 公司的 BS2 BASIC Stamp 微控制器實體圖。

在程式中使用到的變數。例如，第二行 **A VAR Bit** 宣告 A 是一個變數名稱，為一個位元（0 或 1）。第五行至第七行是程式碼，宣告哪些埠是為輸入埠，哪些埠是輸出埠。例如，第五行 **INPUT 11** 告訴微控制器 port 11 (P11) 為輸入端；第七行則為宣告 port 1 為輸出埠。注意，第七行程式碼後還有一個註解說明 **'Declare port 1 as an output**。在此 PBASIC 程式中，右邊的註解說明並非必要，但它可幫助了解程式碼的目的。

接下來是 **Ckswitch:** 開頭之主要程式碼。在 PBASIC 中，後有冒號 (:) 的任何字元都被稱為**標示 (label)**，標示為一個程式碼的參考點，通常作為標示主程式或次程序的起始位置。

'Two-input AND function	'程式碼標題（圖 3-67）	L1
A VAR Bit	'宣告 A 為變數，1 位元	L2
B VAR Bit	'宣告 B 為變數，1 位元	L3
Y VAR Bit	'宣告 Y 為變數，1 位元	L4
INPUT 11	'宣告埠 11 為輸入	L5
INPUT 12	'宣告埠 12 為輸入	L6
OUTPUT 1	'宣告埠 1 為輸出	L7
Ckswitch:	'檢查開關程序之標示	L8
OUT1 = 0	'初始化：埠 1 在 0，紅色 LED 暗	L9
A = IN12	'指定數值：指定變數 A 為埠 12 的輸入	L10
B = IN11	'指定數值：指定變數 B 為埠 11 的輸入	L11
Y = A & B	'指定數值：指定 A AND B 之運算結果為變數 Y	L12
If Y = 1 THEN Red	'假如 Y = 1 則跳到 red 紅色標示程序，否則執行下一行	L13
GOTO Ckswitch	'跳到 Ckswitch 標示，再次開始檢查開關	L14
Red:	'點亮紅色 LED 之標示，輸出為高電位	L15
OUT1 = 1	'輸出 P1 為高電位，點亮紅色 LED	L16
PAUSE 100	'暫停 100 毫秒	L17
GOTO Ckswitch	'跳到 Ckswitch 標示，再次開始檢查開關	L18

圖 3-67 兩輸入 AND 函數之程式碼。

在本例中，**Ckswitch:** 是主程式起始點，用來檢查開關 A 與 B 之狀態與 AND 閘之輸入狀態。由於第十四行 (**GOTO Ckswitch**) 或第十八行 (**GOTO Ckswitch**) 會將程式返回至 **Ckswitch:** 的起始點，這個檢查程序會持續進行。

PBASIC 程式第九行把輸出 LED 初始化或關閉。**OUT1 = 0** 表示將 BS2 IC 的埠 1 (P1) 設為 LOW。第十行與十一行指定輸入埠 11 (P11) 與輸入埠 12 (P12) 狀態值分別指定給變數 **B** 與 **A**。例如，假使兩個開關均被壓下，變數 **B** 與 **A** 則為邏輯 1。

第十二行表示將變數 **A** 與 **B** 作 AND 函數。例如，兩者均為 HIGH，則 **Y = 1**。第十三行 IF-THEN 指令是一個決策功能。假如 **Y = 1**，將引起程式指令跳至 **Red：**標示與執行所對應程序（點亮紅色 LED）。假如 **Y = 0**，**IF Y = 1 THEN Red** 條件不滿足，將往下執行程式碼（第十四行 **GOTO Ckswitch**），如此，將回到主程式開頭位置。

Red: 次程序將埠 1 設為 HIGH，點亮紅色 LED。第十七行 (**PAUSE 100**) 為執行 LED 狀態持續額外 100 ms 時間。第十八行 (**GOTO Ckswitch**) 將使程式回到主程式起始點 (**Ckswitch:**)。

只要 BS2 模組電源不斷，這個 **'Two-input AND function** PBASIC 程式能持續執行。程式碼也能一直保存在 EEPROM 程式記憶內，將來能夠再度使用。當把 BS2 電源 OFF，然後再 ON，程式將重新開始。若重新下載另一個不同程式，PBASIC 的程式碼也能改變。

程式化其他邏輯函數

使用 PBASIC 與 BS2 模組，也能程式化其他邏輯函數，包含 OR、NOT、NAND、NOR、XOR 與 XNOR。圖 3-68 中標為 'Two-input OR function 的 PBASIC 程式，用在圖3-66的硬體，其運作像一個兩輸入的 OR 閘。除了標題列 ('Two-input OR function) 與第十二行不同 (Y = A | B) 之外，其他程式碼幾乎與之前 PBASIC 程式一樣。

第十二行表示變數 A 與 B 作 ORed 後，將運算結果指定給變數 Y。在 PBASIC 程式中，垂直線 (|) 表 OR 函數，不像傳統布林表示式是使用加號 (+)。

圖 3-69 整理出 PBASIC 搭配 BS2 BASIC Stamp 2 模組所採用各式邏輯函數的寫法。注意 AND、OR、NOT 與 XOR 各自的獨特表示法：「&」表示 AND，「|」表示 OR，「~」表示 NOT，以及「^」表示 XOR。

觀察圖 3-69，可同時搭配使用「~」與「&」符號表示 NAND 函數，例如兩輸入 NAND 函數可用 Y = ~(A & B) 表示。相同地，在 PBASIC 碼中，可同時搭配使用「~」與「|」，例如兩輸入 NOR 函數可用 Y = ~(A | B) 表示。

觀察圖 3-69，互斥或 (XOR) 邏輯函數可用「^」符號來定義。在 PBASIC 碼中，兩輸入 XOR 邏輯函數，可用 Y = A ^ B 表示。在 PBASIC 碼中，可同時搭配使用「~」與「^」符號表示 XNOR 邏輯函數，例如 Y = ~(A ^ B) 表示 A 與 B 作 XNOR 運算，其輸出結果指定至 Y。

'Two-input OR function	'程式碼標題（圖 3-68）	L1
A VAR Bit	'宣告 A 為變數，1 位元	L2
B VAR Bit	'宣告 B 為變數，1 位元	L3
Y VAR Bit	'宣告 Y 為變數，1 位元	L4
INPUT 11	'宣告埠 11 為輸入	L5
INPUT 12	'宣告埠 12 為輸入	L6
OUTPUT 1	'宣告埠 1 為輸出	L7
Ckswitch:	'檢查開關程序之標示	L8
OUT1 = 0	'初始化：埠 1 在 0，紅色 LED 暗	L9
A = IN12	'指定數值：指定變數 A 為埠 12 的輸入	L10
B = IN11	'指定數值：指定變數 B 為埠 11 的輸入	L11
Y = A	B	'指定數值：指定 A OR B 之運算結果為變數 Y	L12
If Y = 1 THEN Red	'假如 Y = 1 則跳到 red 紅色標示程序，否則執行下一行	L13
GOTO Ckswitch	'跳到 Ckswitch 標示，再次開始檢查開關	L14
Red:	'點亮紅色 LED 之標示，輸出為高電位	L15
OUT1 = 1	'輸出 P1 為高電位，點亮紅色 LED	L16
PAUSE 100	'暫停 100 毫秒	L17
GOTO Ckswitch	'跳到 Ckswitch 標籤，再次開始檢查開關	L18

圖 3-68 兩輸入 NOR 函數之程式碼。

邏輯函數	布林表示式	PBASIC 碼 (BS2 IC)
AND	$A \cdot B = Y$	Y = A & B
OR	$A + B = Y$	Y = A | B
NOT	$A = \overline{A}$	Y = ~ (A)
NAND	$\overline{A \cdot B} = Y$	Y = ~ (A & B)
NOR	$\overline{A + B} = Y$	Y = ~ (A | B)
XOR	$A \oplus B = Y$	Y = A ^ B
XNOR	$\overline{A \oplus B} = Y$	Y = ~ (A ^ B)

圖 3-69 使用 PBASIC 程式搭配 BS2 BASIC Stamp 2 模組所實現邏輯函數。

自我測驗

請填入下列空格。

104. Parallax 公司所開發 BS2 IC 是 BASIC Stamp_____（微控制器，多工器）模組。
105. BASIC Stamp 2 模組可用高階語言 FORTRAN 所規劃。（是非題）
106. PBASIC 指定指令 **Y = A | B | C** 是三輸入的_____（OR，XOR）邏輯函數。
107. PBASIC 指定指令如何描述兩輸入的 NAND 邏輯函數。
108. PBASIC 指定指令如何描述布林式 $A \cdot B = Y$。
109. PBASIC 指定指令如何描述布林式 $\overline{A \oplus B} = Y$。
110. PBASIC 指定指令如何描述布林式 $\overline{A + B} = Y$。
111. 在圖 3-66(a)，輸入 P12 為 HIGH 與 P11 為 LOW，標題 'Two-input OR function' 的 PBASIC 程式下載至 BS2 IC，輸出 P1 將為_____（HIGH，LOW），LED 將_____（亮，不亮）。
112. 在圖 3-66(a)，輸入 P12 為 HIGH 與 P11 為 LOW，標題 'Two-input AND function' 的 PBASIC 程式下載至 BS2 IC，輸出 P1 將為_____（HIGH，LOW），LED 將_____（亮，不亮）。

第 3 章 總結與回顧

總　結

1. 二位元邏輯閘是所有數位電路的基本組成元件。
2. 圖 3-70 總結七個基本邏輯閘，必須記住此表內容。
3. NAND 閘被廣泛使用，且能組合成其他邏輯閘。
4. 邏輯閘經常需要 2 到 10 個輸入。將幾個邏輯閘適當連接可以得到多個輸入。
5. 參考圖 3-47，藉由反相器，AND、OR、NAND、NOR 閘可相互轉換。
6. 邏輯閘一般常封裝為 DIP 型態 IC，傳統大型 DIP IC 常藉穿孔連接在印刷電路

邏輯函數	邏輯符號	布林式	真值表		
			輸入		輸出
			B	A	Y
AND	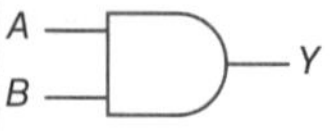 A, B → Y	$A \cdot B = Y$	0	0	0
			0	1	0
			1	0	0
			1	1	1
OR	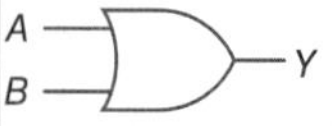 A, B → Y	$A + B = Y$	0	0	0
			0	1	1
			1	0	1
			1	1	1
Inverter	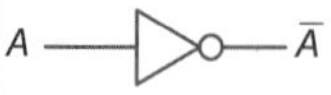 A → $\overline{A}$	$A = \overline{A}$		0	1
				1	0
NAND	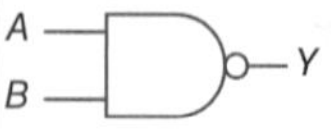 A, B → Y	$\overline{A \cdot B} = Y$	0	0	1
			0	1	1
			1	0	1
			1	1	0
NOR	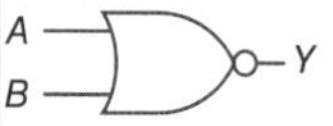 A, B → Y	$\overline{A + B} = Y$	0	0	1
			0	1	0
			1	0	0
			1	1	0
XOR	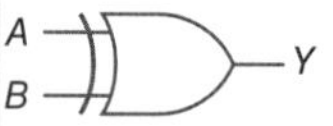 A, B → Y	$A \oplus B = Y$	0	0	0
			0	1	1
			1	0	1
			1	1	0
XNOR	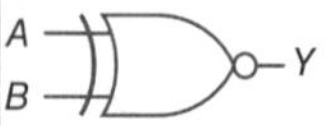 A, B → Y	$\overline{A \oplus B} = Y$	0	0	1
			0	1	0
			1	0	0
			1	1	1

圖 3-70　基本邏輯閘總結。

板，新的小型 DIP IC 則使用表面黏著技術。

7. TTL 與 CMOS 數位 IC 可使用於非常小的系統。新的高速低功率 CMOS IC 使用於許多新的設計。低電壓 IC（如 74LVC 系列）非常受歡迎。

8. CMOS 數位 IC 具有功率消耗非常低的優點。

9. 電路運作原理、技術人員專業、觀察能力、測試資料解釋能力，均為維修邏輯電路的重要技能。

10. 邏輯符號有時有小圓圈存在。這些小圓圈經常意指主動 LOW 輸入或輸出。

11. 當使用 CMOS IC 時，未被使用的輸入必須接至 V_{DD} 或 GND。儲存與拿取 CMOS IC 需小心，避免靜電損壞。輸入電壓準位不要超過電源供應電壓。

12. 邏輯探棒、電路知識、感覺能力（看、聞、觸摸）是維修電路時的基本工具。

13. 圖 3-61 比較傳統邏輯閘與較新版本 IEEE 標準邏輯符號。

14. 邏輯函數可藉由硬體接線式邏輯或藉由規

劃方式規劃可程式元件。
15. 圖 3-69 為 PBASIC 程式碼，可規劃為 AND、OR、NOT、NAND、NOR、XOR 與 XNOR，程式碼能被微控制器（BASIC Stamp 2 模組）所執行。

章節回顧問題

回答下列問題。

3-1. 針對問題 a 至 j 畫出傳統邏輯符號（標示輸入 A、B、C、D 及輸出 Y）：
 a. 兩輸入 AND 閘
 b. 三輸入 OR 閘
 c. 反相器（兩種符號）
 d. 兩輸入 XOR 閘
 e. 四輸入 NAND 閘
 f. 兩輸入 NOR 閘
 g. 兩輸入 XNOR 閘
 h. 兩輸入 NAND 閘（特殊符號）
 i. 兩輸入 NOR 閘（特殊符號）
 j. 緩衝器（非反相）
 k. 三態緩衝器（非反相）

3-2. 寫出下列布林式（標示輸入 A、B、C、D 及輸出 Y）：
 a. 三輸入 AND 函數
 b. 兩輸入 NOR 函數
 c. 三輸入 XOR 函數
 d. 四輸入 XNOR 函數
 e. 兩輸入 NAND 函數

3-3. 寫出下列真值表（標示輸入 A、B、C 及輸出 Y）：
 a. 三輸入 OR 閘
 b. 三輸入 NAND 閘
 c. 三輸入 XOR 閘
 d. 兩輸入 NOR 閘
 e. 兩輸入 XNOR 閘

3-4. 查看圖 3-70，哪一種邏輯閘，當全部輸入為 HIGH 時，輸出為邏輯 0？

3-5. 哪一種邏輯閘，可被稱為「全有或全無閘」(all or nothing gate)？

3-6. 哪一種邏輯閘，可被稱為「任意或全部閘」(any or all gate)？

3-7. 哪一種邏輯電路是與輸入互補？

3-8. 哪一種邏輯閘，可被稱為「任意但非全部閘」(any but not all gate)？

3-9. 只有當全部輸入為 HIGH 時，_____（AND，NAND）邏輯閘唯一輸出是 HIGH。

3-10. 只有當全部輸入為 LOW 時，_____（NAND，OR）邏輯閘唯一輸出是 LOW。

3-11. 只有當奇數個輸入為 HIGH 時，_____（NOR，XOR）邏輯閘唯一輸出是 HIGH。

3-12. 只有當全部輸入為 HIGH 時，_____（NAND，OR）邏輯閘唯一輸出是 LOW。

3-13. 只有當全部輸入為 LOW 時，_____（NAND，NOR）邏輯閘唯一輸出是 HIGH。

3-14. 若有一個 AND 閘與數個反相器，畫出如何產生 NOR 函數。

3-15. 若有一個 NAND 閘與數個反相器，畫出如何產生 OR 函數。

3-16. 若有一個 NAND 閘與數個反相器，畫出如何產生 AND 函數。

3-17. 若有四個兩輸入 AND 閘，畫出如何產生一個五輸入 AND 函數。

3-18. 若有數個兩輸入 NAND 閘與數個 OR 閘，畫出如何產生一個四輸入 NAND 閘函數。

3-19. 開關如圖 3-1 串聯，其行為像何種邏輯閘？

3-20. 開關如圖 3-8 並聯，其行為像何種邏輯閘？

3-21. 圖 3-51(b) 說明一個＿＿＿＿＿＿（8，16）接腳＿＿＿＿＿＿（三個英文字母）IC。

3-22. 畫一個電路接線圖，如圖 3-53(b)，此電路為三輸入 AND 函數。可使用一個 7408 IC、一個 5 V 直流電源、三個輸入開關與一個輸出指示器。

3-23. 圖 3-71 電路板上標示＿＿＿＿＿＿（A，C）處為 IC 的接腳 1。

3-24. 圖 3-71 電路板上標示＿＿＿＿＿＿（英文字母）處為 7408 IC 的接腳 GND。

3-25. 圖 3-71 電路板上標示＿＿＿＿＿＿（英文字母）處為 7408 IC 的接腳 V_{CC}。

3-26. 圖 3-72 的元件是＿＿＿＿＿＿（低功率，標準）的 TTL 14 支接腳採雙邊引腳 (DIP) 封裝的 IC。

3-27. 圖 3-72 IC 的接腳 1 被標示為英文字母＿＿＿＿＿＿。

3-28. 圖 3-72 IC 被標示為字母「C」，其接腳號碼是＿＿＿＿＿＿。

3-29. 圖 3-60(b) 是＿＿＿＿＿＿（邏輯，接線）圖的範例，可被某些服務人員所使用。

3-30. 參考圖 3-60(a)，假如所有接腳（1、2 與 5）是 HIGH，輸出接腳 6 亦是 HIGH，但 E 點是 LOW，此 LED＿＿＿＿＿＿（會，不會）亮，此電路＿＿＿＿＿＿（會，不會）正常工作。

3-31. 參考圖 3-60(a)，假如接腳 6 是 HIGH，但 E 點是 LOW，列出數個可能的問題。

3-32. 參考圖 3-60(a)，第一個 AND 閘輸出與接腳 3 之間發生開路，造成邏輯探棒無法指示 HIGH 與 LOW。這可表示接腳 3 與 4 兩者均浮接為＿＿＿＿＿＿（HIGH，LOW）。

3-33. 參考圖 3-73，此 IC 的核心編號為＿＿＿＿＿＿，它為一個＿＿＿＿＿＿（CMOS，TTL）邏輯元件。

3-34. 圖 3-73 IC 的接腳 1 是被標示為英文字母＿＿＿＿＿＿。

3-35. 欲拿取或存放如圖 3-73 的 DIP IC，需注意哪些事項？

3-36. 參考圖 3-74(a)，這些數位 IC 元件被裝在薄的封裝體，可藉由＿＿＿＿＿＿（點對點連線，表面黏著）與印刷電路板連接。

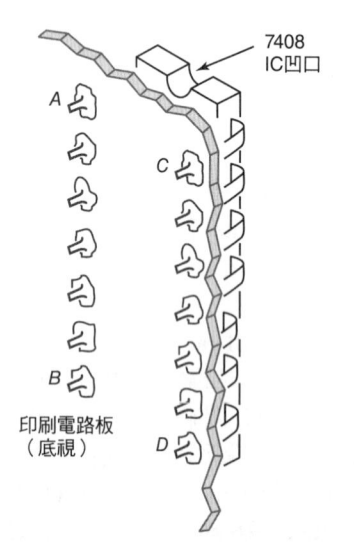

圖 3-71 IC 焊接在印刷電路板。

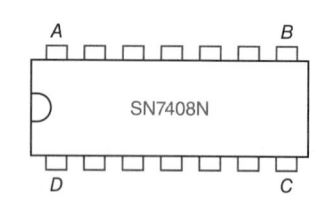

圖 3-72 數位 IC 的俯視圖。

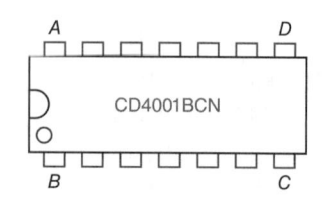

圖 3-73 數位 IC 的俯視圖。

3-37. 參考圖 3-74(a)，74LVC00 IC 的接腳 1 是位於接腳標示_____（A，B，C，D）處。

3-38. 參考圖 3-74(b)，74LVC00 IC 內包含四個分離兩輸入_____（AND，NAND）邏輯閘。

3-39. 參考圖 3-74，74LVC00 IC 是一個低電壓 CMOS IC，其操作電源在_____（3，12.）伏特。

3-40. 參考圖 3-74，寫出一布林表示式以描述 74LVC00 IC 內單一邏輯閘的功能。

3-41. 畫一個美國電子電機協會 (IEEE) 三輸入 NOR 閘的標準邏輯符號。

3-42. 畫一個美國電子電機協會 (IEEE) 三輸入 XNOR 閘的標準邏輯符號。

3-43. IEEE 標準邏輯符號 NAND 閘輸出端右邊的_____（小圓圈，三角形）表示將 AND 閘輸出反相。

3-44. IEEE 標準邏輯符號 AND 閘使用_____符號表示 AND 函數。

3-45. 一個微控制器（例如 BASIC Stamp 2 模組）能被規劃為 AND、OR 等邏輯函數。（是非題）

3-46. Parallax 之_____（BS2，BX10）模組可用高階電腦語言如 PBASIC（BASIC 語言的一種版本）來規劃。

3-47. 當規劃 BASIC Stamp 2 模組，使用 PBASIC 碼來表示布林表示式 $A + B = Y$（兩輸入 OR）為_____（Y = A OR B，Y = A | B）。

3-48. 當規劃 BASIC Stamp 2 模組，使用 PBASIC 碼來表示兩輸入 NAND 函數為_____（Y = A + B，Y = ~(A & B)）。

3-49. PBASIC 碼為 Y = A ^ B ^ C 表示三輸入_____（AND，XOR）邏輯函數。

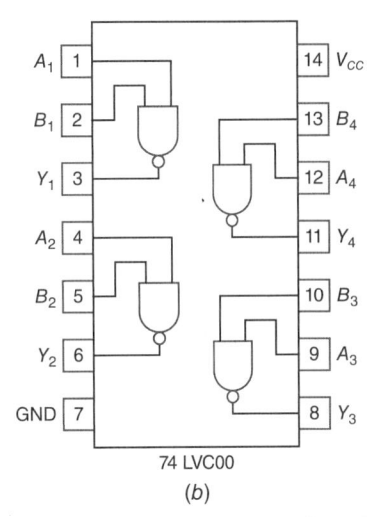

圖 3-74 74LVC00 IC。(a) 小尺寸 (SOIC) 封裝。(b) 接腳圖。

關鍵性思考問題

3-1. 在你的設計中，哪一種型式之三輸入邏輯閘，只有當所有輸入為 HIGH 時，才可產生輸出為 HIGH？

3-2. 在你的設計中，哪一種型式之四輸入邏輯閘，只有當奇數個輸入為 HIGH 時，才可產生輸出為 HIGH？

3-3. 參考圖 3-48(a)，解釋為何將 OR 邏輯閘輸入端反相時，可產生 NAND 函數。

3-4. 將兩輸入 NAND 邏輯閘輸入端與輸出端均反相時之電路，可產生_____邏輯函數。

3-5. 將兩輸入 OR 邏輯閘輸入端與輸出端均反相時之電路，可產生_____邏輯函數。

3-6. 參考圖 3-57，假如輸入 A 是 HIGH 與輸入 B 是 LOW，輸出 J（接腳 3）將為_____（HIGH，LOW）。電晶體 Q_1 被_____（關閉，開啟），LED 將_____（會，不會）點亮。

3-7. 參考圖 3-57，為何接腳 5、6、8、9、12 與 13 在此電路需接地。

3-8. 參考圖 3-60，假如 7408 TTL IC 發生內部短路，觸摸此 IC 的上面區域可能將感覺_____（熱，冷）。

3-9. 使用 AND 與反相器符號，針對布林式 $\overline{A} \cdot \overline{B} = Y$，畫一個邏輯圖。

3-10. 布林式 $\overline{A} \cdot \overline{B} = Y$ 是_____（NAND，NOR）邏輯函數的一種表示方式。

3-11. 依圖 3-75 設定，根據 AND 邏輯閘輸出 Y

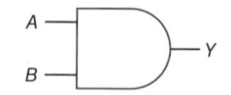

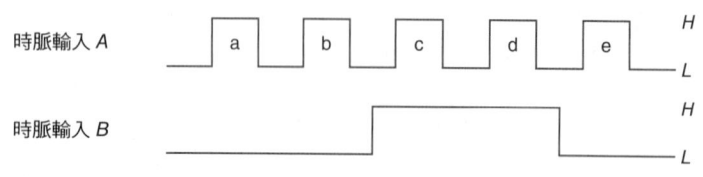

圖 3-75 脈波列問題。

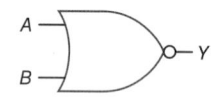

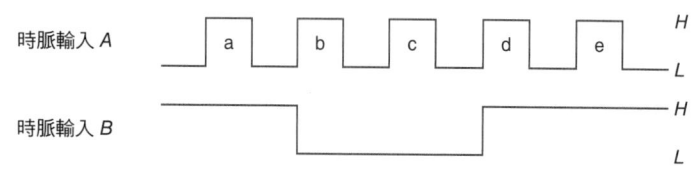

圖 3-76 脈波列問題。

的邏輯準位（H 與 L），畫出波形圖。
3-12. 依圖 3-76 設定，根據 NOR 邏輯閘輸出 Y 的邏輯準位（H 與 L），畫出波形圖。
3-13. 請證明圖 3-48(a) 兩個邏輯圖均產生兩輸入 NAND 真值表（提示：將小圓圈想像為反相器）。你可使用下列方法：
   a. 使用硬體方式，接線與測試邏輯電路。
   b. 使用電腦模擬軟體方式，接線與測試邏輯電路。
   c. 使用一系列真值表驗證你的證明。
3-14. 請證明圖 3-48(b) 兩個邏輯圖均產生兩輸入 NOR 真值表（提示：將小圓圈想像為反相器）。你可以使用下列方法：
   a. 使用硬體方式，接線與測試邏輯電路。
   b. 使用電腦模擬軟體方式，接線與測試邏輯電路。
   c. 使用一系列真值表驗證你的證明。

3-15. 參考圖 3-77(a)，這個正常開之開關是被接線為_____（主動 HIGH，主動 LOW）輸入。
3-16. 參考圖 3-77(a)，這個 P1 的 LED 將點亮，當端點 1 變為_____（HIGH，LOW）。
3-17. 參考圖 3-77，PBASIC 程式碼的哪三行在描述宣告 BS2 IC 的輸入埠？
3-18. 參考圖 3-77，PBASIC 程式碼的第十一行是何目的？
3-19. 參考圖 3-77，假使 BASIC Stamp 2 模組所有輸入是 HIGH，輸出將為_____（HIGH，LOW），以及紅色 LED 將_____（亮，不亮）。
3-20. 針對圖 3-77 PBASIC 程式碼，回答授課教師所提問有關程式碼規劃與 BASIC Stamp 2 模組運作的問題。

第 3 章　邏輯閘　　87

(a)

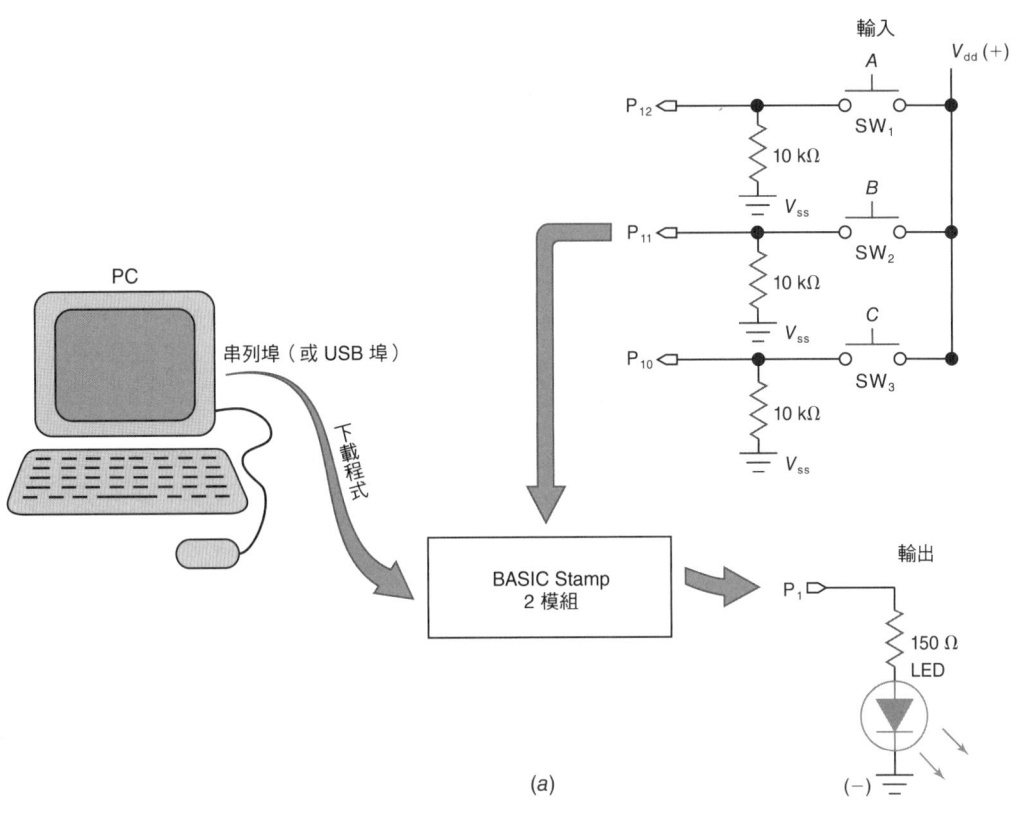

```
'Three-input XOR function      '<--- 第 1 行

A    VAR    Bit                '<--- 第 2 行
B    VAR    Bit                '<--- 第 3 行
C    VAR    Bit                '<--- 第 4 行
Y    VAR    Bit                '宣告 Y 為變數，1 位元

INPUT 10                       '<--- 第 6 行
INPUT 11                       '<--- 第 7 行
INPUT 12                       '<--- 第 8 行
OUTPUT 1                       '宣告埠 1 為輸出（紅色 LED）

Ckswitch:                      '檢查開關程序之標示
    OUT1 = 0                   '<--- 第 11 行
    A = IN12                   '<--- 第 12 行
    B = IN11                   '<--- 第 13 行
    C = IN10                   '<--- 第 14 行
    Y = A ^ B ^ C              '<--- 第 15 行
    If Y = 1 THEN Red          '假如 Y = 1 則跳到 red 紅色標示程序，否則執行下一行
GOTO Ckswitch                  '跳到 Ckswitch 標示，再次開始檢查開關

Red:                           '點亮紅色 LED 之標示，意即 HIGH
    OUT1 1                     '<--- 第 19 行
    PAUSE 100                  '<--- 第 20 行
GOTO Ckswitch                  '跳到 Ckswitch 程序，再次開始檢查開關
```

(b)

圖 3-77　(a) BASIC Stamp 2 模組規劃為三輸入 XOR 函數之接線圖。(b) BS 2 模組之 PBASIC 程式碼。

CHAPTER 4
組合邏輯閘

學習目標 本章將幫助你：

4-1 根據最小項與最大項布林式畫出邏輯圖。
4-2 使用最小項布林式與真值表設計邏輯與畫出 AND-OR 邏輯圖。
4-3 使用 2 變數至 5 變數之卡諾圖化簡最小項布林式到最簡項。
4-4 使用 NAND 閘化簡 AND-OR 邏輯電路。
4-5 能使用電腦模擬軟體（例如來自 Multisim 或 Electronic Workbench 的 Logic Converter instrument）在布林式、真值表與邏輯符號閘相互轉換。
4-6 使用資料選擇器求解邏輯問題。
4-7 了解可程式邏輯元件 (PLD) 的基礎。
4-8 使用迪摩根定律轉換最小項至最大項或最大項至最小項。
4-9 使用布林式之鍵盤符號版本。
4-10 使用 BASIC Stamp 2 微控制器模組程式化數個邏輯函數。

先前你已經記住每一個邏輯閘的符號、真值表與布林式。這些邏輯閘是更複雜數位元件的組成單位。在本章你將使用邏輯閘符號、真值表與布林式來解決電子學上的實際問題。

我們將連接邏輯閘電路，即工程師所稱的**組合邏輯電路 (combinational logic circuits)**。按定義，組合邏輯為一組相互連接的邏輯閘，擁有某一邏輯函數，其輸入訊號將引起輸出立即的響應，其沒有記憶體或儲存能力。若數位電路具有記憶體或儲存能力，則被稱為**序向邏輯電路 (sequential logic circuits)**，將在後續章節探討。

在不需要記憶體的前提下，我們將組合 AND 閘、OR 閘與反相器以解決問題。有幾種工具可供我們使用，如真值表、布林式與邏輯符號。你了解它們嗎？對電子領域之技術人員、維修人員或工程師而言，了解組合邏輯是必備的知識。

在實驗室組合邏輯電路實現成硬體能幫助你得到一些經驗。這些邏輯閘已被封裝成價格不貴且方便使用的 IC。你也可藉由電腦上電路模擬軟體來測試這些組合邏輯閘。

使用傳統的 IC 與所謂的「硬邏輯」(hard logic) 可以解決組合邏輯問題。更複雜的組合邏輯問題可藉由可程式邏輯元件 (programmable logic device, PLD) 的方式解決。你當然也可藉由電腦與 BASIC Stamp 2 模組來程式化微控制器，以解決真實世界的組合邏輯問題。

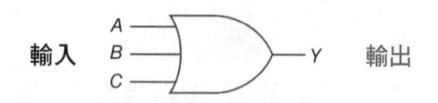

圖 4-1 布林式邏輯圖。

$\overline{A} \cdot B + A \cdot \overline{B} + \overline{B} \cdot C = Y$

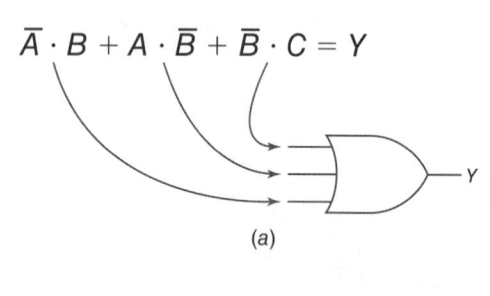

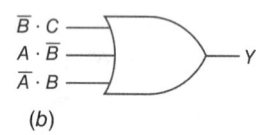

圖 4-2 建構邏輯電路第一步。

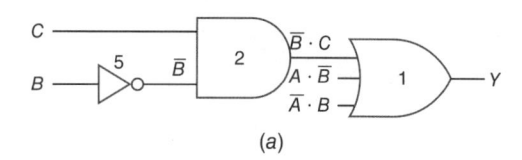

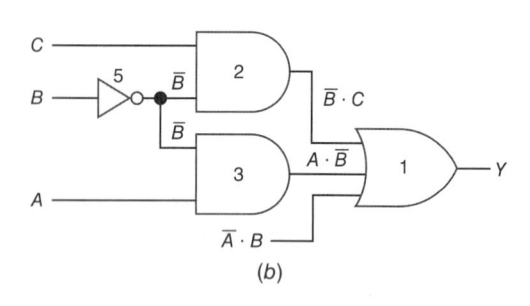

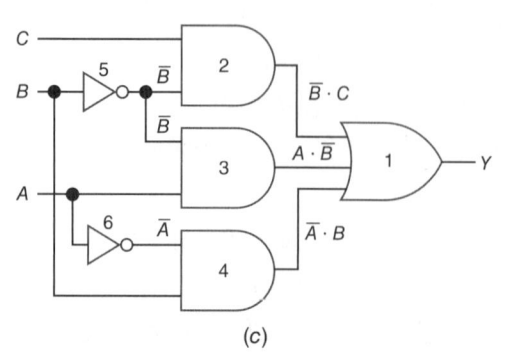

圖 4-3 建構邏輯電路第二步。

4-1 從布林式建構電路

以下將使用布林式來引導建構邏輯電路。假使欲建構一個電路來執行布林式 $A + B + C = Y$ 的邏輯函數。從式子看出，每個輸入變數需作 OR 功能，圖 4-1 說明此閘可完成此功能。

現在假使欲建構一個布林式 $\overline{A} \cdot B + A \cdot \overline{B} + \overline{B} \cdot C = Y$ 的電路，該如何做？第一步，我們注意必須 OR $\overline{A} \cdot B$、$A \cdot \overline{B}$ 與 $\overline{B} \cdot C$，圖 4-2(a) 為三輸入 OR 閘所形成輸出 Y，圖 4-2(b) 重新整理之。

圖 4-3 為建構布林式 $\overline{A} \cdot B + A \cdot \overline{B} + \overline{B} \cdot C = Y$ 邏輯電路的第二步。圖 4-3(a) B 輸入首先經由反相器轉變為 $\overline{B}$，再經由 AND 閘（閘 2）取到 $\overline{B} \cdot C$，圖 4-3(b) 加入另一個 AND 閘（閘 3）形成 $A \cdot \overline{B}$，圖 4-3(c) 再加入一個 AND 閘（閘 4）形成 $\overline{A} \cdot B$，將三個 AND 閘輸出接至 OR 閘，即形成 $\overline{A} \cdot B + A \cdot \overline{B} + \overline{B} \cdot C = Y$ 之邏輯電路。

請注意，我們從邏輯輸出端開始著手，並反推回至輸入變數。你現在已有從布林式建構組合邏輯的經驗。

布林式有兩種形式。**積之和 (sum-of-products, SOP)** 形式如圖 4-2。此形式另一範例為 $A \cdot B + B \cdot C = Y$。布林式另一形式為**和之積 (product-of-sums, POS)**，例如 $(D + E) \cdot (E + F) = Y$。在工程教科書，SOP 被稱為**最小項 (minterm form)**，POS 被工程師、技術人員、科學家稱為**最大項 (maxterm form)**。

電腦電路模擬軟體 (circuit simulation software)，如 Electronics Workbench 或 Multisim，均能從布林式畫出邏輯圖。它可從最小項或最大項布林式畫出邏輯圖。數位設計的專家一般常使用電腦電路模擬軟體，在實驗室時有機會可試用。

自我測驗

請填入下列空格。

1. 使用 AND 閘、OR 閘、NOT 閘與反相器建構下面最小項布林式的邏輯電路：
   a. $\overline{A} \cdot \overline{B} + A \cdot B = Y$
   b. $\overline{A} \cdot \overline{C} + A \cdot B \cdot C = Y$
   c. $A \cdot D + \overline{B} \cdot \overline{D} + C \cdot \overline{D} = Y$
2. 最小項布林式亦被稱為_____形式。
3. 最大項布林式亦被稱為_____形式。
4. 最小項布林式 $A \cdot D + \overline{B} \cdot \overline{D} + C \cdot \overline{D} = Y$ 其形式被稱為_____（和之積，積之和）形式。
5. 最大項布林式 $(A + D) \cdot (B + \overline{C}) \cdot (A + C) = Y$ 其形式被稱為_____（和之積，積之和）形式。

4-2 從最大項布林式畫出電路

欲建構最大項布林式 $(A + B + C) \cdot (\overline{A} + \overline{B}) = Y$ 的邏輯電路，第一步如圖 4-4(a) 所示。$(A + B + C)$ 與 $(\overline{A} + \overline{B})$ 先 AND 形成輸出 Y。圖 4-4(b) 為重畫的邏輯電路。第二步畫邏輯圖，如圖 4-5 所示；OR 閘與反相器 3 和反相器 4 形成 $(\overline{A} + \overline{B})$，如圖 4-5(a) 所示。圖 4-5(b) OR 閘 5 形成 $(A + B + C)$。因此，圖 4-5(b) 形成完整的邏輯電路，實現最大項布林式 $(A + B + C) \cdot (\overline{A} + \overline{B}) = Y$。

總言之，我們從布林式右邊至左邊（從輸出至輸入）作布林式至邏輯電路的轉換。注意，此時我們只使用 AND 閘、OR 閘與 NOT 閘以建構組合邏輯電路。最大項與最小項布林式均可轉換為邏輯電路，最小項式邏輯電路建構類似如圖 4-3(c) AND-OR 電路型式；然而最大項電路可轉換類似如圖 4-5(b) OR-AND 電路型式。

你現在應能辨識最小項與最大項布林式，也能將布林式轉換為邏輯電路，並藉由使用 AND 閘、OR 閘與 NOT 閘建構組合邏輯電路。

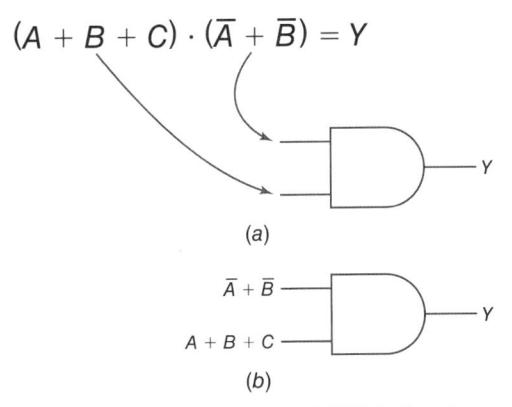

圖 4-4 建構和之積 (POS) 邏輯電路第一步。

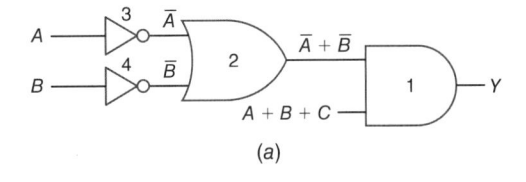

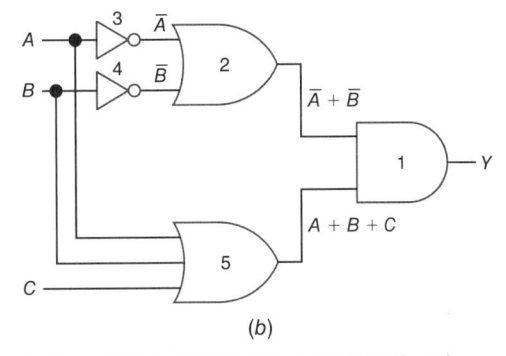

圖 4-5 建構和之積 (POS) 邏輯電路第二步。

自我測驗

請填入下列空格。

6. 依下列布林式，使用 AND、OR 與 NOT 閘建構邏輯電路：
   a. $(A + B) \cdot (\overline{A} + \overline{B}) = Y$
   b. $(\overline{A} + B) \cdot \overline{C} = Y$
   c. $(A + B) \cdot (\overline{C} + \overline{D}) \cdot (\overline{A} + C) = Y$
7. 參考自我測驗問題 6，此布林式是_____（最大項，最小項）形式。
8. 參考自我測驗問題 6，此布林式是_____（和之積，積之和）形式。
9. 使用最大項布林式可建構_____（AND-OR，OR-AND）邏輯電路。

真值表

輸入			輸出
C	B	A	Y
0	0	0	0
0	0	1	0
0	1	0	0
0	1	1	1	← $\overline{C} \cdot B \cdot A = 1$
1	0	0	1	← $C \cdot \overline{B} \cdot \overline{A} = 1$
1	0	1	0
1	1	0	0
1	1	1	0

(a)

(b) 布林式

$$\overline{C} \cdot B \cdot A + C \cdot \overline{B} \cdot \overline{A} = Y$$

圖 4-6 從真值轉換成最小項布林式。

(a) 布林式

$$\overline{C} \cdot B \cdot \overline{A} + C \cdot \overline{B} \cdot A = Y$$

真值表

輸入			輸出
C	B	A	Y
0	0	0	0
0	0	1	0
0	1	0	1
0	1	1	0
1	0	0	0
1	0	1	1
1	1	0	0
1	1	1	0

(b)

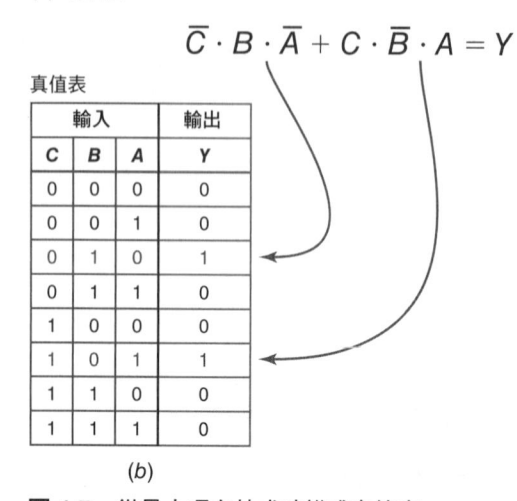

圖 4-7 從最小項布林式建構成真值表。

4-3 真值表與布林式

布林式為一種描述邏輯電路運作的簡便方法；**真值表 (truth table)** 為另一個精確的方法。當你在設計數位電子時，必須知道如何從真值表形式轉換為布林式。

真值表到布林式

觀察圖 4-6(a) 真值表。三輸入 A、B 與 C 的八種狀態中，只有兩種狀態輸出產生邏輯 1，這兩種組合為 $\overline{C} \cdot B \cdot A$ 與 $C \cdot \overline{B} \cdot \overline{A}$。圖 4-6(b) 呈現將此兩項作 OR 組合後之布林式，圖 4-6(a) 真值表與圖 4-6(b) 布林式均描述電路如何運作。

真值表是大部分邏輯電路之源由。在本節，你必須學會將真值表資訊轉換為布林式。記住，要在真值表中尋找會產生邏輯 1 輸出的輸入變數組合。

布林式到真值表

有時你必須知道如何反向轉換，亦即如何將布林式轉換為真值表。考慮圖 4-7(a) 布林式，它表示有兩種 A、B 與 C 的組合產生輸出邏輯 1。圖 4-7(b) 輸出端將產生邏輯 1 的輸入組合作標示，並將對應的輸出端標示為 1，其餘的輸出端標示為 0。圖 4-7(a) 布林式與圖 4-7(b) 真值表，兩者均精確描述相同邏輯電路運作。

圖 4-8(a) 為一布林式，乍看之下，好像只有兩種輸入組合產生輸出邏輯 1。可是再細看，圖 4-8(b) 布林式 $\overline{C} \cdot \overline{A} + C \cdot B \cdot A = Y$ 實際會產生三種組合讓輸出端為邏輯 1。對於圖 4-8 所呈現之陷阱，需非常小心；你必須確認真值表包含會產生輸出邏輯 1 的所有組合。圖 4-8(a) 與圖 4-8(b) 描述相同邏輯函數。

我們已經轉換從真值表到布林式或從布林式到真值表。目前我們所處理的布林式為最小項形式。從真值表要產生最大項布林式的程序是非常不同的。

電路模擬轉換

在電腦執行電路模擬軟體，能夠精確轉換布林式至真值表，或從真值表至布林式。本節我們將展示一個常見的電路模擬軟體。

有一種簡易使用電路模擬器為 Electronics Workbench (EWB) 或 Multisim。EWB 軟體包含圖 4-9(a) 所示的**邏輯轉換器 (logic converter)**，使用它可將布林式轉換成真值表，步驟如下：

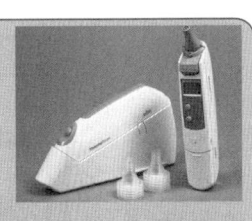

步驟 1：在圖 4-9(b)下方位置鍵入布林式。

步驟 2：啟動布林式轉換真值表之選項，如圖 4-9(b)。

步驟 3：從電腦螢幕查看結果，如圖 4-9(b)。

(a) 布林式

$$\overline{C} \cdot \overline{A} + C \cdot B \cdot A = Y$$

真值表

輸入			輸出
C	B	A	Y
0	0	0	1
0	0	1	0
0	1	0	1
0	1	1	0
1	0	0	0
1	0	1	0
1	1	0	0
1	1	1	1

(b)

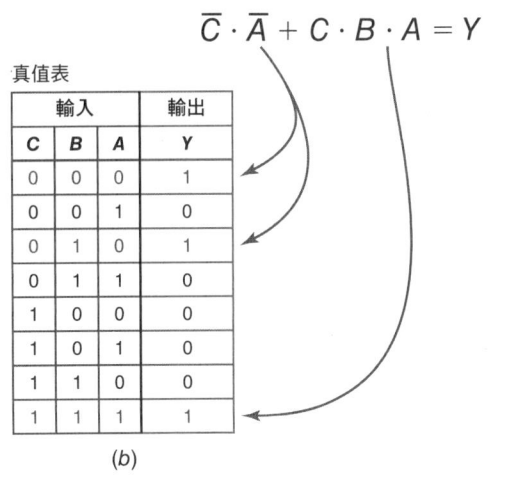

圖 4-8 從最小項布林式建構成真值表。

有關電子學

電子式溫度計。今日，要測量體溫並不困難，Braun ThermaScan 耳溫槍能在 1 秒完成體溫的測量。因為溫度計能讀取中耳鼓膜或組織周圍之紅外線熱度，進階的電子產品能轉換此訊號為溫度，並以數值方式呈現出來。

圖 4-9(b) 步驟 1 輸入的布林式 $A'B'C + ABC'$ 是簡化的「鍵盤版本」表示 $C \cdot \overline{B} \cdot \overline{A} + \overline{C} \cdot B \cdot A = Y$，兩者邏輯函數是相同的。鍵盤上的「'」與字母上方的「￣」的意義相同，因此，A' 與 $\overline{A}$ 是一樣的。在布林式中，變數的前後順序對邏輯函數沒有影響。因此，ABC 與 CBA 是一樣的。另外，變數在 AND 運算的「·」亦可省略，所以 $A \cdot B \cdot C$ 能縮寫為 ABC。

比較圖 4-6(a) 與 4-9(b) 之輸出欄；兩者皆表示相同邏輯函數，但輸出似乎不太一樣。這是由於輸入變數順序不同。圖 4-6(a) 是 CBA，然而在圖 4-9(b) 是 ABC。圖 4-6(a) 真值表第 5 行 (100) 與圖 4-9(b) 第 2 行 (001) 是一樣的。此例說明真值表與布林式表現會有差異的原因。電子相關從業人員需熟悉真值表標示的幾種方法以及布林式不同的表示方式。

EWB 等電子電路模擬器可用來處理最小項或最大項布林式。從圖 4-9(a) 觀察到尚有五種其他形式轉換可供利用。若有使用該軟體，可嘗試作不同的轉換練習。

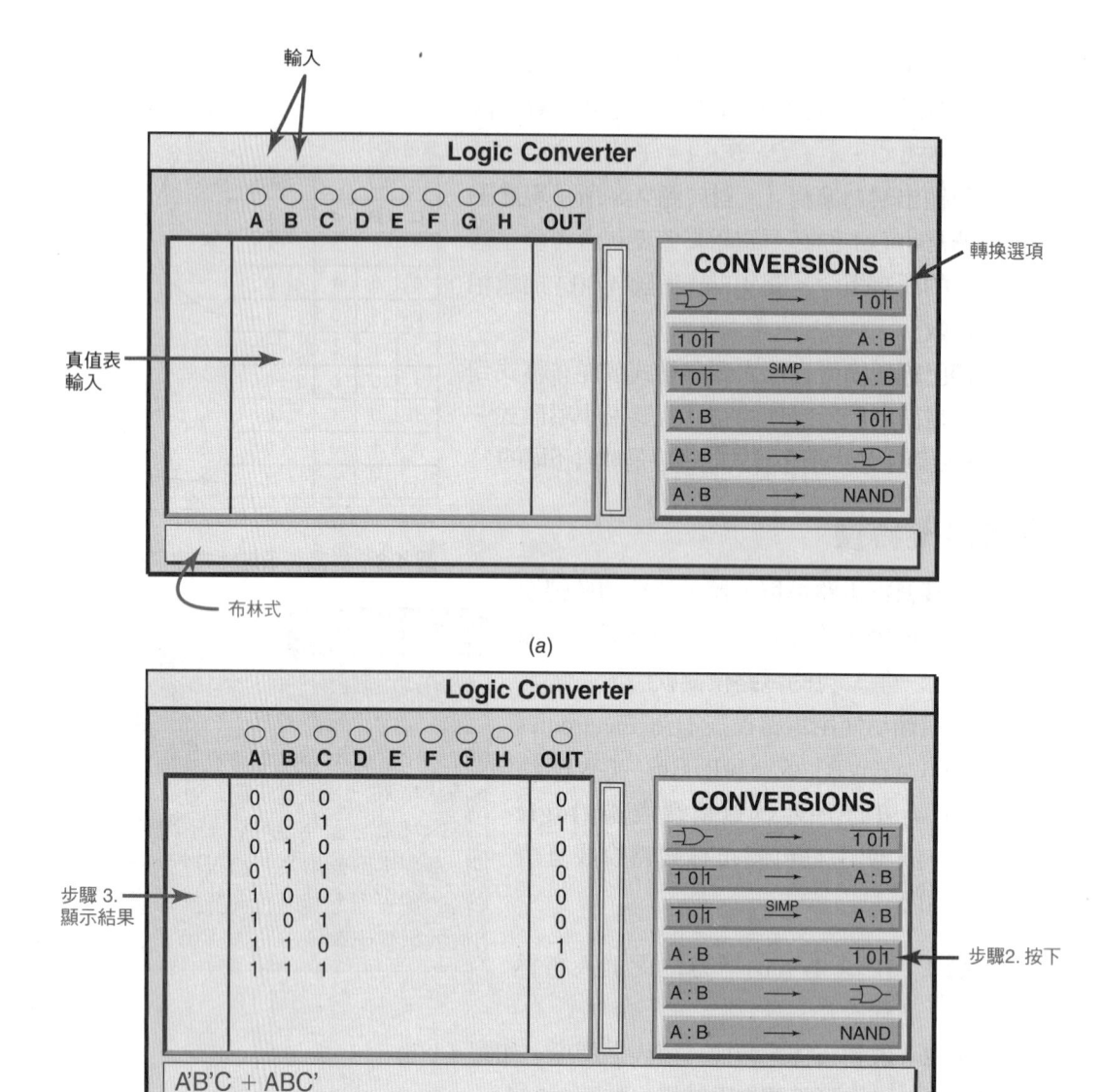

圖示說明 (a) 邏輯轉換器平面圖，標註：輸入、轉換選項、真值表輸入、布林式。

(b) 顯示真值表：

A	B	C	OUT
0	0	0	0
0	0	1	1
0	1	0	0
0	1	1	0
1	0	0	0
1	0	1	0
1	1	0	1
1	1	1	0

布林式：A'B'C + ABC'

標註：步驟 1. 鍵入布林式、步驟 2. 按下、步驟 3. 顯示結果

圖 4-9 電路模擬軟體的邏輯轉換器。(a) 邏輯轉換器平面圖。(b) 布林式轉換成真值表的三個步驟。

自我測驗

請填入下列空格。

10. 參考圖 4-10，寫出該真值表邏輯函數的積之和布林式。
11. 參考圖 4-11，布林式 $\overline{C} \cdot \overline{B} \cdot \overline{A} + \overline{C} \cdot \overline{B} \cdot A = Y$ 產生真值表，真值表哪兩行輸出 HIGH (1)？
12. 布林式 $C \cdot B \cdot \overline{A} + C \cdot \overline{B} \cdot A = Y$ 產生真值表，請建構此真值表。
13. 圖 4-6 步驟是將真值表轉換至_____（最大項，最小項）布林式。
14. 圖 4-7 與圖 4-8 步驟是將_____（最大項，最小項）布林式轉換至真值表。

真值表

輸入			輸出
C	B	A	Y
0	0	0	0
0	0	1	0
0	1	0	0
0	1	1	0
1	0	0	0
1	0	1	0
1	1	0	1
1	1	1	1

圖 4-10 三個變數之真值表。

真值表

	輸入			輸出
	C	B	A	Y
第0行	0	0	0	
第1行	0	0	1	
第2行	0	1	0	
第3行	0	1	1	
第4行	1	0	0	
第5行	1	0	1	
第6行	1	1	0	
第7行	1	1	1	

圖 4-11 三個變數之真值表。

15. 寫出布林式 $\overline{C} \cdot \overline{B} \cdot A + B \cdot \overline{A} = Y$ 的鍵盤版本寫法。
16. 布林式 $A \cdot B \cdot C = Y$ 與 $ABC = Y$ 為相同意義。（是非題）
17. 布林式 $A \cdot B \cdot C = Y$ 與 $C \cdot B \cdot A = Y$ 會產生相同真值表。（是非題）
18. $A'C' + AB = Y$ 為傳統布林式 $(\overline{A} + \overline{C}) \cdot (A + B) = Y$ 的鍵盤版本寫法。（是非題）

4-4 範例問題

4-1 節至 4-3 節的步驟在設計數位電子時是很有用的技巧。我們將練習如圖 4-12 所示的每天均會發生的邏輯問題，從真值表轉換至布林式再轉換為邏輯電路，以幫助你練習這些技巧。

假使我們在設計一個簡單型電子鎖，只有在某些開關組合下，電子鎖才會開。圖

(a) 真值表

輸入			輸出
A	B	C	Y
0	0	0	0
0	0	1	1
0	1	0	0
0	1	1	0
1	0	0	0
1	0	1	0
1	1	0	0
1	1	1	1

(b) 布林式

$$A \cdot B \cdot C + \overline{A} \cdot \overline{B} \cdot C = Y$$

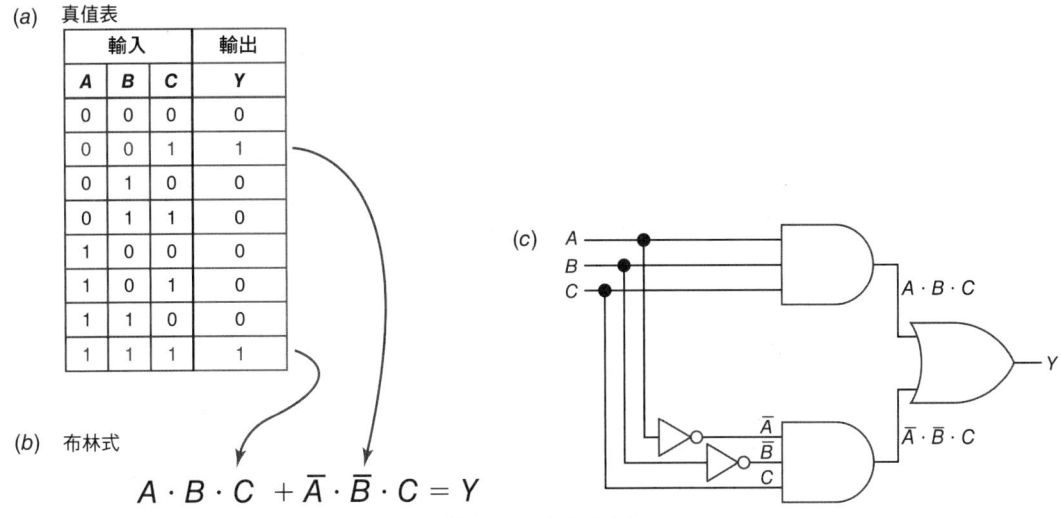

圖 4-12 電子鎖問題。(a) 真值表。(b) 布林式。(c) 邏輯電路。

4-12(a) 是電子鎖之真值表，只有兩種輸入 A、B 與 C 的組合才會產生輸出 1 或 HIGH，才會把電子鎖解開。圖 4-12(b) 顯示我們如何形成最小項布林式，圖 4-12(c) 是從布林式所推展出來的邏輯電路。從圖 4-12 的例子，確認你能夠從真值表轉換成布林式，再轉換成邏輯電路。

許多電子電路模擬器能夠處理這些轉換，舉例而言，Electronics Workbench 或 Multisim 之邏輯轉換軟體均能作此轉換。我們使用 Electronics Workbench 或 Multisim 的邏輯轉換軟體來解決之前電子鎖的問題。圖 4-13 說明利用此軟體解決電子鎖之步驟。這些步驟如下：

步驟 1：圖 4-13(a) 填入電子鎖之真值表。
步驟 2：在圖 4-13(a) 啟動真值表至布林式之功能鍵，布林式將為 $A'B'C + ABC$。
步驟 3：在圖 4-13(b) 啟動布林式至邏輯電路之功能鍵，EWB 畫面將顯示 AND-OR 邏輯。

現在你應該能解決一個類似此章節所列的邏輯問題，你可以徒手計算（圖 4-12）或者使用模擬軟體（圖 4-13）。下面的測試能幫助你作一些真值表、布林式與組合邏輯電路的練習。

(a)

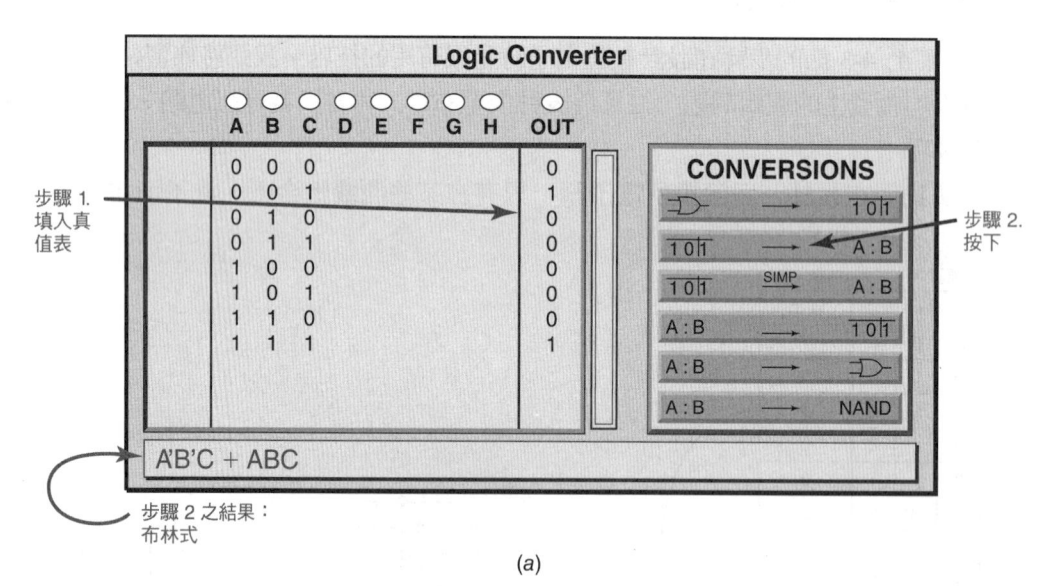

圖 4-13 使用 EWB 邏輯轉換軟體來設計邏輯電路。(a) 真值表至布林式。(b) 布林式至邏輯電路。

(b)

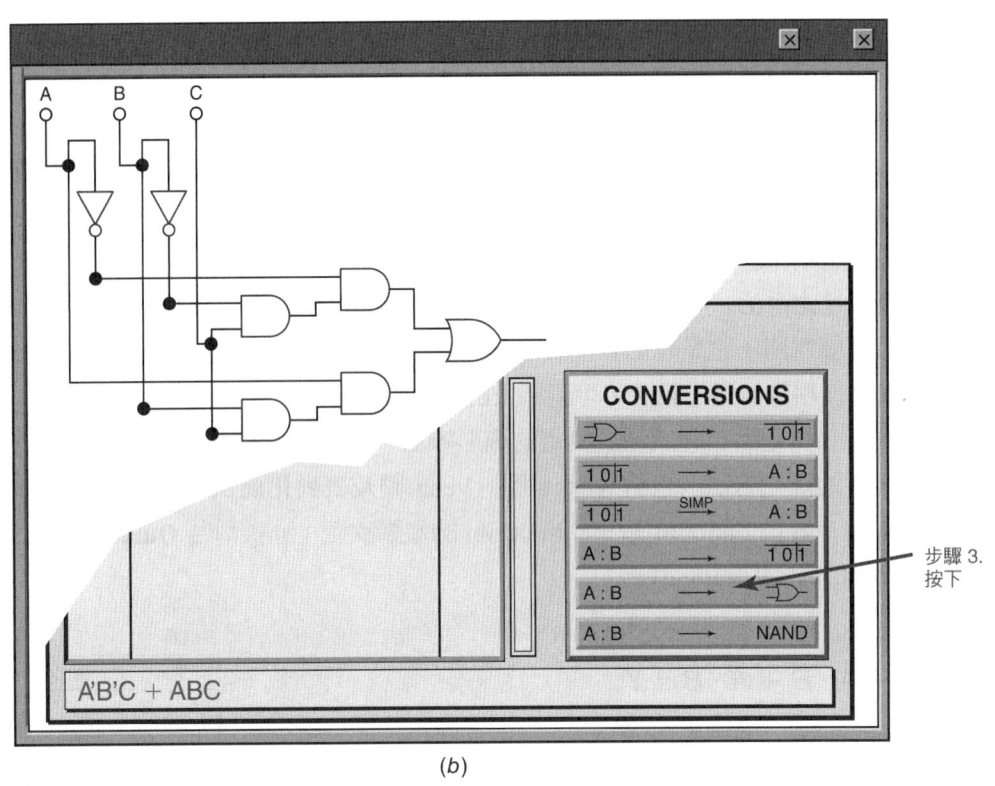

圖 4-13（續） 使用 EWB 邏輯轉換軟體來設計邏輯電路。(a) 真值表至布林式。(b) 布林式至邏輯電路。

自我測驗

請填入下列空格。

19. 參考圖 4-14 電子鎖真值表，寫出最小項布林式。
20. 參考自我測驗問題 19，從電子鎖布林式畫出相對應之邏輯電路圖。

真值表

輸入開關			輸出
C	B	A	Y
0	0	0	0
0	0	1	0
0	1	0	1
0	1	1	0
1	0	0	0
1	0	1	1
1	1	0	0
1	1	1	0

圖 4-14 電子鎖問題之真值表。

4-5 布林式化簡

圖 4-15(a) 為布林式 $\overline{A} \cdot B + A \cdot \overline{B} + A \cdot B = Y$，圖 4-15(b) 為其邏輯電路，共需三個 AND 閘、兩個反相器與一個三輸入 OR 閘。圖 4-15(c) 為其對應之真值表。從圖

4-15(c)，我們馬上辨認出這是一個兩輸入的 OR 閘，其布林式為 $A + B = Y$，如圖 4-15(d) 所示。圖 4-15(e) 為兩輸入 OR 閘最簡單的形式。

圖 4-15 顯示我們要如何化簡原來的布林式，以得到一個簡單且不貴的邏輯電路。在此範例中，我們幸運地可以看出該真值表是一個 OR 功能。但一般來說，我們必須使用更有系統性的方法來化簡布林式，像是**布林代數 (Boolean algebra)**、**卡諾圖 (Karnaugh mapping)** 與電腦模擬。

布林代數是由喬治‧布林 (George Boole, 1815-1864) 所提出。布林代數在 1930 年被使用於數位邏輯電路；它是化簡布林表示式的一個基本技巧。在本節只選擇一些主題來學習。若繼續從事數位電子設計，可再深入研讀。

卡諾圖是一種化簡布林式易於使用的圖形方法，將在 4-6 節至 4-10 節介紹。尚有其他幾種可用的簡化方法，包含 Veitch 圖、Venn 圖及**表列化簡法 (tabular method of simplification)**。表列化簡法須使用如 Multisim 的電腦軟體，亦被稱為 **Quine-McCluskey 法 (Quine-McCluskey method)**。

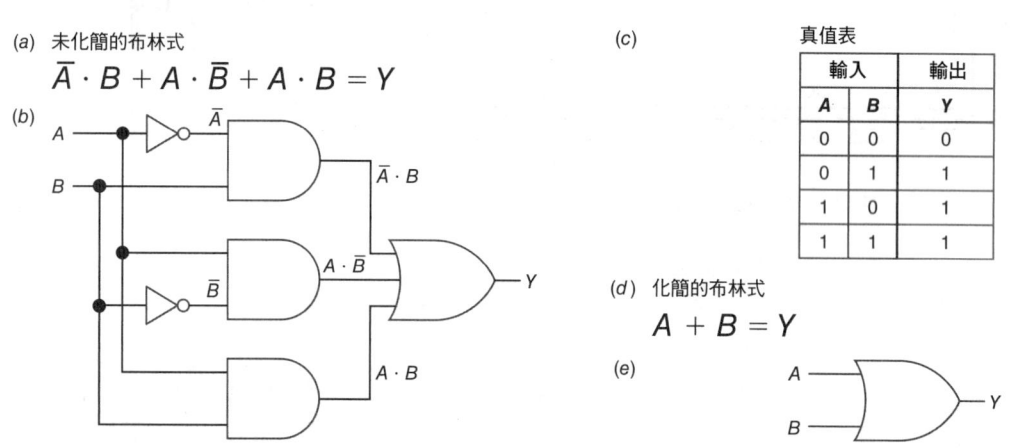

圖 4-15 布林式化簡。(a) 未化簡的布林式。(b) 複雜邏輯圖。(c) 真值表。(d) 化簡的布林式。兩輸入 OR 閘。(e) 簡單邏輯圖。

自我測驗

請填入下列空格。
21. 圖 4-15(b) 與 (e) 之邏輯電路產生_____（不同，相同）的真值表。
22. 欲化簡布林式，可多次藉由觀察或使用_____代數或_____圖。
23. 卡諾圖是一種系統性化簡邏輯電路的方法，但_____法更適合使用電腦來化簡。

4-6 卡諾圖

在 1953 年，莫里斯‧卡諾 (Maurice Karnaugh) 發表一篇關於系統對應 (system of mapping) 的文章，用來化簡布林式。圖 4-16 說明卡諾圖，四個方塊 (1, 2, 3, 4) 表示兩輸

入變數 A 與 B 四種可能的組合，方塊 1 表示 $\overline{A} \cdot \overline{B}$，方塊 2 表示 $\overline{A} \cdot B$，其餘方塊依此類推。

讓我們來處理圖 4-15 問題，原始布林式為 $\overline{A} \cdot B + A \cdot \overline{B} + A \cdot B = Y$，重新寫在圖 4-17(a)。接下來將 1 放在卡諾圖的方塊內，如圖 4-17(b)。已經填好 1 的**卡諾圖 (Karnaugh Map, K map)** 已準備好進行**迴圈 (looping)**。圖 4-18 顯示迴圈技巧。相鄰的 1 經繞迴路後，成為 2 個一組、4 個一組或 8 個一組。迴圈持續進行，直到所有的 1 已經被繞入圈內。每一個迴圈都代表一個化簡過的布林式中的新項次。圖 4-18 有 2 個迴圈，這 2 個迴圈表示新化簡的布林式中將有兩個項次作 OR 功能。

現在讓我們根據圖 4-19 重畫的兩個迴圈。首先是下面的迴圈：注意 A 包含了 B 與 $\overline{B}$，而根據布林代數的規則，B 與 $\overline{B}$ 可互相抵消，所以只留下 A 項在下面的迴圈。同樣地，垂直迴圈包含 A 與 $\overline{A}$，互相抵消後只留下 B 項，留下來的 A 項與 B 項再 OR，產生化簡的布林式 $A + B = Y$。

此方法化簡布林式看似複雜。其實只要稍加練習，這個程序非常簡單。在此歸納六個步驟：

1. 從最小項布林表示式開始。
2. 填入 1 至對應卡諾圖。
3. 將相鄰 1 作迴圈（2 個一組、4 個一組或 8 個一組）。
4. 化簡同時有正與互補項之迴圈，正反項互相抵消。
5. 每一迴圈剩下的項次，與其他化簡過之項次作 OR 功能。
6. 寫出化簡後的最小項布林表示式。

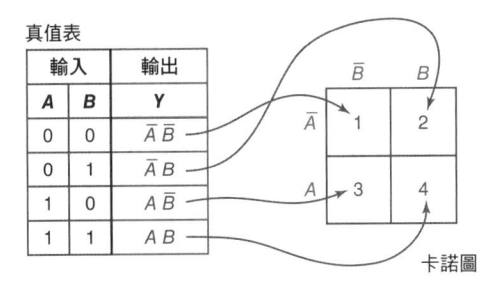

圖 4-16 卡諾圖內方塊的意義。

(a) $\overline{A} \cdot B + A \cdot \overline{B} + A \cdot B = Y$

(b)

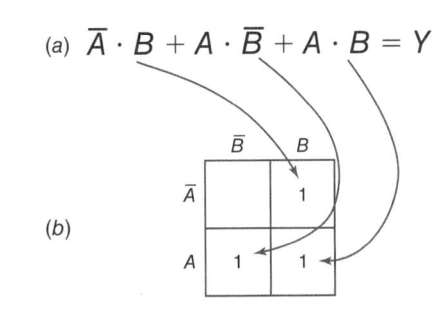

圖 4-17 在卡諾圖上標示 1。

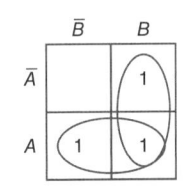

圖 4-18 在卡諾圖上將所有的 1 繞入圈內。

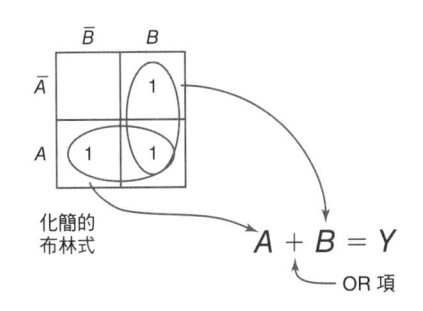

圖 4-19 使用卡諾圖化簡布林式。

自我測驗

請填入下列空格。
24. 圖 4-17 的圖形是由＿＿＿＿＿發展出。
25. 列出使用卡諾圖化簡布林式的六個步驟。

4-7 三變數卡諾圖

圖 4-20(a) 為一待化簡之布林式 $A \cdot \overline{B} \cdot \overline{C} + \overline{A} \cdot \overline{B} \cdot \overline{C} + \overline{A} \cdot \overline{B} \cdot C + A \cdot B \cdot \overline{C} = Y$，圖 4-20(b) 為**三變數卡諾圖 (three-variable Karnaugh map)**。三輸入變數 A、B 與 C 有八種可能組合，各表示在卡諾圖八個方塊內。對應的位置各填入 1，代表布林式內原始的四個項次。圖 4-20(c) 重畫了卡諾圖與迴圈。相鄰的兩個 1 繞迴路成一組。底下迴圈包含 B 與 $\overline{B}$。由於 B 與 $\overline{B}$ 會互相抵消不見，所以此迴圈包含 A 與 $\overline{C}$，用 $A \cdot \overline{C}$ 項表示。較上面的迴圈包含 C 與 $\overline{C}$。由於 C 與 $\overline{C}$ 會互相抵消不見，所以留下 $\overline{A} \cdot \overline{B}$ 項。所有迴圈留下的項次，再作 OR 功能。圖 4-20(d) 為化簡過的布林式 $A \cdot \overline{C} + \overline{A} \cdot \overline{B} = Y$。

圖 4-20 可看出化簡的布林式包含比較少的電子元件，但產生的真值表與未化簡的布林式相同。

很重要地，卡諾圖必須先繪製成如圖 4-20 的型式。請注意，從左邊變數往下看，每一列變數間一次只改變一個，如第 1 列 $\overline{A}\,\overline{B}$，下一列 $\overline{A}\,B$（$\overline{A}\,\overline{B}$ 至 $\overline{A}\,B$ 只改變 B），再下來為 AB（$\overline{A}\,B$ 至 AB 只改變 $\overline{A}$），再下來為由 AB 改變至 $A\,\overline{B}$（AB 至 $A\,\overline{B}$ 只改變 B）。假使排列錯誤的話，卡諾圖將不會正常操作。

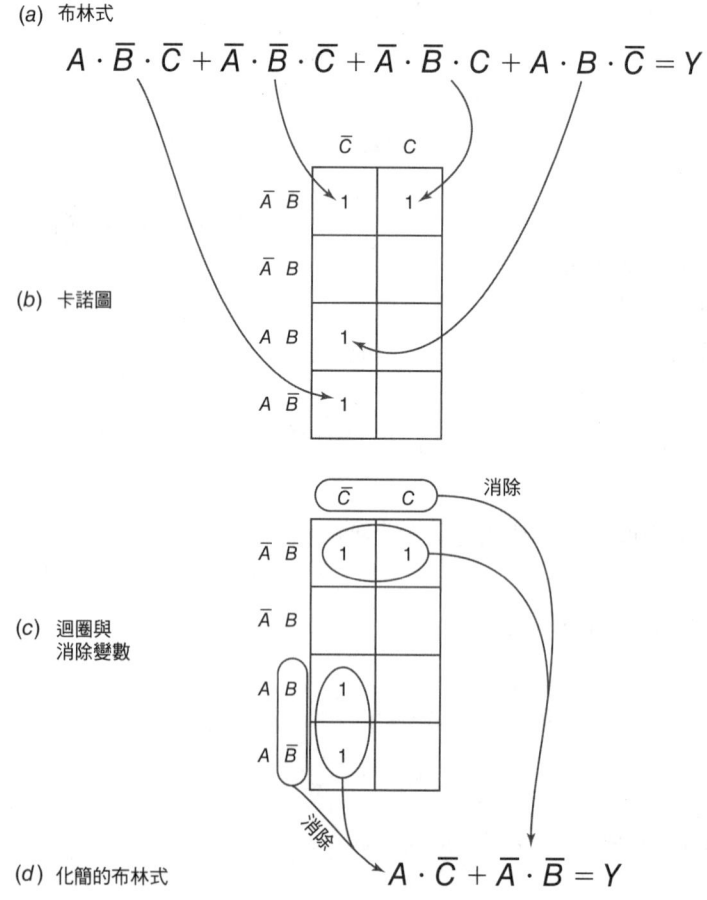

圖 4-20 使用卡諾圖化簡布林式。(a) 未化簡布林式。(b) 對應 1。(c) 迴圈群組在一起以消除變數。(d) 形成化簡後之最小項表示。

自我測驗

請填入下列空格。

26. 化簡布林式 $\overline{A} \cdot \overline{B} \cdot C + \overline{A} \cdot B \cdot C + A \cdot \overline{B} \cdot \overline{C} + A \cdot \overline{B} \cdot C = Y$：
    a. 在三變數卡諾圖內標示畫上 1。
    b. 將兩個 1 或四個 1 的迴圈群組起來。
    c. 消除在迴圈群組內互補的變數。
    d. 寫出化簡後之最小項布林式。
27. 化簡布林式 $\overline{A} \cdot B \cdot \overline{C} + \overline{A} \cdot B \cdot C + A \cdot B \cdot \overline{C} + A \cdot B \cdot C = Y$：
    a. 在三變數卡諾圖內標示畫上 1。
    b. 將兩個 1 或四個 1 的迴圈群組起來。
    c. 消除在迴圈群組內互補的變數。
    d. 寫出化簡後之最小項布林式。

4-8 四變數卡諾圖

四變數真值表有 $2^4 = 16$ 種可能組合。化簡四變數布林式有些困難，但使用卡諾圖化簡比較簡單。

考慮圖 4-21(a) 布林式 $A \cdot \overline{B} \cdot \overline{C} \cdot \overline{D} + \overline{A} \cdot B \cdot \overline{C} \cdot D + \overline{A} \cdot B \cdot C \cdot D + \overline{A} \cdot \overline{B} \cdot C \cdot D + \overline{A} \cdot B \cdot C \cdot D + A \cdot \overline{B} \cdot \overline{C} \cdot D = Y$，圖 4-21(b) 為四變數卡諾圖，有 16 個方塊表示 16 種 A、B、C、D 輸入組合。原始布林式有 6 個項，在相對應位置填入六個 1。圖 4-21(c) 重畫此卡諾圖，相鄰兩個 1 一組與四個 1 一組。底下迴圈可消除 D 與 $\overline{D}$，並產生 $A \cdot \overline{B} \cdot \overline{C}$ 項。上面四個 1 的迴圈消除 C、$\overline{C}$ 與 B、$\overline{B}$ 項，產生 $\overline{A} \cdot D$ 項。剩餘的 $A \cdot \overline{B} \cdot \overline{C}$ 與 $\overline{A} \cdot D$ 再作 OR 功能。化簡後的最小項布林式如圖 4-21(d) 所示，表示為 $A \cdot \overline{B} \cdot \overline{C} + \overline{A} \cdot D = Y$。

觀察二變數、三變數或四變數卡諾圖化簡法，其步驟與規則都相同，而且較大的迴圈會消除更多的變數。在使用卡諾圖時，首先需要小心與確認變數排列如圖 4-20 與圖 4-21 所示。

自我測驗

請填入下列空格。

28. 化簡布林式 $\overline{A} \cdot B \cdot \overline{C} \cdot \overline{D} + A \cdot B \cdot \overline{C} \cdot \overline{D} + \overline{A} \cdot B \cdot \overline{C} \cdot D + A \cdot B \cdot \overline{C} \cdot D + A \cdot \overline{B} \cdot C \cdot D + A \cdot \overline{B} \cdot C \cdot \overline{D} = Y$：
    a. 在四變數卡諾圖內標示畫上 1。
    b. 將兩個 1 或四個 1 的迴圈群組起來。
    c. 消除在迴圈群組內互補的變數。
    d. 寫出化簡後之最小項布林式。

29. 化簡布林式 $\overline{A} \cdot \overline{B} \cdot \overline{C} \cdot \overline{D} + \overline{A} \cdot \overline{B} \cdot \overline{C} \cdot D + \overline{A} \cdot B \cdot \overline{C} \cdot \overline{D} + \overline{A} \cdot B \cdot \overline{C} \cdot D + A \cdot B \cdot C \cdot D + A \cdot B \cdot C \cdot \overline{D} = Y$：

a. 在四變數卡諾圖內標示畫上 1。
b. 將兩個 1 或四個 1 的迴圈群組起來。
c. 消除在迴圈群組內互補的變數。
d. 寫出化簡後之最小項布林式。

(a) 布林式
$A \cdot \overline{B} \cdot \overline{C} \cdot \overline{D} + \overline{A} \cdot B \cdot \overline{C} \cdot D + \overline{A} \cdot \overline{B} \cdot \overline{C} \cdot D + \overline{A} \cdot \overline{B} \cdot C \cdot D + \overline{A} \cdot B \cdot C \cdot D + A \cdot \overline{B} \cdot \overline{C} \cdot D = Y$

(b) 卡諾圖

(c) 藉迴圈消除變數

(d) 化簡的布林式
$A \cdot \overline{B} \cdot \overline{C} + \overline{A} \cdot D = Y$

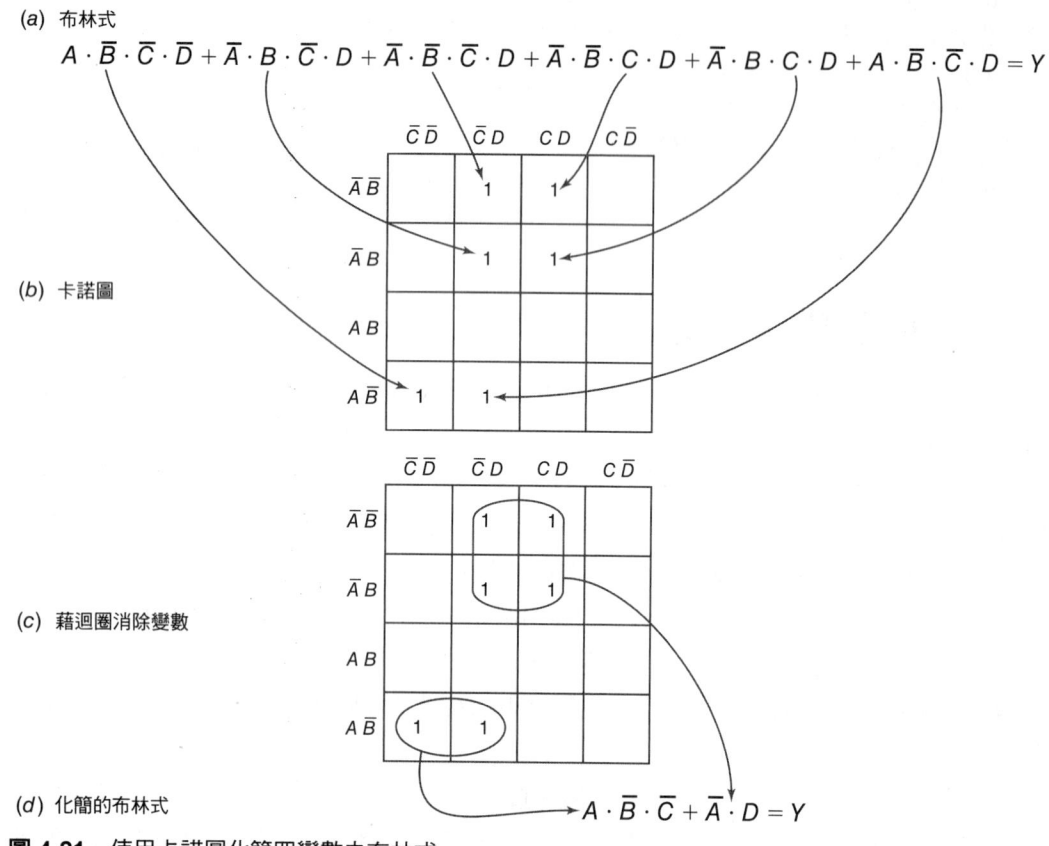

圖 4-21 使用卡諾圖化簡四變數之布林式。

4-9 更多的卡諾圖

本節呈現一些卡諾圖範例，請注意這種特別的迴圈程序將用於本節大多數的卡諾圖。

考慮圖 4-22(a) 的布林式。圖 4-22(b) 為填入四個 1 後對應的卡諾圖，圖上顯示正確的迴圈程序標示。請注意，卡諾圖可想像為一個圍起的圓柱，最左邊與最右邊是相鄰的。也要注意 A、$\overline{A}$ 與 C、$\overline{C}$ 項將可消除。化簡後之布林式 $B \cdot \overline{D} = Y$ 如圖 4-22(c) 所示。

迴圈的另一種變形如圖 4-23(a) 所示，把圖的最上列與最下列視為相鄰，如同被捲成圓柱狀，化簡後之布林式 $\overline{B} \cdot \overline{C} = Y$ 如圖 4-23(b) 所示，因為 A 與 $\overline{A}$ 以及 D 與 $\overline{D}$ 在圖

(a) 布林式
$$A \cdot B \cdot \overline{C} \cdot \overline{D} + \overline{A} \cdot B \cdot \overline{C} \cdot \overline{D} + \overline{A} \cdot B \cdot C \cdot \overline{D} + A \cdot B \cdot C \cdot \overline{D} = Y$$

(b)

(c) 化簡的布林式　　$B \cdot \overline{D} = Y$

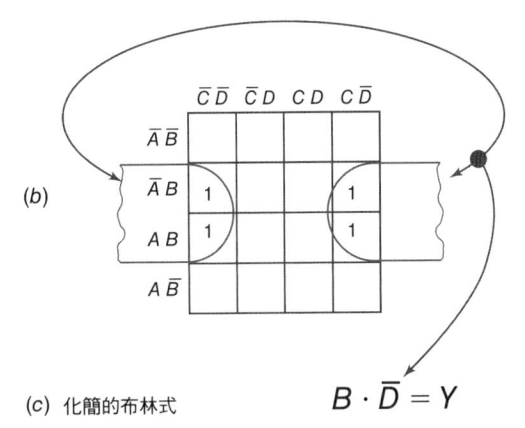

圖 4-22 使用卡諾圖化簡布林式（想像為垂直圓柱狀）。

(a)

(b) 化簡的布林式　　$\overline{B} \cdot \overline{C} = Y$

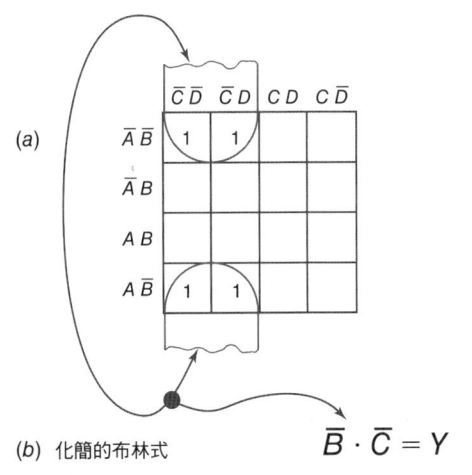

圖 4-23 使用卡諾圖化簡布林式（想像為水平圓柱狀）。

4-23 已經被消除掉。

圖 4-24(a) 呈現另一種較不尋常的迴圈形狀。卡諾圖四個角落可視為相鄰，好像形成一個球狀。四個相鄰角落可視為迴圈。化簡後的布林式 $\overline{B} \cdot \overline{D} = Y$ 如圖 4-24(b) 所示。在此例中，A 與 $\overline{A}$ 以及 C 與 $\overline{C}$ 項已被消除。

(a)

(b) 化簡的布林式　　$\overline{B} \cdot \overline{D} = Y$

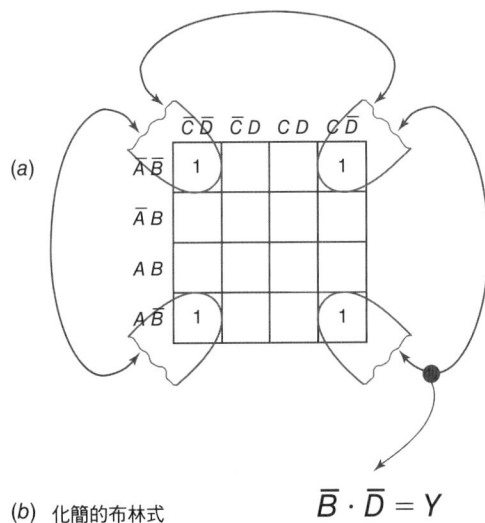

圖 4-24 使用卡諾圖化簡布林式（想像為球狀）。

自我測驗

請填入下列空格。

30. 化簡布林式 $\overline{A} \cdot B \cdot \overline{C} \cdot \overline{D} + \overline{A} \cdot \overline{B} \cdot \overline{C} \cdot D + \overline{A} \cdot \overline{B} \cdot C \cdot D + \overline{A} \cdot B \cdot C \cdot \overline{D} + A \cdot B \cdot \overline{C} \cdot D + A \cdot \overline{B} \cdot C \cdot D = Y$：

　　a. 在四變數卡諾圖內標示畫上 1。
　　b. 將兩個 1 或四個 1 的迴圈群組起來。
　　c. 消除在迴圈群組內互補的變數。
　　d. 寫出化簡後之最小項布林式。

31. 化簡布林式 $\overline{A}\cdot\overline{B}\cdot\overline{C}+\overline{A}\cdot\overline{B}\cdot C+A\cdot\overline{B}\cdot\overline{C}+A\cdot\overline{B}\cdot C+A\cdot B\cdot C = Y$：
   a. 在四變數卡諾圖內標示畫上 1。
   b. 將兩個 1 或四個 1 的迴圈群組起來。
   c. 消除在迴圈群組內互補的變數。
   d. 寫出化簡後之最小項布林式。

4-10　五變數卡諾圖

當邏輯問題超過四個變數，卡諾圖將成為三維立體形狀。本節討論**三維卡諾圖 (three-dimensional Karnaugh map)**。

圖 4-25(a) 為待化簡五變數之布林式，圖 4-25(b) 為其卡諾圖。兩層堆疊起來的四變數卡諾圖成為立體狀，上層為 E 平面，下層是 $\overline{E}$ 平面。

在未化簡布林式中有 9 項，每一項均用 1 標示在卡諾圖的對應位置，如圖 4-25(b) 所示。相鄰兩個、四個或八個 1 均可被迴圈，在上下層 E 和 $\overline{E}$ 平面的 1 亦可視為相鄰位置。因此，此例有一個迴圈可視為八個 1 所組合而成。

下一步就是轉換迴圈至對應的化簡項。圖 4-25(b) 左下角（在 $\overline{E}$ 平面）有一個孤立的 1 不能再化簡，成為 $A\cdot\overline{B}\cdot\overline{C}\cdot\overline{D}\cdot\overline{E}$，如圖 4-25(c) 所示。我們可化簡被圓柱迴圈起來這八個相鄰的 1，將消除 E、$\overline{E}$ 與 C、$\overline{C}$ 與 B、$\overline{B}$，僅留下 $\overline{A}\cdot D$ 項。因此，留下的兩項 $A\cdot\overline{B}\cdot\overline{C}\cdot\overline{D}\cdot\overline{E}$ 與 $\overline{A}\cdot D$ 再作 OR 功能，形成化簡後的布林式為 $A\cdot\overline{B}\cdot\overline{C}\cdot\overline{D}\cdot\overline{E}+\overline{A}\cdot D = Y$，如圖 4-25(c) 所示。

$$A\cdot\overline{B}\cdot\overline{C}\cdot\overline{D}\cdot\overline{E}+\overline{A}\cdot\overline{B}\cdot\overline{C}\cdot D\cdot\overline{E}+\overline{A}\cdot B\cdot\overline{C}\cdot D\cdot\overline{E}+$$
$$\overline{A}\cdot\overline{B}\cdot C\cdot D\cdot\overline{E}+\overline{A}\cdot B\cdot C\cdot D\cdot\overline{E}+\overline{A}\cdot\overline{B}\cdot\overline{C}\cdot D\cdot E+$$
$$\overline{A}\cdot B\cdot\overline{C}\cdot D\cdot E+\overline{A}\cdot\overline{B}\cdot C\cdot D\cdot E+\overline{A}\cdot B\cdot C\cdot D\cdot E = Y$$

(a) 未化簡的布林式

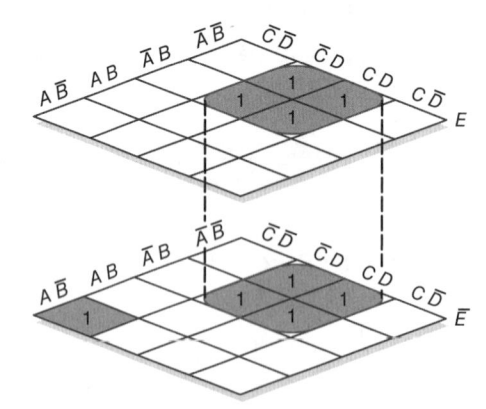

(b) 卡諾圖：標示 1 與迴圈

$$A\cdot\overline{B}\cdot\overline{C}\cdot\overline{D}\cdot\overline{E}+\overline{A}\cdot D = Y$$

(c) 化簡的布林式

圖 4-25　使用五變數之卡諾圖化簡布林式。

自我測驗

請填入下列空格。

32. 化簡布林式 $A \cdot \overline{B} \cdot \overline{C} \cdot \overline{D} \cdot \overline{E} + A \cdot \overline{B} \cdot \overline{C} \cdot D \cdot \overline{E} + A \cdot \overline{B} \cdot \overline{C} \cdot \overline{D} \cdot E + A \cdot \overline{B} \cdot \overline{C} \cdot D \cdot E + \overline{A} \cdot B \cdot C \cdot D \cdot E + \overline{A} \cdot \overline{B} \cdot C \cdot D \cdot E = Y$：
   a. 在五變數卡諾圖內標示畫上 1。
   b. 將兩個 1、四個 1 或八個 1 的迴圈群組起來。
   c. 消除在迴圈群組內互補的變數。
   d. 寫出化簡後之最小項布林式。

4-11 使用 NAND 邏輯

之前已學習 NAND 閘可作為萬用邏輯閘。本節將使用 NAND 來設計組合邏輯。NAND 閘好用又方便取得，可用來設計電路。

假使你的上司給你如圖 4-26(a) 的布林式 $A \cdot B + A \cdot \overline{C} = Y$，而且要求你用最少的成本解決這個邏輯問題。首先你使用 AND 閘、一個 OR 閘、一個反相器畫出圖 4-26(b) 邏輯圖。經查看製造商資料手冊後，得知必須使用三種不同種類的 IC 來進行。

你的上司建議你使用 NAND 邏輯試試看。你重畫邏輯電路圖，看起來就像圖 4-26(c) NAND-NAND 邏輯電路。當檢查資料手冊後，你發現僅需要用到一個包含 4 個 NAND 閘的 IC 即可。回想起 OR 輸入端反向為 NAND 閘，就可知道圖 4-26(c) 的電路執行邏輯 $A \cdot B + A \cdot \overline{C} = Y$。相較之前的設計，圖 4-26(b) 需用到三顆 IC，你現在的設計只需用一顆 IC 即可完成，你的上司對此感到很高興。

此種轉換技巧幫助你達成最低成本的要求，也讓你了解為何 NAND 閘經常被使用到。假使你未來的工作是數位電路設計，這個技巧將有助你設計出較佳的電路，並能降低成本。

或許你還在懷疑為何圖 4-26(c) NAND 閘能夠取代圖 4-26(b) 中的 AND 閘與 OR 閘？假使你仔細看圖 4-26(c)，此圖有兩個 AND 符號送入 OR 符號。根據之前經驗可知，假如反相兩次，還是原來的邏輯狀態。因此圖 4-26(c) AND 符號與 OR 符號彼此抵消，因為兩個反相將彼此抵消，最後還是成為兩個 AND 閘輸出至一個 OR 閘功能。

在此作一總結，使用 NAND 閘可採取下列步驟：

1. 從最小項布林式形式（積之和）著手。
2. 使用 AND、OR 與 NOT 符號，畫出 AND-OR 邏輯圖。
3. 把 NAND 等效符號取代 AND 與 OR 符號，並保持接線不要變動。
4. 把 NAND 輸入端接在一起以取代反相器。
5. 測試這整個只包含 NAND 閘之電路是否產生正確的真值表。

(a) $A \cdot B + A \cdot \overline{C} = Y$

(b)

(c)

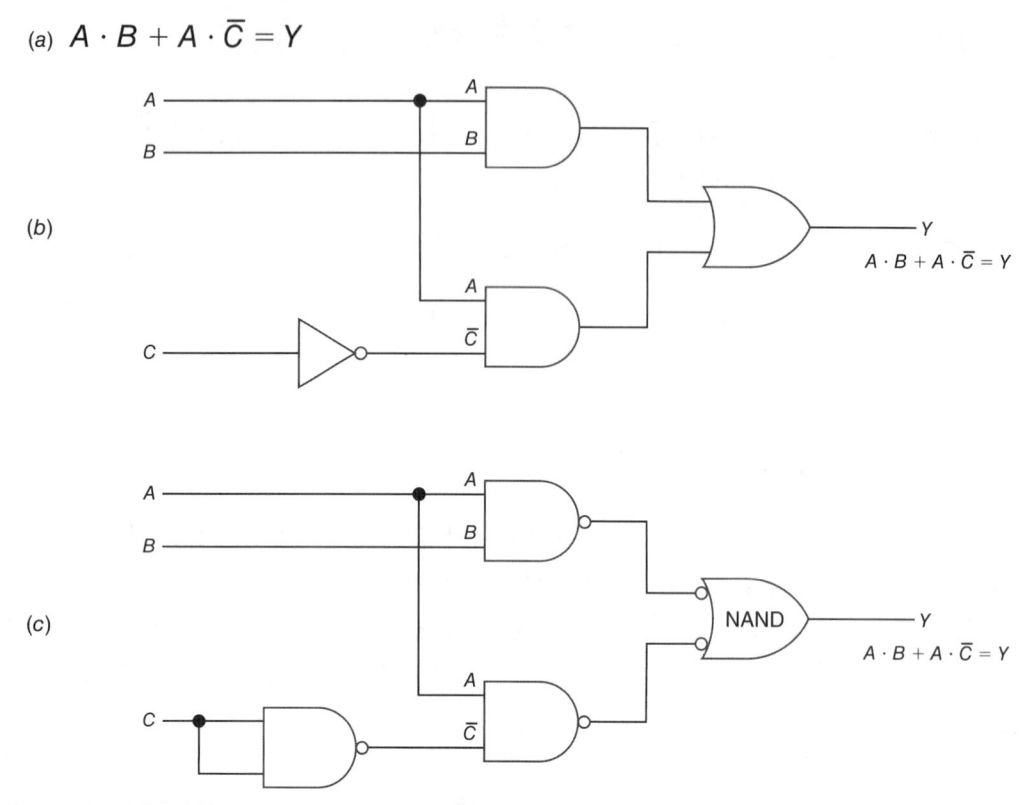

圖 4-26 邏輯電路使用 NAND 閘。(a)布林式。(b) AND-OR 邏輯電路。(c) 等效之 NAND-NAND 邏輯電路。

自我測驗

請填入下列空格。

33. 圖 4-26(b) 邏輯電路被稱為_____（AND-OR，NAND-NAND）電路。
34. 圖 4-26(b) 與 (c) 產生_____（不同，相同）的真值表。
35. 列出轉換最小項形式（積之和）布林式至 NAND-NAND 邏輯電路的五個步驟。
36. 列出轉換最小項布林式 $\overline{A} \cdot \overline{B} + A \cdot B = Y$ 至 NAND 邏輯：
    a. 畫出此布林式之 AND-OR 邏輯圖。
    b. 以 NAND 等效符號取代 AND 與 OR 符號成為 NAND-NAND 邏輯電路。
37. 列出轉換最小項布林式 $A'B' + ABC = Y$ 至 NAND 邏輯：
    a. 畫出此布林式之 AND-OR 邏輯圖。
    b. 以 NAND 等效符號取代 AND 與 OR 符號成為 NAND-NAND 邏輯電路。

4-12 電腦模擬：邏輯轉換器

　　數十年來，設計者與工程師在工作站上已經使用專業電腦模擬軟體。近期在個人電腦上亦能便利地使用電路模擬軟體。價格不高的教育版電路模擬軟體在使用上也非常方便。

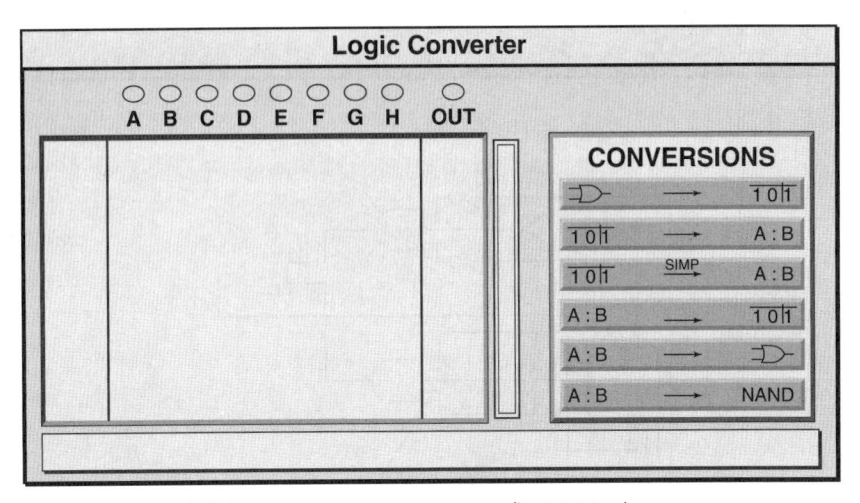

圖 4-27 邏輯轉換器畫面（來自 Electronics Workbench 或 Multisim）。

回想一下，有三種方法可以用來描述組合邏輯電路的運作：真值表、布林式與邏輯符號圖。一個有用的電腦模擬儀器（稱為邏輯轉換器）可以將三者互相作轉換，進行快、簡單與精確的許多轉換作業。圖 4-27 顯示的邏輯轉換器是附屬在 Electronics Workbench 與 Multisim 電路模擬軟體的一部分功能。在右側 CONVERSIONS 下有 6 種此轉換器可達成的轉換功能，從上到下分別為：

1. 邏輯圖轉換至真值表。
2. 真值表至未化簡的布林式轉換。
3. 真值表至化簡的布林式轉換。
4. 布林式至真值表轉換。
5. 布林式至邏輯圖（使用 AND 閘、OR 閘、NOT 閘）。
6. 布林式至邏輯圖（僅使用 NAND 閘）。

這些轉換與本章之前所提到功能均相同。

圖 4-28 利用一個例子說明邏輯轉換器大部分的轉換。

步驟 1：畫邏輯圖，並將輸入輸出與邏輯轉換器連接在一起，如圖 4-28(a) 所示。此為 AND-OR 之邏輯架構，等效一個最小項或積之和布林式。

步驟 2：最上面按鈕（邏輯圖至真值表）被啟動，圖 4-28(b) 呈現 4 輸入的真值表。

步驟 3：第二個按鈕（真值表至未簡化布林式）被啟動，圖 4-28(b) 下方呈現出布林式 $A'B'C'D' + A'B'CD' + A'BCD + ABCD$。

步驟 4：第三個按鈕（真值表至簡化布林式轉換）被啟動，圖 4-28(c) 下方呈現出布林式 $A'B'D' + BCD$。

步驟 5：最下面按鈕（布林式轉換至僅由 NAND 組成邏輯圖）被啟動，圖 4-28(d) 左上方呈現出 NAND-NAND 邏輯電路。

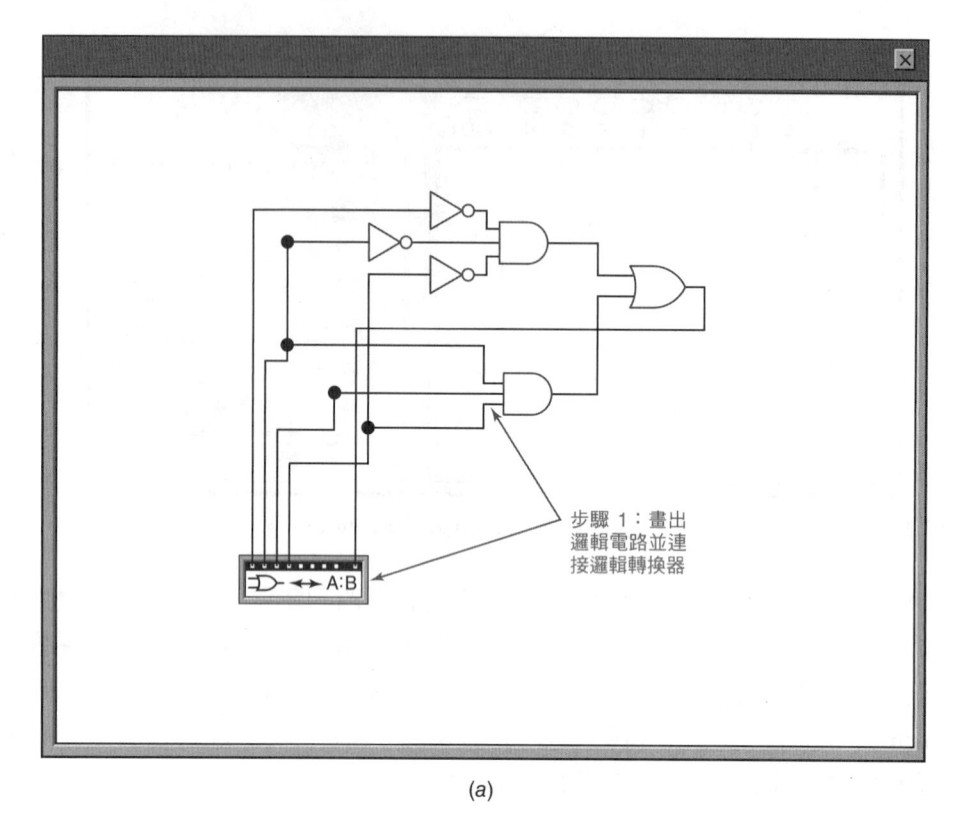

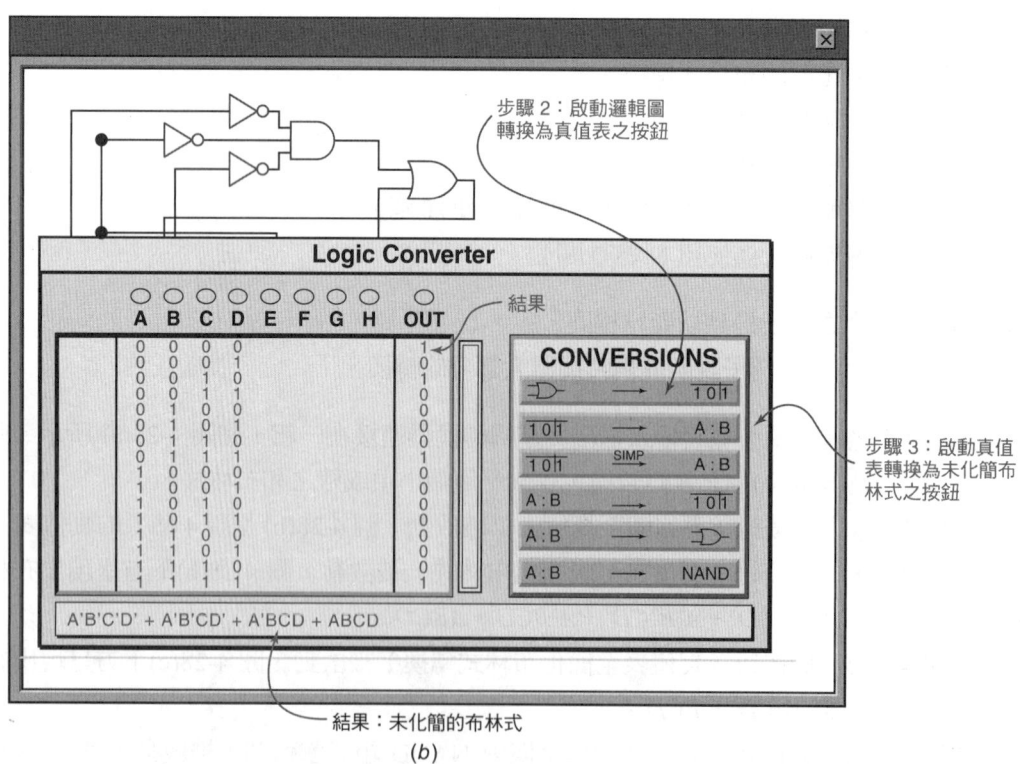

圖 4-28 (a) 步驟 1：畫出邏輯電路。(b) 步驟 2 與步驟 3：產生真值表及未化簡之布林式。

第 4 章　組合邏輯閘　　109

(c)

(d)

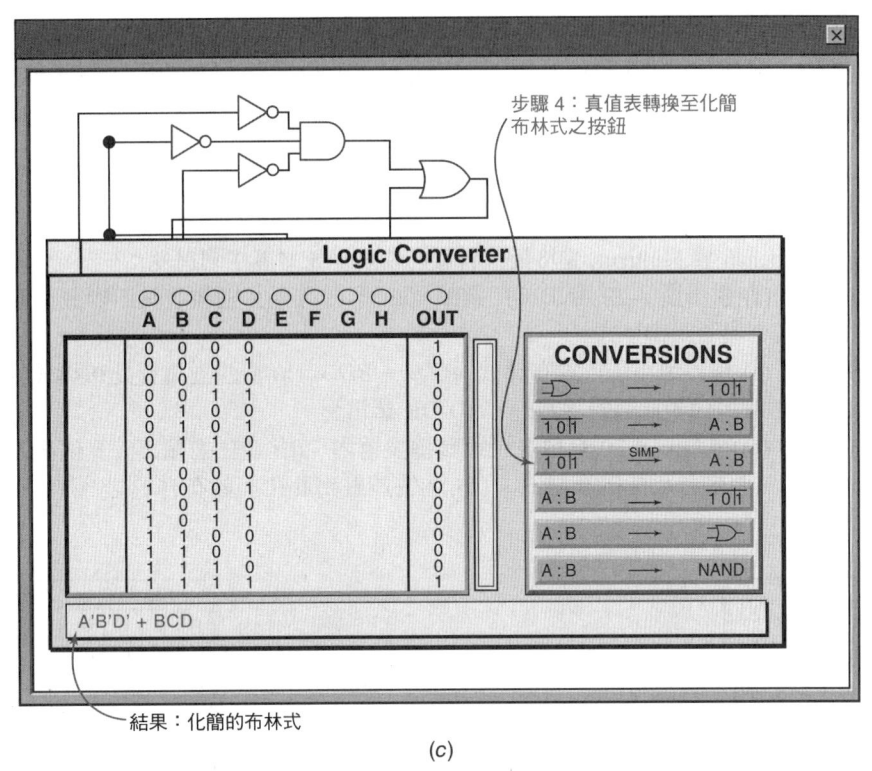

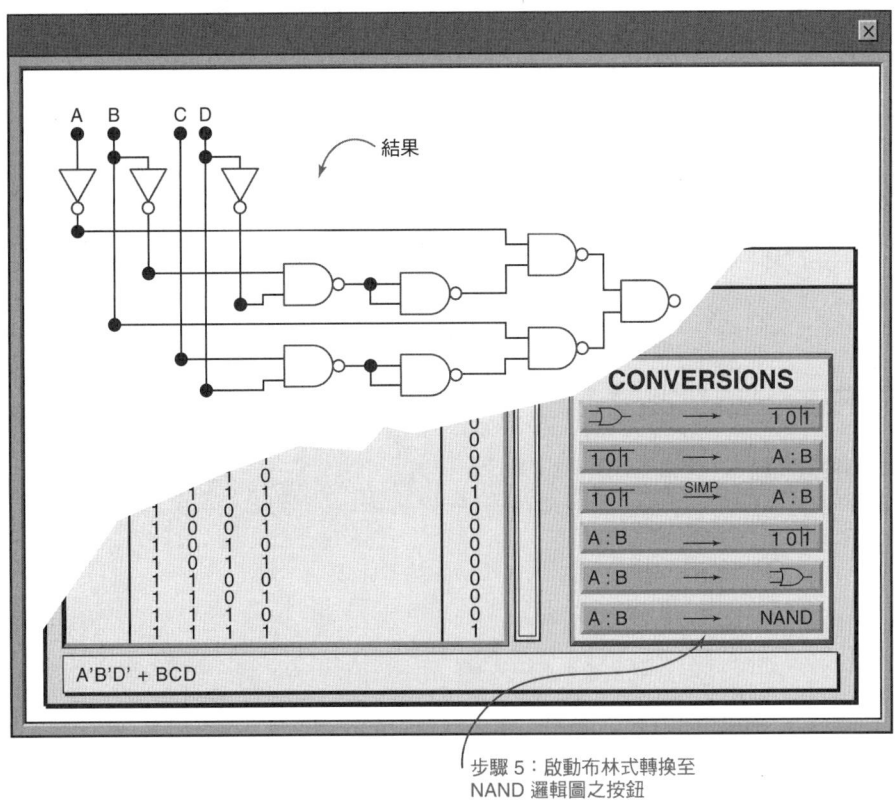

圖 4-28（續）　(c) 步驟 4：產生化簡完畢之布林式。(d) 步驟 5：產生 NAND 邏輯電路圖。

在此作一總結，如邏輯轉換器等電腦模擬軟體可讓我們作不同表示法之間的轉換，具有簡單操作、精確度高與所耗時間少等特性。在數位電路開發階段，電腦軟體與模擬工具是相當常用的工具。

自我測驗

藉由 Electronics Workbench 與 Multisim 電路模擬軟體的協助，請回答下列問題：

38. 使用邏輯轉換器，(a) 畫出圖 4-29 AND-OR 邏輯電路圖；(b) 產生並複製其四變數真值表；(c) 產生其已化簡的最小項形式布林式。
39. 使用邏輯轉換器，(a) 輸入最小項形式布林式 $AC'D + BD'$；(b) 產生並重畫此布林式的四變數真值表；(c) 產生並複製代表此邏輯函數的 AND-OR 邏輯圖。
40. 使用邏輯轉換器，(a) 複製圖 4-30 真值表至邏輯轉換器內；(b) 產生並寫出此真值表未化簡的布林式；(c) 寫出並產生已化簡的布林式；(d) 產生並畫出此化簡的布林式之 AND-OR 邏輯圖。

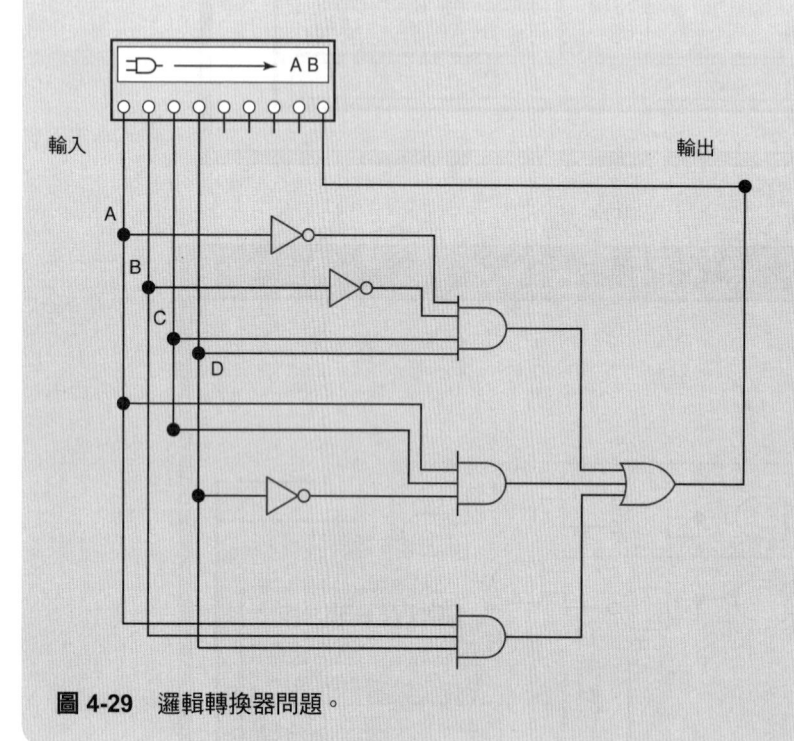

圖 4-29 邏輯轉換器問題。

輸入				輸出
A	B	C	D	Y
0	0	0	0	1
0	0	0	1	0
0	0	1	0	1
0	0	1	1	0
0	1	0	0	0
0	1	0	1	0
0	1	1	0	0
0	1	1	1	0
1	0	0	0	0
1	0	0	1	0
1	0	1	0	0
1	0	1	1	0
1	1	0	0	0
1	1	0	1	0
1	1	1	0	1
1	1	1	1	1

圖 4-30 真值表。

4-13 解決邏輯問題：資料選擇器

IC 製造商藉由生產**資料選擇器 (data selectors)** 來實現簡易之組合邏輯。對複雜邏輯問題，資料選擇器是一次封裝解決方案 (one-package solution)。資料選擇器實際上包含相對較多的邏輯閘封裝在單一個 IC 內。

圖 4-31 為**八選一資料選擇器 (1-of-8 data selector)**，8 個左邊資料輸入端標示 0 至 7，在底部有 3 個資料選擇輸入端標示 A、B 與 C，輸出端標示為 W。

資料選擇器的基本工作是將資料從一個已知輸入端（0 至 7）傳送至輸出端 W。至於選擇哪一個輸入端，則會依你在資料選擇器的輸入端放的是 0 或 1 而定，見圖 4-31 下方。

圖 4-31 資料選擇器功能就像旋轉開關。圖 4-32 顯示利用**旋轉開關 (rotary switch)** 選擇輸入 3 資料送至輸出端。相同情況，圖 4-31 中來自資料輸入 3 的資料正被傳送至輸出端 W。旋轉開關是靠機械力改變開關位置以選擇資料。圖 4-31 的八選一資料選擇器是藉由改變資料選擇輸入位元狀態高低，而決定哪一個輸入端資料作傳送。記住，資料選擇器的運作就好像旋轉開關一樣，將某一特定輸入狀態將資料 0 或 1 傳送至單一的輸出端。

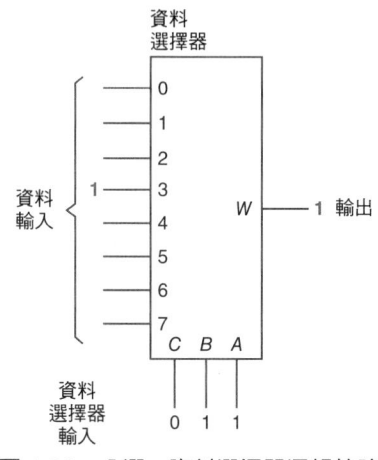

圖 4-31 八選一資料選擇器邏輯符號。

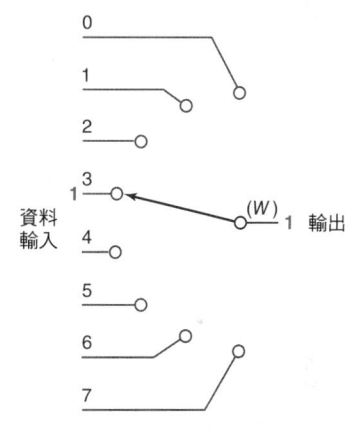

圖 4-32 單極八個位置的旋轉開關功能如資料選擇器功能。

解決邏輯問題

我們將學習如何利用資料選擇器來解決邏輯問題。圖 4-33(a) 為一已化簡的布林式，圖 4-33(b) 為其複雜的邏輯圖。若使用標準 IC，可能需 6 至 9 個 IC 才能實現。如此，由於 IC 與 PC 板空間的成本因素，將使得成本較貴。

一個較省錢的解決方法是利用資料選擇器。圖 4-34(a) 是顯示圖 4-33(a) 布林式的真值表。4-34(b) 圖中加入一個**十六選一資料選擇器 (1-of-16 data selector)**。選擇器的 16 個資料輸入邏輯值對應至真值表輸出行 Y 的 0 或 1，這些值永久地連接真值表。資料選擇器的選擇輸入（D、C、B 與 A）為真值表的輸入端邏輯值。假使 D、C、B 與 A 為 0000，邏輯 1 將被傳送至輸出端 W。假使 D、C、B 與 A 為 0001，邏輯 0 出現在 W 端，與真值表內容一致。任何 D、C、B、A 的組合將產生相對應合適的輸出。

(a) 化簡的布林式

$$A \cdot B \cdot C \cdot D + \overline{A} \cdot \overline{B} \cdot \overline{C} \cdot \overline{D} + A \cdot \overline{B} \cdot \overline{C} \cdot D + A \cdot B \cdot \overline{C} \cdot \overline{D} +$$
$$\overline{A} \cdot B \cdot C \cdot \overline{D} + \overline{A} \cdot B \cdot \overline{C} \cdot D + \overline{A} \cdot \overline{B} \cdot C \cdot D = Y$$

(b)

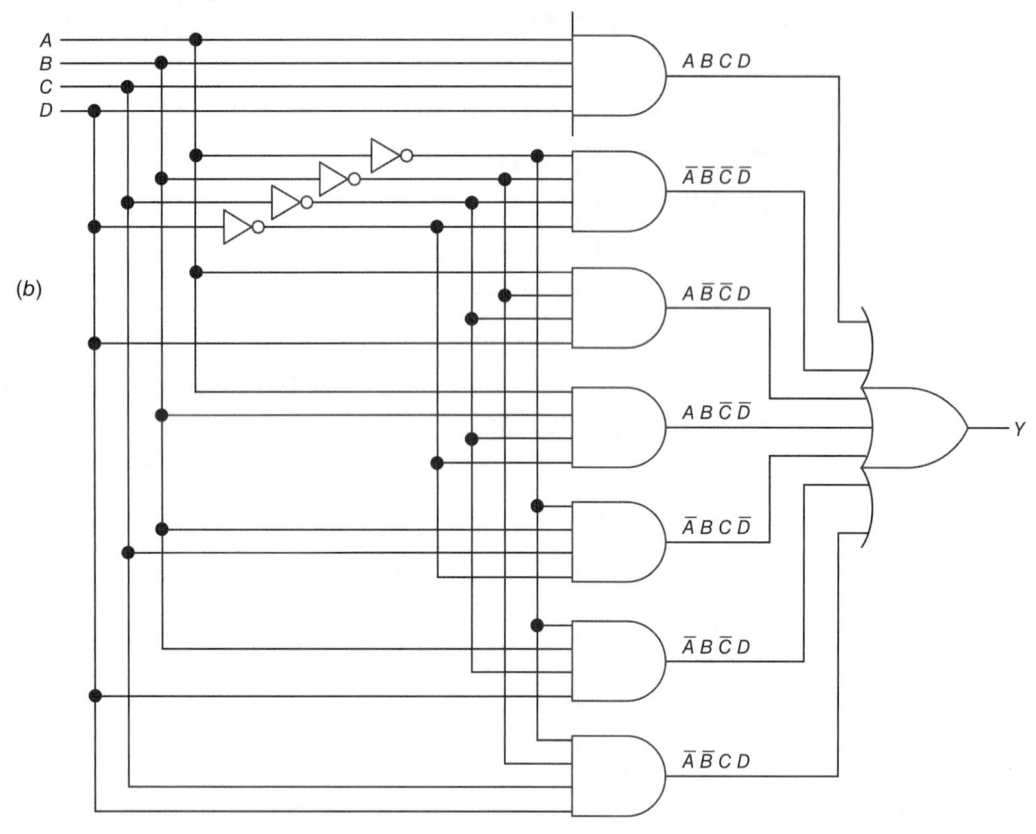

圖 4-33 (a) 已化簡的布林式。(b) 布林式的邏輯電路。

總結

資料選擇器可用來解決複雜的邏輯問題。在圖 4-33，我們發現至少需要 6 個 IC 才能實現其功能，但圖 4-34 只需 1 個 IC 即可完成。

針對解決組合邏輯問題，資料選擇器似乎是一個簡單而且有效的方法。解決邏輯問題時，一般常用的資料選擇器是以三、四或五個變數為主。當查閱使用製造廠商資料手冊時，資料選擇器有時被稱為**多工器 (multiplexers)**。

(a)

真值表

輸入				輸出
D	C	B	A	Y
0	0	0	0	1
0	0	0	1	0
0	0	1	0	0
0	0	1	1	1
0	1	0	0	0
0	1	0	1	0
0	1	1	0	1
0	1	1	1	0
1	0	0	0	0
1	0	0	1	1
1	0	1	0	1
1	0	1	1	0
1	1	0	0	1
1	1	0	1	0
1	1	1	0	0
1	1	1	1	1

(b)

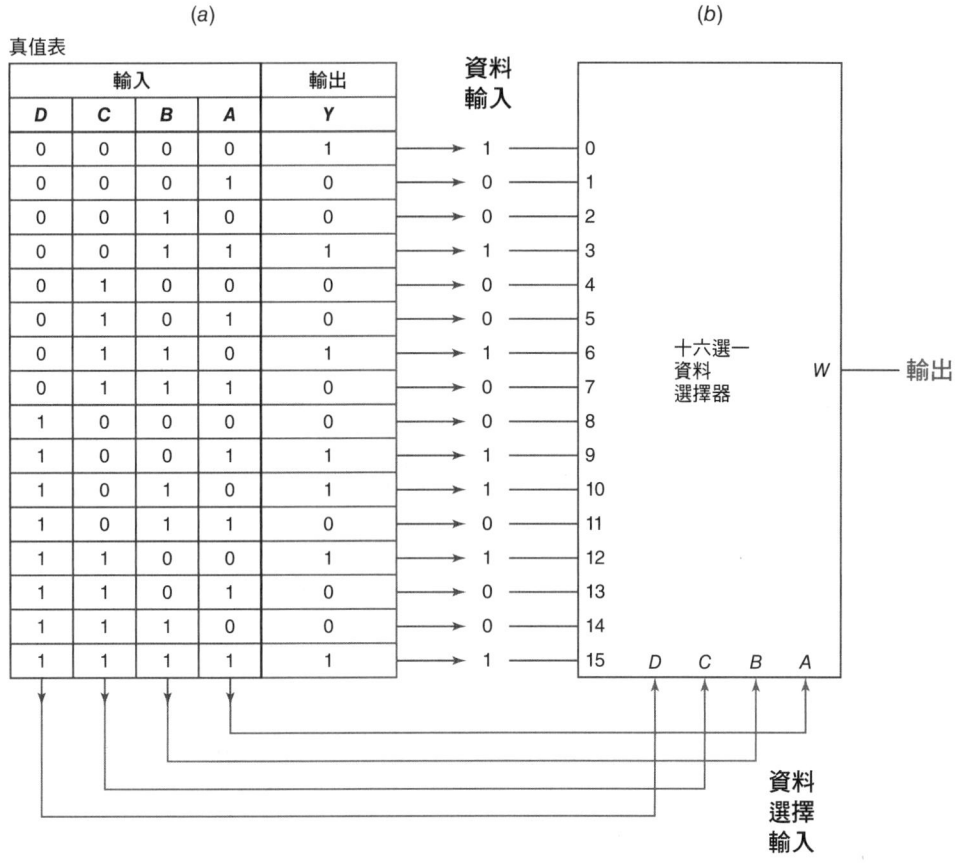

圖 4-34 使用資料選擇器 IC 解決邏輯問題。

自我測驗

請填入下列空格。

41. 圖 4-31 說明一個八選一_____邏輯符號。
42. 參考圖 4-31，所有資料選擇器的選擇輸入是 HIGH，_____輸入（編號）被傳送到輸出_____（輸出代號）。
43. 資料選擇器功能如同機械式_____開關。
44. 參考圖4-34，所有資料選擇器的選擇輸入是 HIGH，_____輸入（編號）被傳送到輸出 W。此時輸出 W 將為_____（HIGH，LOW）。
45. 當在使用資料選擇器時，資料選擇器有時會被列在製造廠商資料手冊中的_____（計數器，多工器）種類。
46. 參考圖 4-35(a)，寫出最小項布林式以描述此真值表。注意：此布林式不能被化簡。
47. 參考圖 4-35(b)，重畫一個十六選一資料選擇器，其輸入端具有適當邏輯值，能解決產生該真值表之邏輯問題。

(a) 真值表

輸入				輸出
A	B	C	D	Y
0	0	0	0	1
0	0	0	1	0
0	0	1	0	0
0	0	1	1	1
0	1	0	0	0
0	1	0	1	0
0	1	1	0	0
0	1	1	1	0
1	0	0	0	0
1	0	0	1	1
1	0	1	0	0
1	0	1	1	0
1	1	0	0	0
1	1	0	1	0
1	1	1	0	0
1	1	1	1	1

圖 4-35　使用資料選擇器 IC 之邏輯問題。

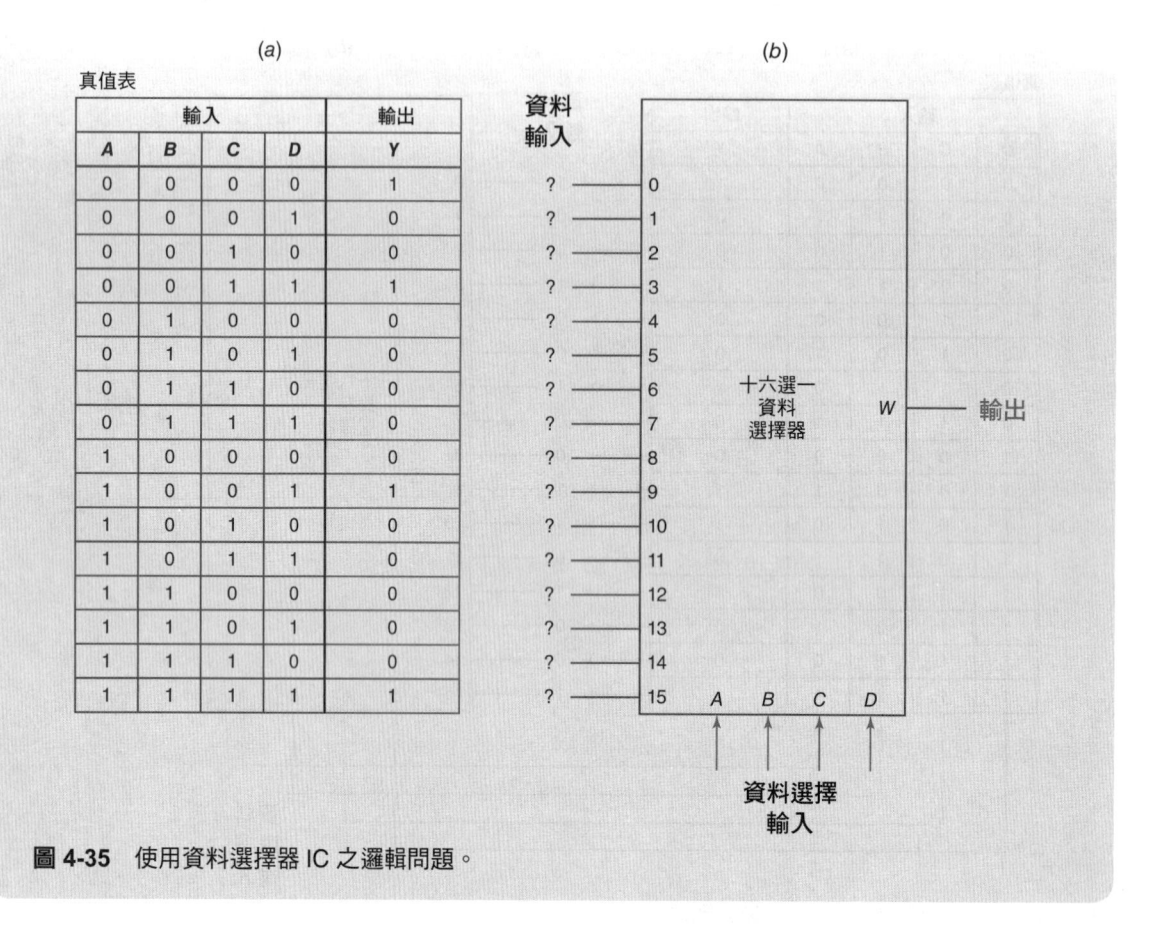

4-14　可程式邏輯元件

可程式邏輯元件 (programmable logic device, PLD) 為一個可藉由寫入程式來實現複雜邏輯函數的 IC。簡單的 PLD 可用來實現組合邏輯。其他較複雜的 PLD 具有記憶性（內有暫存器），能用來實現序向邏輯，比如計數器功能。對於許多邏輯問題而言，這些 PLD 是一次封裝解決方案。它們具有多輸入與多輸出特性，可用 AND-OR 來實現最小項（積之和）布林式。

PLD 為共通名稱，其中有些 PLD 元件會有一些專屬名稱與縮寫，例如：

- **PAL**：可程式陣列邏輯 (programmable array logic)
- **GAL**：通用陣列邏輯 (generic array logic)
- **ELPD**：電性可程式邏輯元件 (electrically programmable logic devices)
- **IFL**：整合保險絲邏輯 (integrated fuse logic)
- **FPL**：保險絲可程式邏輯 (fuse-programmable logic)
- **PLA**：可程式邏輯陣列 (programmable logic arrays)

- **PEEL**：可程式電性可抹除邏輯 (programmable electrically erasable logic)
- **FPGA**：現場可程式閘陣列 (field programmable gate arrays)
- **CPLD**：複雜可程式邏輯元件 (complex programmable logic device)
- **SRAM FPGA** 或靜態存取記憶體 FPGA (static RAM field-programmable gate array)

實現數位邏輯時，PLD 是這些可程式邏輯元件中最通用的名稱。但一般習慣上，PLD 是指較簡單的元件，例如 PAL 及 GAL。較複雜的設計則可使用現場可程式邏輯陣列 (field-programmable logic arrays, FPLA)。FPLA 有三大類：CPLD、SRAM FPGA 與抗熔絲型 FPGA (antifuse FPGA)。PLD 內含約數百個邏輯閘，但 FPGA 內含約數千個邏輯閘。假使課堂上有使用到可程式邏輯元件 (PLD)，可能就是使用 PAL 或 GAL。

PLD 的優點

PLD 可降低成本，因為實現邏輯電路時可使用較少的 IC。可從 IC 製造商取得程式化 PLD 的設計所需的軟體工具。開發軟體讓改變邏輯設計更便利。PLD 還有其他的好處，像是因為 PLD 是通用的邏輯元件，所以庫存成本也較低。使用 PLD 也讓雛型系統與產品功能的升級或修改很容易。PLD 也是可靠度高的元件，也很容易隱藏某些特殊的設計，避免被競爭者任意抄襲。PLD 由於用途多且被大量製作，其元件製造成本也不貴。舉例而言，即使訂購很小的數量，一個簡易型 PAL 單價也不到 1 美元。

程式化 PLD

PLD 常可在個人工作室、學校實驗室或工廠程式化，並不需要在製造商處進行程式化。開發軟體可來自不同 PLD 廠商。在學校一般使用的開發軟體，包含：

- ABEL 軟體（Lattice Semiconductor 公司）
- CUPL 軟體（Logical Devices 公司）

有些製造商也允許學生、工程師與設計者下載軟體作暫時性的使用。

學校或小型實驗室程式化 PLD 的常用系統如圖 4-36 所示。此系統包含個人電腦、開發軟體、IC 程式器（IC 燒錄器），以及連接 IC 程式器至個人電腦的連接線。

程式化的一般步驟如圖 4-36 所示。步驟 1 是安裝開發軟體。步驟 2 使用開發軟體作邏輯設計，並告知軟體你將使用哪一種元件（例如 PAL10H8 IC）來實現此設計。開發軟體至少允許你使用三種方法描述你的邏輯電路：(1) 布林式（積之和形式）；(2) 真值表；(3) 邏輯圖。也可用其他形式來描述你的邏輯電路。步驟 3 是編輯與模擬你的設計，查看功能是否正確。步驟 4 是放入你的 PLD 元件至 ZIF (zero insertion force) IC 插槽內。步驟 5 是經由串列輸出連接線傳送你的設計至 IC 程式器（燒錄器）。步驟 6 是「燒錄」(burn) 或程式化 PLD IC。作為總結，圖 4-36 說明程式化 PLD 的硬體與一般步驟。

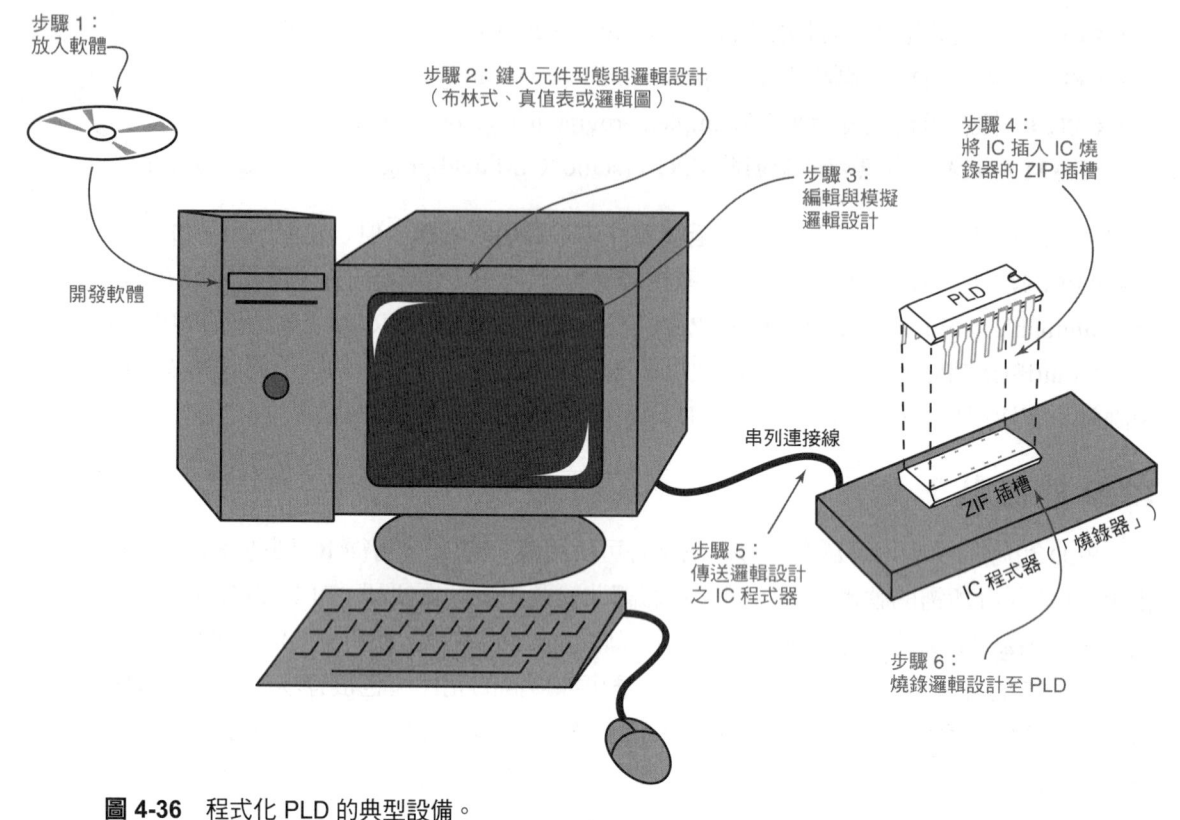

圖 4-36 程式化 PLD 的典型設備。

PLD 內部是什麼？

圖 4-37(a) 為一個可程式邏輯元件的簡化圖。請注意，它看起來就像先前你執行積之和（最小項）布林式的 AND-OR 電路。這個簡單邏輯電路有兩個輸入與一個輸出。典型的商業用 PLD 如 PAL12H10 IC 具有 12 個輸入端與 10 個輸出端。圖 4-37(a) 描繪一個具有完整的（未燒斷）保險絲的簡化 PLD，用於程式化 AND 閘。在此元件中，OR 閘不可程式化。圖 4-37(a) 顯示從製造商出廠之 PLD 具完整未燒斷保險絲之情形。圖 4-37(a) 的 PLD 需要藉由燒熔選定的保險絲造成開路，以進行程式化。

圖 4-37(b) 說明如何利用 PLD 程式化以實現積之和（最小項）布林式 $A \cdot \overline{B} + \overline{A} \cdot B = Y$。注意上方四輸入 AND 閘（閘 1）有兩個燒斷的保險絲，使得 A 與 $\overline{B}$ 項相連，所以閘 1 作 A 與 $\overline{B}$ 項 AND 功能。AND 閘 2 亦有兩個燒斷的保險絲，使得 $\overline{A}$ 與 B 項相連，所以閘 2 作 $\overline{A}$ 與 B 項 AND 功能。AND 閘 3 不需要實現此布林式，其保險絲均保留完整不需燒毀，如圖 4-37(b) 所示，這表示 AND 閘 3 的輸出將永遠是邏輯 0。此邏輯 0 不會影響最終 OR 閘的操作。因此，圖 4-37(b) 的 OR 閘完成 $A \cdot \overline{B}$ 與 $\overline{A} \cdot B$ 項 OR 功能，以實現此布林式。

在圖 4-37(b) 的簡單範例中，最小項布林式 $A \cdot \overline{B} + \overline{A} \cdot B = Y$ 是用 PLD 解決。從圖 4-37(b)，你可以觀察到 AND 閘 3 未被使用到，似乎有些浪費。請記住，PLD 是一

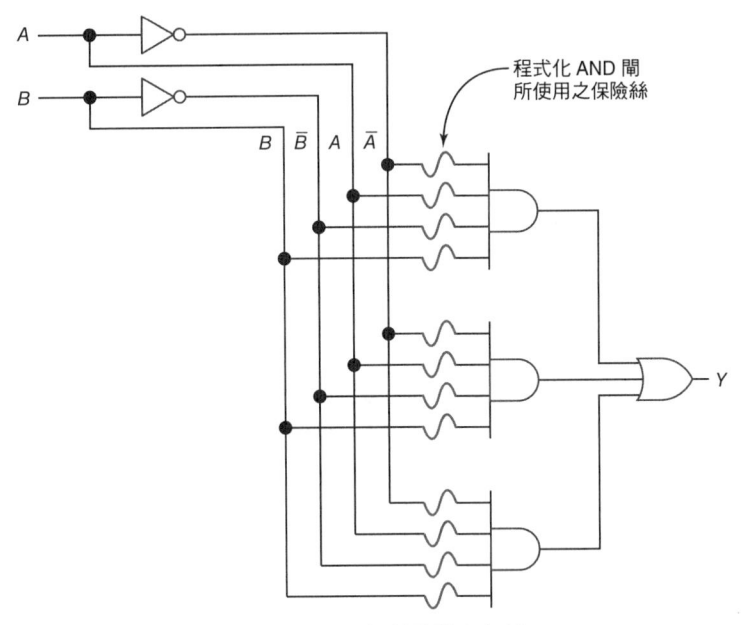

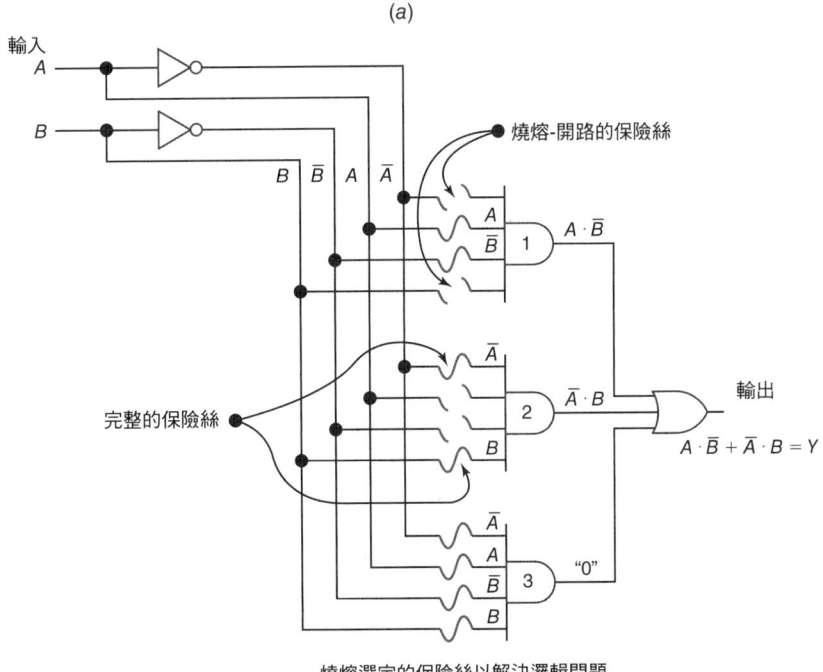

圖 4-37 簡化的 PLD。

個通用邏輯元件，可以用來解決許多問題。有時候 IC 內部某些邏輯閘確實會用不到。由於圖 4-36 選擇特定保險絲燒熔成開路，所以 IC 程式器一般稱為 **PLD 燒錄器 (PLD burner)**。

圖 4-37(b) 的範例問題無法使用 PLD 解決。設計者與工程師必須找出最具成本效益的方式來實現電子設計。布林式 $A \cdot \overline{B} + \overline{A} \cdot B = Y$ 為一個兩輸入 XOR 函數，或許直接使用專屬兩輸入 XOR 閘 IC 會比較便宜。

圖 4-38(b) 是用於 PLD 的簡寫代號系統。注意到所有 AND 閘與 OR 閘似乎只有 1

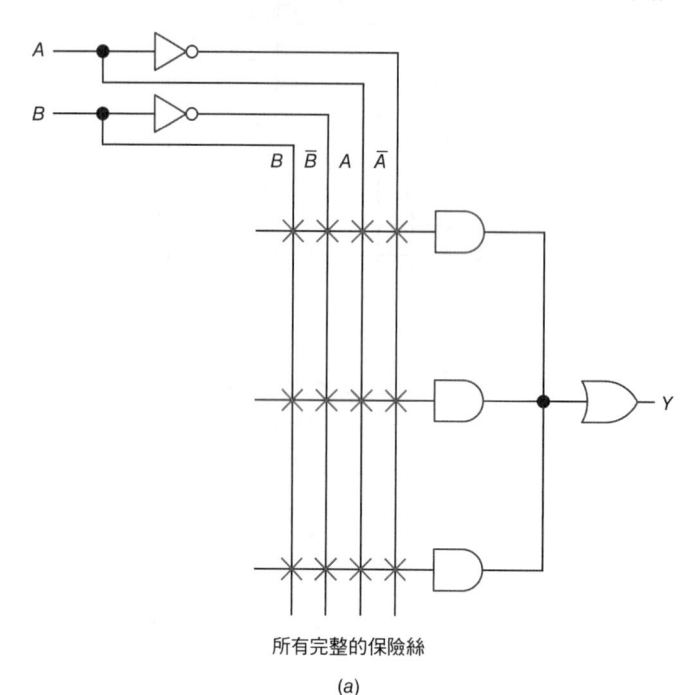

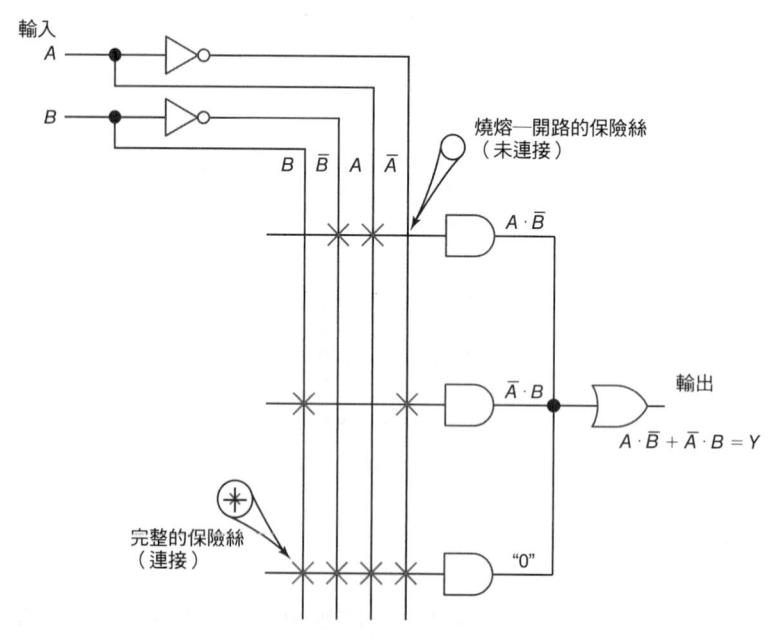

所有完整的保險絲

(a)

燒熔選定的保險絲以解決邏輯問題

(b)

圖 4-38 用於 PLD 的代號系統。

個輸入,但實際上每個 AND 閘有 4 個輸入,而 OR 閘有 3 個輸入。在程式化之前,圖 4-38(a) 的 PLD 所有的保險絲都是完整的。使用簡寫代號系統時,在線條交叉點的符號 ×代表一個完整的保險絲。

布林式 $A \cdot \overline{B} + \overline{A} \cdot B = Y$ 已在圖 4-37(b) 實現。圖 4-38(b) 實現同樣的布林式,但用簡寫代號系統來描述 PLD 的程式化。注意,交叉點×代表完整(非燒熔)的保險絲,而沒有×代表燒熔—開路的保險絲(無連接)。

圖 4-38 使用的簡寫代號系統有時稱為**保險絲圖 (fuse map)**,是對 PLD 程式化的一種圖像或「紙筆」方法的描述。在實務上,你會使用如圖 4-36 的電腦系統來執行 PLD 程式化,但保險絲圖可讓你很容易將 PLD 的內部組織或結構視覺化。它也讓你了解程式化後的 PLD 內部是如何運作。

一個更複雜的 PLD 如圖 4-39 所示,具有 4 個輸入與 3 個輸出。一般解碼器 (decoder) 均有多個輸入與多個輸出以作為碼與碼的轉換。由於圖 4-39 的電路太過簡易,此 PLD 並非真正的商業產品。

圖 4-39 的 PLD 已經解決了三個組合邏輯問題。首先,最上面 AND-OR 閘實現布林式 $\overline{A} \cdot B \cdot \overline{C} \cdot D + A \cdot B \cdot C \cdot D + \overline{A} \cdot B \cdot C \cdot D = Y_1$。重新回想一下,保險絲圖中的 ×

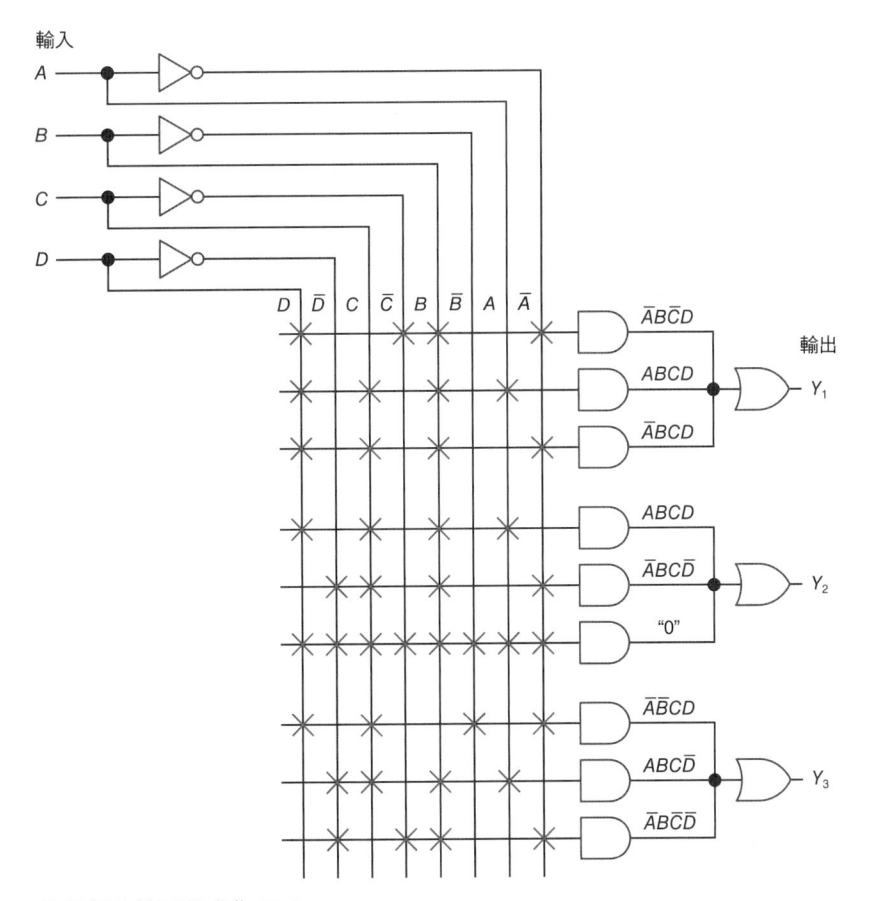

圖 4-39 使用保險絲圖程式化 PLD。

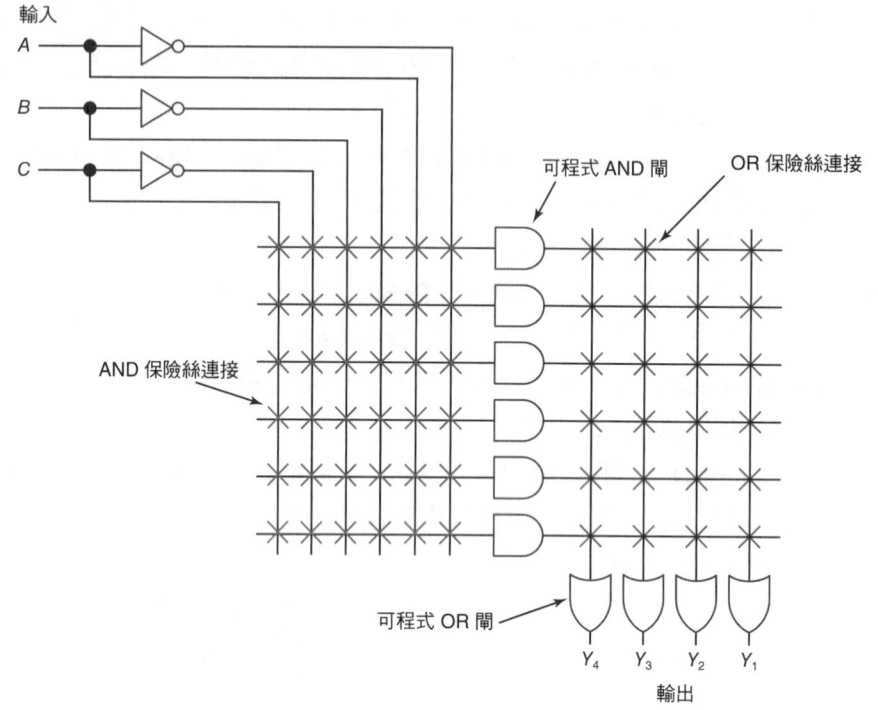

圖 4-40　具有可程式 AND 與 OR 陣列的 PLD，類似 FPLA。

代表完整的保險絲（訊號可連結），無×代表燒熔─開路的保險絲。中間組 AND-OR 閘實現 $A \cdot B \cdot C \cdot D + \overline{A} \cdot B \cdot C \cdot \overline{D} = Y_2$，注意在中間組下方的 AND 閘沒有使用。因此 8 個保險絲均完好，表示產生邏輯 0 且對 OR 閘無影響。第三組使用下方 AND-OR 閘實現 $\overline{A} \cdot \overline{B} \cdot C \cdot D + A \cdot B \cdot C \cdot \overline{D} + \overline{A} \cdot B \cdot \overline{C} \cdot \overline{D} = Y_3$。

圖 4-40 顯示一個更複雜的 PLD 架構。此 PLD 可同時提供可程式 AND 與 OR 陣列。先前學過的可程式邏輯元件只包含可程式 AND 閘。因此，此類型元件有時被稱為**現場可程式邏輯陣列 (field-programmable logic array, FPLA)**。請注意在此簡化的範例中，所有保險絲皆完好（無熔斷）。

實用的 PLD

可程式邏輯元件可以分成幾類 IC：首先，可依照是什麼製程製造出來的，比如說是 CMOS 或是 TTL。第二，也可分為是一次可程式或可抹除 (erasable)。可抹除元件可藉由紫外線或電子抹除。第三，可歸類為組合邏輯輸出或是暫存器／閂鎖輸出。傳統 PLD 可用來實現複雜的組合邏輯設計，如解碼器功能。暫存器型 PLD 內含邏輯閘與一些閂鎖，或者是內含一些序向邏輯電路（如計數器）的功能。

PAL10H8 是一個商業用途小型 PLD 的範例（此例為 PAL）。圖 4-41 呈現 PAL10H8 20 支接腳 DIP IC 的簡要圖，具有 10 個輸入與 8 個輸出以及一個可程式 AND 陣列。其 OR 陣列不可程式化，具有主動 HIGH 輸出。PAL10H8 亦有其他形式的 IC 封裝。

假如你的學校有程式化設備，你可能是使用具可熔連接的低成本 PAL。PAL 只可進行一次程式化。你的老師可能要你使用較昂貴的 GAL，其內部的工作原理像 PAL，但保險絲是電子蜂巢（使用 E^2CMOS 技術），在程式化時能轉為 ON 或 OFF。由於 GAL 能抹除與可再程式化，使用上較為便利。

圖 4-42 展現 PAL/GAL IC 元件的識別碼說明，最左邊字母群表示 PLD 的製程家族，較舊的 PAL 使用 TTL 製程，較新的 GAL 使用 CMOS 製程。往右邊看，數字 10 表示輸入至 AND 陣列數目。再往右邊看，字母 L 表示輸出的型態，此例為主動 LOW。再往右邊的 8 表示輸出的數目。最後，任何尾端的字母將表示速度、功率、封裝及 PLD 的溫度範圍，有些製造商會顯示這些資訊。許多 PLD 允許 IC 上的輸出接腳可被安裝為一個輸入或輸出。

舉例而言，有一個 20 支接腳的 DIP IC，晶片上頭有 PAL14H4 標示。根據圖 4-42，我們可以知道此 PAL 使用 TTL 製程，具有 14 個輸入與 4 個輸出，而且具有主動 HIGH 輸出。記

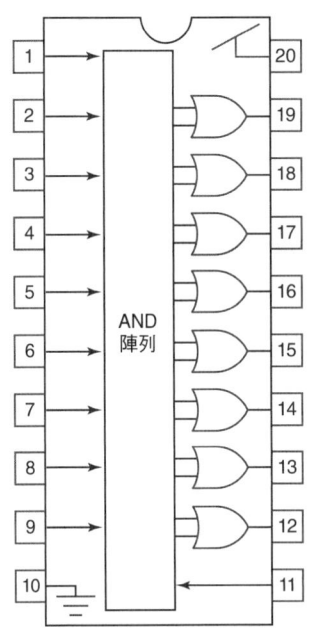

圖 4-41 具有可程式 AND 陣列之 PAL10H8 可程式邏輯 IC。

製程家族：
PAL = 可程式陣列邏輯 (TTL)
GAL = 通用陣列邏輯 (E^2CMOS)

陣列輸入數目

輸出型態：
　L = 主動 LOW　　H = 主動 HIGH
　C = 互補性
　R = 暫存器型
　P = 可程式極性
　V = 可調整（僅 GAL 適用）
　Z = 系統中可再程式化（僅 GAL 適用）

輸出數目

其他字尾，表示有關速度 / 功率、封裝形式與溫度範圍

PAL　10　L　8

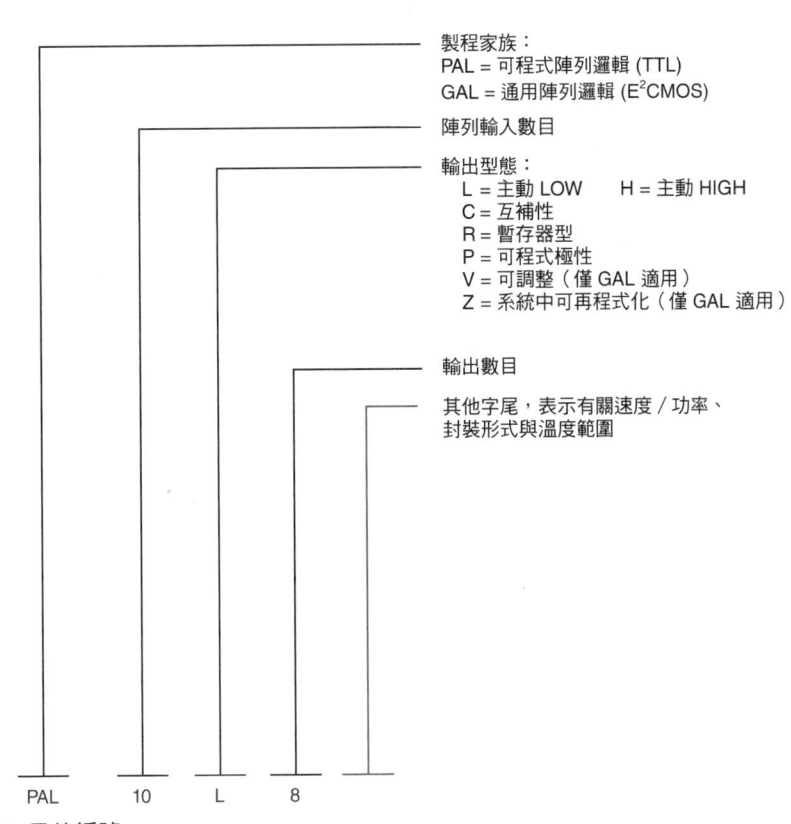

圖 4-42 PAL 元件編號。

住，PAL 只能程式化一次。資料手冊上有其他更多 IC 資訊。

第二個例子，假如 GAL16V8 是標示在 20 支接腳的 DIP IC 上面。根據圖 4-42，這為使用 E^2CMOS 製程的 GAL，具有 16 個輸入與 8 個輸出。此輸出可以被安裝為輸入或輸出，並記得 GAL 製程允許 E^2CMOS 組成單元可再程式化。

自我測驗

請填入下列空格。

48. 在電子科技上，縮寫 PLD 表示_____。
49. 在電子科技上，縮寫 PAL 表示_____。
50. 在電子科技上，縮寫 GAL 表示_____。
51. 在電子科技上，縮寫 FPLA 表示_____。
52. 來自 PAL 家族系列的可程式邏輯元件一般用於實現_____（組合，模糊）邏輯。
53. FPLA、PAL 與 GAL 一般可由_____（製造商，使用者）程式化。
54. 程式化簡易型 PAL 內含_____（將選定的保險絲燒成開路，使用 E^2CMOS 轉為 ON 或 OFF）。
55. 程式化 PLD 時的設備，包含個人電腦、開發軟體、PLD IC、串列連接線與一個稱為_____（PLD 燒錄器或程式器，邏輯分析儀）的儀器。
56. 程式化 PLD 時，開發軟體至少允許你使用三種方法描述你的邏輯電路：真值表、邏輯符號圖或_____（布式林，Winchester 表）。
57. 如 PAL 的 PLD 使用 AND-OR 邏輯閘以實現_____（最大項，積之和）布林式。
58. 一個可程式邏輯元件 IC 上頭有 PAL12H6 標示，可以知道此 PAL 使用 TTL 製程，具有_____（6，12）個輸入與_____（6，12）個輸出，而輸出具有_____（主動 HIGH，主動 LOW）。
59. 一個可程式邏輯元件 IC 上面有 GAL16V8 標示，可以知道此 GAL 使用_____（CMOS，TTL）製程。
60. 一個可程式邏輯元件 IC 上頭有 GAL16V8 標示，最多具有_____（8，16）個輸出。
61. 參考圖 4-41，PAL10H8 IC 有可程式_____（AND，OR）閘陣列，可實現積之和布林式。
62. 參考圖 4-43 PLD 保險絲圖，此 PLD 將實現何種布林式？

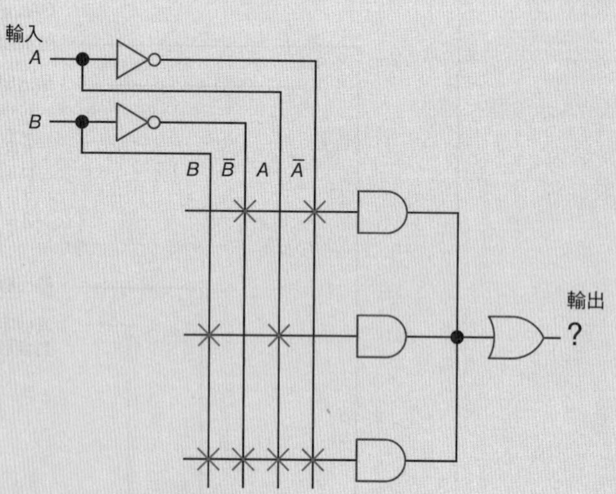

圖 4-43　PLD 保險絲圖。

4-15 使用迪摩根定理

布林代數是邏輯電路運作的代數，具有許多的定理。其中**迪摩根定理 (De Morgan's theorems)** 非常有用，可讓我們將布林式最小項與最大項互相轉換，也允許我們將包含數個變數上方的長反相橫線刪除。

圖 4-44 說明迪摩根定理。第一定理 ($\overline{A+B} = \overline{A} \cdot \overline{B}$) 將 $\overline{A+B}$ 的長反相橫線消除。圖 4-44(b) 為第一定理的簡單例子，說明慣用的 NOR 邏輯符號 ($\overline{A+B} = Y$) 可等效於 NOR 的另一個符號 ($\overline{A} \cdot \overline{B} = Y$)。

迪摩根第二定理如圖 4-44(c) 所示，為 $\overline{A \cdot B} = \overline{A} + \overline{B}$。圖 4-44(d) 說明慣用的 NAND 閘 ($\overline{A \cdot B}$) 可等效於 NAND 的另一個符號 ($\overline{A} + \overline{B} = Y$)。

布林式：鍵盤版本

布林式上方的長反相橫線（例如 $\overline{A \cdot B}$）在利用鍵盤表示時有點困難，因此會將 $\overline{A \cdot B}$ 表示為 (AB)'。括號外的符號「'」表示長反相橫線的意義。因此 $\overline{A \cdot B \cdot \overline{C}} + \overline{\overline{A} \cdot \overline{B} \cdot \overline{C}} = Y$ 可用 ((ABC') + (A'B'C'))' = Y 表示，$\overline{A+B}$ 可用 (A + B)' 表示。當在使用某些電路模擬程式作設計時，假如此軟體轉換最小項至最大項或最大項至最小項的型式表示時，請不要詫異。例如，或許 NAND 標示 ($\overline{A \cdot B}$) 會轉換成為另一種 NAND 標示 (A' + B')。電腦電路模擬軟體使用迪摩根定理作這類轉換。

最小項至最大項或最大項至最小項

基於迪摩根定理，最大項至最小項布林式轉換或最小項至最大項轉換需 4 個步驟，說明如下：

步驟 1：所有 OR 閘變成 AND 閘且所有 AND 閘變成 OR 閘。
步驟 2：互補每一個變數（加一短橫線至每個變數）。
步驟 3：互補整個函數（加一長橫線至整個函數）。
步驟 4：消除所有雙橫線的群組。

(a) 第一定理
$$\overline{A+B} = \overline{A} \cdot \overline{B}$$

(b) 第一定理的例子

(c) 第二定理
$$\overline{A \cdot B} = \overline{A} + \overline{B}$$

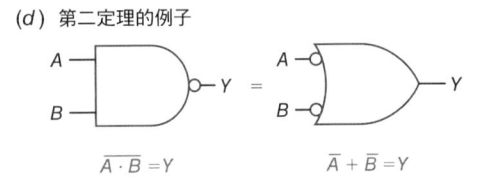

(d) 第二定理的例子

圖 4-44 迪摩根定理與實際例子。

舉個例子，考慮將慣用的 NAND 表示式 ($\overline{A \cdot B} = Y$) 轉換為另一種 NAND 形式 ($\overline{A} + \overline{B} = Y$)。依照圖 4-45 的四步驟來完成。在這程序結束後，另一種 NAND 的表示式為 $\overline{A} + \overline{B} = Y$，但是電腦上之呈現可能為 $A' + B' = Y$。

現在我們利用上述的四步驟來做更複雜的最大項至最小項轉換。不管是最大項至最小項轉換或最小項至最大項轉換，一般均是企圖把布林式最上方的長橫線移除。圖4-46 說明轉換最大項 $(\overline{A} + \overline{B} + \overline{C}) \cdot (A + B + \overline{C}) = Y$ 至最小項以及刪除長橫線。依序遵循圖 4-46 步驟，最後轉換最小項的結果為 $A \cdot B \cdot C + \overline{A} \cdot \overline{B} \cdot C = Y$，最小項邏輯函數與最大項邏輯函數兩者均相同。此鍵盤版本之最小項式子亦可簡短表示成 $ABC + A'B'C = Y$。

要知道，此例的最大項 $(\overline{A} + \overline{B} + \overline{C}) \cdot (A + B + \overline{C}) = Y$ 或最小項 $A \cdot B \cdot C + \overline{A} \cdot \overline{B} \cdot C = Y$，兩者的邏輯電路接線圖看起來雖然不太一樣，但邏輯函數是一樣的，並產生同樣的真值表。

開始：慣用的 NAND 表示式。

$$\overline{A \cdot B} = Y$$

步驟 1：所有 OR 閘變成 AND 閘且所有 AND 閘變成 OR 閘。

$$\overline{A + B} = Y$$

步驟 2：互補每一個變數（短橫線）。

$$\overline{\overline{A} + \overline{B}} = Y$$

步驟 3：互補整個函數（長橫線）。

$$\overline{\overline{\overline{A} + \overline{B}}} = Y$$

步驟 4：消除所有雙橫線的群組。

$$\overline{A} + \overline{B} = Y$$

結束：替代的 NAND 表示式。

$$\overline{A} + \overline{B} = Y$$

圖 4-45 使用迪摩根第二定理轉換慣用的 NAND 至另一種 NAND 的四個步驟，注意到長橫線被消除。

開始：最大項表示式。

$$(\overline{A} + \overline{B} + \overline{C}) \cdot (A + B + \overline{C}) = Y$$

步驟 1：所有 OR 閘變成 AND 閘且所有 AND 閘變成 OR 閘。

$$\overline{\overline{A} \cdot \overline{B} \cdot \overline{C}} + \overline{A \cdot B \cdot \overline{C}} = Y$$

步驟 2：互補每一個變數（短橫線）。

$$\overline{A \cdot B \cdot C} + \overline{\overline{A} \cdot \overline{B} \cdot C} = Y$$

步驟 3：互補整個函數（長橫線）。

$$\overline{\overline{A \cdot B \cdot C}} + \overline{\overline{\overline{A} \cdot \overline{B} \cdot C}} = Y$$

步驟 4：消除所有雙橫線的群組。

$$A \cdot B \cdot C + \overline{A} \cdot \overline{B} \cdot C = Y$$

結束：最小項表示式。

$$A \cdot B \cdot C + \overline{A} \cdot \overline{B} \cdot C = Y$$

圖 4-46 使用迪摩根定理從最大項轉換至最小項形式的四個步驟，注意到長橫線被消除。

⊩ 電子學的歷史

喬治・布林 (George Boole) 在 1815 年 11 月 2 日出生於英格蘭的林肯地區。他是一位自學的數學家，發明了許多現代使用的邏輯符號，也是微積分運算的先驅之一。約在 1850 年，喬治・布林建立了布林代數，為邏輯理論奠下基礎。

奧古斯都・迪摩根 (Augustus DeMorgan, 1806-1871) 出生於印度的馬德拉斯管轄區。他在倫敦大學教授數學超過 30 年，並曾發表許多算術、代數、三角幾何、微積分、機率與正規邏輯方面的研究文章。迪摩根發明可將積之和與和之積相互轉換的方法。

總結

總結而論，在轉換最大項至最小項或最小項轉換至最大項上，迪摩根定理非常有用。此轉換通常用來刪除最上方反相的橫線。使用迪摩根定理的第二個理由是用來檢查執行相同邏輯函數、兩個不同的邏輯電路圖。其中一個邏輯圖可能會比另一個更簡單。

自我測驗

請填入下列空格。

63. 說明兩個迪摩根定理。
64. 轉換最大項 $(A + \overline{B} + \overline{C}) \cdot (\overline{A} + B + \overline{C}) = Y$ 至最小項，呈現如圖 4-46 的每一個步驟。
65. 轉換最小項 $\overline{A} \cdot B \cdot C + \overline{A} \cdot \overline{B} \cdot \overline{C} = Y$ 至最大項，呈現如圖 4-46 的每一個步驟。
66. 寫出布林式 $\overline{A} \cdot B \cdot C + \overline{A} \cdot \overline{B} \cdot \overline{C} = Y$ 的鍵盤版本。
67. 畫出 $(A'BC + A'B'C')' = Y$ 的邏輯圖。提示：最靠近輸出端使用兩輸入 NOR 閘。
68. 畫出 $((A + B + C + D)(A' + D)(A' + B' + C'))' = Y$ 的邏輯圖。提示：最靠近輸出端使用三輸入 NAND 閘。

4-16 使用 BASIC Stamp 模組以解決邏輯問題

邏輯函數常常需要使用軟體來程式化。在本節中，我們將使用 Parallax 公司的高階語言 PBASIC 來解決組合邏輯問題。這個可程式的硬體元件為 Parallax 公司的 BASIC Stamp 2 (BS2) 微控制器模組，包含 BASIC Stamp 2 模組、PC 系統、下載用的串列連接線（或 USB 連接線），以及各式電子元件（開關、電阻與 LED）。

圖 4-47(a) 為待解決之邏輯問題的真值表。從真值表中可看出有 3 個不同的組合邏輯問題，輸出分別標示 $Y1$、$Y2$、$Y3$。圖 4-47(b) 呈現三個主動 HIGH 的輸入開關（A、B、C）以及三個有顏色輸出的 LED，可程式元件為 BASIC Stamp 2 微控制器模組。

使用 BASIC Stamp 2 模組來解決此邏輯問題的程序如下。接線與程式化 BASIC

真值表

輸入			輸出		
A	B	C	紅色 Y1	綠色 Y2	黃色 Y3
0	0	0	1	1	1
0	0	1	0	1	1
0	1	0	0	0	1
0	1	1	0	0	1
1	0	0	0	0	0
1	0	1	0	1	1
1	1	0	0	0	0
1	1	1	1	1	0

(a)

(b)

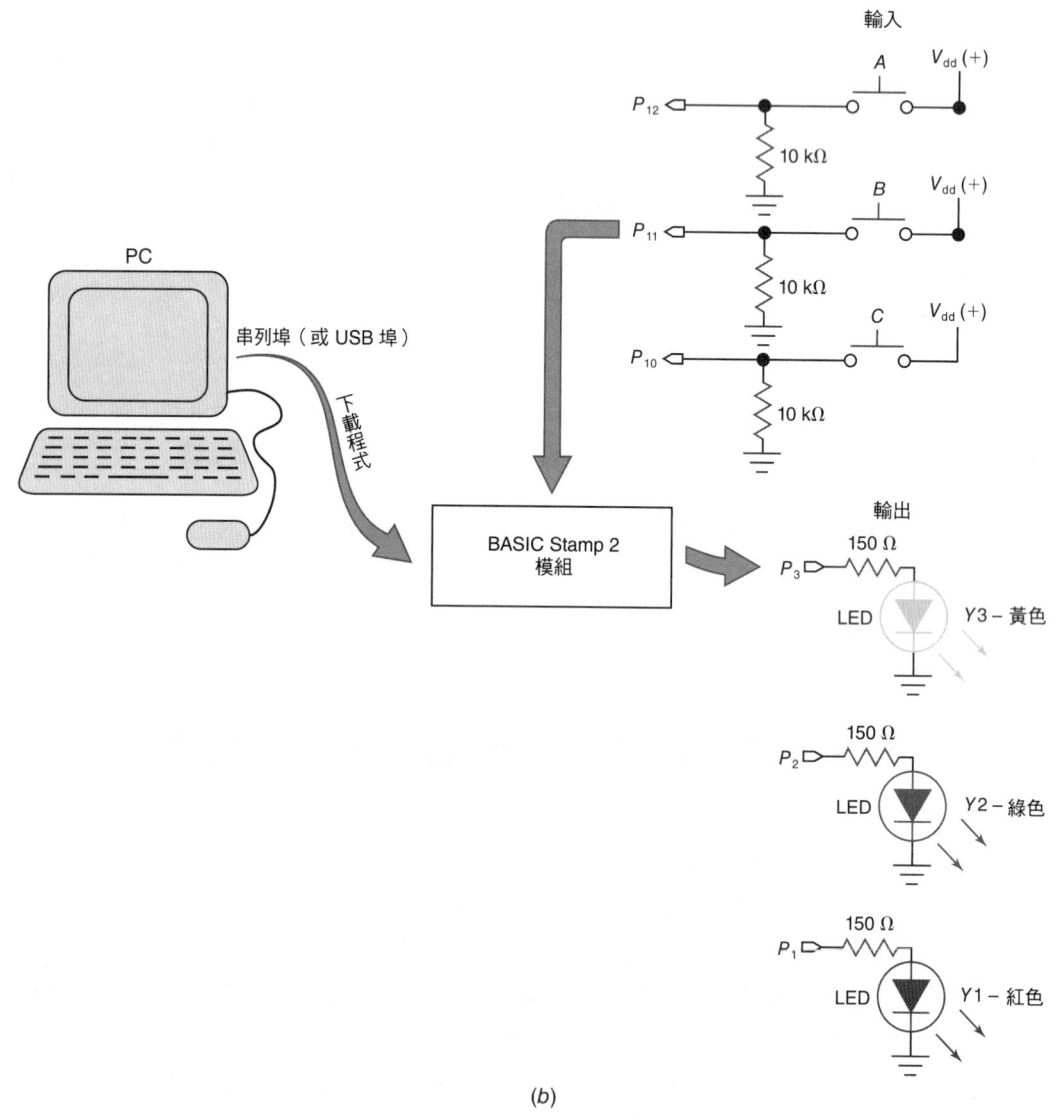

圖 4-47 三輸入三輸出邏輯問題。(a) 真值表。(b) BASIC Stamp 2 模組接線圖。

Stamp 2 模組的步驟為：

1. 參考圖 4-47(b)，連接三個按鈕式開關至 $P10$、$P11$、$P12$ 埠，連接紅色、綠色、黃色 LED 與限流電阻至 $P1$、$P2$、$P3$ 埠。這些埠可利用 PBASIC 程式定義為輸出或輸入。
2. 電腦載入 PBASIC 文字編修程式，撰寫 PBASIC 程式，標題為 **'3in-3out logic problem**，程式碼列於圖 4-48。
3. 將 PC 與 BASIC Stamp 2 開發板（例如 Parallax 公司出產的教育板）用串列連接線（或 USB 連接線）連接起來。
4. 將 BASIC Stamp 2 模組電源 ON，利用指令 RUN 將 PBASIC 程式碼從電腦下載至 BS2 模組。
5. 串列連接線（或 USB 連接線）從 BS2 模組移除。
6. 壓下輸入開關（A、B、C）及觀察輸出（紅色、綠色、黃色 LED）以測試此程式功能。這個程式是儲存在模組內的 EEPROM 記憶體內，每當 BS2 IC 打開後，程式就會再執行。

PBASIC 程式：三輸入三輸出邏輯問題

現在考慮標示為 **'3in-3out logic problem** 的 PBASIC 程式碼，如圖 4-48。第 1 行由撇號 ' 開頭，表示為註解說明，用來說明程式內容，並不會被微控制器執行。第 2 行至第 7 行是做變數宣告，這些變數在 2 後程式碼將會使用到。例如，第 2 行 **A VAR Bit**，宣告 A 為 1 位元變數（0 或 1）。第 8 行至第 13 行是宣告哪些埠作為輸入或輸出。例如第 9 行 **INPUT 11**，宣告埠 11 ($P11$) 作為輸入埠。第 11 行 **OUTPUT 1**，宣告埠 1 為輸出埠。在第 11 行程式碼後頭接著 **'宣告埠 1 為 Y1 輸出（紅色 LED）** 是一註解說明，這些位於程式碼右邊的註解並非必要，但是可以幫助我們了解程式碼。

接下來考慮為第 14 行 **CkAllSwit:** 開頭的主程式碼。在 PBASIC 內，任何後面有冒號（:）的字代表標示 (label)。標示是程式內的參考點，通常是在程式碼的開始點。

在此程式內，標示 **CkAllSwit:** 是主程式開始點，用來檢查輸入開關 A、B、C 的狀態。使用 A、B、C 的布林式會接受評估。因為第 29 行或第 38 行 **(GOTO CkAllSwit)** 會將程式持續帶回到 **CkAllSwit:** 主程式的開始點，**CkAllSwit:** 會持續運作。

第 15 行至第 17 行會將所有三個輸出 LED 初始化或是 OFF 掉。例如，**OUT1 = 0** 將引起 BS2 模組 $P1$ 埠 LOW。第 18 行至第 20 行指定輸入埠 $P10$、$P11$、$P12$ 的值給變數 C、B、A。舉例來說，假使所有輸入開關是壓下，則所有變數 A、B、C 將等於邏輯 1。

第 21 行評估布林式 **Y1 = (A&B&C) | (~A&~B&C)**。例如，假如所有輸入為 HIGH，變數 $Y1 = 1$（圖 4-47 真值表最後一行）。第 22 行為 IF-THEN 指令，作為決策（決定）執行。若 $Y1 = 1$，則 PBASIC 程式 **IF Y1 = 1 THEN Red** 指令將將使程式跳至 **Red:** 標示

程式碼	註解	行號
'3in-3out logic problem	'程式碼標題（圖 4-45）	L1
A　　VAR　　Bit	'宣告 A 為變數，1 位元	L2
B　　VAR　　Bit	'宣告 B 為變數，1 位元	L3
C　　VAR　　Bit	'宣告 C 為變數，1 位元	L4
Y1　　VAR　　Bit	'宣告 Y1 為變數，1 位元	L5
Y2　　VAR　　Bit	'宣告 Y2 為變數，1 位元	L6
Y3　　VAR　　Bit		L7
INPUT 10	'宣告埠 10 為輸入	L8
INPUT 11	'宣告埠 11 為輸入	L9
INPUT 12	'宣告埠 12 為輸入	L10
OUTPUT 1	'宣告埠 1 為 Y1 輸出（紅色 LED）	L11
OUTPUT 2	'宣告埠 2 為 Y2 輸出（綠色 LED）	L12
OUTPUT 3		L13
CkAllSwit:	'主程序標示	L14
OUT1 = 0	'初始化：埠 1 在 0，紅色 LED 暗	L15
OUT2 = 0	'初始化：埠 2 在 0，綠色 LED 暗	L16
OUT3 = 0	'初始化：埠 3 在 0，黃色 LED 暗	L17
A = IN12	'指定數值：指定變數 A 為埠 12 的輸入	L18
B = IN11	'指定數值：指定變數 B 為埠 11 的輸入	L19
C = IN10	'指定數值：指定變數 C 為埠 10 的輸入	L20
Y1 = (A&B&C)	(~A&~B&~C)	'指定數值：指定運算結果為變數 Y1	L21
If Y1 = 1 THEN Red	'假如 Y1 = 1 則跳到 red 紅色標示程序，否則執行下一行	L22
CkGreen:		L23
Y2 = (~A&~B)	(A&C)	'指定數值：指定運算結果為變數 Y2	L24
If Y2 = 1 THEN Green	'假如 Y2 = 1 則跳到 green 綠色標籤程序，否則執行下一行	L25
CkYellow:		L26
Y3 = (~A)	(~B&C)	'指定數值：指定運算結果為變數 Y3	L27
If Y3 = 1 THEN Yellow	'假如 Y3 = 1 則跳到 yellow 黃色標籤程序，否則執行下一行	L28
GOTO CkAllSwit	'跳到 Ckswitch 標示，開始執行主程序	L29
Red:	'標示：點亮紅色 LED 子程序	L30
OUT1 = 1	'輸出 P1 為高電位，點亮紅色 LED	L31
GOTO CkGreen	'跳到 CkGreen: 標示	L32
Green:	'標示：點亮綠色 LED 子程序	L33
OUT2 = 1	'輸出 P2 為高電位，點亮綠色 LED	L34
GOTO CkYellow	'跳到 CkYellow: 標示	L35
Yellow:	'標示：點亮黃色 LED 子程序	L36
OUT3 = 1		L37
GOTO CkAllSwit	'跳到 CkAllSwit: 標示，再次開始執行主程序	L38

圖 4-48　三輸入三輸出邏輯問題之程式。

或點亮紅色 LED。假如 Y1 = 0，則 **IF Y1 = 1 THEN Red** 將不被滿足，程式將往下一行（第 23 行）繼續執行。

在此 PBASIC 程式中，第 30 至 32 行的 **Red:** 子程序將引起 BS2 IC 的埠 1（接腳 P1）為 HIGH（藉由 **OUT1 = 1** 指令）。這將會點亮紅色 LED。第 32 行 **(GOTO CkGreen)** 將讓程式回到標示 **CkGreen:** 的程序（第 23 行至第 25 行）。

將 PBASIC 程式碼下載至 BS2 BASIC Stamp2 模組，並如圖 4-47(b) 接線，此模組將會執行如圖 4-47(a) 真值表的邏輯函數。至此，你已經程式化此邏輯電路。

在 BASIC Stamp 2 模組啟動時，PBASIC 程式 **'3in-3out logic problem** 將持續運作。PBASIC 程式為了未來的使用而限制 EEPROM 程式記憶體。將 BS2 關掉再打開，將會重新啟動此程式。下載不同的 PBASIC 程式至 BASIC Stamp 模組將消除舊程式並開始執行新列表。

自我測驗

請填入下列空格。

69. 參考圖 4-47(b)，輸入 A、B、C 是被接線為＿＿＿＿＿＿（主動 HIGH，主動 LOW）開關，可使得當壓下按鈕時產生 HIGH。
70. 參考圖 4-47(b)，假如 BASIC Stamp 2 模組輸出 P3 = HIGH、P2 = LOW、P1 = HIGH，哪一個 LED 會被點亮？
71. 參考圖 4-47(a)，可藉由布林式＿＿＿＿＿＿描述輸出欄 Y1 的邏輯函數。
72. 當使用 BASIC Stamp 2 模組，利用 PC 的 PBASIC 文字編輯器鍵入程式，然後透過串列連接線＿＿＿＿＿＿（下載，灌入）至微控制器單元。
73. 參考圖 4-47 與圖 4-48，假如只有壓下開關 A 與開關 C，哪些 LED 會被點亮？
74. PBASIC 程式碼 **Y2 = (~ A&~ B) | (A&C)** 的布林表示式為何？
75. 參考圖 4-48 的第 25 行，假如變數 $Y2 = 0$，則下一個執行的 PBASIC 程式碼將是＿＿＿＿＿＿（第 26 行，第 33 行）。
76. 參考圖 4-48 的第 22 行，假如變數 $Y1 = 1$，則下一個執行的 PBASIC 程式碼將是＿＿＿＿＿＿（第 23 行，第 30 行）。
77. 參考圖 4-47 與圖 4-48，BASIC Stamp 2 模組知道埠 $P10$、$P11$、$P12$ 是＿＿＿＿＿＿（輸入，輸出），因為它們在 PBASIC 程式列表中已描述定義。
78. 參考圖 4-48 列表，在 PBASIC 程式中，主程序標示為 **CkAllSwit:**，從第 14 行開始，並在＿＿＿＿＿＿（第 29 行，第 38 行）結束。主程序將一直重複執行，直到 BASIC Stamp 2 模組電源被關閉。

第 4 章　總結與回顧

總　結

1. 能從布林式組合成邏輯閘電路是稱職的技術人員與工程師必備的技能。
2. 在數位電子領域工作，必須對邏輯符號、真值表與布林式有深入的認識，而且必須知道如何互相轉換。
3. 最小項布林表示式（積之和）如圖 4-49(a)所示。布林表示式 $A \cdot B + \overline{A} \cdot \overline{C} = Y$ 將被接線如圖 4-49(b) 所示。
4. 圖 4-49(b) 圖形被稱為 AND-OR 邏輯電路。
5. 最大項布林表示式（和之積）如圖 4-49(c) 所示。布林表示式 $(A + \overline{C}) \cdot (\overline{A} + B) = Y$ 將被接線如圖 4-49(d) 所示，稱為 OR-AND 邏輯電路。
6. 卡諾圖為化簡布林式的便利方法。
7. AND-OR 邏輯電路能僅使用 NAND 閘接線完成，如圖 4-50 所示。
8. 資料選擇器是一種簡單、一次封裝解決許多邏輯閘問題的。
9. 電腦模擬能夠簡易且精確地在布林式、真值表與邏輯電路之間轉換，亦能化簡布林式。
10. 可程式邏輯元件 (PLD) 的價格不貴，且能一次封裝解決許多複雜邏輯問題的元件。在本章，簡單的 PLD 用來解決組合邏輯問題，也能用於解決序向邏輯問題。
11. 迪摩根定理在作最小項至最大項或最大項至最小項轉換時很有用。
12. 布林式的鍵盤版本可使用於電腦系統。例如，$\overline{A \cdot B} = Y$ 可用 $(A'B)' = Y$ 表示。
13. BASIC Stamp 模組為微控制器基底元件，能夠產生一般的邏輯函數。它們使用布林

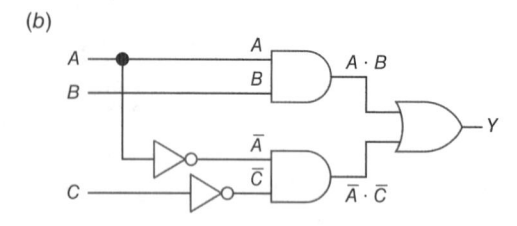

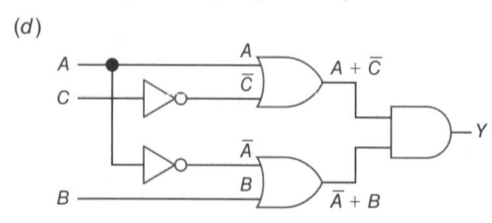

圖 4-49　(a) 最小項表示。(b) AND-OR 邏輯電路。(c) 最大項表示。(d) OR-AND 邏輯電路。

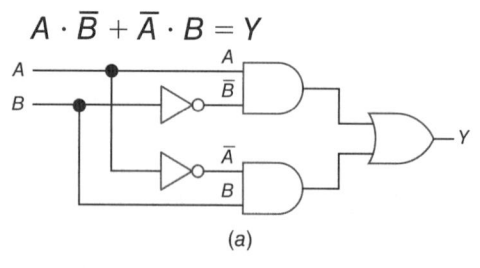

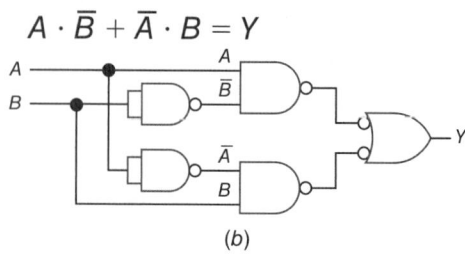

圖 4-50　(a) AND-OR 邏輯電路。(b) 等效 NAND-NAND 邏輯電路。

式程式化。當程式碼從 PC 下載至 BASIC Stamp 模組，PC 移開後，將執行正確的邏輯函數。

14. 傳統的布林式 $\overline{A} \cdot \overline{B} + B \cdot C = Y$ 可在 PBASIC 內編碼為 Y = (~A&~B) | (B&C)，其邏輯函數可被 BASIC Stamp 模組實現。

章節回顧問題

回答下列問題。

4-1. 邏輯閘電路輸出能立即（沒有記憶特性）反應輸入之改變，被稱為_____（組合，序向）邏輯電路。

4-2. 使用一個 OR 閘、兩個 AND 閘與兩個反相器，針對布林式 $\overline{A} \cdot \overline{B} + B \cdot C = Y$ 畫出邏輯圖。

4-3. 布林式 $\overline{A} \cdot \overline{B} + B \cdot C = Y$ 是_____（和之積，積之和）形式。

4-4. 布林式 $(A + B) \cdot (C + D) = Y$ 是_____（和之積，積之和）形式。

4-5. 布林式的和之積形式，亦被稱為_____表示式。

4-6. 布林式的積之和形式，亦被稱為_____表示式。

4-7. 依圖 4-51 的真值表，寫出最小項布林表示式，不需化簡此布林式。

4-8. 依布林式 $\overline{C} \cdot \overline{B} + C \cdot \overline{B} \cdot A = Y$，畫出此三變數之真值表。

4-9. 圖 4-52 為一電子鎖之真值表，輸出為邏輯 1 時，電子鎖將被開啟。首先，寫出此電子鎖之最小項布林表示式。接下來，使用 AND 閘、OR 閘與 NOT 閘，畫出此電子鎖之邏輯電路圖。

輸入			輸出
C	B	A	Y
0	0	0	1
0	0	1	0
0	1	0	1
0	1	1	0
1	0	0	0
1	0	1	1
1	1	0	0
1	1	1	1

圖 4-51 真值表。

輸入			輸出
C	B	A	Y
0	0	0	0
0	0	1	0
0	1	0	0
0	1	1	1
1	0	0	1
1	0	1	0
1	1	0	0
1	1	1	0

圖 4-52 真值表。

4-10. 依 4-6 節討論之卡諾圖，列出六個步驟以化簡布林式。

4-11. 使用卡諾圖化簡布林式 $\overline{A} \cdot \overline{B} \cdot \overline{C} + \overline{A} \cdot \overline{B} \cdot C + A \cdot B \cdot \overline{C} + A \cdot \overline{B} \cdot \overline{C} = Y$。以最小項形式寫出化簡後之布林式。

4-12. 使用卡諾圖化簡布林式 $A \cdot \overline{B} \cdot \overline{C} \cdot \overline{D} + A \cdot \overline{B} \cdot \overline{C} \cdot D + A \cdot \overline{B} \cdot C \cdot D + A \cdot \overline{B} \cdot C \cdot \overline{D} = Y$。

4-13. 依圖 4-51 的真值表，完成以下各項：
   a. 寫出未化簡之布林式。
   b. 使用卡諾圖化簡 a 小題之布林式。
   c. 寫出化簡後之最小項布林表示式。
   d. 依化簡後之布林式，使用 AND、OR 與 NOT 閘，畫出邏輯電路圖。
   e. 從 d 小題之布林式，只使用 NAND 閘，重新畫出邏輯電路圖。

4-14. 使用卡諾圖化簡布林式 $\overline{A} \cdot \overline{B} \cdot C \cdot D + A \cdot B \cdot \overline{C} \cdot \overline{D} + A \cdot B \cdot C \cdot \overline{D} + A \cdot \overline{B} \cdot C \cdot D = Y$，

寫出化簡後之最小項布林表示式。

4-15. 依布林式，完成以下各項：
　　a. 畫出真值表。
　　b. 使用卡諾圖化簡。
　　c. 依化簡後之布林式，使用 AND 閘、OR 閘與 NOT 閘，畫出邏輯電路圖。
　　d. 從 c 小題之布林式，使用十六選一資料選擇器，重新畫出邏輯電路圖。

4-16. 依布林式 $\overline{A} \cdot \overline{B} \cdot \overline{C} \cdot D \cdot E + \overline{A} \cdot B \cdot \overline{C} \cdot D \cdot E + A \cdot B \cdot \overline{C} \cdot D \cdot E + A \cdot \overline{B} \cdot \overline{C} \cdot D \cdot E + A \cdot B \cdot \overline{C} \cdot D \cdot \overline{E} + \overline{A} \cdot \overline{B} \cdot C \cdot D \cdot \overline{E} + \overline{A} \cdot \overline{B} \cdot C \cdot \overline{D} \cdot E = Y$，完成以下各項：
　　a. 使用卡諾圖化簡。
　　b. 寫出化簡後之最小項布林表示式。
　　c. 依化簡後之布林式，使用 AND 閘、OR 閘與 NOT 閘，畫出邏輯電路圖。

4-17. 布林代數定理可讓我們轉換最小項至最大項或最大項至最小項，被稱為＿＿＿＿。

4-18. 基於迪摩根第一定理，$\overline{A + B}$ = ＿＿＿＿。

4-19. 基於迪摩根第二定理，$\overline{A \cdot B}$ ＿＿＿＿。

4-20. 使用迪摩根定理，轉換最大項布林式 $(A + \overline{B} + C) \cdot (\overline{A} + B + \overline{C}) = Y$ 至最小項形式。此動作將移除長橫線。

4-21. 使用迪摩根定理，轉換最小項布林式 $\overline{A \cdot B \cdot C + A \cdot B \cdot C} = Y$ 至最大項形式。此動作將移除長橫線。

4-22. 寫出布林式 $A \cdot \overline{B} + \overline{A} \cdot B = Y$ 之鍵盤版本。

4-23. 寫出布林式 $\overline{A \cdot B} \cdot C = Y$ 之鍵盤版本。

4-24. 寫出布林式 $(\overline{A + B}) \cdot (\overline{C} + D) = Y$ 之鍵盤版本。

4-25. 使用 Electronic Workbench 或 Multisim 的邏輯轉換器，(a) 畫出圖 4-53 在邏輯轉換器螢幕畫面之邏輯圖；(b) 產生並寫出真值表；(c) 產生並寫出未化簡的布林式；(d) 產生並複製已化簡的布林式。

4-26. 使用 Electronic Workbench 或 Multisim 的邏輯轉換器，(a) 鍵入圖 4-54 在邏輯轉換器螢幕畫面之真值表；(b) 產生並寫出已化簡的布林式；(c) 依真值表，產生並畫出 AND-OR 邏輯符號圖。

4-27. 使用 Electronic Workbench 或 Multisim 的邏輯轉換器，(a) 鍵入布林式 $A'C' + BC + ACD'$ 在邏輯轉換器螢幕畫面；(b) 產生並畫出四變數之真值表；(c) 依對應之布林式，產生並畫出 AND-OR 邏輯符號圖。

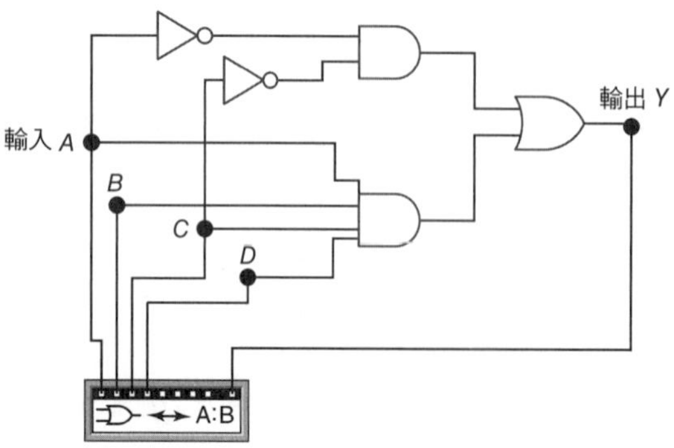

圖 4-53 邏輯轉換器問題。

輸入				輸出
A	B	C	D	Y
0	0	0	0	0
0	0	0	1	0
0	0	1	0	0
0	0	1	1	0
0	1	0	0	0
0	1	0	1	0
0	1	1	0	1
0	1	1	1	1
1	0	0	0	1
1	0	0	1	1
1	0	1	0	1
1	0	1	1	0
1	1	0	0	0
1	1	0	1	1
1	1	1	0	1
1	1	1	1	1

圖 4-54 真值表。

4-28. 使用 Electronic Workbench 或 Multisim 的邏輯轉換器，(a) 在邏輯轉換器螢幕畫面，鍵入如圖 4-55 五變數之真值表；(b) 產生並複製已化簡的布林式；(c) 依真值表與化簡的布林式，產生並畫出 AND-OR 邏輯符號圖。

4-29. 在電子技術中，PAL 為_____的常見縮寫。

4-30. 在電子技術中，PLD 為_____的常見縮寫。

4-31. 在電子技術中，GAL 為_____的常見縮寫。

4-32. 在電子技術中，FPGA 為_____的常見縮寫。

4-33. 在電子技術中，CPLD 為_____的常見縮寫。

4-34. _____（PAL，CPLD）是最簡易的可程式邏輯元件，經常用來實現組合邏輯。

4-35. 列出使用 PLD 來實現邏輯設計的數個優點。

4-36. 在 PAL 例子，「燒錄」IC 意思為在可程式元件內部_____（關閉，開啟）選擇到的可熔連接。

4-37. 為了解決圖 4-56 真值表的邏輯問題，畫一個類似圖 4-57 之 PLD 保險絲圖。在保險絲圖交叉處之「×」表示為已作動連接之保險絲連接。

4-38. 畫一個類似圖 4-57 之 PLD 保險絲圖，用來解決布林式 $\overline{A} \cdot \overline{B} \cdot \overline{C} \cdot \overline{D} + \overline{A} \cdot B \cdot \overline{C} \cdot \overline{D} + A \cdot B \cdot C \cdot D + A \cdot \overline{B} \cdot C \cdot \overline{D} = Y$，在保險絲圖交接處之「×」表示為已作動連接之保險絲連接。

4-39. BASIC Stamp 模組是_____（微控制器基底，真空管基底）元件，可程式化以產生邏輯函數。

4-40. 參考圖 4-47(a)，PBASIC 碼 **(~A&~B) | (A&C)** 使用於指定語法，將產生真值表輸出欄_____（Y1，Y2，Y3）。

4-41. 參考圖 4-47(b)，哪三個 BASIC Stamp 2 模組埠在此電路中被當作輸入端使用？

4-42. 參考圖 4-47(b) 與圖 4-48 的 PBASIC 程式，程式碼在哪幾行定義哪一個埠是輸入與哪一個埠是輸出？

4-43. 參考圖 4-47 與圖 4-48 的列表，假如 B 與 C 按鈕開關是作動（壓下），哪些 LED 將會點亮？

輸入					輸出
A	B	C	D	E	Y
0	0	0	0	0	0
0	0	0	0	1	0
0	0	0	1	0	0
0	0	0	1	1	0
0	0	1	0	0	1
0	0	1	0	1	0
0	0	1	1	0	0
0	0	1	1	1	0
0	1	0	0	0	0
0	1	0	0	1	0
0	1	0	1	0	0
0	1	0	1	1	0
0	1	1	0	0	1
0	1	1	0	1	0
0	1	1	1	0	0
0	1	1	1	1	0

圖 4-55 真值表。

輸入					輸出
A	B	C	D	E	Y
1	0	0	0	0	0
1	0	0	0	1	0
1	0	0	1	0	0
1	0	0	1	1	0
1	0	1	0	0	1
1	0	1	0	1	0
1	0	1	1	0	0
1	0	1	1	1	0
1	1	0	0	0	1
1	1	0	0	1	0
1	1	0	1	0	1
1	1	0	1	1	1
1	1	1	0	0	1
1	1	1	0	1	0
1	1	1	1	0	0
1	1	1	1	1	0

輸入				輸出
A	B	C	D	Y
0	0	0	0	0
0	0	0	1	1
0	0	1	0	0
0	0	1	1	0
0	1	0	0	0
0	1	0	1	0
0	1	1	0	0
0	1	1	1	1
1	0	0	0	0
1	0	0	1	0
1	0	1	0	0
1	0	1	1	1
1	1	0	0	0
1	1	0	1	1
1	1	1	0	0
1	1	1	1	0

圖 4-56 真值表。

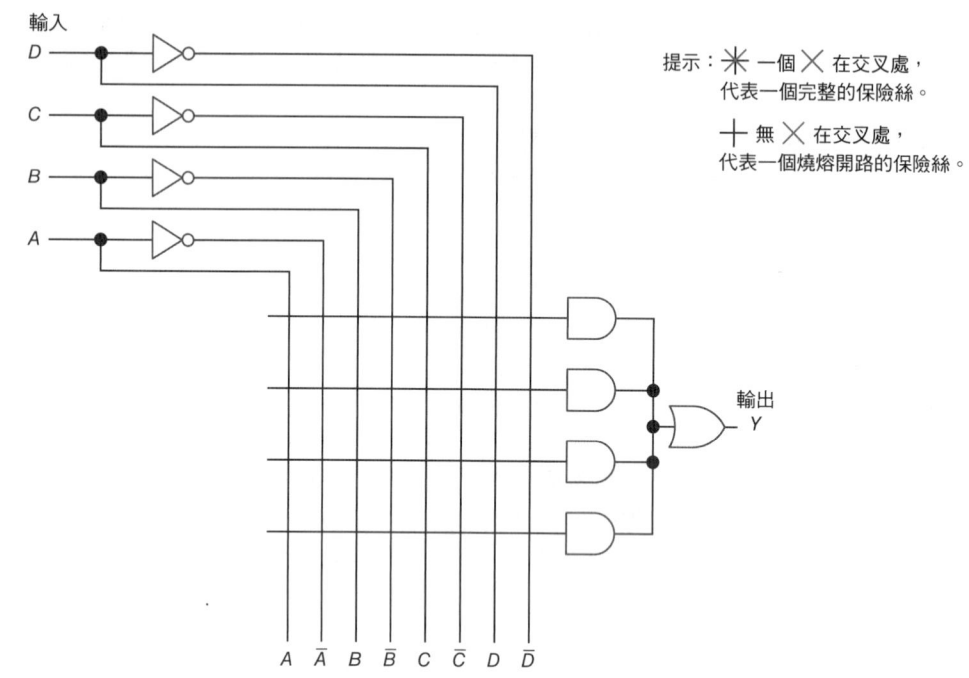

圖 4-57 保險絲圖問題。

提示：✳ 一個 ✕ 在交叉處，
代表一個完整的保險絲。

✚ 無 ✕ 在交叉處，
代表一個燒熔開路的保險絲。

關鍵性思考問題

4-1. 最小項布林表示式在實現時，會產生何種樣式之邏輯閘？

4-2. 最大項布林表示式在實現時，會產生何種樣式之邏輯閘？

4-3. 化簡布林式 $\overline{A} \cdot \overline{B} \cdot \overline{C} \cdot \overline{D} + \overline{A} \cdot \overline{B} \cdot \overline{C} \cdot D + \overline{A} \cdot B \cdot \overline{C} \cdot \overline{D} + \overline{A} \cdot B \cdot \overline{C} \cdot D + A \cdot \overline{B} \cdot \overline{C} \cdot \overline{D} + A \cdot \overline{B} \cdot \overline{C} \cdot D + A \cdot \overline{B} \cdot C \cdot D = Y$。

4-4. 你認為從真值表是否可能建立最大項布林表示式（和之積）？

4-5. 你認為圖 4-21(b) 的卡諾圖是否可用來簡化最小項或最大項布林表示式？

4-6. 一個六變數的真值表將有多少種組合？

4-7. 寫出布林式 $\overline{A} \cdot \overline{B} \cdot C + A \cdot B \cdot \overline{C} + A \cdot \overline{B} \cdot C = Y$ 的鍵盤版本以利輸入電腦電路模擬器。

4-8. 寫出圖 4-58 邏輯圖之最大項布林式。

4-9. 使用迪摩根定理或電腦電路模擬器，寫出圖 4-58 電路邏輯函數之最小項布林表示式。（提示：可使用問題 4-8 的最大項布林式。）

4-10. 畫出圖 4-58 電路邏輯函數之三變數真值表。（提示：可使用問題 4-9 的最小項布林式。）

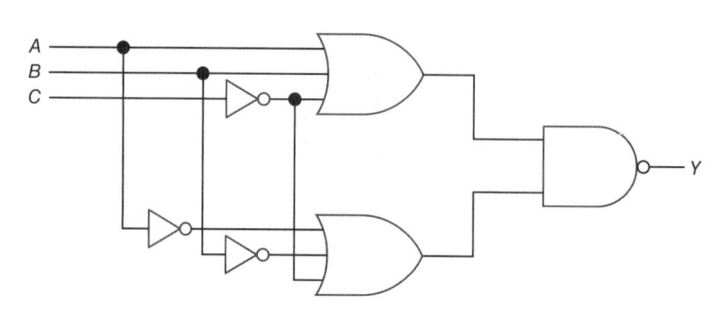

圖 4-58 邏輯電路。

CHAPTER 5
IC 規格與簡單介面

學習目標 本章將幫助你：

5-1 使用 TTL 與 CMOS 電壓概略圖，以決定邏輯準位。
5-2 能使用 TTL 與 CMOS IC 規格，如輸入與輸出電壓、雜訊容限
5-3 了解其他 IC 規格，包含驅動能力、扇入、扇出、傳遞延遲與功率消耗。
5-4 列出在使用 CMOS IC 時幾個安全注意事項。
5-5 藉由 TTL 與 CMOS IC 辨認幾個簡單開關介面與彈跳消除電路。
5-6 使用 TTL 與 CMOS IC 分析 LED 介面電路。
5-7 使用 TTL IC 解釋基礎電流源與電流導入電路。
5-8 畫出 TTL 至 CMOS 與 CMOS 至 TTL 介面電路。
5-9 使用 TTL 與 CMOS IC 描述警報器、繼電器、馬達、線圈的運作。
5-10 分析光隔離器介面電路。
5-11 描述伺服馬達運作，並歸納脈波寬度調變如何控制伺服馬達的運作。
5-12 列出步進馬達主要特性與特點，並描述步進馬達驅動電路之運作。
5-13 指出霍爾效應感測器與其應用的特性，如霍爾效應開關。
5-14 展示開路集極型霍爾效應開關與 TTL、CMOS IC、LED 之介面應用。
5-15 簡易邏輯電路維修。
5-16 展示伺服馬達與 BASIC Stamp 2 微控制器模組之介面，並解釋使用微控制器模組控制伺服馬達行為。

眾多可用的**邏輯家族 (logic family)** 驅動了數位電路的廣泛使用，每個邏輯家族下的積體電路都可互通使用，例如 TTL 邏輯閘能將輸出直接接於其他 TTL 閘輸入而不需其他元件。電路設計者可以相信相同邏輯家族間介面都是已處理，但不同邏輯家族間的介面與數位 IC 和外部世界的介面就比較複雜。**介面 (interfacing)** 可定義為不同電路間連接的設計，能夠改變電壓或電流的準位，使得不同電路間彼此能相容。技術人員與工程師在設計數位電路時需懂一點介面技術的基本知識。若沒有與「真實世界」的元件作介面（連接），大部分的邏輯電路並沒有存在價值。

5-1 邏輯準位與雜訊容限

在電子領域，大部分技術人員與工程師查看一個新的元件會從電壓、電流與電阻或

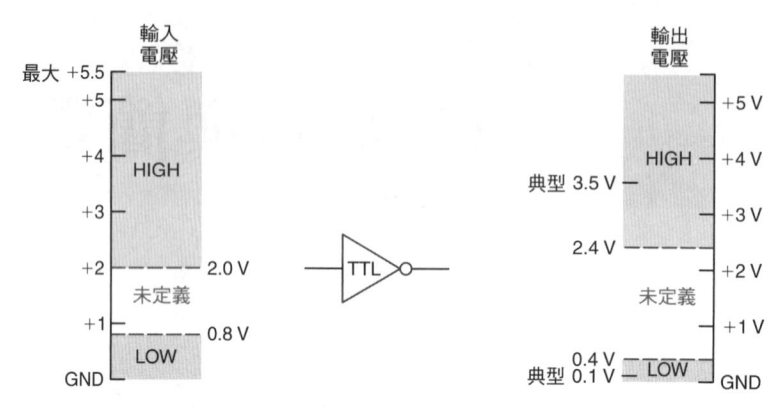

圖 5-1 TTL 邏輯輸入與輸出電壓準位之定義。

阻抗來觀察。此節我們將學習 TTL 與 CMOS IC 的電壓特性。

邏輯準位：TTL

如何定義邏輯 0 (LOW) 或邏輯 1 (HIGH)？圖 5-1 為一雙極性 TTL 反相器（例如 7404 IC）。製造商聲明，若要 IC 正確操作，LOW 輸入必須介於 GND 至 0.8 V，而 HIGH 輸入必須介於 2.0 V 至 5.5 V。輸入端中間白色區域 0.8 V 至 2.0 V 是未定義區域，或無法決定邏輯之區域。因此，3.2 V 輸入即為 HIGH 輸入，0.5 V 即為 LOW 輸入，而 1.6 V 輸入則無法判斷邏輯高低，應該要避免。落於未定義區域的輸入將導致無法預測的輸出結果。

可預期的 TTL 反相器輸出如圖 5-1 右側所示。典型輸出 LOW 約 0.1 V，典型輸出 HIGH 約 3.5 V。依圖 5-1 右側顯示，輸出 HIGH 可低至 2.4 V，但需依輸出端的負載電阻大小來決定 HIGH 真正的輸出值。若輸出較大的負載電流，則將產生較低的輸出 HIGH 電壓。圖 5-1 右側白色區域為未定義區，假如輸出端電壓位於 0.4 V 至 2.4 V 時，預期將會導致一些麻煩。

圖 5-1 定義 TTL 元件的 LOW 與 HIGH 電壓值，和其他邏輯家族的電壓準位不見得相同。

邏輯準位：CMOS

CMOS 邏輯家族 IC 的 4000 系列與 74C00 系列，可操作在 +3 V 至 +15 V 比較寬廣的電壓範圍。圖 5-2(a) 為一典型 CMOS 反相器 HIGH 與 LOW 的定義，此圖的電源電壓是 10 V。

圖 5-2(a) 顯示輸入電壓在 V_{DD} 70% 到 100%（此例 V_{DD} 為 +10 V）間被視為 HIGH。相同地，在 0 至 V_{DD} 30% 間被視為 LOW，4000 系列與 74C00 系列 IC 均為如此。

CMOS IC 典型的輸出電壓如圖 5-2(a) 所示，輸出電壓幾乎均在電源供應的電壓準位上。在此範例中，輸出電壓在 HIGH 時幾乎為 +10 V，在 LOW 時幾乎為 0 V 或 GND。

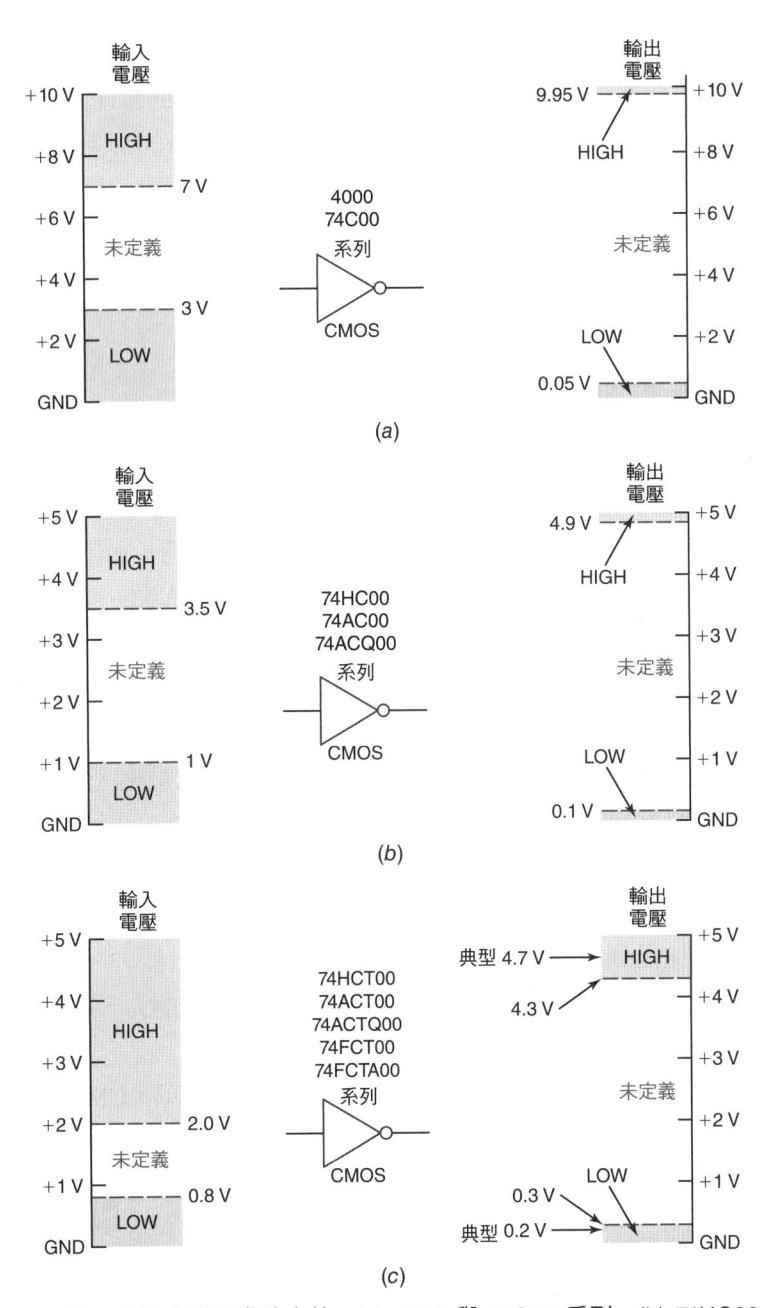

圖 5-2 CMOS 邏輯輸入與輸出電壓準位定義。(a) 4000 與 74C00 系列。(b) 74HC00、74AC00 與 74ACQ00 系列。(c) 74HCT00、74ACT00、74ACTQ00、74FCT00 與 74FCTA00 系列。

相對於舊型 4000 系列與 74C00 系列，74HC00、較新型 74AC00 與 74ACQ00 系列操作在比較低的電源電壓（+2 V 至 +6 V）。輸入與輸出電壓特性整理於圖 5-2(b) 的電壓概況圖。從圖 5-2(a) 與 (b) 比較來看，74HC00、74AC00 與 74ACQ00 系列與 4000、74C00 系列，其輸入與輸出電壓 HIGH 與 LOW 的定義大致相同。

74HCT00、較新型 74ACT00、74ACTQ00、74FCT00 與 74FCTA00 系列的 CMOS IC

是設計操作在 5 V 電源，與 TTL 邏輯家族一樣。它們的功能是作為 TTL 與 CMOS 元件間的介面。這些具有「T」標示的 CMOS IC 可直接取代很多的 TTL IC。

74HCT00、74ACT00、74ACTQ00、74FCT00 與 74FCTA00 系列 CMOS IC 電壓定義如圖 5-2(c) 所示。從圖 5-2(c) 左側與圖 5-1 左側比較可知，「T」系列 CMOS IC 的輸入電壓 LOW 和 HIGH 定義與一般雙極性 TTL IC 一樣。而所有 CMOS IC 的輸出電壓定義都差不多。因此，對 T 系列 CMOS IC 的總結是，它們具有典型 TTL 的輸入電壓特性與 CMOS 輸出電壓特性。

邏輯準位：低電壓 CMOS

由於數位電路愈來愈小，使用低於一般常用 +5 V 的電源，變得很有必要。典型低電壓 CMOS IC 之 HIGH 與 LOW 邏輯準位定義如圖 5-3 所示。

兩個現代新型之低電壓 CMOS 家族是 74ALVC00 系列（進階低電壓 CMOS）與 74LVX00 系列（具有 5 V 容忍輸入之低電壓 CMOS）。74LVX00 IC 可容忍比圖 5-3 建議電壓規格更高的輸入電壓而不會受損。

電壓概況圖詳細描繪於圖 5-3，輸入電壓大於 +2 V 可視為 HIGH，輸入電壓小於 +0.8 V 可視為 LOW。這些低電壓 CMOS IC 之輸出電壓可近於電源準位 +3 V 與 GND。

許多低電壓 CMOS IC 可操作在低到大約 +1.7 V 之電源電壓，其電壓概況圖看起來像圖 5-3，但左邊電壓軸的刻度值是不一樣的。

雜訊容限

CMOS 最常被提到的優點是低功率需求與好的抗雜訊能力。**抗雜訊能力 (noise immunity)** 是電路對不想要的電壓或雜訊的不敏感性或抵抗能力，在數位電路也被稱為**雜訊容限 (noise margin)**。

典型 TTL 與 CMOS 家族間的雜訊容限比較如圖 5-4 所示，CMOS 的雜訊容限遠優於 TTL 家族。CMOS 可允許將近 1.5 V 不想要的雜訊而不會引起輸出不可預測的結果。

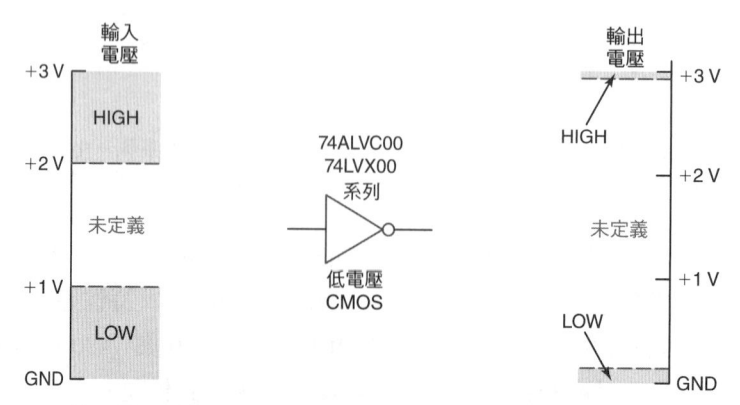

圖 5-3 低電壓 CMOS 輸入電壓與輸出電壓之準位定義。

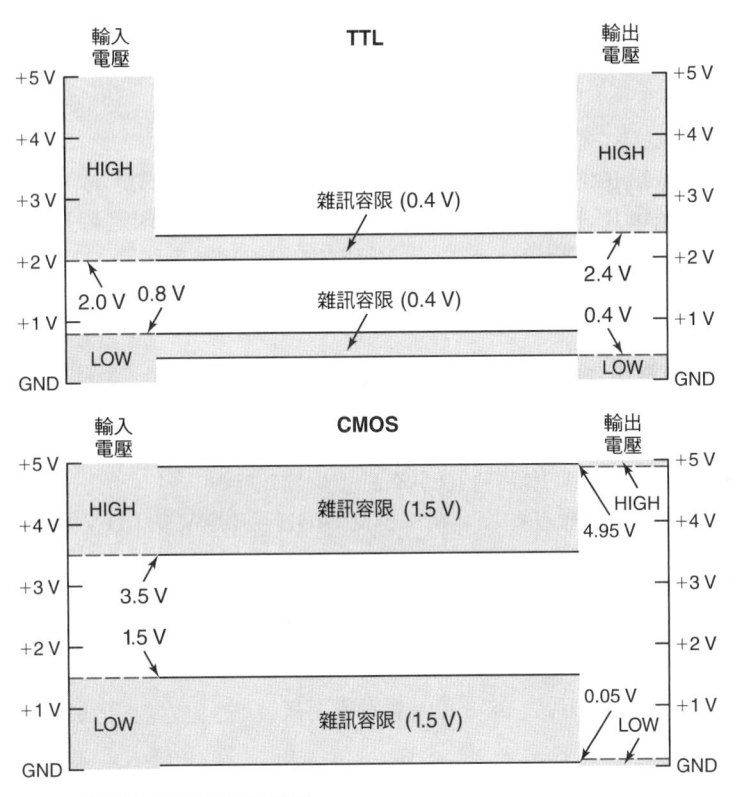

圖 5-4 TTL 與 CMOS 雜訊容限之定義與比較。

在數位系統中的**雜訊 (noise)** 是由連接線與印刷電路板所引起的不想要電壓干擾,會影響邏輯準位,導致輸出錯誤。

圖 5-5 定義 TTL 輸入的 LOW、HIGH 與未定義區域。假如真實的輸入電壓是 0.2 V,則其與未定義區域的安全寬限值為 0.8 − 0.2 = 0.6 V,這就是雜訊容限。換句話說,在此例中若有 +0.6 V 以上的雜訊電壓產生,將導致 LOW 電壓(此範例為 0.2 V)移至未定義區。

在實際的應用上,雜訊容限會更大,因為必須達到**切換臨界 (switching threshold)**,如圖 5-5 中的 1.2 V。當真正的 LOW 輸入是 +0.2 V,且切換臨界電壓是 +1.2 V,真正的雜訊容限為 1.2 − 0.2 = 1 V。

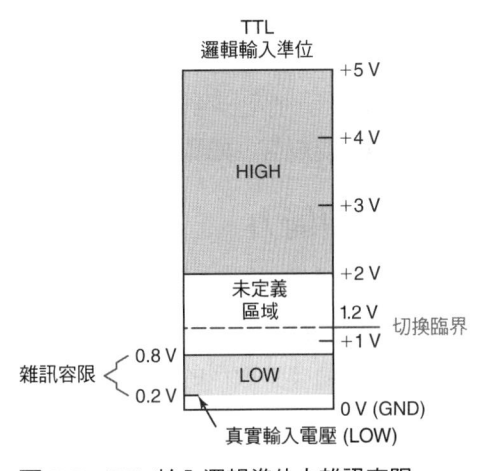

圖 5-5 TTL 輸入邏輯準位之雜訊容限

此切換臨界電壓並非是一個固定的值。由於製造廠商、溫度與元件品質等因素,切換臨界電壓會存在於未定義區,其值也會稍微改變。無論如何,廠商將提供相關資訊供使用者參考。

自我測驗

請填入下列空格。
1. 兩個電路連接的設計以使它們訊號強度相容被稱為_____。
2. 輸入 +3.1 V 至 TTL 邏輯 IC 將被視為_____（HIGH，LOW，未定義）。
3. 輸入 +0.5 V 至 TTL 邏輯 IC 將被視為_____（HIGH，LOW，未定義）。
4. TTL 邏輯 IC 輸出 +2.0 V 將被視為_____（HIGH，LOW，未定義）。
5. 輸入 +6 V（10 V 電源供應）至 4000 系列 CMOS IC 將被視為_____（HIGH，LOW，未定義）。
6. CMOS IC 典型 HIGH 輸出（10 V 電源供應）大約是_____ V。
7. 輸入 +4 V（5 V 電源供應）至 74HCT00 系列 CMOS IC 將被視為_____（HIGH，LOW，未定義）。
8. _____（CMOS，TTL）家族系列 IC 具有較佳之雜訊容限。
9. 數位 IC 的切換臨界是輸入電壓在輸出邏輯準位從 HIGH 至 LOW 或 LOW 至 HIGH 那一點之電壓。（是非題）
10. _____（CMOS，TTL）74FCT00 系列 IC 的輸入電壓特性圖和 TTL IC 一樣。
11. 參考圖 5-3，74ALVC00 系列 IC 為_____（高阻抗，低電壓）CMOS 晶片，因它能操作在 +3 V 電源。
12. 參考圖 5-3，對於 74ALVC00 系列 IC，+2.5 V 輸入可被視為_____（HIGH，LOW，未定義）之邏輯準位。

5-2 其他數位 IC 規格

上一節已經討論過數位邏輯電壓準位與雜訊容限。在本節，我們將介紹數位 IC 其他重要規格，如驅動能力、扇出、扇入、傳遞延遲與功率消耗等。

驅動能力

雙極電晶體有最大的瓦特與集極電流額度。這些數值決定它的**驅動能力 (drive capabilities)**。數位 IC 驅動能力的一項指標為扇出，數位 IC 的**扇出 (fan-out)** 為輸出端能夠驅動多少數目的「標準」輸入。假使標準 TTL 閘扇出為 10，即表示單一個邏輯閘輸出能夠驅動相同家族邏輯閘的 10 個輸入端。典型 TTL 扇出值為 10，低功率蕭特基 TTL (LS-TTL) 扇出是 20，4000 系列 CMOS 扇出可為 50。

另一個查看邏輯閘電流特性的方法，是用輸出電流驅動能力與輸入負載參數。圖 5-6(a) 為標準 TTL 閘輸出驅動能力與輸入負載特性之簡化圖。當輸出是 LOW 時，一個標準 TTL 閘可處理 16 mA 電流 (I_{OL})。當輸出是 HIGH 時，則能送出 400 μA 電流 (I_{OH})。在你未檢查標準 TTL 閘輸入負載前，會認為 I_{OL} 與 I_{OH} 不對等。最差情形下，輸入是 HIGH 時，輸入電流負載僅 40 μA (I_{IH})；但當輸入是 LOW 時，輸入電流負載需 1.6 mA (I_{IL})。這代表標準 TTL 閘輸出能驅動 10 個輸入 (16 mA/1.6 mA = 10)。請記住，這是最壞

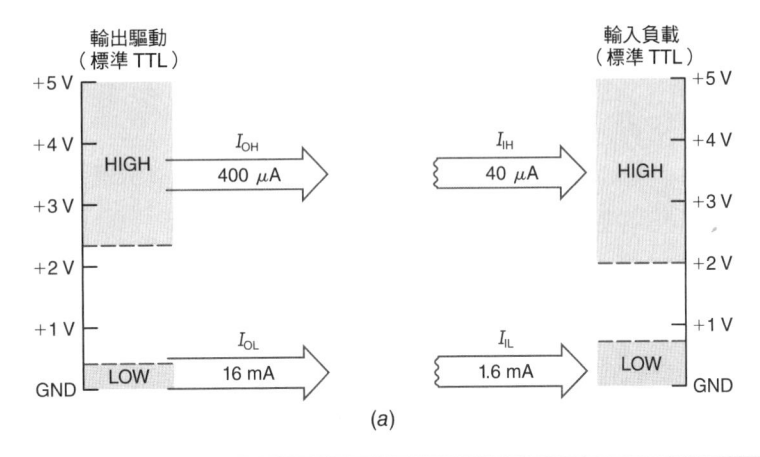

第 5 章 IC 規格與簡單介面　　141

(a) 標準 TTL 電壓與電流圖（輸出驅動與輸入負載示意）

	元件家族	輸出驅動能力*	輸入負載
TTL	標準 TTL	I_{OH} = 400 μA I_{OL} = 16 mA	I_{IH} = 40 μA I_{IL} = 1.6 mA
	低功率蕭特基	I_{OH} = 400 μA I_{OL} = 8 mA	I_{IH} = 20 μA I_{IL} = 400 μA
	進階低功率蕭特基	I_{OH} = 400 μA I_{OL} = 8 mA	I_{IH} = 20 μA I_{IL} = 100 μA
	FAST 快捷公司進階蕭特基 TTL	I_{OH} = 1 mA I_{OL} = 20 mA	I_{IH} = 20 μA I_{IL} = 0.6 mA
CMOS	4000 系列	I_{OH} = 400 μA I_{OL} = 400 μA	I_{in} = 1 μA
	74HC00 系列	I_{OH} = 4 mA I_{OL} = 4 mA	I_{in} = 1 μA
	FACT 快捷進階 CMOS 製程系列 (AC/ACT/ACQ/ACTQ)	I_{OH} = 24 mA I_{OL} = 24 mA	I_{in} = 1 μA
	FACT 快捷進階 CMOS 製程系列 (FCT/FCTA)	I_{OH} = 15 mA I_{OL} = 64 mA	I_{in} = 1 μA

*緩衝器與驅動器可能有更高的輸出驅動力。

(b)

圖 5-6 (a) 標準 TTL 電壓與電流圖。(b) TTL 與 CMOS 邏輯家族之輸出驅動能力與輸入負載特性。

的情形；在真實靜態環境測試下，負載電流會遠小於規格值。

　　圖 5-6(b) 整理幾個受歡迎的數位 IC 家族之輸出驅動能力與輸入負載特性。仔細看看這個有用的圖。在作 TTL 與 CMOS IC 介面設計時，你會需要這些資料。

　　從圖 5-6(b) 得知 CMOS IC FACT 系列具有非常好的驅動能力、低的功率消耗、良好的速度與較大的雜訊容限，使得此類 FACT 系列 CMOS IC 在新設計上受到喜愛。相同地，較新的 FAST TTL 邏輯系列亦具備許多好的特性，也適合使用於新設計上。

　　單一邏輯閘的負載稱為該 IC 家族的**扇入 (fan-in)**。圖 5-6(b) 輸入負載欄可想像為那些 IC 家族的扇入。注意，每一個 IC 家族的扇入或輸入負載特性都不同。

　　假使必須處理圖 5-7(a) 之介面問題，你要判斷 74LS04 反相器是否有足夠扇出能力

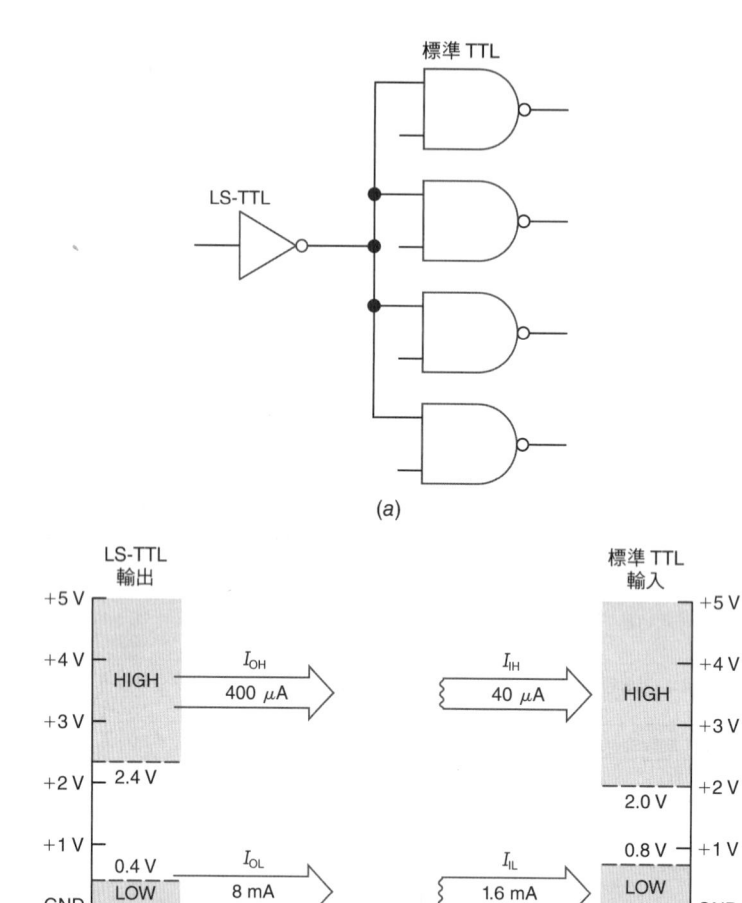

圖 5-7 LS-TTL 與標準 TTL 之介面問題。(a) 介面問題之邏輯圖。(b) 電壓與電流特性圖以顯示此問題的解答。

去驅動 4 個標準 TTL NAND 閘。

圖 5-7(b) 為 LS-TTL 與標準 TTL 電壓電流特性圖。所有 TTL 家族電壓特性是相容的。電流特性考慮如下：當輸出 HIGH 時，LS-TTL 閘能驅動 10 個標準 TTL 閘 (400 μA/40 μA = 10)。但當輸出 LOW 時，只能驅動 5 個標準邏輯閘 (8 mA/1.6 mA = 5)。所以，我們可說 LS-TTL 閘驅動標準 TTL 閘的扇出只有 5。因此圖 5-7(a) LS-TTL反相器能驅動 4 個標準 TTL 輸入是正確的。

傳遞延遲

在數位 IC 的高速應用上，輸入改變時能否快速反應是重要考慮因素。考慮圖 5-8(a) 的波形。上面的波形為從 LOW 至 HIGH 輸入到反相器之波形，然後從 HIGH 到 LOW。下面的波形為對應的輸出波形。從輸入改變至輸出改變之間的稍許時間延遲，稱為此反相器的**傳遞延遲 (propagation delay)**，量測單位是秒。反相器輸入端 LOW 至 HIGH 傳遞延遲，與 HIGH 至 LOW 的延遲是不一樣的。圖 5-8(a) 為標準 TTL 7404 反相器 IC 的傳

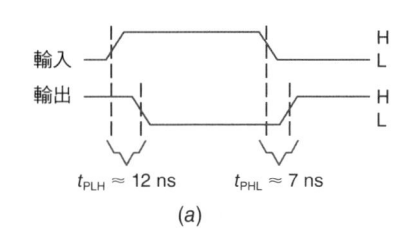

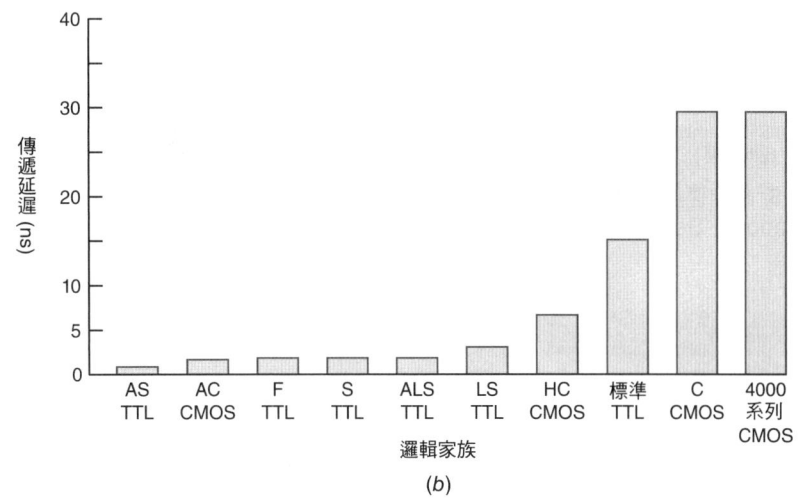

圖 5-8 (a) 標準 TTL 反相器的傳遞延遲波形。(b) 各式代表性 TTL 與 CMOS 家族的傳遞延遲圖。

遞延遲值。

　　標準 TTL 反相器（如 7404 IC）從 LOW 至 HIGH 的一般傳遞延遲約為 12 ns，而從 HIGH 至 LOW 只需約 7 ns。

　　圖 5-8(b) 呈現各式代表性的傳遞延遲時間。IC 的延遲時間愈短，速度愈高。在反相器中，AS-TTL（advanced Schottky TTL，進階蕭特基 TTL）與 AC-CMOS 具有最短的延遲時間約 1 ns，速度最快。舊式 4000 與 74C00 系列 CMOS 家族是最慢的邏輯家族（傳遞延遲最久），某些 4000 系列 IC 的延遲甚至超過 100 ns。在過去，TTL IC 一向被認為快於 CMOS IC，但現在 FACT CMOS 系列的速度可與最快的 TTL IC 競爭匹敵。超高速的運作則需要用到 ECL（emitter coupled logic，射極耦合邏輯）與發展中的砷化鎵 (gallium arsenide) 家族。

功率消耗

　　一般而言，當傳遞延遲減少（速度增加），功率消耗與相關的熱產生就會增加。從前，標準 TTL IC 傳遞延遲約 10 ns，而 4000 系列 CMOS IC 約 30 ns 至 50 ns，但後者僅需消耗 0.001 mW，而 TTL 閘需消耗約 10 mW。CMOS 電路的功率消耗會隨著頻率增加而增加，所以在 100 kHz 時，4000 系列邏輯閘功率將消耗 0.1 mW。

　　圖 5-9 為幾個 TTL 與 CMOS 家族速度與功率關聯圖。圖上之垂直軸表傳遞延遲（速度，以 ns 計），水平軸為每個閘之功率消耗 (mW)。擁有最好組合（最低功耗與最小

延遲）的家族較靠近在圖的左下角。數年前，許多設計者認為 ALS（advanced low-power Schottky TTL，進階功率蕭特基 TTL）家族是考慮速度與功率下最好的設計。隨著後續新的邏輯家族開發，FACT（Fairchild Advanced CMOS Technology，快捷公司進階 CMOS 製程）系列也成為最好的邏輯家族之一。ALS 與 FAST（Fairchild advanced Schottky TTL，快捷公司進階蕭特基 TTL）家族仍然是目前設計工作中很好的選擇方案。

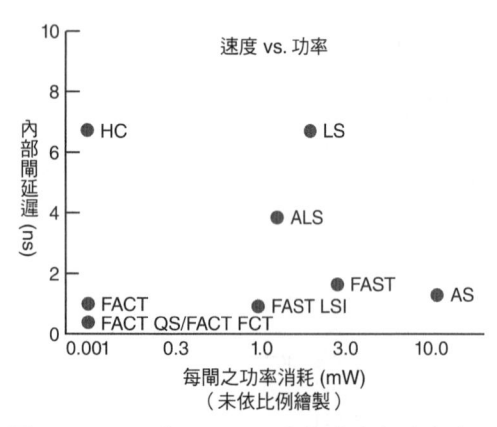

圖 5-9 TTL 與 CMOS 家族速度與功率之關聯圖。(Courtesy of National Semiconductor Corporation.)

自我測驗

請填入下列空格。

13. 能被 IC 驅動的「標準」輸入負載數目稱為_____（扇入，扇出）。
14. _____（4000 系列 CMOS，FAST TTL 系列）的邏輯閘有較大的輸出驅動能力。
15. 參考圖 5-6(b)，當 LS-TTL 與 LS-TTL 作介面時，所計算出的扇出是_____。
16. 4000 系列 CMOS 邏輯閘有非常低的功率消耗、好的雜訊容限與_____（長，短）的傳遞延遲。
17. 參考圖 5-8(b)，速度最快的 CMOS 子家族是_____。
18. 所有 TTL 子家族具有_____（不同，相同）電壓與不同輸出驅動與輸入負載特性。

5-3 MOS IC 與 CMOS IC

MOS IC

加強型的金屬氧化物半導體場效電晶體 (metal-oxide semiconductor field-effect transistor, MOSFET)，因為架構簡單並在 IC 實現上占較小的矽晶片空間，所以是 MOS IC 的主要元件。因此，大多數 IC 功能均用 MOS 元件來實現，雙極 IC（如 TTL）僅占少數。由於晶片的封裝密度高，金屬氧化物半導體技術被廣泛使用於大型積體電路 (large-scale integration, LSI) 與超大型積體電路 (very large-scale integration, VLSI) 中。微處理機晶片、記憶體與時脈 (clock) 晶片均使用 MOS 製程。MOS 電路元件通常不是 P 通道 MOS (P-channel MOS, PMOS)，就是較新型與較快速的 N 通道 MOS (N-channel MOS, NMOS)。相對於雙極 IC 而言，MOS 具有晶片面積小、功率消耗小、較佳的雜訊容限與較高扇出能力，但其主要缺點為速度上相對受到限制。

CMOS IC

互補對稱金屬氧化物半導體 (complementary symmetry metal-oxide semiconductor, CMOS) 同時使用 PMOS 與 NMOS 元件作連接。此類 IC 的功率消耗異常的小。CMOS IC 家族還具有低成本、設計簡單、低散熱、好的扇出能力、寬的邏輯擺幅與較好的雜訊容限等優點。大部分 CMOS 數位 IC 可操作在寬範圍的電壓下。一些低電壓 CMOS IC 的電源甚至可低至 +1.7 V。

從前，CMOS IC 的主要缺點為速度比雙極 IC（如 TTL）慢。近來，74AC00 與 74ALVC00 系列 CMOS 家族具有非常低傳遞延遲時間（約 2 ns 至 5 ns），可使用於高速數位電路。而舊型 7400 系列傳遞延遲時間約 6 ns。另外，在拿取 CMOS IC 時一定要注意靜電保護。若不小心，靜電荷或瞬間電壓可能損害 CMOS 晶片內電晶體很薄的二氧化矽層。此二氧化矽層為類似電容的介電材料，容易被靜電與瞬間電壓擊穿損害。

若用 CMOS IC 設計時，製造商建議以下方法以降低靜電與瞬間電壓損壞：

1. 儲存 CMOS IC 在特殊導電泡沫材料、防靜電袋或容器內。
2. 焊接 CMOS IC 時，使用電池電力的烙鐵，或把使用 AC 電源的設備尖端接地。
3. 在作改變連線或移動 CMOS IC 時，電源需關掉。
4. 輸入訊號強度不能超過電源電壓。
5. 輸入訊號需在電源電壓關閉前先關閉。
6. 未使用到的輸入接腳，需接至正電源電壓或 GND，只有未使用到 CMOS 輸出端才能空接。

FACT CMOS IC 則對靜電有較佳的容忍度。

CMOS IC 具有非常低的功率消耗，適合應用於電池操作的可攜帶型設備。CMOS IC 被廣泛使用於各式可攜帶型設備。

圖 5-10 為一典型 CMOS 電路。上面為 PMOSFET，下面為 NMOSFET，兩者均為加強型的 MOSFET。當輸入電壓 (V_{in}) 是 LOW，上面 MOSFET 是 ON 而下面的是 OFF，導致輸出電壓 (V_{out}) 為 HIGH；若 V_{in} 是 HIGH，上面的 MOSFET 是 OFF 而下面的是 ON，導致 V_{out} 為 LOW。圖 5-10 所示電路的功能為反相器。

圖 5-10 中 CMOS 的 V_{DD} 接至正電源電壓，有時會被標為 V_{CC}（如同在 TTL）。V_{DD} 中的「D」表示是汲極 (drain) 供應電壓的意思。V_{SS} 在 CMOS 電路是連接至負電源電壓，有時會被標記為 GND（如同在 TTL）。V_{SS} 中的「S」表示是源極 (source) 供應電壓的意思。CMOS IC 典型操作在 3V、5 V、6 V、9 V 或 12 V 電源。

CMOS 製程已被用來開發成數個 IC 邏輯家族，最受歡迎的有 4000、74C00、74HC00、74ALVC00 與 FACT 系列 IC。4000

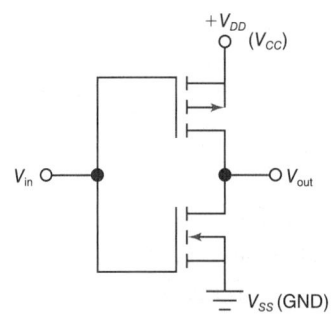

圖 5-10 CMOS 電路架構，P 通道與 N 通道 MOSFET 串聯。

系列最早開發完成，擁有所有常見的邏輯功能，其中有些在 TTL 家族也找不到對等功能的元件。例如，有可能用 CMOS 建構**傳輸閘 (transmission gate)** 或**雙向開關 (bilateral switches)**，允許訊號任意通過哪一個方向，就像繼電器。

74C00 系列也是一個舊式 CMOS 邏輯家族，完全是腳對腳、功能對功能，等效於 7400 TTL 系列。例如，7400 TTL IC 與 74C00 CMOS IC 均為 4 組兩輸入 NAND 閘的 IC。

74HC00 系列 CMOS 家族是來取代 74C00 與許多 4000 系列的 IC。具有腳對腳、功能對功能，等效於 7400 與 4000 系列。74HC00 系列是高速度 CMOS 家族，而且具有好的驅動能力，操作電源電壓在 2 V 至 6V。

FACT 邏輯 IC 包含 74AC00、74ACQ00、74ACT00、74ACTQ00、74FCT00 與 74FCTA00 等子家族。這個 FACT 家族提供腳對腳、功能對功能，等效於 7400 TTL IC，其性能優於 CMOS 與大部分雙極性邏輯家族。CMOS IC 的 FACT 系列在普通頻率下的功率消耗仍然算低（在 1 MHz 為 0.1 mW／閘），雖然仍會隨著頻率升高而增加（在 40 MHz 為 > 50 mW）。它有傑出的雜訊容限，其「Q」元件擁有抑制雜訊電路的專利，「T」元件擁有 TTL 電壓準位的輸入。從圖 5-8(b) 可看出 FACT 傳遞延遲相當優秀，靜電保護效果亦佳，對輻射干擾有不錯的容忍度，適合應用於太空、醫療與軍事用途。圖 5-6(b) 顯示 FACT 系列有很大的輸出驅動能力。

非常精實的數位元件可使用低電壓電源 V_{CC} = 3.3 V、V_{CC} = 2.5 V 或 V_{CC} = 1.8 V。CMOS IC 74ALVC00 系列可派上用場，因為它功率消耗低、容許 3.6 V 輸入與輸出、可與 TTL 直接介面、有靜電保護、與速度很快（延遲時間低，大約 2 ns 至 3 ns）。

自我測驗

請填入下列空格。

19. 大型積體電路 (LSI) 與超大型積體電路 (VLSI) 廣泛使用_____（雙極，MOS）製程技術。
20. CMOS 的四個字母是表示_____。
21. 使用 CMOS 最重大的優點是_____。
22. V_{SS} 在 CMOS 電路是連接至電源電壓的_____（正極，GND）。
23. V_{DD} 在 CMOS 電路是連接至電源電壓的_____（正極，GND）。
24. CMOS IC _____（FACT，4000）系列是設計上非常好的選擇，具有低功耗特性、好的雜訊容限、優秀的驅動能力與不錯的速度。
25. 74FCT00 與 7400 的 4 組兩輸入 NAND 閘 IC 具有相同的邏輯功能與接腳。（是非題）
26. 製造 74ALVC00 系列 IC 時，是使用_____（CMOS，TTL）製程技術。
27. CMOS IC 較舊型系列（如 4000 系列）是_____（不，非常）敏感於靜電。
28. CMOS IC 較舊型系列（如 4000 系列）具有低功率消耗特點，但具有較大的傳遞延遲時間。（是非題）

5-4 使用開關作 TTL 與 CMOS 介面

在數位系統中鍵入資訊最常用的方法之一為使用開關或鍵盤，例如數位時鐘的開關、計算機按鍵或微電腦的鍵盤。本節將詳細介紹幾種使用開關鍵入資料於 TTL 或 CMOS 數位電路的方法。

圖 5-11 為三種簡易的開關介面電路。壓下圖 5-11(a) 之按鈕開關，將使 TTL 反相器輸入端接至 GND 或 LOW；鬆開按鈕開關則會打開開關。現在 TTL 反相器輸入可以「浮接」(float)。在 TTL 家族，輸入端通常浮接在 HIGH 邏輯準位。

TTL 的浮接輸入端彼此無相依性。圖 5-11(b) 是將圖 5-11(a) 稍微修改。10 kΩ 電阻加入後，使得開關在開路時，TTL 反相器輸入端為 HIGH。此 10 kΩ 電阻被稱為**拉升電阻 (pull-up resistor)**，目的是當輸入開關開路時拉升 TTL 輸入電壓至 +5 V。圖 5-11(a) 與 (b) 均為主動 LOW 開關，因為只當開關啟動時，輸入為 LOW。

圖 5-11(c) 為主動 HIGH 輸入開關。當輸入開關啟動時，+5 V 直接連接於 TTL 反相器輸入端；當開關是開路時，輸入端藉由**拉低電阻 (pull-down resistor)** 拉至 LOW。拉低電阻值相對較低，因為標準 TTL 閘輸入電流可高達 1.6 mA，如圖 5-6(b) 所示。

圖 5-12 為開關至 CMOS 介面電路。圖 5-12(a) 有一主動 LOW 輸入開關；當輸入開關是開路時，100 kΩ 拉升電阻將電壓拉升至 +5 V。圖 5-12(b) 有一主動 HIGH 開關接至 CMOS 反相器；當輸入開關是開路時，100 kΩ 拉低電阻確保 CMOS 反相器輸入近似 GND。拉升電阻值與拉低電阻值遠大於 TTL 介面電路的電阻值，因為 TTL 的負載電流遠大於 CMOS。圖 5-12 的 CMOS 反相器可以是 4000、74C00、74HC00 或 FACT 系列的 CMOS IC。

開關彈跳消除

圖 5-11 與圖 5-12 的開關介面電路在某些應用可運作正常，但兩者開關均無**彈跳消除 (debounce)** 功能。圖 5-13(a) 說明缺少彈跳消除功能將如何影響電

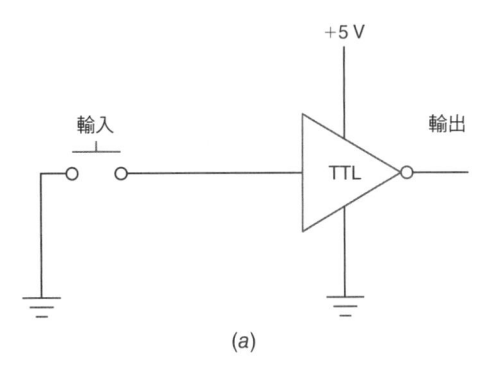

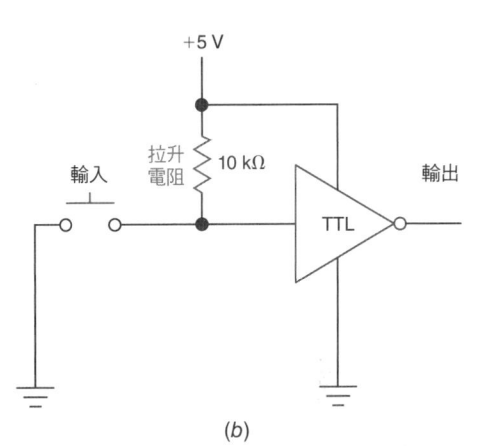

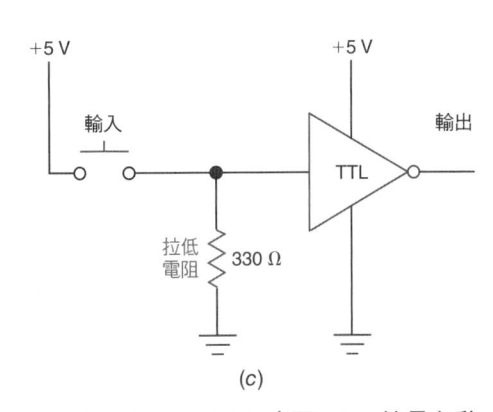

圖 5-11 開關至 TTL 介面。(a) 簡易主動 LOW 開關介面。(b) 使用拉升電阻之主動 LOW 開關介面。(c) 使用拉低電阻之主動 HIGH 開關介面。

路運作。圖內開關每次壓一下均會引起 (0-9) 計數器增加 1，但在實際操作上，每壓一次開關計數器就被增加 1、2、3 或更多次，這意味著在每壓一次開關時，產生好幾個脈波送至時脈 CLK 輸入，這是由於開關彈跳所引起。

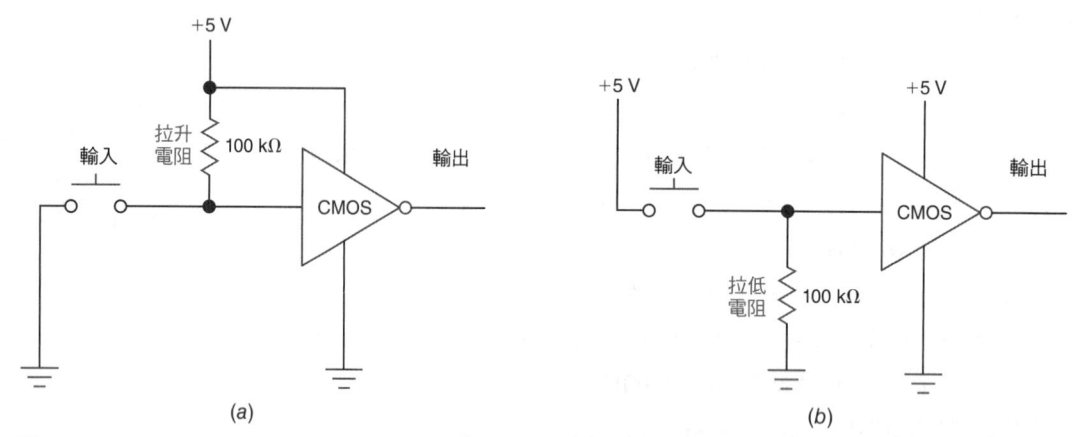

圖 5-12　開關至 CMOS 介面。(a) 使用拉升電阻之主動 LOW 開關介面。(b) 使用拉低電阻之主動 HIGH 開關介面。

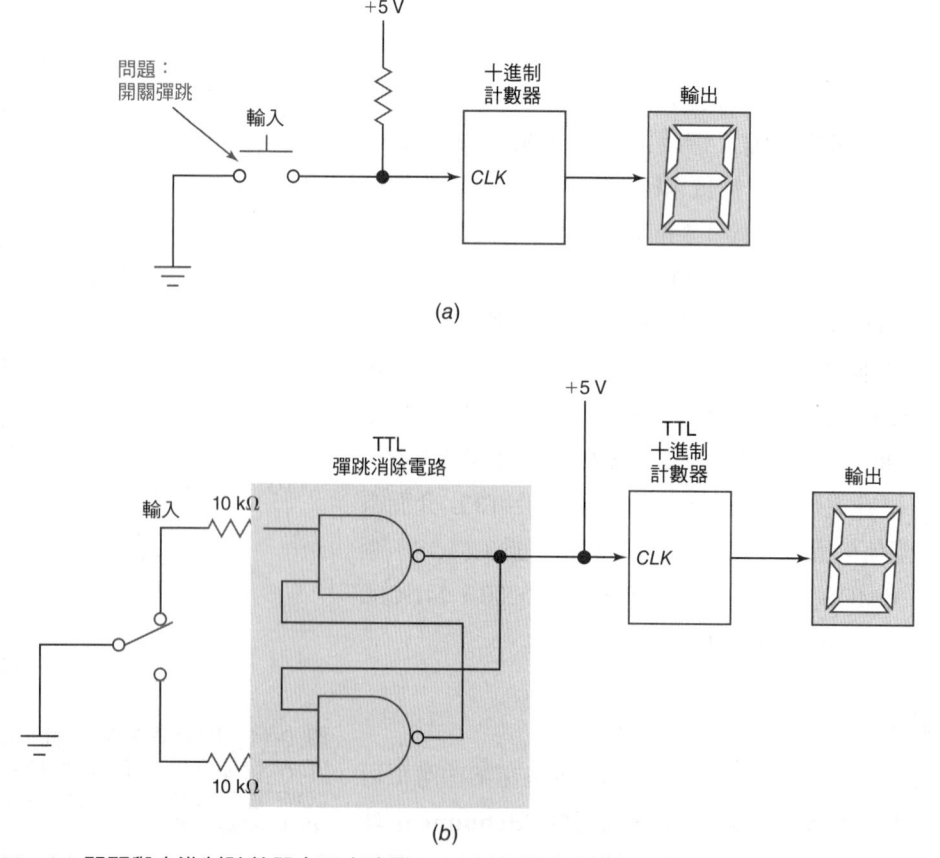

圖 5-13　(a) 開關與十進制計數器介面方塊圖。(b) 加入彈跳消除電路使計數器功能正常。

圖 5-13(b) 為加入**開關彈跳消除電路 (switch debouncing circuit)**，計數器將計數輸入開關每次 HIGH—LOW 的週期。交互耦合的 NAND 閘有時稱為 **RS 正反器 (flip-flop)** 或**門鎖 (latch)**，後續章節將會討論正反器。

圖 5-14 列出其他幾種彈跳消除電路。圖 5-14(a) 的簡易彈跳消除電路只適用於較慢速 4000 系列 CMOS IC。40106 CMOS IC 是一特殊反相器，為**史密特觸發反相器**

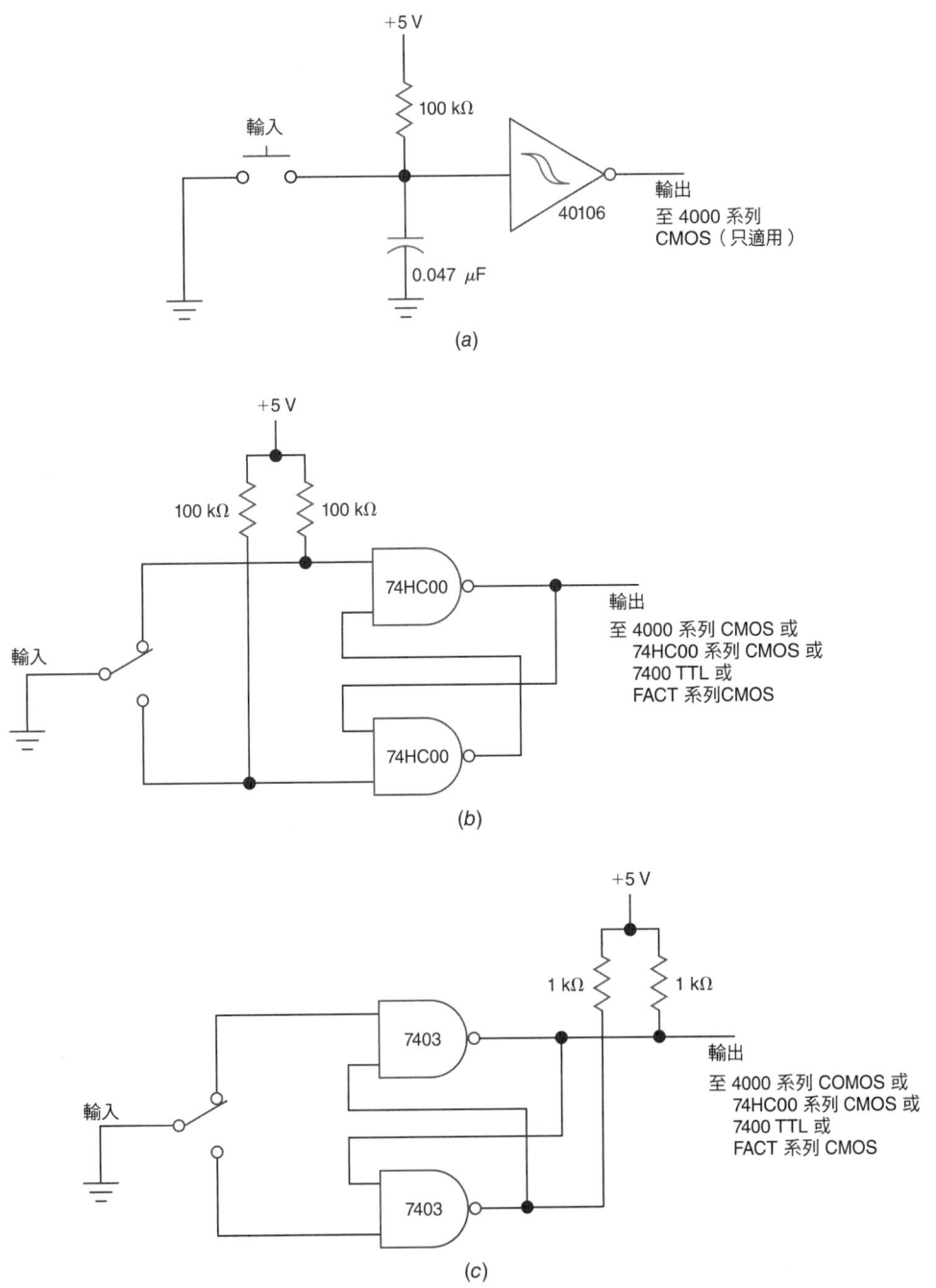

圖 5-14 開關彈跳消除電路。(a) 4000 系列開關彈跳消除電路。(b) 通用型開關彈跳消除電路可驅動 CMOS 與 TTL 輸入。(c) 另一通用型開關彈跳消除電路能驅動 CMOS 或 TTL 輸入。

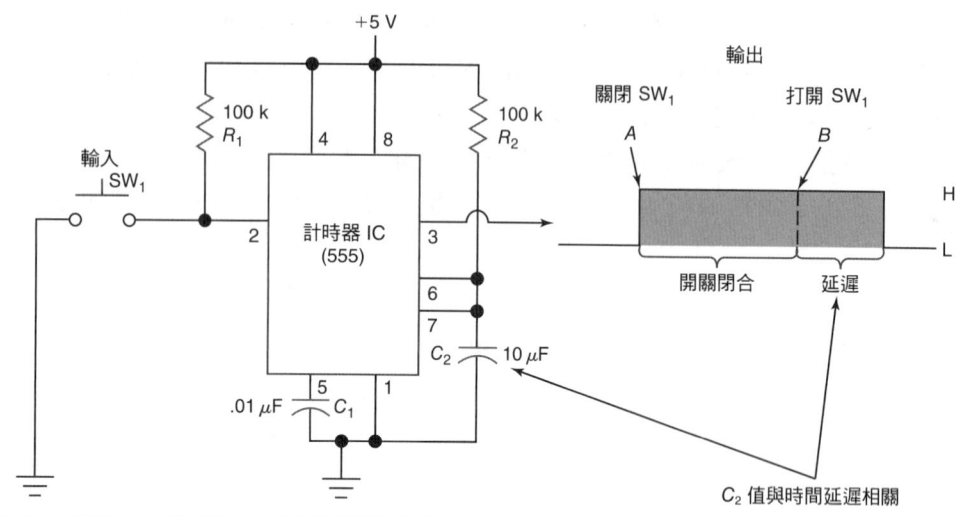

圖 5-15 使用 555 計時器 IC 之開關彈跳消除電路。

(Schmitt trigger inverter)，當訊號改變至 HIGH 或 LOW 時，具有「快速的動作」(snap action)，也能將一個上升很慢的訊號（例如正弦波）轉換成一方波。

圖 5-14(b) 的彈跳消除電路可驅動 4000、74HC00、FACT 系列 CMOS 或 TTL IC。圖 5-14(c) 是一個一般用途的開關彈跳消除電路，能驅動 CMOS 或 TTL 輸入。7403 是**開路集極 (open-collector)** NAND TTL IC，需一拉升電阻如圖 5-14(c)。這個外部拉升電阻將使得在 HIGH 時輸出電壓剛好為 +5 V。當利用 TTL 驅動 CMOS IC 時，開路集極 TTL 閘搭配外部電阻是有用的技巧。

圖 5-15 利用多用途 555 計時器 IC 來實現開關彈跳消除電路。當按鈕開關 SW_1 是關閉（輸出波形的 A 點）時，輸出從 LOW 變成 HIGH。稍後開關 SW_1 開路（輸出波形的 B 點）時，555 IC 輸出仍維持一段時間在 HIGH。在延遲時間後（約 1 秒鐘），電路輸出將由 HIGH 變成 LOW。

這個延遲時間能夠調整以適應彈跳消除功能需求。調整時間延遲的方法之一為改變 C_2 的電容值；減少 C_2 的值將減少延遲時間，增加 C_2 的值將增加延遲時間。

自我測驗

請填入下列空格。

29. 參考圖 5-11(a)，當開關是壓著（關閉），此時 TTL 反相器輸入是_____（HIGH，LOW）；但當開關是開路時，輸入是_____（浮接 HIGH，輸出 LOW）。
30. 參考圖 5-11(b)，當開關是開路時，10 kΩ 電阻確保 TTL 反相器輸入端為 HIGH，此 10 kΩ 電阻被稱為_____（濾波，拉升）電阻。
31. 參考圖 5-13(b)，交互耦合 NAND 閘功能為彈跳消除電路，有時稱為_____或閂鎖。
32. 參考圖 5-11(c)，壓下開關引起反相器輸入端變_____（HIGH，LOW），輸出端變_____（HIGH，LOW）。
33. 參考圖 5-12，反相器與相關電阻形成開關彈跳消除電路。（是非題）

34. 參考圖 5-13(a)，這個十進制計數器電路缺少什麼電路？
35. 參考圖 5-14(c)，7403 是 TTL 反相器，具有一個_____輸出。
    a. 開路集極
    b. 圖騰極
    c. 三態
36. 參考圖 5-15，壓下（關閉）輸入開關 SW₁ 將引起 555 IC 輸出電壓的變化，從_____（HIGH 至 LOW，LOW 至 HIGH）。
37. 參考圖 5-15，鬆開（開路）輸入開關 SW₁（看輸出波形的 B 點）將引起 555 IC 輸出_____。
    a. 立即從 HIGH 轉換至 LOW
    b. 延遲約 1 ms 後，才從 LOW 轉換至 HIGH
    c. 延遲約 1 s 後，才從 HIGH 轉換至 LOW
38. 參考圖 5-15，若要減少 555 計時器 IC 輸出的延遲時間，可藉由調整_____（減少，增加）C_2 的電容值。

5-5 LED 與 TTL 及 CMOS 的介面

在許多數位 IC 實驗中均需要輸出指示燈。由於 LED（light-emitting diode，發光二極體）可操作在低電流與低電壓，因此很適合此應用。電壓為 2 V 時，LED 最大電流約 20 mA 至 30 mA。在 1.7 V 至 1.8 V 且 2 mA 的環境，LED 可稍微點亮。

CMOS 對 LED 介面

4000 系列 CMOS 與 LED 燈的介面很簡單。圖 5-16(a) 到 (f) 列出六個 CMOS IC 驅動的 LED。圖 5-16(a) 與 (b) 顯示 CMOS 電壓為 +5 V。在此低電壓下，不需串聯限流電阻與 LED。在圖 5-16(a)，CMOS 反相器輸出 HIGH，LED 亮；圖 5-16(b) 是相反的運作，CMOS 輸出 LOW，LED 亮。

圖 5-16(c) 與 (d) 顯示 4000 系列 CMOS IC 操作在較高電源電壓（+10 V 至 +15 V）。因為電壓較高，所以一個 1 kΩ 限流電阻串連在 LED 端。圖 5-16(c) 的 CMOS 反相器輸出 HIGH，LED 亮；在圖 5-16(d)，CMOS IC 輸出 LOW，LED 才點亮。

圖 5-16(e) 與 (f) 為 CMOS 緩衝器驅動 LED 指示器，電壓從 +5 V 至 +15 V。圖 5-16(e) 為一反相緩衝器（如 4049 IC），圖 5-16(f) 為非反相緩衝器（如 4050 IC）。在這兩個例子，1 kΩ 電阻必須與 LED 串聯。

TTL 對 LED 介面

標準 TTL 閘有時會用來直接驅動 LED，如圖 5-16(g) 與 (h)。圖 5-16(g) 的反相器輸出 HIGH，電流經 LED 導致點亮；在圖 5-16(h)，只有當 7404 反相器輸出 LOW，LED 才點亮。圖 5-16 的所有電路並不建議使用於重要的用途，因為輸出電流可能會超過 IC 輸出電流額定，但可使用於簡易的指示燈用途。

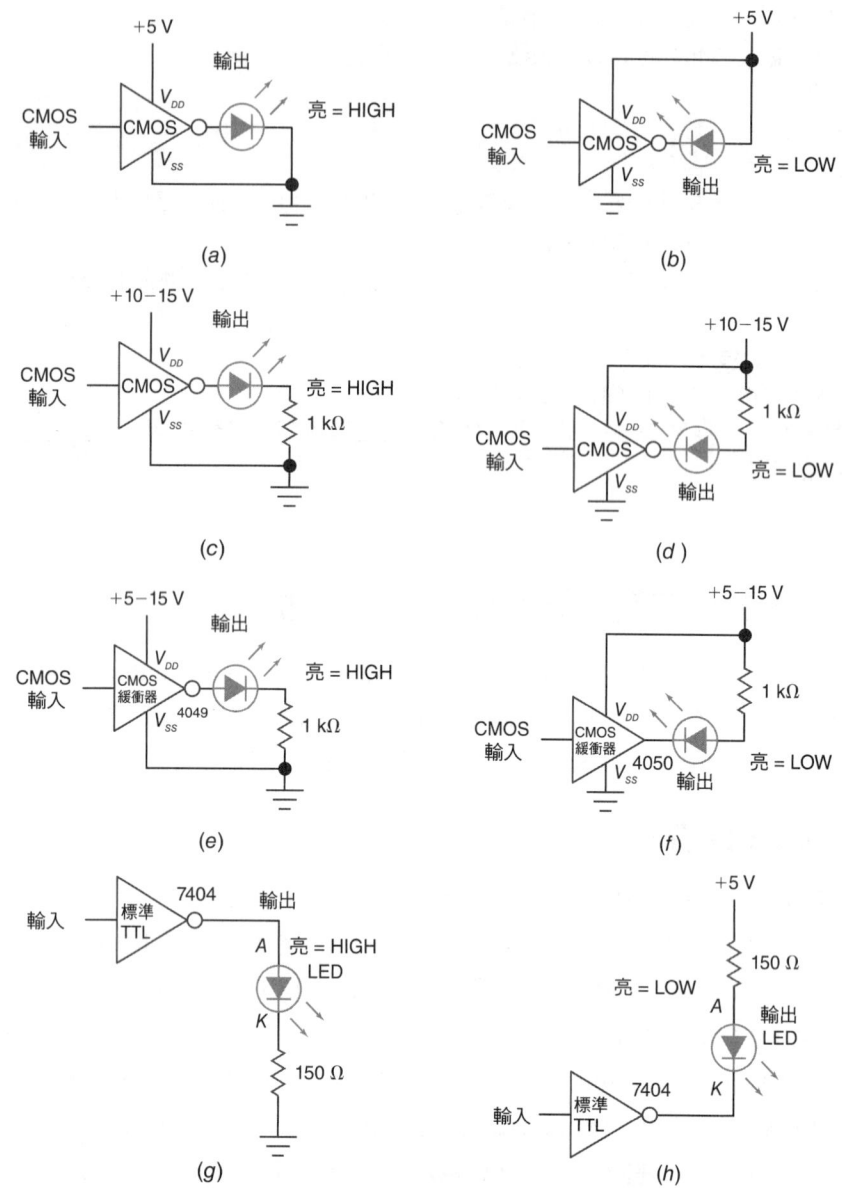

圖 5-16 CMOS 與 TTL 對 LED 介面。(a) CMOS 主動 HIGH。(b) CMOS 主動 LOW。(c) CMOS 主動 HIGH，電源電壓 = 10 V 至 15 V。(d) CMOS 主動 LOW，電源電壓 = 10 V 至 15 V。(e) CMOS 反相緩衝器至驅動 LED。(f) CMOS 非反相緩衝器至驅動 LED。(g) TTL 主動 HIGH。(h) TTL 主動 LOW。

電流源與電流導入

在閱讀技術文獻或聽到技術人員討論時，你應曾聽到**電流源 (current sourcing)** 或**電流導入 (current sinking)** 等名詞。這些觀念可用圖 5-17 的 TTL 驅動 LED 電路來作說明。

在圖 5-17(a)，TTL AND 閘輸出 HIGH 點亮 LED。在此例，IC 可視為是電流的源頭

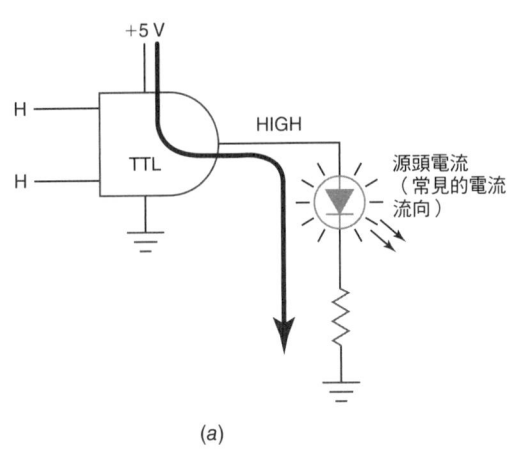

圖 5-17 (a) 電流源。(b) 電流導入。

（傳統電流從 + 流至 −）。如圖 5-17(a) 所示，**源頭電流 (sourcing current)** 看似從源頭（IC 輸出端）出發，經由外部電路 LED 與限流電阻，然後至地。

在圖 5-17(b)，TTL NAND 閘輸出 LOW 點亮 LED。在此例，IC 可視為是被導入電流。這個**導入電流 (sinking current)** 繪於圖 5-17(b)。導入電流從 +5 V 開始，流入外部電路（限流電阻與 LED），最後流入 NAND IC 的接腳輸出端至地。

改良的 LED 輸出指示燈

圖 5-18 為三個改良的 LED 指示燈設計，其中每一個電路都使用電晶體驅動，也能和 TTL 或 CMOS 一起使用。在圖 5-18(a)，當反相器輸出 HIGH，LED 點亮；在圖 5-18(b)，當反相器輸出 LOW，LED 點亮。注意在圖 5-18(b) 是使用 PNP 電晶體取代圖 5-18(a) 的 NPN 電晶體。

圖 5-18(c) 的電路是將圖 5-18(a) 與圖 5-18(b) 組合而成。當反相器輸出 HIGH 時，紅燈 (LED_1) 點亮，此時 LED_2 是暗的；當反相器輸出 LOW 時，電晶體 Q_1 為 OFF、Q_2 為 ON，導致綠燈 (LED_2) 亮。

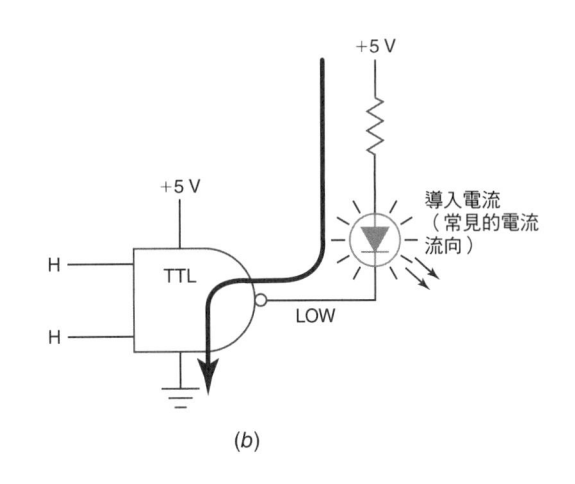

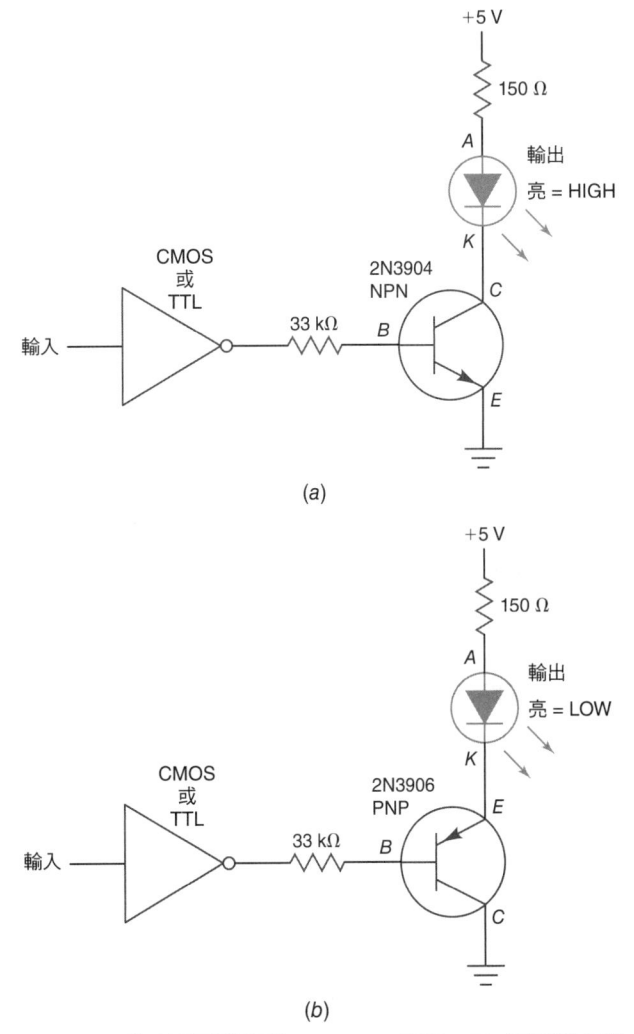

圖 5-18 使用電晶體驅動 LED。(a) 使用 NPN 電晶體主動 HIGH 輸出。(b) 使用 PNP 電晶體主動 LOW 輸出（簡單型邏輯探棒）。

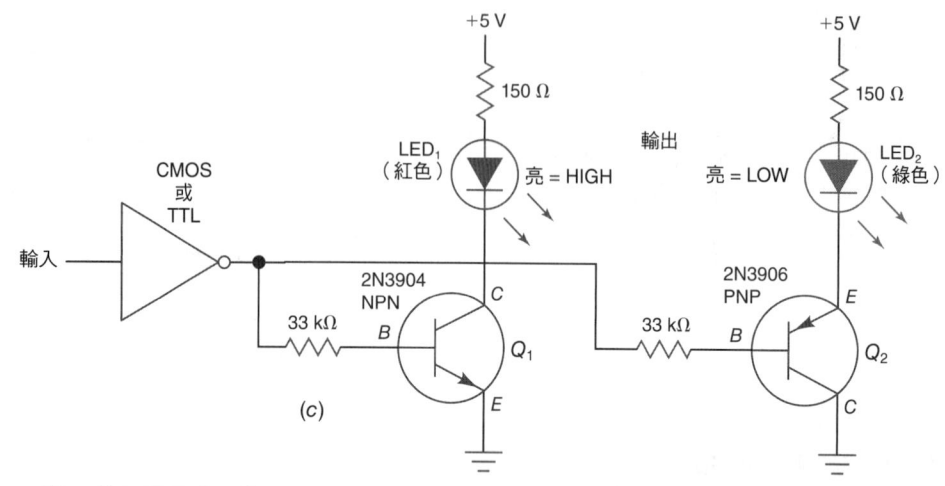

圖 5-18 (續)　使用電晶體驅動 LED。(c) HIGH-LOW 指示器電路（簡單型邏輯探棒）。

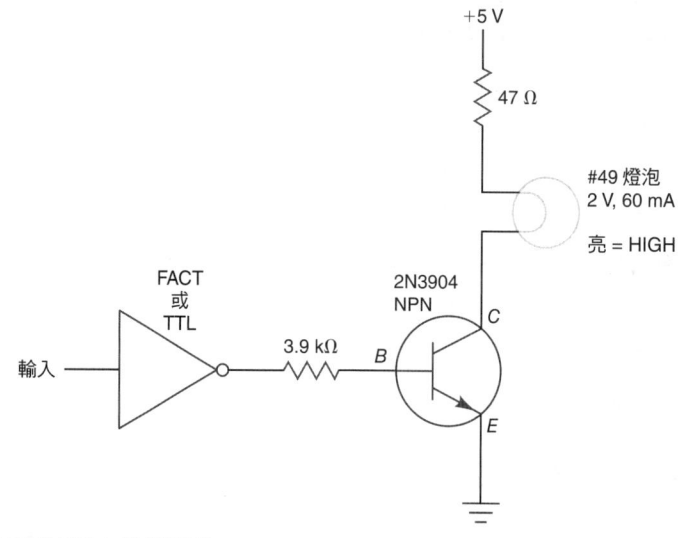

圖 5-19　使用電晶體驅動白熾燈電路。

圖 5-18(c) 電路是非常基本的邏輯探棒電路，其精確性低於大部分其他邏輯探棒的電路。

圖 5-19 為使用白熾燈的指示電路。當反相器輸出 HIGH，電晶體導通與燈泡點亮。當反相器輸出 LOW，燈泡不會亮。

自我測驗

請填入下列空格。
39. 參考圖 5-16(a)-(f)，這些電路使用_____（4000，FAST）系列 CMOS IC 來驅動 LED。
40. 參考圖 5-16(h)，當反相器輸出為 HIGH 時，LED_____（暗，亮）。
41. 參考圖 5-18(a)，當反相器輸出為 LOW 時，電晶體_____（關閉，導通）且 LED

_____（不亮，亮）。

42. 參考圖 5-18(c)，當反相器輸出為 HIGH 時，電晶體_____（Q_1, Q_2）導通且_____（綠色，紅色）LED 亮。

43. 參考圖 5-20，TTL 解碼器 IC 具有_____（主動 HIGH，主動 LOW）輸出。

44. 參考圖 5-20，當它點亮 LED 的 a 區段時，TTL 解碼器 IC 可說是_____（源頭電流，導入電流）。

45. 參考圖 5-20，顯示器 LED 的 d 區段時未被點亮，是因為這個 IC 的輸出 d 邏輯準位為_____（HIGH，LOW）。

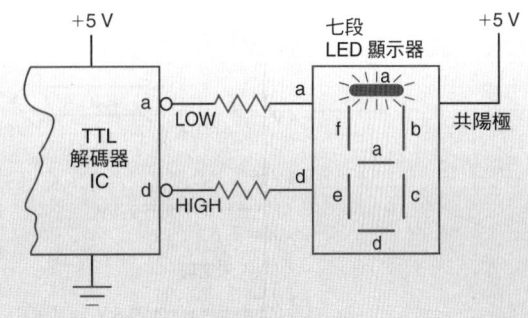

圖 5-20　TTL 解碼器 IC 驅動共陽極七段 LED 顯示器。

5-6　TTL 與 CMOS IC 之介面

CMOS 與 TTL 的邏輯準位（電壓）定義不同，圖 5-21(a) 說明不同處。因為兩者電壓準位不同，CMOS 與 TTL IC 通常不能直接接在一起，而且兩者的電流需求也不同。

圖 5-21(a) 為電壓與電流圖，從圖上資料可知，標準 TTL 輸出驅動電流足夠驅動 CMOS 輸入，但兩者電壓規格不對等。TTL 的 LOW 輸出相容於 CMOS 輸入，因為 CMOS IC 的 LOW 輸入範圍較寬，但 TTL IC HIGH（2.4 V 至 3.5 V）不能吻合 CMOS IC HIGH 的範圍。此種不相容將引起問題。這些問題能藉由使用位於兩邏輯閘間的**拉升電阻 (pull-up resistor)**，將標準 TTL 輸出提升至 +5 V。圖 5-21(b) 為 TTL 驅動 CMOS 閘的完整電路介面，1 kΩ 是拉升電阻。此電路可驅動 4000 系列、74HC00 或 FACT 系列 CMOS IC。

圖 5-22 顯示 TTL 至 CMOS 介面與 CMOS 至 TTL 介面的其他幾種例子，都是使用一般 5 V 電源電壓。圖 5-22(a) 為常用的 LS-TTL 閘驅動任意形式 CMOS 閘，2.2 kΩ 是拉升電阻，使得 TTL HIGH 近於 +5 V 能相容於 CMOS IC 輸入電壓特性。

在圖 5-22(b)，任何系列的 CMOS 反相器可直接驅動 LS-TTL 反相器。對稱型式之 CMOS IC 能驅動 LS-TTL 與 ALS-TTL（advanced low-power Schottky，進階低功率蕭特基）輸入。當沒有特殊介面，大部分 CMOS IC 不能驅動標準 TTL 輸入。

為了讓介面容易，製造商設計出一些特殊緩衝器與介面晶片供電路設計者使用。圖 5-22(c) 為使用 4050 非反相器的例子。4050 緩衝器允許 CMOS 反相器有足夠驅動電流能驅動兩個標準 TTL 輸入。

TTL（或 NMOS）至 CMOS 的電壓不相容問題可藉由圖 5-21 的拉升電阻解決。圖 5-22(d) 為另一解決方法。CMOS 74HCT00 系列 IC 專作為 TTL 與 CMOS 的簡便介面，使用如圖 5-22(d) 中的 74HCT34 非反相 IC。

74HCT00 系列 CMOS IC 常被廣泛使用於 NMOS 與 CMOS 介面。NMOS 輸出特性

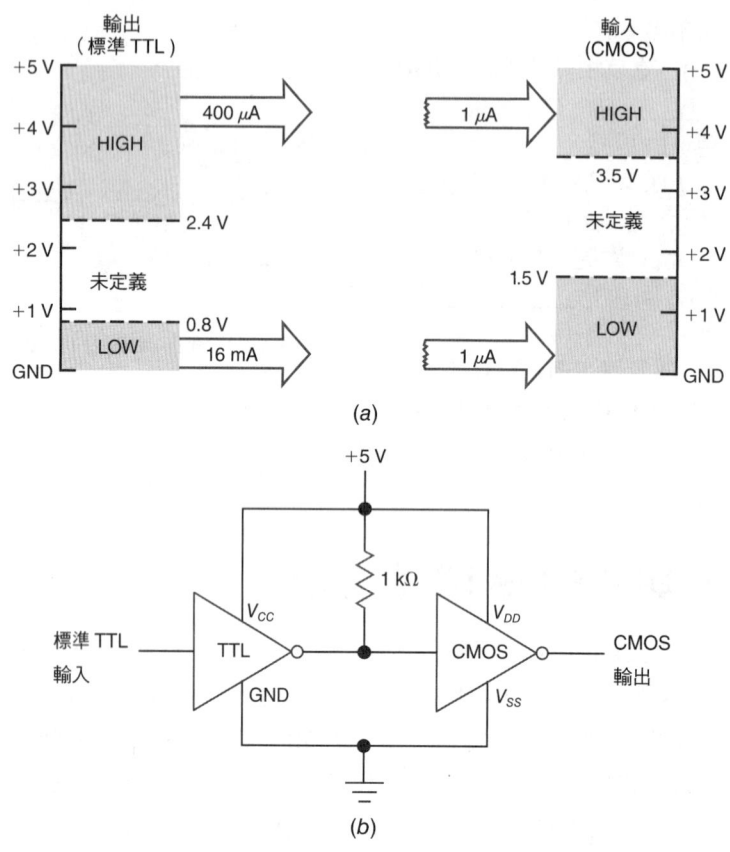

圖 5-21 TTL 至 CMOS 介面。(a) TTL 輸出與 CMOS 輸入相容特性圖。(b) 使用拉升電阻之 TTL 至 CMOS 介面。

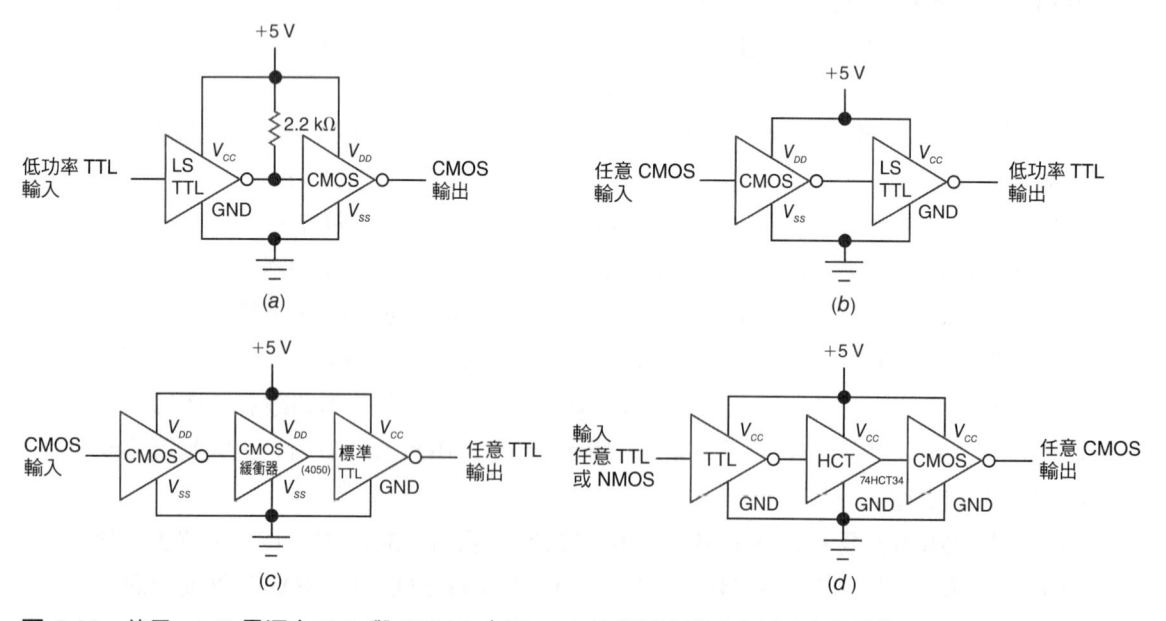

圖 5-22 使用 +5 V 電源之 TTL 與 CMOS 介面。(a) 使用拉升電阻之低功率蕭特基 TTL 至 CMOS 介面。(b) CMOS 至低功率蕭特基 TTL 介面。(c) 使用 CMOS 緩衝器 IC 之 CMOS 至標準 TTL 介面。(d) 使用 74HCT00 系列 IC 之 TTL 至 CMOS 介面。

與 LS-TTL 幾乎相同。

較新式的 FACT 系列 CMOS IC 具有優良輸出驅動能力。FACT 系列晶片能直接驅動 TTL、CMOS、NMOS 或 PMOS IC，如圖 5-23(a) 所示。TTL 的輸出電壓特性不能匹配 74HC00、74AC00、74ACQ00 系列 CMOS IC 的輸入電壓特性。因此，圖 5-23(b) 使用拉升電阻確保 TTL 閘的 HIGH 輸出電壓能提升至近 +5 V。製造商亦生產具有與 TTL IC 相同之輸入電壓特性的 T 型 CMOS 閘。TTL 閘能直接驅動任何 74HCT00、74ACT00、74FCT00、74FCTA00 或 74ACTQ00 系列的 CMOS IC，如圖 5-23(c) 所示。

當 TTL 與 CMOS 具有不同電壓時，TTL 驅動 CMOS 需額外元件。圖 5-24 為 TTL 至 CMOS 與 CMOS 至 TTL 介面的三個例子。圖 5-24(a) 為 TTL 反相器驅動一個一般用途的 NPN 電晶體。此電晶體與相關電阻轉換 TTL 較低的輸出電壓至 CMOS 反相器所需的較高電壓。此 CMOS 的輸出電壓擺幅約 0 至近 +10 V。圖 5-24(b) 為一開路集極 TTL 緩衝器與 10 kΩ 拉升電阻作為轉換低的 TTL 電壓至較高的 CMOS 電壓。7406 與 7416 TTL IC 是反相功能、開路集極 (open

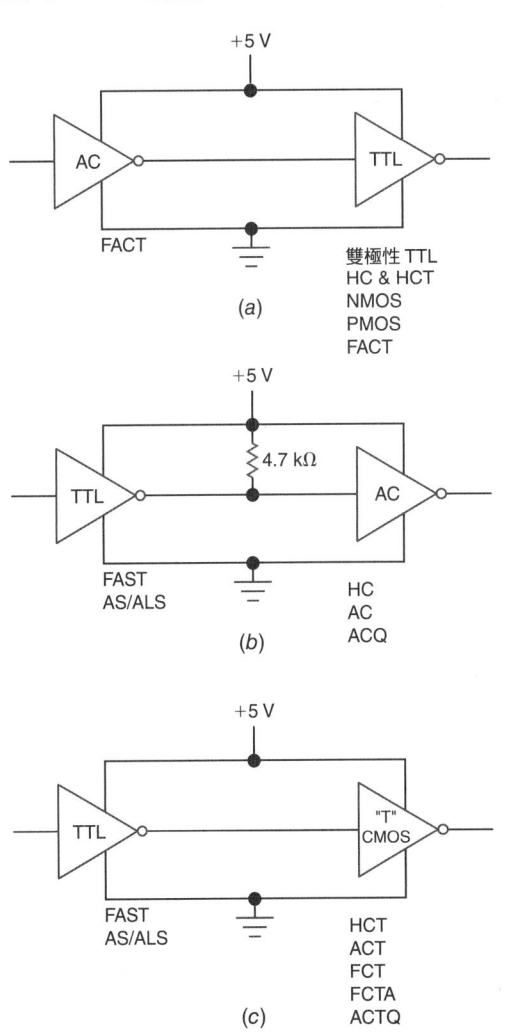

圖 5-23 FACT 對其他家族介面。(a) FACT 驅動其他 TTL 與 CMOS 家族。(b) 使用拉升電阻的 TTL 至 FACT 介面。(c) TTL 至「T」CMOS IC。

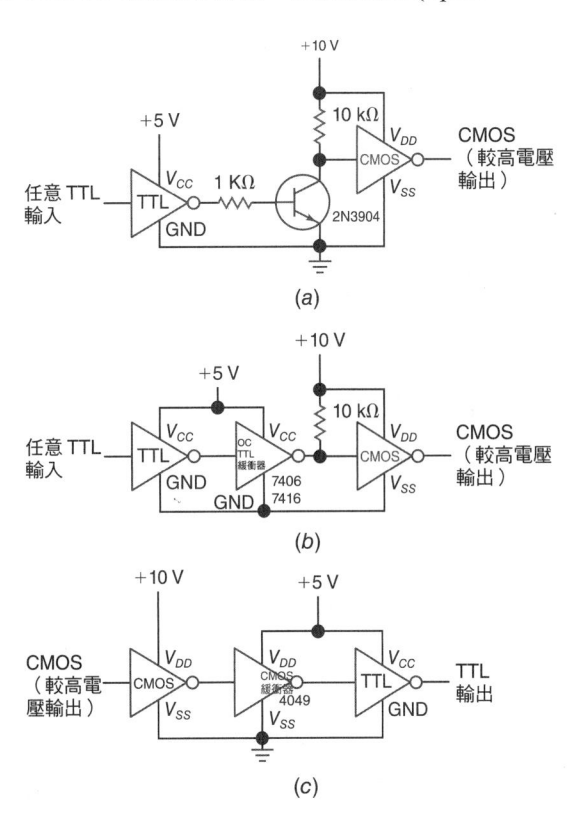

圖 5-24 使用不同電源電壓之 TTL 與 CMOS 介面。(a) 使用驅動電晶體之 TTL 至 CMOS 介面。(b) 使用開路集極 TTL 緩衝器 IC 之 TTL 至 CMOS 介面。(c) 使用 CMOS 緩衝器 IC 之 CMOS 至 TTL 介面。

collector, OC) 緩衝器。

圖 5-24(c) 為較高電壓 CMOS 反相器與較低電壓 TTL 反相器的介面電路。4049 **CMOS 緩衝器 (CMOS buffer)** 介於較高電壓 CMOS 與較低電壓 TTL IC 之間。注意，此 CMOS 緩衝器是較低電壓 (+5 V) 所供應的電源，如圖 5-24(c) 所示。

查閱如圖 5-21(a) 的電壓與電流特性圖是學習如何設計介面電路的好的開始，製造商的資料手冊亦非常有用。不同邏輯家族間之介面電路設計會用到數種技巧，包含拉升電阻與特殊用途介面 IC，有時也不需要額外元件。

自我測驗

請填入下列空格。

46. 參考圖 5-21(a)，由於 TTL 輸出與 CMOS 輸入的特性，這些邏輯元件_____（是，不是）電壓相容。
47. 參考圖 5-22(a)，在此電路，2.2 kΩ 電阻被稱為_____電阻。
48. 參考圖 5-22(c)，4050 緩衝器是一特殊介面 IC，用以解決邏輯家族間的_____（電流驅動，電壓）不相容問題。
49. 參考圖 5-24(a)，_____（NMOS IC，電晶體）將 TTL 邏輯準位轉換為較高電壓的 CMOS 邏輯準位。

5-7 警報器、繼電器、馬達與線圈之介面

許多機電系統的目的為控制簡易輸出設備，如燈、蜂鳴器、繼電器、電動馬達、步進馬達或螺線管等設備。LED 與燈泡的介面電路已討論過，本節將討論其他的介面電路。

蜂鳴器介面

壓電蜂鳴器 (piezo buzzer) 是一個較新型訊號設備，比舊型蜂鳴器或警鈴汲取較少的電流。圖 5-25 為使用數位邏輯元件驅動壓電蜂鳴器的介面電路，圖中顯示利用標準 TTL 或 FACT CMOS 反相器直接推壓電蜂鳴器。標準 TTL 輸出能承受 16 mA，FACT 輸出有 24 mA 驅動能力。壓電蜂鳴器運作發出聲音時大約需 3 mA 至 5 mA。請注意此壓電蜂鳴器有極性標示，有二極體跨接蜂鳴器以抑制蜂鳴器運作時所產生的暫態電壓變化。

大部分邏輯家族沒有足夠輸出電流能力直接驅動蜂鳴器。圖 5-25(b) 使用電晶體加在反相器輸出端以驅動蜂鳴器。反相器輸出 HIGH，電晶體為 ON 及蜂鳴器響聲；當反相器輸出 LOW，電晶體為 OFF，蜂鳴器也 OFF，二極體再次保護電路抑制暫態電壓。圖 5-25(b) 電路可適用於 TTL 與 CMOS。

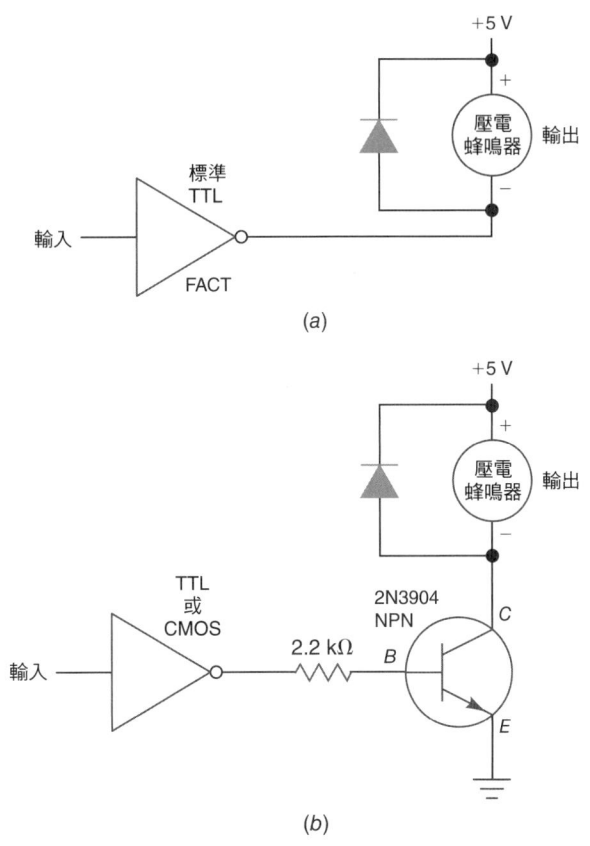

圖 5-25 邏輯元件至蜂鳴器的介面電路。(a) 標準 TTL 或 FACT CMOS 反相器驅動壓電蜂鳴器。(b) 使用電晶體作為 TTL 或 CMOS 與蜂鳴器的介面。

繼電器介面

繼電器 (relay) 是隔離邏輯元件與高壓環境的一個絕佳方式，圖 5-26 為 TTL 或 CMOS 反相器與繼電器介面。當反相器輸出 HIGH，電晶體為 ON，且繼電器啟動。當繼電器啟動時，正常開接點 (normal open, NO) 接觸關閉；當反相器輸出 LOW，電晶體不導通及繼電器失能，彈簧臂向上與正常關接點 (normal closed, NC) 接合。**箝位二極體 (clamp diode)** 跨於繼電器線圈抑制電壓突波。

圖 5-27(a) 使用繼電器隔離電動馬達與邏輯元件。注意，邏輯電路與 dc 馬達有各自的電源。當反相器輸出 HIGH，電晶體為 ON，且繼電器 NO 接觸點閉合，導致 dc 馬達啟動；當反相器輸出 LOW，電晶體停止導通，且繼電器 NC 接點閉合，馬達停止運作。圖 5-27(a) 的電動馬達產生旋轉移動。線圈為一電機元件，可以產生線性移動。圖 5-27(b) 為邏輯閘驅動線圈電路，注意也是分開的電源，運作情況與圖 5-27(a) 相似。

總結而論，大部分蜂鳴器、繼電器、電動馬達與線圈的電壓與電流特性和邏輯電路完全不同。這些電器設備大部分均需特殊介面電路來驅動與隔離邏輯電路。

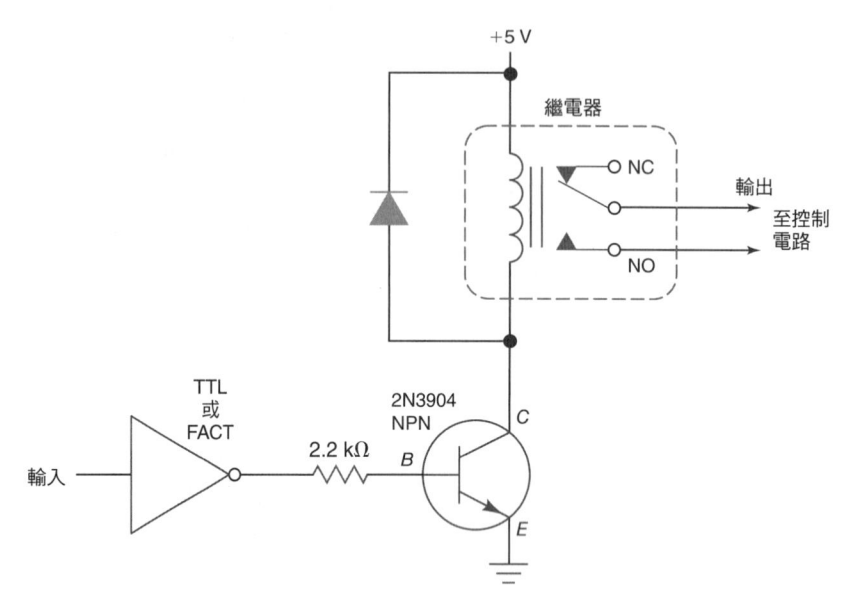

圖 5-26 使用電晶體作為 TTL 或 CMOS 與繼電器介面。

自我測驗

請填入下列空格。

50. 參考圖 5-25(a)，假使壓電蜂鳴器需汲取 6 mA，它＿＿＿＿＿＿＿（可以，不能）利用 4000 系列 CMOS IC 直接直接驅動（參考圖 5-6(b) 的 4000 系列資料）。

51. 參考圖 5-25(b)，當反相器輸入 LOW，電晶體＿＿＿＿＿＿＿（關閉，導通）與蜂鳴器＿＿＿＿＿＿＿（無聲，響聲）。

52. 參考圖 5-26，二極體跨於繼電器線圈的目的是抑制電路感應的＿＿＿＿＿＿＿（聲音，暫態電壓）。

53. 參考圖 5-27(a)，只有在反相器輸出為＿＿＿＿＿＿＿（HIGH，LOW）時，dc 馬達啟動。

54. 假使電氣馬達產生旋轉移動，則線圈產生＿＿＿＿＿＿＿（線性，環形）移動。

55. 圖 5-27 使用繼電器的主要目的是＿＿＿＿＿＿＿（組合，隔離）邏輯元件與較高電壓／電流的馬達或線圈。

56. 參考圖 5-27(a)，反相器輸入 LOW 與輸出 HIGH 時，將＿＿＿＿＿＿＿（導通，關閉）NPN 電晶體。

57. 參考圖 5-27(a)，當電晶體導通，繼電器線圈有電流流過，彈簧臂位置將會＿＿＿＿＿＿＿（從 NC 到 NO，從 NO 到 NC）以啟動馬達電路。

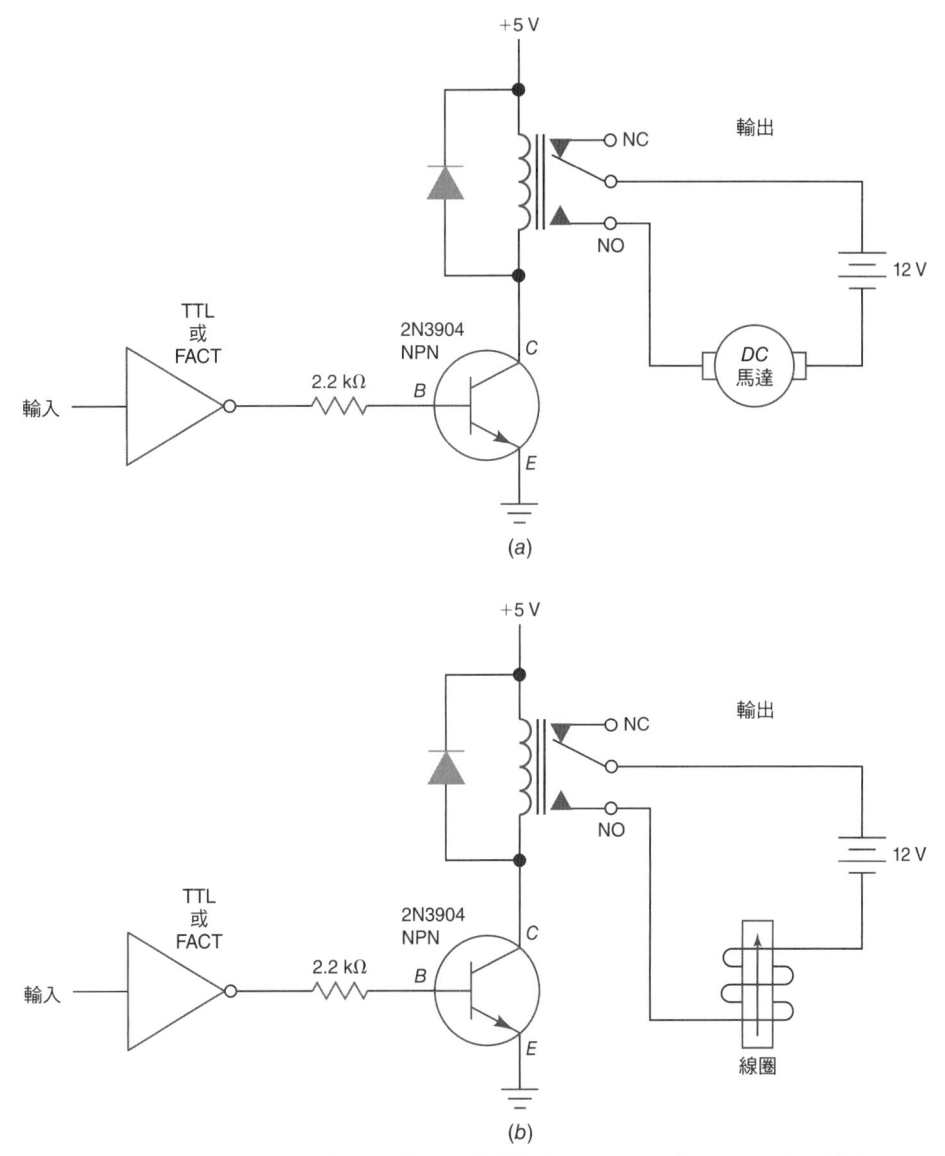

圖 5-27 使用繼電器隔離數位電路與較高電壓／電流電路。(a) TTL 或 CMOS 與馬達介面。(b) TTL 或 CMOS 與線圈介面。

5-8 光隔離器

圖 5-27 的繼電器隔離低電壓數位電路與馬達／線圈等高壓大電流設備。機電式繼電器 (electromechanical relay) 廣泛使用於控制與隔離用途，但它們體積相對較大且較貴。由於線圈啟動開關閉閉合合，機電式繼電器會引起不想要的電壓突波與雜訊。另一個有用的方法為使用**光隔離器 (optoisolator)** 或光耦合器 (optocoupler) 與數位電路介面。一個與其相關的元件為固態繼電器 (solid-state relay)。

圖 5-28 為一經濟型光隔離器。4N25 光隔離器由一個砷化鎵紅外線二極體與一個矽

光電晶體檢測器 (phototransistor detector) 組合而成，被封裝在 6 接腳的 DIP (dual in-line package)。圖 5-28(a) 為接腳圖與其接腳名稱。在輸入端，LED 會被 10 mA 至 30 mA 電流驅動致能。當 LED 致能，光將會驅動光電晶體（導通）；當 LED 無電流流過，這個光電晶體將關閉（射極至集極呈現高阻抗）。

　　一個使用 4N25 光隔離器的簡單測試電路如圖 5-28(b) 所示。TTL 或 FACT 反相器輸出數位訊號直接驅動紅外線二極體。當反相器輸出 LOW，反相器可被導入 10 mA 至 20

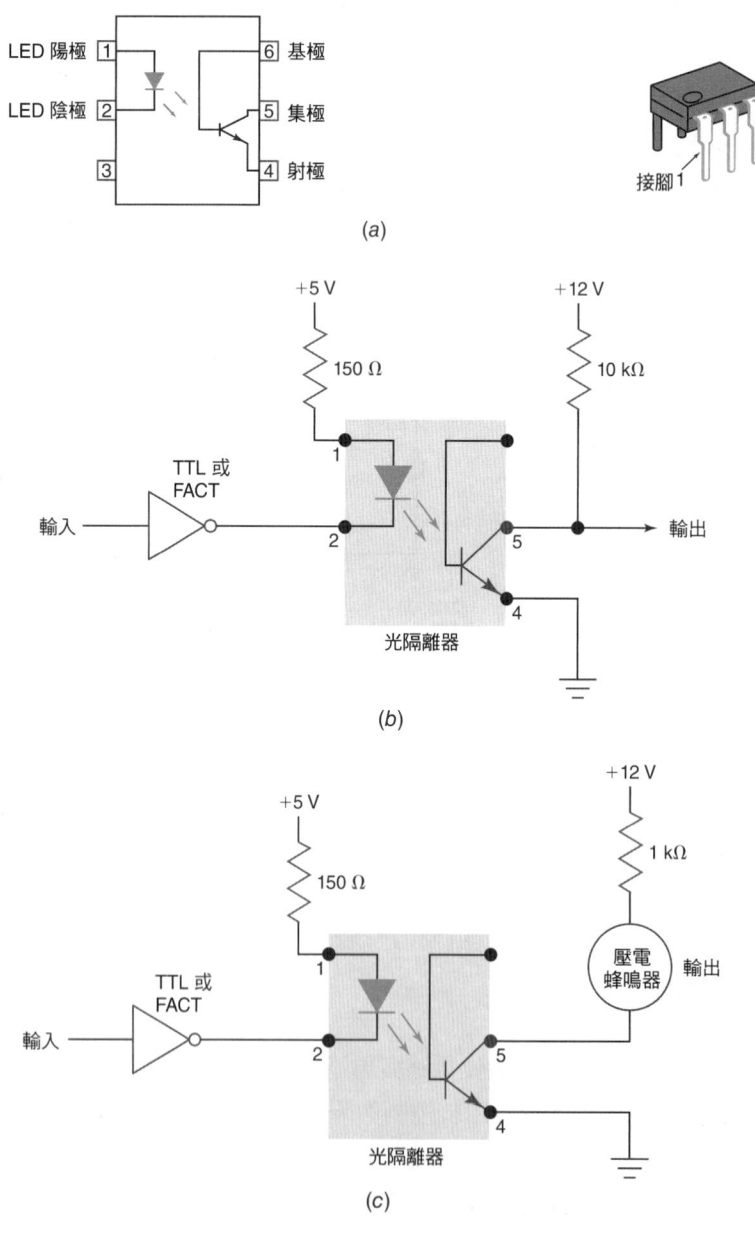

圖 5-28　(a) 4N25 光隔離器接腳圖與 6 接腳 DIP 封裝。(b) 基本光隔離器電路隔離 5 V 與 12 V 電路。(c) 光隔離器驅動壓電蜂鳴器。

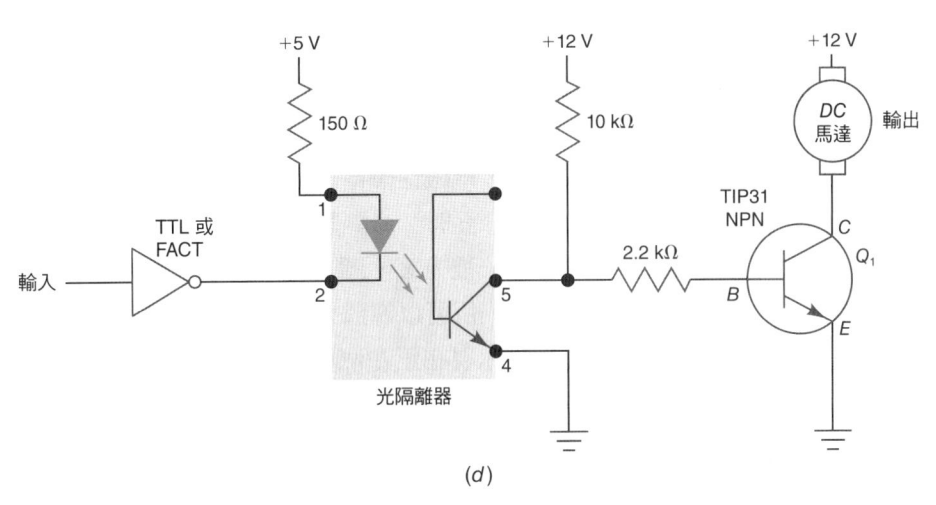

圖 5-28 (續)　(d) 光隔離器隔離低電壓數位電路與較高電壓／電流馬達電路。

mA 的 LED 電流至接地端，使得 LED 被驅動。而當 LED 被驅動，此時紅外線發光（在封裝體內），將光電晶體致能。此時電晶體導通（射極至集極低阻抗），在集極（輸出）電壓接近於 0 V。假如反相器輸出 HIGH，LED 不亮及 NPN 光電晶體關閉（射極至集極高阻抗）。集極輸出被 10 kΩ 的拉升電阻拉至 +12 V (HIGH)。請注意，在此例中，輸入端電源為 +5 V，而輸出端使用分開的電源 +12 V。輸入端與輸出端電路彼此相互隔離。

在圖 5-28(b)，當光隔離器接腳 2 為 LOW，光電晶體集極也為 LOW。此分開的 LOW 電位是隸屬不同電源系統。為了完成低電壓側與高電壓側的隔離，不同電源的地端不能接在一起。

利用光隔離器完成 TTL 電路與壓電蜂鳴器的介面如圖 5-28(c) 所示。此例中的拉升電阻被移除，因為當所使用的 NPN 光電晶體被致能時，將被導入 2 mA 至 4 mA 的電流。反相器（隔離器的接腳 2）輸出 LOW 將 LED 致能，也將致能光電晶體。

欲使用光隔離器控制較重負載，可以在輸出增加一個功率電晶體，如圖 5-28(d) 所示。在此例中，LED 致能將導通光電晶體。光隔離器輸出端（接腳 5）為 LOW，將關閉功率電晶體。功率電晶體之射極至集極電阻為高時，將關閉 dc 馬達。當 TTL 反相器之輸出為 HIGH，LED 為 OFF 與光電晶體為 OFF，接腳 5 將為正電位，這將導通功率電晶體且馬達將會運作。

假如圖 5-28(d) 的功率電晶體（或其他功率元件，例如觸發三極管 (triac)）被封裝在一個獨立的元件內，這整個元件有時被稱為**固態繼電器 (solid-state relay)**。固態繼電器可在市面上買到，用來處理包含交流 (ac) 或直流 (dc) 的各式負載。真正的固態繼電器內的輸出電路可能比圖 5-28(d) 所示複雜許多。

圖 5-29 為固態繼電器幾種封裝的形態。圖 5-29(a) 為適用印刷電路板焊接 (PC-mounted) 較小型封裝的元件。圖 5-29(b) 為較大型螺栓式封裝，有固定的螺絲，並能處

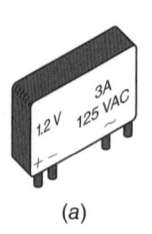

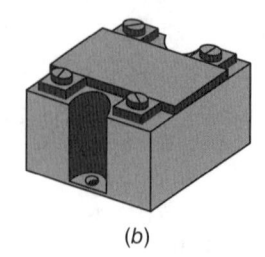

圖 5-29　(a) 固態繼電器──適用印刷電路板焊接較小型封裝。(b) 固態繼電器──重型任務 (heavy-duty) 封裝。

理更大的 ac 電流與電壓。

總結而言，一般會將數位電路隔離於高電壓高電流環境，以避免危險電壓、突波與雜訊干擾。傳統上，電磁性繼電器可作為隔離元件，但在與數位電路介面時，光隔離器與固態繼電器是不貴且有效的另一種方案。圖 5-28(a) 為一標準的光隔離器，包含一個可以導通光電晶體元件的紅外線二極體。假使你現在正在使用相容於 IBM 個人電腦的平行埠建構介面電路，你的電路與電腦之間就需要光隔離器作介面。個人電腦之平行埠輸出與輸入均操作在 TTL 準位。良好的隔離措施將保護你的電腦免於電壓突波損壞與雜訊的干擾。

自我測驗

請填入下列空格。

58. 參考圖 5-27(a)，_____（繼電器，電晶體）隔離數位電路與高壓／雜訊 dc 馬達電路。
59. 4N25 光隔離器包含一個紅外線二極體，此紅外線二極體利用光耦合到_____（光電晶體，觸發三極管）偵測器，此此光隔離器被封裝在 6 接腳的 DIP 裡。
60. 參考圖 5-28(b)，TTL 反相器的輸出是 LOW，紅外線 LED_____（不亮，亮）與_____（致能，失能）光電晶體，接腳 5 的（輸出）電壓為_____（HIGH，LOW）。
61. 參考圖 5-28(b)，10 kΩ 電阻連接光電晶體的集極至 12 V，被稱為_____電阻。
62. 參考圖 5-28(c)，TTL 反相器的輸出是 HIGH，LED_____（不亮，亮）且將_____（致能，失能）光電晶體，接腳 5 的（輸出）電壓為_____（HIGH，LOW），蜂鳴器_____（無聲，響聲）。
63. 參考圖 5-28(d)，TTL 反相器的輸出是 HIGH，LED 不亮，且將失能（關閉）光電晶體，接腳 5 的（輸出）電壓變得更正。這個正的電壓在功率電晶體基極上_____（導通，關閉）Q_1，dc 馬達_____（不運轉，運轉）。
64. _____（電磁，固態）繼電器與光隔離器相當類似。
65. 參考圖 5-28(c)，反相器輸入是 HIGH，蜂鳴器_____（無聲，響聲）。

5-9　伺服馬達與步進馬達介面

在本章先前提到的 dc 馬達是一種電源接上後可連續旋轉的設備。它的控制僅限於 ON-OFF，或用逆向電流來改變旋轉方向。一個簡單 dc 馬達無法提供好的速度控制，也無法控制精確旋轉某些角度或停在某些角度。因此，當需要精確的位置或正確速度控制時，一般的 dc 馬達是無法完成的。

伺服馬達

　　伺服馬達與步進馬達能夠旋轉到某一特定位置或停於某特定位置，也能夠逆向轉動。**伺服馬達 (servo motor)** 為馬達應用上的通用名詞，縮寫為 servo，表示角度位置與速度能夠被回授的伺服迴圈精確地控制。大部分通用型之伺服馬達的價格不貴，經常使用於飛機模型、汽車模型、教育版機器人零組件。這些伺服馬達為 dc 馬達與內建好的電子電路互相結合，並能針對不同的脈波寬度作反應，而且經常使用回授機制來確保能轉至或停在所設定的位置，在遙控模型與玩具上很受歡迎。伺服馬達經常有三條線（其中一條線為輸入，另外兩條線為電源線），而且經常不會用於持續轉動。

　　馬達轉軸位置是由控制脈波週期的寬度所決定。控制脈波寬度通常介於 1 ms 至 2 ms。圖 5-30 說明脈波寬度如何控制馬達。脈波產生器 (pulse generator) 產生一 50 Hz 訊號。脈波寬度 (pulse width) 或脈波延遲時間 (pulse duration) 能被輸入設備所改變，例如電位計或搖桿。馬達內有齒輪元件與回授控制電路來反應連續脈波訊號，轉動到新的角位。例如，若脈波寬度為 1.5 ms，輸出軸轉到一半的位置，如圖 5-30(a)。如果脈波寬度減少到 1 ms，輸出軸會順時鐘旋轉 90° 到新的位置，如圖 5-30(b)。如果脈波寬度是 2 ms，輸出軸將逆時鐘轉動移到新的位置，如圖 5-30(c)。

　　改變脈波延遲時間被稱為脈波寬度調變 (pulse width modulation, PWM)。在圖 5-30，脈波產生器產生一固定頻率 50 Hz，但脈波寬度能被調整。

　　伺服馬達內部功能圖如圖 5-30(d) 所示，包含了一 dc 馬達與降速齒輪組。最後的齒輪驅動輸出軸，而且也被連線到電位計。此電位計感應輸出軸的位置。電位計上電阻的變化被回授到控制電路，而且與外部的脈波寬度持續作比較，以便產生一單擊 (one-shot) 訊號。因此內部的脈波寬度可由電位計上的回授來調變。

　　如圖 5-30 的伺服馬達，假如外部脈波寬度 (external pulse width) 是 1.5 ms，內部脈波寬度是 1.0 ms。經由控制電路比較脈波寬度後，開始在 CCW（逆時鐘）方向旋轉至新的位置。在每一次外部脈波後（每秒 50 次），這個控制電路將產生一個較小的 CCW 軸調整，直到外部與內部脈波寬度均為 1.5 ms。此時，輸出軸將停止轉動並停在此點位置，如圖 5-30(a) 所示。

　　接下來，對於圖 5-30 伺服馬達，假設外部脈波寬度改變至 1 ms，而依電位計回授至控制電路的內部脈波寬度為 1.5 ms。經由與脈波比較，控制電路將在 CW 方向旋轉輸出軸。在每一次外部脈波後（每秒 50 次），這個控制電路將產生一個較小的 CW 軸調整，直到外部與內部脈波寬度均為 1 ms，如圖 5-30(b) 所示。

　　當外部與內部脈波寬度均一致時，圖 5-30 控制電路將停止 dc 馬達。例如，當外部與內部脈波均為 2 ms 時，輸出軸將停住，如圖 5-30(c) 所示。

　　某些伺服馬達有不同於圖 5-30 的反向旋轉特性。有些伺服馬達由於內部接線因素，較窄脈波 (1 ms) 將引起整體逆時鐘旋轉，取代圖 5-30(b) 的順時鐘旋轉特性。相同道理，有些馬達以較寬脈波 (2 ms) 引起整體順時鐘旋轉，與圖 5-30(c) 的特性相反。

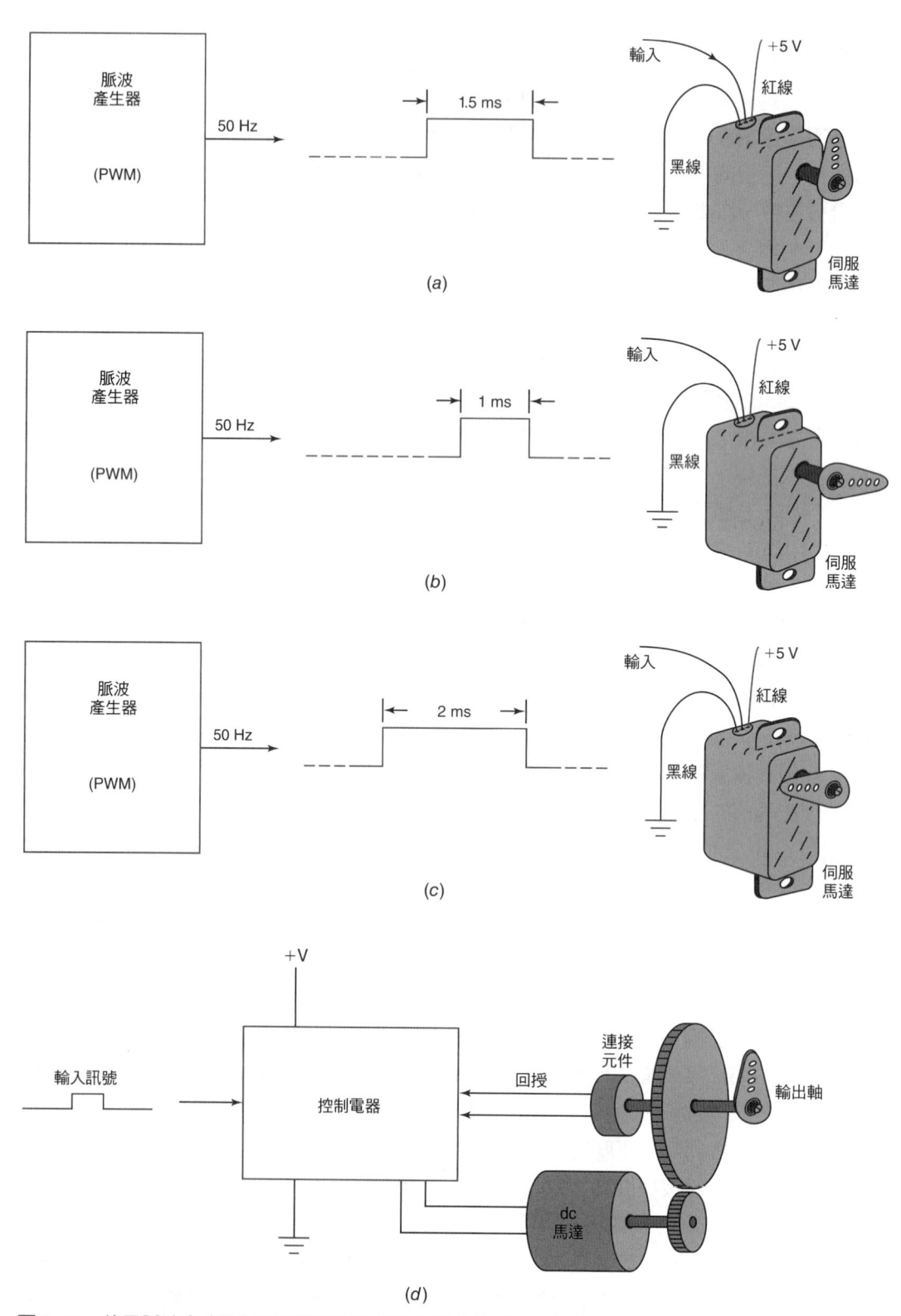

圖 5-30 使用脈波寬度控制調變控制伺服馬達旋轉角位置。（注意：某些種類的伺服馬達，當脈波寬度增加時，其旋轉方向會以相反方向運作。）

步進馬達

步進馬達 (stepper motor) 能隨著每一輸入脈波旋轉一固定角度。圖 5-31(a) 為 4 線式步進馬達，從圖上標示可看出步進馬達的一些重要特性。這個步進馬達操作在 5V dc。兩組線圈（L_1 和 L_2）的電阻值各為 20 Ω。使用歐姆定理可算出 dc 電流 $I = 5/20 = 0.25$ A 或 250 mA。2 ph 的意思為兩個相位或雙極性（與單極性相反）。**雙極性步進馬達 (bipolar stepper motor)** 通常有 4 線，如圖 5-31(a) 所示，而單極性步進馬達一般有 5 至 8 線。圖 5-31(a) 的標示說明此步進馬達每一步是 18°（意即為每一輸入脈波將旋轉步進馬達旋轉軸 18°）。

其他重要特性，例如大小尺寸、線圈電感、保持力矩與止動力距 (detent torque) 等參

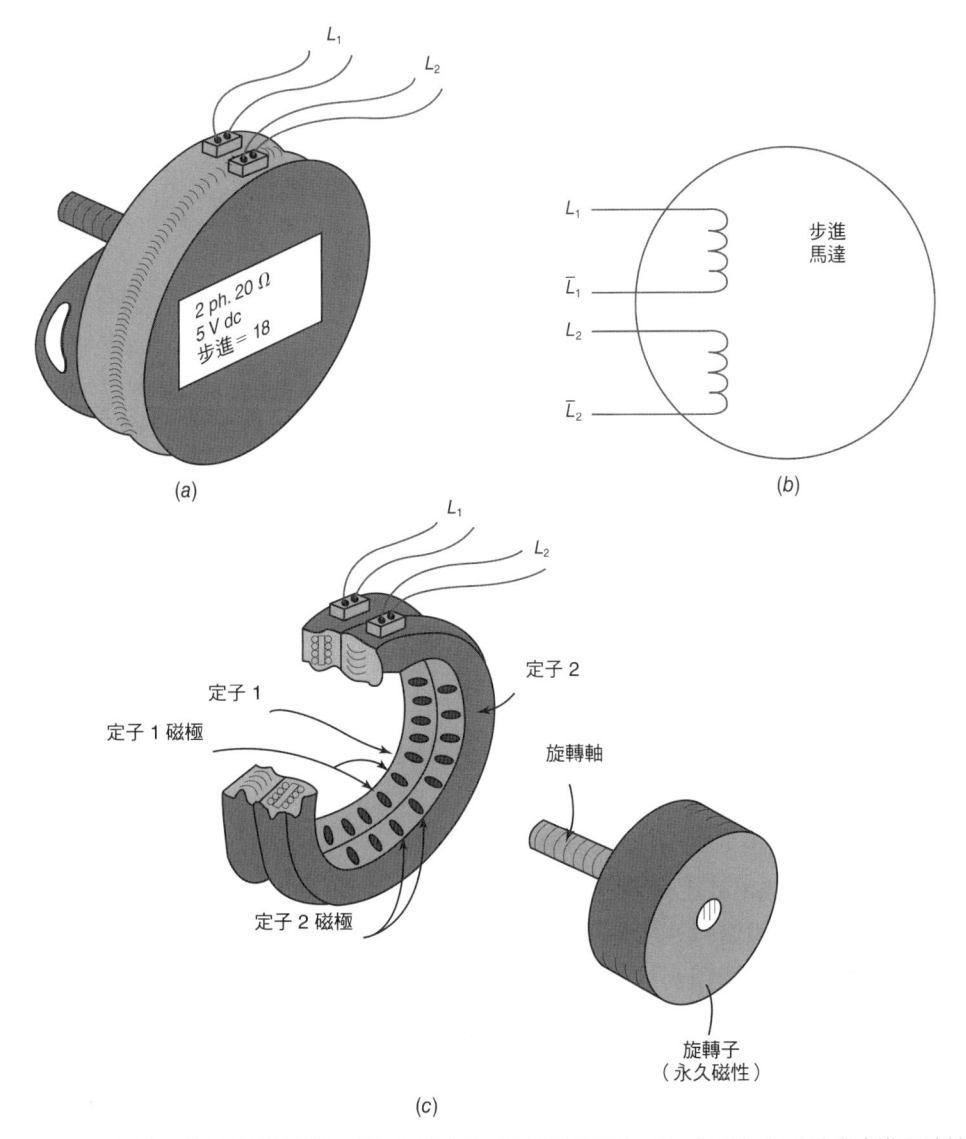

圖 5-31 (a) 典型 4 線式步進馬達。(b) 4 線式雙極性步進馬達。(c) 典型永久磁鐵式步進馬達簡易分解圖。

數,可查看製造商的資料手冊或目錄。資料亦可能包含線圈的電路圖,控制順序也需清楚提供。

圖 5-31(c) 為步進馬達的分解示意圖,有一永久磁性轉子 (permanent magnet rotor) 與輸出軸接在一起。有一些步進馬達有像齒輪樣的軟鐵轉子,其上極點的數目與定子極點數目不一樣,稱為**可變磁阻的步進馬達 (variable reluctance stepper motors)**。圖 5-31(c) 有兩個定子,在定子 1 與定子 2 上有一系列的磁極,在定子上的磁極數目是步進馬達轉一圈所需的步進次數。例如,一個步進馬達每步需 18°,可計算出完整一圈所需的磁極數目:

旋轉角度／單一步之角度＝每圈所需之步進數
360°/18°＝每圈 20 步進

在此例中,每一個定子需 20 個可見磁極。注意定子 1 與定子 2 上的磁極並未對齊,而是間隔約半個步階或者 9°。一般步進馬達常見的每步角度為 0.9°、1.8°、3.6°、7.5°、15°與 18°。

步進馬達控制順序

圖 5-32(a) 為一雙極性步進馬達的**控制順序 (control sequence)**,馬達將依此控制順序啟動。步驟 1 顯示線圈 L_1 電壓大約為 +5 V,而另一端 ($\overline{L}_1$) 為 GND。同樣地,步驟 1 顯示線圈 L_2 電壓大約為 +5 V,而另一端 ($\overline{L}_2$) 為 GND。在步驟 2,線圈 $L_1/\overline{L}_1$ 極性是反相,但 $L_2/\overline{L}_2$ 維持一樣,引起順時鐘 (CW) 旋轉一步(在此步進馬達例子為 18°)。在步驟 3,只有 $L_2/\overline{L}_2$ 反相,引起第二次 CW 旋轉一步。在步驟 4,只有 $L_1/\overline{L}_1$ 極性反相,引起第三次 CW 旋轉一步。再回到步驟 1,只有 $L_2/\overline{L}_2$ 極性反相,再引起第四次 CW 旋轉一步。持續步驟 2、3、4、1、2、3 等順序將引起此步進馬達連續以每步 18° 在 CW 方向連續旋轉。

在圖 5-32(a) 將控制順序向上方向可以將步進馬達旋轉方向反向。假使我們現在在圖片底部的步驟 2,向上移動至步驟 1,只有 $L_1/\overline{L}_1$ 極性改變,導致馬達以逆時鐘方向 (CCW) 旋轉一步,再移動至步驟 4,只有 $L_2/\overline{L}_2$ 極性改變,馬達第二次 CCW 旋轉一步。在步驟 3,線圈 $L_1/\overline{L}_1$ 極性改變,第三次 CCW 旋轉一步。當依步驟 2、1、4、3、2、1、4、3 等控制順序進行,CCW 旋轉將持續進行。

總之,當圖 5-32(a) 的控制順序向下進行,將引起順時鐘旋轉;若將控制順序向上進行,將會進行逆時鐘旋轉。步進馬達在正確角度定位上的性能優異,常被應用在電腦磁碟、印表機、機器人與所有自動化機器、NC 機器工具上。當正確的旋轉速度很重要時,也可將步進馬達應用在連續性的旋轉應用。若需連續旋轉,可快速地將控制順序輸入,例如,要得到圖 5-31(a) 600 rpm 的旋轉,即表示旋轉每秒需轉 10 圈(600 rpm／60 秒＝10 圈／秒),你必須將圖 5-32(a) 的控制順序以 200 Hz 頻率(10 圈／秒×20 步／圈＝200 Hz)將控制碼傳送至步進馬達。

步驟	L_1	$\overline{L}_1$	L_2	$\overline{L}_2$
1	1	0	1	0
2	0	1	1	0
3	0	1	0	1
4	1	0	0	1
1	1	0	1	0
2	0	1	1	0

1 = +5 V
0 = GND

順序：
往下 = 順時鐘旋轉

順序：
往上 = 逆時鐘旋轉

(a)

(b)

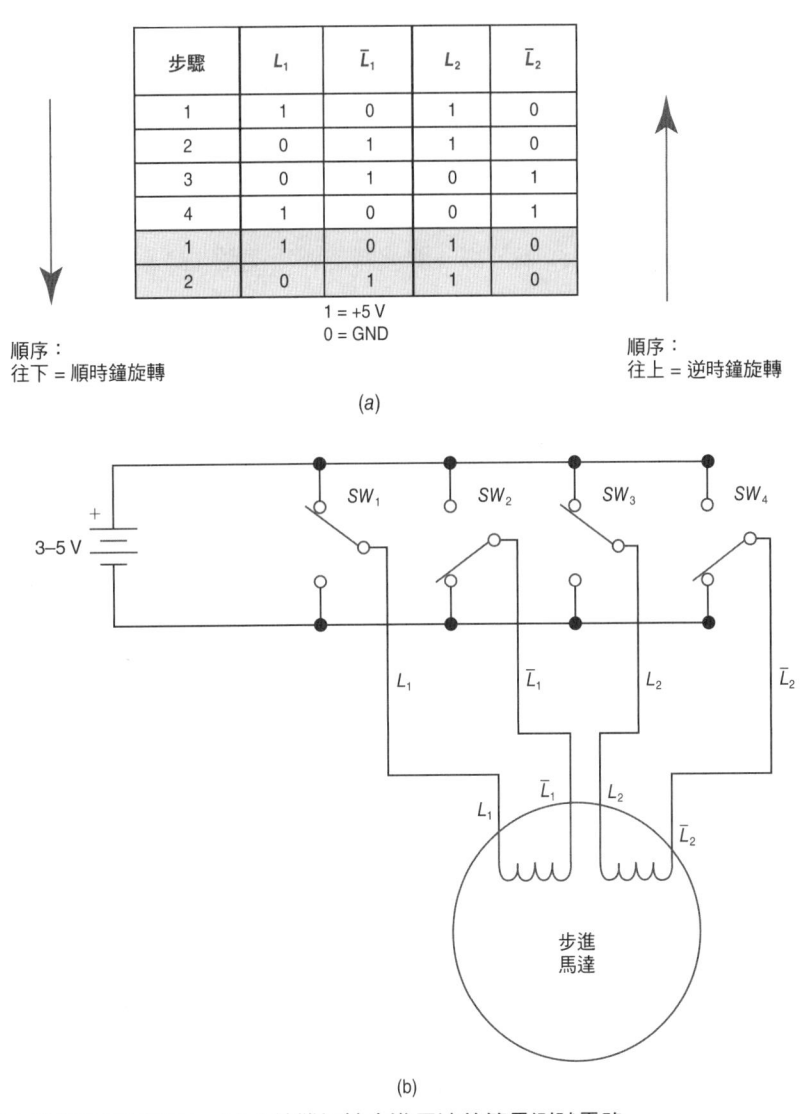

圖 5-32　(a) 雙極性控制順序。(b) 4 線雙極性步進馬達的簡易測試電路。

步進馬達介面

圖 5-32(b) 為一雙極性步進馬達簡易測試電路。單刀雙擲開關 (single-pole double-throw, SPDT) 被用來傳遞圖 5-32(a) 的控制順序（步驟 1）。當改變線圈的輸入電壓極性如步驟 2、3 與 4 等順序時，馬達會以 CW 方向旋轉；假使反向上述順序或者圖 5-32(a) 的向上順序，馬達將以 CCW 方向旋轉。圖 5-32(b) 的電路太過簡略而不實用，但可以用來測試步進馬達。

摩托羅拉公司的 MC3479 步進馬達驅動 IC 是一個實用型雙極性步進馬達介面。圖 5-33(a) 顯示的接線圖詳細說明如何將 MC3479 驅動 IC 接線去驅動雙極性步進馬達。MC3479 IC 有一邏輯部分，可產生適當的控制順序以驅動雙極性步進馬達。馬達驅動電

路部分,每一線圈能提供 350 mA 驅動能力,每一步驅動由進入 CLK 輸入(IC 接腳 7)的正緣時脈所觸發。有一個輸入控制訊號設定步進馬達的旋轉方向,MC3479 的 CW/CCW 輸入(接腳 10)邏輯 0 時為順時鐘旋轉,當 CW/CCW 輸入邏輯 1 時為逆時鐘旋轉。

MC3479 IC 亦有一全步/半步輸入(接腳 9),可以改變步進馬達為一整步或半步。在全步模式 (full-step mode) 下,每一脈波將旋轉馬達軸 18°,如圖 5-31;而在半步模式 (half-step mode) 下,每一脈波將僅旋轉 9°。圖 5-33(b) 為 MC3479 IC 在全步模式下的控制順序,與圖 5-32(a) 的控制順序一樣。圖 5-33(c) 為 MC3479 IC 在半步模式下的控制順序。這些控制順序是雙極性或兩相位步進馬達的常用標準型態,在 **MC3479 步進馬**

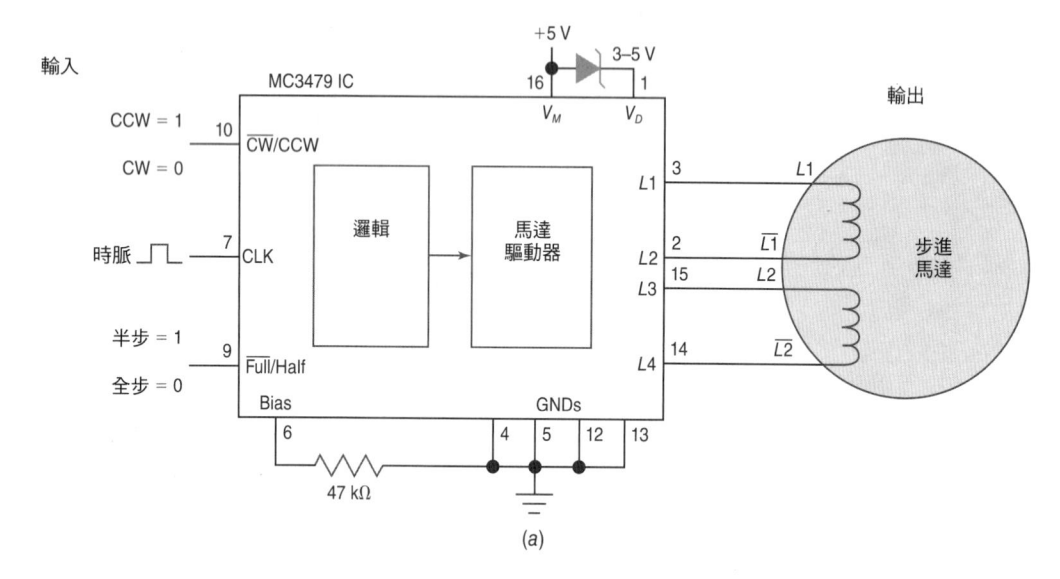

步驟	L_1	L_2	L_3	L_4
1	1	0	1	0
2	0	1	1	0
3	0	1	0	1
4	1	0	0	1
1	1	0	1	0
2	0	1	1	0

(b)

步驟	L_1	L_2	L_3	L_4
1	1	0	1	0
2	1	1	1	0
3	0	1	1	0
4	0	1	1	1
5	0	1	0	1
6	1	1	0	1
7	1	0	0	1
8	1	0	1	1
1	1	0	1	0
2	1	1	1	0
3	0	1	1	0
4	0	1	1	1

(c)

圖 5-33 (a) 使用 MC3479 步進馬達驅動 IC 作雙極性步進馬達介面。(b) MC3479 IC 全步模式控制順序。(c) MC3479 IC 半步模式控制順序。

達驅動 IC (MC3479 stepper motor driver IC) 已內建於內部邏輯區塊。MC3479 IC 經常是最簡單，也是最不貴的產生這些控制順序碼的方法，可允許 CW 或 CCW 轉向，也允許半步或一步模式。IC 內部亦設計有馬達驅動電路，所以可允許如圖 5-33(a) 一樣，直接由 IC 來驅動較低功率的步進馬達。

單極性步進馬達 (unipolar stepper motor) 或四相位步進馬達有 5 支或更多的接腳，某些特殊的 IC 已開發來產生四相位步進馬達的控制順序，如 E-LAB 工程公司出產的 EDE1200 單極性步進馬達 IC。EDE1200 IC 有許多特點與 MC3479 一樣，但其內部無馬達驅動電路，所以需搭配外部驅動電晶體或其他驅動 IC 來使用。四相位（單極性）馬達的控制順序是不同於兩相位（雙極性）馬達的控制順序。

圖 5-34 為雙電源（+5 V 與 +12 V）連接到 5804 IC 電路圖。輸入部分與邏輯部分的電源是 +5 V，大電流高電壓的輸出部分由 +12 V 供應。

5804 IC 邏輯部分產生的全步模式的控制順序如圖 5-34 右下部分。當 5804 輸出為 LOW，它將導入步進馬達線圈的高電流。

四個蕭特基二極體允許正常流經此元件，但可保護 5804 IC 避免被電壓突波所損壞，圖 5-34 左上部有兩個 10 kΩ 的拉升電阻。你可在實驗室接線建立起此電路來練習。

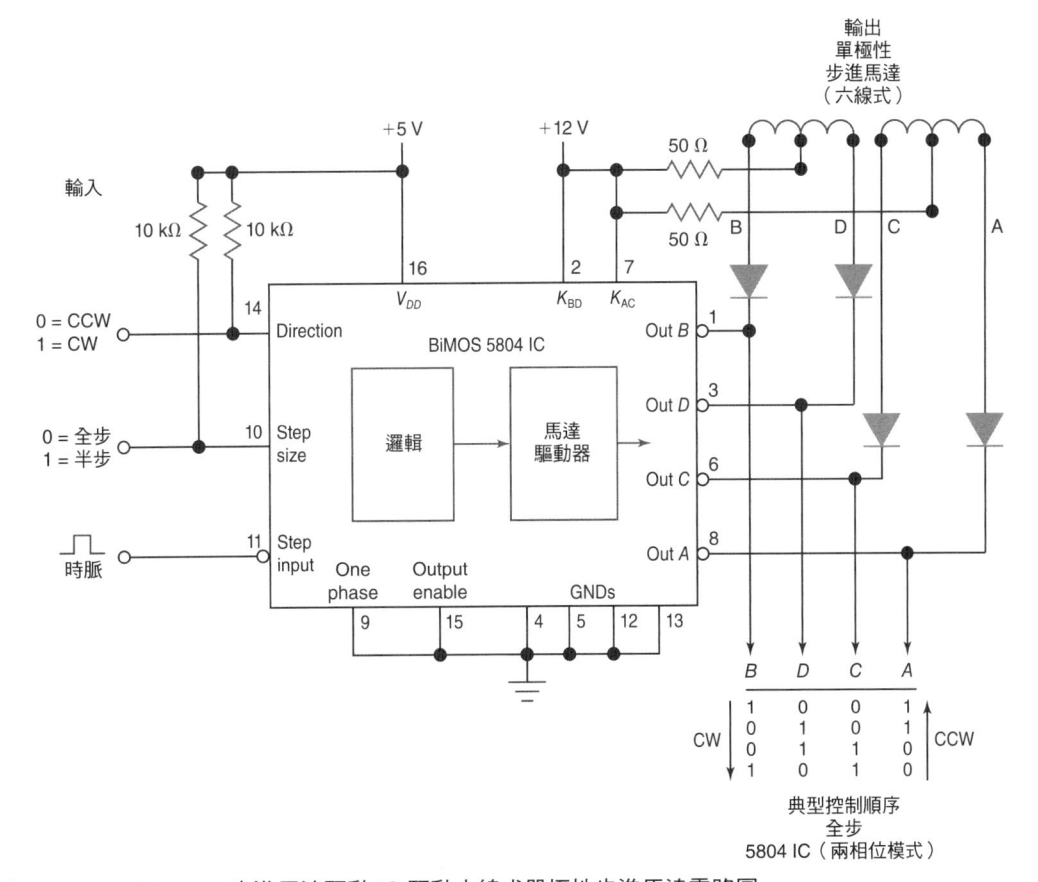

圖 5-34 BiMOS 5804 步進馬達驅動 IC 驅動六線式單極性步進馬達電路圖。

總結

總結而言，簡易永久磁性的 dc 馬達在連續旋轉應用上的性能很好。伺服馬達使用於輸出軸角度的定位上是很好的選擇。脈波寬度調變 (PWM) 使用於伺服馬達旋轉角度的定位上。步進馬達可使用於旋轉角度定位與連續旋轉的應用上。

自我測驗

請填入下列空格。

66. ＿＿＿＿＿＿（dc 馬達，伺服馬達）在能連續旋轉及不需速度控制的應用上是很好的選擇。
67. ＿＿＿＿＿＿（dc 馬達，步進馬達）在需準確控制角速度位置的應用上是很好的選擇。
68. 伺服馬達與步進馬達兩者在應用上均能準確控制角速度位置。（是非題）
69. 參考圖 5-35，此設備可應用於無線飛機或汽車，被稱為＿＿＿＿＿＿（伺服馬達，步進馬達）。
70. 參考圖 5-35，紅線接至電源 + 端，黑線接至電源地端，接至伺服馬達之白線是＿＿＿＿＿＿（輸入，輸出）端接線。
71. 參考圖 5-35，伺服馬達被應用＿＿＿＿＿＿（脈波振幅，脈波寬度）調變技術的脈波產生器所控制。
72. 圖 5-31 的設備是一個＿＿＿＿＿＿（雙極性，單極性）步進馬達。
73. 圖 5-32(a) 為＿＿＿＿＿＿順序，可控制＿＿＿＿＿＿（雙極性，單極性）步進馬達。
74. 參考圖 5-32(a)，我們現在位在步驟 4 以及將向上前進至步驟 3，步進馬達將＿＿＿＿＿＿（順時鐘，逆時鐘）旋轉。
75. 參考圖 5-33(a)，＿＿＿＿＿＿（邏輯，馬達驅動器）方塊功能內含於 MC3479 IC，確保產生適當的控制順序驅動雙極性步進馬達。
76. 參考圖 5-33(a)，使用 MC3479 IC 驅動馬達線圈之驅動電流＿＿＿＿＿＿（10，350）mA，可允許直接驅動多個更小的步進馬達。
77. 參考圖 5-33(a)，IC 接腳 9 與 10 為 HIGH，當脈波訊號送至接腳 7，所連接的步進馬達＿＿＿＿＿＿（順時鐘，逆時鐘）旋轉一個＿＿＿＿＿＿（全步，半步）。

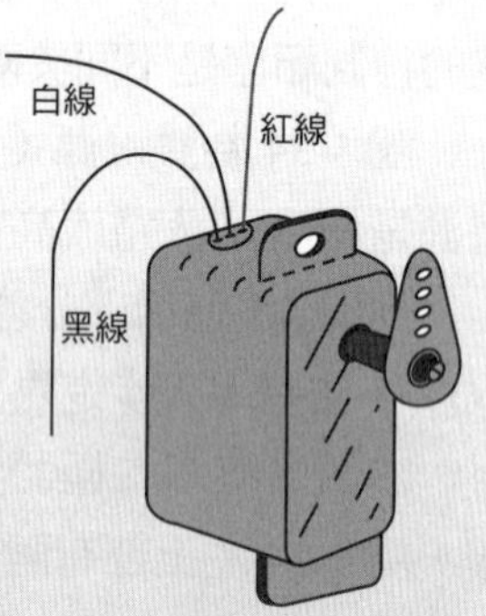

圖 5-35 自我測驗問題 69、70 與 71 參考使用。

5-10 使用霍爾效應感測器

霍爾效應感測器 (Hall-effect sensors) 經常用來解決困難的切換應用。霍爾效應感測器是磁驅動感測器或磁驅動開關。霍爾效應感測器對環境汙染有抵抗力，適用於嚴重髒汙環境，不管在油汙、髒亂、熱、冷、亮或暗、溼或乾的情況均能可靠地運作。

圖 5-36 說明幾個使用於現代化汽車裡的霍爾效應感測器應用例子。霍爾效應感測器與開關也有其他應用，例如點火系統、保全系統、機械式限制開關、電腦、印表機、磁碟機、鍵盤、機具、定位檢測與無刷 dc 馬達交換器等。

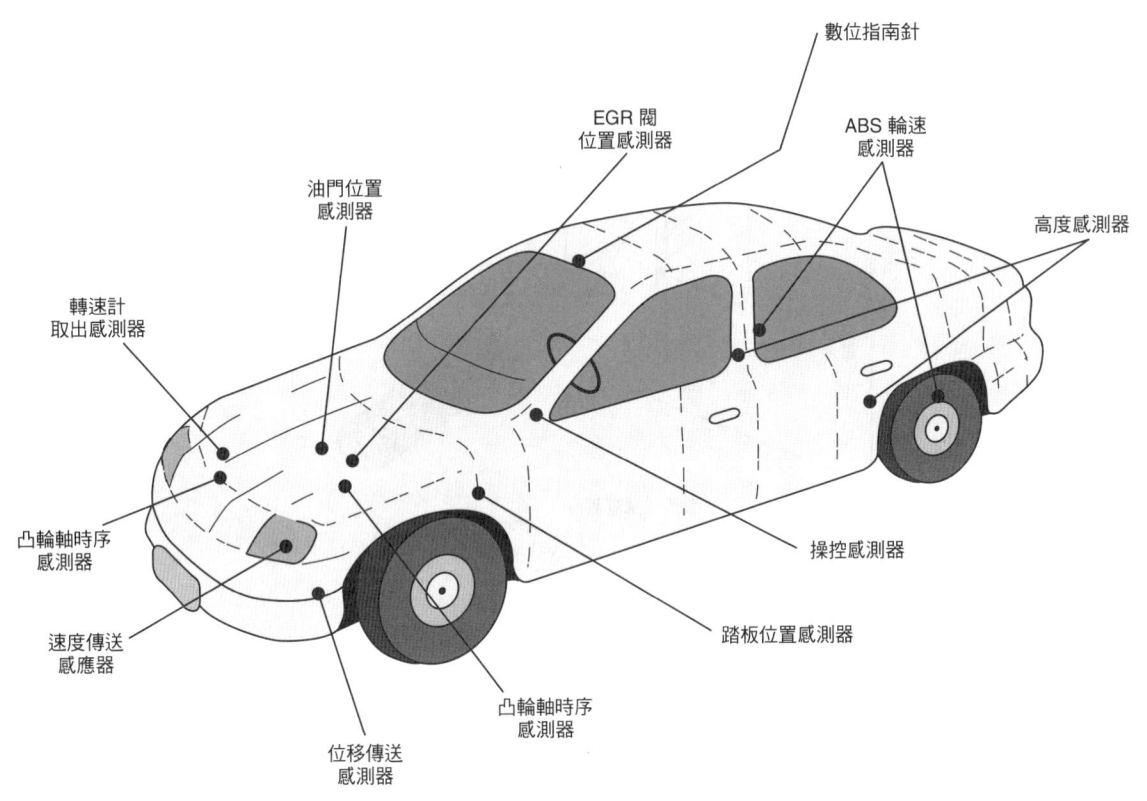

圖 5-36 使用於現代化汽車裡的霍爾效應感測器。

　　許多汽車的先進技術均圍繞在精確可靠的感測器傳送資料至中央電腦系統。電腦蒐集感測器資料與控制引擎的許多功能，也控制汽車很多系統的功能。電腦能蒐集與儲存這些感測器資料，作為車上診斷系統 (on-board diagnostics system, OBDI) 或新版 OBDI II。汽車眾多的感應器中只有部分是霍爾效應的元件。

基本霍爾效應感測器

　　圖 5-37(a) 的基本霍爾效應感測器為半導體材料。一個源極電壓（偏壓電壓）引起固定的偏壓電流流經此霍爾效應感測器。如圖 5-37(a) 所示，當磁場出現，霍爾效應感測器會產生電壓，此霍爾電壓的大小與磁場強度成正比。例如，當無磁場產生，感測器輸出端無霍爾電壓；當磁場增加，霍爾電壓亦等比例增加。總結而言，當一個已偏壓霍爾效應感測器置放在磁場時，輸出電壓大小與磁場強度成正比，此效應於 1879 年由 E. F. Hall 所發現。

　　霍爾效應感測器的輸出電壓很小，一般均需放大後才比較有用。圖 5-37(b) 為霍爾效應感測器、dc 放大器與電壓調整器示意圖。輸出電壓是線性的，並且與磁場強度成正比。

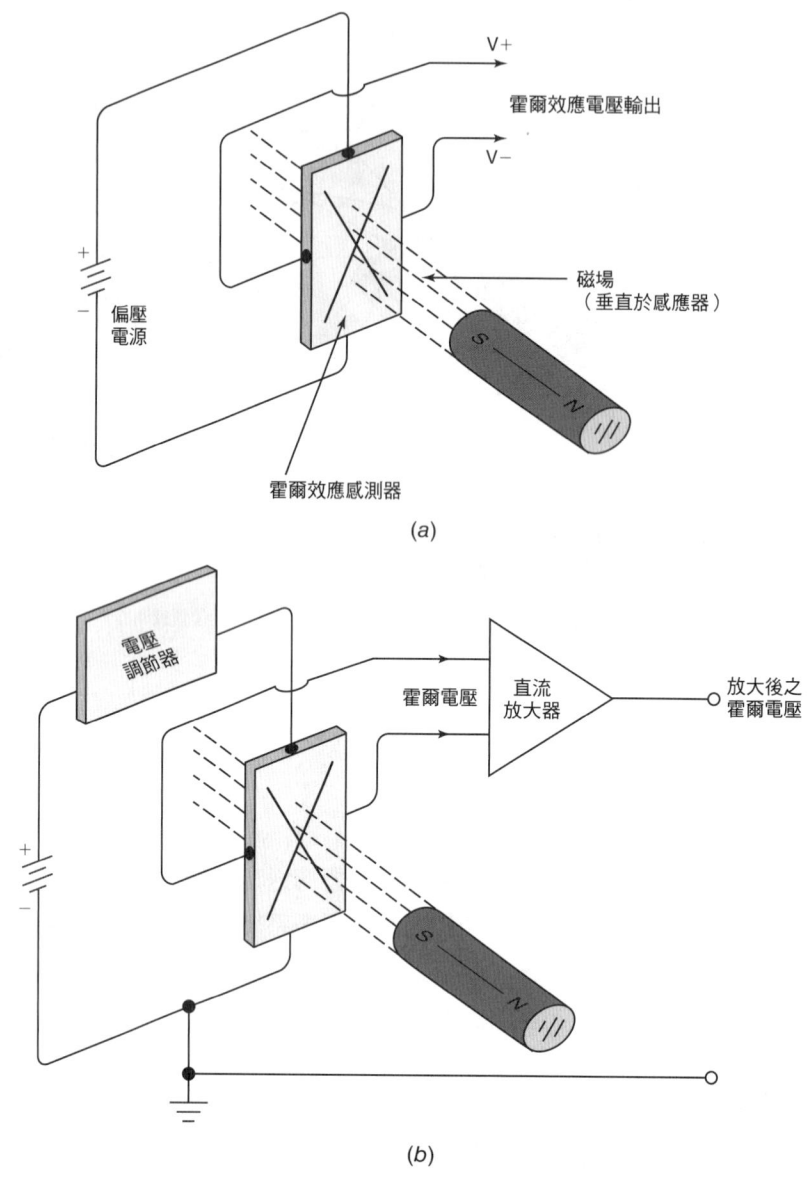

圖 5-37 霍爾效應感測器。(a) 感測器產生一小電壓,與磁場強度成正比。(b) 增加電壓調整器與放大器,使霍爾效應感測器更為有用。

霍爾效應開關

霍爾效應元件被封裝在 IC 內,有些輸出如圖 5-37(b) 所示,為線性輸出電壓,有些為開關輸出。圖 5-38 為一商業用霍爾效應開關,為 Allegro 微系統公司出產的 3132 雙極性霍爾開關。圖 5-38(a) 為 3 支接腳封裝體,接腳 1 與 2 分別接至外部電源(+ 為 V_{CC}, − 為 GND),接腳 3 為無彈跳開關的輸出。圖 5-38(a) 的接腳圖需從 IC 印刷面(商標那一側)看進去,圖 5-38(b) 為此霍爾效應開關的功能方塊圖,注意我們以標示 × 的方塊

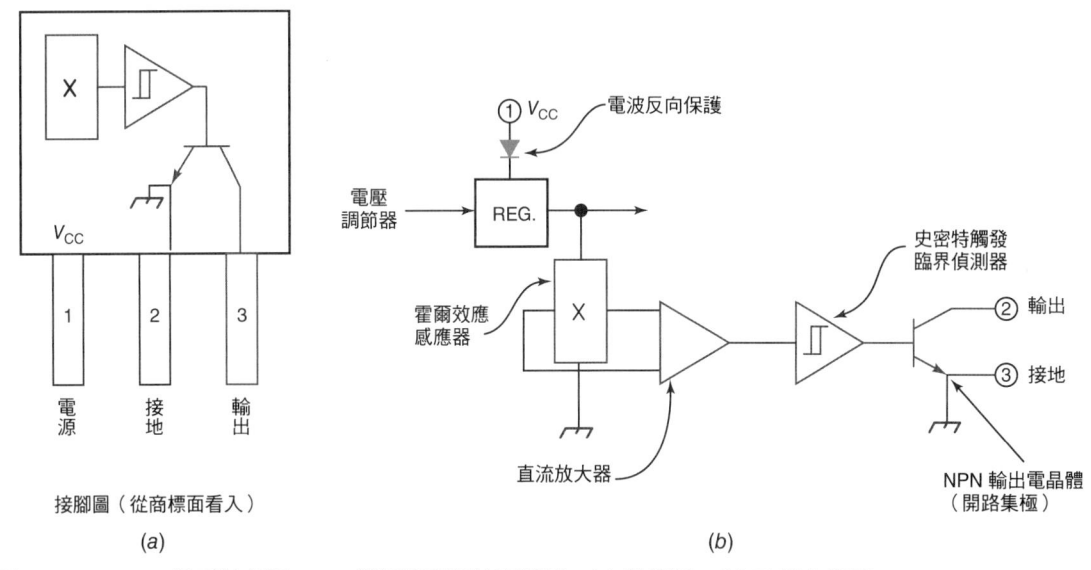

圖 5-38 Allegro 微系統公司 3132 雙極性霍爾效應開關。(a) 接腳圖。(b) 功能方塊圖。

來表示霍爾效應感應器，其他元件為將類比的霍爾元件轉換為數位開關所設計。史密特觸發臨界偵測器 (Schmitt-trigger threshold detector) 產生一個快動作的無彈跳輸出，輸出可為 HIGH 或 LOW。一個開路集極電晶體被內含在此 IC，所以可驅動負載高達 25 mA 的連續操作。

磁場有兩個特性最為重要：強度與極性（磁場南極或北極）。雙極性 3132 霍爾效應開關均有使用到此兩個特性。為了說明雙極性霍爾效應開關的運作，以圖 5-39(a) 作說明，一個輸出 LED 指示燈與 150 Ω 限流電阻接在 3132 IC 的輸出端上。

在圖 5-39(a)，磁場南極是接近 IC 的商標標示面，引起內部 NPN 電晶體為 ON，IC 接腳 3 為 LOW，導致 LED 亮。

但當磁極北極接近 IC 的商標標示面，如圖 5-39(b)，IC 內部 NPN 電晶體為 OFF，IC 接腳 3 為 HIGH，導致 LED 暗。

3132 霍爾效應開關之所以是雙極性，因為它需要 S（南極）和 N（北極）來觸發開關 ON 與 OFF。單極性霍爾效應開關也可使用，它的 ON 與 OFF 只需藉由增加（開關 ON）磁場強度與減少（開關 OFF）磁場強度，並不需要改變極性。例如 Allegro 微系統公司出產之 3144 單極性霍爾效應開關，其特性與 3132 雙極性霍爾效應開關很相似。單極性 3144 IC 的接腳圖與圖 5-38(a) 一樣，而且方塊功能圖亦與圖 5-38(b) 相同。3144 IC 亦提供快速動作數位輸出，也包含 NPN 輸出電晶體，能導入 25 mA 的電流。

圖 5-40 為霍爾效應開關 IC，內部有一集極開路 NPN 電晶體，當它與數位 IC（TTL 或 CMOS）作連接時需要一拉升電阻，連接 CMOS 邏輯閘之拉升電阻典型值為 33 kΩ，連接 TTL 邏輯閘為 10 kΩ，圖 5-40 的接線圖可適用於 3132 IC 或 3144 IC。

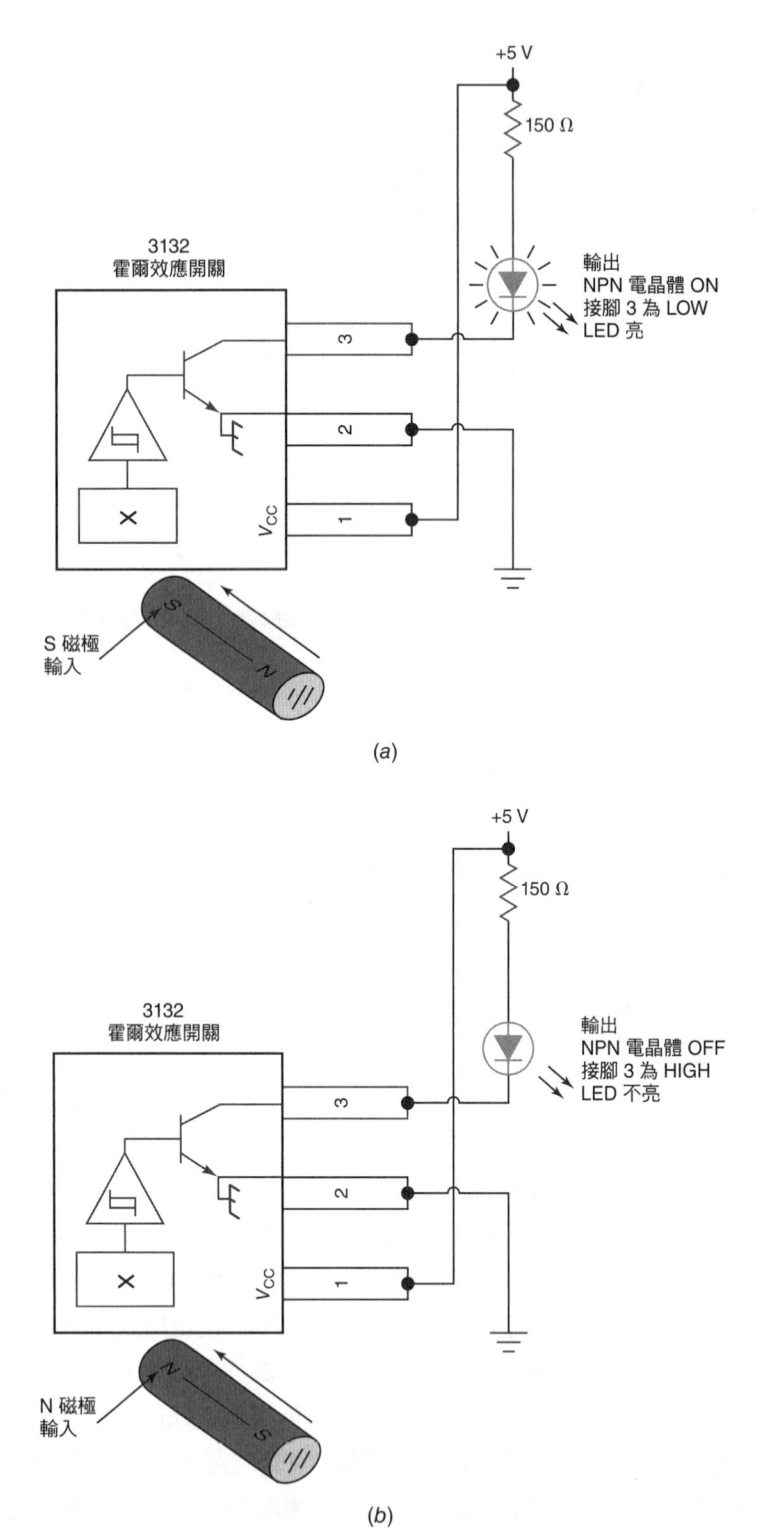

圖 5-39 使用相反磁極控制 3132 霍爾效應開關。(a) 用 S 極導通。(b) 用 N 極停止導通。

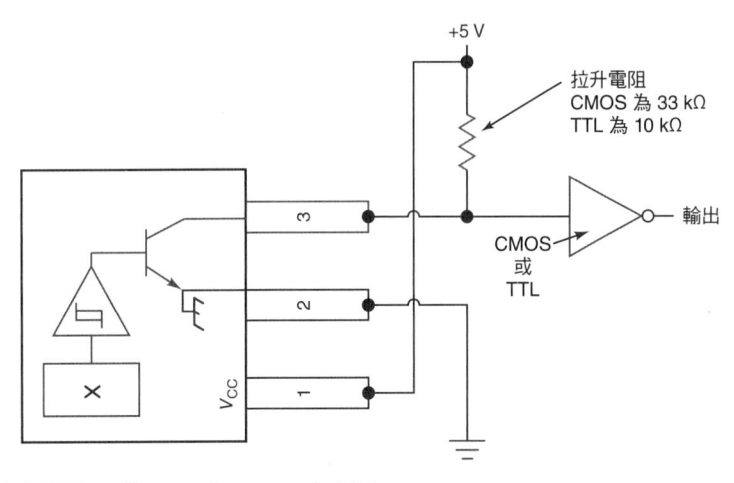

圖 5-40 霍爾效應開關 IC 與 TTL 或 CMOS 之介面。

齒輪牙感測

其他常見的霍爾效應開關 IC 為齒輪牙 (gear-tooth) 感測 IC。齒輪牙感測 IC 包含一個或多個霍爾效應感測器與一個內建的永久磁場，如圖 5-41 所示。永久磁場的南極產生一磁場，此磁場會隨著齒輪牙位置改變。當齒輪牙轉動使得空氣間隙變短，磁場就增強，導致霍爾效應感測器啟動。齒輪牙感測器一般使用於機械系統，例如汽車應用上，計算齒輪的位置、旋轉與速度。

霍爾效應開關的特性之一為產生無彈跳開關，機械式開關要作到無彈跳有時相當困難。另外也注意到，利用磁場作用，不需觸碰到霍爾效應開關表面就能操作 ON 與 OFF 功能。這種不需觸碰式開關能在較嚴苛的環境下操作。簡單的霍爾效應開關 IC 具有體積小、堅固、不貴等特點。

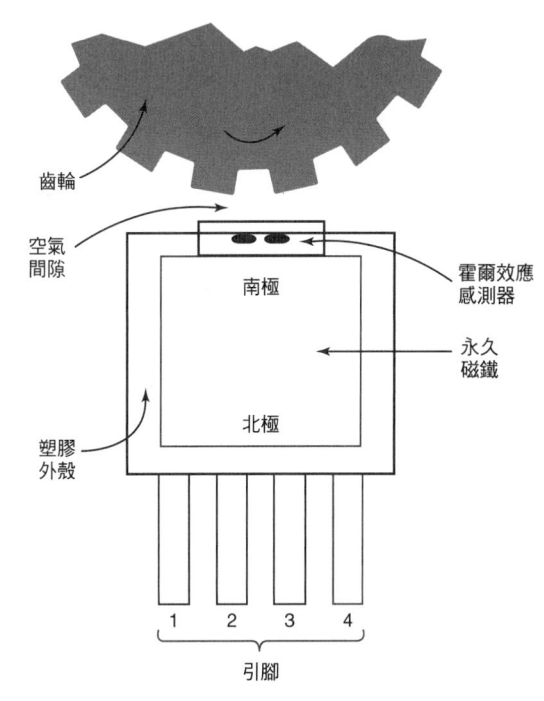

圖 5-41 霍爾效應齒輪牙感測器與旋轉齒輪觸發。

自我測驗

請填入下列空格。
78. 霍爾效應感測器是一個_____（磁，光）驅動的元件。
79. 霍爾效應元件如_____（齒輪牙感測器，熱耦合器）與開關常使用於汽車裡，因為它們可靠、不貴且能使用於嚴苛環境。
80. 參考圖 5-42，標示 × 的半導體材料稱為_____（電磁，霍爾效應感測器）。

81. 參考圖 5-42，移動永久磁鐵靠近霍爾效應感測器，以增加磁場而引起輸出電壓_____（降低，增加）。
82. 參考圖 5-43，3132 霍爾效應 IC 是_____（雙極性，單極性）開關。
83. 參考圖 5-43(a)，當磁場南極趨近於 3132 霍爾效應感測器 IC，引起 LED_____（亮，不亮），IC 輸出電晶體導通及接腳 3 輸出_____（HIGH，LOW）。
84. 參考圖 5-43(b)，當磁場北極趨近於 3132 霍爾效應感測器 IC，引起 LED 未亮，IC 輸出電晶體_____（導通，關閉）及接腳 3 輸出_____（HIGH，LOW）。
85. 參考圖 5-38，快速動作引起 IC 一個數位輸出（HIGH 或 LOW）是藉由 IC 的_____（dc 放大器，史密特觸發器）部分所引起。
86. 霍爾效應開關具有體積小、無彈跳效應、堅固且_____（不貴，非常貴）等特點。
87. 當傳送數位訊號至 CMOS 或 TTL 邏輯元件時，開路集極的 NPN 驅動電晶體使用於 3132 與 3144 霍爾效應開關需要_____（拉升，轉態）電阻。

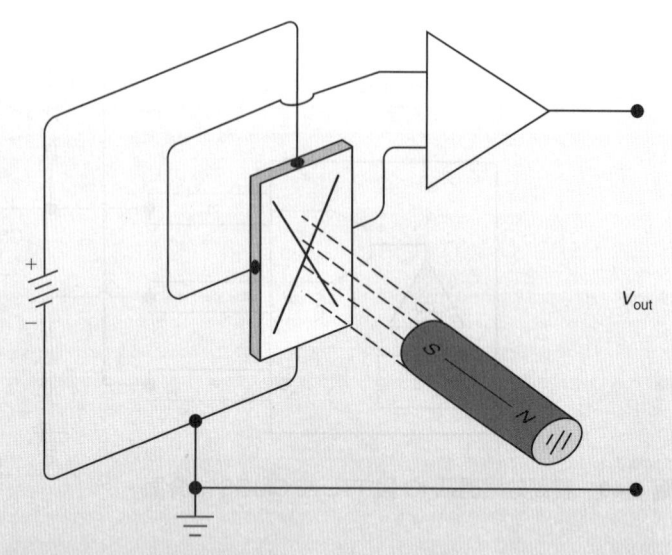

圖 5-42 霍爾效應感測器。

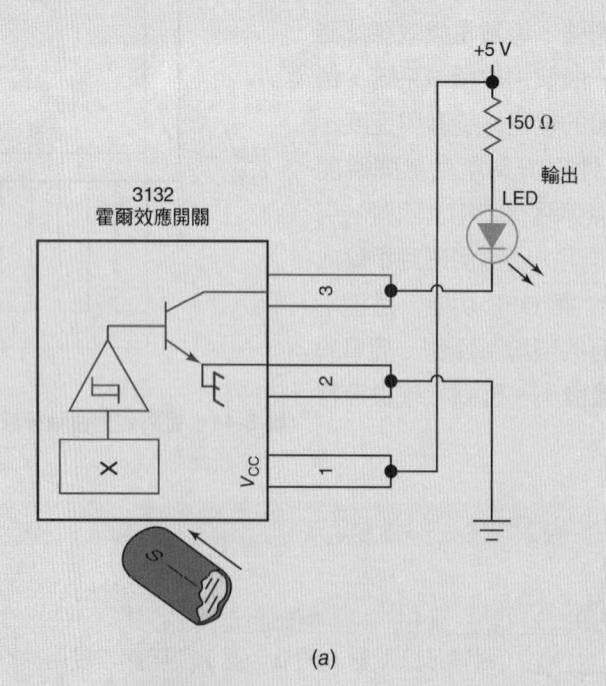

圖 5-43 霍爾效應開關。

(b)

圖 5-43 (續) 霍爾效應開關。

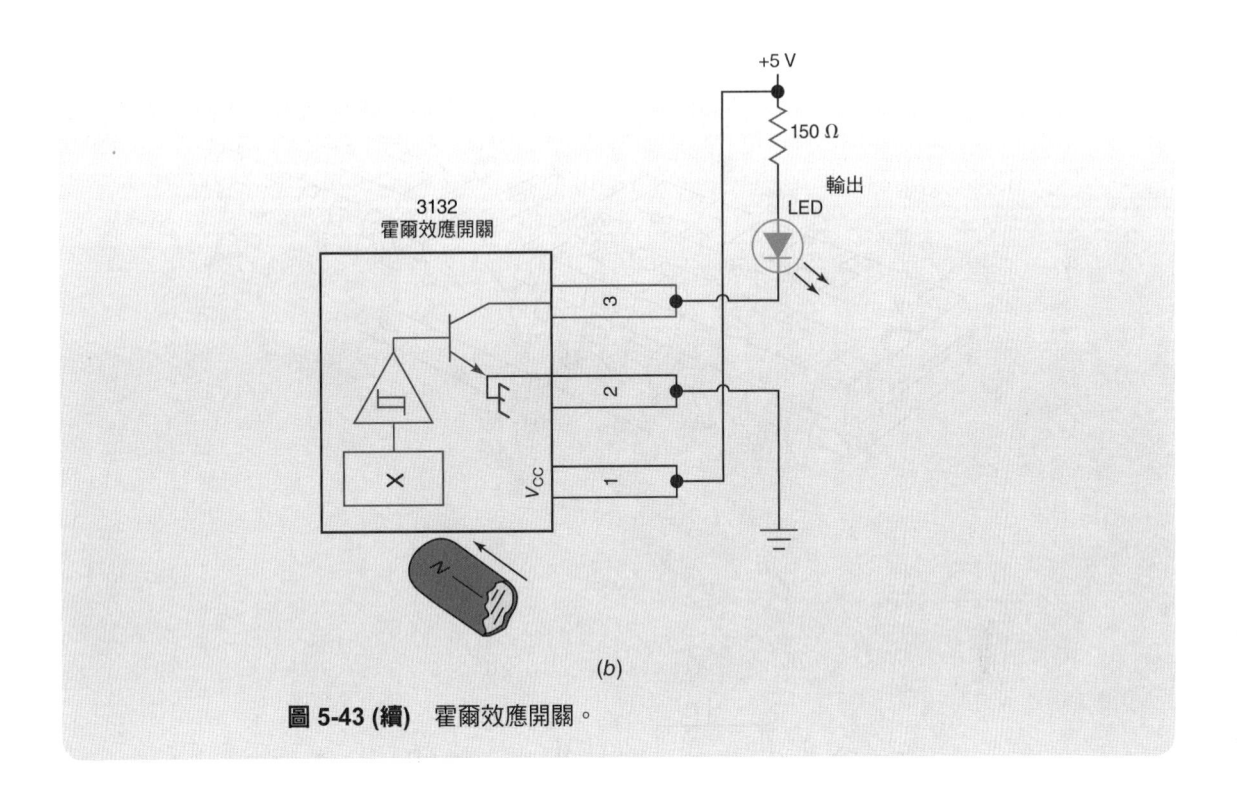

5-11 簡易邏輯電路維修

一位測試儀器製造商曾提到，所有數位電路故障中，有四分之三是因輸入電路開路或輸出電路開路。大部分的故障均能使用邏輯探棒來作隔離檢修。

圖 5-44(a) 為在印刷電路板的組合邏輯電路，圖 5-44(b) 為其電路接線圖。查看電路與接線圖可決定邏輯圖，進而可決定布林式與真值表。在此例，兩個 NAND 閘被接至 OR 閘，等效一個四輸入的 NAND 功能。

圖 5-44(a) 電路顯示現在 OR 閘輸入端有一開路故障，現在讓我們藉由邏輯探棒來維修此電路並找出故障點。

1. 設定邏輯探棒至 TTL 模式並接上電源。
2. 測試圖 5-44(a) 的節點 1 與 2。結果：兩者均為 HIGH。
3. 測試節點 3 與 4。結果：兩者均為 LOW。結論：兩個 IC 電源均有接入。
4. 測試四輸入 NAND 的狀態（輸入 A、B、C 與 D 均為 HIGH），測量點在 7400 IC 的接腳 1、接腳 2、接腳 4 與接腳 5。結果：所有輸入均為 HIGH，但 LED 仍發光，表示仍為 HIGH 輸出。結論：四輸入 NAND 電路發生故障。
5. 測試 7400 IC 接腳 3 與接腳 6 的 NAND 閘輸出。結果：兩者均輸出 LOW。結論：NAND 閘正常。

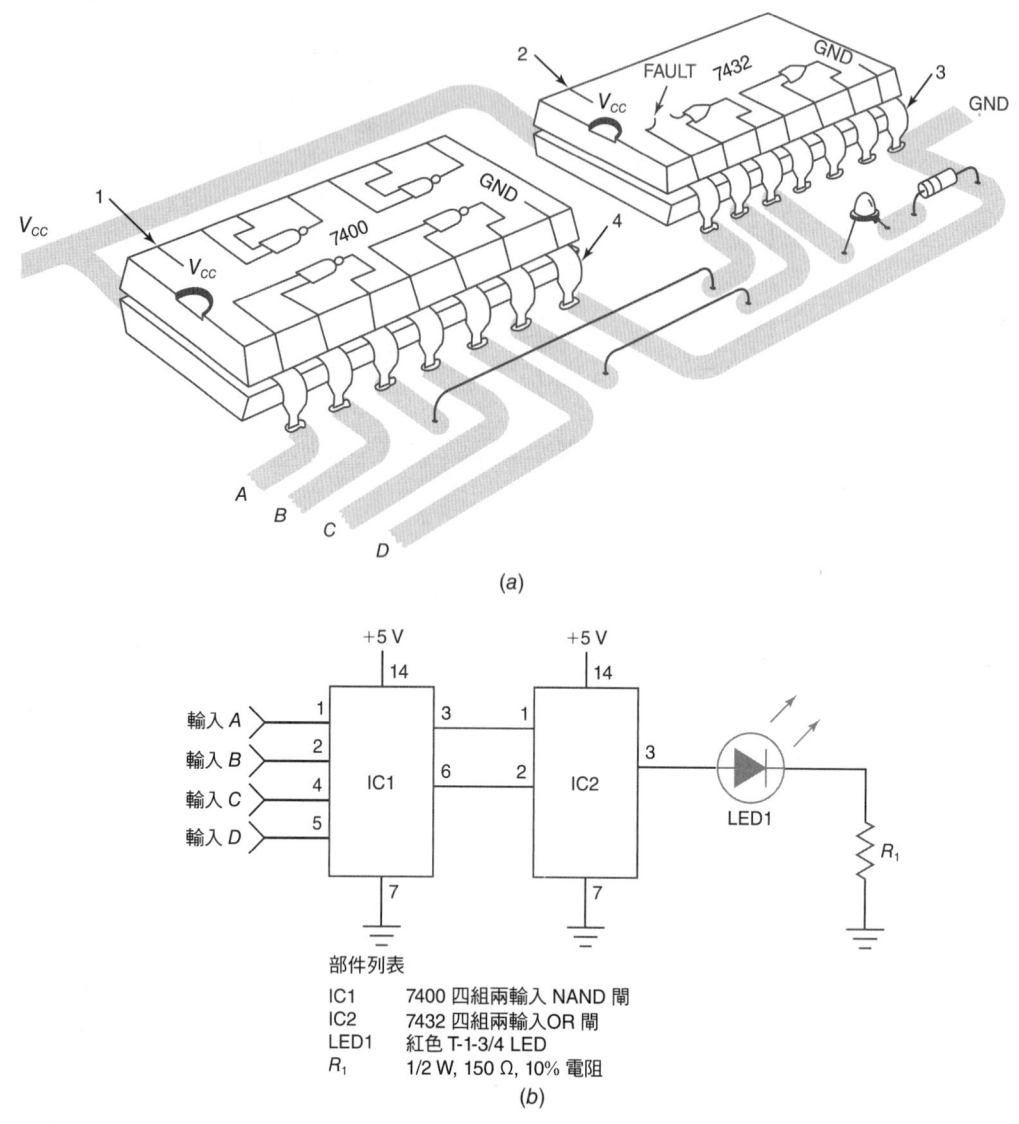

圖 5-44 維修問題。(a) 測試一個在印刷電路板上的故障。(b) 四輸入的 NAND 電路接線圖。

6. 測試 OR 閘的輸入（位於 7432 IC 的接腳 1 與接腳 2）。結果：兩者輸入均為 LOW。結論：OR 閘輸入位於接腳 1 與接腳 2 是正確的，但輸出不正確。因此，OR 閘發生故障，此 7432 IC 需要更換。

自我測驗

請填入下列空格。

88. 數位電路大部分的故障，發生在輸入或輸出由_____（開路，短路）所引起。
89. 一個簡易的測試設備，例如_____，可用來檢查數位邏輯電路輸入與輸出端的開路情況。
90. 參考圖 5-44，輸入端點 A、B、C 與 D 均為 HIGH，IC2 的接腳 3 輸出應為_____（HIGH，LOW）。

5-12 伺服馬達介面

現代數位電子經常使用到可程式元件。本節將介紹 BASIC Stamp 2 微控制器模組與一個簡單伺服馬達的介面。

回顧 5-9 節的伺服馬達，其運作可歸納在圖 5-30。PWM 被用來控制旋轉角度定位。本節我們使用 BASIC Stamp 2 微控制器模組作為 PWM 脈波產生器，如圖 5-30(a)、(b) 與 (c) 所示。圖 5-30 說明全幅 CCW 旋轉的正脈波寬度為 2 ms，全幅 CW 旋轉的寬度為 1 ms，而輸出軸置中時的寬度為 1.5 ms。

圖 5-45 為伺服馬達與 BASIC Stamp 2 模組連接。此為一個測試電路，旋轉伺服馬達 (1) 全幅 CCW，(2) 全幅 CW，(3) 最後將輸出軸置中。

使用 BASIC Stamp 2 模組解決此邏輯問題的詳細步驟說明如下。接線與程式化 BASIC Stamp 2 模組的步驟如下：

1. 參考圖 5-45，連接伺服馬達至 BASIC Stamp 2 模組埠 P14，注意導線色標，紅線為 V_{dd}，黑線為 V_{ss} 或 GND。
2. 將 PBASIC 文字編輯器程式（BS2 IC 版本）下載到 PC，鍵入 PBASIC 程式 '**Servo Test 1**，此程式碼列於下面。
3. 接上串列導線（或 USB 導線），將 PC 與 BASIC Stamp 2 開發板（例如 Parallax 公司的教育板）連接起來。
4. 將 BASIC Stamp 2 模組電源打開，藉由 RUN 指令將 PBASIC 程式碼從 PC 下載至 BS2 模組。
5. 移除 BS2 上的串列導線（或 USB 導線）。

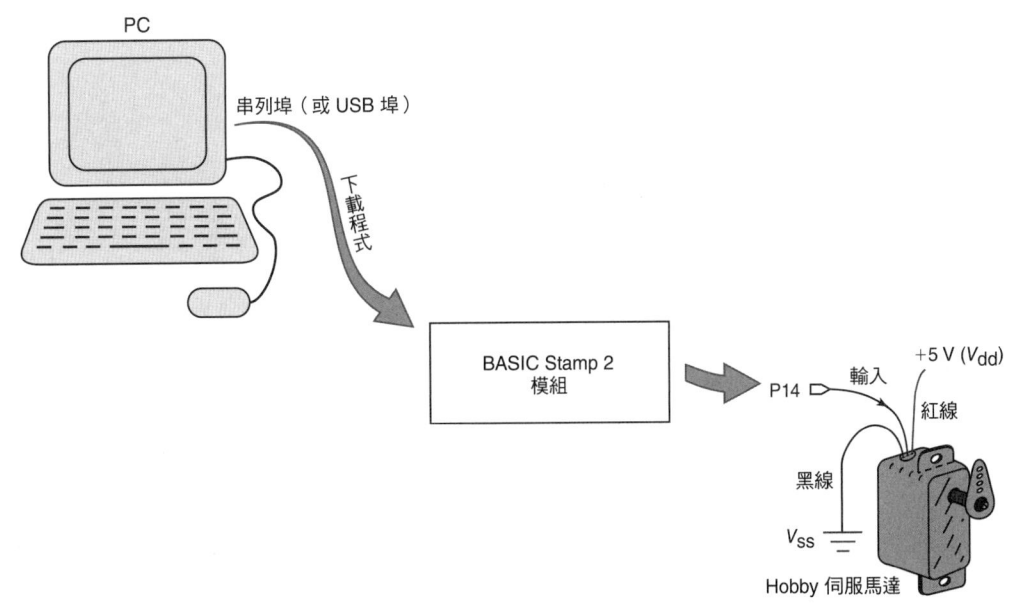

圖 5-45 Hobby 伺服馬達與 BASIC Stamp 2 模組連接。

6. 觀察伺服馬達輸出軸之旋轉。PBASIC 程式碼儲存在 BASIC Stamp 2 模組的 EEPROM 程式的記憶體內，每次將 BS2 IC 打開將重新啟動此程式。

PBASIC 程式－Servo Test 1

考慮圖 5-46，標題為 'ServoTest 1 的 PBASIC 程式。第 1 行與第 2 行均以 ' 起頭，代表為註解說明，僅用來說明程式的目的，不會被微控器執行。第 3 行作變數宣告，以利後面程式使用。第 3 行的 **C VAR Word** 告訴微控制器 C 是一個有長度的變數名，長度為 16 位元，此 16 位元的變數 C 能夠涵蓋十進位制從 0 至 65535 的數值。

第 4 行至第 7 行產生伺服馬達轉軸的全幅 CCW 旋轉。這個 FOR-NEXT 迴圈將被執行 75 次（**C = 1 To 75**）。第 5 行 **PULSOUT 14, 1000** 程式碼在接腳 14 產生 HIGH 輸出，脈波寬度為 2 ms (2μs×1000 = 2000 μs = 2 ms)，接腳 14 在 2 ms 正脈波後將變為 LOW。第 6 行 **PAUSE 20** 程式碼允許接腳 14 停留在 LOW 狀態 20 ms。此第一個 FOR-NEXT 迴圈（第 4 行至第 7 行）將引起伺服馬達作全幅 CCW 旋轉。

第 8 行至第 11 行產生伺服馬達轉軸的全幅 CW 旋轉。這個 FOR-NEXT 迴圈將被執行 75 次（**C = 1 To 75**）。第 9 行 **PULSOUT 14, 500** 程式碼在接腳 14 產生 1 ms 的 HIGH 脈波 (2μs×500 = 1000 μs = 1 ms)，接腳 14 電壓在 1 ms 後將降至 LOW。第 10 行 **PAUSE**

'ServoTest 1	'程式標題（圖 5-45）	L1
'測試伺服馬達在三種位置：逆時鐘、順時鐘與置中		L2
C VAR Word	'宣告 C 為 16 位元之變數	L3
FOR C = 1 TO 75	'計數迴圈開始，C = 1 至 75	L4
PULSOUT 14, 1000	'接腳 14 脈波輸出 (HIGH) 2 ms	L5
PAUSE 20	'暫停 20 ms，輸出 LOW	L6
NEXT	'假如 C < 75，回到 FOR	L7
FOR C = 1 TO 75	'計數迴圈開始，C = 1 至 75	L8
PULSOUT 14, 500	'接腳 14 脈波輸出 (HIGH) 1 ms	L9
PAUSE 20	'暫停 20 ms，輸出 LOW	L10
NEXT	'假如 C < 75，回到 FOR	L11
FOR C = 1 TO 75	'計數迴圈開始，C = 1 至 75	L12
PULSOUT 14, 750	'接腳 14 脈波輸出 (HIGH) 1.5 ms	L13
PAUSE 20	'暫停 20 ms，輸出 LOW	L14
NEXT	'假如 C < 75，回到 FOR	L15
END		L16

圖 5-46 PBASIC ServoTest 1 程式。

20 程式碼允許接腳 14 停留在 LOW 狀態 20 ms。此第二個 FOR-NEXT 迴圈（第 8 行至第 11 行）將引起伺服馬達作全幅 CW 旋轉。

第 12 行至第 15 行使伺服馬達轉動軸置中。這個 FOR-NEXT 迴圈將被執行 75 次（**C = 1 To 75**）。第 13 行 **PULSOUT 14, 750** 程式碼產生在接腳 14 的高電壓脈波 1.5 ms (2 μs ×750 = 1500 μs = 1.5 ms)。接腳 14 在 1.5 ms 正脈波後轉變為 LOW。第 14 行 **PAUSE 20** 程式碼允許接腳 14 停留在 LOW 狀態 20 ms。這個最後的 FOR-NEXT 迴圈（第 12 行至第 15 行）將引起伺服馬達轉軸移至中間位置。第 16 行的 **END** 指令將程式停止執行。

標題 '**ServoTest 1**' 的 PBASIC 程式會在當 BS2 BASIC Stamp 2 模組電源 ON 後執行一次。此 PBASIC 程式碼會被保存在 EEPROM 程式記憶體內，可供將來使用。將 BS2 模組 OFF 與 ON 一次將會重新啟動這個程式。若下載不同 PBASIC 程式碼至 BASIC Stamp 模組，將會消除原有舊的程式並開始執行新的程式碼。

自我測驗

請填入下列空格。

91. 伺服馬達角位置可由＿＿＿＿＿＿＿＿（振幅，脈波寬度）調變技術所控制。
92. 參考圖 5-46，變數 C 只能為單一位元資料。（是非題）
93. 參考圖 5-46，三個 FOR-NEXT 迴圈中的每一個迴圈，將會被重複執行＿＿＿＿＿＿＿＿（20，75）次。
94. 參考圖 5-46，**PAUSE 20** 的目的是允許微控制器停止運算 20 分鐘。（是非題）
95. 參考圖 5-46，**PULSOUT 14, 750** 是在接腳 14 輸出一個正脈波，並具有＿＿＿＿＿＿＿＿ms 的延遲。
96. 參考圖 5-45 與圖 5-46，當第 12 行到第 15 行的 FOR-NEXT 迴圈共被執行 75 次，伺服馬達輸出軸有何效應？

第 5 章　總結與回顧

總　結

1. 在不同元件中之介面電路的設計，需將電壓與電流作適度拉升或拉低，以便它們的準位相容。
2. 在相同邏輯家族間作介面時，經常可將一個邏輯閘輸出直接接入下個邏輯閘輸入端。
3. 邏輯間的介面電路或邏輯元件與外部世界的介面電路，電壓與電流是非常重要的考慮因素。
4. 雜訊容限為邏輯家族能夠忍受多少量的不想要的干擾電壓，CMOS IC 比 TTL 邏輯家族一般擁有較好的雜訊容限。
5. 數位 IC 的扇出與扇入能力，是由輸出驅動能力與輸入負載參數所決定。
6. 傳遞延遲（或速度）與功率消耗是 IC 的重要特性。
7. 由於具備低功率消耗、高速度與好的驅動能力，ALS-TTL、FAST 與 FACT 邏輯家

族非常受到歡迎。早期 TTL 與 CMOS 家族現在仍然廣泛使用。

8. 進階低電壓 CMOS IC（如 74ALVC00 系列）被使用在許多現代新型的設計。這些低電壓 CMOS IC 具有低功率消耗、可與 TTL 直接介面、靜電防護與非常高速度等特性。

9. 大部分 CMOS IC 對靜電敏感，必須小心儲存與拿取。其他需注意事項包含在電路電源 OFF 前輸入訊號需先 OFF，以及不用到的輸入接腳均需連接至適當電位。

10. 藉由使用拉升電阻與拉低電阻，簡單的開關就能驅動邏輯電路。開關彈跳消除可藉由閂鎖完成。

11. 驅動 LED 與白熾燈光源時，邏輯元件經效應常需利用驅動電晶體協助。

12. 大部分 TTL 至 CMOS 及 CMOS 至 TTL 介面電路常需要一些額外電路，例如：拉升電阻、特殊介面 IC 或電晶體驅動器。

13. 蜂鳴器與繼電器對數位邏輯介面電路，經常需要電晶體驅動電路。邏輯元件可藉由繼電器控制電力馬達與線圈，並可做隔離用途。

14. 光隔離器也可稱光耦合器。固態繼電器為光隔離器的一種變形，光隔離器被用來隔離數位電路從馬達或高壓大電流環境，避免被電壓突波或雜訊干擾。

15. 伺服馬達被使用來作輸出軸角度定位用途，脈波寬度調變 (PWM) 使用於脈波產生器來驅動這些價格不貴的伺服馬達。

16. 可程式元件可驅動伺服馬達，例如 BASIC Stamp 2 微控制器模組。

17. 步進馬達用 dc 操作，在需要精準角度定位與精準轉速時很有用。

18. 步進馬達被分類為雙極性（兩相位）或單極性（四相位）。其他重要的特性為每一步角度、電壓、電流、線圈電阻與力矩。

19. 有一些為驅動步進馬達設計的專業 IC 是很有用的，在 IC 內部邏輯部分可產生正確的控制順序以驅動馬達。

20. 霍爾效應感測器是磁致能啟動元件，被使用於霍爾效應開關。霍爾效應開關可分類為雙極性（需要南極與北極來啟動）或單極性（僅需南極或無磁場來啟動）。

21. 外部磁場一般用於霍爾效應感測器或霍爾效應開關。齒輪牙感測器有一內建霍爾效應感測器與永久磁場，封裝在此 IC 內部。霍爾效應齒輪牙感測器能被一含鐵的金屬觸發，例如鋼材質的齒輪牙，當它們通過靠近此 IC 時，能觸發感測器。

22. 每一個邏輯家族都有自己邏輯 HIGH 與 LOW 的電壓定義。這些電壓準位可用邏輯探棒來作量測。

章節回顧問題

回答下列問題。

5-1. 5 V 電源下，採用 3.1 V 送至 TTL IC 輸入，此 IC 將辨識為＿＿＿＿（HIGH，LOW，未定義）邏輯準位。

5-2. 5 V 電源下，TTL IC 輸出 2.0 V，此 IC 為＿＿＿＿（HIGH，LOW，未定義）邏輯準位。

5-3. 10 V 電源下，採用 2.4 V 送至 CMOS 輸入，此 IC 將辨識為＿＿＿＿（HIGH，LOW，未定義）邏輯準位。

5-4. 5 V 電源下，採用 3.0 V 送至 74HC00 系列 CMOS 輸入，此 IC 將辨識為＿＿＿＿（HIGH，LOW，未定義）邏輯準位。

5-5. TTL 邏輯閘典型之 HIGH 輸出電壓大約為_____（0.1，0.8，3.5）V。

5-6. TTL 邏輯閘典型之 LOW 輸出電壓大約為_____（0.1，0.8，3.5）V。

5-7. 10 V 電源下，CMOS 邏輯閘典型 HIGH 輸出電壓大約為_____ V。

5-8. 10 V 電源下，CMOS 邏輯閘典型 LOW 輸出電壓大約為_____ V。

5-9. 5 V 電源下，採用 3.0 V 送至 74HCT00 系列 CMOS 輸入，此 IC 將辨識為_____（HIGH，LOW，未定義）邏輯準位。

5-10. 5 V 電源下，採用 1.0 V 送至 74HCT00 系列 CMOS 輸入，此 IC 將辨識為_____（HIGH，LOW，未定義）邏輯準位。

5-11. 74ALVC 系列邏輯 IC 是新型_____（CMOS，TTL）晶片。

5-12. 3 V 電源下，採用 2.4 V 送至 74ALVC00 系列輸入端，此 IC 將辨識為_____（HIGH，LOW，未定義）邏輯準位。

5-13. 新型邏輯家族如 74ALVC00 系列在高速操作下，具有_____（高，低）電壓運作、低功率消耗、好的靜電保護、以及非常_____（高，低）傳遞延遲時間。

5-14. _____（CMOS，TTL）邏輯家族有較好的雜訊抵抗。

5-15. 參考圖 5-4。TTL 家族之雜訊容限大約為_____ V。

5-16. 參考圖 5-4。CMOS 家族之雜訊容限大約為_____ V。

5-17. 參考圖 5-5。TTL 之切換門檻永遠恰為 1.4 V。（是非題）

5-18. 當驅動其他標準 TTL 閘，典形 TTL 的扇出為_____（10，100）。

5-19. 參考圖 5-6(b)。單一 ALS-TTL 輸出將可驅動_____（5，50）個標準 TTL 閘輸入。

5-20. 參考圖 5-6(b)。單一 74HC00 系列 CMOS 輸出至少具有將可驅動_____（10，50）個 LS-TTL 輸入之能力。

5-21. 參考圖 5-47。假如 A 與 B 家族均為 TTL，此反相器_____（能，或許不能）驅動 AND 閘。

5-22. 參考圖 5-47。假如 A 家族是 ALS-TTL 與 B 家族是標準 TTL，此反相器_____（能，或許不能）驅動 AND 閘。

5-23. 參考圖 5-47。假如 A 與 B 家族均為 ALS-TTL，此反相器_____（能，或許不能）驅動 AND 閘。

5-24. _____（4000，74AC00）系列 CMOS IC 具有較大之輸出驅動能力。

5-25. 參考圖 5-8(b)。_____邏輯家族具有最低延遲時間，操作上最_____（快，慢）。

5-26. 74FCT08 IC 與標準 TTL IC 編號_____一樣具有相同邏輯功能與接腳數。

5-27. 一般而言，_____（CMOS，TTL）IC 消耗較少的功率。

5-28. 列出幾個在使用 CMOS IC 時需注意之處。

5-29. 4000系列 CMOS IC 的 V_{DD} 接腳是需連接至電源供應器的_____（接地，正）端。

5-30. 參考圖 5-11(b)。開關被打開時，反相器的輸入是_____（HIGH，LOW），輸出是_____（HIGH，LOW）。

5-31. 參考圖 5-12(a)。當開關被打開時，_____電阻

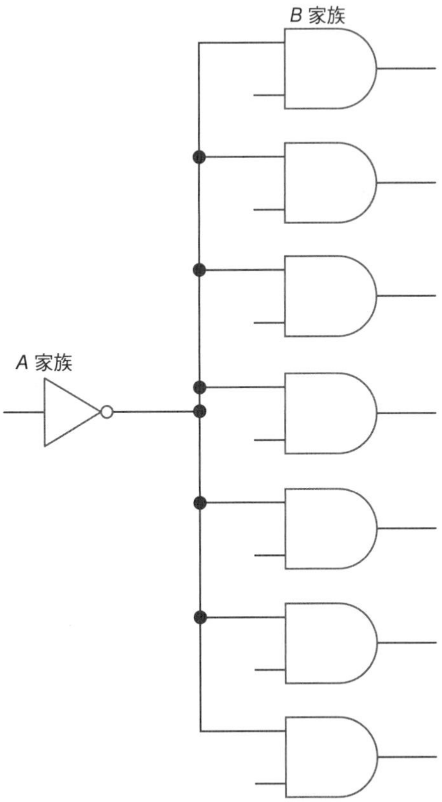

圖 5-47 介面問題。

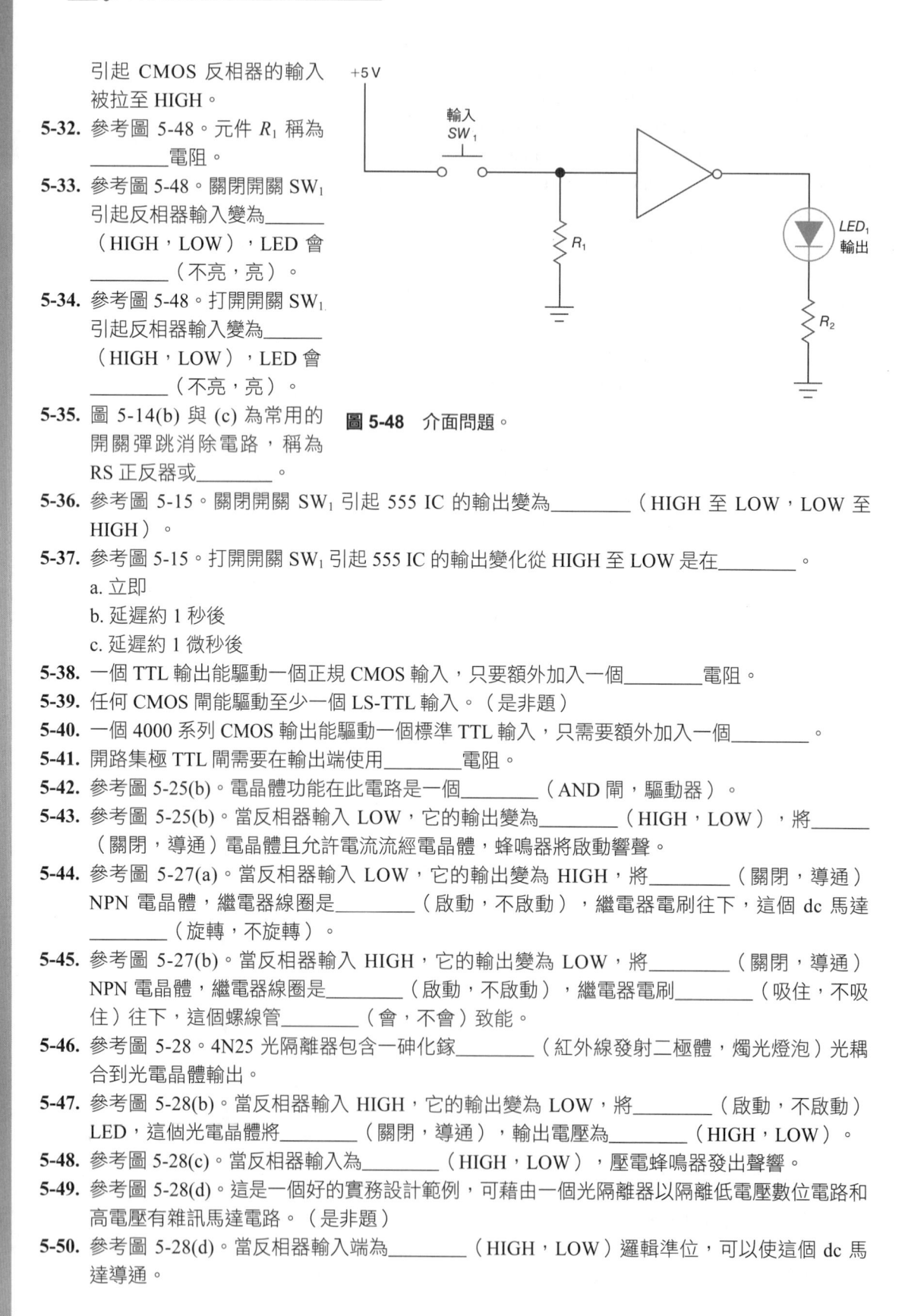

引起 CMOS 反相器的輸入被拉至 HIGH。

5-32. 參考圖 5-48。元件 R_1 稱為_____電阻。

5-33. 參考圖 5-48。關閉開關 SW_1 引起反相器輸入變為_____（HIGH，LOW），LED 會_____（不亮，亮）。

5-34. 參考圖 5-48。打開開關 SW_1 引起反相器輸入變為_____（HIGH，LOW），LED 會_____（不亮，亮）。

5-35. 圖 5-14(b) 與 (c) 為常用的開關彈跳消除電路，稱為 RS 正反器或_____。

圖 5-48 介面問題。

5-36. 參考圖 5-15。關閉開關 SW_1 引起 555 IC 的輸出變為_____（HIGH 至 LOW，LOW 至 HIGH）。

5-37. 參考圖 5-15。打開開關 SW_1 引起 555 IC 的輸出變化從 HIGH 至 LOW 是在_____。
 a. 立即
 b. 延遲約 1 秒後
 c. 延遲約 1 微秒後

5-38. 一個 TTL 輸出能驅動一個正規 CMOS 輸入，只要額外加入一個_____電阻。

5-39. 任何 CMOS 閘能驅動至少一個 LS-TTL 輸入。（是非題）

5-40. 一個 4000 系列 CMOS 輸出能驅動一個標準 TTL 輸入，只需要額外加入一個_____。

5-41. 開路集極 TTL 閘需要在輸出端使用_____電阻。

5-42. 參考圖 5-25(b)。電晶體功能在此電路是一個_____（AND 閘，驅動器）。

5-43. 參考圖 5-25(b)。當反相器輸入 LOW，它的輸出變為_____（HIGH，LOW），將_____（關閉，導通）電晶體且允許電流流經電晶體，蜂鳴器將啟動響聲。

5-44. 參考圖 5-27(a)。當反相器輸入 LOW，它的輸出變為 HIGH，將_____（關閉，導通）NPN 電晶體，繼電器線圈是_____（啟動，不啟動），繼電器電刷往下，這個 dc 馬達_____（旋轉，不旋轉）。

5-45. 參考圖 5-27(b)。當反相器輸入 HIGH，它的輸出變為 LOW，將_____（關閉，導通）NPN 電晶體，繼電器線圈是_____（啟動，不啟動），繼電器電刷_____（吸住，不吸住）往下，這個螺線管_____（會，不會）致能。

5-46. 參考圖 5-28。4N25 光隔離器包含一砷化鎵_____（紅外線發射二極體，燭光燈泡）光耦合到光電晶體輸出。

5-47. 參考圖 5-28(b)。當反相器輸入 HIGH，它的輸出變為 LOW，將_____（啟動，不啟動）LED，這個光電晶體將_____（關閉，導通），輸出電壓為_____（HIGH，LOW）。

5-48. 參考圖 5-28(c)。當反相器輸入為_____（HIGH，LOW），壓電蜂鳴器發出聲響。

5-49. 參考圖 5-28(d)。這是一個好的實務設計範例，可藉由一個光隔離器以隔離低電壓數位電路和高電壓有雜訊馬達電路。（是非題）

5-50. 參考圖 5-28(d)。當反相器輸入端為_____（HIGH，LOW）邏輯準位，可以使這個 dc 馬達導通。

5-51. 固態繼電器與光隔離器有密切的相關性。（是非題）
5-52. 非常適合某一方向連續運轉的電磁設備為 _____（dc 馬達，伺服馬達）。
5-53. 參考圖 5-49。脈波產生器將改變 _____ 以引起伺服馬達來調整輸出軸的角位置。
   a. 頻率大約從 30 Hz 至 100 Hz
   b. 脈波寬度大約從 1 ms 至 2 ms
   c. 脈波振幅大約從 1 V 至 5 V
5-54. 當一個應用需要正確的角度定位時（如機器人手腕），應該使用 _____（dc 馬達，步進馬達）。

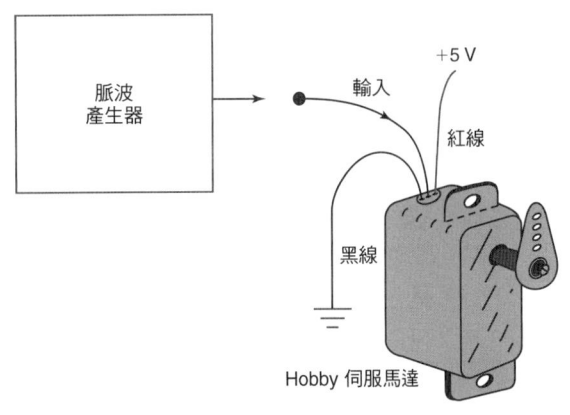

圖 5-49　驅動一個伺服馬達。

5-55. 圖 5-31(a) 的步進馬達是被歸類為單極性或四相位單元。（是非題）
5-56. 圖 5-31 的設備特性為 _____（永久磁性，可變）形式之步進馬達。
5-57. 圖 5-31(a) 步進馬達的每步階角度是 _____ 度。
5-58. 圖 5-32(a) 控制順序是針對 _____（雙極性，單極性）步進馬達所設計。
5-59. 參考圖 5-33(a)。製造商如何描述 MC3479 IC？
5-60. 參考圖 5-33(a) 與 MC3479 IC 接腳 9 與接腳 10 是 LOW。當一個單一脈波輸入 CLK（接腳 7），這個步進馬達往 _____（逆時鐘，順時鐘）方向旋轉 _____（全步，半步）。
5-61. 參考圖 5-33(a) 與 MC3479 IC 接腳 9 與接腳 10 是 HIGH，此步進馬達有步階角度 18 度。在此情形下，需要多少個時脈脈波輸入至 CLK，以使這個步進馬達能旋轉一圈？
5-62. 霍爾效應感測器是一個 _____（磁，壓力）啟動的元件。
5-63. 霍爾效應元件（例如齒輪牙感測器與開關）經常使用在汽車上，因為它們堅固、可靠、能操作在嚴苛的環境以及價格不貴。（是非題）
5-64. 參考圖 5-50。霍爾效應元件部分為霍爾效應感測器、偏壓電池與一個 _____（dc 放大器，多工器）。

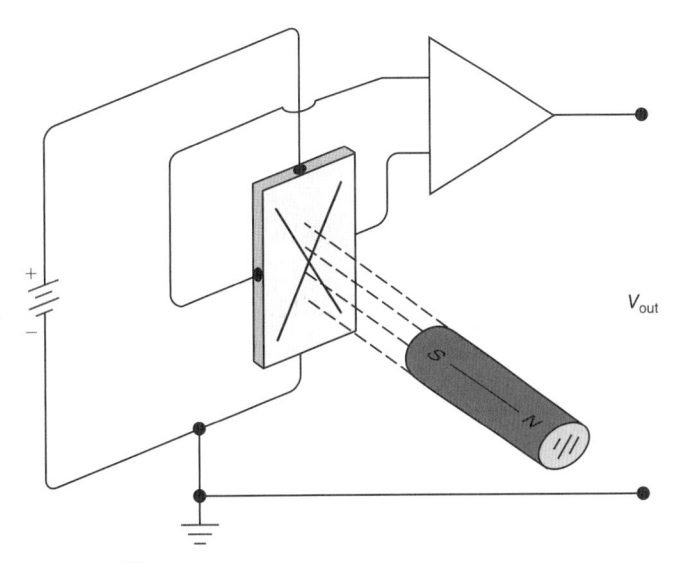

圖 5-50　回顧問題 5-64、5-65 與 5-69。

5-65. 參考圖 5-50。移動磁性物質靠近霍爾效應感測器，會增加磁場強度，將引起輸出電壓＿＿＿＿（減少，增加）。

5-66. 參考圖 5-51。假如霍爾效應 IC 使用單極性開關，藉由移動磁性物質之南極靠近感測器以增加磁場強度，將引起開關＿＿＿＿（關閉，導通）。然而完全移開磁性物質，將引起開關＿＿＿＿（關閉，導通）。

5-67. 參考圖 5-51。假如這個 IC 是雙極性 3132 霍爾效應開關，則這個磁性物質的＿＿＿＿（N，S）極將使元件導通，＿＿＿＿（N，S）極將使輸出電晶體關閉。

5-68. 參考圖 5-51。假如這個 IC 是雙極性 3132 霍爾效應開關，則這個移動磁性物質的 N 極靠近感測器，將引起開關＿＿＿＿（關閉，導通），在接腳 3 的電壓將＿＿＿＿（降為 LOW，升為 HIGH），以及 LED 將＿＿＿＿（亮，不亮）。

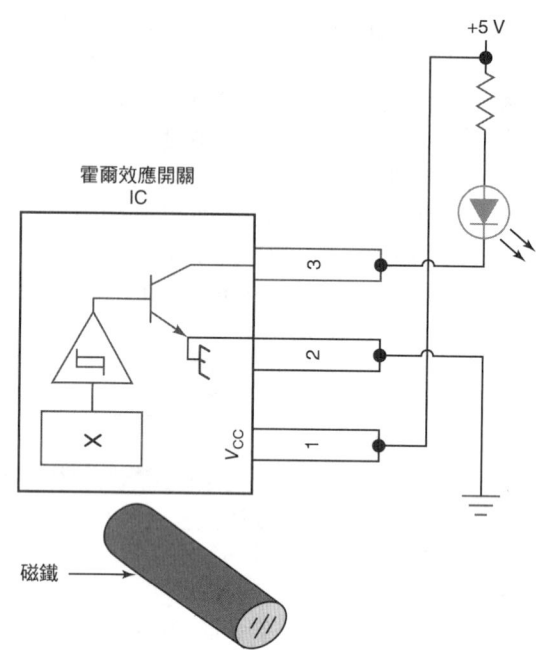

圖 5-51 回顧問題 5-66、5-67、5-68 與 5-70。

5-69. 參考圖 5-50。這個元件輸出的本質是＿＿＿＿（類比，數位）的。

5-70. 參考圖 5-51。這個 IC 輸出的本質是＿＿＿＿（類比，數位）的。

5-71. 參考圖 5-45。這個 BASIC Stamp 2 ＿＿＿＿（聲頻放大器，微控制器）模組取代 PWM 產生器以旋轉伺服馬達。

5-72. 在 Parallax PBASIC 程式語言中，指令 **PULSOUT 14, 750** 產生 14 個負脈波，每一個的時間為 750 μs 長。（是非題）

關鍵性思考問題

5-1. 你如何定義介面 (interfacing)？

5-2. 你如何定義數位系統的雜訊 (noise)？

5-3. 什麼是邏輯閘的傳遞延遲 (propagation delay)？

5-4. 列出 CMOS 邏輯元件的數個優點。

5-5. 為何設計工程師使用 74ALVC00 系列邏輯 IC 來設計輕巧之手持式設備？

5-6. 參考圖 5-45，假如 A 家族是標準 TTL 邏輯，B 家族是 ACT-CMOS 邏輯，則這個反相器＿＿＿＿（能，或許不能）驅動 AND 閘。

5-7. 參考圖 5-18(c)，解釋 HIGH-LOW 指示器電路的運作。

5-8. 「T 型」CMOS IC 的目的（HCT、ACT 型等）為何？

5-9. 何種電力機械元件可用來隔離邏輯電路與高電壓的設備（例如馬達或螺線管）？

5-10. 電氣馬達將電能轉換為＿＿＿＿移動／轉動。

5-11. ＿＿＿＿是電力機械設備，可將電能轉換為線性移動／轉動。

5-12. 為什麼許多工程師在設計時，會把 FACT-CMOS 系列視為最好的邏輯家族之一？

5-13. 參考圖 5-26，當反相器輸入是 LOW 時，解釋電路如何運作。

5-14. 參考圖 5-27(a)，當反相器輸入是 HIGH 時，解釋電路如何運作。

5-15. 一個光隔離器能在以不同電壓操作的兩個系統間防止＿＿＿＿（訊號，不想要的雜訊）傳送。

5-16. 參考圖 5-28(d)，當反相器輸入是 LOW 時，解釋電路如何運作。

5-17. 假使 12 V 步進馬達的線圈電阻是 40 Ω，則線圈將流過多少電流？

5-18. 假使步進馬達的每步階角度是 3.6 度，馬達轉一圈需多少步階？

5-19. 為何霍爾效應設備（例如開關與齒輪牙感測器）會被廣泛使用在現代的汽車上？

5-20. 解釋什麼是電流抽取或電流導入 (current sinking)。

5-21. 什麼是 PWM（脈波寬度調變）？如何用它來驅動一個伺服馬達？

5-22. 參考圖 5-33(c)，當步進馬達的控制順序是往下前進時，你必須注意什麼？（提示：電流流經繞線的方向。）

5-23. 參考圖 5-38(b)，在霍爾效應開關內的史密特觸發器的目的為何？

5-24. 參考圖 5-38(b)，在此 IC 內驅動電晶體的輸出是_____（開路集極，圖騰極）的形式。

5-25. 描述霍爾效應開關之雙極與單極運作之間的差異。

5-26. 設計以下的介面電路：開關與 TTL IC、LED 與 TTL/CMOS IC、TTL 與 CMOS IC、CMOS IC 與蜂鳴器、繼電器、馬達。

5-27. 如何使用光隔離器作為 TTL IC 與高電壓元件（警報器與馬達）之介面？

5-28. 描述如何設計步進馬達之介面。

5-29. 如何應用霍爾效應開關（雙極性與單極性）來驅動 CMOS 計數器 IC？

5-30. 描述如何藉由脈波寬度調變 (PWM) 來控制一個伺服馬達？

5-31. 設計與說明 TTL 邏輯方塊如何來控制一個步進馬達驅動 IC 與步進馬達？

5-32. 描述使用微控制器 (BASIC Stamp 2 system) 來驅動一個伺服馬達。

CHAPTER 6
編碼、解碼與七段顯示器

學習目標 本章將幫助你：

6-1 將十進制數轉換為 BCD 碼與將 BCD 碼轉換為十進制數。

6-2 識別幾個常用數位編碼的特點與應用。

6-3 比較十進制數、超 3 碼、格雷碼與 8421 BCD 碼。

6-4 解釋使用光學編碼之 4 位元格雷碼編碼器運作，了解 2 位元正交編碼器以決定旋轉軸的旋轉方向。

6-5 將 ASCII 碼轉換為字母／數字與將字母、數字轉換為 ASCII 碼。

6-6 詳細了解 74147 編碼器 IC（十進制數轉換為 BCD 碼之編碼 IC），能了解其真值表、接腳圖與邏輯圖。

6-7 描述幾個 LED 顯示器結構，以及測試七段顯示器的運作。

6-8 了解幾個典型解碼器原理，如 BCD 對七段顯示器之解碼與驅動。

6-9 詳細了解 7447 編碼驅動 IC（BCD 碼轉換七段之編碼驅動 IC）之真值表、接腳圖與邏輯圖，並能將 7447 編碼驅動 IC 與共陽極七段 LED 顯示器完成接線。

6-10 描述液晶顯示器架構與運作，使用 CMOS 編碼驅動器來推動 LCD。藉由回答幾個問題，了解彩色 LCD。

6-11 詳細了解 74HC4543 LCD 推動 IC（BCD 對七段轉換門鎖／解碼器／驅動器 IC）之真值表、接腳圖與邏輯圖，解釋此 LCD 介面 IC 的功能（CMOS 門鎖／解碼器／驅動器 IC）。

6-12 描述真空螢光顯示器的結構與運作。

6-13 詳細了解 CMOS 4511 IC（BCD 對七段轉換門鎖／解碼器／驅動 IC）之真值表、接腳圖與邏輯圖，解釋此真空螢光顯示器介面 IC 的功能。

6-14 解碼器／驅動器七段顯示器電路之故障維修。

　　我們使用十進制數碼來表示數目，但數位電路使用二進制的各式型態。有許多特殊編碼使用於數位電路以表示數目、字母、標點符號與控制字元。此章涵蓋幾個數位電路常使用的編碼。電子轉換器可將一個編碼轉換為另一個編碼，在數位電子裡常被廣泛使用。本章將介紹幾種常用編碼器與解碼器，以在碼與碼之間進行轉換。

　　在現代電子系統中，編碼與解碼可用硬體、計算機程式或軟體來執行。在電腦術語中，**加密 (encrypt)** 的意思即為編碼，所以**編碼器 (encoder)** 是轉換十進制至一個加密碼（例如二進制碼）的電子設備，讓人較不容易解讀。一般而言，編碼即是將輸入資訊

轉換成對數位電路運作較有用的碼。

一般而言，**解碼 (decode)** 即是一種轉碼轉換成另一種碼。**解碼器 (decoder)** 即是將加密碼轉換成另一種較容易了解的碼所用的邏輯設備。例如，從二進制轉換為十進制即為解碼作業。

6-1　8421 BCD 碼

十進制的 926 該如何表示成二進制形式？換句話說，926 該如何轉換至二進制 1110011110？十進制轉換二進制可使用圖 6-1 連續除以 2 的方法。

如圖 6-1，首先 926 除以 2 得到商數 463 與餘數 0。這個餘數 0 即為二進制的最小位元 (least-significant bit, LSB)。接下來第一個商數再除以 2 得到商數 231 (463/2 = 231) 與餘數 1。這個餘數 1 為二進制數目從右邊算起第 2 個位置的值。此過程將重複執行直到商數變為 1，當商數變為 0 時即完成。研讀圖 6-1 將幫助你了解轉換十進制至二進制連續除以 2 的過程。

這個二進制 1110011110 對我們的意義不大。另有一種二進制表示方法稱為 **8421 二進位十進制碼 (8421 binary coded decimal code)**，經常被簡稱為 **BCD 碼 (BCD code)**。

十進制 926 轉換成 BCD (8421) 碼的過程如圖 6-2(a)。十進制 926 的 8421 BCD 碼為 1001 0010 0110。注意在圖 6-2(a) 中，以每四個二進制位元為一組來表示一個十進制數。最右邊群組 (0110) 表示十進制個位數，中間群組 (0010) 表示十進制十位數，最左邊群組 (1001) 表示十進制百位數。

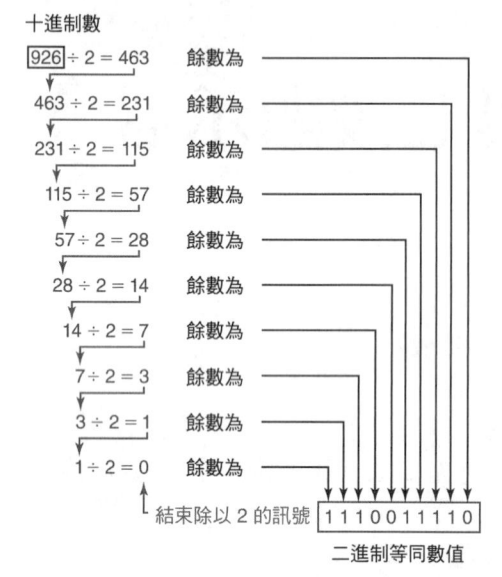

圖 6-1 使用連續除以 2 的方法將十進制轉換成二進制。

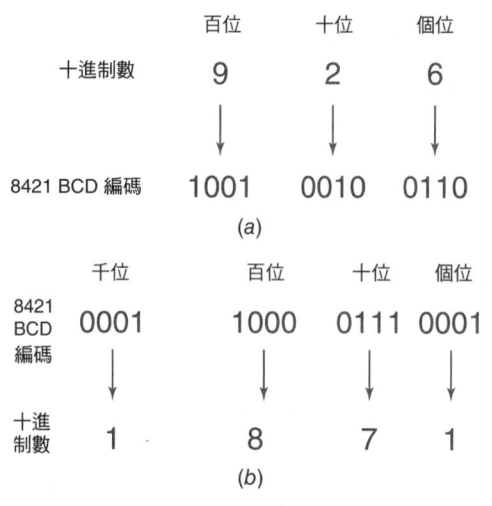

圖 6-2 (a) 十進制轉換成 8421 BCD 碼。
(b) BCD 碼轉換成十進制。

假使有一 8421 BCD 數為 0001 1000 0111 0001，其表示的十進制數值是多少？圖 6-2(b) 為將 BCD 碼轉換成十進制。我們發現 BCD 碼 0001 1000 0111 0001 等於十進制 1871。8421 BCD 碼並未使用數目 1010 1011 1100 1101 1110 1111，這些是無效數目，不被 BCD 碼所使用。

8421 BCD 碼在數位系統中被廣泛使用。如之前所示，「BCD 碼」即是指 8421 BCD 碼。但需注意，某些 BCD 碼的權重並非是上述的 8421，例如 4221 碼與超 3 碼。假如七段顯示需顯示出 0 至 9 的十進制數目，則 BCD 碼是一個好的選擇。

自我測驗

請填入下列空格。

1. 十進制碼 29 與二進制碼的_____一樣。
2. 十進制碼 29 與 8421 BCD 碼的_____一樣。
3. 8421 BCD 碼 1000 0111 0110 0101 等同於十進制的_____。
4. _____（ASCII，8421 BCD）碼較適合使用於圖 6-3 的計數器輸出。
5. 參考圖 6-3，假如計數器輸出是 0111 1001$_{BCD}$，進入解碼器後，七段顯示器的讀值為何？
6. 參考圖 6-3，假如七段顯示器的讀值為十進制 85，則位於計數器與解碼器之間的 BCD 碼是_____。
7. 參考圖 6-3，假如七段顯示器的讀值為十進制 81，則位於計數器與解碼器之間的 BCD 碼是 0101 0001。（是非題）

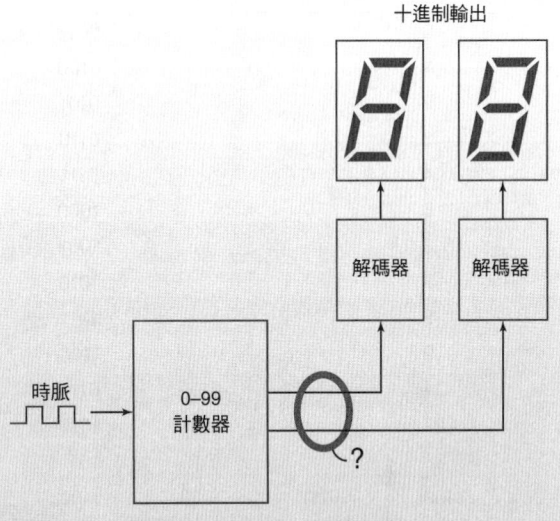

圖 6-3　十進制輸出之兩位元計數器。

6-2　超 3 碼

「BCD」是一般常用的名詞，通常意指「8421 碼」。**超 3 碼 (excess-3 code)** 是另一種 BCD 碼的形式。超 3 碼是把十進制數每位元的數值加 3 後再轉換為二進制型態。圖 6-4 顯示將十進制 4 轉成超 3 碼 0111，表 6-1 列出幾個十進制數轉換為超 3 碼的例子。你或許已經注意到以超 3 碼表示的十進位制數值是相對較難理解的，它們不像 8421 BCD 碼，每一個二進制位元有規則的權重。超 3 碼使用於算術電路，因為它們具有自我補數 (self-complementing) 的特質。

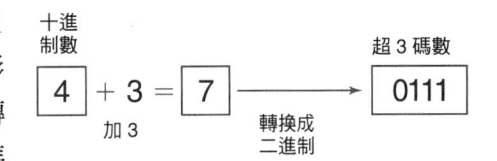

圖 6-4　將十進制數轉換成超 3 碼。

8421 與超 3 碼是使用於數位電子裡眾多 BCD 碼的其中兩類。8421 是最常被使用的 BCD 碼。

自我測驗

請填入下列空格。

8. 十進制 18 以超 3 碼_____來表示。
9. 超 3 碼 1001 0011 為十進制數值_____。

表 6-1　超 3 碼

十進制數		超 3 碼數	
0			0011
1			0100
2			0101
3			0110
4			0111
5			1000
6			1001
7			1010
8			1011
9			1100
14		0100	0111
27		0101	1010
38		0110	1011
459	0111	1000	1100
606	1001	0011	1001
	百位	十位	個位

表 6-2　格雷碼

十進制數	二位元數	8421 BCD 編碼	格雷碼數
0	0000	0000	0000
1	0001	0001	0001
2	0010	0010	0011
3	0011	0011	0010
4	0100	0100	0110
5	0101	0101	0111
6	0110	0110	0101
7	0111	0111	0100
8	1000	1000	1100
9	1001	1001	1101
10	1010	0001 0000	1111
11	1011	0001 0001	1110
12	1100	0001 0010	1010
13	1101	0001 0011	1011
14	1110	0001 0100	1001
15	1111	0001 0101	1000
16	10000	0001 0110	11000
17	10001	0001 0111	11001

6-3　格雷碼

表 6-2 比較**格雷碼 (Gray Code)** 與其他已知的編碼。格雷碼的重要特性是從上到下計數，每次只有一個位元改變，如表 6-2 所示。格雷碼不能使用於算術電路，一般是使用於數位系統的輸入元件與輸出元件。從表 6-2 可看出格雷碼並不是眾多 BCD 碼中的一種，而且注意到將十進制數轉換成格雷碼十分困難，將格雷碼再轉換回十進制也不容易。有一種方法可作此轉換，但我們經常使用電子解碼器來作此轉換工作。

轉軸編碼器

格雷碼是由貝爾實驗室的法蘭克‧格雷 (Frank Gray) 所發明，常與旋轉角度的**光編碼 (optical encoding)** 有關。圖 6-5 說明此觀念之簡單範例。一個編碼的圓形碟片被連接至轉軸。圓形碟片較淺色的區域代表透光區域，較深色的區域代表不透光區域。一個光源（通常為紅外線）在上面往下發光，光感測器則放在圓形碟下方。圓形碟片可自由轉動，光源與感測器則在固定位置。

圖 6-5 中，光源通過四個透光區域並啟動四個光感測器。在此例中，感測器傳送格雷碼 1111 到格雷碼至二進制解碼器，此解碼器將格雷碼轉換至二進制數值。由於此圓形碟片是 4 位元編碼，旋轉位置解析度只有 16 個的其中 1 個，故只能檢測每次 22.5° 的旋

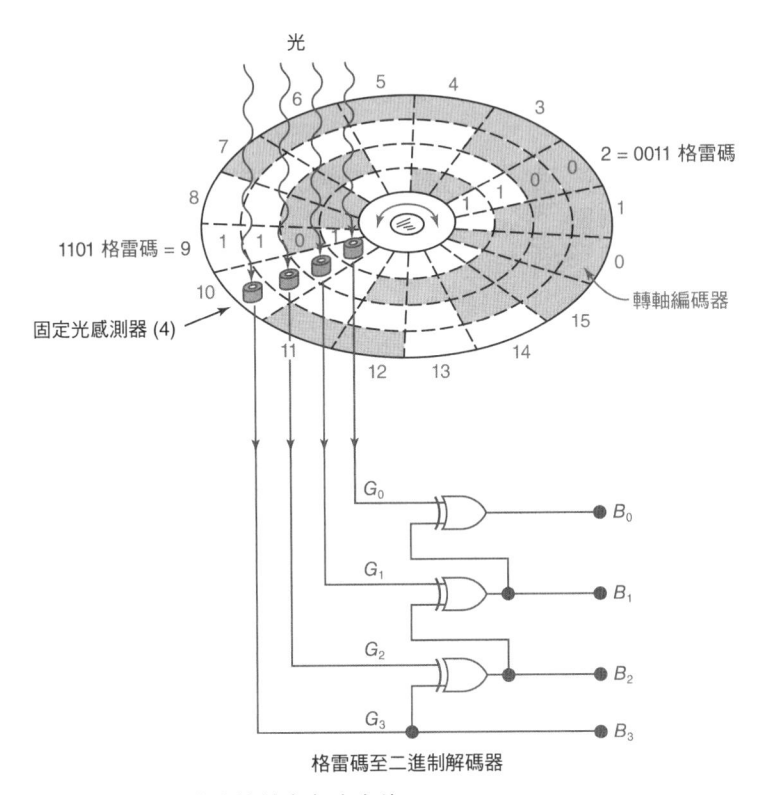

圖 6-5 格雷碼使用於圓形碟片轉軸之角度定位。

轉角度 (360°/16 = 22.5°)。圖 6-5 的編碼圓形碟片說明了如何利用格雷碼來完成旋轉軸角度偵測設計。

在圖 6-5 中，當光源照射時，置放在**轉軸編碼器 (shaft encoder)** 下面之四個光感測器將產生 HIGH（邏輯 1）。在此例中，轉軸編碼器旋轉，所有光感測器接收到光源而被啟動（產生邏輯 1）。格雷碼 1111 等於十進制 10_{10}。圖 6-5 之格雷碼至二進制解碼器將格雷碼 1111 轉換至二進制 1010。

轉軸編碼器之目的為將轉軸或輪子之角度位置定位，可使用於機器人、工具機、與伺服機。想像圖 6-5 轉軸編碼器逆時鐘旋轉 90 度，導致編號第 6 號區域將位在光感測器上方。第 6 號區域之四個視窗（分別為不透光、透光、不透光、透光）將產生格雷碼 0101。格雷碼至二進制解碼器將格雷碼 0101 轉換至二進制 0110。此角度位置定位，可藉由處理器單元作訊號處理例如微控制器，以幫助機器人或工具機運作。

轉軸編碼器功能可內建於馬達、齒輪、車輪內。轉軸編碼器之圓型碟片可切成更多區域，更多區域的意思為需要更多位元之格雷碼。有一種設備稱為絕對編碼器 (absolute encoder) 為使用格雷碼來決定旋轉角度的位置。

正交編碼器

圖 6-5 的轉軸編碼器使用格雷碼決定轉軸之角度位置。在機器人或其他電機機械，

軸的轉動方向必須告知處理器單元，例如微控制器。一個簡易 16 位置之旋轉編碼器如圖 6-6 所示。其輸出碼為格雷碼型式的一種，稱為**二位元正交 (2-bit quadrature)**。圖 6-6 下半部呈現此編碼器如何產生二位元正交。注意輸出端編碼呈現格雷碼特性，也就是不論往上或往下，每次只改變一個位元。

此旋轉編碼器之旋轉方向可從此二位元來決定。在圖 6-6 中，首先想像在第九行 (00)，輸出將變為 10（$A = 1$ 與 $B = 0$）。從此圖可知，旋轉軸順時鐘 (CW) 旋轉一個位置。接下來想像在第五行 (00)，輸出將變為 01（$A = 0$ 與 $B = 1$）。從此圖可知，旋轉軸逆時鐘 (CCW) 旋轉一個位置。一個處理器（例如微控制器）可規劃程式，以決定此編碼器旋轉軸之旋轉方向。

總結而言，四位元格雷碼可使用於決定轉軸之角度位置。再者，分析旋轉編碼器的二位元正交編碼輸出可決定編碼器旋轉軸之旋轉方向。

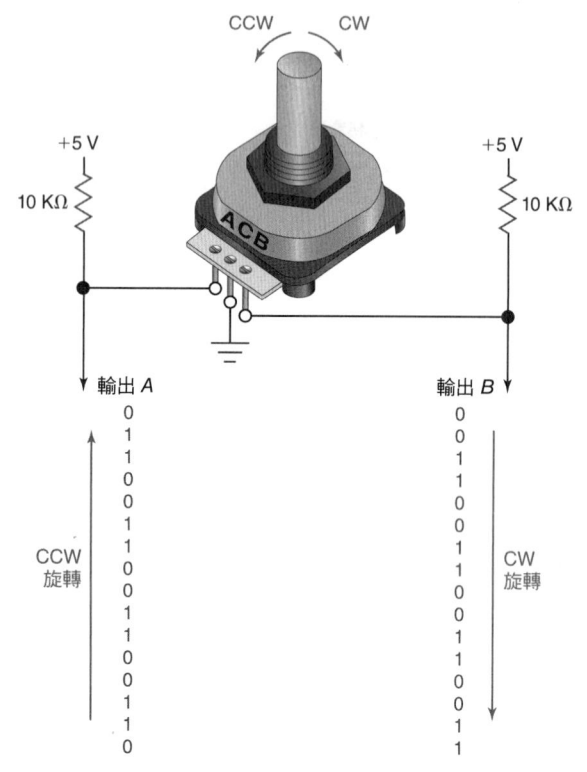

圖 6-6 旋轉編碼器產生二位元正交碼。此碼的輸出是編碼器旋轉一次。

自我測驗

請填入下列空格。

10. 格雷碼_____（是，不是）BCD 形式的碼。
11. 格雷碼最重要的特性是什麼？
12. 格雷碼的發明者是貝爾實驗室的_____。
13. 格雷碼最常與編碼碟片轉軸之角度定位的_____有關。
14. 參考圖 6-5，此編碼器碟片的透光區域允許光源啟動光感測器，將產生_____（HIGH，LOW）之邏輯準位。
15. 參考圖 6-5，假如第 7 號區域是在光感測器上，此編碼器將產生四位元格雷碼_____，後續將轉換為二進制 0111。
16. 參考圖 6-6，此十六位置之旋轉編碼器將產生_____（四位元格雷碼，二位元正交編碼）。
17. 參考圖 6-6，想像在第三行 (11)，輸出將變為 $A = 0$ 與 $B = 1$，由此圖將可知道旋轉軸在_____（逆時鐘，順時鐘）方向旋轉。

6-4 ASCII 碼

ASCII 碼 (ASCII code) 非常廣泛使用於微電腦作資訊接收與傳達。標準 ASCII 是 7 位元碼，用於鍵盤輸入與電腦顯示／印表機之間交換資訊。ASCII 是**美國資訊交換標準碼 (American Standard Code for Information Interchange)** 的縮寫。

表 6-3 歸納整理了 ASCII 碼。ASCII 碼可用來表示數目、字元、標點符號與控制字元。例如，從上表知道 111 1111 表示 DEL，從下表知道 DEL 是刪除的意思。

ASCII 碼中的 A 是什麼？在表 6-3 的上表尋找 A，組合此 7 位元碼為 100 0001 ＝ A。假使在鍵盤輸入 A，將會傳送此碼至微電腦的中央處理單元 (CPU)。

在使用表 6-3 時應注意，下表的控制字元可能在某些電腦或機器裡會有其他意思。然而，比較常用的控制字元，例如 BEL（bell，響聲）、BS（backspace，後退）與 LF（line feed，前進一行）、CR（carriage return，指標返回）、DEL（delete，刪除）與 SP（space，空白）在大多數電腦上的意義均一樣。ASCII 控制碼的真正意義必須查閱儀器製造商手冊才能確定。

ASCII 碼是一種字母與數字符號構成的碼 (alphanumeric code)，能夠表示字母與數字。其他碼，如 EBCDIC (extended binary-coded decimal interchange code)、Baudot 與 Hollerith 等碼也是此類型的碼。

自我測驗

請填入下列空格。
18. ASCII 碼被歸類於_____碼，因為它同時能代表字母與數字符號。
19. ASCII 碼是_____的縮寫。
20. 在 7 位元 ASCII 碼中，字母 R 被表示（編碼）為_____。
21. ASCII 碼 010 0100 表示哪個字元？

6-5 編碼器

一個使用編碼器的數位系統如圖 6-7 所示。此編碼器接收來自鍵盤的十進制輸入，將其轉換為 8421 BCD 碼。製造商稱此編碼器為 **10 線對 4 線優先權編碼器 (10-line-to-4-line priority encoder)**。圖 6-8(a) 是此編碼器的方塊圖。假如十進制 3 是輸入於此編碼器，內部的邏輯電路將輸出 BCD 碼 0011。

10 線對 4 線優先權編碼器的一個更精確描述如圖 6-8(b) 所示，此例為 74147 10 線對 4 線優先權編碼器的接腳圖。注意在輸入端（1 到 9）與輸出端（A 到 D）有一小圓圈，此小圓圈表示 74147 優先權編碼器有**主動低輸入 (active LOW inputs)** 與**主動低輸出 (active LOW outputs)**。74147 編碼 IC 的真值表如圖 6-8(c) 所示。注意，只有低邏輯

表 6-3 ASCII 碼。

位元7	位元6	位元5	位元4	位元3	位元2	位元1	000	001	010	011	100	101	110	111
			0	0	0	0	NUL	DLE	SP	0	@	P	\	P
			0	0	0	1	SOH	DC1	!	1	A	Q	a	q
			0	0	1	0	STX	DC2	"	2	B	R	b	r
			0	0	1	1	ETX	DC3	#	3	C	S	c	s
			0	1	0	0	EOT	DC4	$	4	D	T	d	t
			0	1	0	1	ENQ	NAK	%	5	E	U	e	u
			0	1	1	0	ACK	SYN	&	6	F	V	f	v
			0	1	1	1	BEL	ETB	'	7	G	W	g	w
			1	0	0	0	BS	CAN	(	8	H	X	h	x
			1	0	0	1	HT	EM	)	9	I	Y	i	y
			1	0	1	0	LF	SUB	*	:	J	Z	j	z
			1	0	1	1	VT	ESC	+	;	K	[	k	l
			1	1	0	0	FF	FS	,	<	L	\	l	l
			1	1	0	1	CR	GS	−	=	M	]	m	}
			1	1	1	0	SO	RS	.	>	N	^	n	~
			1	1	1	1	SI	US	/	?	O	−	o	DEL

控制功能

NUL	空	DLE	資料連接跳離
SOH	標題開始	DC1	設備控制 1
STX	文字開始	DC2	設備控制 2
ETX	文字結束	DC3	設備控制 3
EOT	傳送結束	DC4	設備控制 4
ENQ	詢問	NAK	否定告知
ACK	告知收到	SYN	同步停頓
BEL	響聲	ETB	資料區塊傳送結束
BS	後退	CAN	取消
HT	水平表格（略）	EM	媒體結束
LF	前進一行	SUB	代替
VT	垂直表格（略）	ESC	跳離
FF	前進一面	FS	檔案分隔
CR	指標返回	GS	群組分隔
SO	位移輸出	RS	紀錄分隔
SI	位移輸入	US	單一分隔
DEL	刪除	SP	空白

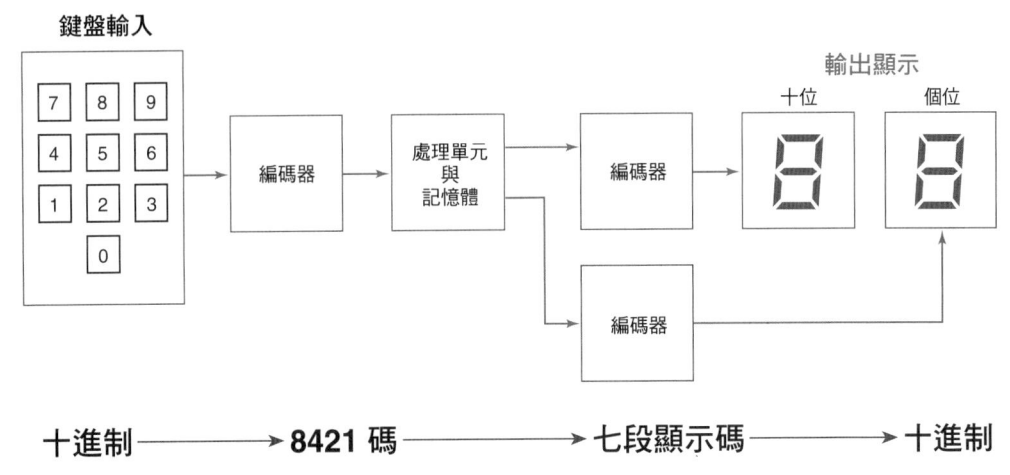

第 6 章 編碼、解碼與七段顯示器　199

圖 6-7　數位系統。

準位（真值表內的 L）將觸發並產生適合的輸出，此對應輸出亦為 LOW。圖 6-8(c) 真值表的最後一列，L（邏輯 0）只在輸入端 1 啟動時才產生 A 輸出（A 為 4 位元組的最小位元）。

圖 6-8(c) 的 74147 TTL IC 是採用 16 接腳 DIP 封裝，其內部電路等效於 30 個邏輯閘。

圖 6-8 之 74147 編碼器有優先權特性，代表假如兩個輸入是同時啟動，只有較大的數值會被編碼。例如，假設 9 與 4 同時被啟動 (LOW)，此時輸出是 LHHL，亦即是 9。請注意此 IC 輸出必須作互補（反相）才能得到真正的二進位數 1001。

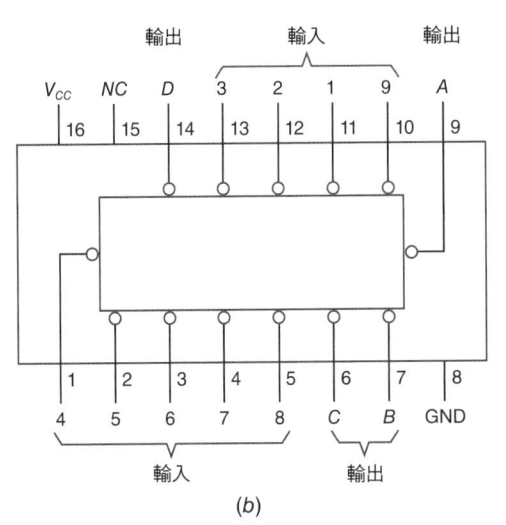

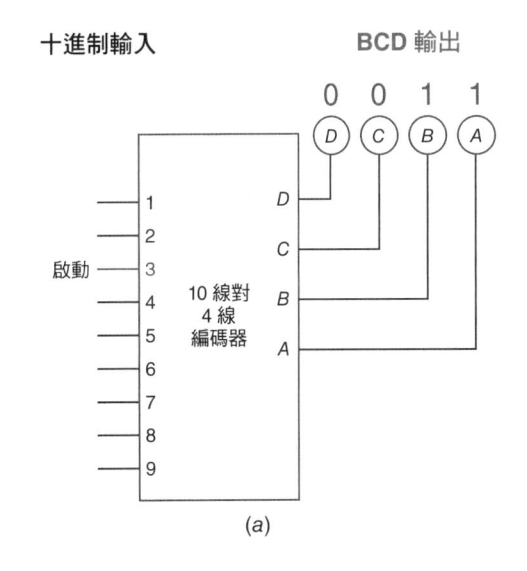

輸入									輸出			
1	2	3	4	5	6	7	8	9	D	C	B	A
H	H	H	H	H	H	H	H	H	H	H	H	H
X	X	X	X	X	X	X	X	L	L	H	H	L
X	X	X	X	X	X	X	L	H	L	H	H	H
X	X	X	X	X	X	L	H	H	H	L	L	L
X	X	X	X	X	L	H	H	H	H	L	L	H
X	X	X	X	L	H	H	H	H	H	L	H	L
X	X	X	L	H	H	H	H	H	H	L	H	H
X	X	L	H	H	H	H	H	H	H	H	L	L
X	L	H	H	H	H	H	H	H	H	H	L	H
L	H	H	H	H	H	H	H	H	H	H	H	L

H = HIGH 邏輯準位，L = LOW 邏輯準位，X = 不相關
(c)

圖 6-8　(a) 10 線對 4 線編碼器。(b) 74147 編碼器 IC 之接腳圖。(c) 74147 編碼器真值表。

自我測驗

請填入下列空格。
22. 參考圖 6-8，74147 編碼器 IC 有一主動＿＿＿＿＿（HIGH，LOW）輸入與主動＿＿＿＿＿（HIGH，LOW）輸出。
23. 參考圖 6-8，若 74147 編碼器只有輸入 7 為 LOW，則四個輸出之邏輯狀態各為何？
24. 參考圖 6-8(b)，輸入 4（74147 編碼器 IC 的接腳 1）的邏輯符號前加一個小圓圈有何意義？
25. 參考圖 6-8，若 74147 編碼器的輸入 2 與輸入 8 兩者皆為 LOW，則四個輸出之邏輯狀態各為何？

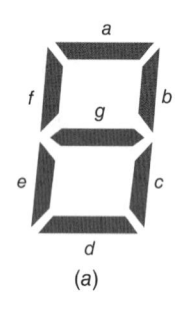

圖 6-9 (a) 線段標示。(b) 典型十進制數顯示情形。

6-6 七段 LED 顯示器

如圖 6-7 所示，解碼器一般的任務是將機器語言轉換成十進制數值。一個用來顯示十進位值的常見輸出元件是**七段顯示器 (seven-segment display)**。在圖 6-9(a)，顯示器的七個線段被標示 a 至 g，圖 6-9(b) 為顯示器顯示出 0 至 9 的情形。例如，線段 a、b 與 c 點亮，就顯示出十進制 7；線段 a 至 g 全部點亮，則顯示出十進制 8。

幾種常用七段顯示器封裝如圖 6-10 所示。圖 6-10(a) 是 14 接腳 DIP 封裝，圖 6-10(b) 是另一種單位元七段 LED 顯示器封裝，它的封裝體較寬。最後，圖 6-10(c) 是多位元 LED 顯示器，廣泛使用於數位時鐘。

顯示技術

七段顯示器也可用薄的燈絲組成，稱為**白熾顯示器 (incandescent display)**，類似一般燈泡。另一種顯示器為**氣體放電管 (gas-discharge tube)**，操作於高電壓下，為橘色發光。另一種現代化**真空螢光顯示器 (vacuum fluorescent display, VF display)** 點亮時發出藍綠色光，操作在低電壓下。**液晶顯示器 (liquid-crystal display, LCD)** 的數字是黑色或銀色。一般常用的 LED 顯示器在點亮時是發出暗紅色光。

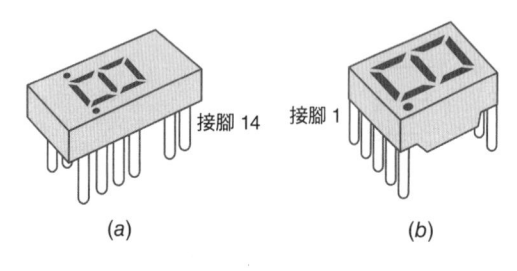

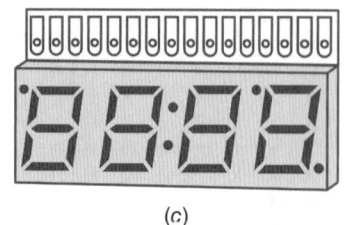

圖 6-10 (a) 七段 LED 顯示器 DIP 封裝。(b) 常用 10 接腳單一位元封裝。注意：接腳 1 的位置，接腳編號從顯示器上方看進去為依逆時鐘方向增加。(c) 多位元封裝。

發光二極體

一個簡單的**發光二極體 (light-emitting diode, LED)** 如圖 6-11 所示。圖 6-11(a) 為將 LED 切掉一部分之剖視圖，內有一個小的二極體晶片，也有一個反射器，以利將光源往上投射至上方塑膠透鏡。

使用 LED 很重要的是，需注意其引腳標示。圓形 LED 邊緣的標示區（扁平處）是陰極。圖 6-11(b) 中，邊緣的扁平處以及兩支引腳中較短的引腳均為陰極。

LED 基本上是一個 **PN 接面二極體 (PN-junction diode)**。當此二極體順偏，電流流經 PN 接面，LED 發光且光線被聚焦在塑膠透鏡上。許多 LED 是由**砷化鎵 (gallium arsenide, GaAs)** 與相關材料所製造，可發出數種顏色，包括紅色、綠色、橘色、藍色、琥珀色、黃色、紅外線（不可見光）與多顏色。

圖 6-12(a) 顯示單一 LED 的測試。當開關 (SW_1) 閉合時，電流從 5 V 電源端流向 LED，引起 LED 發光。這個串聯電阻限制電流約 20 mA。假使無此限流電阻，LED 將會燒毀。一般而言，當 LED 點亮時，可以接受約 1.7 V 至 2.1 V 的端點電壓。由於仍是二極體架構，LED 仍對電壓極性很敏感，陰極端 (K) 需接向負端 (GND)，而陽極端 (A) 需接至電源正端。

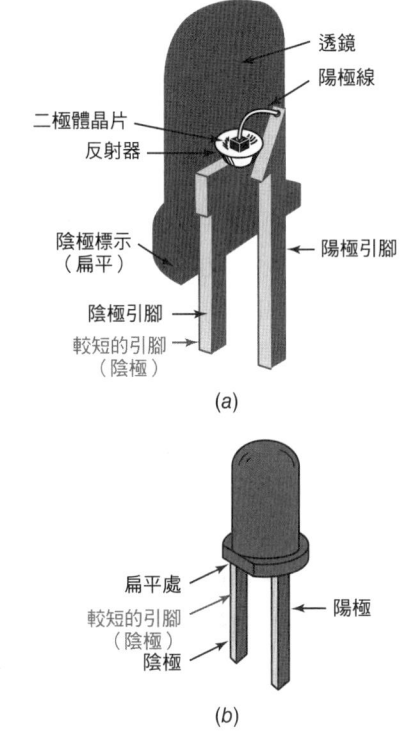

圖 6-11 (a) 標準 LED 剖視圖。(b) LED 陰極引腳辨識。

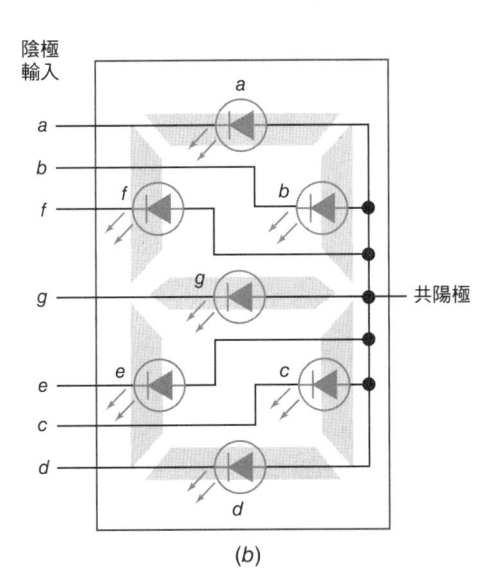

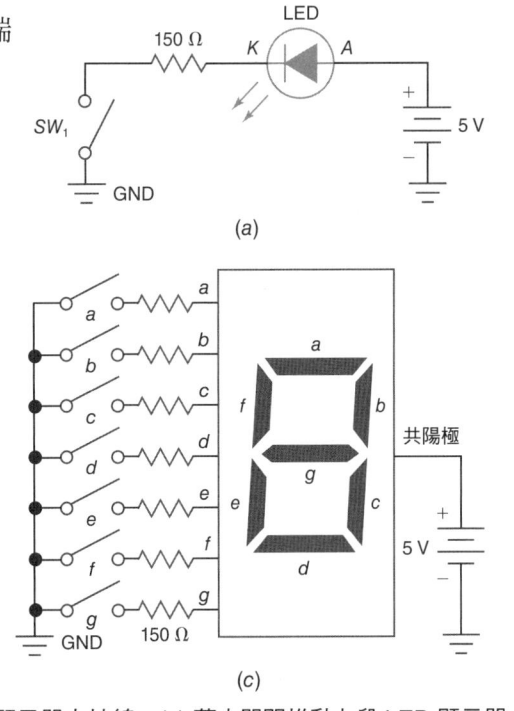

圖 6-12 (a) 簡易 LED 的運作。(b) 共陽極七段 LED 顯示器之接線。(c) 藉由開關推動七段 LED 顯示器。

七段 LED 顯示器

圖 6-12(b) 為**七段 LED 顯示器 (seven-segment LED display)**，每一線段（a 至 g）各包含一個 LED。所有 LED 陽極被接在一起後接在右邊單點（共陽極），而左邊為每一線段的輸入端。圖 6-12(b) 稱為**共陽極 (common-anode)** 七段 LED 顯示器。在市面上亦可買到**共陰極 (common-cathode)** 形式。

為了理解顯示器如何啟動與發亮，考慮圖 6-12(c) 的電路。假如開關 b 閉合，電流從 GND 端，經由限流電阻到 b 線段的 LED，然後流至共陽極至電源端，此時只有 b 線段點亮。

假使要呈現十進制 7，圖 6-12(c) 的開關 a、b 與 c 需閉合。點亮線段 a、b 與 c，此時將會點亮 7。相同地，假使要點亮十進制 5，開關 a、c、d、f 與 g 需閉合。這五個開關皆把對應線段接至 GND，十進制 5 將被點亮。注意，LED 輸入端需 GND 電壓（LOW 邏輯準位）才可啟動此 LED。

圖 6-12(c) 用以驅動 LED 的開關是機械式開關。通常 LED 電源是由 IC 所供給，此 IC 被稱為**顯示驅動器 (display driver)**。在實務上，此顯示驅動器經常與解碼器 IC 封裝在一起。因此，此類 IC 一般被稱為**七段解碼器／驅動器 (seven-segment decoder/driver)**。

自我測驗

請填入下列空格。

26. 參考圖 6-9(a)，若線段 a、c、d、f 與 g 被點亮，一個十進制數_____將顯示在七段顯示器上。
27. 發散出藍綠光的七段顯示器是_____（真空螢光，白熾燈，LCD）顯示器。
28. LED 是_____的縮寫。
29. 參考圖 6-12(c)，開關 b 與 c 閉合時，線段_____與_____將點亮。此_____（LCD，LED）顯示器將顯示十進制數_____。
30. 在圖 6-11 的單一 LED，利用邊緣扁平處作為_____引腳之標示。
31. 參考圖 6-12(c)，七個電阻在 LED 的陰極端，目的為_____（限流，電壓相乘）。
32. 參考圖 6-12(b)，七段顯示器有_____（主動 HIGH，主動 LOW）輸入。
33. 參考圖 6-12(c)，輸入開關 b、c、f 與 g 閉合時，顯示器將顯示十進制數_____。

6-7 解碼器

解碼器 (decoder) 的行為和編碼器一樣，都是在作碼的轉換。圖 6-7 顯示在系統中有兩個解碼器，此解碼器是將 8421 BCD 碼轉換成七段顯示器碼，以點亮所對應的線段，呈現十進制數。圖 6-13 為 BCD 對七段解碼器／驅動器

> **有關電子學**
>
> **LED 應用於交通號誌。** 愈來愈多交通號誌使用一群 LED 所組成的陣列，以逐漸取代白熾鹵素燈泡。原因如下：
> - LED 較亮，而且涵蓋整個表面。
> - LED 的壽命較長，可以節省更換成本。
> - LED 節省能源成本，在某些地區可由太陽能板提供電力。

BCD 輸入　　　　　　　　　　　　　　　　　　　　**十進制輸出**

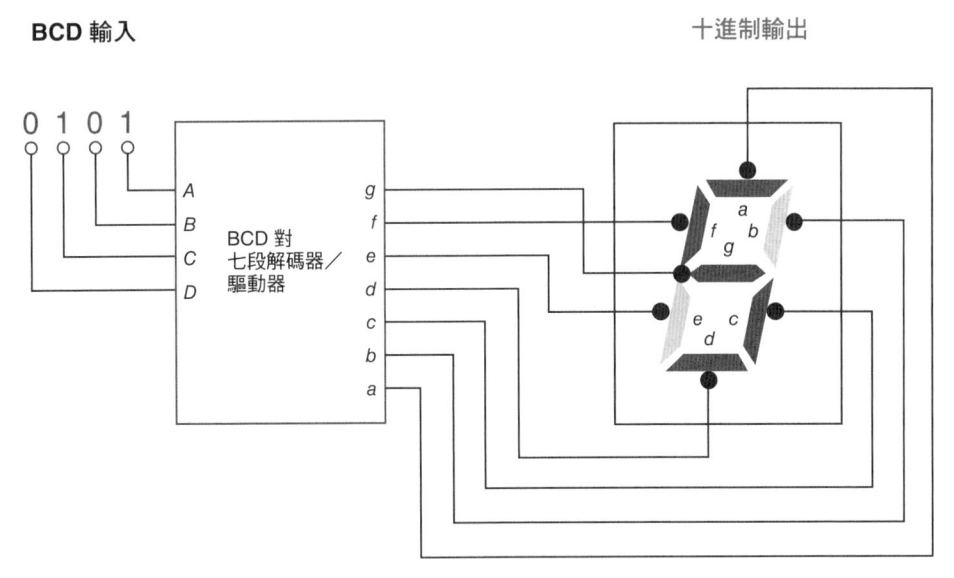

圖 6-13 驅動七段顯示器的解碼器。

輸入　　　　　　　　　　　　　　　　　　　　**輸出**

8421BCD 碼或
超 3 碼或
格雷碼

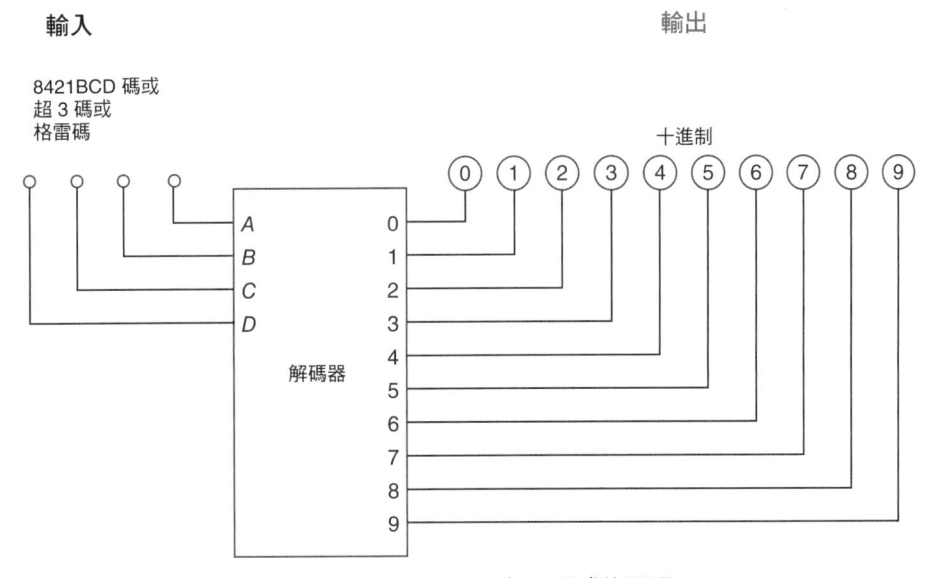

圖 6-14 解碼器方塊圖。輸入可以是 8421 BCD 碼、超 3 碼或格雷碼。

(BCD-to-seven-segment decoder/driver)，左邊是 BCD 數 0101 輸入，右邊七段顯示器中的 a、c、d、f 與 g 將被啟動點亮以顯示出十進制 5。

解碼器有許多種形式，圖 6-14 為其中一種。圖 6-14 的方塊圖可適用於 8421 BCD 碼、超 3 碼與格雷碼等輸入之解碼器。

尚有其他形式的解碼器，如 BCD 碼轉換器、BCD 對二進制轉換器、4 線對 16 線解碼器與 2 線對 4 線解碼器。另外還有十進制對八進制 (decimal-to-octal) 與 8 線對 3 線優先權編碼器。

就像編碼器一樣，解碼器亦為**組合邏輯電路 (combinational logic circuits)**，具有多個輸入與多個輸出。大多數解碼器包含 20 至 50 個邏輯閘，而大部分解碼器與編碼器被封裝在單一個 IC 內。一些專門用途的編碼器與編碼器可以使用 PLD 來實現它的功能。

解碼也可以使用較彈性的規劃方式來實現，例如使用 BASIC Stamp 模組，這些模組由 Parallax 公司製造，內含微控制器與相關 EEPROM 記憶體。

自我測驗

請填入下列空格。
34. 參考圖 6-13，將 BCD 碼 1000 輸入解碼器／驅動器，七段顯示器中哪些線段將被點亮？顯示的十進制數為何？
35. 至少列出三種解碼器。
36. 參考圖 6-13，當七段顯示器是 LED 型態，則必須在解碼器與顯示器之間加入七個_____（限流電阻，開關）。
37. 參考圖 6-13，當顯示器顯示十進制 3，則 BCD 輸入為_____。
38. 參考圖 6-13，當 BCD 輸入是 0111，哪些線段將被點亮？顯示的十進制數為何？

6-8　BCD 對七段解碼器／驅動器

商用 **TTL 7447A BCD 碼對七段解碼器／驅動器 (7447A BCD-to-seven-segment decoder/drivers)** 如圖 6-15(a) 所示。標示為 D、C、B 與 A 輸入的 BCD 數將被解碼。當燈泡測試是以 LOW 啟動時，所有 a 至 g 輸出均為 ON。當**遮斷輸入訊號 (blanking input, BI)** 是以 LOW 啟動時，所有輸出均為 HIGH，所有接在輸出端顯示為 OFF。當**漣波遮斷輸入 (ripple-blanking input, RBI)** 是以 LOW 啟動時，0 的顯示將不會被顯示出。當 RBI 輸入為主動時，BI/RBO 接腳暫時為**漣波遮斷輸出 (ripple-blanking output, RBO)** 輸出端，而且為 LOW 輸出。注意，在此例中，「遮斷」的意義即為在顯示器上的 LED 均不會亮。

電子學的歷史

道格拉斯‧恩格爾巴特
1963 年道格拉斯‧恩格爾巴特（Douglas Engelbart）發明了滑鼠。滑鼠在最早期被稱為 X-Y 位置指示器，應用於顯示系統。恩格爾巴特早期設計的滑鼠是電子式類似大理石的東西。電路被封在一個木製的盒子內，上有一個紅色按鈕與銅製的線路尾巴。恩格爾巴特從史丹福研究院退休之後，發明了一個只有 5 個按鍵的鍵盤。

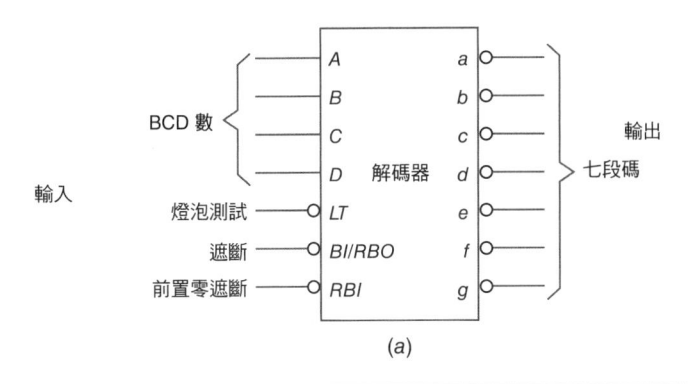

第 6 章 編碼、解碼與七段顯示器　205

(a)

十進制或函數	輸入						BI/BRO	輸出							註
	LT	RBI	D	C	B	A		a	b	c	d	e	f	g	
0	H	H	L	L	L	L	H	ON	ON	ON	ON	ON	ON	OFF	
1	H	X	L	L	L	H	H	OFF	ON	ON	OFF	OFF	OFF	OFF	
2	H	X	L	L	H	L	H	ON	ON	OFF	ON	ON	OFF	ON	
3	H	X	L	L	H	H	H	ON	ON	ON	ON	OFF	OFF	ON	
4	H	X	L	H	L	L	H	OFF	ON	ON	OFF	OFF	ON	ON	
5	H	X	L	H	L	H	H	ON	OFF	ON	ON	OFF	ON	ON	
6	H	X	L	H	H	L	H	OFF	OFF	ON	ON	ON	ON	ON	
7	H	X	L	H	H	H	H	ON	ON	ON	OFF	OFF	OFF	OFF	
8	H	X	H	L	L	L	H	ON	ON	ON	ON	ON	ON	ON	1
9	H	X	H	L	L	H	H	ON	ON	ON	OFF	OFF	ON	ON	
10	H	X	H	L	H	L	H	OFF	OFF	OFF	ON	ON	OFF	ON	
11	H	X	H	L	H	H	H	OFF	OFF	ON	ON	OFF	OFF	ON	
12	H	X	H	H	L	L	H	OFF	ON	OFF	OFF	OFF	ON	ON	
13	H	X	H	H	L	H	H	ON	OFF	OFF	ON	OFF	ON	ON	
14	H	X	H	H	H	L	H	OFF	OFF	OFF	ON	ON	ON	ON	
15	H	X	H	H	H	H	H	OFF	OFF	OFF	OFF	OFF	OFF	OFF	
BI	X	X	X	X	X	X	L	OFF	OFF	OFF	OFF	OFF	OFF	OFF	2
RBI	H	L	L	L	L	L	L	OFF	OFF	OFF	OFF	OFF	OFF	OFF	3
LT	L	X	X	X	X	X	H	ON	ON	ON	ON	ON	ON	ON	4

H = 高準位，L = 低準位，X = 不相關

註：
1. 當輸出 0 到 15 是想要的功能時，遮斷輸入訊號 (BI) 必須為開路狀態或保持在 HIGH。
2. 當遮斷輸入訊號 (BI) 是 LOW 邏輯時，不管任何輸入準位，所有線段輸出均為 OFF。
3. 當漣波遮斷輸入 (RBI) 與輸入 A、B、C、D 均為 LOW，以及燈泡測試 (LT) 輸入為 HIGH 時，所有線段輸出均為 OFF，而且漣波遮斷輸出 (RBO) 將反應變為 LOW 準位。
4. 當遮斷輸入／漣波遮斷輸出 (BI/RBO) 是開路或在 HIGH 狀態，而且燈泡測試 (LT) 為 LOW 輸入，此時所有的線段輸出均為 ON 狀態。

(c)

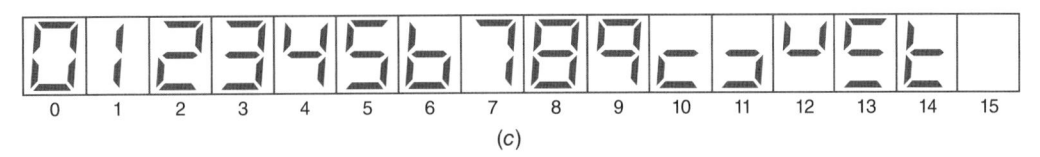

圖 6-15 (a) 7447A TTL 解碼器 IC 的邏輯符號。(b) 7447A 解碼器真值表。(Courtesy of Texas Instruments, Inc.) (c) 使用 7447A 解碼器 IC 七段顯示器之數字顯示格式。

7447A IC 的七個輸出均為主動 LOW 輸出。換句話說，七個輸出端平常為 HIGH，當啟動時便為 LOW 輸出。

德州儀器公司的 7447A 解碼器／驅動器 IC 正確操作已整理在圖 6-15(b)。7447A 解碼器所產生的十進制數顯示如圖 6-15(c)。注意**不正確的 BCD 碼輸入 (invalid BCD input)**（例如十進制的 10、11、12、13、14 及 15）在 7447A 解碼器會產生唯一的輸出碼。

7447A 解碼器／驅動器 IC 經常與共陽極七段 LED 顯示器連接，如圖 6-16 所示。很重要的是，有七個 150 Ω 的限流電阻需接在 7447A IC 與七段顯示器之間。

假設圖 6-16 之 7447A IC 的 BCD 輸入碼是 0001 (LLLH)，亦即如圖 6-15(b) 真值表的第二列情形。此輸入組合引起七段顯示器的 b 線段與 c 線段點亮（輸出 b 與 c 準位為 LOW），導致顯示十進制 1。LT 與兩個 BI 接腳未在圖 6-16 顯示。當它們沒有被連接時，可被視為「浮接」HIGH，在電路裡行為好像失能 (disabled)。對於一個好的設計，「浮接」輸入必須接至 +5 V，以確保邏輯電位在 HIGH。

在許多應用中，例如計算機或收銀機，**前置零 (leading zeros)** 不需顯示。圖 6-17 說明收銀機裡的 7447A 解碼器／驅動器與一群顯示器連接。這個六位元顯示器例子說明如何藉由 7447A IC 驅動 LED 顯示器來完成前置零不顯示之工作。

六個編碼器的輸入顯示在圖 6-17 底部，分別是 BCD 輸入碼 0000 0000 0011 1000 0001 0000（十進制 003810）。最左邊有兩個零不必顯示出來，所以顯示器顯示 38.10。不顯示前置零是藉由每個 7447A 解碼器 IC 的 RBI 與 RBO 接腳如圖 6-17 的連接所完成。

從圖 6-17 最左邊 IC 作動至右邊，注意 IC6 的 RBI 輸入是接至接地。從圖 6-15(b) 的 7447A 解碼器真值表觀察到，當 RBI 是 LOW 以及當所有 BCD 輸入是 LOW，顯示器的所有線段是不顯示的（OFF 狀態）。此時 IC6 的 RBO 亦被強迫為 LOW，此 LOW 訊號送至 IC5 的 RBI 端。

回到圖 6-17，IC5 的 BCD 輸入 0000 以及 RBI 為 LOW，IC5 所接顯示器位元亦不顯示出 0，IC5 的 RBO 亦強迫至 LOW，再傳遞至 IC4 的 RBI。因為 IC4 的 BCD 輸入為 0011，縱使其 RBI 為 LOW，IC4 所接顯示器仍會顯示，此時 IC4 的 RBO 停留在 HIGH，將送至 IC3。

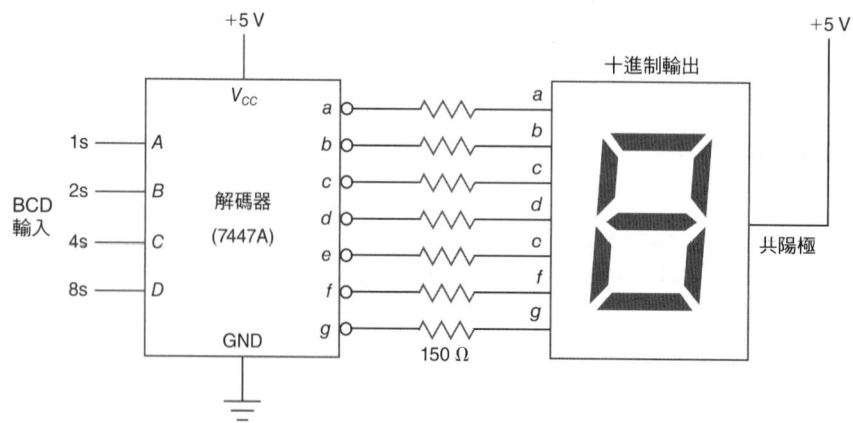

圖 6-16 7447A 解碼器與七段 LED 顯示器的接線圖。

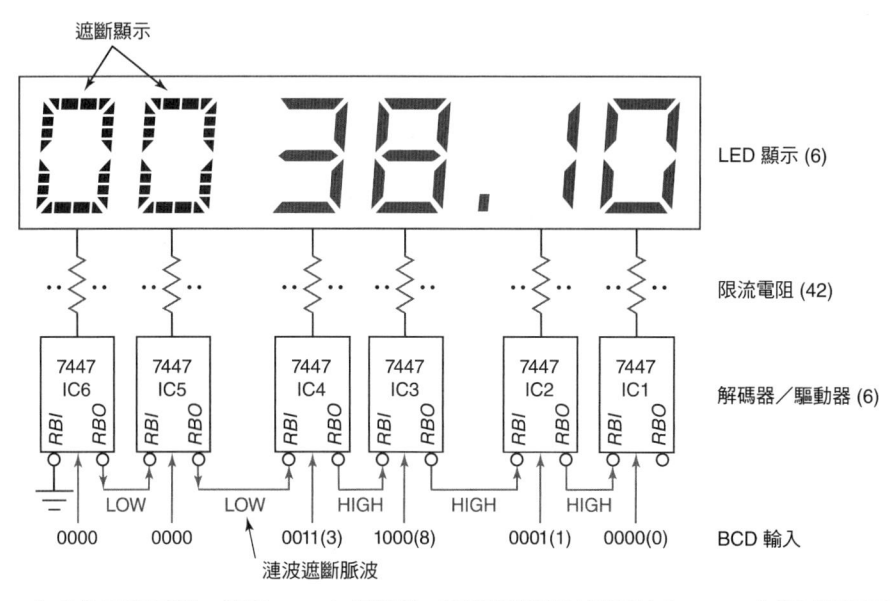

第 6 章　編碼、解碼與七段顯示器　207

圖 6-17　在多位元顯示器，使用 7447A 解碼器／驅動器的漣波遮斷輸入 (RBI) 來抑制前置零。

一個問題發生在圖 6-17 最右邊的顯示器，IC1 的 BCD 輸入是 0000_{BCD}，顯示器顯示 0，並沒有被遮斷，為什麼？因為 IC1 的 RBI 輸入並沒有被致能 (RBI = HIGH)。當 RBI 為 HIGH，圖 6-15(b) 真值表第一列呈現 7447A 解碼器／驅動器仍會顯示 0。

自我測驗

請填入下列空格。

39. 參考圖 6-15，7447A 解碼器／驅動器 IC 具備主動_____（HIGH，LOW）BCD 碼輸入與主動_____（HIGH，LOW）輸出。
40. 參考圖 6-15，7447A 解碼器／驅動器 IC 之燈泡測試、遮斷與零遮斷輸入等訊號為主動_____（HIGH，LOW）輸入。
41. 7447A IC 之 RBI 與 RBO 訊號是用於遮斷計算機或收銀機上多位元顯示器之_____顯示。
42. 圖 6-18 的電路在 t_1 至 t_7 每一時間點，七段顯示器數目讀值為何？

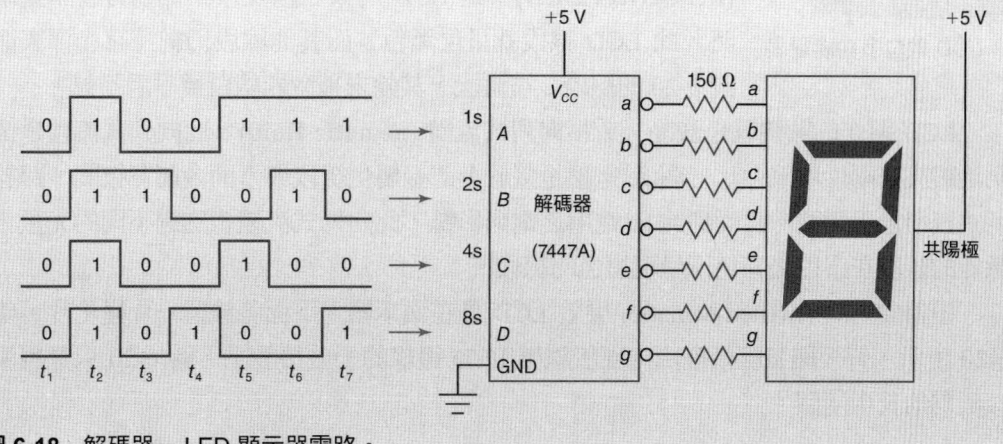

圖 6-18　解碼器－LED 顯示器電路。

43. 圖 6-18 的電路在 t_1 至 t_7 每一時間點，七段顯示器的哪些線段將被點亮？
44. 訊號 BI、RBI 與 LT 並未顯示在圖 6-18 的 7447A 邏輯符號中。它們未被連接使用，亦即邏輯狀態為浮接 HIGH 與失能。（是非題）
45. 參考圖 6-16，當 LED 顯示器被點亮時，7447A 解碼器／驅動器 IC 是＿＿＿＿＿（導入，提供）電流。
46. 參考圖 6-16，7447A 解碼器／驅動器 IC 被設計成可操作＿＿＿＿＿（共陽極，共陰極）七段 LED 顯示器。
47. 參考圖 6-15(b)，7447A IC 的燈泡測試接腳 (LT) 是一個＿＿＿＿＿（主動 HIGH，主動 LOW）輸入。
48. 參考圖 6-15(b)，假如 7447A IC 的輸入 BI 與 LT 均為 LOW，所接的顯示器所有線段是＿＿＿＿＿（OFF，ON）。

6-9　液晶顯示器

LED 能真的產生光源，而**液晶顯示器 (liquid-crystal displays, LCD)** 只能簡單地控制可用的光源。LCD 很受歡迎，因為它的功率消耗低，也相當適合在太陽光或有亮光的地方使用。圖 6-19 為使用 LCD 面板之現代化數位多功能電表 (digital multimeter, DMM)。

LCD 也適合於呈現更複雜的顯示，不只是七段顯示功能。圖 6-19 LCD 顯示器包含一個位於底部的類比大小指示，以及較大的數字顯示。實際上，在數位多功能電表中內有多種其他符號，可觀察圖 6-19。

單色 LCD

圖 6-20 為一般 LCD 的結構示意圖。這種組成稱為**場效 LCD (field-effect LCD)**。此 LCD 的某一線段被一低頻方波訊號激能時，此 LCD 線段就呈現黑色，而其他線段仍維持有光澤表面。圖 6-20 的線段 e 被激能，其餘未被激能線段幾乎看不見。

圖 6-19 LCD 數位多功能電表 (DMM)。

LCD 運作的關鍵就是液晶，或稱**向列式流體 (nematic fluid)**。此向列式流體是像三明治般夾在兩片玻璃中。一個 ac 電壓是接於上部金屬化線段與下面金屬背板間，跨於向列式流體上下兩側。當受到此 ac 電壓之電場影響，此向列式流體會透過不同的光量，被激能的線段在銀色之底色下呈現黑色的線段。

扭轉向列式 (twisted-nematic) 場效 LCD 是在顯示器上下面各放置一片極化片，如圖 6-20 所示。背板與各線段經由內部接線至 LCD 邊緣的一些接觸點。圖 6-20 只呈現眾多接觸點的其中兩個。

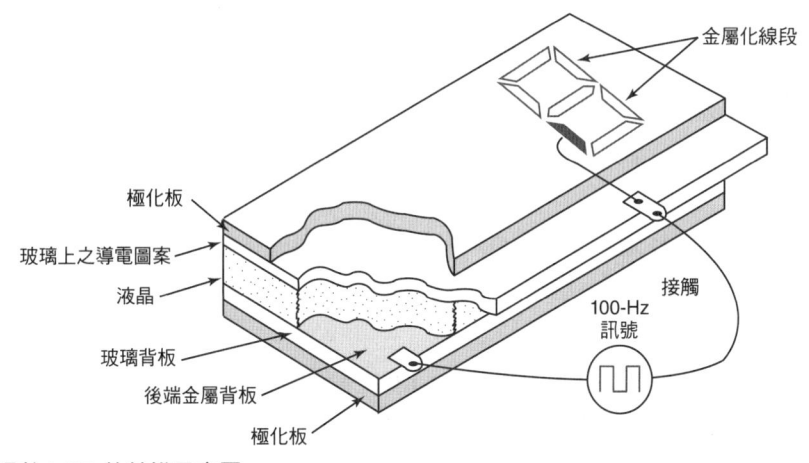

圖 6-20 場效 LCD 的結構示意圖。

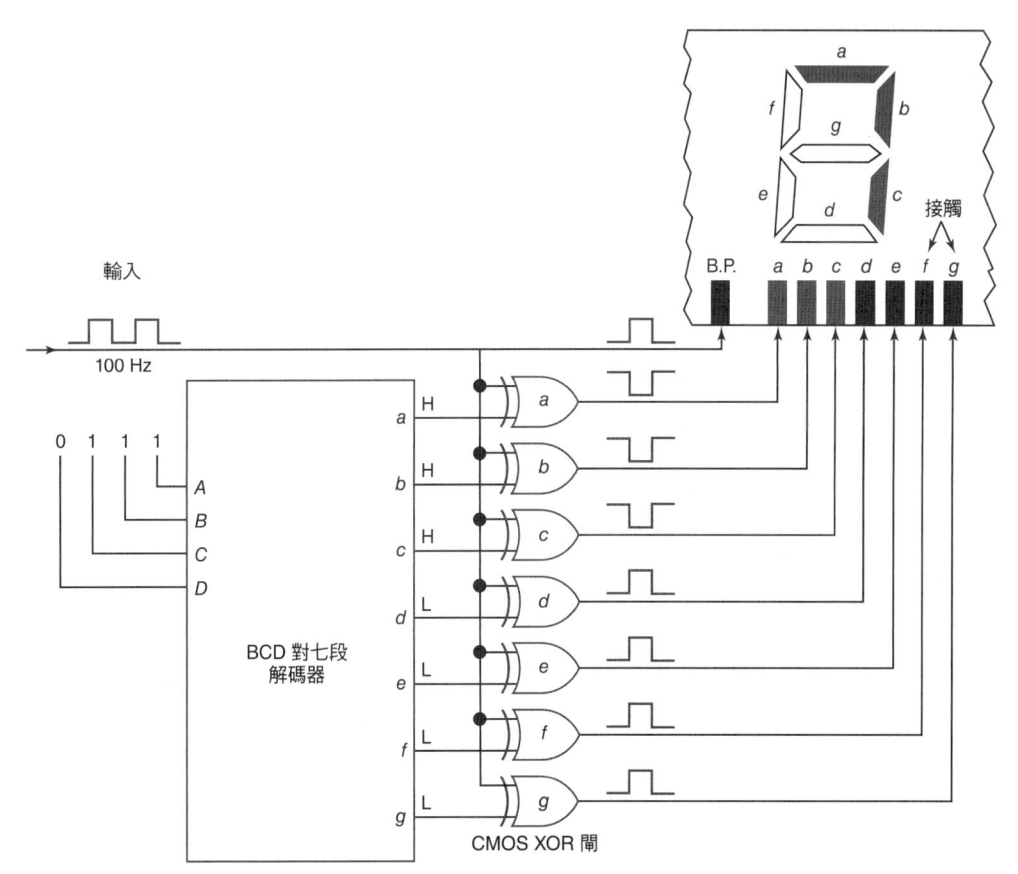

圖 6-21 CMOS 解碼器／驅動器系統與 LCD 的接線。

驅動 LCD

　　圖 6-21 為顯示 7 的 LCD 電路。有一個 BCD 對七段顯示解碼器在圖的左邊，接收 BCD 輸入 0111，導致 a、b 與 c 線段位元輸出為 HIGH，其餘 d、e、f 與 g 輸出為

LOW。100 Hz 的方波輸入訊號接至顯示器背板接點。此方波訊號亦同時接到每一個 CMOS XOR 閘以驅動 LCD。注意，當 a、b 與 c 的 XOR 被啟動時，XOR 輸入產生一反相波形，與背板訊號產生 180° 相差。因此線段 a、b 與 c 導致 LCD 的此區域為黑色，而與背板訊號同相位之 d、e、f 與 g 區域線段未被啟動（未有電場產生），因此仍維持幾乎看不見的狀態。

圖 6-21 中作為 LCD 驅動器的 XOR 閘為 CMOS 型態。TTL 形式的 XOR 閘不能用於驅動 LCD，因為它們將引起一個小的直流電壓差跨於 LCD 的向列式流體。此 dc 電壓會很快的燒毀 LCD。

在實務上，圖 6-21 的解碼器與 XOR LCD 驅動電路通常被封裝在單一個 CMOS IC。這個 100 Hz 方波訊號之頻率不需要十分精確，一般可允許在 30 Hz 至 200 Hz 之間。液晶顯示器對低溫十分敏感。在低於 0 度溫度時，LCD 顯示器開與關的時間將非常慢。無論如何，LCD 運作具有長時間與非常低功率消耗的特性，適合在電池電力或太陽光電力下操作。

商業用 LCD

圖 6-22 顯示兩個商業用單色 LCD 元件。兩個元件接腳可被焊接至印刷電路板。在實驗裡，LCD 亦可用插拔的方式與板子連接，不過在插拔時，因為 LCD 接腳易損壞需特別小心。大部分實驗室是採用 LCD 已經焊在小板子上的模組，而此模組有連接頭與印刷電路板可作互連，降低插拔時接腳損壞的風險。

圖 6-22(a) 為簡易型二位元七段顯示 LCD，其上下各有一個玻璃板。由於是薄的玻璃平板，使用上不能掉落或彎曲。圖 6-22(a) 有兩個塑膠嵌著接腳連接在玻璃平板一側，在圖上只標示共同或背板接腳位置，顯示器每線段與小數點在封裝體上均有對應接腳。

圖 6-22(b) 為另一種商業用單色 LCD。此 LCD 有更複雜的顯示，包括符號。此 LCD 被封裝在 40 接腳包裝，所有線段、小數點與符號均有對應接腳號碼，在圖上僅標示背板或共同接腳，其他接腳實際位置需查閱製造商資料手冊。

使用**扭轉向列式場效技術 (twisted-nematic field-effect technology)** 的單色 LCD 成本不貴，其組成架構與操作原理與圖 6-20 雷同。簡易型單色 LCD 使用於電話、計算機、手錶與時鐘。較複雜的單色 LCD 可顯示柱狀圖，如圖 6-19 的 DMM，在無線電與全球定位系統 (GPS) 接收機應用上亦可顯示地圖、波形圖、湖底的地形圖或探測魚群顯示。低單價產品（例如鬧鐘或電子書閱讀器）可使用單色 LCD。

彩色 LCD

舊型彩色電視與電腦顯示器均採陰極射線管 (cathode-ray tube, CRT) 技術。CRT 在高解析度下能顯示出明亮色彩，但是其體積大與重量重，而且也耗用較多功率等缺點，人們已較不喜愛。

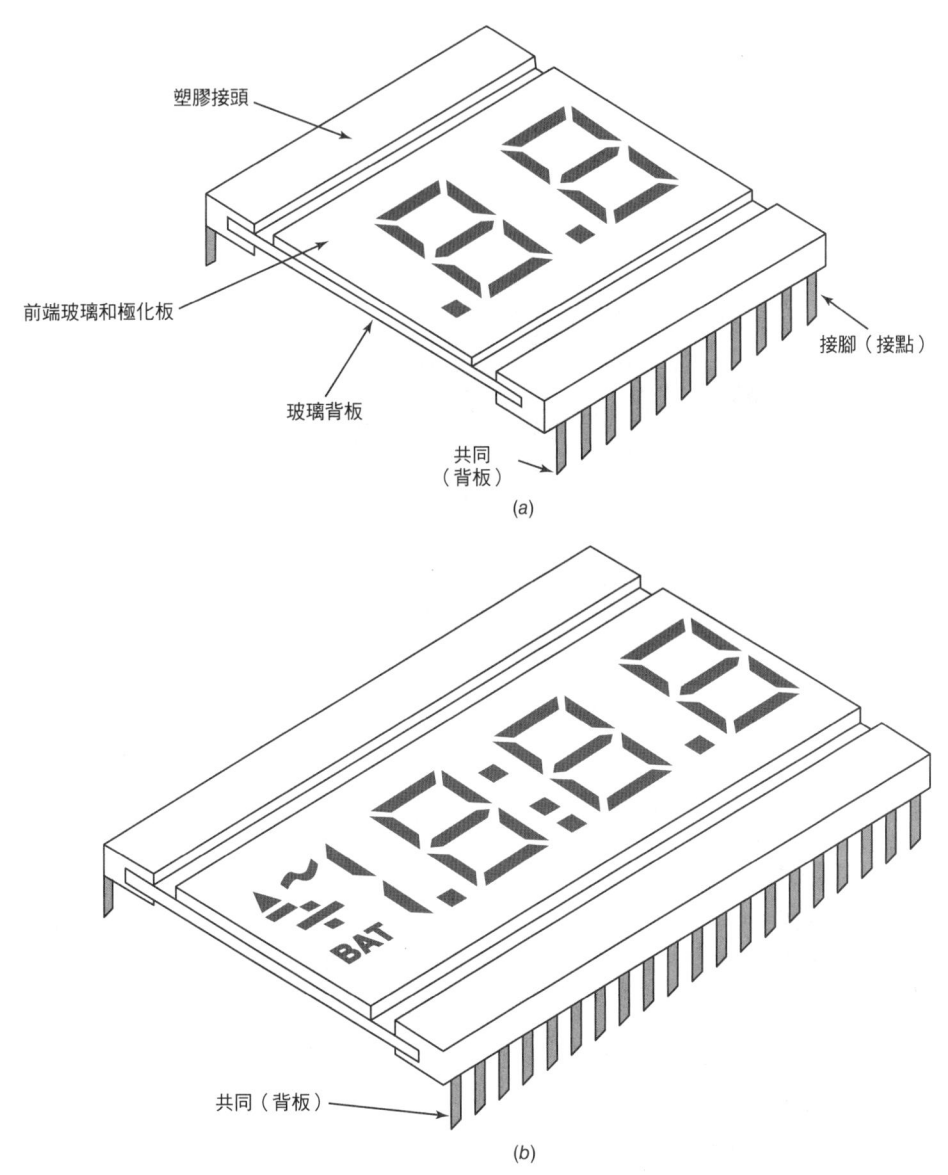

圖 6-22 商業用 LCD 元件。(a) 二位元 LCD。(b) 具有 $3\frac{1}{2}$ 位元與符號的 LCD。

　　彩色 LCD 一般使用於較輕電池型運作的筆記型與桌上型電腦。現今彩色 LCD 面板也取代了桌上型電腦龐大的 CRT 螢幕。彩色 LCD 一般可分類為**被動矩陣型 LCD (passive matrix LCD)** 或新式較貴的**主動矩陣型 LCD (active matrix LCD, AMLCD)**。主動矩陣型 LCD 由於具有較快速、較明亮、較寬視角等優點，較受到喜愛，不過相對於被動矩陣型 LCD，主動型 LCD 價格較貴。

　　圖 6-23 為一主動矩陣型 LCD 結構示意圖。像單色 LCD 一樣，上下各有一層極化膜。主動型 LCD 亦將向列式流體（液晶）像三明治般密封在內部，在液晶下面有一層薄膜電晶體 (thin-film transistor) 可被驅動為 ON 或 OFF 狀態。當電晶體被驅動為 ON 或

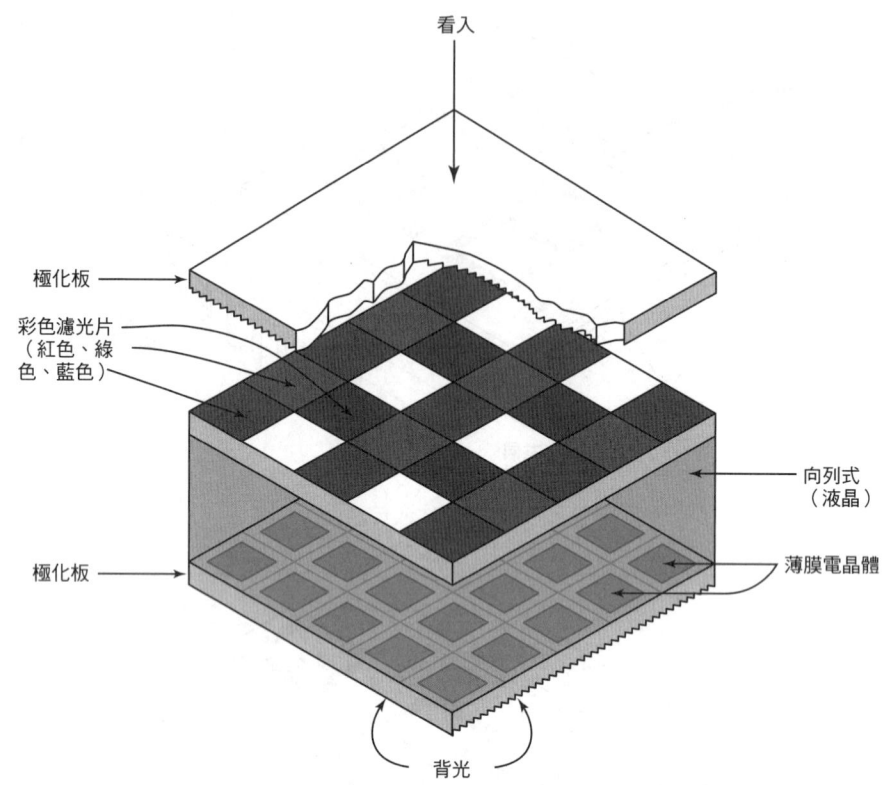

圖 6-23 使用薄膜電晶體技術之主動矩陣型 LCD 結構示意圖。

OFF 時，此薄膜電晶體有點像窗戶窗簾一樣，能夠開或關。為了簡化說明，可想像每一個薄膜電晶體為電腦顯示器上的一個**像素 (pixel)**。像素就是在 CRT 或 LCD 顯示器上最小的單元，可發光或不可發光。一個顯示器畫面可由幾百萬像素組成。可想像圖 6-23 為把顯示器切下一微小部分的切片圖。為了能讓光有顏色，彩色濾光器被放入顯示器中，如圖 6-23 所示。利用紅、綠與藍色濾光片適當組合混色，就能產生所有顏色。另有一背光模組加入主動型矩陣 LCD，以便能產生適當光亮。

圖 6-23 只是主動矩陣型 LCD 使用薄膜電晶體 (TFT) 技術的觀念示意圖，實際的組成架構與幾何形狀會有些差異。

自我測驗

請填入下列空格。
49. 場效 LCD 的數字／字元呈現出＿＿＿＿＿（黑色，銀色）在＿＿＿＿＿（黑色，銀色）的背景上。
50. LCD 使用液晶或稱為＿＿＿＿＿流體，利用 ac 電壓產生電場影響光源的透射。
51. 一個＿＿＿＿＿（ac，dc）電壓加入 LCD 將會損壞此元件。
52. LCD 元件消耗＿＿＿＿＿（大量，中度，非常小量）的功率。
53. 參考圖 6-24，使用 XOR 閘來驅動 LCD 顯示器的是＿＿＿＿＿（CMOS，TTL）元件。
54. 參考圖 6-24，將 BCD 碼 0101 輸入至解碼器，單色 LCD 顯示器將顯示十進制數＿＿＿＿＿。

55. 參考圖 6-24，將 BCD 碼 0101 輸入至解碼器，單色 LCD 顯示器的哪些線段將被啟動並顯示在較亮的背景顏色上？
56. 參考圖 6-24，將 BCD 碼 0101 輸入至解碼器，XOR 閘的輸出 a、c、d、f 與 g 訊號與背板訊號 BP 是＿＿＿＿（同相，180° 反相）。

圖 6-24 驅動 LCD 顯示器。

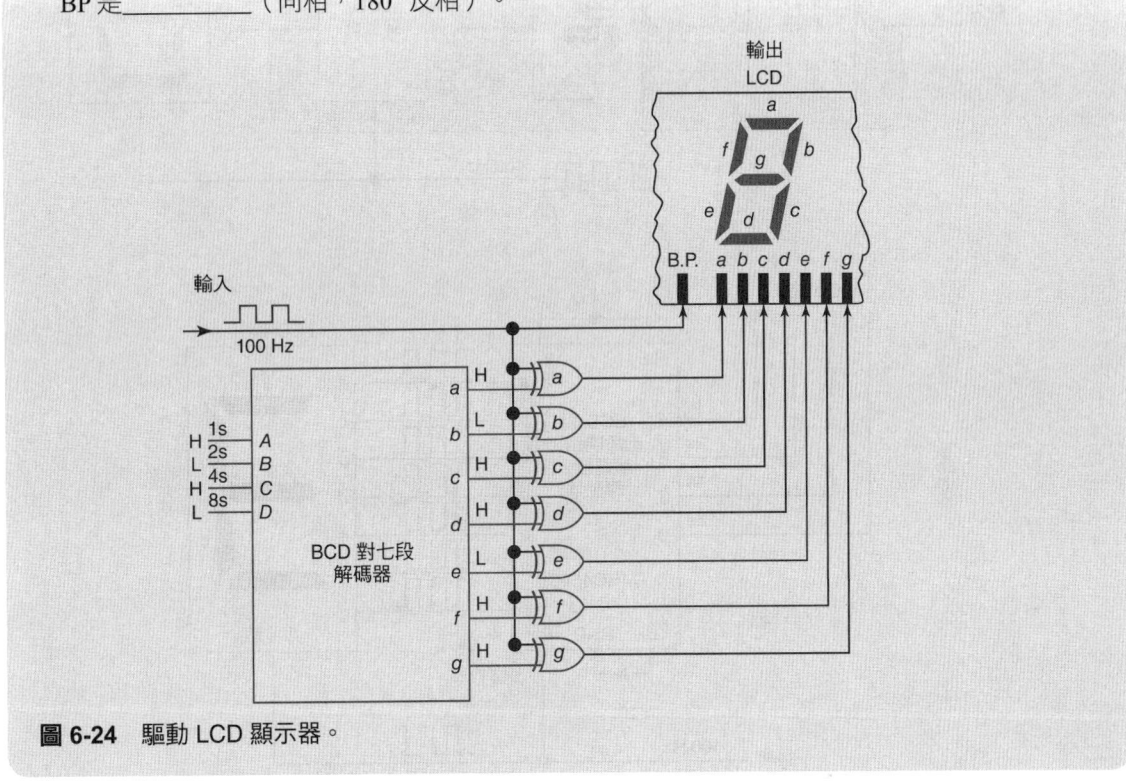

6-10 使用 CMOS 驅動 LCD 顯示器

圖 6-25(a) 為 LCD 解碼器／驅動器系統方塊圖，輸入是 8421 BCD，閂鎖是暫時性記憶體以便保存 BCD 資料。BCD 對七段解碼器的工作原理有點像之前提到的 7447A 解碼器。圖 6-25(a) 的解碼器輸出為七段碼，最後一個是 LCD 驅動器，由 XOR 閘所組成，如圖 6-21 所示。這個驅動器與背板（共接點）必須由 100 Hz 方波訊號驅動。在實務上，閂鎖、解碼器與 LCD 驅動器均被封裝在單一個 CMOS 封裝體。74HC4543 與 4543 IC 均是 **LCD 專用之 BCD 對七段閂鎖／解碼器／驅動器 (BCD-to-seven-segment latch/decoder/driver for LCDs)**。

圖 6-25(b) 為單一 LCD 驅動器接線圖，以 74HC4543 解碼／驅動 CMOS IC 為例。輸入是 BCD 碼 0011（十進制 3），0011_{BCD} 將被解碼成七段顯示碼。一個 100 Hz 時脈訊號是接至 LCD 背板（共通點）與 74HC4543 IC Ph（phase，相位）接腳。圖上驅動訊號在 LCD 線段上均有標示。注意，只有相反相位的線段訊號才能點亮該線段。同相位訊號（例如線段 e 與 f）將不會被啟動。

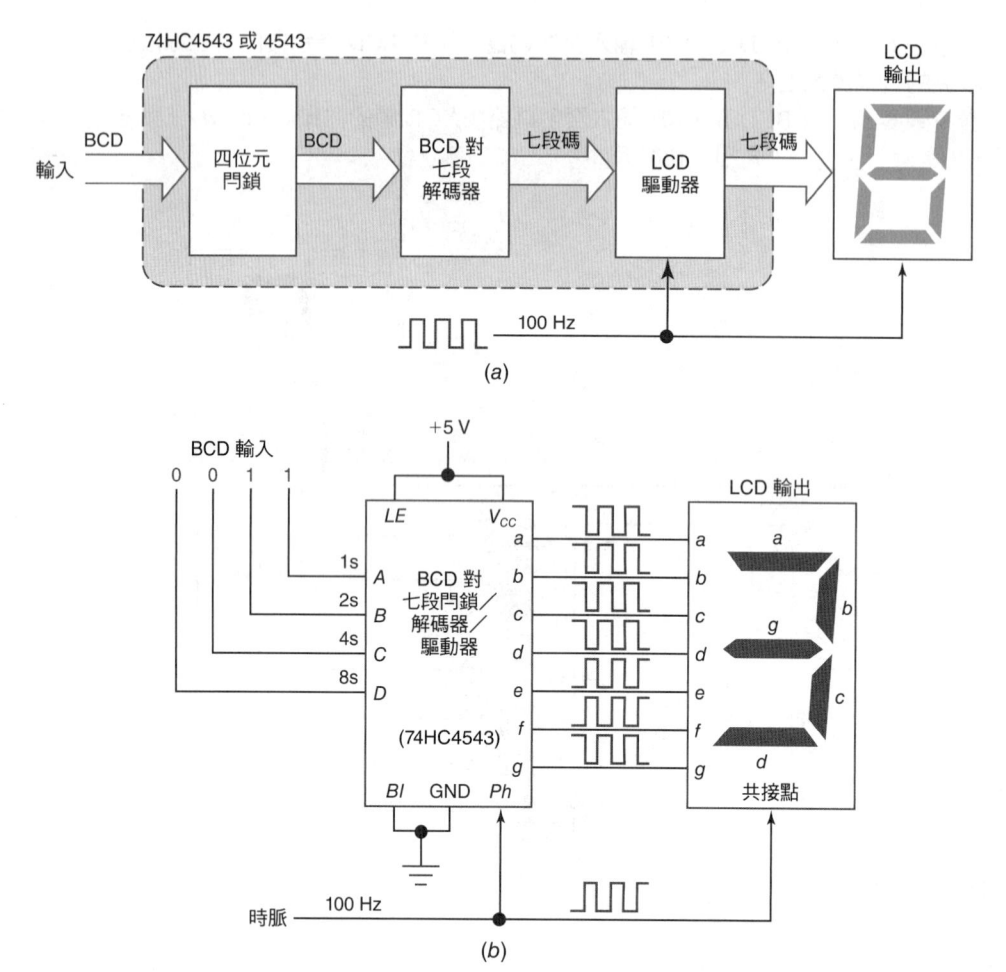

圖 6-25 (a) 編碼與驅動七段碼 LCD 之系統方塊圖。(b) 使用 74HC4543 CMOS IC 編碼並驅動 LCD。

74HC4543 BCD 對七段閂鎖／解碼器／驅動器 CMOS IC (74HC4543 BCD-to-seven-segment latch/decoder/driver CMOS IC) 的接腳圖如圖 6-26(a) 所示。運作的詳細資訊在圖 6-26(b) 的真值表內。在真值表輸出欄，「H」的意義為線段是 ON，而「L」的意義為線段是 OFF，所產生十進制數字如圖 6-26(c) 所示。特別注意數字 6 與 9 的字型與之前 7447A TTL 解碼器的字型不同，可比較圖 6-26(c) 與圖 6-15(c) 的差異。

第 6 章　編碼、解碼與七段顯示器

(a)

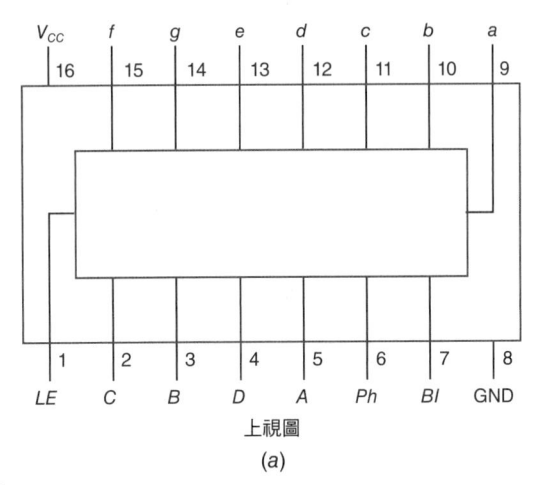

上視圖

真值表

	輸入								輸出					
LE	BI	Ph*	D	C	B	A	a	b	c	d	e	f	g	顯示
X	H	L	X	X	X	X	L	L	L	L	L	L	L	遮斷
H	L	L	L	L	L	L	H	H	H	H	H	H	L	0
H	L	L	L	L	L	H	L	H	H	L	L	L	L	1
H	L	L	L	L	H	L	H	H	L	H	H	L	H	2
H	L	L	L	L	H	H	H	H	H	H	L	L	H	3
H	L	L	L	H	L	L	L	H	H	L	L	H	H	4
H	L	L	L	H	L	H	H	L	H	H	L	H	H	5
H	L	L	L	H	H	L	H	L	H	H	H	H	H	6
H	L	L	L	H	H	H	H	H	H	L	L	L	L	7
H	L	L	H	L	L	L	H	H	H	H	H	H	H	8
H	L	L	H	L	L	H	H	H	H	L	H	H	H	9
H	L	L	H	L	H	L	L	L	L	L	L	L	L	遮斷
H	L	L	H	L	H	H	L	L	L	L	L	L	L	遮斷
H	L	L	H	H	L	L	L	L	L	L	L	L	L	遮斷
H	L	L	H	H	L	H	L	L	L	L	L	L	L	遮斷
H	L	L	H	H	H	L	L	L	L	L	L	L	L	遮斷
H	L	L	H	H	H	H	L	L	L	L	L	L	L	遮斷
L	L	L	X	X	X	X	†							†
‡	‡	H	‡				如上述輸出之反相值							如上顯示

X = 不相關，L 與 H 均可。
* = 液晶顯示讀值使用，加入一週期性方波訊號至 Ph 引腳。
† = 如同 LE = H 時之 BCD 碼對應輸出。
‡ = 同上之組合。

(b)

(c)

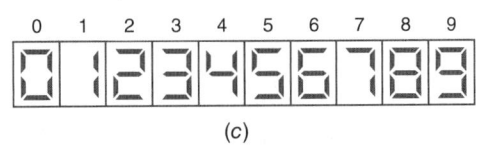

圖 6-26　74HC4543 BCD 對七段閂鎖／解碼器／驅動器。(a) 接腳圖。(b) 真值表。(c) 74HC4543 解碼器 IC 的數位形式。

自我測驗

請填入下列空格。

57. 參考圖 6-25(a)，解碼器方塊的功能是將_____碼轉換至_____碼。
58. 參考圖 6-25，驅動器到 LCD 的所有的驅動線均為方波訊號。（是非題）
59. 參考圖 6-27，每一輸入脈波在各時間點（t_1 至 t_5）的 LCD 十進制讀值為何？
60. 參考圖 6-27，在時間點 t_5，哪些驅動線具有相反相位？
61. 參考圖 6-25，4543 IC 內的 LCD 驅動方塊，可能包含一群_____（AND，XOR）閘。
62. 參考圖 6-25，74HC4543 內的哪一種功能方塊，其功能為記憶體形式的元件？
63. 參考圖 6-25(b)，什麼能致能 LCD 之線段 a、b、c、d 與 g？

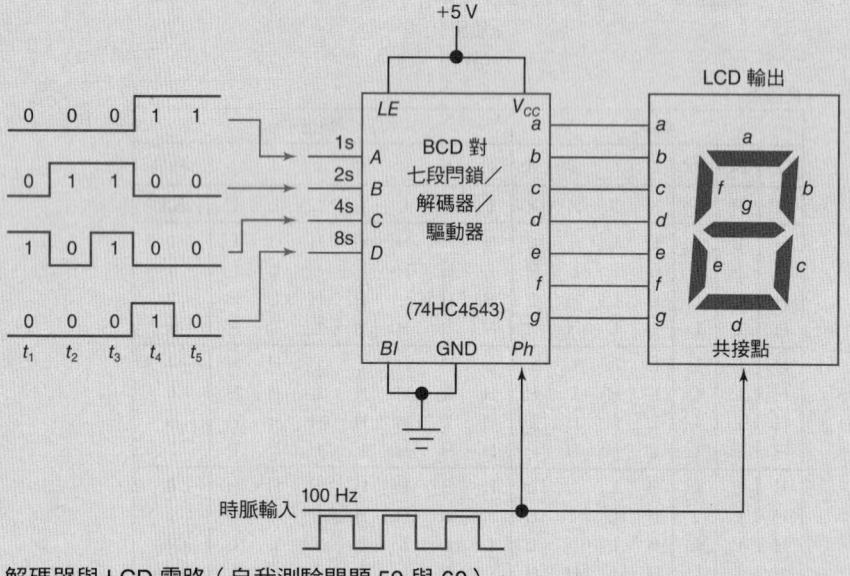

圖 6-27 解碼器與 LCD 電路（自我測驗問題 59 與 60）。

6-11 真空螢光顯示器

真空螢光顯示器 (vacuum florescent display, VF) 是與三極真空管相關之現代化顯示器。圖 6-28 (a) 是三極真空管電路符號，三極管的三個部分分別為**屏極 (plate, P)**、**柵極 (grid, G)** 與**陰極 (cathode, K)**。陰極也被稱為**燈絲 (filament)** 或**加熱極 (heater)**，屏極有時被稱為陽極 (anode)。

陰極／加熱極是一種細鎢絲線，外層塗佈一層氧化鋇材質。當陰極被加熱時會發射出電子。柵極是不銹鋼材質篩子架構。屏極可以想像成電子的收集器。

假使圖 6-28(a) 的三極管陰極 (K) 被加熱，發射了一些電子，在真空管中圍繞著陰極。接下來，假設柵極 (G) 為正電位時，這些電子將會被吸引至柵極。接著假設屏極 (P) 亦為正電位，將會吸引電子像穿透篩子一般通過柵極到達屏極。最後，此三極管是由陰極至陽極導電。

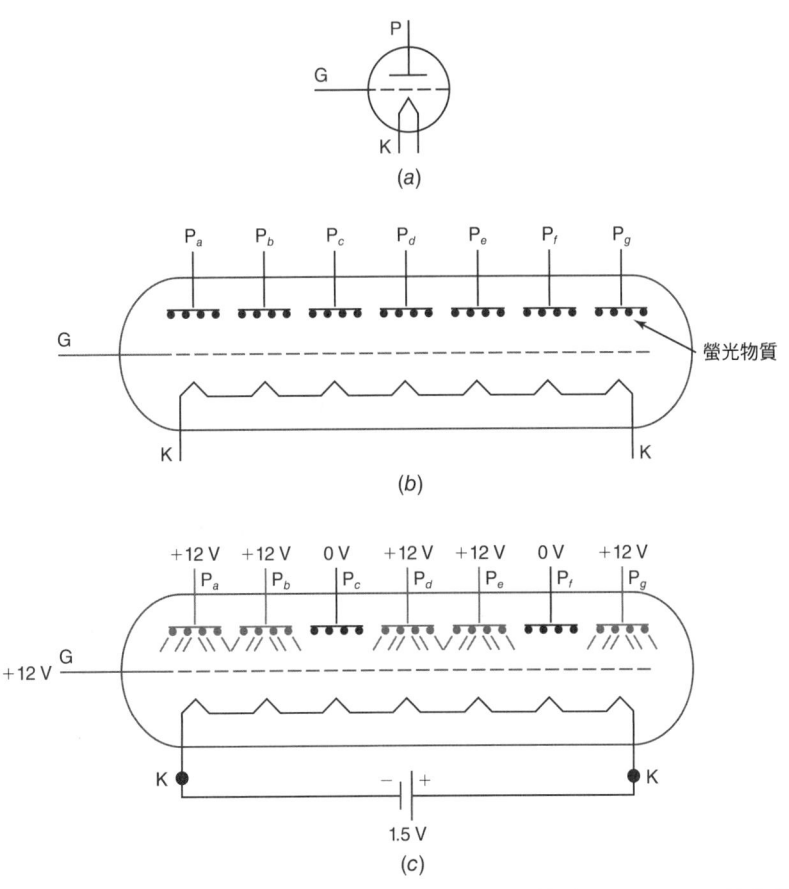

第 6 章 編碼、解碼與七段顯示器　　217

圖 6-28　(a) 三極真空管電路符號。(b) 一位元 VF 顯示器電路符號。(c) VF 顯示器之發光屏極。

有兩種方式可以停止三極管導電。第一種方式，保留屏極正電壓，只將柵極稍微負電壓，這將會排斥電子，如此電子無法通過柵極到達屏極。第二種方式，保持柵極正電壓，只將屏極電壓降為 0 V，如此屏極將無法吸引電子，導致此三極管從陰極至陽極不會電性導通。

圖 6-28(b) 顯示 VF 顯示器上出現的一位元。觀察單一陰極 (K)、單一柵極 (G) 與七個屏極（P_a 至 P_g）。每一個屏極均塗佈**氧化鋅螢光物質 (zinc-oxide fluorescent material)**。當通過電子束濺擊這個螢光物質將會發出藍綠色。圖 6-28(b) 的七個屏極代表數字的七個線段。注意，整個單元是被密封於內部為真空的玻璃中。

圖 6-28(c) 是一位元七段顯示器操作的例子。陰極（加熱極）被加入 dc 電流，柵極為 +12 V，兩個屏極（P_c 與 P_f）接地，其餘五個屏極接 +12 V。這些高電壓屏極（P_a、P_b、P_d、P_e 與 P_g）將會吸引電子束。當電子束濺擊屏極表面的螢光物質時，將產生藍綠色。

在實務上，VF 顯示器屏極的形狀可製造成數字線段型或其他形狀。圖 6-29 (a) 是實際陰極、柵極與屏極排列架構。在此圖中，屏極排列成顯示器七段顯示形狀，上面的篩網是柵極，再上面是陰極（燈絲或加熱器）。每個屏極線段、柵極與陰極接腳被密封連線於玻璃管側邊。圖 6-29(a) 的 VF 顯示器是從上面往下看之圖示。這個微小陰極與柵極

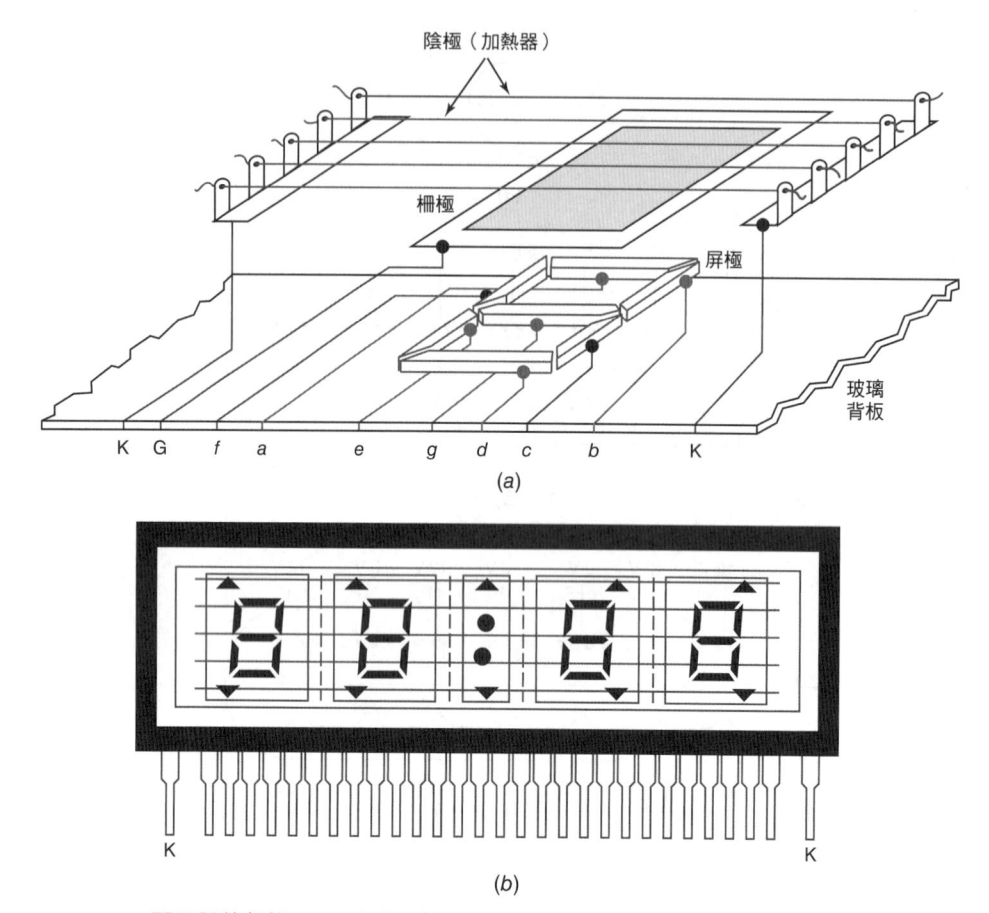

圖 6-29　(a) VF 顯示器的架構。(b) 商業用四位元 VF 顯示器。

幾乎看不出來，而被點亮的線段（屏極）則經由網（柵極）呈現。

　　圖 6-29(b) 是一個商業用真空螢光顯示器，包含了 4 個七段顯示數字、一個冒號與 10 個三角形符號。大部分 VF 顯示器內部可從封裝玻璃體看進去。從上而下為水平橫跨於顯示器的細線陰極，在商業用顯示器不太容易看出來。接下來，有 5 個柵極，這 5 個柵極可分別啟動，最後是螢光物質塗佈的屏極所形成的數字線段、冒號及其他符號。

　　真空螢光顯示技術是一種較舊的技術，但近年來受到歡迎，因為它具有相對較低的工作電壓、低的功率消耗、非常長的壽命以及較快的響應時間。它也可以顯示多種顏色（搭配濾光片），具有良好的可靠度與低成本等優點。VF 顯示器可相容於流行的 4000 系列 CMOS 家族 IC，廣泛使用在汽車、VCR、TV、家電與數位時鐘等應用上。

自我測驗

請填入下列空格。

64. 一個 VF 顯示器點亮時，具有 _____ 顏色。
65. 參考圖 6-30，VF 顯示器的哪些屏極將被點亮？
66. 參考圖 6-31，說出 VF 顯示器標示 A、B、C 的物件名稱。
67. 參考圖 6-31，VF 顯示器的哪些線段被點亮？所顯示的十進制數為何？

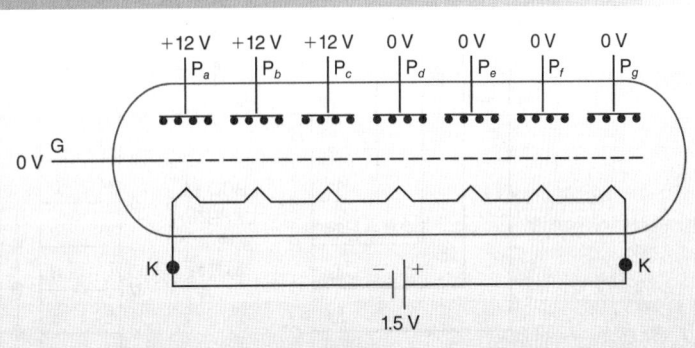

圖 6-30 無正柵極電位之 VF 顯示器。

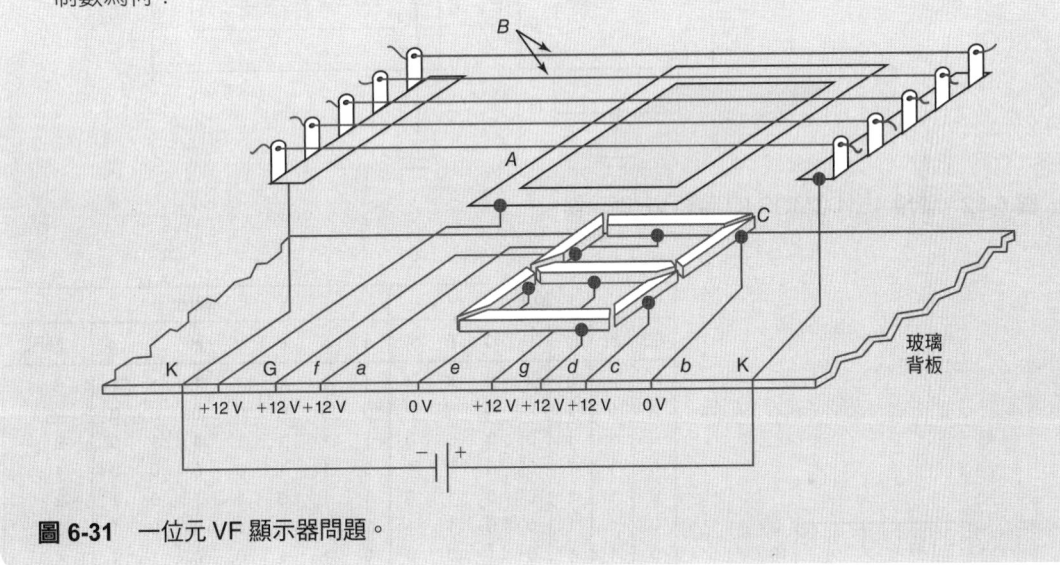

圖 6-31 一位元 VF 顯示器問題。

6-12 驅動 VF 顯示器

VF 顯示器之電壓需求比 LED 或 LCD 高一點，因此相容於 4000 系列 CMOS IC。回想一下，4000 系列 CMOS IC 可操作電壓高達 18 V。

圖 6-32 為一簡易型 BCD 解碼／驅動電路，此例要將 1001_{BCD} 轉換在 VF 顯示器上的十進制 9。使用 **4511 BCD 對七段閂鎖／解碼器／驅動器 CMOS IC (4511 BCD-to-seven-segment latch/decoder/driver CMOS IC)**。在此例中，a、b、c、f 與 g 線段輸出 HIGH (+12 V)，只有 d 與 e 線段是 LOW。

圖 6-32 的柵極被直接接於 +12 V 電源上，陰極（燈絲或加熱器）則經由一個電阻 R_1 以限制電流流經加熱器確保安全準位。這個 +12 V 也作為 4511 解碼器／驅動器 CMOS IC 的電源。注意 4511 IC 上的電源連接標示。V_{DD} 是接至 +12 V，而 V_{SS} 是接地 (GND)。

圖 6-33 為 4511 CMOS IC 的接腳圖、真值表與數字形狀。圖 6-33(a) 為 4511 BCD

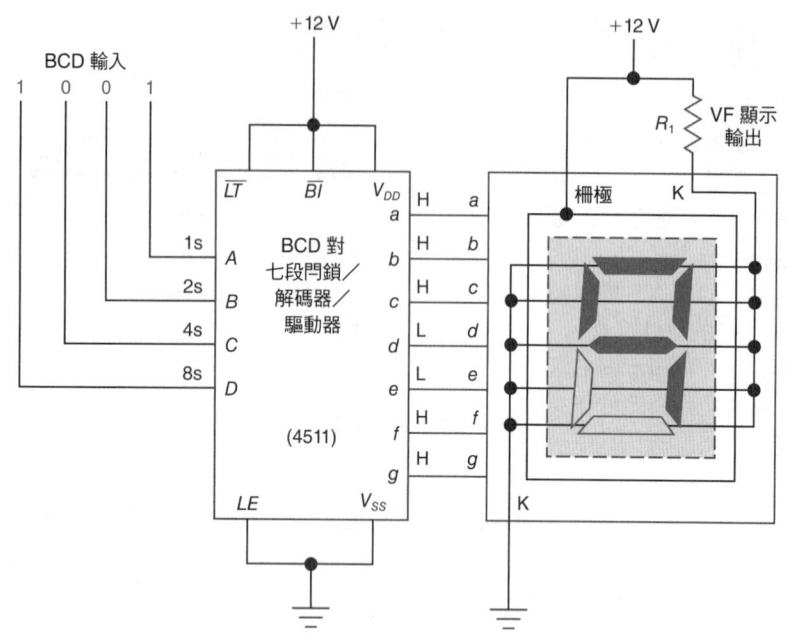

圖 6-32 使用 4511 CMOS IC 驅動 VF 顯示器。

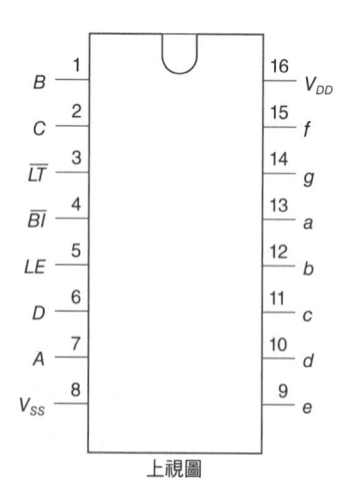

真值表

輸入							輸出							顯示
LE	$\overline{BI}$	$\overline{LT}$	D	C	B	A	a	b	c	d	e	f	g	
X	X	0	X	X	X	X	1	1	1	1	1	1	1	8
X	0	1	X	X	X	X	0	0	0	0	0	0	0	
0	1	1	0	0	0	0	1	1	1	1	1	1	0	0
0	1	1	0	0	0	1	0	1	1	0	0	0	0	1
0	1	1	0	0	1	0	1	1	0	1	1	0	1	2
0	1	1	0	0	1	1	1	1	1	1	0	0	1	3
0	1	1	0	1	0	0	0	1	1	0	0	1	1	4
0	1	1	0	1	0	1	1	0	1	1	0	1	1	5
0	1	1	0	1	1	0	0	0	1	1	1	1	1	6
0	1	1	0	1	1	1	1	1	1	0	0	0	0	7
0	1	1	1	0	0	0	1	1	1	1	1	1	1	8
0	1	1	1	0	0	1	1	1	1	0	0	1	1	9
0	1	1	1	0	1	0	0	0	0	0	0	0	0	
0	1	1	1	0	1	1	0	0	0	0	0	0	0	
0	1	1	1	1	0	0	0	0	0	0	0	0	0	
0	1	1	1	1	0	1	0	0	0	0	0	0	0	
0	1	1	1	1	1	0	0	0	0	0	0	0	0	
0	1	1	1	1	1	1	0	0	0	0	0	0	0	
1	1	1	X	X	X	X	*							*

X = 不相關

* 輸出將依照 LE 訊號從 0 轉換到 1 時之 BCD 碼決定。

(a) 上視圖

(b)

(c)

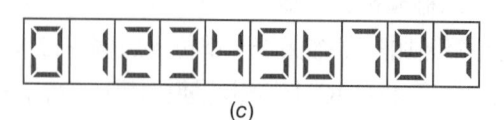

圖 6-33 4511 BCD 對七段閂鎖／解碼器／驅動器 CMOS IC。(a) 接腳圖。(b) 真值表。(c) 數字形狀。

對七段閂鎖／解碼器／驅動器 IC 的接腳圖,這是 16 接腳 DIP 封裝 CMOS IC 接腳上視圖。在 IC 內部,4511 IC 如同 74HC4543,內有閂鎖、解碼器與驅動器,如圖 6-25(a) 方塊圖的陰影處。

圖 6-33(b) 為 4511 解碼器／驅動器 IC 的七個輸入真值表,BCD 資料輸入標示為 D、C、B 與 A。$\overline{LT}$ 輸入表示燈泡測試。當被 LOW 驅動(真值表第一行),所有輸出為 HIGH,導致所有線段點亮。$\overline{BI}$ 輸入表示遮斷輸入 (blanking input),LOW 啟動時,所有輸出為 LOW,所有線段不亮。在 BCD 輸入改變時,LE (latch enable) 輸入可用來當作保持顯示資料的記憶體。假如 $LE = 0$,輸入資料會通過至 4511 IC;然而,假如 $LE = 1$ 時,最後出現在 D、C、B、A 輸入端的資料將被閂鎖且被保持顯示出來。圖 6-32 中,LE、$\overline{BI}$ 與 $\overline{LT}$ 輸入均未啟動。

接下來察看圖 6-33 的真值表輸出欄。在 4511 IC,輸出 HIGH 或 1 表示輸出啟動,亦即顯示線段導通發亮;如果是輸出 0,表示線段顯示不導通不發亮。

圖 6-33(c) 為 4511 BCD 對七段顯示解碼器 IC 所產生的數字字型,特別注意數字 6 與 9 的形狀。

自我測驗

請填入下列空格。

68. 參考圖 6-32,需使用 +12 V 電源,因為_____(CMOS,TTL)4511 解碼器／驅動器 IC 與_____(LCD,VF)顯示器也在此電壓下正常操作。
69. 參考圖 6-32,電路中電阻器 R_1 的目的為何?
70. 參考圖 6-34,每一輸入脈波在各時間點(t_1 至 t_4),VF 顯示器的十進制讀值為何?
71. 參考圖 6-34,在脈波時間點 t_4,何種電壓被加在 VF 顯示器的七個屏極(線段)上?

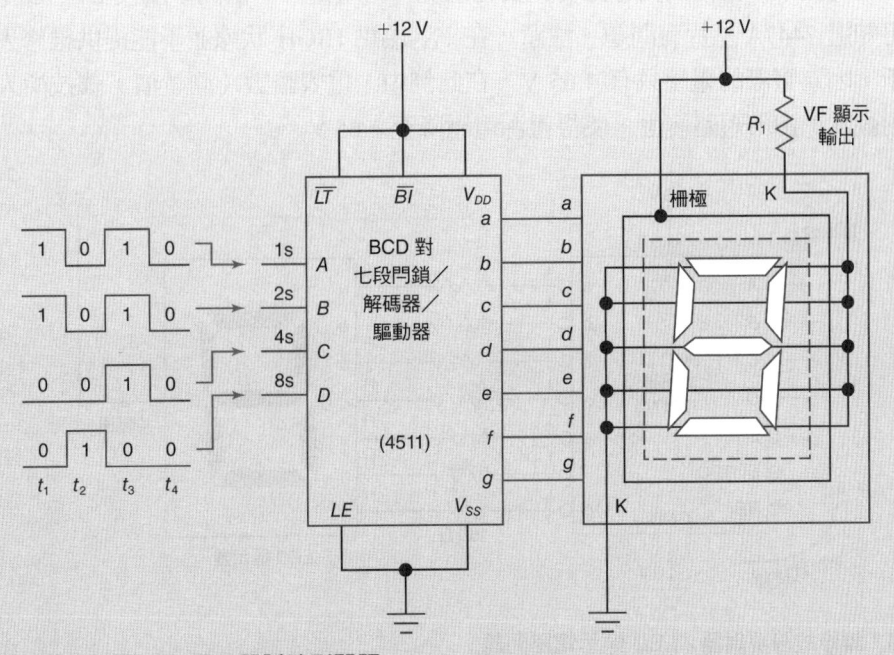

圖 6-34 解碼器與 VF 顯示器脈波列問題。

6-13 維修解碼電路

範例電路 1

圖 6-35 為 BCD 對七段顯示解碼器電路。問題：線段 a 不會亮。首先，先就電路外表檢查一下，檢查 IC 是否有過熱現象。V_{CC} 與 GND 可用電壓表或邏輯探棒檢查。在此範例中，這些檢查結果均正常。接下來，利用跳接線把 GND 與 7447A IC 的 LT 輸入接在一起，應會引起顯示器所有線段發光，呈現出 8 的字型。線段 a 在此時仍未啟動發亮。用邏輯探棒檢查 7447A 輸出 a 至 g 邏輯準位，在圖 6-35 中測到均為 LOW，亦如預期。接下來查看顯示器電阻端，除了故障線為 LOW 之外，其餘均為 HIGH。這些 HIGH 與 LOW 狀態表示六個電阻的電壓降。最上面電阻的兩端均為 LOW，表示七段顯示器線段 a 開路，如此顯示器線段 a 故障，整個顯示器必須更換。更換的新品必須有相同的接腳圖，而且也是共陽極 LED 顯示形式。在更換之後，電路已能正常操作。

範例電路 2

另一個維修案例如圖 6-36 所示。問題：顯示器不亮。維修人員急忙使用邏輯探棒先檢查 IC 的 V_{CC} 與 GND 接腳，但讀值是正常的。利用跳接線測試 LT 連接至 GND，應要點亮 LED 顯示器所有線段，但結果無任何線段被點亮。使用邏輯探棒測試 7447A IC 輸出 a 至 g 均為 HIGH。利用數位電表檢查 IC 的 V_{CC} 電壓，讀數為 4.65 V，發現準位太低，再用手摸 7447A IC 表面，感覺非常熱。因此判斷這個 7447A 晶片發生**內部短路 (internal short circuit)**，必須更換。經由更換 7447A IC 後，電路已能正常工作。

在此範例中，維修人員忘記首先要先感覺一下電路。一個簡單觸摸 DIP IC 電路的動作就可知道 7447A 晶片有問題。注意，在 V_{CC} 端點 HIGH 狀態並不能提供維修人員精確的判斷，因為實際的電壓只有 4.65 V。在此例中，電表讀數（測量值）讓技術人員有了找尋的線索；由於短路發生，使得電源電壓降至 4.65 V。

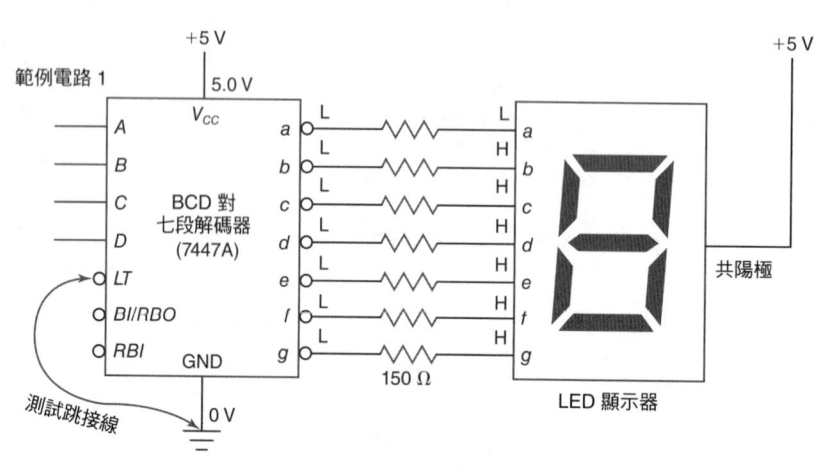

圖 6-35 維修故障解碼器／LED 顯示電路問題。

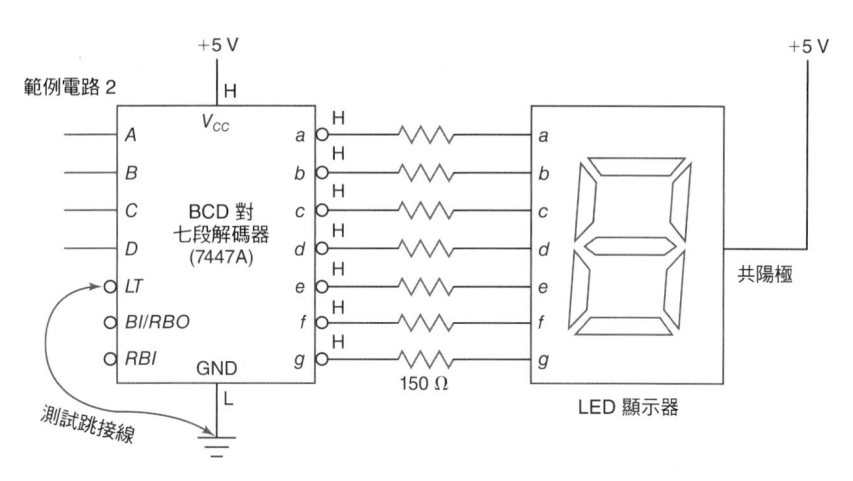

圖 6-36 維修故障解碼器與 LED 空白顯示電路問題。

自我測驗

請填入下列空格。
72. 維修數位邏輯電路的第一步是什麼？
73. 一個 TTL IC 發生內部_____（開路，短路）將多次引起此 IC 過熱。

第 6 章　總結與回顧

總　結

1. 數位設備中存在許多編碼，必須了解十進制、二進制碼、八進制碼、十六進制碼、8421 BCD 碼、超 3 碼、格雷碼與 ASCII 碼。
2. 在數位電子學中，碼與碼的轉換是基本常識，表 6-4 有助於在幾個碼之間互換。
3. 最通用的編碼是 7 位元 ASCII 碼，廣泛使用於微電腦鍵盤與顯示器介面。延伸型的 ASCII 碼是 8 位元。
4. 電子式轉換器被稱為編碼器與解碼器，這些複雜邏輯電路可製造成單一 IC。解碼功能也能使用可規劃元件來實現，例如 PLD 或微控制器模組。
5. 七段顯示器在數值顯示非常普遍，LED、LCD 與螢光 VF 顯示器均非常常見。
6. BCD 對七段顯示解碼器／驅動器是一種常見的解碼元件，可以將 BCD 機器語言轉換至十進制數，這些數字可顯現在七段顯示 LED、LCD 或 VF 顯示器上。

表 6-4　常用編碼之對應

十進制數	二進制數	BCD 碼 8421		超 3 碼	格雷碼
0	0000	0000		0011	0000
1	0001	0001		0100	0001
2	0010	0010		0101	0011
3	0011	0011		0110	0010
4	0100	0100		0111	0110
5	0101	0101		1000	0111
6	0110	0110		1001	0101
7	0111	0111		1010	0100
8	1000	1000		1011	1100
9	1001	1001		1100	1101
10	1010	0001	0000	0100 0011	1111
11	1011	0001	0001	0100 0100	1110
12	1100	0001	0010	0100 0101	1010
13	1101	0001	0011	0100 0110	1011
14	1110	0001	0100	0100 0111	1001
15	1111	0001	0101	0100 1000	1000
16	10000	0001	0110	0100 1001	11000
17	10001	0001	0111	0100 1010	11010
18	10010	0001	1000	0100 1011	11011
19	10011	0001	1001	0100 1100	11010
20	10100	0010	0000	0101 0011	11110

章節回顧問題

回答下列問題。

6-1. 針對下列十進制數，寫出二進制數：
   a. 17　　　　　　　　　　d. 75
   b. 31　　　　　　　　　　e. 150
   c. 42　　　　　　　　　　f. 300

6-2. 針對下列十進制數，寫出 8421 BCD 數：
   a. 17　　　　　　　　　　d. 1632
   b. 31　　　　　　　　　　e. 47,899
   c. 150　　　　　　　　　 f. 103,926

6-3. 針對下列 8421 BCD 數，寫出十進制數：
   a. 0010　　　　　　　　　d. 0111 0001 0110 0000
   b. 1111　　　　　　　　　e. 0001 0001 0000 0000 0000
   c. 0011 0000　　　　　　 f. 0101 1001 1000 1000 0101

6-4. 針對下列十進制數，寫出超 3 碼：
   a. 7   c. 59
   b. 27   d. 318

6-5. 為何超 3 碼常用於某些算術電路？

6-6. 列出歸類於 BCD 碼的兩種編碼。

6-7. 針對下列十進制數，寫出格雷碼：
   a. 1   d. 4
   b. 2   e. 5
   c. 3   f. 6

6-8. _____（格雷碼，超 3 碼）與一般旋轉軸角度位置之光編碼有關。

6-9. 格雷碼的重要特性是在往上計數或往下計數時，每次只有一個位元會改變。（是非題）

6-10. 參考表 6-3，大寫字母 S 之 7 位元 ASCII 碼是_____。

6-11. 字元「ASCII」是表示_____。

6-12. 標準 ASCII 碼是一位元_____（字母與數字符號構成，BCD）的編碼，可用來表示數字、字元、標點符號與控制字元。

6-13. 列出碼的轉譯器或電子式碼的轉換器的兩個通用名稱。

6-14. 一個_____（解碼器，編碼器）是利用電子式設備將計算機的十進制輸入轉換為中央處理器使用的 BCD 碼。

6-15. 一個_____（解碼器，編碼器）是利用電子式設備將計算機的中央處理器所使用的 BCD 碼轉換為十進制輸出。

6-16. 針對下列十進制數，七段顯示器的哪些線段會被點亮？使用 a、b、c、d、e、f 與 g 等線段作答。
   a. 0   f. 5
   b. 1   g. 6
   c. 2   h. 7
   d. 3   i. 8
   e. 4   j. 9

6-17. 七段顯示器會發出光線（一般為紅光），是_____（LCD，LED）型式。

6-18. _____（LCD，LED）型式之七段顯示器常應用於電池操作與低功率要求下。

6-19. _____（LCD，LED）型式顯示器必須在光亮的地方才能讀取。

6-20. 參考圖 6-37，7447A 解碼器所有輸出是_____（HIGH，LOW）。電路操作_____（正確，不正確）。

6-21. 電壓表與_____兩者均被用來維修圖 6-37 的電路。

6-22. 參考圖 6-37，LED 的線段 b 呈現_____（開路，部分短路）。此顯示器應換成共_____（陰極，陽極）LED，並需具有相同的接腳圖。

6-23. 參考圖 6-38，在此 BCD 輸入，六位元顯示器的讀值為_____。

6-24. 一個_____（LCD，LED）七段顯示器之前面板與背面板是由玻璃所製成，若粗心拿放時有可能會將其打破。

6-25. 參考圖 6-39，驅動訊號如圖所示。LCD 將顯示十進制_____，輸入必須為 BCD_____。

6-26. 真空螢光顯示器可操作在 12 V，如此將非常相容於_____（CMOS，TTL）IC 與汽車之應用。

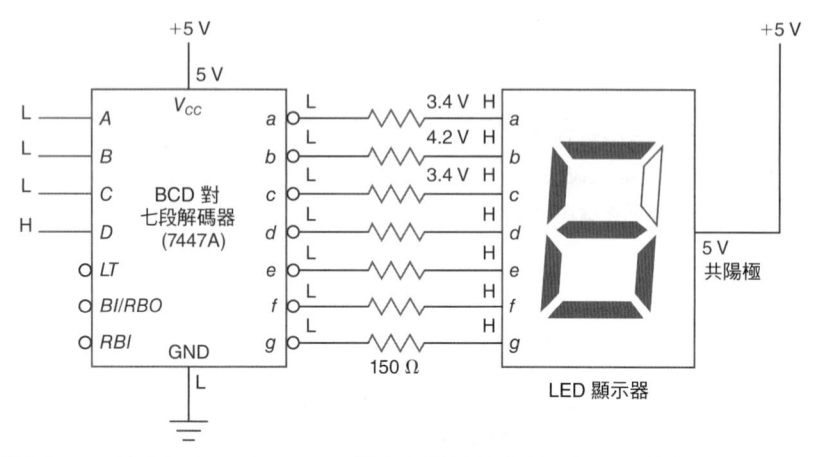

圖 6-37 維修問題。故障解碼器／LED 顯示器之邏輯準位與電壓值已在圖上標示。

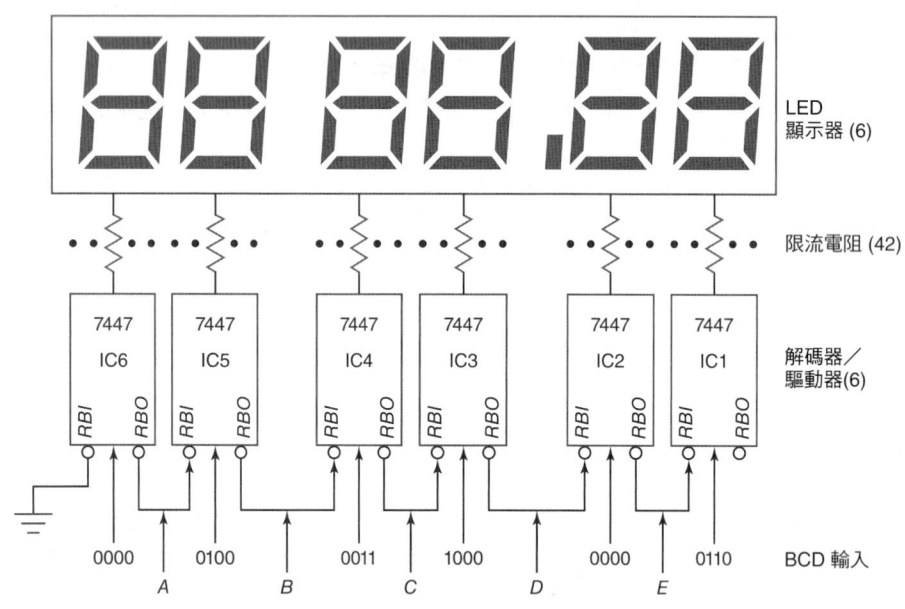

圖 6-38 漣波遮斷問題。

6-27. 參考圖 6-40，針對每一個輸入脈波，真空螢光 (VF) 線段顯示器的讀值為何？

6-28. 參考圖 6-40，在脈波時間 t_4 內，列出真空螢光 (VF) 線段顯示器之七個屏極與柵極中每一端的電壓近似值。

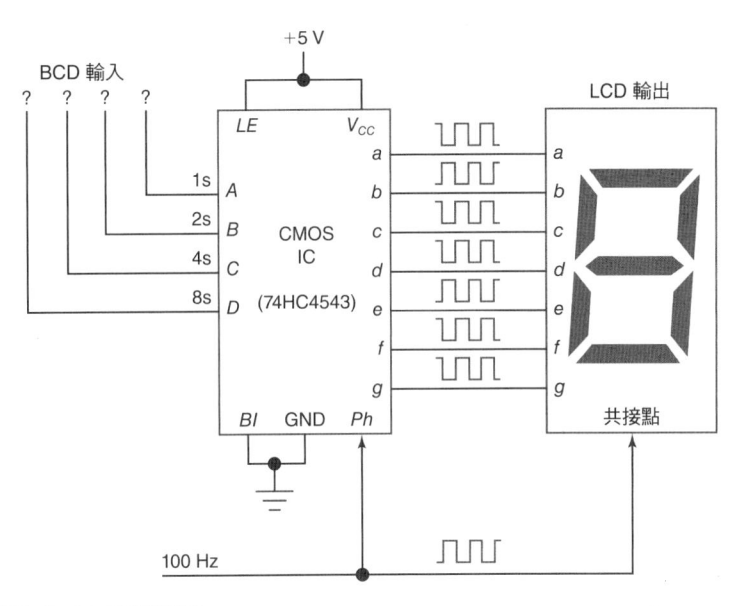

圖 6-39 解碼器／LCD 電路問題。

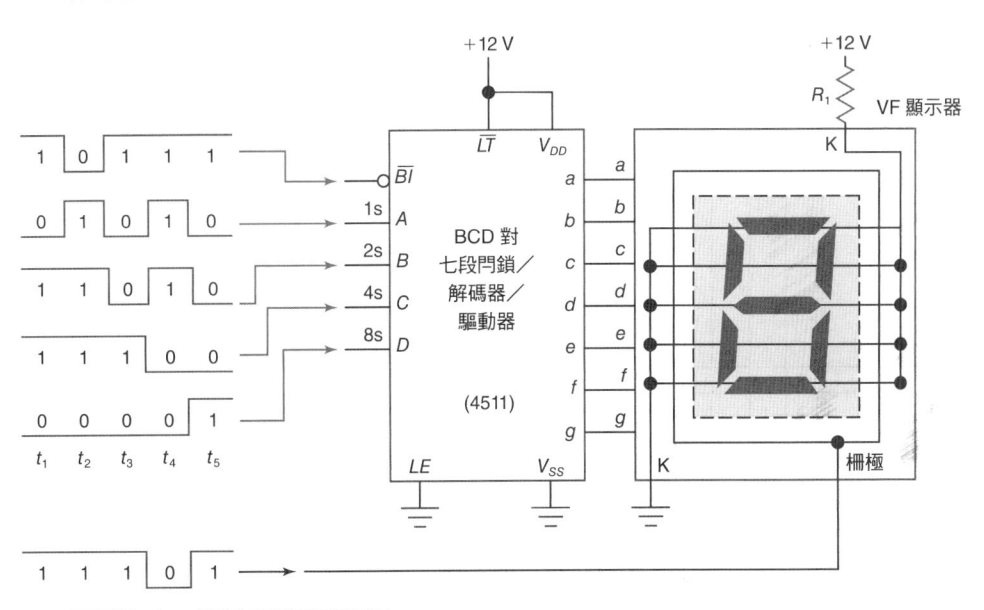

圖 6-40 解碼器／VF 顯示器脈波列問題。

關鍵性思考問題

6-1. 轉換下列 8421 BCD 數至二進制數：
   a. 0011 0101
   b. 1001 0110
   c. 0111 0100

6-2. 在使用格雷碼作為計數應用時，最重要的特性是什麼？

6-3. 參考圖 6-7，假如解碼器晶片是 4511，且此電路操作在 12 V 電源電壓下，則此輸出顯示器可能是_____（LED，VF）型式之單元。

6-4. 參考圖 6-8，當輸入端 2 與 7 兩者均被同時啟動時，為何 74147 10 線對 4 線編碼器之輸出讀值是 0111？

6-5. 7447A TTL IC 的目的為何？與哪一種型式

6-6. 7447A 解碼器 TTL IC 包含 44 個邏輯閘，可視為一_____（組合，序向）邏輯電路。7447A 解碼器具有_____個主動 LOW 輸入、_____個主動 HIGH 輸入與_____個主動 LOW 輸出。

6-7. 列出在圖 6-38 上每一個漣波遮斷線 A 至 E 之狀態（HIGH 或 LOW）。

6-8. 參考圖 6-39，列出 74HC4543 CMOS IC 的三種功能。

6-9. 依任課教師之指定，使用電路模擬軟體：(1) 畫出如圖 6-41 之邏輯電路，(2) 產生此邏輯電路相對應的真值表，(3) 確認它是一個格雷碼對二進制碼之解碼器或是二進制碼對格雷碼之解碼器。

6-10. 依任課教師之指定，使用電路模擬軟體（例如 Electronics Workbench 或 Multisim）：(a) 畫出如圖 6-42 二進制對十進制之解碼器電路，(b) 測試此解碼器的運作情形，(c) 向任課教師說明此「二進制對十進制之解碼器」電路的運作模擬情形。

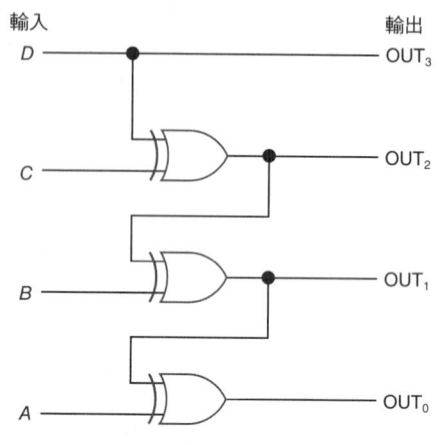

圖 6-41 邏輯電路。

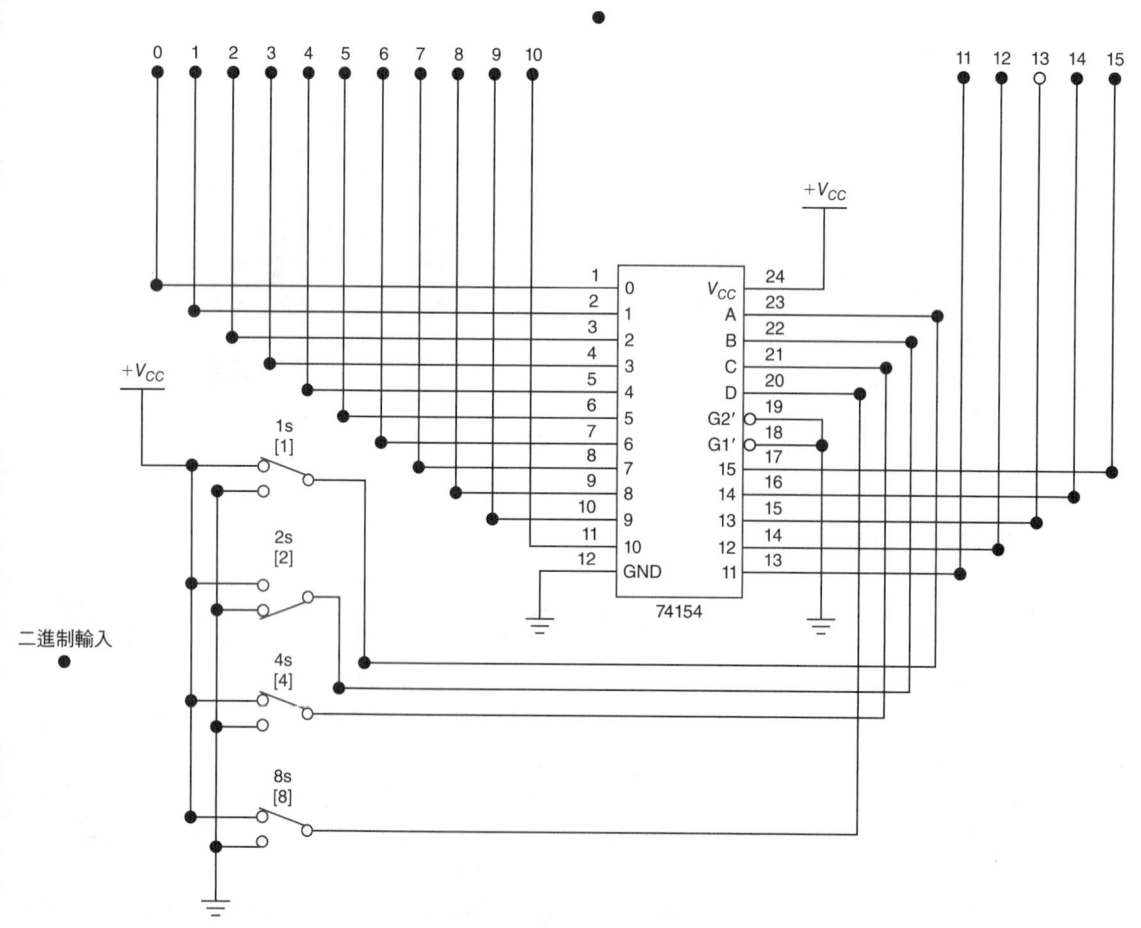

圖 6-42 二進制對十進制之解碼器電路（使用 74154 解碼器 IC）。

CHAPTER 7

正反器

學習目標 本章將幫助你：

7-1 解釋 RS 正反器各輸入與輸出的功能。使用關鍵字解釋正反器，包括設定、重新設定、保持、主動低電位 (LOW) 與主動高電位 (HIGH)。描述閂鎖的用途和操作。

7-2 解讀時序式 RS 正反器波形和真值表，並解釋操作的模式。

7-3 分析 7474 D 型正反器的真值表與操作模式。

7-4 預測幾個 JK 正反器積體電路的操作，包括切換模式。

7-5 描述 7475 4 位元閂鎖在簡單系統的使用和操作。

7-6 將正反器分類為同步或非同步，並比較觸發。

7-7 描述史密特觸發元件的操作，並介紹一些應用。

7-8 比較傳統與新型 IEEE/ANSI 的正反器符號。

7-9 分析和解釋一個閂鎖編碼器—解碼器系統的操作。

工程師將邏輯電路分為兩類。我們已經學習過其中的一類，**組合邏輯電路 (combination logic circuits)**。組合邏輯電路是使用 AND 閘、OR 閘和 NOT 閘。另一類則是**序向邏輯電路 (sequential logic circuits)**。序向電路包含時序和記憶體元件。組合邏輯電路的基本建構方塊為邏輯閘，而序向邏輯電路的基本建構方塊為**正反器 (flip-flop, FF)**。本章將介紹數種正反器電路。在後面的章節中，將會學到正反器的連接。將正反器連接後可構成**計數器 (counter)**、**移位暫存器 (shift registers)** 以及各種**記憶體元件 (memory device)**。

7-1 RS 正反器

圖 7-1 是 **RS 正反器 (R-S flip-flop)** 的邏輯符號。RS 正反器具有兩個輸入端，分別標記為 S 和 R，兩個輸出端標記為 Q 和 $\overline{Q}$。在正反器的輸出永遠是相反的或是**互補的 (complementary)**。換句話說，如果輸出 $Q = 1$，則 $\overline{Q} = 0$，依此類推。圖 7-1 中，RS 正反器所標示的輸出是正常和互補。RS 正反器符號左邊的字母 S 和 R 分別是指**設定 (set)** 和**重置 (reset)**。

RS 正反器也可以稱為 **RS 閂鎖 (R-S latch)**。所謂「閂鎖」是指其作為臨時儲存設備。圖 7-1 所示的 RS 正反器

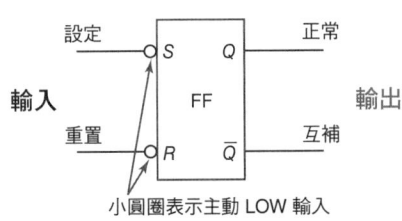

圖 7-1 RS 正反器的邏輯符號。

可儲存一個位元的資料。

表 7-1 的真值表詳細介紹 RS 正反器的運作。當輸入端 S 和 R 都是 0 時，兩個輸出端都是邏輯 1，這就是所謂的禁止狀態 (prohibited state)，而不是使用的狀態。真值表的第二列表示，當輸入端 S 是 0，R 是 1 時，輸出端 Q 會是邏輯 1，這就是所謂的**設定狀態 (set condition)**。第三列顯示，當輸入端 R 是 0，S 是 1 時，輸出端 Q 會被重置為 0，這就是所謂的**重置狀態 (reset condition)**。真值表的第四列顯示兩個輸入端（R 和 S）都是邏輯 1 時，這就是閒置或靜止狀態，此時的 Q 和 $\overline{Q}$ 會保持在它們之前的互補狀態，這就是所謂的**保持狀態 (hold condition)**。

表 7-1　RS 正反器的真值表

運作模式	輸入 S	輸入 R	輸出 Q	輸出 $\overline{Q}$	對輸出 Q 的影響
禁止	0	0	1	1	禁止：不使用
設定	0	1	1	0	設定 Q 為 1
重置	1	0	0	1	重置 Q 為 0
保持	1	1	Q	$\overline{Q}$	取決於前一次的狀態

從表 7-1 可以看出邏輯 0 會啟動設定（將 Q 設定為 1），邏輯 0 也會啟動重新設定，或清除（將 Q 清除為 0）。因為是利用邏輯 0 來致能或啟動正反器，所以圖 7-1 的邏輯符號在輸入端的 R 和 S 都具有反相小圓圈。這些反相小圓圈代表輸入設定端與重置輸入端會被邏輯 0 啟動。

RS 正反器可以內製在一個積體電路封裝內，或是使用邏輯閘接線而成，如圖 7-2 所示。圖 7-2 中的 NAND 閘組成 RS 正反器。此 NAND 閘組成 RS 正反器的運作會根據表 7-1 的真值表。從技術而言，圖 7-2 中的 RS 正反器可以稱為一個 $\overline{RS}$ 正反器或 $\overline{RS}$ 閂鎖。R 和 S 上面的橫線是指主動低電位輸入。這些橫線常被工業使用。

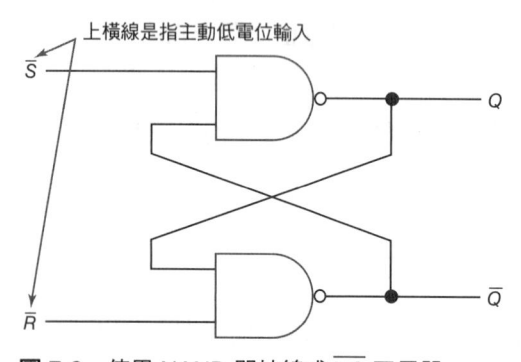

圖 7-2　使用 NAND 閘接線成 $\overline{RS}$ 正反器。

很多時候序向邏輯電路會使用到時序圖 (timing diagrams) 或波形圖 (waveform diagrams)。這些圖顯示了輸入和輸出端之間的邏輯準位和時序，並與示波器上顯示的波形相似，其中水平的距離代表時間，垂直的距離代表電壓。圖 7-3 顯示 RS 正反器的輸入波形 (R, S) 和輸出波形的 (Q, $\overline{Q}$)。圖 7-3 的底部表列出表 7-1 中的狀態列。Q 波形顯示輸出端的設置與重置條件；而波形的右方是邏輯準位 (0, 1)。在處理序向邏輯電路時，經常會使用如圖 7-3 這類波形圖。此種波形圖就是另一種真值表。

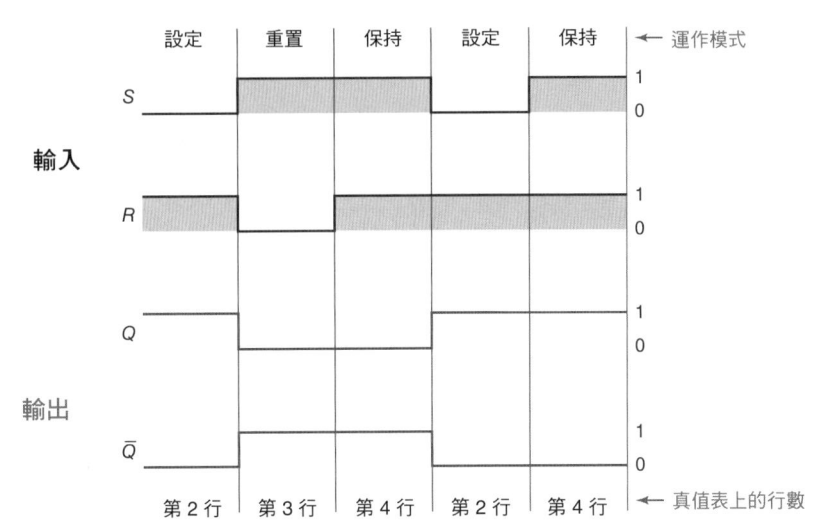

圖 7-3 RS 正反器的波形圖。

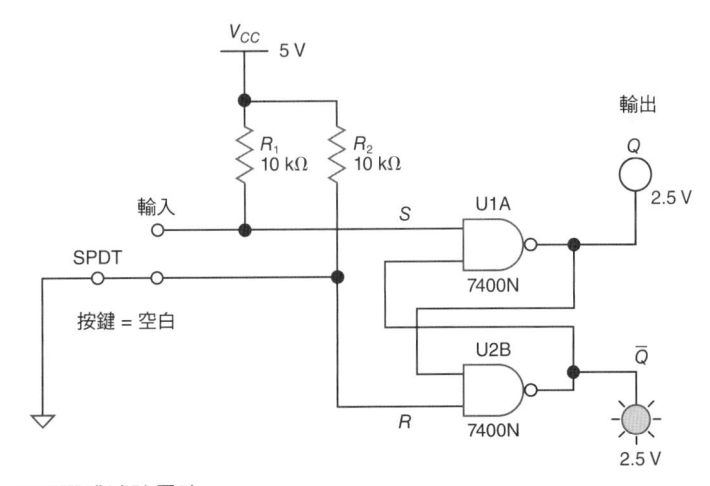

圖 7-4 SPDT 開關彈跳消除電路。

回想之前，有三種多諧振盪器 (MV) 型式。分別為單穩態 MV、非穩態 MV 和雙穩態多諧振盪器。RS 正反器是其中一種雙穩態 MV。RS 正反器最為人所知的名稱是閂鎖，在 IC 產品目錄中通常會列在這個項目下。**閂鎖 (latch)** 是基礎的二進位記憶體元件，用於保持資料。閂鎖通常以 4 位元、8 位元或更多位元構成一個群組以形成暫存器。8 位元暫存器是以八個閂鎖為一群組以保持住一個位元組的資訊。你應該記得 RS 正反器也可用於開關彈跳消除電路。圖 7-4 顯示一個 RS 正反器在 SPDT 開關彈跳消除電路中的應用。

在眾多商用版本的 RS 正反器中，我們選擇 74LS279 四組 $\overline{RS}$ 閂鎖積體電路為例來說明，它包含四個如圖 7-2 所示的閂鎖。本章稍後會詳細討論 7475/74LS75/74HC75 等四位元閂鎖。

你是否已知道 RS 正反器的邏輯符號與真值表？以及是否知道 RS 正反器的四種運作模式？

自我測驗

請填入下列空格。
1. 圖 7-1 的 RS 正反器具有＿＿＿＿＿＿（高電位，低電位）輸入。
2. 列出 RS 正反器在圖 7-5 每一個輸入脈波的運作模式，以「設定」、「重置」、「保持」及「禁止」回答。
3. 列出 RS 正反器正常輸出端 (Q) 在圖 7-5 每一個脈波的二進位輸出。

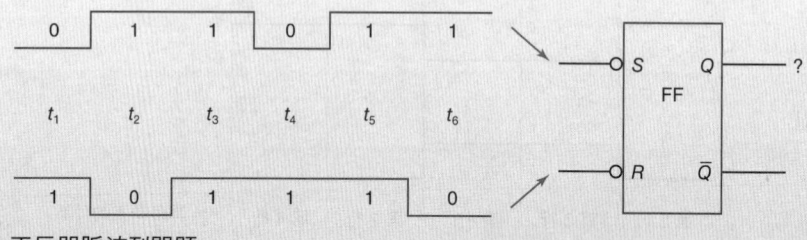

圖 7-5 RS 正反器脈波列問題。

7-2 時序式 RS 正反器

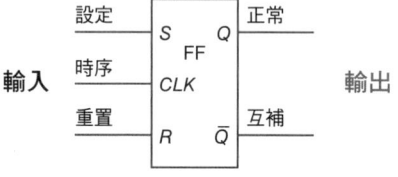

圖 7-6 時序式 RS 正反器的邏輯符號。

時序式 RS 正反器 (clocked R-S flip-flop) 的邏輯符號如圖 7-6 所示，看起來就像一個 RS 正反器，唯一差別在於多一個額外的輸入端，標記為 CLK（亦即 clock）。

圖 7-7 詳細顯示時序式 RS 正反器的運作。**CLK 輸入 (CLK input)** 是在圖中的最上方。請注意，當輸入 S 和 R 在 0 的位置時，第一個時脈對輸出 Q 沒有影響，表示在第一個時脈期間，正反器為閒置或保持模式。在預設的 S 位置，S 輸入變為邏輯 1，但輸出 Q 尚未設定為 1。在第二個時脈的上升邊緣，Q 才從 0

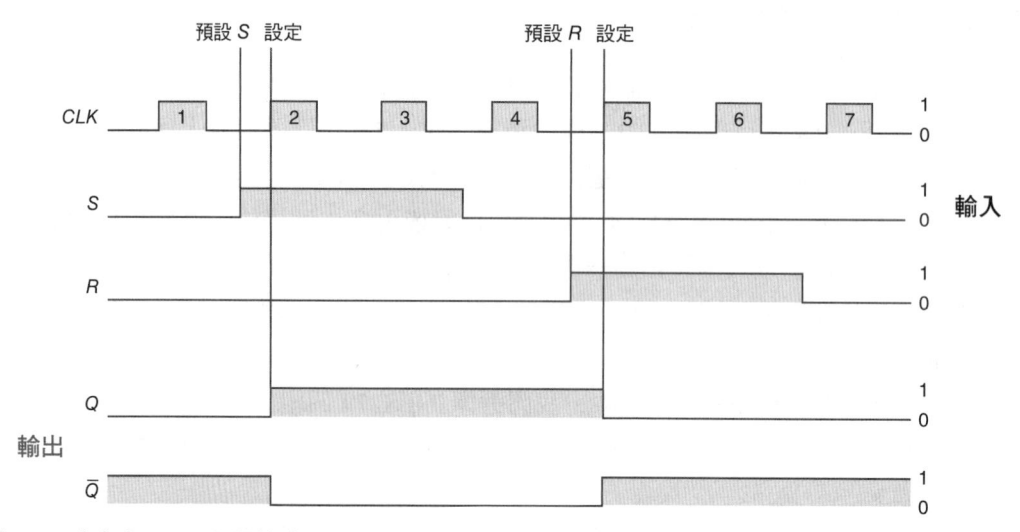

圖 7-7 時序式 RS 正反器的波形圖。

設定為 1。第三個時脈和第四個時脈對輸出 Q 沒有影響。在第三個時脈期間，正反器為設定狀態，而在第四個時脈期間，正反器則為保持狀態。接下來，輸入端 R 預設為邏輯 1。在第五個時脈的上升邊緣，輸出 Q 會重置（或清除）為 0。正反器在第五個和第六個時脈期間都處於重置狀態。正反器在第七個時脈期間為保持狀態，因此，正常輸出 Q 保持在 0。

請注意，時序式 RS 正反器的輸出只在有時脈時才會改變，因此此正反器的運作與時序訊號是同步的。對大多數數位電路而言，**同步運作 (synchronous operation)** 非常重要，且每一步都必須以正確的順序發生。

時序式 RS 正反器的另一項特性是，當時序式 RS 正反器被設定或重置時，即使改變一些輸入，時序式 RS 正反器仍會保持在設定或重置狀態。這稱為**記憶特性 (memory characteristic)**，對於數位電路而言非常重要。此特性讓數位電路的保持運作模式非常明顯。在圖 7-7 的時序式 RS 正反器波形圖中，在第一個、第四個和第七個時脈時，時序式 RS 正反器會處於保持模式。

圖 7-8 (a) 為時序式 RS 正反器的真值表。只有真值表的上面三行是可以使用的，最後一行為禁止的且不能使用。觀察 R 和 S 輸入端都是主動高電位輸入，這代表輸入端 S 是高電位且 $R = 0$ 時，會導致輸出端 Q 設置為 1。

圖 7-8 (b) 顯示時序式 RS 正反器的接線圖。注意，兩個 NAND 閘被加到 RS 正反器的輸入端，使其具有時序的功能。不同廠商可能會將 CLK 輸入標示為 C 或 E。

運作模式	輸入			輸出		
	CLK	S	R	Q	$\bar{Q}$	對輸出 Q 的影響
保持	⊓	0	0	不改變	不改變	
重置	⊓	0	1	0	1	重置或清除至 0
設定	⊓	1	0	1	0	設定至 1
禁止	⊓	1	1	1	1	禁止——不能使用

(a)

(b)

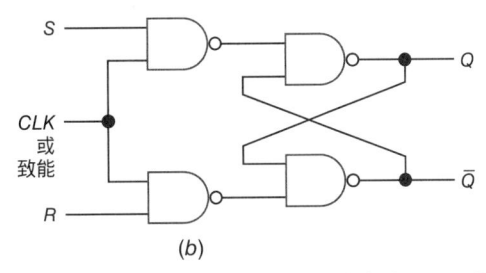

圖 7-8 (a) 時序式 RS 正反器的真值表。(b) 使用 NAND 閘的時序式 RS 正反器的接線圖。

正反器所顯示的記憶特性是數位技術如此廣泛應用於現今電子產品的原因。我們強烈建議你使用電路模擬軟體，或在免焊接式麵包板上使用實際積體電路接線，來進行 RS 正反器或時序式 RS 正反器的實驗。在實驗室中操作正反器，將有助於更了解它們的運作模式。

自我測驗

請填入下列空格。

4. 圖 7-6 的時序式 RS 正反器的設定和重置輸入端 (S, R) 是主動＿＿＿＿＿（高電位，低電位）輸入。
5. 列出時序式 RS 正反器在圖 7-9 每一個輸入脈波的運作模式，以「設定」、「重置」、「保持」和「禁止」回答。
6. 列出時序式 RS 正反器正常輸出端 (Q) 在圖 7-9 每一個脈波的二進位輸出。
7. 設定一個正反器裝置的意思是使正常輸出 (Q) 成為＿＿＿＿＿（高電位，低電位）。
8. 參考圖 7-9。時序式 RS 正反器的 CLK 可能會被一些廠商標示成 EN，代表＿＿＿＿＿（編碼器，致能）。

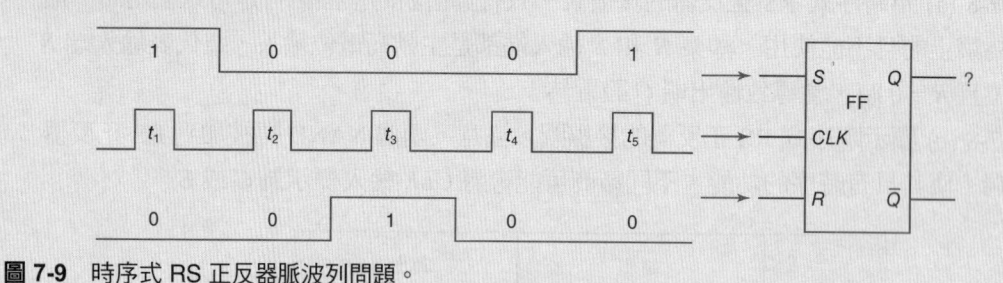

圖 7-9 時序式 RS 正反器脈波列問題。

7-3 D 型正反器

D 型正反器 (D flip-flop) 的邏輯符號如圖 7-10 (a) 所示。它只有一個資料輸入端 (D) 和一個時序輸入端 (CLK)，輸出端則標示為 Q 和 $\overline{Q}$。D 型正反器通常被稱為**延遲正反器 (delay flip-flop)**。「延遲」這個詞是代表輸入端 D 的資料經過此正反器所發生的作用，當資料（0 或 1）輸入輸入端 D，到達輸出端 Q 時會延遲一個時脈的時間。D 型正反器的簡化真值表如圖 7-10 (b) 所示。輸出端 Q 在經過一個時脈的時間會追隨輸入端 D 的值（參見 Q^{n+1} 那一欄）。

輸入	輸出
D	Q^{n+1}
0	0
1	1

圖 7-10 D 型正反器。(a) 邏輯符號。(b) 簡化真值表。

圖 7-11 顯示，D 型正反器可以由一個時序式 RS 正反器加上一個反相器所構成。通常我們會將 D 型正反器應用在積體電路。圖 7-12(a) 顯示一個典型的商用 D 型正反器。兩個額外的輸入分別為預設 (preset, PS) 和清除 (clear, CLR)。輸入端 PS 被邏輯 0 致能

時，會將輸出端 Q 設定為 1。輸入端 CLR 被邏輯 0 致能時，會將輸出端 Q 設定為 0。PS 和 CLR 輸入端為邏輯 0 時會使得 D 和 CLK 輸入端都失去作用。輸入端 D 和 CLK 的運作方式與圖 7-10 的 D 型正反器相同。

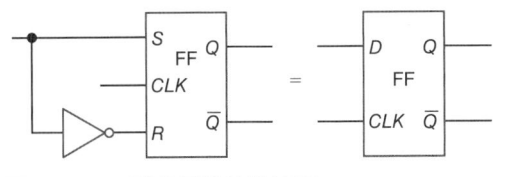

圖 7-11 D 型正反器的接線圖。

請注意，在圖 7-12(a) 中，CLK 輸入端多加上一個三角形。圖 7-12(a) 的 7474 IC 符號的小三角是指該觸發器為**邊緣觸發 (edge triggering)**。在同步運行時，邊緣觸發方式代表在輸入 D 的資料轉移到輸出 Q，時脈由低電位轉變到高電位。7474 D 型正反器 IC 是**正緣觸發 (positive-edge triggering)**。

圖 7-12 (b) 是商用 7474 TTL D 型正反器較詳細的真值表。記得，非同步輸入端（PS 和 CLR）會使同步輸入端（D 和 CLK）失去作用。非同步輸入端控制 D 型正反器在圖 7-12 (b) 真值表的前三行。在真值表中以符號「×」來表示同步輸入端（D 和 CLK）不相關。真值表的第三行是禁止狀態，應避免使用。

當非同步輸入端都被失能時（$PS = 1$ 及 $CLR = 1$），D 型正反器可以使用 D 和 CLK 輸入端執行設定和重置。真值表中最後兩列使用時脈傳輸輸入端 D 的資料到正反器的輸出端 Q。因為與時序同步，所以稱為**同步運作 (synchronous operation)**。注意，此正反

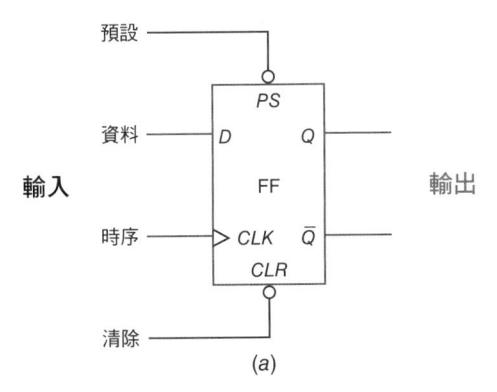

運作模式	輸入				輸出	
	非同步		同步			
	PS	CLR	CLK	D	Q	$\bar{Q}$
非同步設定	0	1	X	X	1	0
非同步重置	1	0	X	X	0	1
禁止	0	0	X	X	1	1
設定	1	1	↑	1	1	0
重置	1	1	↑	0	0	1

0 = 低電位
1 = 高電位
X = 不相關
↑ = 時脈由低電位轉變至高電位

(b)

圖 7-12 (a) 商用 D 型正反器的邏輯符號。(b) 7474 D 型正反器的真值表。

器使用時脈由低電位轉變到高電位，將資料由輸入端 D 傳輸到輸出端 Q。

D 型正反器是序向邏輯電路的元件，經常作為暫時性的記憶體元件。D 型正反器接線在一起可構成**移位暫存器 (shift registers)** 以及**儲存暫存器 (storage registers)**，這些暫存器經常用於數位系統中。記住，D 型正反器輸入的資料到達輸出端 Q 時，會延遲一個時脈，所以也被稱為延遲正反器 (delay flip-flop)。D 型正反器有時也被稱為資料正反器 (data flip-flops) 或 D 型閂鎖 (D-type latches)。D 型正反器同時具備 TTL 和 CMOS 積體電路形式。一些典型的 CMOS D 型正反器包括 74HC74、74AC74、74FCT374、74HC273、74AC273、4013 和 40174。D 型正反器相當受到設計師喜愛，在 FACT CMOS 邏輯系列中就有超過 50 種不同的積體電路。

自我測驗

請填入下列空格。

9. 列出 7474 D 型正反器在圖 7-13 每一個輸入脈波的運作模式，以「非同步設定」、「非同步重置」、「禁止」、「設定」和「重置」回答。
10. 列出 D 型正反器正常輸出端 (Q) 在圖 7-13 每一個脈波的二進位輸出。
11. 參考圖 7-12(a)。CLK 輸入的「>」意味著這款 D 型正反器使用邊緣觸發（資料在低電位到高電位的時脈脈波，從 D 傳輸到 Q）。（是非題）
12. 參考圖 7-12。PS 和 CLR 是＿＿＿＿＿＿（主動高電位，主動低電位）輸入到 7474 D 型正反器。

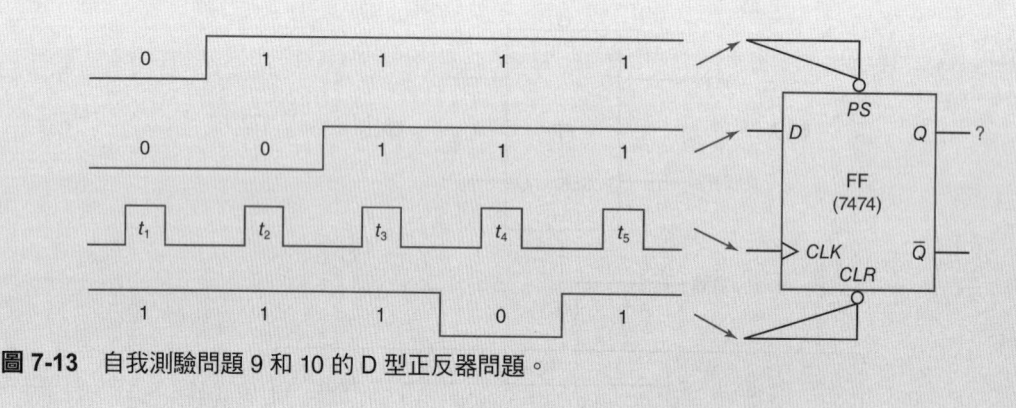

圖 7-13 自我測驗問題 9 和 10 的 D 型正反器問題。

7-4 JK 正反器

JK 正反器 (J-K flip-flop) 具有其他所有正反器的特性。JK 正反器的邏輯符號如圖 7-14 (a) 所示。資料輸入端標示為 J 和 K，時序輸入端則標示為 CLK。輸出端 Q 和 $\overline{Q}$ 分別為正常和互補輸出。JK 正反器的真值表如圖 7-14(b) 所示。當輸入端 J 和 K 輸入都為 0，正反器處於保持模式。正反器在保持模式時，資料輸入對於輸出沒有影響。輸出端會保持最後出現的資料。

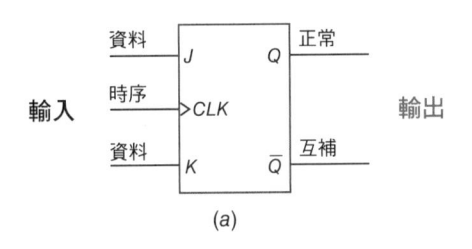

圖 7-14 JK 正反器。(a) 邏輯符號。(b) 真值表。

真值表的第二行和第三行顯示輸出端 Q 的重置和設定狀態。第四行顯示 JK 正反器的切換模式。當兩個資料輸入端 J 和 K 分別為 1，重複的時脈會使輸出端重複關閉－開啟。這個關閉－開啟的動作就像是搖頭開關，故稱為**切換 (toggling)**。

圖 7-15(a) 為商用 7476 TTL JK 正反器的邏輯符號。符號上增加兩個非同步輸入端（預設和清除）。同步輸入端則為 J、K 資料輸入端和時序輸入端。正常輸出端 Q 和互補輸出端 $\overline{Q}$ 也顯示在圖上。商用 7476 JK 正反器的詳細真值表如圖 7-15(b) 所示。回想，非同步輸入端（例如 PS 和 CLR）會使同步輸入端失去作用。真值表的前三行是啟動非同步輸入的情形。圖 7-15(b) 的前三行與同步輸入端都不相關；因此，在這幾行中的輸入端 J、K 和 CLK 都標示「×」的符號。當兩個非同步輸入端被同時啟動時，正反器處於禁止狀態，此禁止狀態並不好用且應該避免。

當非同步輸入端（PS 和 CLR）以邏輯 1 失能時，同步輸入可以同時被啟動。圖 7-15(b) 真值表底部的四行詳細敘述 7476 JK 正反器的保持、重置、設定和切換的運作模式。注意，7476 JK 正反器使用全部脈波來傳輸資料從 J 和 K 輸入端到 Q 和 $\overline{Q}$ 的輸出端。

第二個商用 JK 正反器是 74LS112 TTL-LS JK 正反器。圖 7-16(a) 顯示 74LS112 TTL-LS JK 正反器的邏輯符號。該正反器具有兩個主動低電位動作的非同步輸入端（預設和清除）。這兩個輸入端分別標記為 J 和 K，時序 (CLK) 輸入端具有小圓圈和位於方塊圖內「>」的符號。這意味 74LS112 TTL-LS J-K 正反器是使用**負緣觸發 (negative-edge**

triggering)。換句話說，正反器會在輸入時脈由高電位轉變為低電位時被啟動。74LS112 TTL-LS JK 正反器具有一般的正常 (Q) 和互補性 ($\overline{Q}$) 的輸出端。

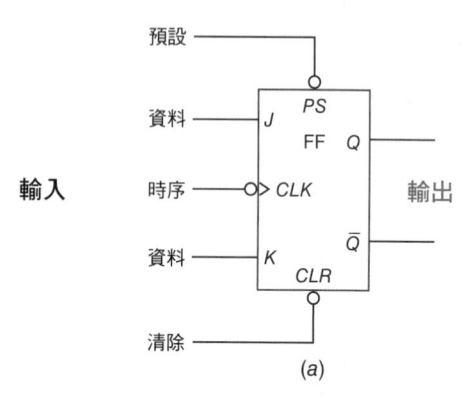

運作模式	輸入					輸出	
	非同步		同步				
	PS	CLR	CLK	J	K	Q	$\overline{Q}$
非同步設定	0	1	X	X	X	1	0
非同步重置	1	0	X	X	X	0	1
禁止	0	0	X	X	X	1	1
保持	1	1	⎍	0	0	不改變	
重置	1	1	⎍	0	1	0	1
設定	1	1	⎍	1	0	1	0
切換	1	1	⎍	1	1	相反的狀態	

0 = 低電位
1 = 高電位
X = 不相關
⎍ = 正時脈脈波

圖 7-15 (a) 商用 JK 正反器的邏輯符號。(b) 7476 JK 正反器的真值表。

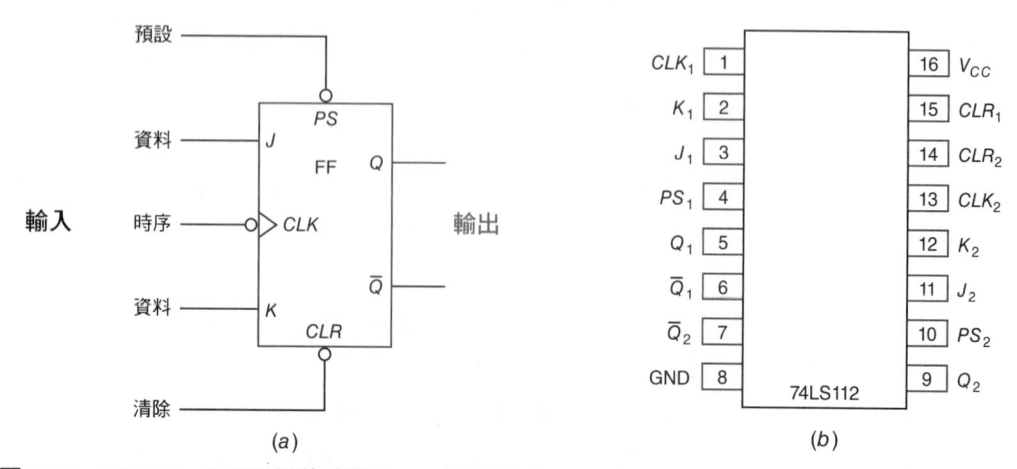

圖 7-16 74LS112 JK 正反器積體電路。(a) 邏輯符號。(b) 接腳圖。

運作模式	輸入 非同步		輸入 同步			輸出	
	PS	CLR	CLK	J	K	Q	$\overline{Q}$
非同步設定	0	1	X	X	X	1	0
非同步重置	1	0	X	X	X	0	1
禁止	0	0	X	X	X	1	1
保持	1	1	↓	0	0	不改變	
重置	1	1	↓	0	1	0	1
設定	1	1	↓	1	0	1	0
切換	1	1	↓	1	1	相反的狀態	

0 = 低電位
1 = 高電位
X = 不相關
↓ = 高電位至低電位的時脈轉換

(c)

圖 7-16 (續) 74LS112 JK 正反器積體電路。(c) 真值表。

圖 7-16 (b) 是具有 16 根接腳的 74LS112 積體電路的接腳圖，注意 74LS112 積體電路包含兩個 JK 正反器，並具有非同步輸入端（PS 和 CLR）以及互補輸出端（Q 和 $\overline{Q}$）。74LS112 積體電路也有其他積體電路的封裝形式。

圖 7-16 (c) 是 74LS112 JK 正反器的真值表。74LS112 JK 正反器與 7476 具有相同的運作模式。真值表的前三行顯示出非同步輸入端（PS 和 CLR）會使同步輸入端（J、K 和 CLK）失去作用。注意，非同步的接腳是主動低電位輸入。真值表的最後四行詳細描述保持、重置、設定和切換的運作模式。CLK 輸入端時脈從高電位轉變至低電位時會觸發正反器，所以稱為負緣觸發。圖 7-16 (c) 真值表的最後一列是很有用的切換模式。當非同步輸入端被失能 (PS = 1, CLR = 1) 且資料輸入端同時為高電位 (J = 1, K = 1) 時，每一個時脈會使輸出端切換到至相反的狀態。例如，輸出端 Q 可能會變為高電位、低電位、高電位、低電位的重複時脈。這是一個很有用的功能，特別是在建構計數器電路時。

JK 正反器用於許多數位電路，尤其是**計數器 (counters)**。幾乎每個數位電路都會使用計數器。

總結而言，JK 正反器被視為是最通用的正反器。其獨有的特點是切換模式，在設計計數器時非常有用。當 JK 正反器接線成只使用於切換模式時，通常被稱為 **T 型正反器 (T flip-flop)**。JK 正反器同時具備有 TTL 和 CMOS 積體電路的形式。典型的 CMOS JK 正反器是 74HC76、74AC109 和 4027 積體電路。

自我測驗

請填入下列空格。

13. 列出 7476 JK 正反器在圖 7-17 每一個輸入脈波的運作模式，以「非同步設定」、「非同步重置」、「禁止」、「保持」、「重置」、「設定」和「切換」回答。
14. 列出 JK 正反器正常輸出端 (Q) 在圖 7-17 每一個脈波的二進位輸出。
15. 參考圖 7-18。在此電路中，JK 正反器處於_____（重置，設定，切換）運作模式。
16. 參考圖 7-18。在此電路中，74LS112 正反器在時脈由_____（高電位至低電位，低電位至高電位）時會被觸發。
17. 列出 JK 正反器輸出端在圖 7-18 每一個脈波的二進位輸出。
18. 參考圖 7-18。使用 JK 正反器的電路可以作為兩個位元的_____（加法器，計數器）。

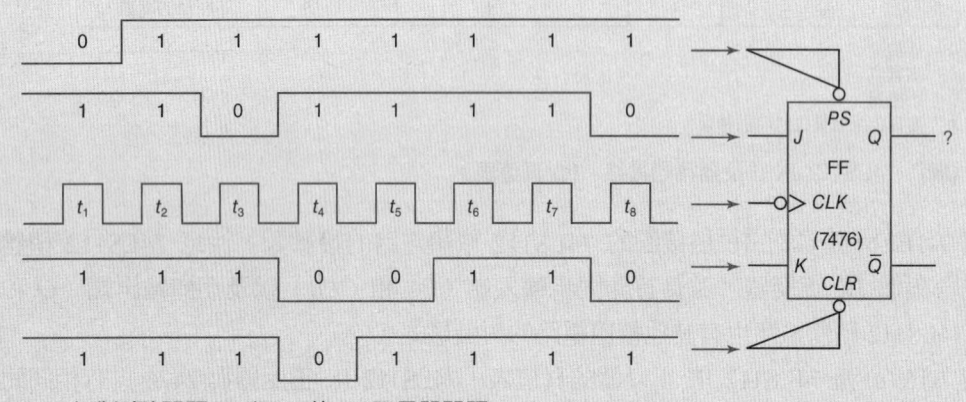

圖 7-17 自我測驗問題 13 和 14 的 JK 正反器問題。

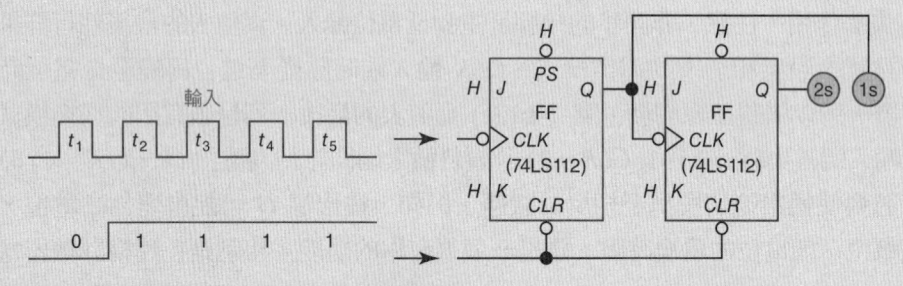

圖 7-18 自我測驗問題 15 至 18 的 JK 正反器問題。

7-5 積體電路門鎖

數位系統的方塊圖如圖 7-19(a) 所示。按住鍵盤上十進位數字的 7，7 就會顯示在七段顯示器上。一旦釋放鍵盤上的 7，7 就會消失在七段顯示器上。很明顯地，需要一個**記憶體元件 (memory device)** 以儲存數字 7 的 BCD 碼。作為臨時緩衝記憶體稱為**門鎖 (latch)**。在圖 7-19 (b) 的系統加上 4 位元門鎖，此時按下再釋放鍵盤的 7，七段顯示器仍然會繼續顯示 7。

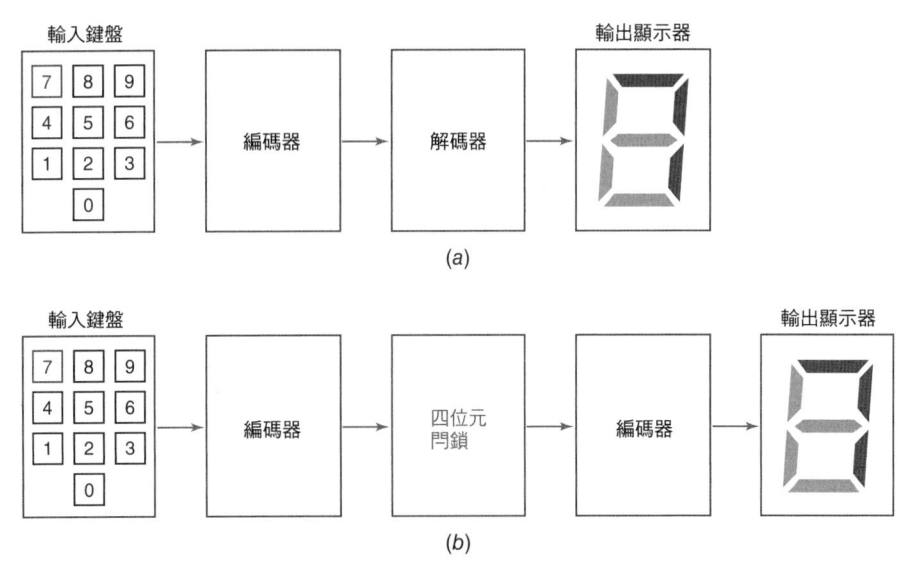

圖 7-19　電子編碼器／解碼器系統。(a) 無緩衝記憶體。(b) 加上緩衝記憶體（閂鎖）。

所謂「閂鎖」是指數位儲存元件。**D 型正反器 (D flip-flop)** 就是一個閂鎖資料的元件的例子。但是，其他類型的正反器也可用於鎖住資料。

製造商已經開發許多積體電路形式的閂鎖。圖 7-20(a) 所示為 7475 TTL 四位元透通閂鎖的邏輯圖。這個元件有四個 D 型正反器封裝在單一的積體電路內。資料輸入端 D_0、正常輸出端 Q_0 和互補輸出端 $\overline{Q}_0$ 構成了第一個 D 型正反器。致能輸入端 ($E_{0\text{-}1}$) 與 D

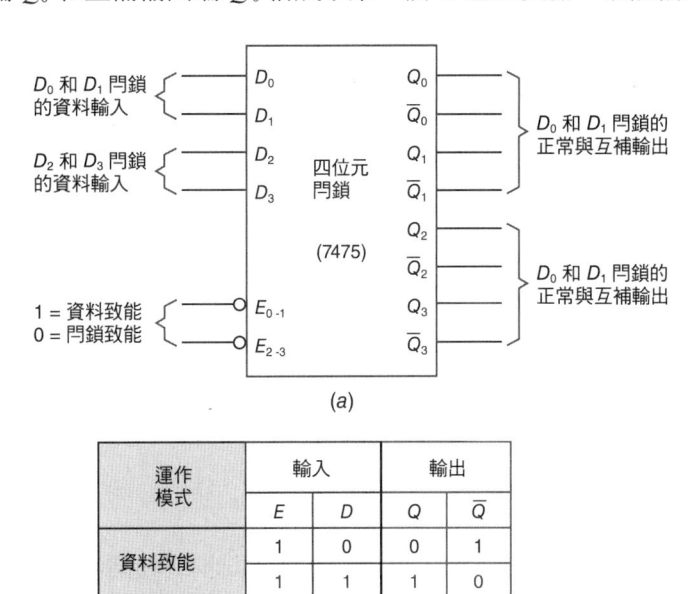

運作模式	輸入		輸出	
	E	D	Q	$\overline{Q}$
資料致能	1	0	0	1
	1	1	1	0
資料閂鎖	0	X	不改變	

0 = 低電位
1 = 高電位
X = 不相關

(b)

圖 7-20　(a) 商用 7475 四位元透通閂鎖的邏輯符號。(b) 7475 D 型閂鎖的真值表。

型正反器的時序輸入類似。當 E_{0-1} 被致能時，D_0 和 D_1 都會被傳送到它們的輸出端。

7475 閂鎖積體電路的簡化真值表如圖 7-20(b) 所示。如果致能輸入為邏輯 1，資料傳輸會從輸入端 D 傳輸到輸出端 Q 和 $\overline{Q}$，並不需要別的時脈。舉一個例子，若 $E_{0-1} = 1$ 且 $D_1 = 1$，那麼不需要時脈，Q_1 將被設定為 1，而 $\overline{Q_1}$ 將被設定為 0。在此**資料致能模式 (data-enabled mode)** 下，輸出 Q 會遵循 7475 閂鎖的個別的 D 輸入。

考慮圖 7-20(b) 真值表最後一列的數據。當致能輸入端降為邏輯 0 時，7475 積體電路會進入**資料閂鎖模式 (data-latched mode)**。在 Q 的資料會保持不變，即使在輸入端 D 發生變化，所以稱此資料被閂鎖。7475 積體電路是一個透通閂鎖，這是因為當致能輸入端是高電位時，正常的輸出端會遵循輸出端 D 的資料。注意，7475 積體電路的 D_0 和 D_1 正反器是被 E_{0-1} 致能輸入端所控制，而 E_{2-3} 輸入端是控制正反器 D_2 和 D_3。

正反器的許多功能之一是保持或鎖住資料。當正反器執行此功能時，正反器被稱為閂鎖。正反器還有很多其他用途，包括**計數器 (counters)**、**移位暫存器 (shift registers)**、**延遲元件 (delay units)** 和**除頻器 (frequency dividers)**。

閂鎖適用於所有邏輯系列。幾個典型的 CMOS 閂鎖包括 4042、4099、74HC75 和 74HC373 積體電路。閂鎖有時用來組成其他的積體電路，例如 4511 和 4543 BCD 到七段閂鎖／解碼器／驅動器晶片。

數位電路勝過類比電路的其中一個主要優點是易於使用的記憶體裝置。在數位電路中，閂鎖是最基本的記憶體裝置。幾乎所有的數位設備中都包含閂鎖以作為簡單的記憶裝置。

自我測驗

請填入下列空格。
19. 當 7475 閂鎖積體電路的運作是在資料致能模式時，_____ 輸出會遵循個別的 D 輸入。
20. 一個_____（高電位，低電位）在致能模式時，7475 閂鎖積體電路會運作在資料閂鎖模式。
21. 在資料閂鎖模式下，在 D 輸入的任何改變會使 7475 閂鎖積體電路_____（在個別的輸出端產生影響，不會影響輸出端）。
22. 當正反器用於暫時保持資料時，常被稱為_____。

7-6 觸發正反器

我們可以依據正反器的運作模式將正反器分為同步或非同步。所有的**同步正反器 (synchronous flip-flops)** 都具有時序輸入。時序式 RS、D 型及 JK 正反器都與時序同步。

當使用製造商的資料手冊時，會看到很多同步正反器也被歸類為邊緣觸發，也就是主／僕正反器。圖 7-21 顯示兩種處於切換狀態的邊緣觸發正反器。在時脈 1，正緣即為向正的邊緣。第二個波形顯示每當有正緣脈波產生時，**正緣觸發正反器 (positive-edge-**

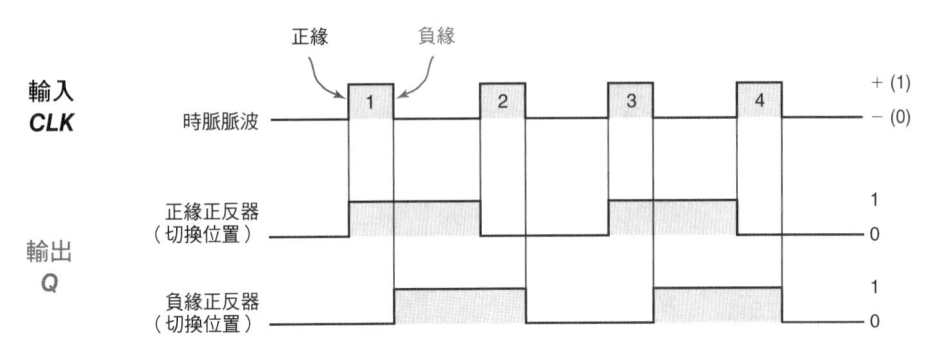

圖 7-21 正緣觸發和負緣觸發正反器的波形圖。

triggered flip-flop) 就會做切換動作（參見脈波 1 到 4）。圖 7-21 也顯示脈波的負緣，負緣即為向負的邊緣。底部的波形顯示**負緣觸發正反器 (negative-edge-triggered flip-flop)** 的切換情形。注意，每當有負緣脈波產生時，它就會改變狀態或產生切換（參見脈波 1 到 4）。特別注意正緣和負緣觸發正反器在時序上的差異。觸發時間的差異對於某些應用而言是相當重要的。

正反器上通常會顯示觸發的型態。正緣觸發的 D 型正反器之邏輯符號如圖 7-22(a) 所示。在正反器接近時序輸入端使用「>」符號，表示在脈波的邊緣時，資料會被傳到輸出端。負緣觸發的 D 型正反器之邏輯符號如圖 7-22(b) 所示。在時序輸入端增加反相小圓圈是表示在時脈向負的邊緣時會發生觸發。最後，一個典型的 D 型閂鎖邏輯符號如圖 7-22(c) 所示。注意在致能輸入端沒有「>」符號，這意味著此元件不是邊緣觸發的元件。如同 RS 正反器，D 型閂鎖也被認為是非同步的。回想一下，當致能 (E) 的輸入為高電位時，D 型閂鎖的正常輸出 (Q) 會遵循其輸入端 (D)。當致能的輸入為低電位時，資料會被閂鎖。有幾家製造商在 D 型閂鎖上將致能輸入端標示為「G」。

另一種正反器為主／僕正反器。**JK 主／僕正反器 (J-K master/slave flip-flop)** 採用全脈波（正緣和負緣）來觸發正反器。圖 7-23 顯示主／僕正反器的觸發。脈波 1 的波形顯示了四個位置（a 到 d），下列運作順序發生於主／僕正反器在時脈的每個點上：

- a 點：前緣──將輸入端與輸出端隔離。
- b 點：前緣──從 J 和 K 輸入端輸入資料。
- c 點：後緣──將 J 和 K 輸入端失能。

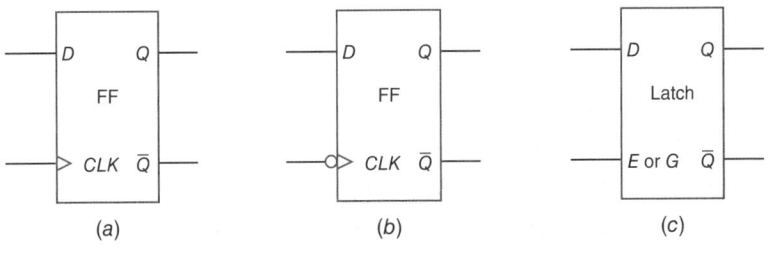

圖 7-22 (a) 正緣觸發 D 型正反器的邏輯符號。(b) 負緣觸發 D 型正反器的邏輯符號。(c) D 型閂鎖的邏輯符號。

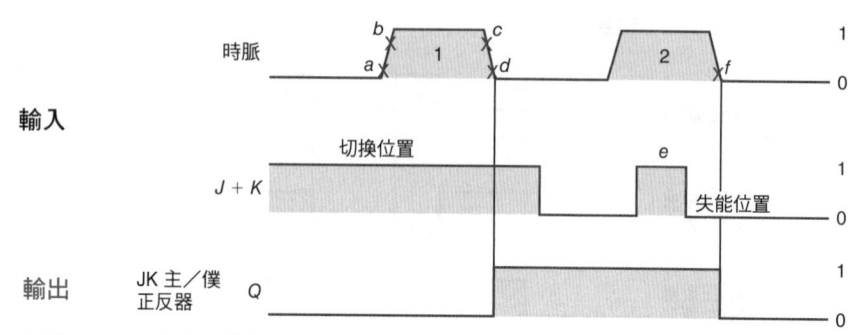

圖 7-23　觸發 JK 主/僕正反器。

- d 點：後緣──將資料從輸入端傳送至輸出端。

圖 7-23 的脈波 2 顯示主/僕正反器非常有趣的特性。注意，在脈波 2 的開始，輸出將被中止。在一個非常簡短的時刻，輸入端 J 和 K 移到切換位置（e 點），然後被失能。JK 主/僕正反器會「記憶」輸入端 J 和 K 曾處於切換位置，並在波形圖的 f 點發生切換。這種內存的記憶特性只會發生在時脈是高電位（邏輯 1）時。

與新型邊觸發正反器相比，主/僕正反器已經過時。例如，主/僕 7476 正反器已被 74LS76 元件所取代。它們具有相同的接腳圖和功能，但較新的 74LS76 積體電路是採用負緣觸發。

自我測驗

請填入下列空格。
23. 一個正緣觸發的正反器在時脈由＿＿＿＿（高至低，低至高）的電位轉變時，會改變狀態。
24. 一個負緣觸發的正反器在時脈由＿＿＿＿（高至低，低至高）的電位轉變時，會改變狀態。
25. 在正反器邏輯符號裡，靠近時序輸入端的符號「>」代表＿＿＿＿。
26. 74LS112 JK 正反器使用＿＿＿＿（正緣觸發，負緣觸發），如圖 7-16 所示。
27. 7474 D 型正反器使用＿＿＿＿（正緣觸發，負緣觸發），如圖 7-12 所示。
28. JK 主/僕正反器（例如 7476 積體電路）使用整個脈波來觸發元件，並逐漸被淘汰，由較新型的邊緣觸發正反器所取代。（是非題）

7-7　史密特觸發器

數位電路較偏好具有快速**上升與下降時間 (rise and fall times)** 的波形。反相器符號右邊的波形圖是一個良好的數位訊號的例子，如圖 7-24 所示。方波從低到高和從高到低的電位變化邊緣都相當垂直。這意味著上升和下降時間非常快速（幾乎是瞬間的）。

圖 7-24 的反相器符號中，左邊的波形具有非常緩慢的上升和下降時間。圖 7-24 左邊的波形是不好的，如果直接接到計數器、邏輯閘或其他數位電路，可能會導致不可靠的操作。在這個例子中，便使用**史密特觸發反相器 (Schmitt trigger inverter)** 將輸入訊號

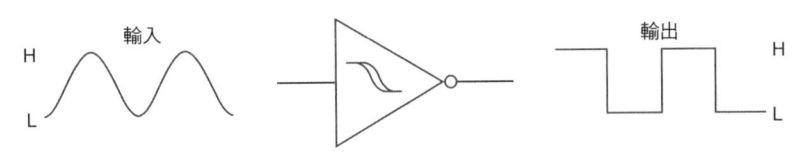

圖 7-24 使用於波形塑形的史密特觸發器。

變得「方正」，使之更加有用。圖 7-24 的史密特觸發器將波形重新塑形。這就是所謂的**訊號調整 (signal conditioning)**。史密特觸發器廣泛用於訊號調整。

一個典型的 TTL 反相器（7404 積體電路）的電壓剖面圖如圖 7-25(a) 所示，其中最特別的是 7404 積體電路的**切換臨界 (switching threshold)**。不同晶片的切換臨界值可能會有所不同，但永遠落在未定義的範圍內。圖 7-25(a) 顯示一個典型的 7404 積體電路具有切換臨界值 +1.2 V；換句話說，當電壓升高到 +1.2 V 時，輸出端會從高電位向低電位變化；當電壓降低到小於 +1.2 V 時，輸出端會從低電位向高電位變化。大多數的邏輯閘具有單一的切換臨界電壓，無論輸入電壓是上升或下降。

7414 史密特觸發反相器 TTL 積體電路的電壓剖面圖如圖 7-25(b) 所示。注意，正向 (V+) 和負向 (V−) 的電壓具有不同的切換臨界。在 7414 積體電路的電壓剖面圖顯示，正向 (V+) 輸入電壓的切換值為 1.7 V，負向 (V−) 輸入電壓的切換值為 0.9 V。這些切換值（1.7 V 和 0.9 V）之間的差稱為**遲滯現象 (hysteresis)**。遲滯現象提供卓越的雜訊免疫

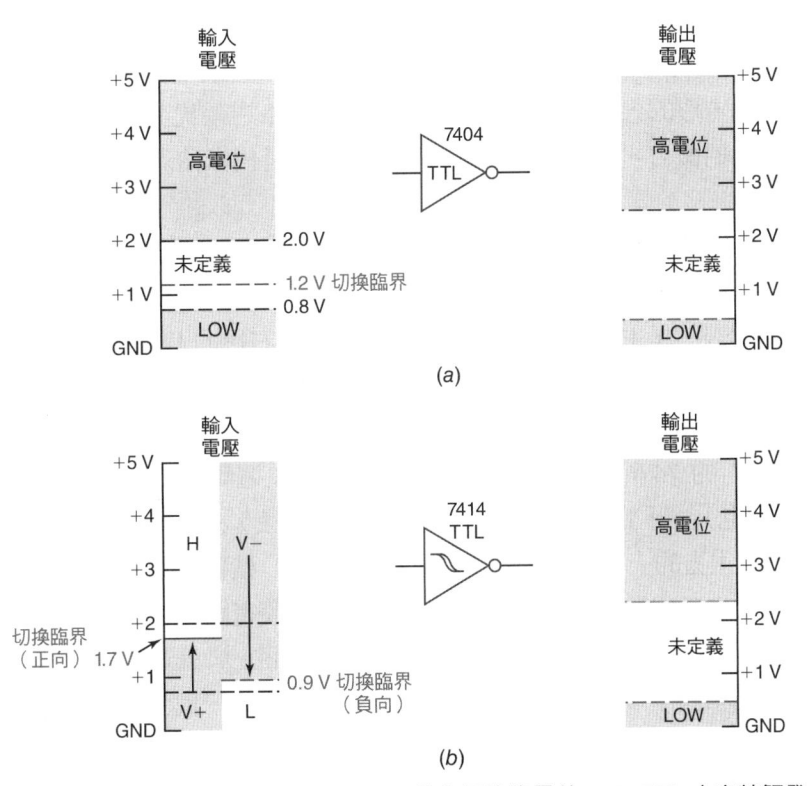

圖 7-25 (a) 具有切換臨界的 TTL 電壓剖面圖。(b) 具有切換臨界的 7414 TTL 史密特觸發積體電路電壓剖面圖。

力,有助於史密特觸發器的緩慢上升和下降時間的波形變得較方正。

史密特觸發器也具有 CMOS 的形式,包含 40106、4093、74HC14 和 74AC14 的積體電路。

雙穩態多諧振盪器(或正反器)的特點之一是它的輸出不是高電位就是低電位。當改變狀態(高至低或低至高),它們會快速到使輸出不會落在未定義的範圍內。這種輸出端的「突然動作」(snap action) 也是史密特觸發器的特點。

自我測驗

請填入下列空格。
29. _____是將緩慢上升與下降時間的波形變得方正的有用元件。
30. 畫出史密特觸發反相器的符號。
31. 史密特觸發器具有_____,是因為它的正向輸入和負向輸入具有不同的切換臨界。
32. 史密特觸發器一般是用於_____(記憶體,訊號調整)之用。

7-8 IEEE 邏輯符號

我們已學過大多數電子業傳統的邏輯符號,但製造商的資料手冊通常包括傳統的邏輯符號與最新的 IEEE 標準邏輯符號。

圖 7-26 顯示傳統的正反器和閂鎖的邏輯符號,以及對應的 IEEE 符號。所有的 IEEE 邏輯符號皆是長方形的,並且在符號上方寫出積體電路的編號。較小的矩形顯示此封裝內完全相同元件的數目。注意,在 IEEE 符號的左邊是代表輸入端,而右邊則是代表輸出端。

IEEE 7474 D 型正反器符號顯示四個分別標示為「S」(設定)、「$>C1$」(正緣觸發時序)、「$1D$」(資料)和「R」(重置)的輸入端。IEEE 7474 符號中,輸入端 S 和 R 的三角形代表的是主動低電位輸入。在 7474 輸出右邊的 IEEE 符號沒有內部識別標記。輸出端 $\overline{Q}$ 的三角形代表的是主動低電位輸出。在 IEEE 邏輯符號內部的記號是統一的標記,而外部的標記則會隨著不同的廠商而有所改變。

考慮圖 7-26 的 7476 雙主/僕 JK 正反器的 IEEE 邏輯符號。內部的輸入端分別標示為「S」(設定)、「$1J$」(J 資料)、「$C1$」(時序)、「$1K$」(K 資料)和「R」(重置)。符號上方的「7476」是為了識別特定的 TTL 積體電路。在輸出端 Q 和 $\overline{Q}$ 附近的符號是用來表示脈波觸發的 IEEE 符號。7476 積體電路的 IEEE 邏輯符號顯示,每個 JK正反器有兩個主動低電位輸入(S 和 R)以及一個主動低電位輸出($\overline{Q}$)。主動低電位動作的輸入端和輸出端都以三角形來表示,並出現兩次,代表 7476 積體電路封裝內具有兩個完全相同的 JK 正反器。

圖 7-26 是 7475 四位元透通閂鎖的 IEEE 標準邏輯符號。四個長方形代表 7475 積體電路封裝內具有四個 D 型閂鎖,四個輸出端 $\overline{Q}$ 則以三角形註記。

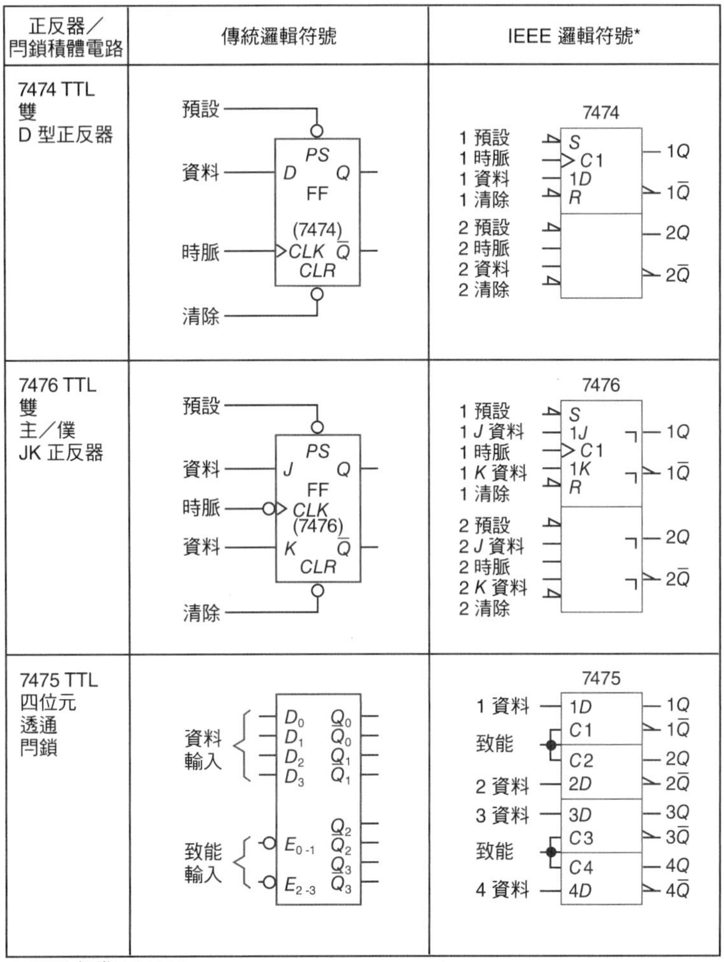

圖 7-26 比較幾個正反器的傳統邏輯符號和 IEEE 邏輯符號。

自我測驗

請填入下列空格。

33. IEEE 符號的記號「C」代表正反器的控制輸入端或_____輸入端。
34. 正反器和閂鎖的互補輸出端 ($\bar{Q}$) 在 IEEE 符號中是以_____的記號來表示。
35. 7474 和 7476 正反器的非同步清除是主動_____輸入,而標示為字母「R」則是代表_____。

7-9 應用:閂鎖編碼器—解碼器系統

你已經學習各種邏輯閘電路、編碼器、解碼器、正反器和輸入/輸出設備的詳細操作。現在你要應用這些知識,學習將這些組件連接在一起的簡單數位系統。

圖 7-27 為一個閂鎖編碼器—解碼器系統的簡圖。編碼器將八個輸入之一從鍵盤轉

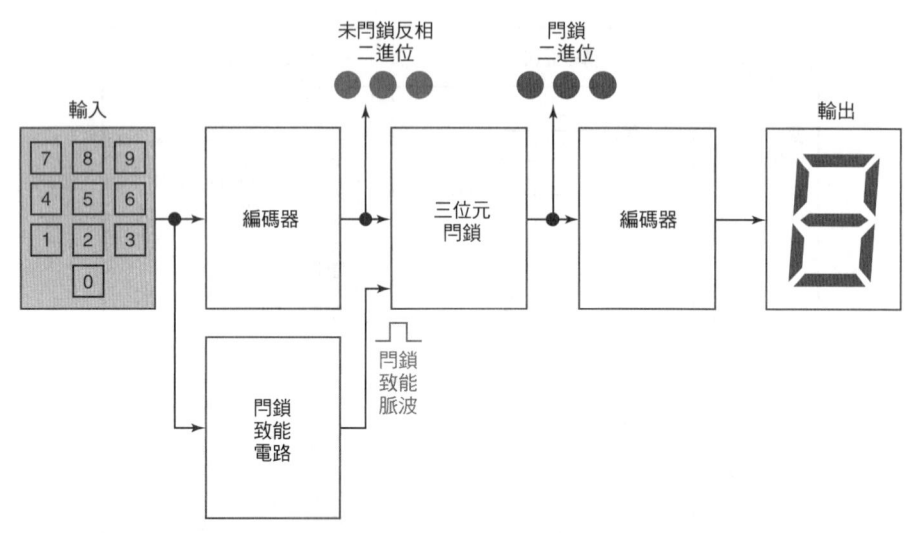

圖 7-27 閂鎖編碼器—解碼器系統圖。

換至反相二進位形式。每次擊鍵會使該閂鎖—致能電路產生一個正脈波。此正脈波（閂鎖—致能脈波）導致編碼器輸出會轉換到 3 位元互補 Q 的輸出。如此可將正常可以在頂部中央的三個 LED 觀察到的二進位保持住。3 位元閂鎖保持著解碼器輸入的二進位資料。解碼器從二進位轉換為七段碼，使相對的 LED 部分發亮。

輸入一個簡單的十進位數字，並讓它出現在七段顯示器上看起來很簡單。但實際所需的電子電路相當複雜，需使用含有許多閘的積體電路。據計算，使用圖 7-28 所要求的積體電路，需要用到 60 至 90 個閘。

圖 7-27 的簡圖會發展成為更詳細的接線圖，並使用你已經學習過的元件。

圖 7-28 是詳細的閂鎖編碼器—解碼器電路接線圖，該電路用的是 Multisim。

功能概述：

- **輸入**：鍵盤有八個主動低電位常開開關。
- **編碼器**：74148 8 線到 3 線優先編碼器具有主動低電位輸入和主動低電位輸出。八個拉升電阻保持八個編碼器輸入高電位，直到鍵盤輸入驅動至低電位。
- **解碼器**：一個具有主動高電位輸入的二進位七段顯示解碼器／驅動器，嵌入到解碼器／顯示模組中。
- **輸出** ：(1) 3 位元—未閂鎖反相二進位顯示，(2) 3 位元閂鎖二進位顯示，(3) 嵌入解碼器／顯示模組的七段 LED 顯示器。
- **記憶體**：7475 4 位元透通閂鎖，有主動高電位輸入和主動低電位輸出。電路只用了 3 到 4 個閂鎖。致能 (EN) 輸入閂鎖住的資料為低電位。當 EN 輸入脈波為高電位，數據從輸入傳遞到輸出。在高電位脈波期間，閂鎖被視為透通的。
- **閂鎖—致能電路**：僅當一個或多個輸入為低電位時，八輸入 NAND 邏輯閘會發射一個高電位。當所有輸入為高電位時，NAND 的輸出為低電位，這將導致 7475 閂鎖

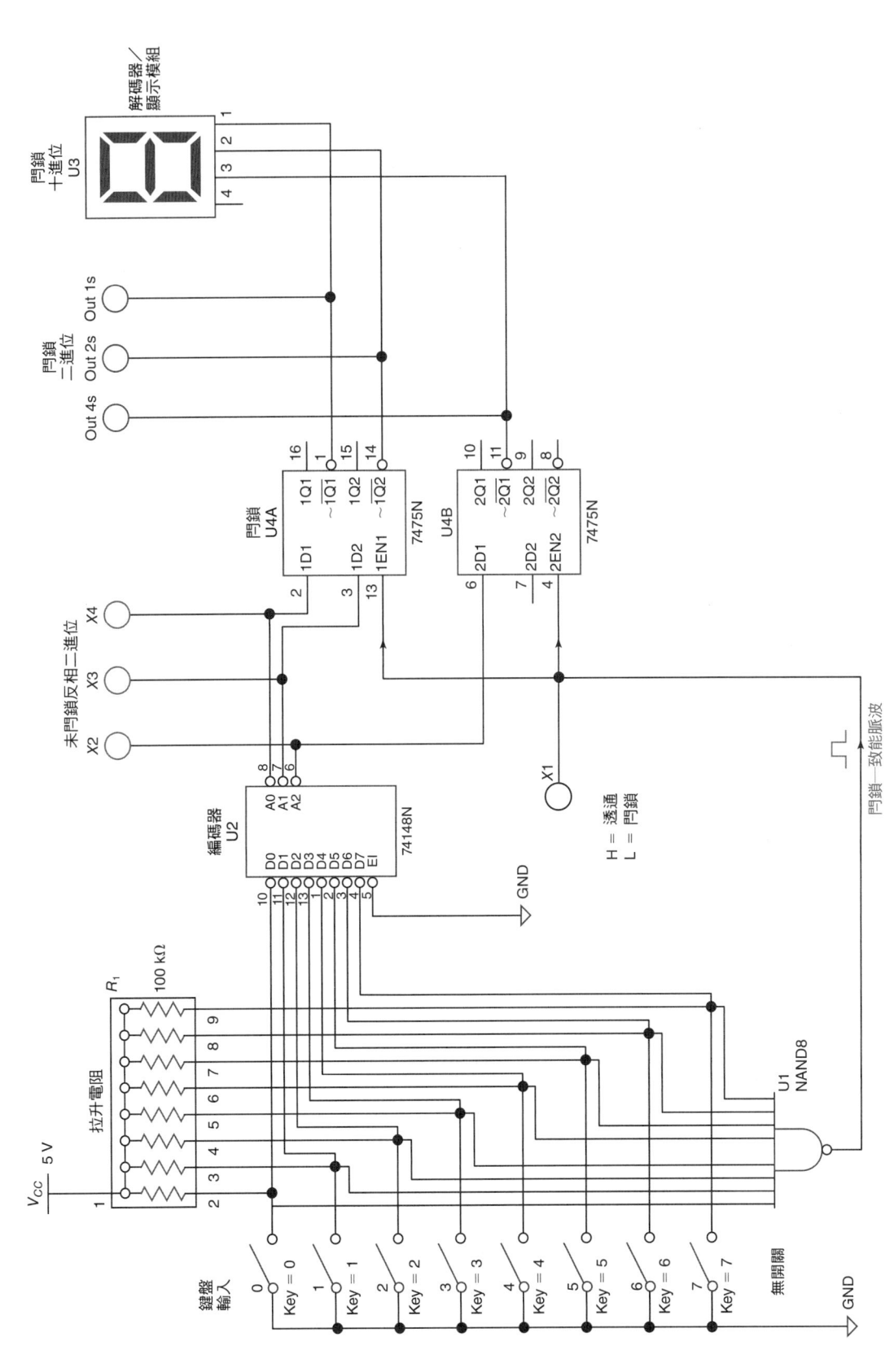

圖 7-28 閂鎖編碼器－解碼器系統（在 Multisim 上）。

持續保持閂鎖（不透通）。

範例：電源 ON。按下鍵盤上的十進位 1，致能編碼器 IC 的輸入 D_1。 74148 IC 產生反相二進位的 110（1 的二進位補數 001）。 110（反相二進位）被傳遞至 74754 位元閂鎖 IC 的資料輸入（這電路使用 3 位元）。

在此例中，按下鍵盤上的十進位 1 也導致八輸入 NAND 閘（閂鎖—致能電路）輸出一個高電位。當 7475 IC 為 EN 輸入，此高電位致能 IC 成為透通模式。正閂鎖—致能脈波使 7475 閂鎖 IC 瞬間成為透通，然後傳輸反相二進位 110 至互補輸出 ($\overline{Q}$)，成為真正的二進位值 001。當輸入開關 1 返回到其開啟位置時，它輸出高電位。所有到八輸入 NAND 閘的輸入都是高電位，因為八個拉升電阻 (R_1) 造成閘輸出變為低電位。當 7475 的 EN 輸入變為低電位，二進位資料 001 閂鎖在互補輸出 ($\overline{Q}$)，並保持輸入在解碼器／顯示模組。七段解碼器轉換 001 二進位至七段碼，同時致能 a 和 b 兩個部分。這驅動了 LED 顯示器，形成了十進位的 1。

74148 IC 被稱為優先編碼器。優先功能指的是，如果兩個或更多的輸入在同一時間致能，較高的輸入值將被輸出。換句話說，如果 2 和 4 兩個輸入到 74148 編碼器在低電位，IC 將產生 011（1 的二進位補數 100），這將在七段顯示器上讀到 4。

圖 7-28 的閂鎖編碼器—解碼器是一個實驗電路，使用的是你在以前的實驗中用過的數位元件。

自我測驗

請填入下列空格。

36. 參考圖 7-28。如果鍵盤上的所有開關都打開，那麼從八輸入 NAND 閘的輸出是＿＿＿＿＿（高電位，低電位）。
37. 參考圖 7-28。74148 編碼器同時具有主動低電位輸入和主動低電位輸出。（是非題）
38. 參考圖 7-28。如果輸入鍵 6 被按下和放開，閂鎖二進位會是＿＿＿＿＿（3 位元二進位），而七段顯示器會顯示十進位＿＿＿＿＿（十進位數字）。
39. 參考圖 7-28。在這個電路中，閂鎖被用來作為某種類型的臨時＿＿＿＿＿（記憶體，多工器）。
40. 參考圖 7-28。＿＿＿＿＿（74148，7475）IC 會轉換反相二進位到真正的二進位。

第 7 章　總結與回顧

總　結

1. 邏輯電路可以分為組合和序向兩大類。組合邏輯電路是使用 AND 閘、OR 閘和 NOT 閘，並且沒有記憶特性。序向邏輯電路是使用正反器，具有記憶特性。
2. 正反器可以連接在一起，形成計數器、暫存器和記憶體元件。
3. 正反器的輸出端是反相或互補的。
4. 圖 7-29 總結了一些基本的正反器。

5. 波形（時序）圖是用來描述序向電路的操作。
6. 正反器可能為邊緣觸發型或主／僕型，也可能為脈波或邊緣觸發。
7. 有一種特別的正反器稱為閂鎖，廣泛應用於數位電路以作為暫時的緩衝記憶體。
8. 史密特觸發器是用於訊號調整的特殊元件。
9. 圖 7-26 比較正反器／閂鎖的傳統符號以及較新的 IEEE 邏輯符號。

電路	邏輯符號	真值表	註
RS 正反器	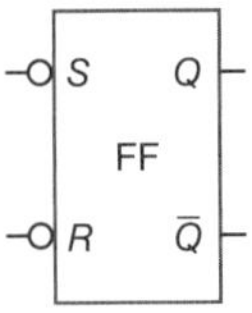 S Q / FF / R Q̄	S R Q / 0 0 禁止 / 0 1 1 設定 / 1 0 0 重置 / 1 1 保持	RS 閂鎖 設定—重置正反器 （非同步）
時序式 RS 正反器	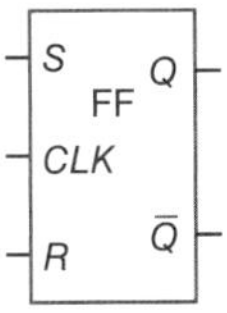 S Q / FF / CLK / R Q̄	CLK S R Q / ⊓ 0 0 保持 / ⊓ 0 1 0 重置 / ⊓ 1 0 1 設定 / ⊓ 1 1 禁止	（同步）
D 型正反器	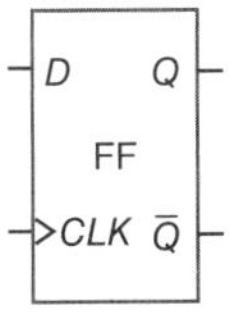 D Q / FF / CLK Q̄	CLK D Q / ↑ 0 0 / ↑ 1 1 ↑＝時脈由低電位轉變至高電位	延遲正反器 資料正反器 （同步）
JK 正反器	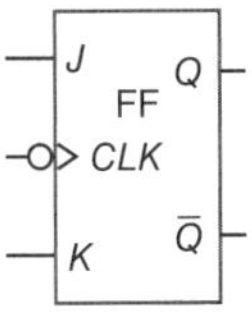 J Q / FF / CLK / K Q̄	CLK J K Q / ↓ 0 0 保持 / ↓ 0 1 0 重置 / ↓ 1 0 1 設定 / ↓ 1 1 切換 ↓＝時脈由高電位轉變至低電位	最通用的正反器 （同步）

圖 7-29 一般正反器的總整理。

章節回顧問題

回答下列問題。

7-1. 邏輯 _____ 是組合邏輯電路的基本建構；序向邏輯電路的基本建構是 _____。

7-2. 列出一種非同步正反器和三種同步正反器。

7-3. 畫出下列正反器的傳統邏輯符號：
　　a. JK　　　　　　　　　　c. 時序式 RS
　　b. D 型　　　　　　　　　d. RS

7-4. 畫出下列正反器的真值表：
    a. JK（具有負緣觸發）   c. 時序式 RS
    b. D 型（具有正緣觸發）   d. RS

7-5. 如果 JK 正反器的同步和非同步輸入端都被啟動，則哪一個輸入端會控制輸出端？

7-6. 當正反器在設定狀態時，輸出_____是在邏輯_____。

7-7. 當正反器在重置或清除狀態時，輸出_____是在邏輯_____。

7-8. 在時序圖或波形圖上，水平距離是代表_____，垂直距離是代表_____。

7-9. 參考圖 7-7，這是一個_____正反器的波形圖，此正反器為_____緣觸發。

7-10. 列出兩種邊緣觸發正反器。

7-11. D 型正反器中的「D」是代表_____。

7-12. D 型正反器廣泛用於作為暫時記憶體，所以又被稱為_____。

7-13. 如果正反器是處於運作的切換模式，則在重複時脈，輸出端會如何運作？

7-14. 解釋下列縮寫在傳統邏輯符號裡的意思：
    a. *CLK*   e. *PS*
    b. *CLR*   f. *R*
    c. *D*   g. *S*
    d. FF

7-15. 敘述下列 TTL 積體電路：
    a. 7474
    b. 7475
    c. 74LS112

7-16. 7474 積體電路是_____緣觸發裝置。

7-17. 列出 7474 積體電路的運作模式。

7-18. 列出在圖 7-30 的每個輸入脈波時，7476 JK 正反器的運作模式。

7-19. 對於圖 7-30 所示每一段時間（t_1 至 t_7），列出 JK 正反器正常輸出端的二進位輸出。

7-20. 對於圖 7-31 所示每一段時間（t_1 至 t_7），列出 7475 四位元閂鎖的運作模式。

7-21. 對於圖 7-31 所示每一段時間（t_1 至 t_7），列出 7475 四位元閂鎖輸出指示器的二進位輸出。

7-22. 參考圖 7-32，邏輯符號右邊的輸出波形將會是_____（弦，方）波。

7-23. 圖 7-32 的反相器是作為此電路的訊號_____（調整器，多工器）。

7-24. 圖 7-32 所示的邏輯符號是_____反相器積體電路的符號。

7-25. 寫出下列 IEEE 正反器／閂鎖邏輯符號的意義。
    a. *C*   e. *J*
    b. *S*   f. *K*
    c. *R*   g. ¬
    d. *D*   h. > *C*

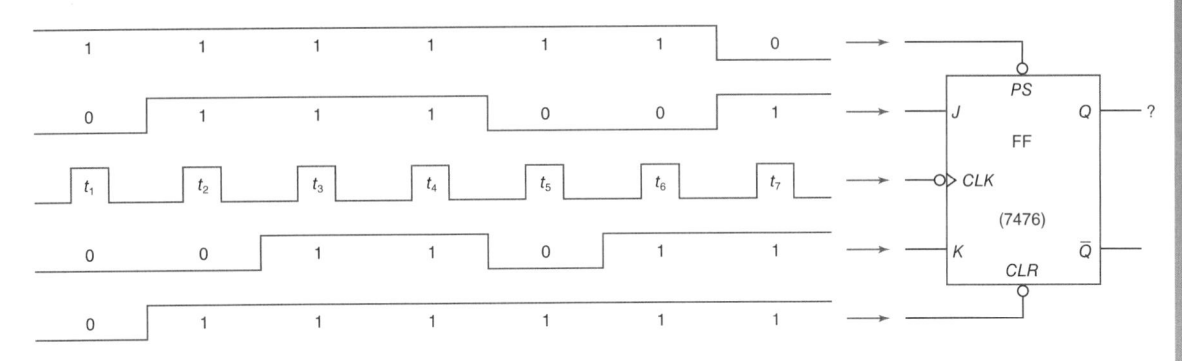

圖 7-30 脈波列問題。

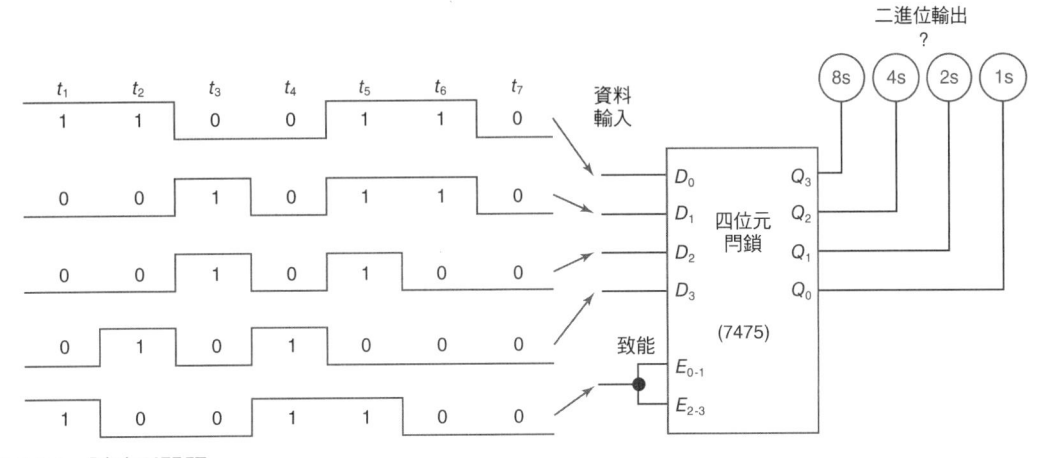

圖 7-31 脈波列問題。

圖 7-32 範例問題。

關鍵性思考問題

7-1. 寫出 RS 正反器的另外兩個名稱。

7-2. 解釋非同步元件和同步元件的差異。

7-3. 畫出 D 型正反器（7474 積體電路）和 JK 正反器（7476 積體電路）的 IEEE 邏輯符號。

7-4. 參考圖 7-3，注意第四行在底部出現了兩次。兩次的輸入端 R 和 S 都是 1，但為什麼第一次出現時，輸出端 $Q = 0$，然後在第二次出現時，$Q = 1$？

7-5. 解釋 74LS112 JK 正反器如何被觸發。

7-6. 組合邏輯和序向邏輯電路的基本差異為何？

7-7. 列出數個使用 JK 正反器建構的元件。

7-8. 解釋為什麼史密特觸發器能將緩慢上升時間的輸入變得較方正。

7-9. 使用電路模擬軟體來達成下列步驟：(1) 畫出正反器電路，如圖 7-33 所示；(2) 測試此正反器電路的運作；(3) 畫出此正反器的真值表（類似表 7-1），列出「設定」、「重置」、「保持」及「禁止」的

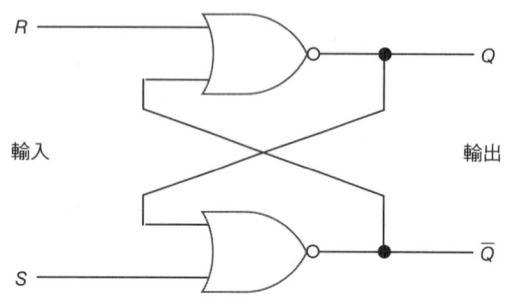

圖 7-33 正反器電路。

運作模式；(4) 判別它的運作較像 RS 或是 JK 正反器。

7-10. 使用電路模擬軟體來達成下列步驟：(1) 畫出如圖 7-34 所示電路，使用通用的負緣觸發 JK 正反器；(2) 測試此電路的運作，並嘗試確定此電路的功能（例如加法器、計數器和移位暫存器）；(3) 顯示電路的模擬結果。

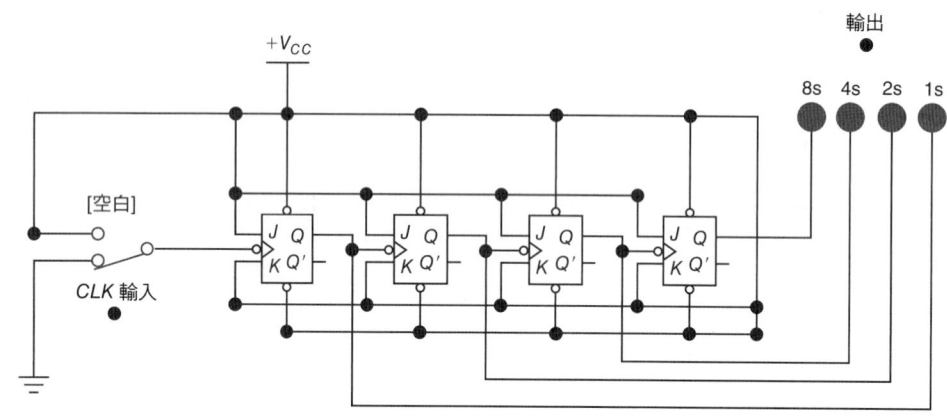

圖 7-34 JK 正反器應用的電路。

CHAPTER 8
計數器

學習目標 本章將幫助你：

- **8-1** 使用 JK 正反器畫出漣波計數器的電路圖。
- **8-2** 轉換 4 位元漣波計數器到模數 10（十進位）計數器。
- **8-3** 分析模數 3 至模數 8 同步計數器的電路動作。
- **8-4** 分析漣波下數計數器電路動作。
- **8-5** 解釋有自動關閉功能的下數計數器的作用。
- **8-6** 了解除頻器電路的運作並繪出方塊圖。
- **8-7** 解讀兩個 TTL 計數器 IC（7493 四位元計數器和 74192 上數／下數十進位計數器）的數據表。說明幾個採用 TTL 計數器的電路操作的特色。
- **8-8** 解讀兩個 CMOS 計數器 IC（74HC393 四位元二進位計數器和 74HC193 四位元二進位上數／下數計數器）的數據表。總結幾個採用 CMOS 計數器的電路操作。
- **8-9** 探討三位數 BCD 計數器 4553 的功能。分析有多工顯示的三位數十進位計數器（使用 4553 BCD 計數器與 4543 BCD 七段解碼器／驅動器 IC）的操作。
- **8-10** 確認作為輸入換能器的光學感應器的操作。說明你對一個轉軸編碼器磁碟使用光學編碼的計數器系統的認知。
- **8-11** 預測大小比較器（74HC85 四位元大小比較器）的操作。解釋一個使用大小比較器的簡單電子遊戲的運行。
- **8-12** 分析和討論一個複雜的電子轉速表的操作。實驗轉速表的特點是霍爾效應開關量輸入、一次性 MV 輸入、三位數 BCD 計數器（4553 IC）、七段解碼器／驅動器（4543 IC）和三個多工七段顯示器。
- **8-13** 為一個簡單的漣波計數器排除故障。

　　幾乎所有複雜的數位系統都會包含幾個**計數器 (counters)**。計數器的功能是處理計數事件、時間週期或是將事件輸入至序列中。計數器也可以使用於除頻，定址或是作為儲存元件單元。本章討論了幾種類型的計數器及其用途。正反器可以相互連接在一起形成計數電路。由於計數器使用廣泛，所以製造商也將計數器製作成積體電路形式。TTL 和 CMOS 家族都各有許多計數器。一些計數器積體電路會包含其他元件，如訊號調整電路、閂鎖和顯示多工器。

二進位計數				十進位計數
D	C	B	A	
8s	4s	2s	1s	
0	0	0	0	0
0	0	0	1	1
0	0	1	0	2
0	0	1	1	3
0	1	0	0	4
0	1	0	1	5
0	1	1	0	6
0	1	1	1	7
1	0	0	0	8
1	0	0	1	9
1	0	1	0	10
1	0	1	1	11
1	1	0	0	12
1	1	0	1	13
1	1	1	0	14
1	1	1	1	15

圖 8-1 四位元電子計數器的計數順序。

8-1 漣波計數器

二進位和十進位計數如圖 8-1 所示。因為有四個二進位數（D、C、B 和 A），所以我們可以從 0000 計數至 1111（在十進位為 0 至 15）。注意 A 行是代表二進位的個位數，或稱最低有效位數，即**最低有效位元 (least significant bit, LSB)**。D 行是代表二進位的 8 位數，或稱最高有效位數，即**最高有效位元 (most significant bit, MSB)**。注意，個位數是最常改變狀態的行。如果我們設計一個計數器來計數 0000 至 1111，則需要一個具有 16 種不同輸出狀態的元件：**模數 16 計數器 [modulo-16 (mod-16) counter]**。一個計數器的模數 (modulus of a counter) 為計數器必須經過一完整的計算週期後，所呈現出不同狀態的數目。

一個使用四個 JK 正反器的模數 16 計數器如圖 8-2(a) 所示。每個 JK 正反器都處於切換模式（J 和 K 都為 1）。假設輸出清除為 0000，隨著時脈 1 到達正反器 1（即 FF 1）的時脈 (CLK) 輸入端時，正反器 1 會切換（在負緣時）並顯示 0001。時脈脈波 2 會導致 FF 1 再次切換（輸出 Q 至 0），並使 FF 2 切換到 1。此時在顯示器螢幕上顯示 0010。繼續計數，每個正反器輸出將觸發下一個正反器的負向脈衝。回頭看圖 8-1，A 行（1s 行）在每一次計數時都會改變狀態。這意味著，在圖 8-2(a)，FF 1 對於每一脈波都會切換。FF 2 的切換次數只有 FF 1 的一半，從圖 8-1 的 B 行可看出。圖 8-1 中每一個更高有效位元的切換次數都會更少。

圖 8-2(b) 為模數 16 計數器計數至十進位 10（二進位 1010）的波形。時脈輸入顯示器在最上面那列；每個正反器（FF 1、FF 2、FF 3、FF 4）的輸出會顯示在波形的下面。**二進位數 (binary count)** 會顯示在圖的底部。特別要注意的是圖 8-2(b) 的垂直線；這些線顯示時脈只觸發 FF 1，FF 1 觸發 FF 2，FF 2 觸發 FF 3，依此類推。因為正反器會影響下一級正反器，所以需要一些時間來切換所有的正反器。例如，如圖 8-2(b) 所示，在脈波 8 的 a 點，時脈會觸發 FF 1，使得 FF 1 的輸出會切換為 0。這會導致 FF 2 會從 1 切換為 0，FF 3 也會從 1 切換為 0。當 FF 3 的輸出端 Q 到達 0 時，再觸發 FF 4 從 0 切換至 1。我們可以看到，不斷變化的連鎖反應像是漣波般地通過計數器。出於這個原因，這個計數器也被稱為**漣波計數器 (ripple counter)**。

圖 8-2 的計數器可以說是一個漣波計數器、模數 16 計數器、**四位元計數器 (4-bit counter)** 或**非同步計數器 (asynchronous counter)**。所有這些名稱都可以描述這個計數器。漣波和非同步意味著所有的正反器不會在同一時間被觸發。模數 16 的描述來自計數器會經過的狀態數目。四位元是描述計數器的輸出有多少個二進位。

第 8 章　計數器　257

圖 8-2　模數 16 計數器。(a) 邏輯圖。(b) 波形圖。

自我測驗

請填入下列空格。

1. 圖 8-3 的元件為_____位元漣波計數器。
2. 圖 8-3 的元件為模數_____計數器。
3. 圖 8-3 中，當 J 與 K 皆為高電位，每一個 JK 正反器是處於_____（保持，重置，設定，切換）模式。
4. 列出圖 8-3 中每一個六輸入脈波後的二進位輸出。

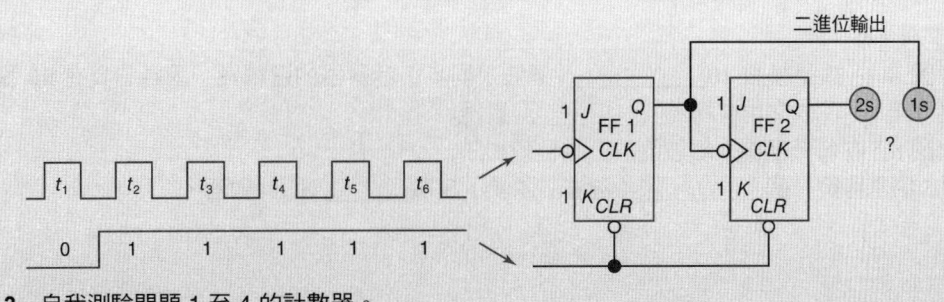

圖 8-3　自我測驗問題 1 至 4 的計數器。

8-2 模數 10 漣波計數器

圖 8-1 所示模數 10 計數器的計數順序是從 0000 到 1001（0 至 9 的十進位）。此**模數 10 計數器 (mod-10 counter)** 具有四個位數，分別為 8 位數、4 位數、2 位數和個位數，所以需要將四個正反器連接成一個漣波計數器，如圖 8-4 所示。我們必須加上一個 NAND 閘至漣波計數器，使計數器至 1001 (9) 後，會立即清除所有正反器回歸至零。此處的關鍵是觀察圖 8-1，然後確定在計數 1001 後的下一個計數是什麼。你會發現結果是 1010（十進制 10）。你必須將 1010 中的兩個 1 送入 NAND 閘，如圖 8-4 所示。NAND 閘會將正反器清除為 0000。此時計數器再次開始計數，從 0000 到 1001。我們使用 NAND 閘將計數器清除為 0000。藉由這種方法，可以產生數種其他模數的計數器。圖 8-4 圖解說明模數 10 計數器。這種計數器也被稱為**十進位計數器 (decade counter)**。

漣波計數器可以由個別的正反器構成。晶片製造商也有製造將四個正反器封裝在一起的積體電路。一些積體電路甚至包含重置的 NAND 閘，如同圖 8-4 所示。

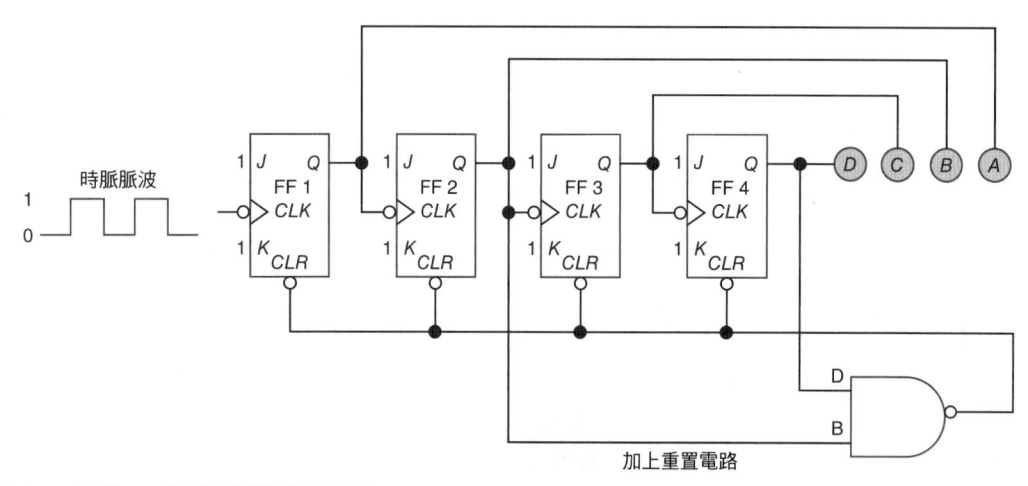

圖 8-4 模數 10 漣波計數器的邏輯圖。

自我測驗

請填入下列空格。
5. 參考圖 8-4。這是模數 10 ＿＿＿＿＿＿（漣波，同步）計數器的邏輯圖，因為它具有 10 種狀態（從 0 至 9），故它也被稱為＿＿＿＿＿＿計數器。
6. 列出圖 8-5 在每一個輸入脈波後的二進位輸出。
7. 圖 8.5 的電路是一個＿＿＿＿＿＿（漣波，同步）模數＿＿＿＿＿＿計數器。

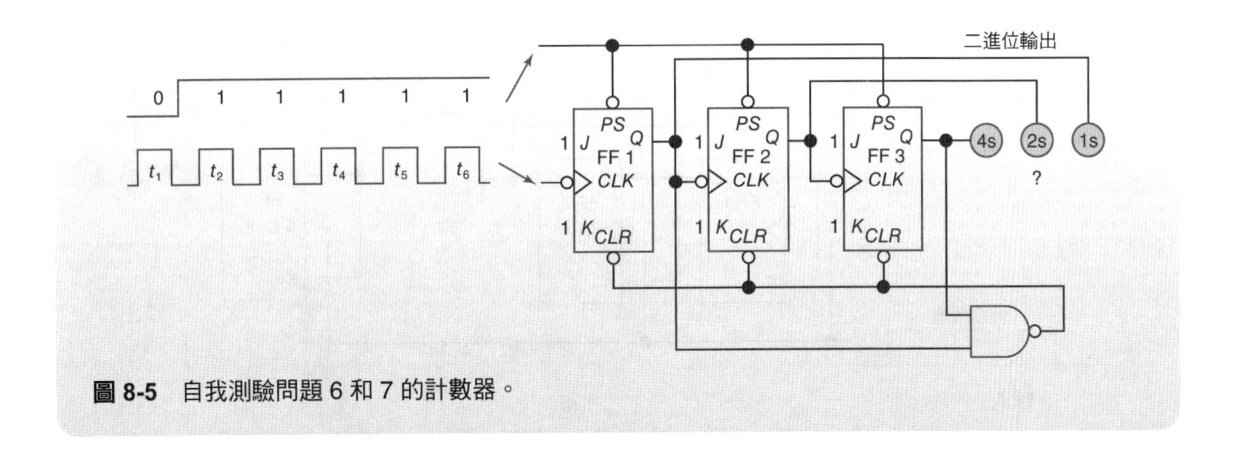

圖 8-5 自我測驗問題 6 和 7 的計數器。

8-3 同步計數器

前面提過的漣波計數器為非同步計數器，每個正反器不會與時脈同時被觸發。對於一些高頻率運作，正反器所有的階段則必須一起被觸發。這樣的計數器也被稱為**同步計數器 (synchronous counter)**。

一個同步計數器如圖 8-6(a) 所示。這個邏輯圖所描述的是一個三位元（模數 8）計數器。首先注意 CLK 的連接。此時脈是直接連接到每個正反器的 CLK 輸入端。我們說這種 CLK 輸入是以並聯方式連接。圖 8-6(b) 所示是此計數器的計數順序。A 行是二進位的個位數行，且 FF 1 用於表示此行的計數；B 行是二進位的二位數行，且 FF 2 用於表示此行的計數。C 行是二進位的四位數行，且 FF 3 用於表示此行的計數。

根據圖 8-6(a) 和圖 8-6(b) 所示，以下研究此模數 8 計數器的計數順序：

脈波 1—第 2 列

電路動作：每個正反器是由時脈脈波輸入所觸發。

只有 FF 1 會有切換的動作，原因為只有其有 1 連接至 J 和 K 的輸入端。

FF 1 從 0 變為 1。

輸出結果：001（十進位的 1）。

脈波 2—第 3 列

電路動作：每個正反器是由時脈脈波輸入所觸發。

兩個正反器會有切換的動作，原因為 1 連接至 J 和 K 的輸入端。

FF 1 和 FF 2 都會切換。

FF 1 從 1 變為 0。

FF 2 從 0 變為 1。

輸出結果：010（十進位的 2）。

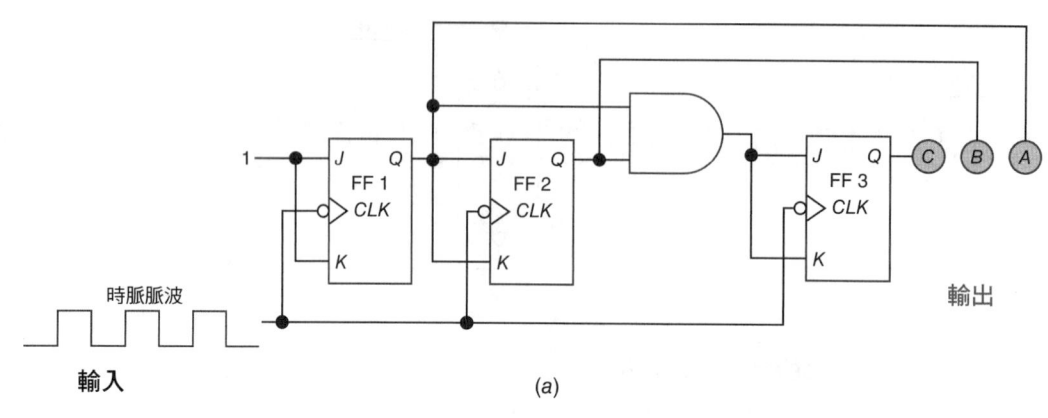

三位元同步計數器的邏輯圖與計數順序表：

列	時脈脈波編號	C	B	A	十進位數
1	0	0	0	0	0
2	1	0	0	1	1
3	2	0	1	0	2
4	3	0	1	1	3
5	4	1	0	0	4
6	5	1	0	1	5
7	6	1	1	0	6
8	7	1	1	1	7
9	8	0	0	0	0

(b)

圖 8-6 三位元同步計數器。(a) 邏輯圖。(b) 計數順序。

脈波 3—第 4 列

電路動作：每個正反器是由時脈脈波輸入所觸發。

只有一個正反器會有切換動作。

FF 1 從 0 切換為 1。

輸出結果：011（十進位的 3）。

脈波 4—第 5 列

電路動作：每個正反器是由時脈脈波輸入所觸發。

所有的正反器會切換至相反的狀態。

FF 1 從 1 變為 0。

FF 2 從 1 變為 0。

FF 3 從 0 變為 1。

輸出結果：100（十進位的 4）。

脈波 5—第 6 列

電路動作：每個正反器是由時脈脈波輸入所觸發。

只有一個正反器會有切換的動作。

FF 1 從 0 變為 1。

輸出結果：101（十進位的 5）。

脈波 6─第 7 列

電路動作：每個正反器是由時脈脈波輸入所觸發。

兩個正反器會有切換的動作。

FF 1 從 1 變為 0。

FF 2 從 0 變為 1。

輸出結果：110（十進位的 6）。

脈波 7─第 8 列

電路動作：每個正反器是由時脈脈波輸入所觸發。

只有一個正反器會有切換的動作。

FF 1 從 0 變為 1。

輸出結果：111（十進位的 7）。

脈波 8─第 9 列

電路動作：每個正反器是由時脈脈波輸入所觸發。

三個正反器都會有切換的動作。

所有正反器從 1 變為 0。

輸出結果：000（十進位的 0）。

我們已經完成了**三位元同步計數器 (3-bit synchronous counter)** 如何運作的說明。注意，JK 正反器是工作在切換模式（J 和 K 都為 1）或保持模式（J 和 K 都為 0）。

大部分的同步計數器都是積體電路的形式。TTL 以及 CMOS 族都有同步計數器。

自我測驗

請填入下列空格。

8. 在同一時刻觸發所有正反器的計數器稱為_____（漣波，同步）計數器。
9. 在同步計數器，時脈輸入是以_____（並聯，串聯）方法連接。
10. 參考圖 8-6(a)。FF 1 是處於_____（保持，重置，設定，切換）模式。
11. 參考圖 8-6。在時脈 4 的時候，_____（只有 FF 1 會切換，FF 1 和 FF 2 都會切換，只有 FF 3 會切換，全部正反器都會切換），使得計數器的二進位輸出為 100。
12. 參考圖 8-6。AND 閘的功能是為了使_____（FF 1，FF 2，FF 3）在計數週期裡處於切換模式兩次（如圖 8-6(b) 所示的第 4 列和第 8 列），在其他時間則停留在保持模式。

8-4 下數計數器

到目前為止，我們已經使用上數計數器來向上計數 (0, 1, 2, 3, 4, ...)。但是，有時我們必須向下計數 (9, 8, 7, 6, ...)。這種從較高的數字往較低數字的計數器，稱為**下數計數器 (down counter)**。

模數 8 非同步下數計數器 (mod-8 asynchronous down counter) 的邏輯圖如圖 8-7(a) 所示，圖 8-7(b) 為其計數順序。注意圖 8-7(a) 的上數計數器與圖 8-7(a) 的下數計數器很相似，唯一的區別是從 FF 1 傳送至 FF 2，以及 FF 2 傳送至 FF 3。上數計數器是從 Q 傳到下一個正反器的 CLK 輸入端，下數計數器則是從 $\overline{Q}$ 傳到下一個正反器的 CLK 輸入端。注意，下數計數器有一個預設（PS）控制，可預設計數器至 111（十進位的 7）才開始向下計數。FF 1 是二進位個位數（A 行）計數器，FF 2 是二進位 2 位數（B 行）計數器，FF 3 是二進位 4 位數（C 行）計數器。請注意，圖 8-7(a) 中所有三個 JK 觸發器都在切換模式。

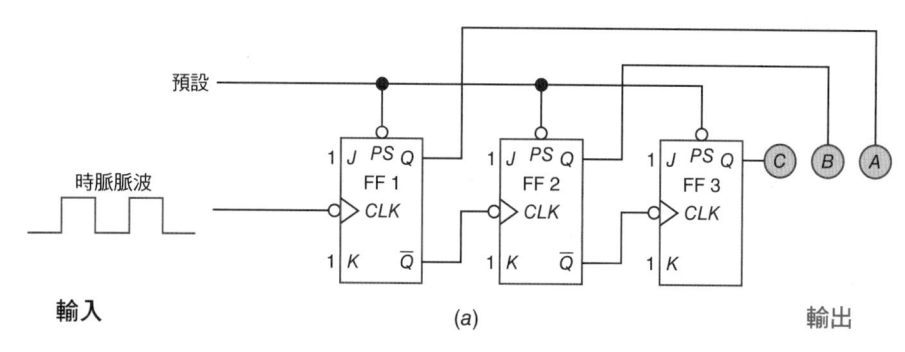

時脈脈波編號	二進位計數順序 C	B	A	十進位數
0	1	1	1	7
1	1	1	0	6
2	1	0	1	5
3	1	0	0	4
4	0	1	1	3
5	0	1	0	2
6	0	0	1	1
7	0	0	0	0
8	1	1	1	7
9	1	1	0	6

(b)

圖 8-7 三位元漣波下數計數器。(a) 邏輯圖。(b) 計數順序。

自我測驗

請填入下列空格。

13. 參考圖 8-7(a)。在此計數器中,所有正反器都處於_____(保持,重置,設定,切換)模式。
14. 參考圖 8-7(a)。正反器需要利用時脈由_____(高電位至低電位,低電位至高電位)來觸發。
15. 參考圖 8-7。在時脈 1 時,_____(只有 FF 1 會切換,FF 1 和 FF 2 都會切換,只有 FF 3 會切換,所有的正反器都會切換),使得二進位計數器的輸出為 110。
16. 列出圖 8-8 計數器在每一個輸入脈波後的二進位輸出。

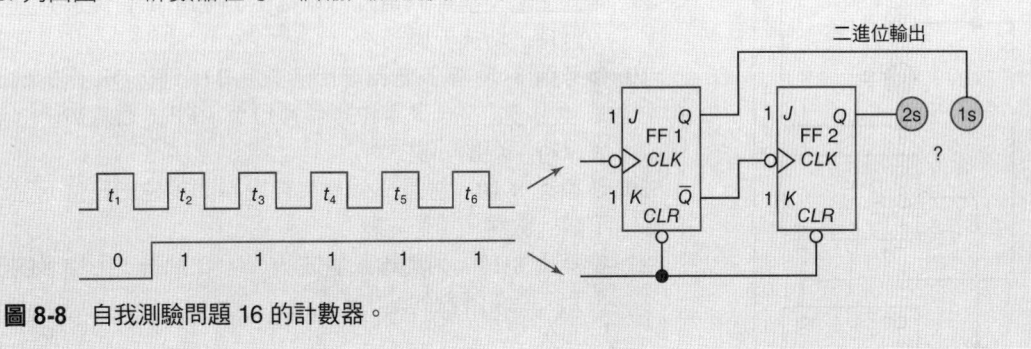

圖 8-8 自我測驗問題 16 的計數器。

8-5 自我停止的計數器

圖 8-7(a) 所示的下數計數器會重新循環,又稱為**重新循環計數器 (recirculating counter)**。也就是說,當它下數至 000 時,它會再從 111 開始計數,然後是 110。然而,有時你需要計數器在完成計數順序後停止計數。圖 8-9 說明如何使圖 8-7 的下數計數器停止於 000。其計數順序如圖 8-7(b) 所示。在圖 8-9 中,當計數輸出端 C、B 和 A 達到 000 時,我們增加一個 OR 閘,以輸出邏輯 0 到 FF 1 的 J 和 K 輸入端。除非預設必須再次致能(PS 至 0),才能再次從 111(十進位的 7)啟動計數。

使用邏輯閘或組合邏輯閘可以使上數計數器或下數計數器停止計數順序。邏輯閘的輸出會反饋到漣波計數器的第一個正反器中的 J 和 K 輸入端。當邏輯 0 反饋到圖 8-9 中

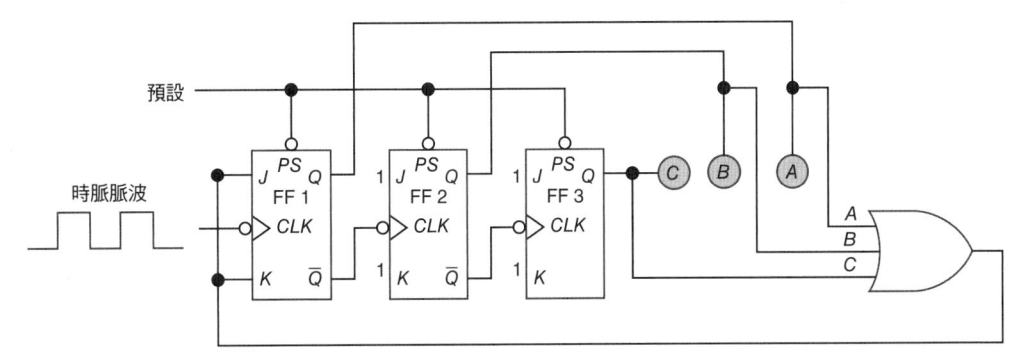

圖 8-9 具有自動停止功能的三位元下數計數器。

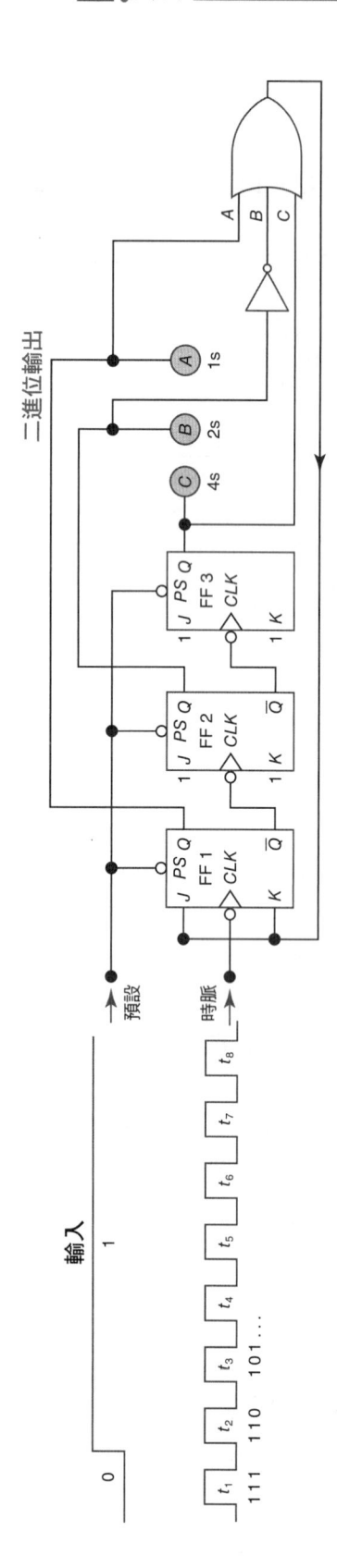

FF 1 的 J 和 K 輸入端時,使得正反器處於保持模式。這將停止從 FF 1 的切換,因此可以在 000 時停止計數。

自我測驗

請填入下列空格。

17. 參考圖 8-9。這是自我停止的三位元_____(下數,上數)計數器的邏輯圖。
18. 參考圖 8-9。當計數器輸出的數為 000 時,OR 閘的輸出是_____(高電位,低電位),FF 1 會處於_____(保持,切換)模式。
19. 參考圖 8-9。當計數器輸出的數為 111 時,OR 閘的輸出是_____(高電位,低電位),FF 1 會處於_____(保持,切換)模式。
20. 參考圖 8-10。這是一個具有自動關閉功能的三位元漣波下數計數器。(是非題)
21. 參考圖 8-10。列出輸入脈波 t_1、t_2 和 t_3 後,所顯示的三位元二進位計數的輸出。

圖 8-10 脈波列問題。

8-6 使用計數器作為除頻器

計數器最常見的用途是作為**除頻 (frequency division)**。圖 8-11 所示是使用計數器作為除頻器的一個簡單例子。該系統為數位時鐘的基本原理。從電源線提供輸入頻率為 60 Hz 的訊號(方波),電路必須將頻率除以 60,將使得輸出為每秒一個脈波 (1 Hz)。這是一個秒計時器。

十進位計數器的方塊圖如圖 8-12 (a) 所示。圖 8-12 (b) 所示為輸入端 CLK 和二進位 8 位數(Q_D 輸出)的波形。Q_D 輸出的波形總共使用 30 個輸入脈波以產生 3 個輸出脈波。利用除法,我們發現 30÷3 = 10。圖 8-12 (a) 所示的十進位計數器輸出端 Q_D 是一個除以十的計數器。換句話說,Q_D 的輸出頻率只有計數器輸入頻率的十分之一。

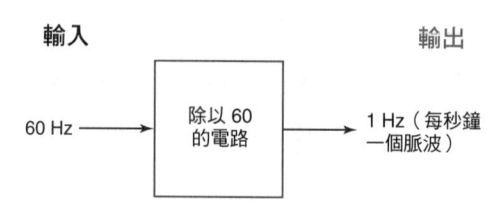

圖 8-11 1 秒計時器系統。

輸入

時脈

輸入 ─── 十進位計數器 ─── 輸出

CLK Q_D Q_C Q_B Q_A
      D   C   B   A

(a)

CLK

Q_D

輸出

(b)

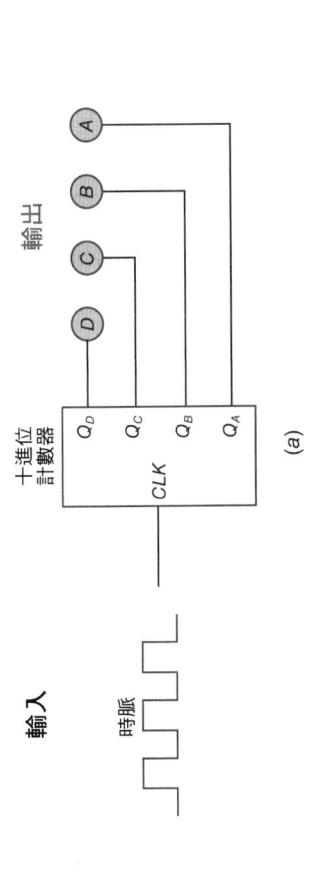

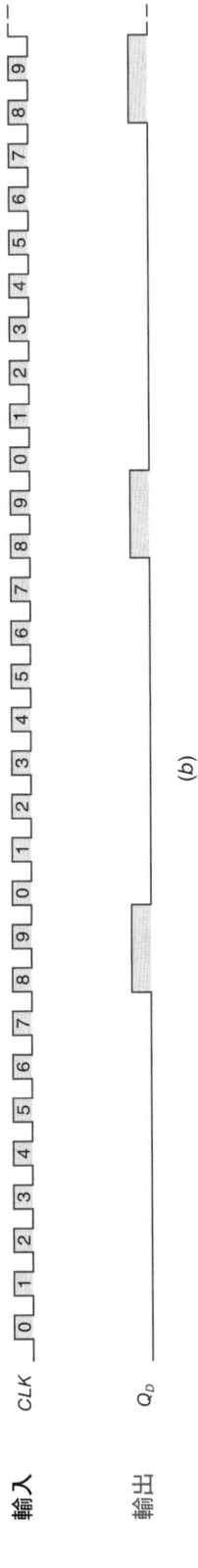

圖 8-12 使用十進位計數器作為除以 10 的計數器。(a) 邏輯圖。(b) 波形圖。

將圖 8-11 的十進位計數器（除以 10 的計數器）和模數 6 計數器（除以 6 的計數器）串聯後得到除以 60 的計數器的電路，圖 8-13 詳細說明了這樣的系統。將 60 Hz 的方波輸入至除以 6 的計數器，其輸出為 10 Hz 方波。然後再將 10 Hz 的方波輸入至除以 10 的計數器，其輸出為 1 Hz 方波。

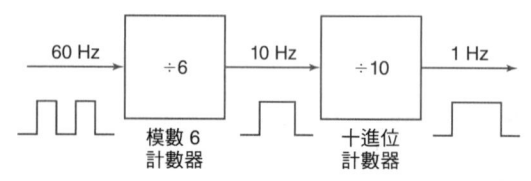

圖 8-13 使用除以 60 的除頻電路作為 1 秒鐘的計時器。

你已經知道，使用計數器作為除頻器可以應用在數位鐘錶裡，例如**電子數位時鐘 (digital clocks)**、汽車數位時鐘和數位手錶。另外，除頻器也使用於**頻率計數器 (frequency counters)**、**示波器 (oscilloscopes)** 和電視接收器。

自我測驗

請填入下列空格。
22. 參考圖 8-13。如果左邊的輸入頻率為 60,000 Hz，則十進位計數器的輸出頻率為_____。
23. 參考圖 8-12 (a)。輸出端 A 的頻率是將輸入的時脈頻率除以_____（數字）。

8-7 TTL 積體電路計數器

製造商的積體電路使用手冊通常會包含計數器的數據列表。本節將會介紹兩種有代表性的 TTL 積體電路計數器。

7493 TTL 四位元計數器

7493 TTL 四位元二進位計數器的詳細資料如圖 8-14 所示。由圖 8-14(a) 的方塊圖可以看出，7493 TTL 四位元二進位計數器具有四個 JK 正反器，並接線成漣波計數器。如果你仔細看圖 8-14(a)，你會發現底部的三個 JK 正反器的內部接線已接成三位元漣波計數器。輸出 Q_B 連接到下一個 JK 正反器的時脈輸入，且輸出 Q_C 連接到底部 JK 正反器的時脈輸入。重要的是，最上面的 JK 正反器的輸出 Q_A 並未連接到下一個正反器。要使用 7493 積體電路作為一個四位元的漣波計數器，你必須以外部連接方式將輸出 Q_A 連接至輸入 B，即連接第二個正反器的 CLK 輸入。圖 8-14(c) 所示為 7493 積體電路接線成四位元漣波計數器的計數順序。考慮圖 8-14(a) 中每個正反器 J 和 K 輸入狀態：據了解，這些輸入都保持在高電位，因此正反器是處於切換模式。注意 7493 四位元漣波計數器是使用負緣觸發。

回想一下，圖 8-4 是使用具有兩個輸入的 NAND 閘，使模數 16 漣波計數器成為十進位計數器。圖 8-14(a) 顯示，此兩個輸入的 NAND 閘是內置於 7493 計數器積體電路裡。內部 NAND 閘的輸入為 $R_{0(1)}$ 和 $R_{0(2)}$。圖 8-14(d) 的重置／計數功能表顯示，當 $R_{0(1)}$

(a) 方塊圖

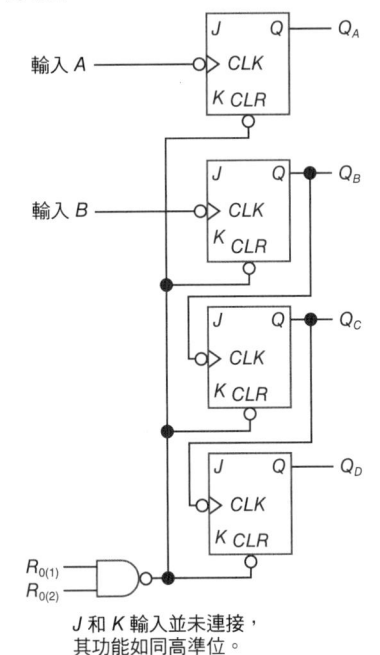

(b) 接腳配置圖

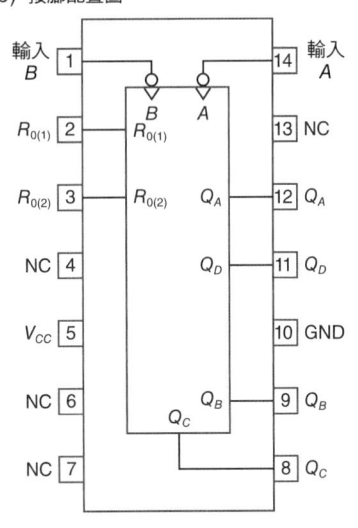

(c) 計數順序

計數	輸出			
	Q_D	Q_C	Q_B	Q_A
0	L	L	L	L
1	L	L	L	H
2	L	L	H	L
3	L	L	H	H
4	L	H	L	L
5	L	H	L	H
6	L	H	H	L
7	L	H	H	H
8	H	L	L	L
9	H	L	L	H
10	H	L	H	L
11	H	L	H	H
12	H	H	L	L
13	H	H	L	H
14	H	H	H	L
15	H	H	H	H

輸出 Q_A 連接至輸入 B

(d) 重置／計數功能表

重置輸入		輸出			
$R_0(1)$	$R_0(2)$	Q_D	Q_C	Q_B	Q_A
H	H	L	L	L	L
L	X	計數			
X	L	計數			

註：
A. 將輸出 Q_A 連接至輸入 B 以用於 BCD 計數（或二進位計數）。
B. 輸出 Q_D 連接至輸入 A 以用於二五混合進位計數。
C. H = 高電位，L = 低電位，X = 不相關。

圖 8-14 一個四位元二進位計數器積體電路 (7493)。(a) 方塊圖。(b) 接腳配置圖。(c) 計數順序。(d) 重置／計數功能表。

和 $R_{0(2)}$ 都為高電位時，7493 計數器將會被重置 (0000)。當其中一個或兩個重置輸入為低電位時，7493 積體電路將會計數。注意，如果重置輸入（$R_{0(1)}$ 和 $R_{0(2)}$）都未連接，兩者都將為浮接的高電位，而 7493 積體電路將處於重置模式，不會計數。

圖 8-14(d) 的註解 B 建議可以使用 7493 積體電路作為**二五混合進位計數器**

(biquinary counter)，其方法為將輸出 Q_D 連接到輸入 Q_A，使得 Q_A 變成最高有效位元。二五混合進位計數器常應用在手動操作算盤。

7493 的四位元漣波計數器是封裝在一個 14 支接腳的雙列示封裝裡，如圖 8-14(b) 所示。注意 7493 計數器的接地（第 10 支接腳）和電源輸入 V_{CC}（第 5 支接腳）並不像一般的積體電路位於封裝的角落。

74192 上數／下數十進位計數器

圖 8-15 所示為第二個 TTL 積體電路計數器的詳細圖。這是 74192 上數／下數十進位計數器積體電路。圖 8-15(a) 所示為製造商的積體電路計數器的電路說明。由於 74192 計數器是一個同步計數器，具有許多功能，所以相當複雜，如圖 8-15(b) 的 74192 計數器邏輯圖所示。在 74192 積體電路的封裝，不是封裝成 16 接腳雙列式封裝，就是封裝成 20 接腳的表面黏著封裝。這兩種積體電路的封裝圖如 8-15(c) 所示。需特別注意在表面黏著封裝的第一支接腳的位置。

圖 8-15(d) 所示的波形圖詳述 74192 積體電路的幾種運作方式。波形圖詳述有用的順序為清除、預設（載入）、上數和下數。74192 積體電路計數器的清除輸入為高電位電壓輸入，而載入輸入為低電位電壓輸入。與 74192 同步上數／下數計數器相似功能的有 74LS192 和 74HC192 積體電路計數器。

應用

你可能已經想到了一些功能還未使用在這些積體電路上的應用，圖 8-16(a) 顯示 7493 積體電路計數器作為一個模數 8 計數器。回頭看圖 8-14 可以發現有幾個輸入和一個輸出並未被使用。圖 8-16(b) 為 74192 計數器作為一個十進位下數計數器。從圖 8-16(b) 中可以發現有六個輸入和兩個輸出未被使用於此電路。簡化的邏輯圖如圖 8-15 所示，比起圖 8-14(a) 和圖 8-15(b) 等複雜的圖，前者更為常見。

(a) 說明

此單晶電路是一個同步可逆（上數／下數）計數器，具有 55 個等效邏輯閘的複雜度。所有的正反器同時被時控，而提供同步運作，使輸出改變會同時發生。這種運作模式可消除在非同步（漣波—時脈）計數器輸出計數的突波。

在任意計數輸入從低準位轉變為高準位時，會觸發四個主／僕正反器的輸出。計數方向是由哪一個計數輸入由產生脈波所決定，而另一個計數輸入則為高電位。

所有的四個計數器都可以完全程式化；換言之，當載入輸入端為低準位時，藉由將想要的資料輸入至資料輸入端，可使每一個輸出可預設為任一準位。輸出會隨著資料輸入而改變，且不受計數脈波的影響。藉由簡單地修改計數時間長度與預設輸入，此特色允許計數器可用於模數 N 除法器。

當清除輸入為高準位時，可強制使所有的輸出變成低準位。此清除功能不受計數和載入、輸入的支配。清除、計數和載入輸入被緩衝，以降低驅動需求。這降低了需要長字串的時脈驅動器等之數目。

這些計數器作為串接使用時，並不需要外接電路。借位和進位輸出可用於串接成具有上數和下數的功能。當計數器在下限溢位時，借位輸出會產生一個脈波等同於下數輸入；同樣地，當上限溢位情形存在時，進位輸出會產生一相同寬度的脈波至上數輸入。藉由將借位和進位輸出分別連接到後續計數器的下數和上數輸入，計數器就可以很容易被串接。

圖 8-15 同步十進位上數／下數計數器積體電路 (74192)。(a) 說明。

(b) 邏輯圖

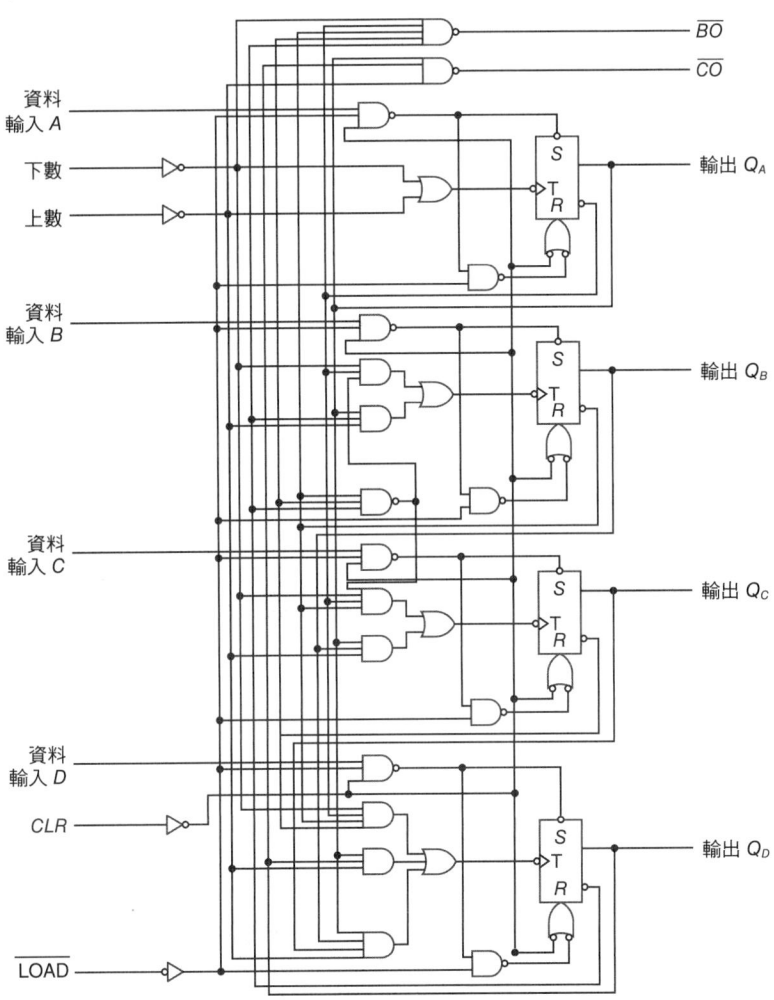

圖 8-15 (續) 同步十進位上數／下數計數器積體電路。(b) 邏輯圖。

270 數位邏輯設計原理與應用

(c) 接腳圖

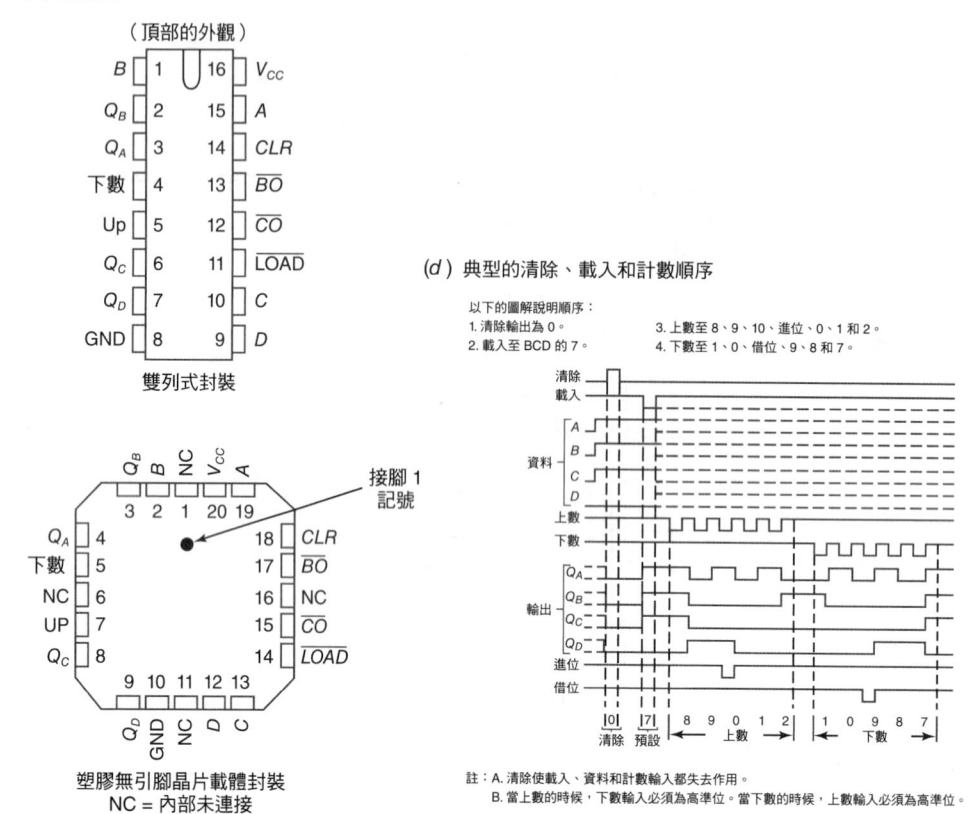

（頂部的外觀）

B	1	16	V_{CC}
Q_B	2	15	A
Q_A	3	14	CLR
下數	4	13	$\overline{BO}$
Up	5	12	$\overline{CO}$
Q_C	6	11	$\overline{LOAD}$
Q_D	7	10	C
GND	8	9	D

雙列式封裝

塑膠無引腳晶片載體封裝
NC = 內部未連接

接腳 1 記號

(d) 典型的清除、載入和計數順序

以下的圖解說明順序：
1. 清除輸出為 0。
2. 載入至 BCD 的 7。
3. 上數至 8、9、10、進位、0、1 和 2。
4. 下數至 1、0、借位、9、8 和 7。

註：A. 清除使載入、資料和計數輸入都失去作用。
B. 當上數的時候，下數輸入必須為高準位。當下數的時候，上數輸入必須為高準位。

圖 8-15（續） 同步十進位上數／下數計數器積體電路。(c) 接腳圖。(d) 波形圖。

(a)

(b)

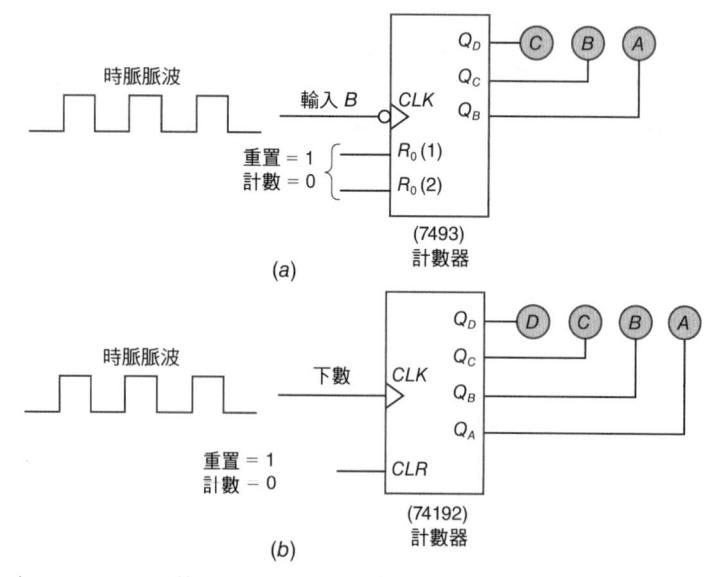

圖 8-16 兩個應用。(a) 7493 積體電路接線成模數 8 上數計數器。(b) 74192 積體電路接線成十進位下數計數器。

自我測驗

請填入下列空格。

24. 參考圖 8-14。如果 NAND 閘的兩個輸入（7493 積體電路的接腳 2 和接腳 3）都在高準位時，則 7493 計數器的輸出為＿＿＿＿＿＿（4 位元）。
25. 參考圖 8-14。7493 積體電路是一個＿＿＿＿＿＿位元＿＿＿＿＿＿（下數，上數）計數器。
26. 參考圖 8-15。74192 積體電路是一個＿＿＿＿＿＿（十進位，模數 16）上數／下數＿＿＿＿＿＿（漣波，同步）計數器。
27. 參考圖 8-15。時脈輸入到 74192 以作為上數用的是第＿＿＿＿＿＿支接腳。
28. 參考圖 8-15。74192 積體電路具有一個＿＿＿＿＿＿（高電位，低電位）動作清除輸入。
29. 參考圖 8-15。74192 IC 的數據輸入（$D，C，B，A$）是用來預設四個輸出（$Q_D，Q_C，Q_B，Q_A$），以及＿＿＿＿＿＿（主動高電位進位，主動低電位負載）輸入。
30. 參考圖 8-15。列出兩個 74192 計數器 IC 的時脈輸入。
31. 參考圖 8-15。當幾個計數器 IC 串接時，用的是 74192 IC 的借位和進位輸出。（是非題）
32. 列出在圖 8-17 中，$B、C$ 和 D 點的個別輸出頻率。
33. 在圖 8-17 中，7493 積體電路是除以 2、除以 4、除以＿＿＿＿＿＿的漣波計數器。

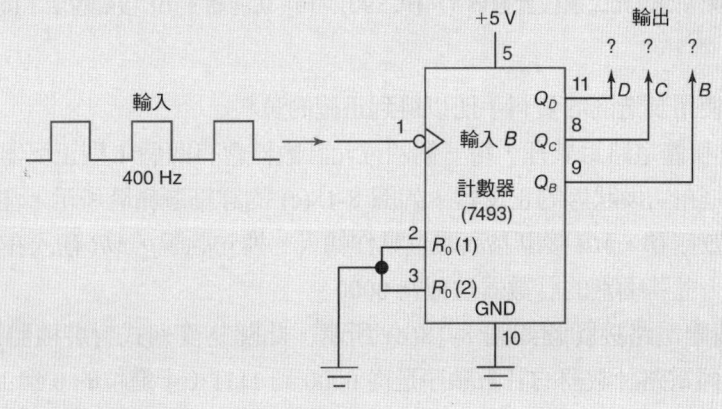

圖 8-17 自我測驗問題 32 和 33 的計數器。

8-8 CMOS 積體電路計數器

CMOS（互補式場效金氧半電晶體）晶片製造商提供了各種形式的積體電路。本節只討論兩種 CMOS 計數器。

74HC393 四位元二進位計數器

74HC393 兩個四位元二進位漣波計數器如圖 8-18 所示。圖 8-18(a) 詳細介紹 74HC393 計數器電路的功能圖，該積體電路包含兩個四位元二進位漣波計數器。圖 8-18(b) 的表格詳細記錄 74HC393 積體電路每個輸入和輸出接腳的名稱和功能。注意，時脈輸入標示以 $\overline{CP}$ 代替 CLK，不同的生產廠商對於接腳的標示會有差異。基於這個原

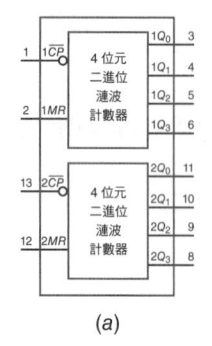

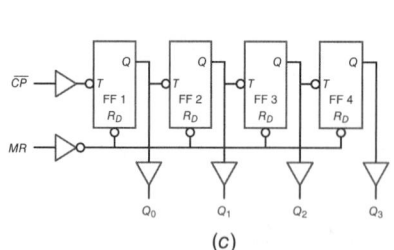

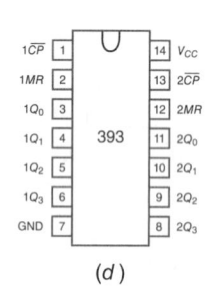

圖 8-18 CMOS 兩個四位元二進位計數器 (74HC393)。(a) 功能圖。(b) 接腳說明。(c) 詳細的邏輯圖。(d) 接腳圖。

因，你必須學會使用製造商的資料手冊以得到正確的資料。

在 74HC393 積體電路封裝裡，每一個四位元計數器會有四個 T 型正反器。**T 型正反器 (T flip-flop)** 是在切換狀態的正反器，如圖 8-18(c) 的詳細邏輯圖所示。注意，MR 輸入是非同步主重置接腳。MR 接腳為高電位動作輸入。換句話說，MR 輸入在高電位時將使時脈失去作用，並將個別的計數器重置為 0000。

74HC393 積體電路接腳圖如圖 8-18(d) 所示，此圖為雙列式封裝積體電路的頂視圖。74HC393 積體電路計數器的計數順序是從 0000 到 1111（十進位的 0 到 15）。

由圖 8-18(a) 的功能圖和圖 8-18(c) 的邏輯圖中可知，計數器在時脈從高電位轉變到低電位時會被觸發。漣波計數器的輸出（Q_0、Q_1、Q_2、Q_3）是非同步的（並非完全與時脈動作一致）。如同所有的漣波計數器，輸出端會有稍微的延遲，這是因為第一個正反器觸發第二個，第二個觸發第三個等等，會有時間差。注意，時脈（輸入）的 > 符號已被製造商省略。同樣地，不一樣的製造商對於接腳標示和邏輯圖會有所差異。

74HC193 四位元二進位上數／下數計數器

接下來要討論的第二種 CMOS 積體電路計數器是 74HC193 可預設同步四位元二進

有關電子學

醫療領域的設備
- 在過去，血液檢測需要幾個試管的血液量，原因為檢驗機無法處理少量血液。一種新的方法將血液封裝在一個硬幣大小的「管」內，以電泳方式帶動血液在具有通道的電腦晶片內移動。以這樣的方法，只需要不到十億分之一公升的血液樣本即可檢測。
- 對於位在體內深處的疾病，如腎臟病等，醫務人員可使用超音波及接觸得知受傷的組織位置。當器官無法自由移動時，則代表該範圍有傷。

位上數／下數計數器積體電路。74HC193 計數器的功能比 74HC393 積體電路更多。圖 8-19 為製造商所提供 74HC193 計數器的詳細資料。

74HC193積體電路的功能如圖 8-19(a) 所示，接腳說明如圖 8-19(b) 所示。74HC193 有兩個時脈輸入（CP_U 和 CP_D）。其中一個時脈輸入 (CP_U) 用於上數，而另一個時脈輸入 (CP_D) 用於下數。圖 8-19(b) 顯示該時脈輸入在時脈由低電位轉變至高電位時會被觸發。

74HC193 計數器的真值表如圖 8-19(d) 所示。圖中左邊顯示計數器的運作模式，說明 74HC193 計數器的功能概要。其運作的模式為重置、並列載入、上數和下數。圖 8-19(d) 的真值表明確指出哪些接腳是輸入，哪些接腳是輸出。

圖 8-19(e) 呈現計數器的清除（重置）、預設（並列載入）、上數和下數順序的波形圖。波形圖在查閱積體電路的運作模式或時脈時是相當有用的。

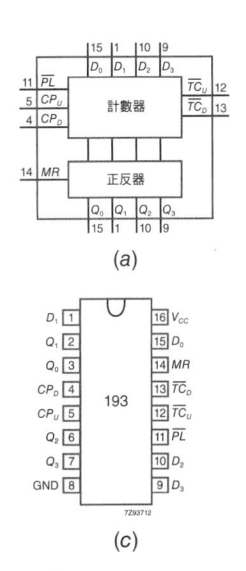

圖 8-19　CMOS 可預設四位元同步上數／下數計數器積體電路 (74HC193)。(a) 功能圖。(b) 接腳說明。(c) 接腳圖。(d) 真值表。

(1) 清除使載入、資料和計數器都失去作用。
(2) 當上數時，下數時脈輸入 (CP_D) 必須為高電位；當下數時，上數時脈輸入 (CP_U) 必須為高電位。

順序
清除（重置輸出為零）；
載入（預設）＝二進位 13；
上數至 14、15，末端上數 0、1 和 2；
下數至 1、0，末端下數 15、14 和 13。

(e)

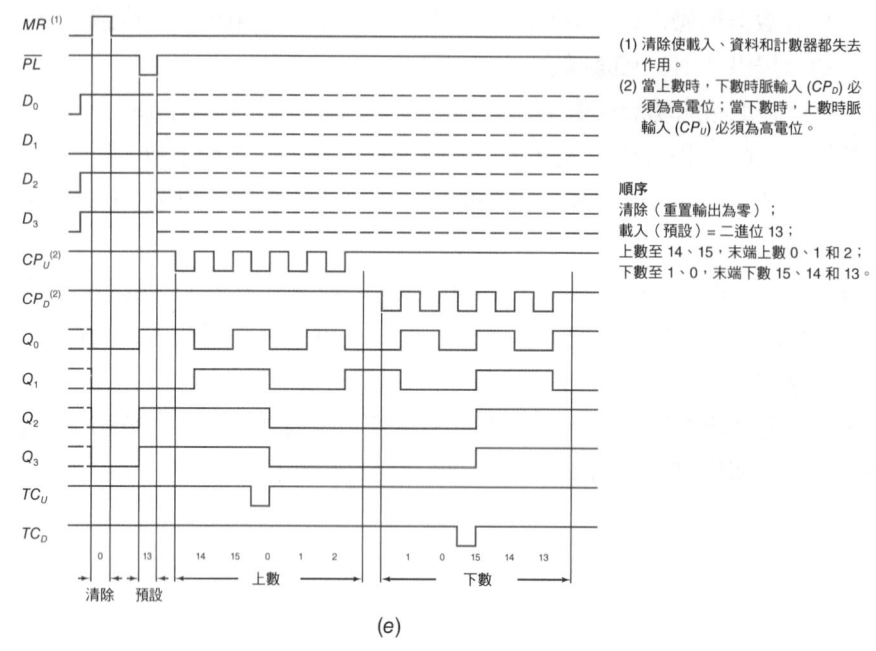

圖 8-19 (續)　CMOS 可預設四位元同步上數／下數計數器積體電路 (74HC193)。(e) 典型的清除、預設和計數順序。

應用

圖 8-20 和圖 8-21 顯示 CMOS 積體電路的兩種可能應用。圖 8-20 顯示 74HC393 積體電路的邏輯圖，並接線成簡單的四位元二進位計數器。主重置 MR 接腳必須連接到 0 或 1。主重置輸入端是高電位動作輸入，這樣輸入 1 時可以將二進位清除為 0000。隨著主重置接腳為邏輯 0 時，積體電路能夠從二進位的 0000 上數至 1111。

74HC193CMOS 積體電路是一個更精密的計數器。圖 8-21 顯示一個模數 6 計數器，從二進位 001 開始，計數到 110（十進位的 1 至 6）。這個功能可用於遊戲機中模擬滾動的骰子。在最高的二進位 0110 時，模數 6 計數器的 NAND 閘以低電位啟動非同步並列載入 ($\overline{PL}$) 輸入。該計數器接著把連接至資料輸入（D_0 至 D_3）的 0001 載入，時脈輸

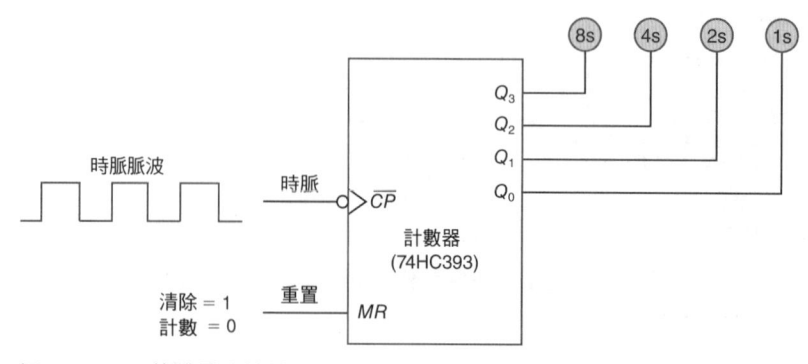

圖 8-20　一個 74HC193 積體電路接線成四位元二進位計數器。

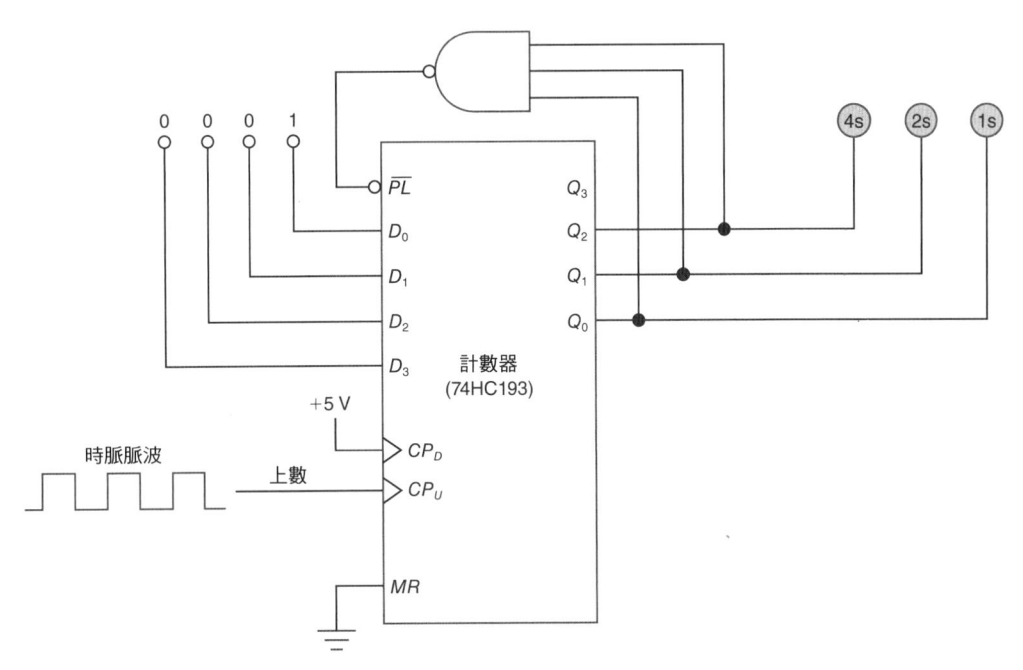

圖 8-21 一個 74HC193 積體電路接線成模數 6 計數器。

入進入至上數時脈輸入 (CP_U)。而下數時脈輸入 (CP_D) 則必須連接至 +5 V，主重置 (MR) 接腳必須接地，並允許計數器開始運作。圖 8-21 中的模數 6 計數器電路，顯示 CMOS 74HC193 可預設四位元上數／下數計數器積體電路的彈性。

自我測驗

請填入下列空格。

34. 參考圖 8-18。74HC393 積體電路包含兩個_____（四位元二進位，十進位）計數器。
35. 參考圖 8-18。74HC393 積體電路計數器的重置接腳為_____（高電位，低電位）輸入。
36. 參考圖 8-18。74HC393 計數器的時脈輸入是由時脈_____（高電位至低電位，低電位至高電位）觸發。
37. 圖 8-20 的電路是一個模數_____（數字）的_____（漣波，同步）計數器。
38. 參考圖 8-19。74HC393 是一個可預設_____（漣波，同步）四位元上數／下數計數器積體電路。
39. 參考圖 8-19。重置接腳為_____（非同步，同步），並且會使 74HC193 積體電路失去其他輸入的功能。
40. 參考圖 8-19。74HC193 積體電路的輸出被標記為_____（$D_0 - D_3$，$Q_0 - Q_3$）。
41. 參考圖 8-21。列出此計數器的二進位計數順序。
42. 參考圖 8-21。在此計數器中，具三個輸入的 NAND 閘用途為何？
43. 參考圖 8-18 (a)。因為 74HC393 計數器是邊緣觸發，你要如何解釋在靠近時脈輸入處缺少 > 符號？

8-9 三位數 BCD 計數器

從以前到現在，愈來愈多的電子功能被嵌入在單一的積體電路內。三位數 BCD 計數器積體電路將證明這種趨勢，也具有所學過的一些元件的特色。

本節將介紹 4553 (MC14553) CMOS 積體電路三位數 BCD 計數器的特色。4553 積體電路的簡化功能方塊圖如圖 8-22(a) 所示。你會發現到 4553 積體電路包含三個串接的十進位計數器。**串接計數器 (cascading counters)** 意味著個位數 (1s) BCD 計數器由 1001_{BCD} 到 0000_{BCD} 時，會觸發十位數 (10s) BCD 計數器，同樣的，十位數 BCD 計數器由 1001_{BCD} 到 0000_{BCD} 時，會觸發百位數 (100s) 計數器。三個計數器的 BCD 輸出會送入至三個四位元透通閂鎖，接著 BCD 數據傳輸到顯示的多工器電路。此顯示的多工器電路將驅動三個七段顯示器。

圖 8-22(a) 中的 4553 BCD 計數器積體電路採用了脈波整形電路，可以使輸入的時脈較為方正。4553 BCD 計數器的 *CLK* 輸入為負緣觸發。顯示多工器電路每次只會顯示三位數的其中之一，將正確的 BCD 輸出送至顯示器，其頻率約在 40 Hz 至 80 Hz。外部電容 (C_1) 可以連接於 C_{1A} 和 C_{1B} 接腳之間，以設定掃描振盪器頻率。電容 C_1 的值通常為 0.001 μF。

4553 計數器積體電路的禁能時脈、主重置和閂鎖致能輸入都為主動高電位輸入，而四位元 BCD 輸出 ($Q_0 - Q_3$) 也是主動高電位。選擇的數字（DS_1、DS_2 和 DS_3）的接腳為主動低電位輸出。

4553 三位數 BCD 計數器積體電路的部分真值表如圖 8-22(b) 所示。這些運作模式是最有用的，但是也有其他幾種輸入的組合。當 MR 輸入接腳變為高電位時，輸出會被重置為 $0000\ 0000\ 0000_{BCD}$。圖 8-22(b) 的真值表第一行所示為主重置操作模式。真值表第二行所示則為上數的運作模式，時脈從高電位轉變至低電位，BCD 計數值會增加 1。從圖 8-22(a) 可知，只有個位數計數器會被輸入的時脈所觸發。十位數計數器會被個位數計數器的輸出所觸發，百位數計數器會被十位數計數器的輸出所觸發（稱為串接）。禁能時脈的運作模式是發生在禁能輸入接腳變為高電位時。輸入時脈不允許進入至個位數計數器，而且 BCD 輸出會保持不變。

此三個 BCD 計數器是由 12 個具有記憶特性的 T 型正反器所組合而成。4553 積體電路的第二層記憶體是由三個四位元透通閂鎖所構成。當 4553 積體電路的 LE（閂鎖致能）輸入電位為低電位時，數據會直接通過三個閂鎖到圖 8-22(a) 功能方塊圖裡的多工器。數據可以通過閂鎖，所以稱此為透通的。當 4553 積體電路的 LE 輸入電位為高電位時，三個 BCD 計數器所輸出的數據會被鎖在顯示多工器的輸入端。即使當 LE 持續輸入動作時，BCD 計數器仍然可以繼續向上計數。不過，BCD 輸出將會顯示前一個被凍結的數。

第 8 章 計數器 277

(a)

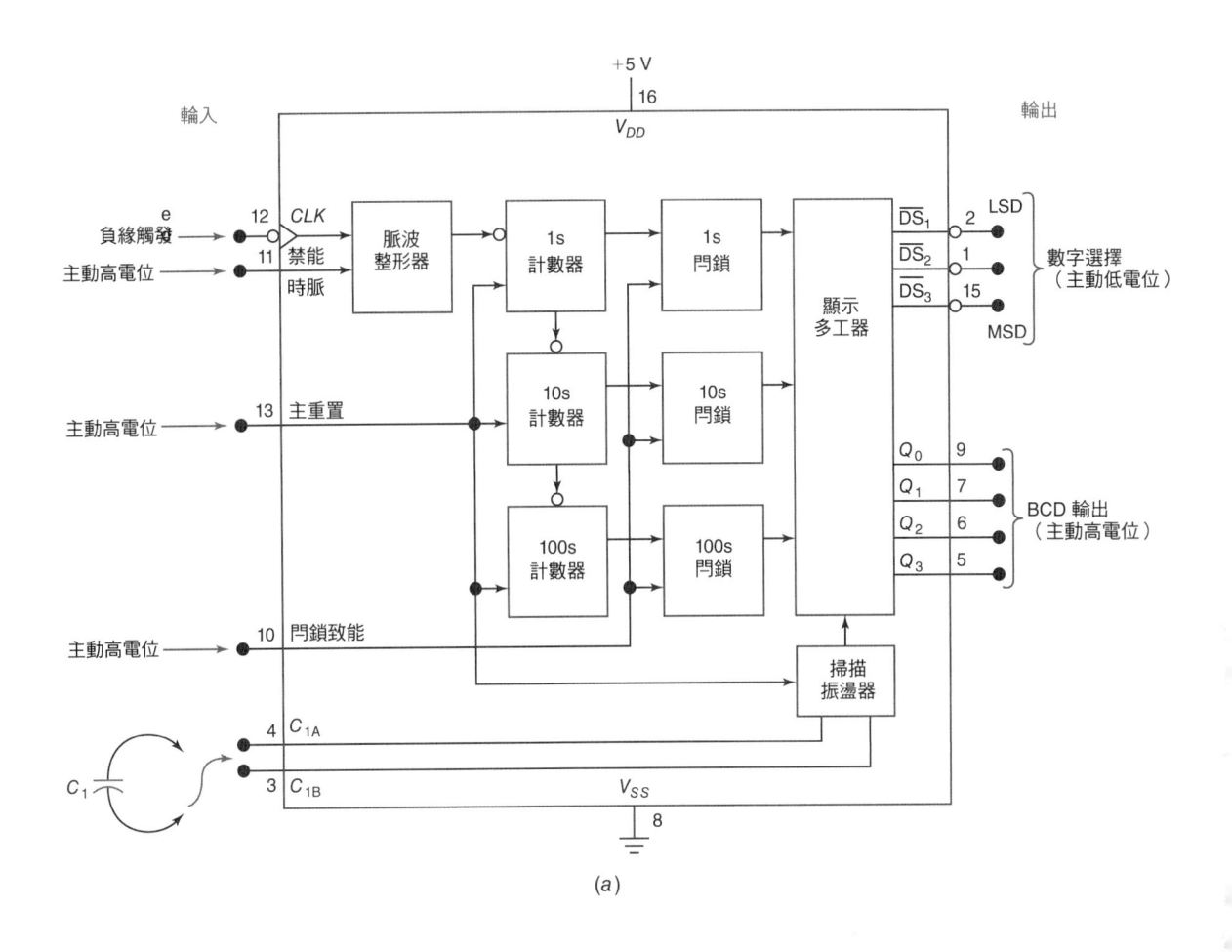

部分真值表：4553 三個數字 BCD 計數器積體電路

運作模式	輸入				輸出
	MR	CLK	DIS	LE	
主重置	1	X	X	0	0000 0000 0000$_{BCD}$
上數	0	↓	0	0	計數值增加 1
禁能時脈	0	X	1	0	不改變
閂鎖輸出	0	X	X	1	鎖住 BCD 資料
	主重置	時脈	禁能時脈	閂鎖致能	

0 = 低電位
1 = 高電位
↓ = 時脈由高電位轉變至低電位
X = 不相關

(b)

圖 8-22 4553 三位數 BCD 計數器積體電路。(a) 功能方塊圖。(b) 部分真值表。

應用

一個 4553 三位數 BCD 計數器積體電路的簡單應用，如圖 8-23 所示。在啟動主重置 (MR) 輸入後，4553 積體電路會計數輸入脈波的數量並且累計計數值。顯示多工器在快速的連續時間內啟動一個七段 LED 顯示器。首先，4553 積體電路的 $\overline{DS1}$ 輸出為低電位時，LED 顯示器個位數會被啟動，正確的 BCD 數據會從計數器被發送到 4543 解碼器，並轉換成七段碼使 LED 顯示器個位數發光。接著 4553 積體電路的 $\overline{DS2}$ 輸出為低電位時，LED 顯示器十位數會被啟動，正確的 BCD 數據會從計數器被發送到 4543 解碼器，並轉換成七段碼使 LED 顯示器十位數發光。最後 4553 積體電路的 $\overline{DS3}$ 輸出為低電位時，LED 顯示器百位數會被啟動，正確的 BCD 數據會從計數器被發送到 4543 解碼器，並轉換成七段碼使 LED 顯示器百位數發光。4553 的多工器部分每次只會導通單一個顯示器，並在很短的時間內連續導通。對人眼來說，多工的七段顯示器是以連續發光方式呈現，即使每秒被啟動和關閉很多次。

自我測驗

請填入下列空格。

44. 4553 積體電路內包含一個脈波整形器、三個 BCD _____（加法器，計數器）、三個四位元門鎖、一個掃描振盪器和一個顯示_____（多工器，移位器）。
45. 4553 積體電路的主重置接腳為_____（高電位動作，低電位動作）輸入，當啟動時_____（將所有計數器輸出重置為 0，將所有計數器輸出設定為 1）。
46. 要觸發 4553 積體電路個位數計數器的時脈輸入，時脈需由_____（高電位至低電位，低電位至高電位）。
47. 4553 積體電路的三個 BCD 計數器是使用_____（負緣，正緣）觸發方式以遞增計數器的計數值。
48. 4553 積體電路的門鎖致能接腳為_____（高電位動作，低電位動作）輸入。
49. 三個計數器輸出的資料會通過門鎖，而門鎖就像是透通的，此時門鎖致能輸入需為_____（高電位，低電位）狀態。
50. 4553 積體電路的時脈禁能接腳和門鎖致能輸入接腳是相同的。（是非題）
51. 當門鎖致能輸入被高電位啟動時，BCD 計數器的最終數據會被鎖在門鎖的輸出，但是 BCD 計數器仍然可以繼續向上計數，只要有更多的脈波輸入。（是非題）
52. 參考圖 8-23。其電容 C_1 的功能為_____（分離輸入與輸出，設定多工器掃描頻率）。
53. 參考圖 8-23。在_____（4000，4543）的積體電路是將 BCD 輸入數據轉成七段碼，以使其顯示在 LED 顯示器上。
54. 參考圖 8-2。在_____（4543，4553）的積體電路是包含一個嵌入式顯示多工器。當正確的 BCD 數據輸出至解碼器時，可以啟動相對應碼的顯示器。
55. 對於圖 8-23 的 4553 計數器，可以顯示在七段顯示器的最小至最大的十進位範圍為何？

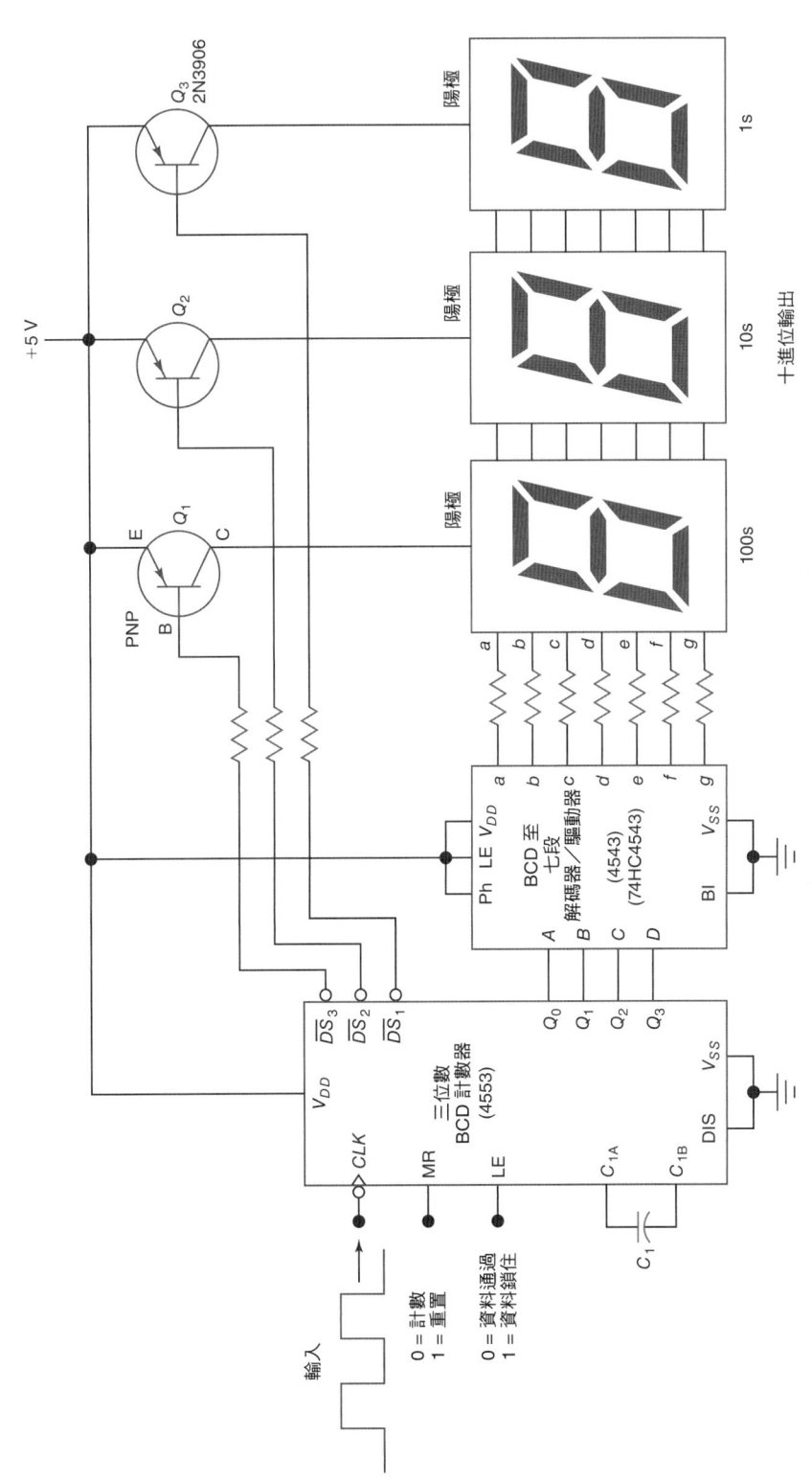

圖 8-23 三位數的上數計數器電路。

8-10 計數工作事件

前面提過，如果我們不能輸入數據和輸出結果，則數位電路的處理能力就不很有用。圖 8-24(a) 中的方塊圖是我們研讀過的系統概要。在數位處理方面，我們已經研究了一些組合邏輯和序向邏輯，也研究過幾種編碼器和解碼器以處理介面問題。此外我們也已經研究了很多輸出設備，如發光二極體、七段發光二極體、液晶顯示器、VF 顯示器、白熾燈泡、蜂鳴器、繼電器、直流電動機、步進馬達和伺服馬達等。我們也研讀一些輸入設備，如時脈（非穩態與單穩態）、開關、霍爾效應感測器和脈波寬度調變器等。在本節中我們將增加一個新的輸入元件。

圖 8-24(b) 顯示本節要討論的系統方塊圖。我們使用光學編碼作為輸入，用計數器累加計數值，七段顯示器作為輸出。光耦合遮斷器模組將感測紅外線光束被遮斷次數，並發送此訊號至波形整形器，然後到十進位計數器／累積器。最後，BCD 碼計數將被解碼且當軸編碼器磁盤旋轉時，光耦合遮斷器模組將計算槽溝數目並顯示出來。

光耦合遮斷器模組或**光學感測器 (optical sensor)** 的構成是由紅外線發光二極體與光電晶體所組成。如圖 8-25(a) 所示為光耦合遮斷器模組的原理圖。如果電流通過紅外線發光二極體的發射側 (E)，則模組偵測側 (D) 的 NPN 光電晶體會被激發。如果 LED 的光線被阻隔時，則光電晶體將被關閉。圖 8-25(b) 所示為 H21A1 (ECG3100) 光耦合遮斷器模組。如圖 8-25(a) 所示，H21A1 光耦合遮斷器模組的接腳 1 和接腳 2 為發射側或紅外線發光體，接腳 3 和接腳 4 為偵測側或 NPN 光電晶體。典型的光耦合遮斷器模組偵測

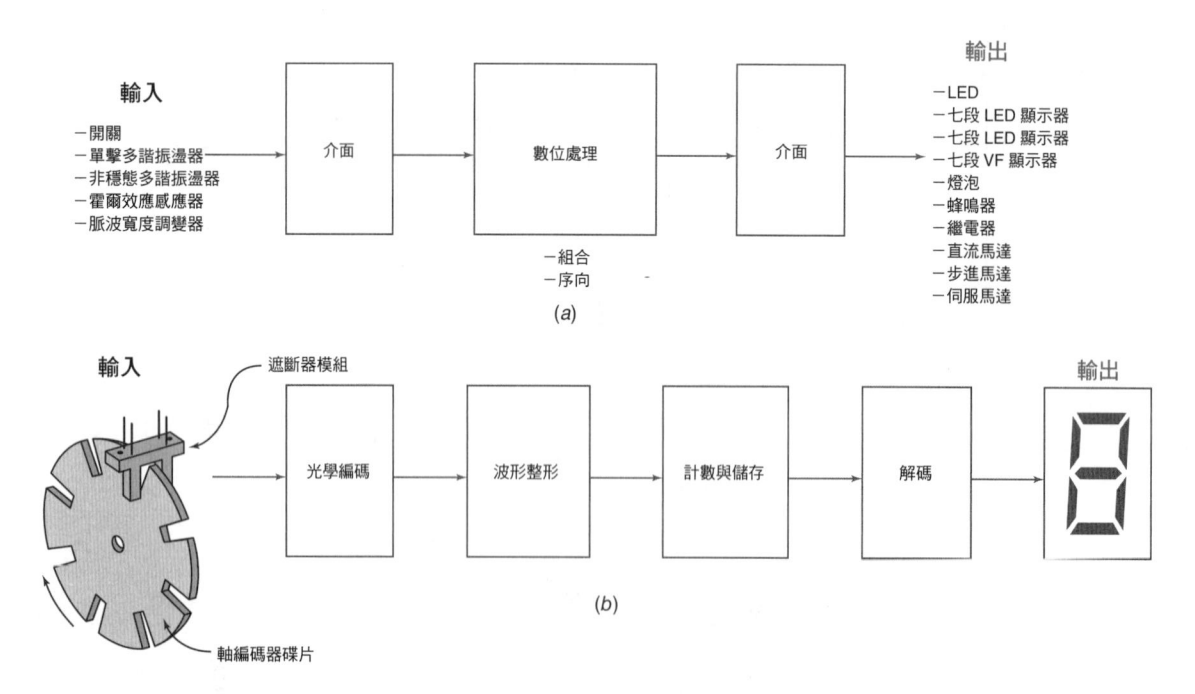

圖 8-24 (a) 典型的輸入、處理和輸出的數位系統。(b) 光學編碼的遮斷器模組驅動計數器示意圖。

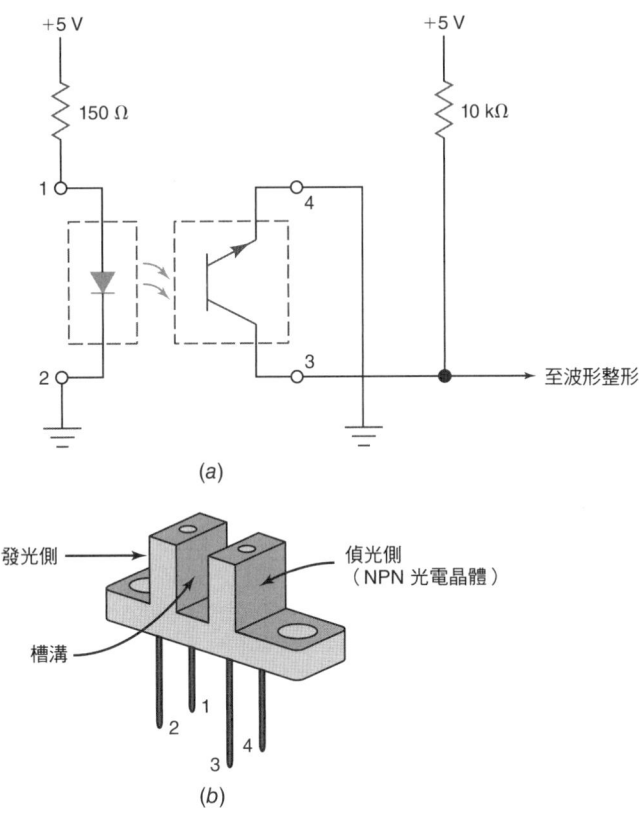

圖 8-25 (a) 光耦合遮斷器模組的發射側和偵測側接線示意圖。(b) H21A1 光耦合遮斷器模組（槽溝型）的示意圖。

側接線是使用 10 kΩ 拉升電阻，而其訊號是從光耦合遮斷器模組的偵測側傳送至波形整形電路。

圖 8-26 所示為使用光學編碼的計數器系統。當一個不透明的物體遮斷模組的光束時，光電晶體將會被關閉，7414 史密特觸發反向器的輸入藉由 10 kΩ 拉升電阻提升至高電位，所以反向器的輸出從高電位變為低電位。當不透明的物體從光耦合遮斷器模組移開時，紅外光會穿過槽溝而照在光電晶體的基極。故光電晶體會被激發，而且反相器接腳 3 的電壓會從高電位變至低電位。因此波形整形器的輸出會從低電位變至高電位，這將觸發 74192 計數器向上計數增加 1。最後 7447 積體電路將 BCD 輸入解碼成七段碼，並使 LED 顯示器的適當段發光。

在圖 8-24(b) 所示的光編碼器／計數器系統中，當磁盤上開孔部分通過遮斷器模組的槽溝時，計數器就會增加計數一次。光耦合遮斷器模組是使用紅外光，因此不會被環境光線造成假觸發。記住，紅外線發光二極體會發出正確的波長使光電晶體可以檢測出光線。

兩種常見的光學感測器為上述的光學編碼器／計數器系統所使用的槽溝型模組，以及反射型感測器。圖 8-27(a) 所示為一般的反射型光學感測器。注意，它的前面有兩個

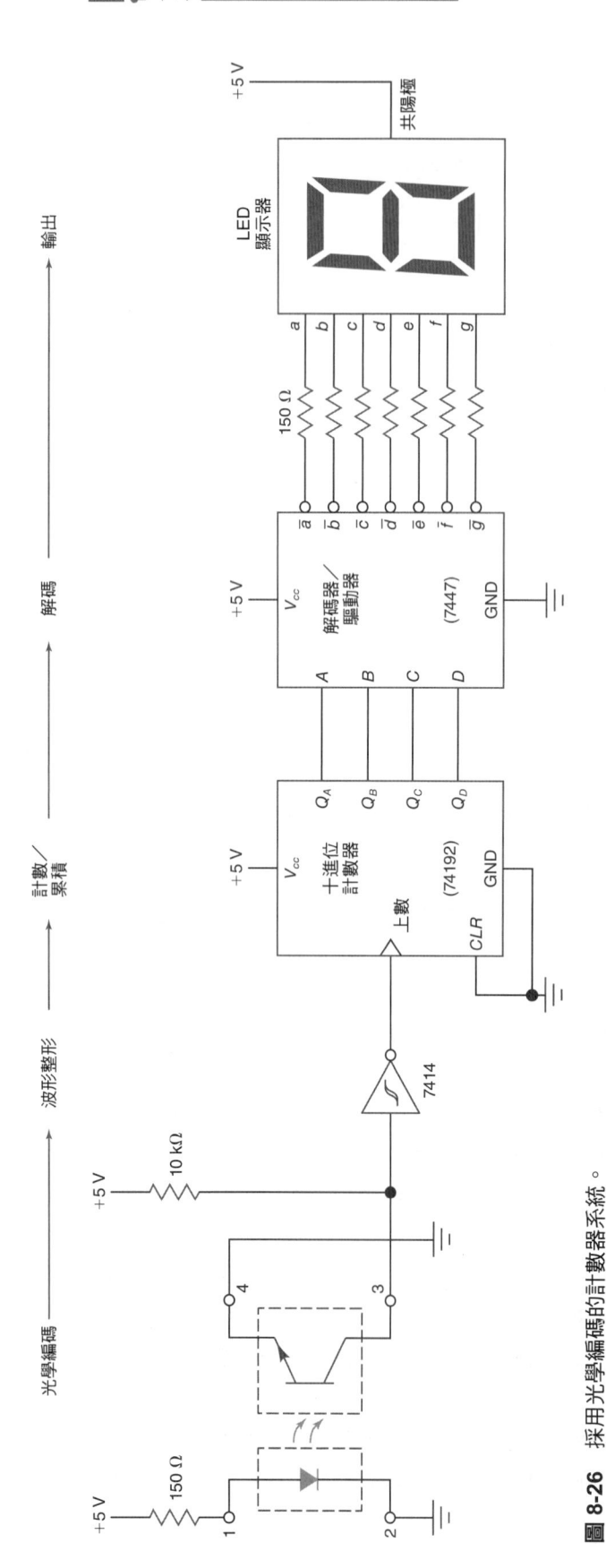

圖 8-26 採用光學編碼的計數器系統。

圖 8-27 (a) 反射型光學編碼器。(b) 使用反射式光學編碼器的軸編碼器碟盤。

孔，一個是紅外線發光二極體，而另一個是接收光的光學感測器，是一種光電晶體。這種反射型光學感測器如圖 8-27(b) 所示磁盤。白色區域會反射光線，然後使光電晶體啟動，而暗色的條紋會吸收光線，並使得光電晶體關閉。

自我測驗

請填入下列空格。

56. 參考圖 8-24(b)。在此電路中，_____（解碼器，遮斷器模組）是用於光學編碼的工作。
57. 參考圖 8-25(a)。光耦合遮斷器模組的發射側的二極體會射出_____（紅外，紫外）光。
58. 參考圖 8-25(a)。光耦合遮斷器模組的偵測側的_____（光電晶體，鍺晶體）會感測紅外光，不會被室內的光線所觸發。
59. 參考圖 8-24(b)。此系統的光學感測器為_____（反射式，槽溝型）模組。
60. 參考圖 8-26。當史密特觸發反向器的輸出由_____（高電位至低電位，低電位至高電位）時，計數器的計數值會增加。
61. 參考圖 8-24(b)。只要編碼器磁盤上開孔的部分_____（進入，離開）遮斷器模組時，計數器的計數值會增加。
62. 參考圖 8-26。74192 積體電路功能是作為_____（十進位，模數 16）計數器，並且執行_____（解碼計數值，暫時儲存計數值）的工作。

8-11 電子遊戲所使用的 CMOS 計數器

本節將特別介紹在電子遊戲機中使用的 CMOS 計數器。此猜數遊戲為經典電腦遊戲。在電腦版中，利用 CMOS 計數器來產生一個隨機數字，讓玩家試著猜出這個未知的數字。電腦會顯示三種回應中的一種：正確、過高或過低。然後玩家可以再猜，直到猜中此未知數為止。猜測次數最少的玩家就是贏家。

圖 8-28 為此遊戲的簡單電路示意圖。欲玩這個遊戲，首先要先按下按鈕開關 (SW_1)，這使得大約 1 kHz 的訊號輸入二進位計數器的時脈輸入端。當按鈕被釋放後，一個被計數器所保持的隨機二進位數（從 0000 至 1111）會在 B 輸入端進入 74HC85 四位元比較器。玩家的猜測則進入比較器積體電路的 A 輸入端。如果隨機數（B 輸入端）和猜測數（A 輸入端）相等，則 $A = B_{OUT}$ 輸出端將被激發進入高電位，帶動綠色 LED 亮起，這意味著猜測是正確的。在按下 SW_1 後又可以重新再玩一次遊戲。

如果玩家所猜的數（A 輸入端）低於隨機數（B 輸入端），則比較器將輸出一個 $A < B_{OUT}$ 訊號使黃色指示燈亮起，這意味著猜得太低，玩家應該重新嘗試輸入較高數字。

最後，如果玩家所猜的數（A 輸入端）高於隨機數（B 輸入端），則比較器將輸出一個 $A > B_{OUT}$ 訊號使紅色指示燈亮起，這意味著猜得過高，玩家應該重新嘗試輸入較低數字。

圖 8-28 電子猜數遊戲。

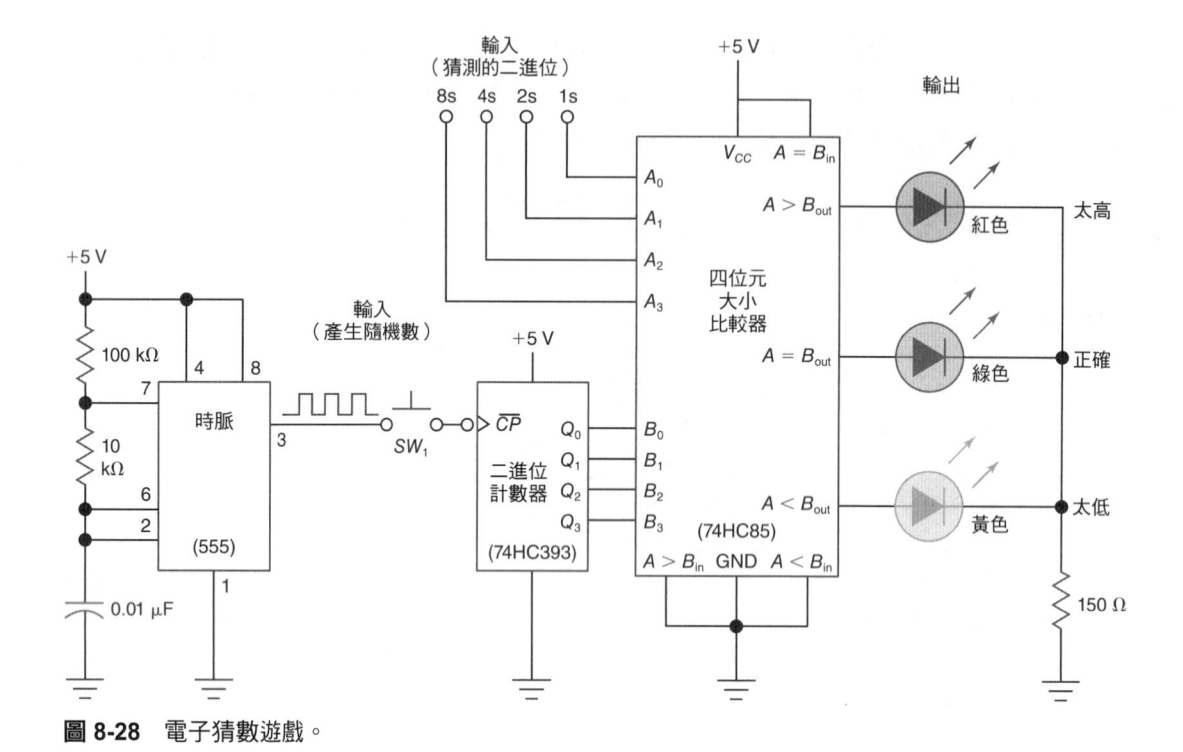

圖 8-29 提供了更加詳細的 74HC85 四位元比較器積體電路的運作方式。圖 8-29(a) 所示為 74HC85 四位元比較器積體電路的接腳圖。此為 74HC85 CMOS 積體電路的頂部外觀。圖 8-29(b) 所示為 74HC85 四位元比較器積體電路的真值表。

該 74HC85 比較器有三個額外的輸入用於串接比較器。典型的 74HC85 大小比較器的串接方式如圖 8-30 所示。該電路比較了兩個 8 位元二進位字組 $A_7 A_6 A_5 A_4 A_3 A_2 A_1 A_0$ 和 $B_7 B_6 B_5 B_4 B_3 B_2 B_1 B_0$ 的大小，而 IC_2 的輸出為三種反應（$A > B$，$A = B$ 或 $A < B$）其中之一。

自我測驗

請填入下列空格。

63. 參考圖 8-28。如果二進位計數器保存的數為 1001，而玩家所猜測的數為 1011，則_____（顏色）的 LED 會亮起，表示你的猜測的數_____（正確，過高，過低）。
64. 參考圖 8-28。在猜測數字之前，系統如何產生一個隨機號碼？
65. 參考圖 8-28。555 計時器是接線成_____（非穩態，單穩態）多諧振盪器。
66. 參考圖 8-31。列出每個時間週期（t_1 到 t_6）LED 發光的顏色。

第 8 章　計數器　285

(a)

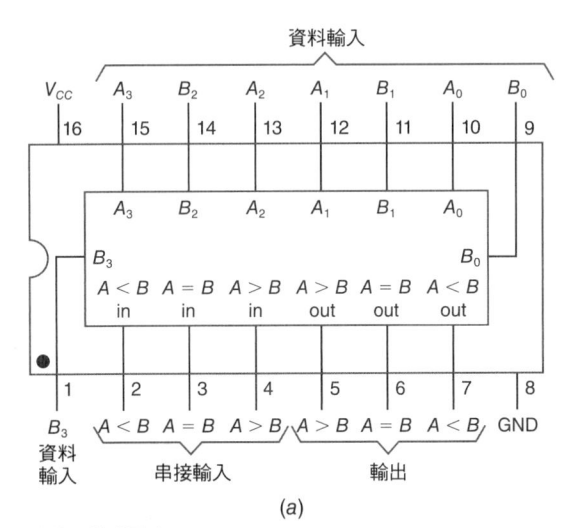

真值表——74HC85 大小比較器積體電路

比較輸入				串接輸入			輸出		
A_3, B_3	A_2, B_2	A_1, B_1	A_0, B_0	$A > B$	$A < B$	$A = B$	$A > B$	$A < B$	$A = B$
$A_3 > B_3$	X	X	X	X	X	X	H	L	L
$A_3 < B_3$	X	X	X	X	X	X	L	H	L
$A_3 = B_3$	$A_2 > B_2$	X	X	X	X	X	H	L	L
$A_3 = B_3$	$A_2 < B_2$	X	X	X	X	X	L	H	L
$A_3 = B_3$	$A_2 = B_2$	$A_1 > B_1$	X	X	X	X	H	L	L
$A_3 = B_3$	$A_2 = B_2$	$A_1 < B_1$	X	X	X	X	L	H	L
$A_3 = B_3$	$A_2 = B_2$	$A_1 = B_1$	$A_0 > B_0$	X	X	X	H	L	L
$A_3 = B_3$	$A_2 = B_2$	$A_1 = B_1$	$A_0 < B_0$	X	X	X	L	H	L
$A_3 = B_3$	$A_2 = B_2$	$A_1 = B_1$	$A_0 = B_0$	H	L	L	H	L	L
$A_3 = B_3$	$A_2 = B_2$	$A_1 = B_1$	$A_0 = B_0$	L	H	L	L	H	L
$A_3 = B_3$	$A_2 = B_2$	$A_1 = B_1$	$A_0 = B_0$	X	X	H	L	L	H
$A_3 = B_3$	$A_2 = B_2$	$A_1 = B_1$	$A_0 = B_0$	H	H	L	L	L	L
$A_3 = B_3$	$A_2 = B_2$	$A_1 = B_1$	$A_0 = B_0$	L	L	L	H	H	L

(b)

圖 8-29　CMOS 大小比較器積體電路 (74HC85)。(a) 接腳圖。(b) 真值表。

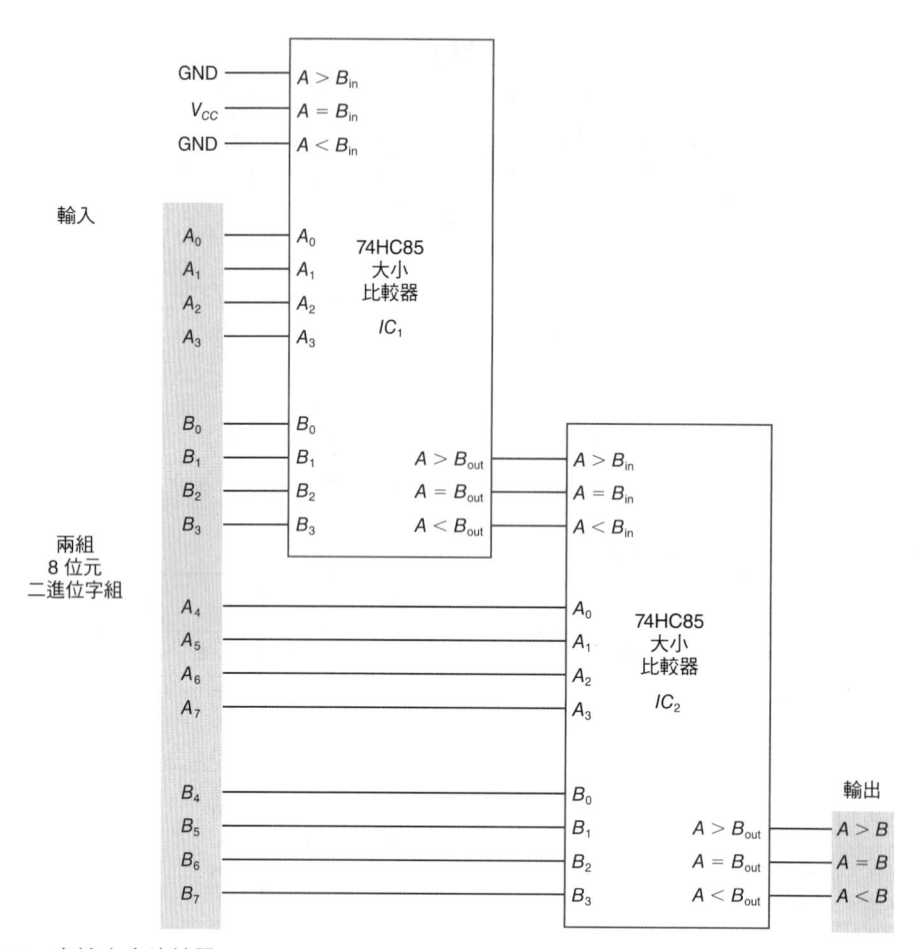

圖 8-30 串接大小比較器。

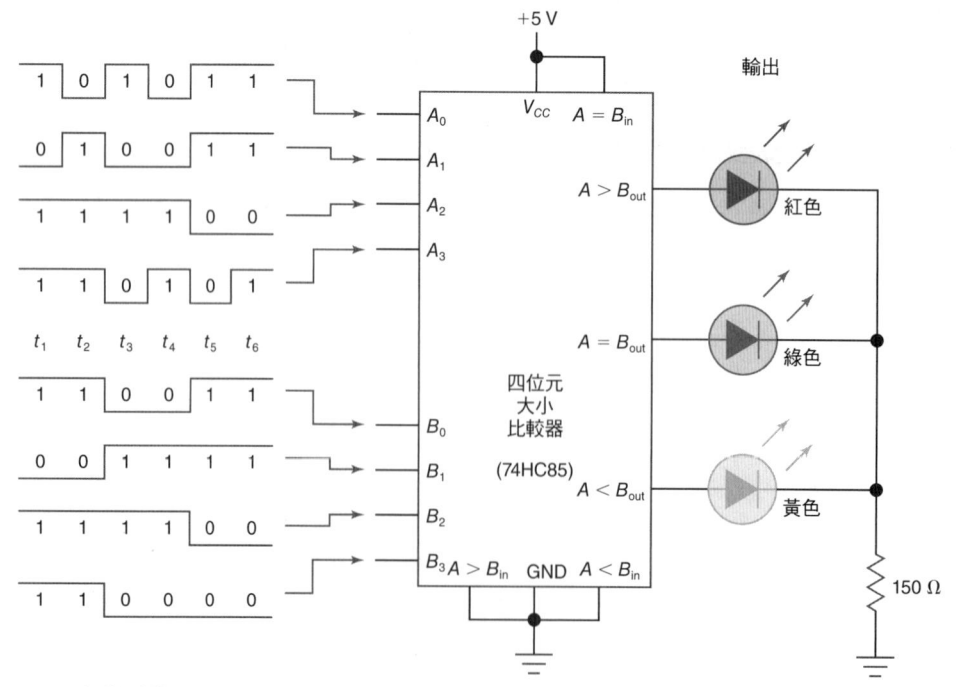

圖 8-31 自我測驗問題 66 的比較器。

8-12 使用計數器──實驗性轉速計

本節顯示如何將子系統整合成**實驗性電子轉速計** (experimental electronic tachometer) 系統。此系統結合已知輸入和輸出，並且包含數位元件以每分鐘轉速 (revolutions per minute, rpm) 來顯示軸的角速度。

實驗性轉速計的第一個概念是使用如圖 8-32(a) 的子系統，以四位元 BCD 計數器為系統的主要部分。霍爾效應感測器計數每一個輸入脈波，並累積在一段時間（例如一分鐘）內的計數值。BCD 計數器將被啟動，並向上計數一分鐘，然後關閉。使用七段顯示器顯示保持在四位元 BCD 計數器內的軸轉速。

實驗性轉速計的第二個概念是使用如圖 8-32(b) 的系統，這次是以三位數 BCD 計數器為系統的主要部分。它的目的是從霍爾效應感測器計數 6 秒內的輸入脈波，類似以十

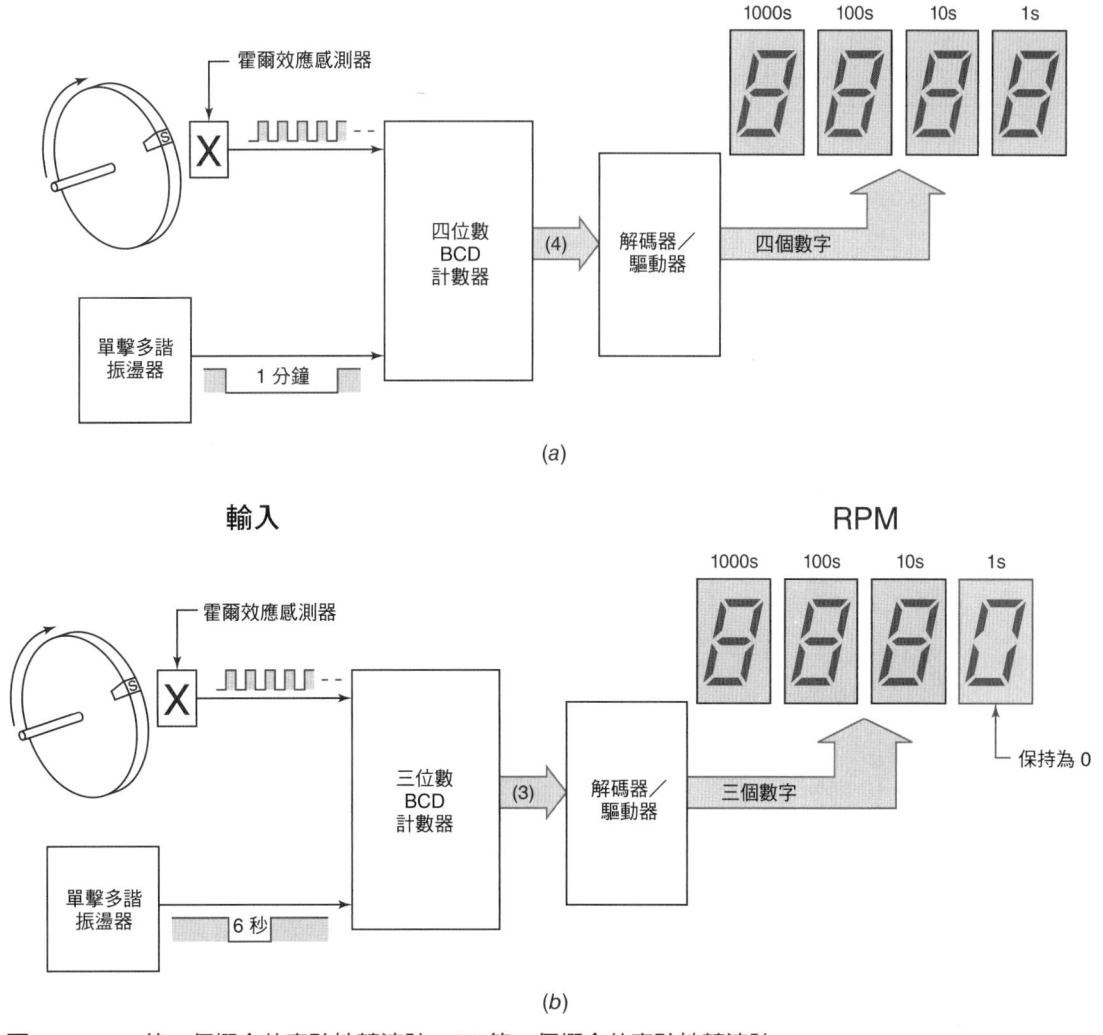

圖 8-32 (a) 第一個概念的實驗性轉速計。(b) 第二個概念的實驗性轉速計。

為單位來計算每分鐘的轉速。千位數、百位數和十位數的七段顯示器將顯示出 BCD 計數器所計數的最新數，而個位數將被視為 0。因此，如果輸入的轉速是 1256 轉，則三位數七段顯示器將顯示 125，而個位數將為 0，所以轉速是 1250 轉。

第二個實驗性轉速計如圖 8-32(b) 所示，而轉速計上數時間僅為 6 秒，然而上一段所述的設計系統其計數時間為 1 分鐘。第二個概念實驗性轉速計採樣的時間只有 6 秒。圖 8-32(b) 所示轉速計可量測範圍從 0 到 9990 轉，速度增量為 10。

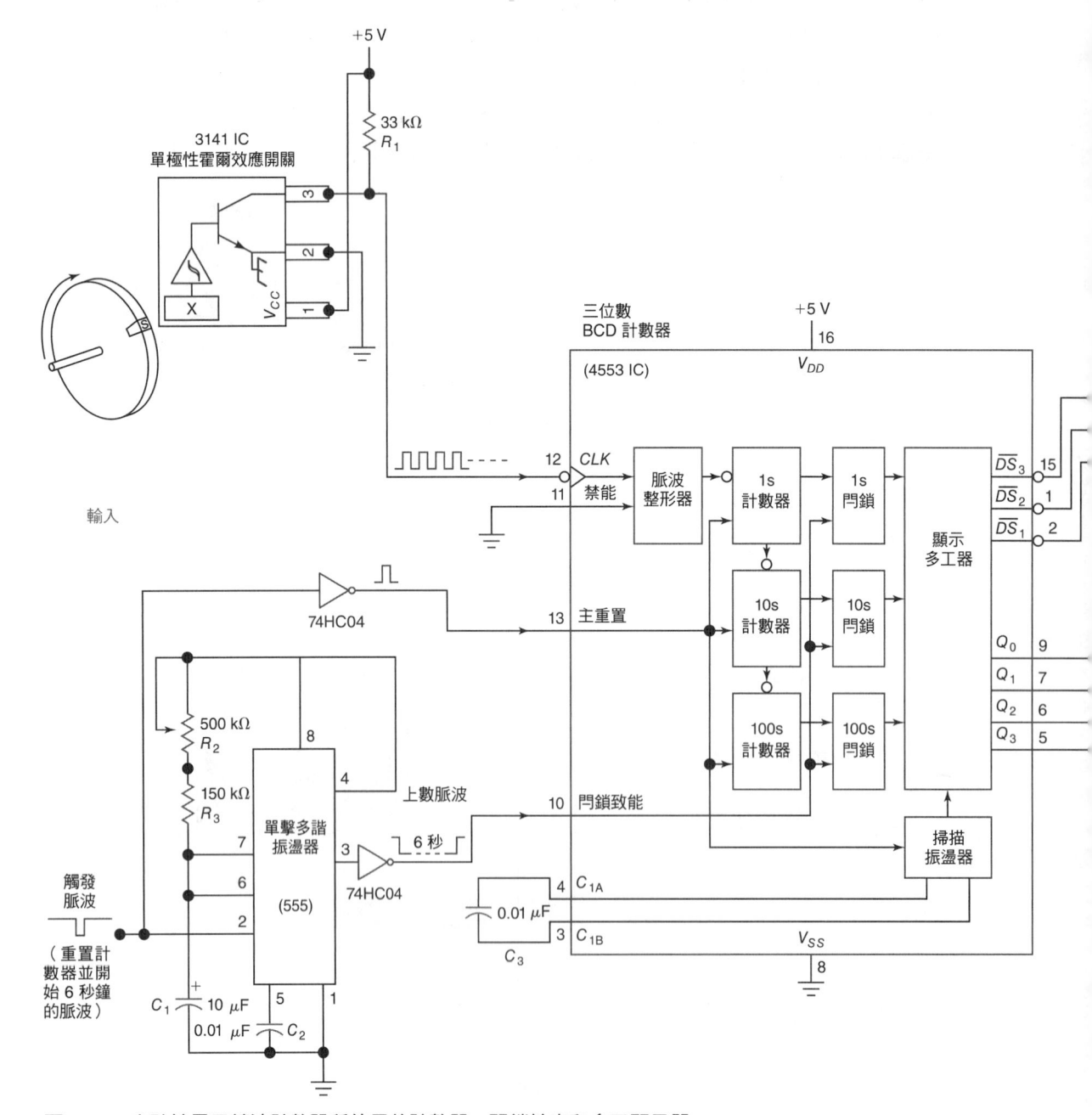

圖 8-33 實驗性電子轉速計數器所使用的計數器、閂鎖輸出和多工顯示器。

第 8 章　計數器　289

　　以第二個概念（圖 8-32(b)）為基礎的實驗性轉速計的方塊圖，細節如圖 8-33 所示，這是使用先前教過的電子元件所構成。

　　轉速器電路的輸入元件為霍爾效應開關（3141 積體電路），用於感測軸的轉速，如圖 8-33 所示。在 3141 積體電路開路集極 NPN 電晶體的輸出端需要一個 33 kΩ 的拉升電阻 R_1。霍爾效應開關所產生的脈波可直接輸入至 4553 的三位數 BCD 計數器的 *CLK* 輸入端。從霍爾效應開關產生的每個脈波，都會被計數和累積在 BCD 計數器。三位數 BCD 計數器可以從 0000 0000 0000$_{BCD}$ 計數至 1001 1001 1001$_{BCD}$（從十進位的 0 至 999）。

　　圖 8-33 左邊的第二個輸入稱為觸發脈波。這個短暫的負脈波輸入至 74HC04 反相器後變為一個短暫的正脈波，以激發主重置 (MR)，將計數器內的訊號清除為 0000 0000

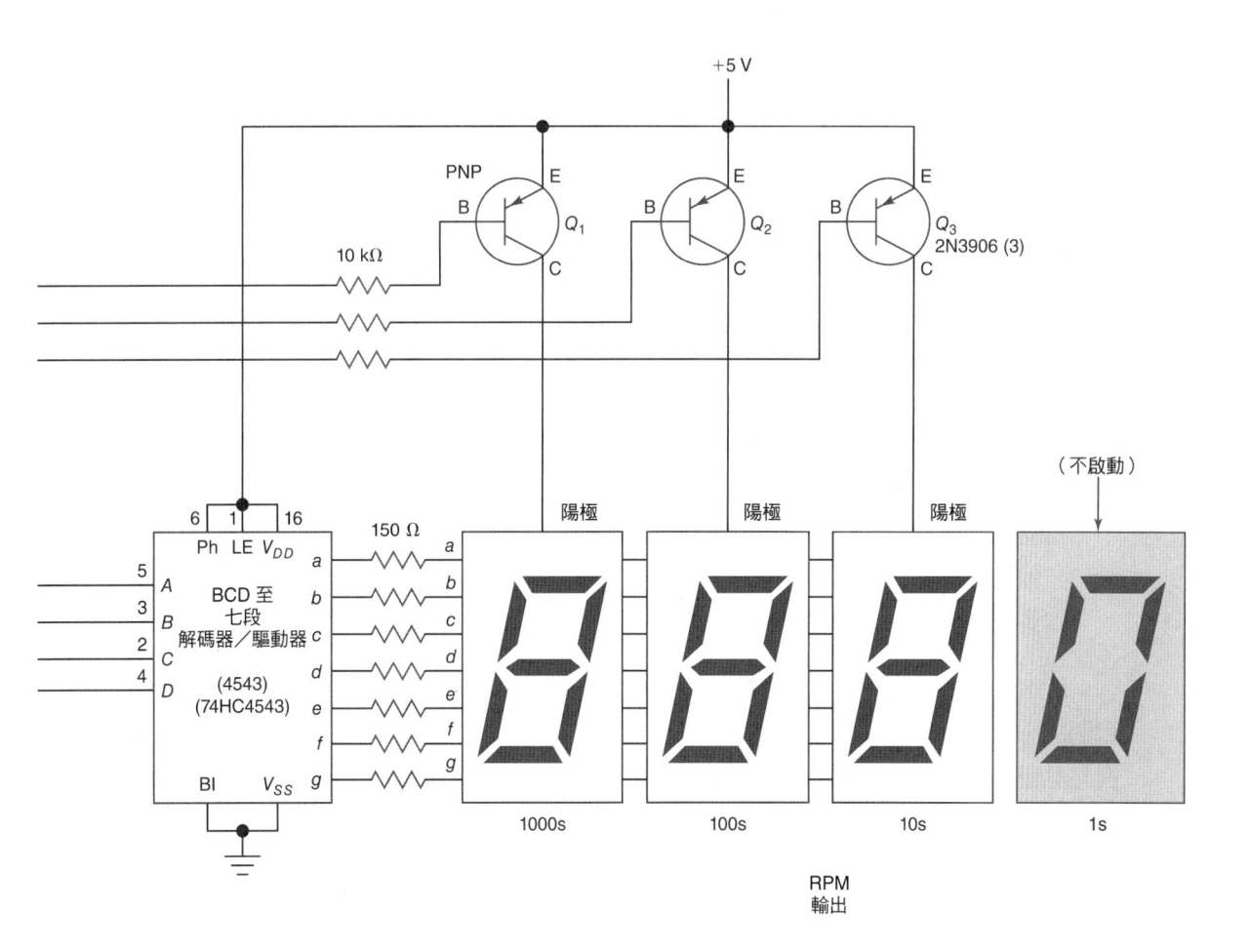

0000_{BCD}。其次，觸發脈波會激發 555 積體電路所接線成的單擊多諧振盪器 (MV)。當單擊多諧振盪器被激發時，會輸出 6 秒鐘的正脈波，並經過 74HC04 反相器反相。精確的上數脈波時間可以藉由調整 500 kΩ 電位計 (R_2) 來獲得。6 秒鐘的正脈波經反相器反相後，進入 4553 計數器積體電路的閂鎖致能 (LE) 輸入端。閂鎖致能輸入端的低電位使閂鎖是透通的，因此三個 BCD 計數器的輸出可通過至多工器。當向上計數脈波為低電位時，顯示器將顯示計數值是向上計數。在最後 6 秒鐘的上數脈波結束後，閂鎖致能輸入因高電位而被驅動，使得三個 BCD 計數器最後計數被鎖在顯示器多工器輸入端。

圖 8-33 顯示 4553 積體電路的顯示多工器可以使三個七段 LED 顯示器以快速旋轉順序發光。詳細的發光順序如下：

- 千位數顯示器：首先，顯示多工器使 PNP 電晶體 Q_1 被激發，所以 +5 V 訊號出現在千位數七段 LED 顯示器的陽極。顯示多工器發送出千位數顯示器段的訊號至 4543 積體電路，並將訊號解碼（BCD 碼至七段顯示器碼）。此時 4543 積體電路會驅動三個 LED 顯示器的段，但是只有顯示驅動器電晶體 Q_1 導通，所以只有千位數顯示器會被激發。

- 百位數顯示器：第二，顯示多工器使 PNP 電晶體 Q_2 被激發，所以 +5 V 訊號出現在百位數七段 LED 顯示器的陽極。顯示多工器發送出百位數顯示器段的訊號至 4543 積體電路，並將訊號解碼（BCD 碼至七段顯示器碼）。此時 4543 積體電路會驅動三個 LED 顯示器的段，但是只有顯示驅動器電晶體 Q_2 導通，所以只有百位數顯示器會被激發。

- 十位數顯示器：第三，顯示多工器使 PNP 電晶體 Q_3 被激發，所以 +5 V 訊號出現在十位數七段 LED 顯示器的陽極。顯示多工器發送出十位數顯示器段的訊號至 4543 積體電路，並將訊號解碼（BCD 碼至七段顯示器碼）。此時 4543 積體電路會驅動三個 LED 顯示器的段，但是只有顯示驅動器電晶體 Q_3 導通，所以只有十位數顯示器會被激發。

圖 8-33 顯示多工器能以高頻率的連續方式呈現，使得人眼無法分辨出顯示器的開啟和關閉。顯示多工器的頻率可以由外部電容 C_3 來調整。這個頻率被設定在大約 70 Hz。換句話說，七段顯示器每一秒鐘會開啟和關閉 70 次。因為頻率夠高，所以人眼看起來是連續發光。

舉例說明。假設輸入軸的轉速為 1250 轉。有外部觸發脈波產生時，圖 8-33 中的實驗性轉速計會將計數器清除為 000_{10}，且單擊多諧振盪器會輸出 6 秒鐘的正脈波。在 6 秒鐘的上數時間週期內，有 125 個脈波會輸入至 CLK 輸入端，並且累積在 BCD 計數器內，即為 $0001\ 0010\ 0101_{BCD}$（十進位的 125）。當閂鎖致能輸入變為高電位時，會將 $0001\ 0010\ 0101_{BCD}$（十進位的 125）鎖住在 4554 積體電路顯示多工器的輸入端。七段顯示器將讀取的 125 顯示在左側的三個顯示器上。這證明了轉速為 1250 轉，而未被激發的個位數顯示器則呈現為 0。

自我測驗

請填入下列空格。

67. 用於量測旋轉軸角速度的儀器稱為_____（轉速計，Vu-meter）。
68. 參考圖 8-33。能將軸的旋轉轉換成數位脈波的介面元件稱為_____（霍爾效應開關，光電編碼器）。
69. 參考圖 8-33。4553 積體電路會記錄軸的旋轉脈波數，是藉由計數進入三位數 BCD 計數器的_____（時脈，主重置）輸入端的脈波數。
70. 參考圖 8-33。負觸發脈波輸入會_____（重置計數器為 000_{10}，設定計數器為 111_{10}），然後_____（555，4543）積體電路接線成單擊多諧振盪器以產生 6 秒鐘的上數脈波。
71. 參考圖 8-33。如果輸入軸為 2350 轉，則會計數多少個脈波數並累計在 4553 積體電路 BCD 計數器內，且在 6 秒鐘的正脈波變為高電位後顯示出來？
72. 參考圖 8-33。在 6 秒鐘的正脈波結束後，高電位立即_____（啟動，不啟動）閂鎖致能輸入，且計數的計數值會鎖在 4553 積體電路的_____（顯示多工器，波形整形器）的輸入端。
73. 參考圖 8-33。4553 積體電路的_____（顯示多工器，計數器）會啟動三個七段顯示器，並以快速旋轉的順序發光。
74. 參考圖 8-33。這三個 PNP 電晶體（Q_1、Q_2 和 Q_3）可以被描述為_____（數字，段）的驅動器。
75. 參考圖 8-33。4553 積體電路中，設定顯示多工器頻率的外部元件為_____。
76. 參考圖 8-33。_____（4543，4553）積體電路具有解碼和驅動 LED 顯示器。

8-13 計數器的故障檢修

考慮如圖 8-34(a) 的**二位元漣波計數器 (2-bit ripple counter)** 的故障排除工作。圖 8-34(b) 顯示 74HC76 積體電路的接腳圖。注意，圖 8-34(a) 及 (b) 的所有輸入和輸出標記是不一樣的。例如，在邏輯圖的非同步預設輸入被標記為 *PS*，但對於相同的輸入，其他製造商卻是標記為 *PR*。接腳上的標籤可能會因不同的製造商而有不同的標記。雖然所標示的接腳名稱不同，但 74HC76 積體電路的接腳仍具有相同的功能。

在圖 8-34(a) 左邊的重置開關可以將有問題的二位元計數器電路清除為 00。該積體電路在常溫下工作看似正常，技術人員也看不出有任何的故障跡象。

使用數位邏輯脈波器產生脈波輸入至 FF 1 的 *CLK* 輸入端。根據接腳圖，數位邏輯脈波器尖端必須接觸 74HC76 積體電路的第一支接腳。依據此重複的單一脈波，計數順序為 00（重置）、01、10、11、10、11、10、11 等。FF 2 的 *Q* 輸出一直為高電位，但非同步清除 (*CLR*)、重置或開關可以驅動 74HC76 積體電路變為低電位。

關閉圖 8-34(a) 電路的電源，然後使用邏輯夾，夾在 74HC76 積體電路的接腳。再次打開電源，使重置開關被激發。結果顯示在邏輯顯示器上，如圖 8-34(c) 所示。比較邏輯夾上的邏輯準位與你所預期的準位，你必須使用製造商的接腳圖，如圖 8-34(b) 所

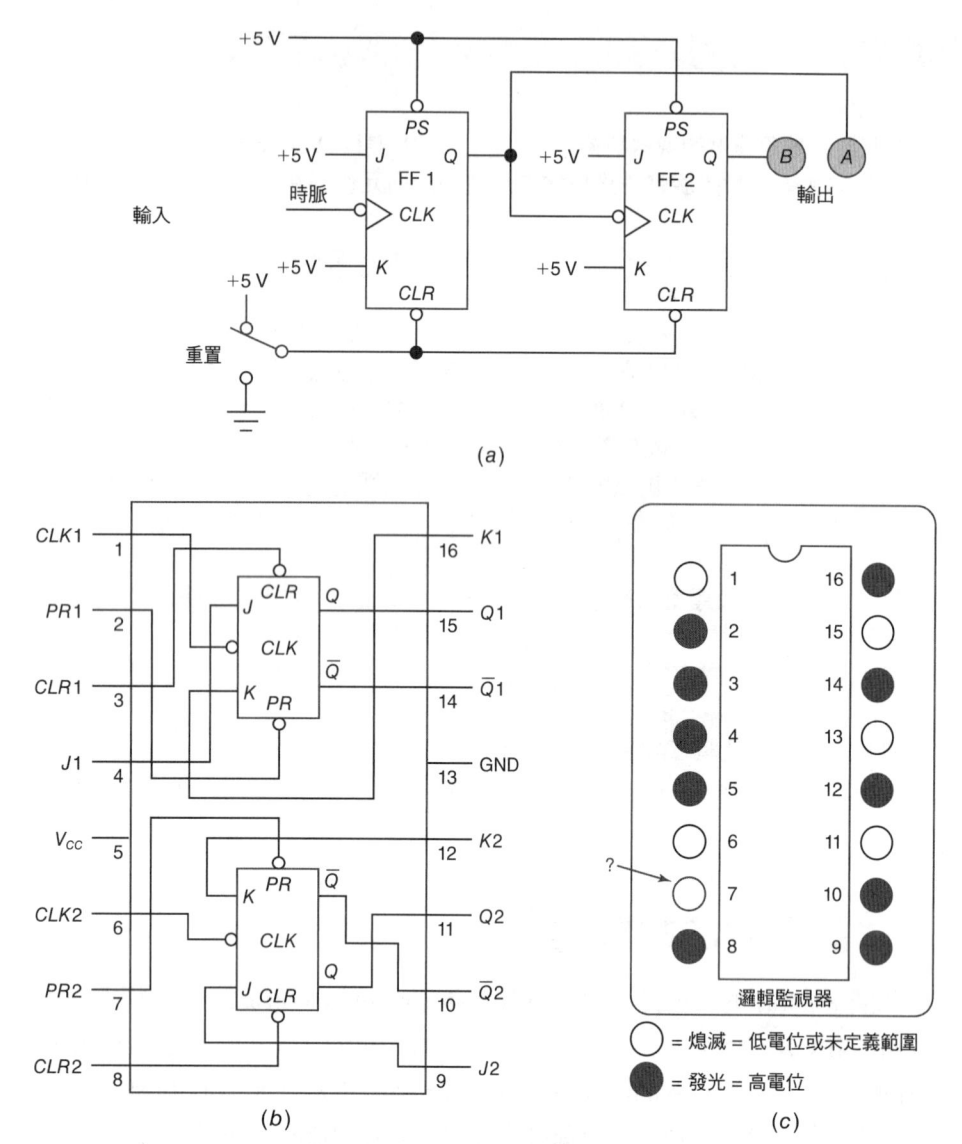

圖 8-34 (a) 使用於故障排除範例的二位元漣波計數器電路。(b) 74HC76 JK 正反器積體電路的接腳圖。(c) 瞬間重置故障二位元計數器的邏輯夾狀態。

示。在檢視各腳的邏輯準位時，應特別關注在第 7 支接腳的低電位或不確定的邏輯準位。這是非同步預設（*PS* 或 *PR*）的輸入；根據圖 8-34(a) 中的邏輯圖，它應為高電位。如果是低電位或未定義的範圍，將可以產生 FF 2 的 *Q* 輸出一直停在高電位的條件。

邏輯探棒是用來檢查 74HC76 積體電路的第 7 支接腳。邏輯探棒的兩個 LED 在不亮的狀態。這意味著既不是低邏輯準位，也不是高邏輯準位。所以接腳 7 似乎是浮動在高邏輯準位與低邏輯準位未定義的區域。故積體電路在一些情況是低電位，而在其他情況下則為高電位。

將該積體電路從 16 支接腳的插座移走。結果發現，第 7 支接腳是彎曲的，故無法

與積體電路插座相結合。這導致接腳為浮接。故障情形如圖 8-35 所示。這種常見的錯誤在積體電路仍然插在插座上時是很難看出來的。

此例子用了一些工具來進行故障排除。首先是邏輯圖，了解它如何運作是非常重要的。其次是使用製造商的接腳圖。第三是使用數位邏輯脈波器以注入單一脈波。第四是使用邏輯夾檢查所有 74HC76 積體電路接腳的邏輯準位。第五是使用邏輯探棒來檢查可疑接腳的積體電路。最後是使用電路的知識及目視觀察來解決這個問題。

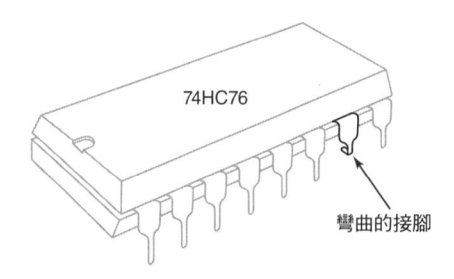

圖 8-35 彎曲的接腳導致輸入為浮接。

了解電路的正常運作和觀察能力可能是最重要的故障排除工具，而邏輯脈波器、邏輯探棒、邏輯夾、數位電表、邏輯分析儀、積體電路測試儀和示波器等，都只是你的知識和觀察能力的輔助而已。

在學生建置的電路中，經常會發生由一個彎曲的接腳導致浮接輸入的問題。對 TTL 且特別是對 CMOS 電路而言，最好能確定所有的輸入都到達適當的邏輯準位。

自我測驗

請填入下列空格。

77. 參考圖 8-34。正反器第 4 支、第 9 支、第 12 支和第 16 支接腳的 J 和 K 輸入應該為＿＿＿＿＿＿（高電位，低電位）。
78. 參考圖 8-34。正反器第 3 支和第 8 支接腳的＿＿＿＿＿＿輸入會遵循重置開關的邏輯狀態。
79. 參考圖 8-34。正反器第 2 支和第 7 支接腳的＿＿＿＿＿＿輸入應該為＿＿＿＿＿＿（高電位，低電位）。
80. 參考圖 8-34。在這個電路中的故障是位於第＿＿＿＿＿＿（數字）支接腳。這是＿＿＿＿＿＿的，而不是在一個高邏輯準位。

第 8 章　總結與回顧

總　結

1. 正反器被連接在一起，形成二進位計數器。
2. 計數器可以同步或非同步操作。非同步計數器又被稱為漣波計數器，而且比同步計數器的構造簡單。
3. 計數器的模數是其計數週期經過多少不同的狀態數目，一個模數 5 計數器的計數值為 000、001、010、011、100（十進位的 0、1、2、3、4）。
4. 一個四位元二進位計數器有四個二進位數，並從 0000 計數到 1111（十進位的 0 到 15）。
5. 將閘極加到計數器中的基本正反器，可增加計數器新的功能，可使計數器停在固定的數，而且計數器的模數也是可以改變的。

6. 計數器的功能可以設定為上數或下數，而有些計數器將兩種功能皆內建到它們的電路。

7. 計數器可以作為除頻器。計數器也被廣泛應用於計數，並暫時儲存數據。

8. 製造商生產各種各樣的積體電路計數器，並提供詳細的數據表。本章研究數種 TTL 和 CMOS 積體電路。

9. 不同的生產廠商在接腳和邏輯符號時會有很多不同的標示。

10. 如光學感測器可用於計數軸編碼的事件，光編碼器包裝成槽溝型和反射型，兩者都基於紅外光照射在輸出的光電晶體上。

11. 大小比較器會比較兩個二進位數，並決定是 $A=B$、$A>B$ 或 $A<B$，大小比較器積體電路可以串接以比較較大的二進位數。

12. 十進位計數器從 0 計數到 9（二進位的 0000–1001），十進位計數器通常也被稱為 BCD 計數器。

13. 數位積體電路製造的未來趨勢是在一個晶片上包括更多的功能。例如 4553 三位數 BCD 計數器積體電路包含三個 BCD 計數器、波形整形器、十二個透通門鎖和顯示多工器。

14. 一個傳感器，例如霍爾效應開關，可用於感測軸的旋轉，可計算每分鐘輸出幾轉。測量軸轉速的儀器稱為轉速計。

15. 技術人員的知識和觀察力是進行電路故障排除時最重要的工具。邏輯探棒、電壓計、數位電表、邏輯監視器、數位脈波器、邏輯分析儀、積體電路測試儀和示波器有助於技術人員的故障排除。

章節回顧問題

回答下列問題。

8-1. 使用三個 JK 正反器繪製一個模數 8 漣波上數計數器的邏輯符號圖，並標示輸入 *CLK* 脈波和三個標記為 *C*、*B* 和 *A* 的輸出。

8-2. 畫出一個模數 8 計數器的表格（類似圖 8-1），以顯示其二進位和十進位計數順序。

8-3. 畫出一個模數 8 計數器的波形圖（類似圖 8-2(b)），以顯示出 FF 1、FF 2 和 FF 3 的八個 *CLK* 脈波及輸出 (*Q*)。假設你使用的是負緣觸發的正反器。

8-4. ＿＿＿＿＿（非同步，同步）計數器的電路是較複雜的。

8-5. 同步計數器具有＿＿＿＿＿（並聯，串聯）的 *CLK* 輸入。

8-6. 繪製四位元漣波下數計數器的邏輯符號圖，在這個模數 16 計數器中使用四個 JK 正反器，標示輸入 *CLK* 脈波、*PS* 輸入和四個標記為 *D*、*C*、*B* 和 *A* 的輸出。

8-7. 如果問題 8-6 的漣波下數計數器是循環型計數器，則在 0011、0010 和 0001 之後的三項為何？

8-8. 重新設計問題 8-6 的四位元計數器，使它從二進位 1111 計數至 0000，然後停止。新增一個具有四個輸入的 OR 閘到現有的電路中，使其具有自我停止的功能。

8-9. 畫出一個方塊圖（類似圖 8-13），顯示你將如何使用兩個計數器以將 100 Hz 輸入變為 1 Hz 的輸出。

8-10. 參考圖 8-14 的 7493 積體電路計數器，然後回答 a 至 f 小題：
　a. 7493 積體電路計數器的最大計數範圍是多少？
　b. 7493 積體電路計數器是一個＿＿＿＿＿（漣波，同步）計數器。
　c. 輸入什麼條件可以使 7493 積體電路計數器重置？

d. 7493 積體電路計數器是一個_____（下數，上數）計數器。
e. 7493 積體電路含有_____個正反器。
f. 7493 計數器中的 NAND 閘之目的為何？

8-11. 參考圖 8-15 的 74192 計數器，然後回答 **a** 至 **f** 小題：
a. 74192 積體電路計數器的最大計數範圍是多少？
b. 74192 積體電路計數器是一個_____（漣波，同步）計數器。
c. 邏輯_____（0，1）可以將 74192 積體電路計數器清除為 0000。
d. 74192 積體電路計數器是一個_____（下數，上數，可以上數和下數）計數器。
e. 如何將 74192 積體電路計數器的輸出預設為 1001？
f. 如何使 74192 積體電路計數器能下數計數？

8-12. 繪製出一個圖形（類似圖 8-16(a)），顯示你將如何接線使得 7493 計數器成為四位元（模數-16）漣波計數器，參考圖 8-14。

8-13. 參考圖 8-36，74192 計數器在脈波 t_1 處於_____（清除，計數，載入）模式。

8-14. 如圖 8-36 所示，在每一個輸入脈波後，列出 74192 積體電路計數器的二進位輸出。

8-15. 參考圖 8-18 的 74HC393 積體電路計數器，然後回答 **a** 至 **e** 小題：
a. 74HC393 積體電路計數器是一個_____（漣波，同步）計數器。
b. 74HC393 積體電路計數器是一個_____（下數，上數，不是上數就是下數）計數器。
c. MR 接腳是_____（非同步，同步）_____（高電位，低電位）的輸入。
d. 每個計數器包含四個_____（RS，T）正反器。
e. 74HC393 積體電路計數器是一個_____（CMOS，TTL）計數器。

8-16. 參考圖 8-19 的 74HC193 積體電路計數器，然後回答 a 至 d 小題：
a. 當 74HC193 積體電路計數器的 MR 接腳被_____（高電位，低電位）所激發時，所有輸出會重置為_____（0，1）。
b. 74HC193 積體電路計數器是一個_____（漣波，同步）計數器。
c. 當_____輸入被低電位激發時，並列數據會從數據輸入端（D_0 至 D_3）流經至輸出端（Q_0 至 Q_3）。
d. 當一個時脈訊號進入至 CP_U 的接腳時，CP_D 接腳必須連接至_____（+5 V，接地）。

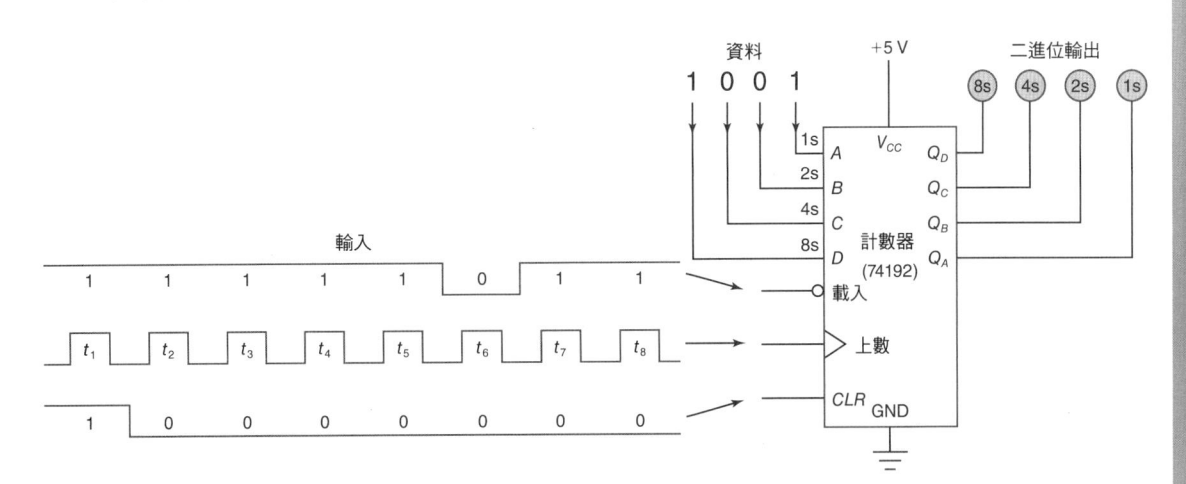

8-17. 參考圖 8-37，列出 74HC193 計數器在每個脈波 t_1 到 t_8 的運作模式（回答是並列載入，上數或下數）。

圖 8-36 計數器脈波列問題。

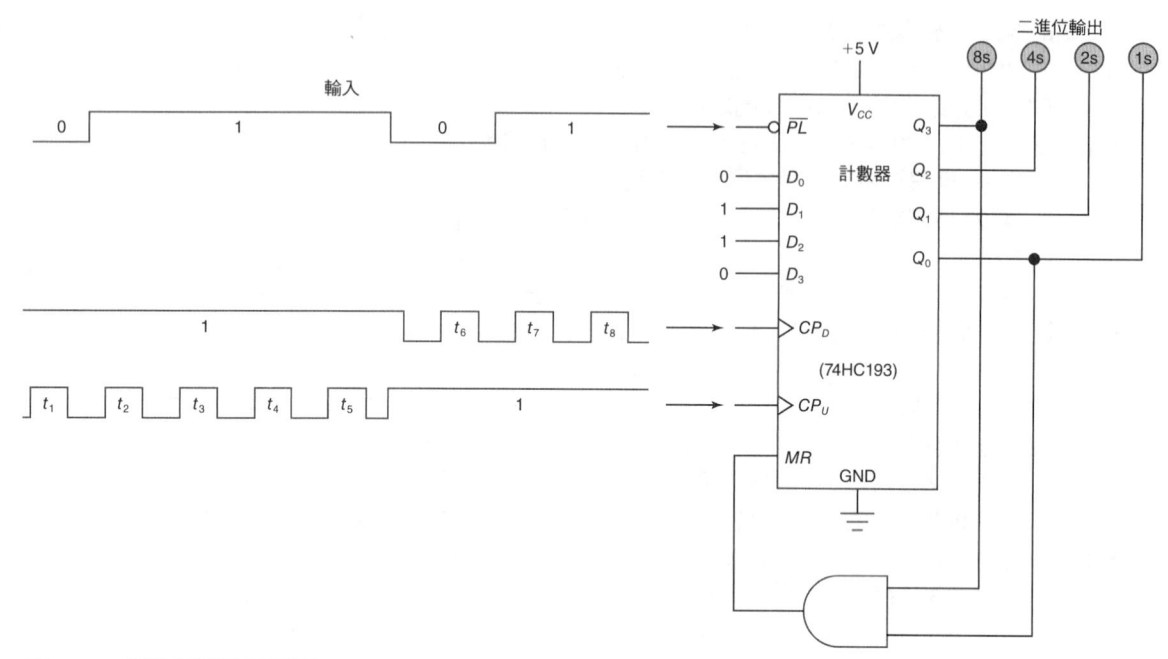

圖 8-37　計數器脈波列問題。

8-18. 參考圖 8-37，列出 74HC193 計數器在每個脈波 t_1 到 t_8 的二進位輸出。

8-19. 參考圖 8-22，輸入脈波從_____（高電位至低電位，低電位至高電位）時，時脈輸入會觸發到 4553 計數器積體電路。

8-20. 參考圖 8-22，列出 4553 計數器積體電路在下列輸入時，哪些是高電位，哪些是低電位。
 a. 禁能輸入
 b. 主重置輸入
 c. 門鎖致能輸入

8-21. 參考圖 8-22，列出 4553 計數器積體電路在下列輸出時，哪些是高電位，哪些是低電位。
 a. DS_1 輸出
 b. DS_2 輸出
 c. DS_3 輸出
 d. BCD 碼輸出 ($Q_0 - Q_3$)

8-22. 參考圖 8-23，如果 4553 積體電路 MR 輸入變為高電位時，則 4553 積體電路內部將會發生什麼情形？

8-23. 參考圖 8-23，外部電容 C_1 是與 4553 積體電路的_____（計數器，掃描振盪器，顯示多工器）有關。

8-24. 參考圖 8-23，當 LE 輸入為低電位時，4553 積體電路的 12 個閂鎖可以說是_____（鎖住的，透通的）。

8-25. 參考圖 8-23，4543 積體電路與解碼密切相關，而三個 PNP 晶體與顯示器驅動相關。（是非題）

8-26. 參考圖 8-24(b)，該光學元件為_____，可以感測軸編碼器磁盤的開孔位置和發送訊號至波形整形電路。

8-27. 參考圖 8-24(b)，在軸角編碼器磁盤頂部的光學編碼器是_____（反射型，槽溝型）。

8-28. 參考圖 8-25(b)，H21A1 光感測遮斷模組的發射側包含一個_____，而在偵測側則有一個光電晶體。

8-29. 參考圖 8-26，該裝置電路中，執行波形整形的元件是_____（7414，74192）積體電路。

8-30. 參考圖 8-26，該裝置電路中，作為十進位計數器元件是_____（7447，74192）積體電路。

8-31. 參考圖 8-26，7447 積體電路是一個解碼器／驅動器，可將 BCD 數據轉換至_____碼並驅動顯示器。

8-32. 參考圖 8-27(b)，編碼器磁盤所示的黑色和白色線條是使用於_____（反射型，槽溝型）光學感測器。

8-33. 參考圖 8-30，兩個 74HC85 大小比較器積體電路被稱為_____（串接，分開），所以可以比較兩個_____（數字）位元的二進位數字。

8-34. 參考圖 8-38，列出在每個時間（t_1 到 t_6）LED 的輸出顏色。

8-35. 轉速計是一種用於測量軸每分鐘旋轉轉速的儀器。（是非題）

8-36. 參考圖 8-33，輸入軸每旋轉一圈將被轉換成四個脈波，輸入至 4553 計數器積體電路的 *CLK* 輸入端。（是非題）

8-37. 參考圖 8-33，當負輸入觸發脈波發生時，將會發生哪兩件事情？

8-38. 參考圖 8-33，當單擊多諧振盪器的輸出變為低電位 6 秒鐘期間，4553 積體電路_____（計數輸入脈波，閂鎖計數器的輸出）。

8-39. 參考圖 8-33，4553 積體電路的_____（顯示多工器，脈波整形器）部分以快速旋轉的序列使三個七段 LED 發亮，所以在一段時間內只有一個顯示器會開啟。

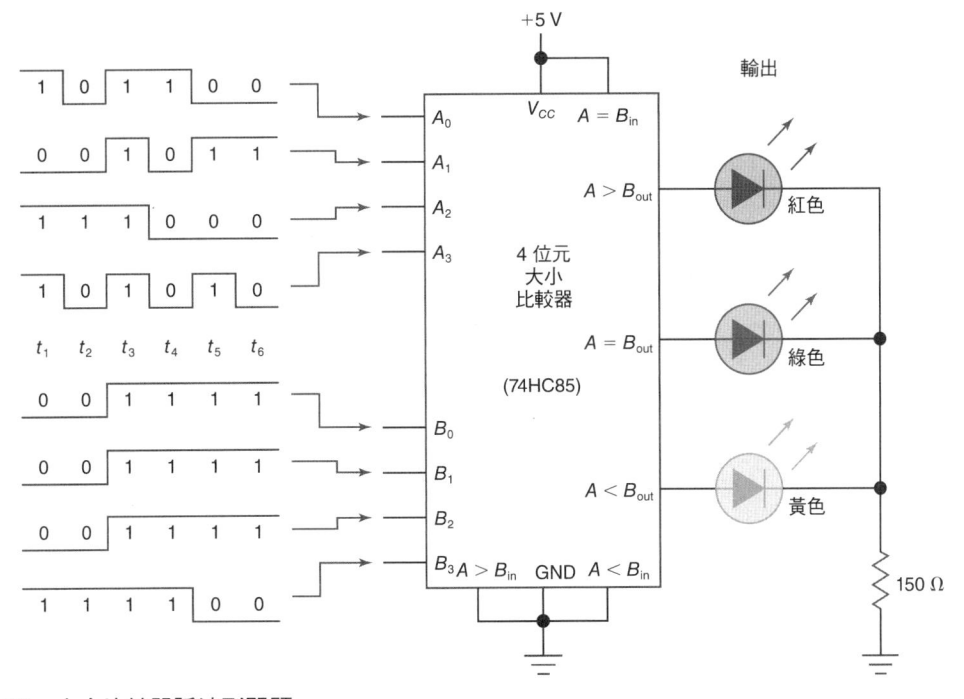

8-40. 參考圖 8-33，如果 4543 解碼器／驅動器積體電路稱為段驅動器，則三個 PNP 晶體（Q_1，Q_2，Q_3）將稱為_____（顯示器，掃描儀）驅動器。

圖 8-38 大小比較器脈波列問題。

8-41. 參考圖 8-33，外部電容 C_1 的目的是要將 4553 計數器積體電路的內部電路與接地解耦合。（是非題）

8-42. 參考圖 8-33，在一個特定時刻，4553 計數器積體電路只有一個 DS 輸出為_____（高電位，低電位）在特定時間開啟對應的 PNP 電晶體和顯示器。

8-43. 參考圖 8-33，當_____（時脈，門鎖致能）輸入變為高電位時，數據積累在 BCD 計數器會凍結在顯示多工器的輸入端，而計數器可以繼續計數脈波。

8-44. 一個數位_____（積體電路測試儀，脈波產生器）是一種可以將訊號輸入電路的儀器。

關鍵性思考問題

8-1. 在接線計數器時，什麼類型的正反器非常有用，因為它們具有切換模式？

8-2. 使用三個 JK 正反器和一個兩個輸入的 NAND 閘，畫出模數 5 漣波上數計數器的邏輯符號圖，顯示出輸入 CLK 脈波和三個標記為 C、B 和 A 的輸出。

8-3. 畫出模數 10 的 7493 積體電路計數器的邏輯圖。

8-4. 畫出除以 8 的 7493 積體電路計數器的邏輯圖，顯示出 7493 積體電路的哪一個輸出是除以 8 的輸出。

8-5. 參考圖 8-36，列出在每個輸入 t_1 到 t_8 期間的運作模式。

8-6. 參考圖 8-18，為什麼主重置（1MR 和 2MR）為非同步？

8-7. 參考圖 8-19，74HC193 積體電路計數器稱為可預設的，是因為什麼運作模式？

8-8. 參考圖 8-37，列出計數器的計數順序及模數。

8-9. 採用 74HC193 積體電路和兩個輸入的 OR 閘，設計一個十進位上數計數器（十進位的 0 至 9）。

8-10. 對於_____（非同步，同步）計數器，在同一瞬間可以將所有的輸出改變至新的狀態。

8-11. 非同步計數器的另一個名稱是什麼？

8-12. 對於除以 6 的計數器而言，該電路可能被用於何種用途？

8-13. 參考圖 8-26，當_____（高電位至低電位，低電位至高電位）時，計數器和顯示器的計數值將增加。

8-14. 參考圖 8-26，計數器和顯示器的計數值將遞增，當紅外光穿過槽溝_____。
a. 被阻斷
b. 重新開始

8-15. 比較圖 8-24(b) 和圖 8-27(b) 的軸編碼器磁盤，哪個磁盤提供更高的解析度？

8-16. 參考圖 8-22(a)，在 4553 積體電路中，需要使用多少個 T 型正反器以實現三個 BCD 計數器？

8-17. 參考圖 8-22(a)，在 4553 積體電路中，要使用多少個透通門鎖以鎖住三個 BCD 計數器的資料？

8-18. 參考圖 8-33，如何調整單擊多諧振盪器中輸出的上數脈波的時間長度？

8-19. 參考圖 8-33，當軸每旋轉一圈，霍爾效應開關會輸出多少個脈波？

8-20. 參考圖 8-33，解釋為什麼個位數顯示器不會啟動且被認為是一個零？

CHAPTER 9
移位暫存器

學習目標 本章將幫助你：

9-1 定義移位暫存器的操作，如右移、左移、並列載入和串列載入。使用 D 型正反器繪製出一個串列載入移位暫存器的電路圖。

9-2 了解一個並列載入移位暫存器的操作，包括操作模式，例如非同步清除、右移、並列載入。預測一個 4 位元移位暫存器操作與重新循環功能。

9-3 解釋 TTL 74194 的 4 位元雙向通用移位暫存器 IC 的各種模式操作。

9-4 預測 74194 的移位暫存器在不同操作模式的使用（清除、並列載入、右移、左移和禁止）。

9-5 解釋 8 位元的 74HC164 CMOS 串列載入移位暫存器的操作。

9-6 學習操作一個簡單的系統（數位輪盤遊戲）。分析子系統的操作，包括 (a) 時脈輸入的電壓控制振盪器；(b) 一個簡單的音頻放大器的音頻輸出；(c) 使用 74HC164 移位暫存器將發光二極體輸出與八個發光二極體驅動連接成環狀計數器；(d) 以相同的電量初始化自動清除與載入一個環狀計數器電路。

9-7 對於故障的 4 位元串列載入移位暫存器的電路進行故障排除。

　　暫存器 (register) 是將記憶元組合在一起，並視為一個獨立的元件。例如，一個 8 位元暫存器可用於儲存一個位元組的數據。暫存器可以用來儲存之後要使用的數據或作為處理數據的**移位暫存器 (shift register)**。一個移位暫存器的內容可以藉由數據向左移或右移來改變。

　　閂鎖 (latch) 是用於儲存資料的暫存器。在前面的章節已介紹過使用正反器來構成閂鎖（例如 D 型正反器）。**緩衝暫存器 (buffer register)** 是一個特定用途的儲存設備，在等待數據被傳遞之前可保持數據不變。例如，當印表機列印資料時，緩衝區可用於臨時儲存數據。

　　計算器是一個使用移位暫存器的典型例子，當從計算器數字鍵盤上輸入每個數字時，螢幕上的數字會向左移動。換句話說，輸入號碼 268，必須做到以下幾點：首先，按下鍵盤 2 再放開，一個 2 會出現顯示器最右邊。接下來，按下鍵盤 6 並釋放，會使 2 左移一位，然後 6 出現在顯示器最右邊，即 26 出現在顯示器上。最後，按下並釋放鍵盤 8，268 就會出現在顯示器上。這個例子顯示了移位暫存器的兩個重要特徵：(1) 這是一個**暫時的記憶體 (temporary memory)**，使在顯示器上的數字保持不變（即使放開鍵盤上的數字鍵），(2) 每次在鍵盤上按下一個新的數字，可使顯示器上的數字往左移。這

些記憶和移位特性使得移位暫存器在大多數數位電子系統極其重要。本章將介紹移位暫存器，並解釋其運作原理。

移位暫存器構建是正反器接線在一起。我們前面提到的正反器具有相當好的用途，若善加利用個別的邏輯閘或正反器取代移位暫存器，就可以取得製作成積體電路形式的移位暫存器。在較大規模的數位電路（微控制器、微處理器），暫存器都是以積體電路形式來設計。

如何將數據載入儲存單元以及如何讀取是一種描述移位暫存器特性的方法。四種移位暫存器如圖 9-1 所示。在圖 9-1 中，每一個儲存裝置皆是 8 位元暫存器。這些暫存器分為：

1. 圖 9-1(a)：串列輸入－串列輸出 (serial in-serial out)。
2. 圖 9-1(b)：串列輸入－並列輸出 (serial in-parallel out)。

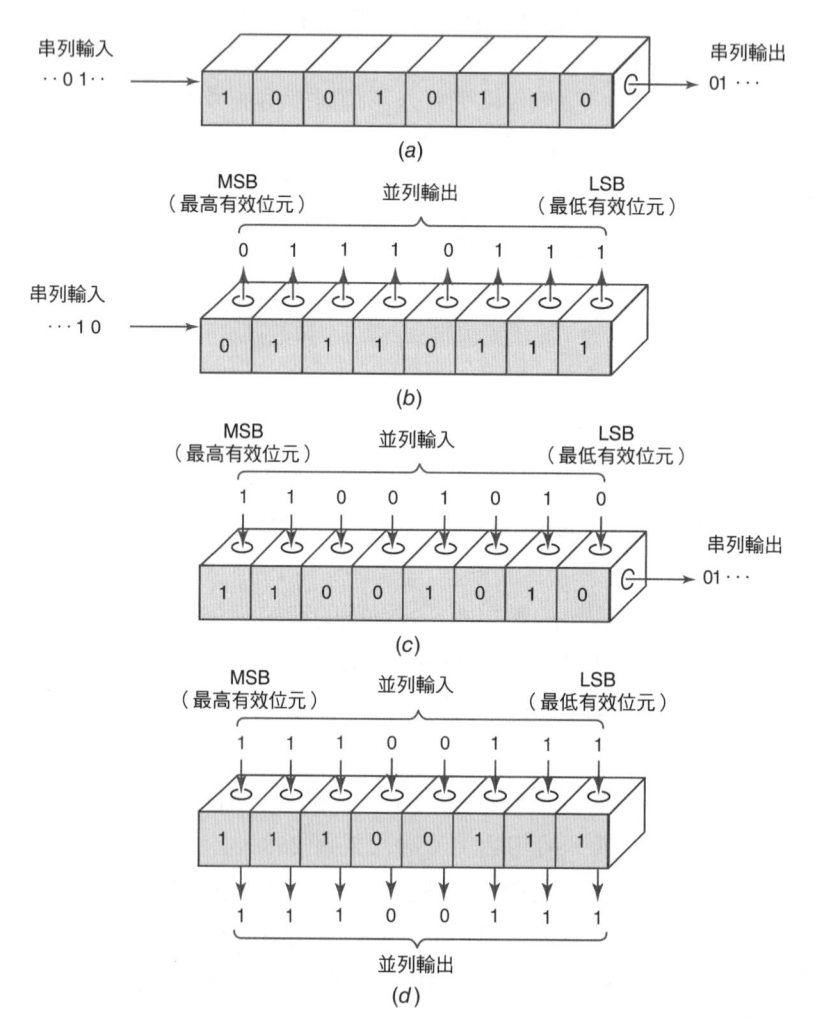

圖 9-1 移位暫存器特性。(a) 串列輸入－串列輸出。(b) 串列輸入－並列輸出。(c) 並列輸入－串列輸出。(d) 並列輸入－並列輸出。

3. 圖 9-1(c)：並列輸入－串列輸出 (parallel in-serial out)。
4. 圖 9-1(d)：並列輸入－並列輸出 (parallel in-parallel out)。

圖 9-1 說明了每種類型暫存器的基本用途，這些分類常見於製造商的型錄中。

9-1 串列載入移位暫存器

一個基本的移位暫存器如圖 9-2 所示，此移位暫存器是使用四個 D 型正反器所構成。這個移位暫存器也被稱為 **4 位元移位暫存器 (4-bit shift register)**，因為它具有四個位置來儲存數據，分別為 A、B、C 和 D。

由表 9-1 和圖 9-2 可以了解移位暫存器的操作原理。首先，將所有的輸出（A、B、C、D）清除為 0000。（這種情況顯示在表 9-1 的第 1 列。）在等待時脈時，輸出仍然

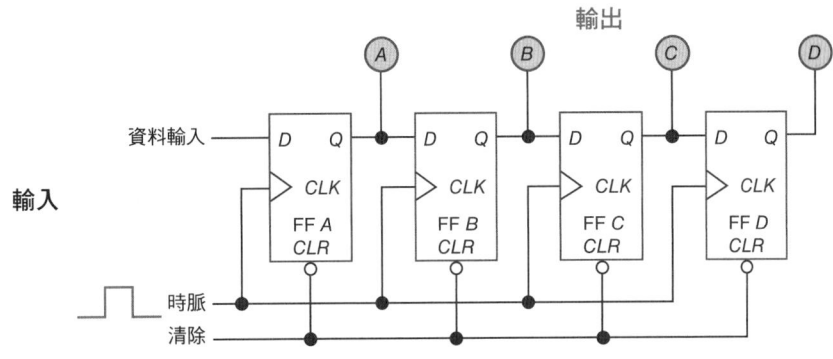

圖 9-2 使用 D 型正反器的 4 位元串列載入移位暫存器。

表 9-1 4 位元串列載入移位暫存器的運作

	輸入			輸出			
	清除	資料	時脈脈波數	FF A A	FF B B	FF C C	FF D D
列數							
1	0	0	0	0	0	0	0
2	1	1	0	0	0	0	0
3	1	1	1	1	0	0	0
4	1	1	2	1	1	0	0
5	1	1	3	1	1	1	0
6	1	0	4	0	1	1	1
7	1	0	5	0	0	1	1
8	1	0	6	0	0	0	1
9	1	0	7	0	0	0	0
10	1	0	8	0	0	0	0
11	1	1	9	1	0	0	0
12	1	0	10	0	1	0	0
13	1	0	11	0	0	1	0
14	1	0	12	0	0	0	1
15	1	0	13	0	0	0	0

保持在 0000。輸入一次時脈至 CLK，輸出顯示為 1000（表 9-1 的第 3 列），因為 1 從 FF A 的 D 輸入到時脈的 Q 輸出。現在從輸入端輸入幾個 1（表 9-1 的時脈 2 和 3），這些 1 會顯示右移。接下來，若從輸入端輸入幾個 0（表 9-1 的時脈 4 至 8），這些 0 會顯示右移（表 9-1 的第 6 至 10 列）。在時脈 9（表 9-1），從輸入端輸入 1。在時脈 10，數據輸入會回歸至 0。時脈 9 至 13 顯示，只有單一個 1 時會右移。第 15 列顯示了 1 從移位暫存器的右邊被移出和捨去。

D 型正反器也被稱為延遲正反器。回想一下，它可以把數據從輸入 D 延遲一個時脈傳送到輸出 Q。

圖 9-2 的電路圖稱為**串列載入移位暫存器 (serial load shift register)**。所謂「串列載入」是指數據中一次只有一個位元可以輸入暫存器。例如，為了要將 0111 輸入暫存器，必須完成表 9-1 的第 3 列至第 6 列。總共需要四個步驟連續地將 0111 載入至串列載入移位暫存器。如表 9-1 的第 11 列至第 14 列所示，可看出將 0001 載入至串列載入移位暫存器也需要四個步驟。根據圖 9-1 的分類，這將是一個串列輸入－並列輸出暫存器。但是，如果數據是從 FF D 的輸出端取出，則為串列輸入－串列輸出暫存器。

圖 9-2 所示的暫存器只需再增加一個 D 型正反器即可成為一個 5 位元的移位暫存器。移位暫存器通常只有 4 位元、5 位元和 8 位元。移位暫存器也可以使用其他正反器連接而成，JK 正反器和時脈式 RS 正反器也可連接成移位暫存器。

自我測驗

請填入下列空格。
1. 如圖 9-3 所示的裝置是一個右移_____（並列，串列）載入移位暫存器。
2. 列出圖 9-3 的暫存器內容，在六個時脈的每一個 t_1 之後（A = 左邊的位元，C = 右邊的位元）。
3. 參考圖 9-3。在每個時脈時，_____（全部三個位元，單一位元）會被載入此串列載入移位暫存器。
4. 參考圖 9-3。此移位暫存器的清除 (CLR) 輸入為_____（高電位，低電位）動作。
5. 參考圖 9-3。清除的輸入必須為_____（高電位，低電位）及 CLK 輸入端的時脈從_____（高電位至低電位，低電位至高電位）時，將觸發該暫存器右移。

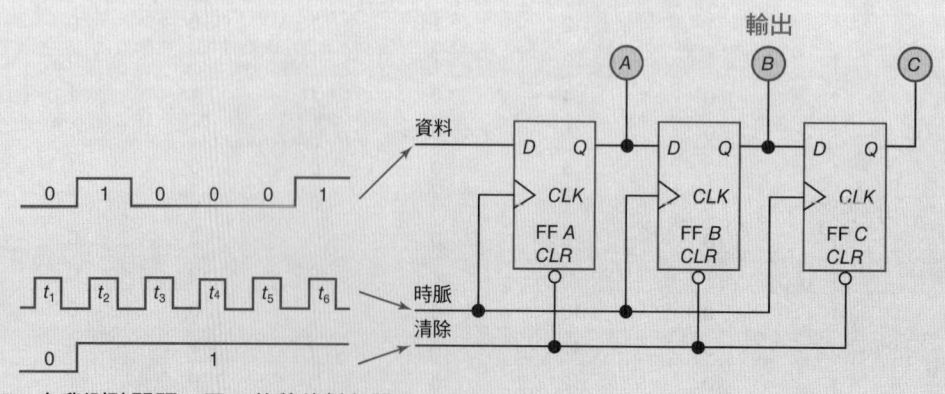

圖 9-3 自我測驗問題 1 至 5 的移位暫存器。

9-2 並列載入移位暫存器

串列載入移位暫存器有兩個缺點：一次只允許一個位元的數據被輸入，且當它向右邊移動，會捨去被右移出去的所有數據。圖 9-4(a) 展示一個一次允許 4 位元**並列載入 (parallel loading)** 的系統。這些輸入為圖 9-4 的數據輸入 A、B、C 和 D。這個系統具有重新循環的功能 (recirculating feature)，將輸出數據回授到輸入端，使數據不會被捨去。

圖 9-4(b) 所示為 **4 位元並列載入重新循環式移位暫存器 (4-bit parallel load recirculating shift register)**。這個移位暫存器使用四個 JK 正反器。注意它是將 FF D 的 Q 和輸出 $\overline{Q}$ 返回到 FF A 的 J 和 K 輸入。這些回授線使得原本要捨去的數據再循環通過移位暫存器。當 CLR 輸入被邏輯 0 所致能，會清除輸出為 0000。並列載入輸入 A、B、C 和 D 分別連接到正反器的預設 (PS) 輸入，可將任何輸出位置（A、B、C 和 D）設定為 1。如果將交換機連接到並列載入的輸入或暫時切換到 0，則輸出將被預設為邏輯 1。當時脈送入 JK 正反器的 CLK 輸入時，將導致數據被右移。FF D 的數據將再循環回至 FF A。

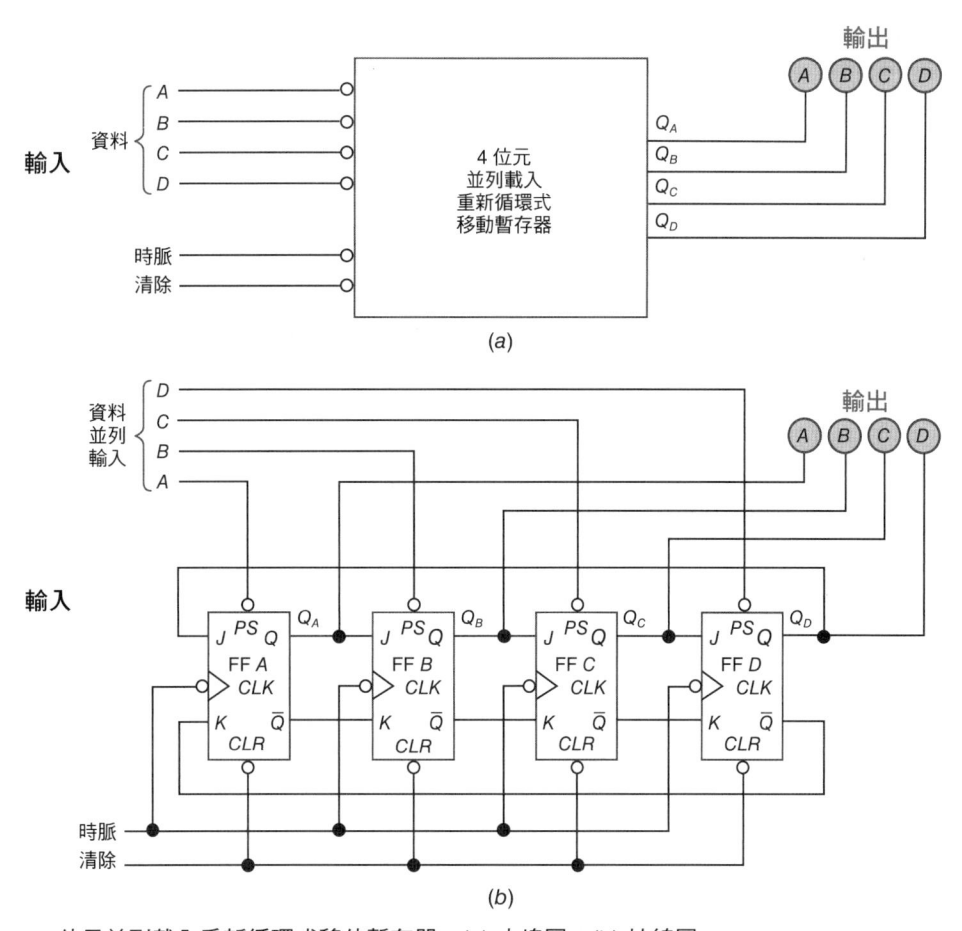

圖 9-4 4 位元並列載入重新循環式移位暫存器。(a) 方塊圖。(b) 接線圖。

表 9-2 有助於了解並列載入移位暫存器的運作。當打開電源時，正反器的輸出可能為任何組合。第 2 列顯示當 CLR 輸入為 0 時，正反器的輸出將被清除為 0。第 3 列顯示，使用並列載入數據的開關將 0100 載入至暫存器。每當並列載入為低電位的時候，就會發生非同步並行輸入。請注意在第 3 列，輸入 B 被強制為 0，導致相應的輸出 B 被設置為 1。

在表 9-2 的第 4 列至第 8 列顯示五個時脈（t_1 至 t_5），並將數據 0100 右移。由第 5 列和第 6 列可以知道 1 從暫存器的右端 FF D 回到左端的 FF A，所以 1 被重新循環。

第 9 列顯示 CLR 輸入再次使得暫存器被清除為 0000。第 10 列為新的數據 (0110) 被輸入。第 11 列至第 15 列顯示由時脈暫存器移位五次。注意，在暫存器裡需要四個時脈回到原始數據（比較表 9-2 的第 11 列和第 15 列或第 4 列和第 8 列）。故圖 9-4 的暫存器可劃分為並列輸入－並列輸出儲存設備。

圖 9-4(b) 中的暫存器特徵為斷開兩條重新循環線，此移位暫存器將失去重新循環的能力，所以為並列輸入－並列輸出暫存器。但是，如果只從 FF D 輸出，該暫存器是一個並列輸入－串列輸出的儲存設備。

表 9-2　4 位元並列載入重新循環式移位暫存器的運作

運作模式	列數	清除	並列載入資料 A	B	C	D	時脈脈波	FF A 輸出 A	FF B 輸出 B	FF C 輸出 C	FF D 輸出 D
啟動	1	1	1	1	1	1		隨機輸出			
清除（非同步）	2	0	1	1	1	1		0	0	0	0
並列載入（非同步）	3	1	1	0	1	1		0	1	0	0
右移	4	1	1	1	1	1	t_1	0	0	1	0
右移	5	1	1	1	1	1	t_2	0	0	0	1
右移	6	1	1	1	1	1	t_3	1	0	0	0
右移	7	1	1	1	1	1	t_4	0	1	0	0
右移	8	1	1	1	1	1	t_5	0	0	1	0
清除（非同步）	9	0	1	1	1	1		0	0	0	0
並列載入（非同步）	10	1	1	0	0	1		0	1	1	0
右移	11	1	1	1	1	1	t_6	0	0	1	1
右移	12	1	1	1	1	1	t_7	1	0	0	1
右移	13	1	1	1	1	1	t_8	1	1	0	0
右移	14	1	1	1	1	1	t_9	0	1	1	0
右移	15	1	1	1	1	1	t_{10}	0	0	1	1

自我測驗

請填入下列空格。

6. 參考圖 9-5。該裝置是一個右移_____（串列，並列）載入重新循環式移位暫存器。
7. 參考圖 9-5。列出移位暫存器在八個時脈（從脈波 t_1 開始）的操作模式。以「清除」、「並列載入」和「右移」回答。
8. 列出圖 9-5 的暫存器在八個時脈後的內容（從脈波 t_1 開始）（A = 左邊的位元，C = 右邊的位元）。
9. 參考圖 9-5。這是一個_____（非重新循環式，重新循環式）三位元移位暫存器。
10. 參考圖 9-5。在此移位暫存器，並列載入輸入是_____（非同步，同步）。
11. 參考表 9-2。移位暫存器在哪兩列期間是處於清除模式？
12. 參考表 9-2。移位暫存器在哪兩列期間是處於並列載入模式？

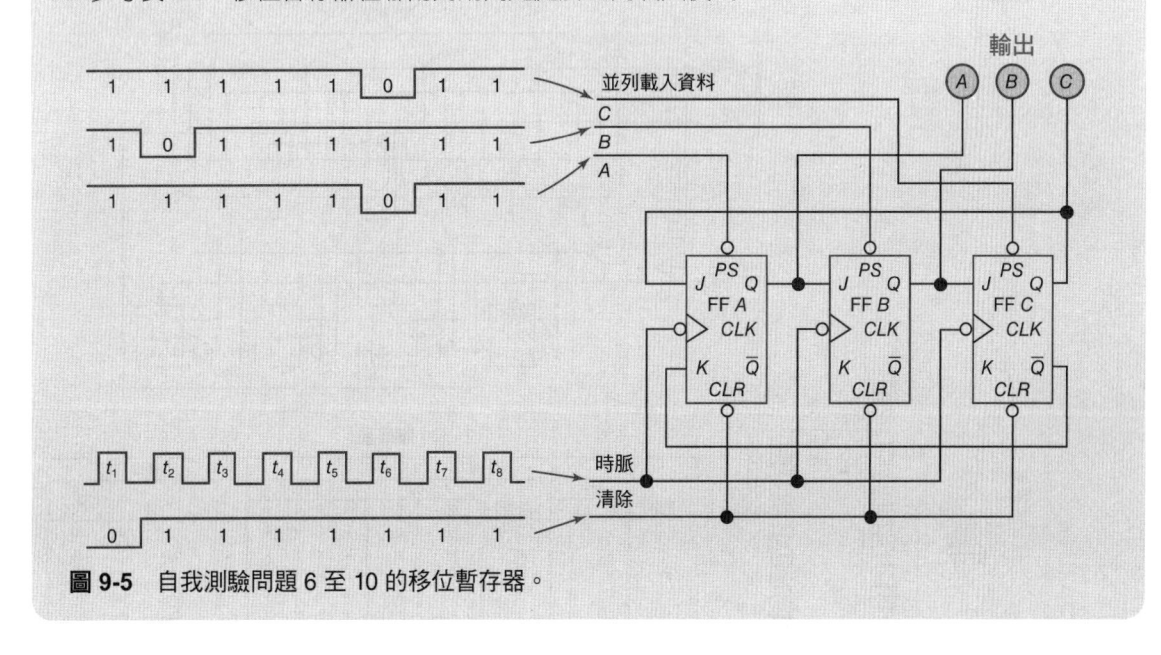

圖 9-5 自我測驗問題 6 至 10 的移位暫存器。

9-3 通用移位暫存器

在查閱資料手冊時，你會看到許多廠商生產各種型式積體電路的移位暫存器。本節將研究 **74194 四位元雙向通用移位暫存器 (74194 4-bit bidirectional universal shift register)**。

74194 積體電路是一個非常適合作為移位暫存器的電路，具有相當多我們所提過的積體電路封裝的特性。74194 積體電路暫存器可以右移或左移，它可以串列載入或並列載入。數個 4 位元 74194 積體電路暫存器可以串接成為一個八位元或更長的移位暫存器，此暫存器可以使數據重新循環。

圖 9-6 為 74194 積體電路的使用手冊，其中圖 9-6(a) 是說明 74194 積體電路的用途。

此雙向位移暫存器之目的是包含系統設計者想要納入暫存器中的所有特色。電路中包含 45 個等效邏輯閘且具有並列輸入、並列輸出、右移串列輸入、運作模式控制輸入和左右移都失去作用的清除線,此暫存器具有不同的運作模式,那就是:

  並列(寬闊面)載入
  右移(Q_A 往 Q_D 的方向)
  左移(Q_D 往 Q_A 的方向)
  禁止時脈(不產生任何動作)

應用四個位元的資料以及將模式控制輸入 S_0 與 S_1 設定為高電位,即可達成同步並列載入。當時脈輸入為正轉變之後,資料就被載入至相關聯的正反器且顯現在輸出端,在載入期間,串列資料流是被禁止的。

當 S_0 為高電位,S_1 為低電位,且在時脈的上升邊緣產生時可同時完成資料右移,在此模式中的串列資料會進入至右移串列輸入端。當 S_0 為低電位,S_1 為高電位,資料可同時被左移且新的資料會進入左移串列輸入端。

當模式輸入 S_0 與 S_1 兩者都是低電位時,正反器的動作被禁止。只有當時脈輸入為高電位時,S54194/N74194 的模式才會改變。

(a) 說明

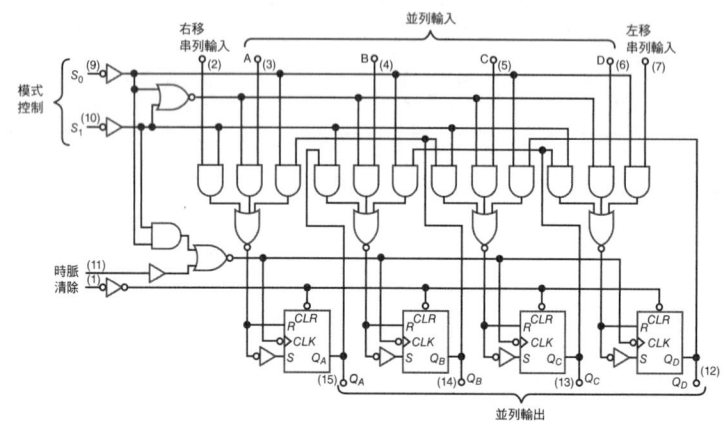

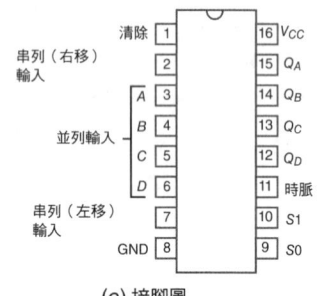

(b) 邏輯圖

(c) 接腳圖

(d) 功能表

輸入									輸出			
清除	模式		時脈	串列		並列				Q_A	Q_B	Q_C	Q_D
	S_1	S_0		左	右	A	B	C	D				
L	X	X	X	X	X	X	X	X	X	L	L	L	L
H	X	X	L	X	X	X	X	X	X	Q_{A0}	Q_{B0}	Q_{C0}	Q_{D0}
H	H	H	↑	X	X	a	b	c	d	a	b	c	d
H	L	H	↑	X	H	X	X	X	X	H	Q_{An}	Q_{Bn}	Q_{Cn}
H	L	H	↑	X	L	X	X	X	X	L	Q_{An}	Q_{Bn}	Q_{Cn}
H	H	L	↑	H	X	X	X	X	X	Q_{Bn}	Q_{Cn}	Q_{Dn}	H
H	H	L	↑	L	X	X	X	X	X	Q_{Bn}	Q_{Cn}	Q_{Dn}	L
H	L	L	X	X	X	X	X	X	X	Q_{A0}	Q_{B0}	Q_{C0}	Q_{D0}

H = 高電位(穩態)
L = 低電位(穩態)
X = 不相關(任何輸入,包含轉變)
↑ = 從低準位轉變到高準位
a, b, c, d = 分別在輸入端 A, B, C, D 的穩態輸入的準位
$Q_{A0}, Q_{B0}, Q_{C0}, Q_{D0}$ = 在穩態輸入條件前建立 $Q_A 、 Q_B 、 Q_C 、 Q_D$ 的準位
$Q_{An}, Q_{Bn}, Q_{Cn}, Q_{Dn}$ = 在最近的時脈從低準位轉變至高準位前的 $Q_A 、 Q_B 、 Q_C 、 Q_D$ 的準位

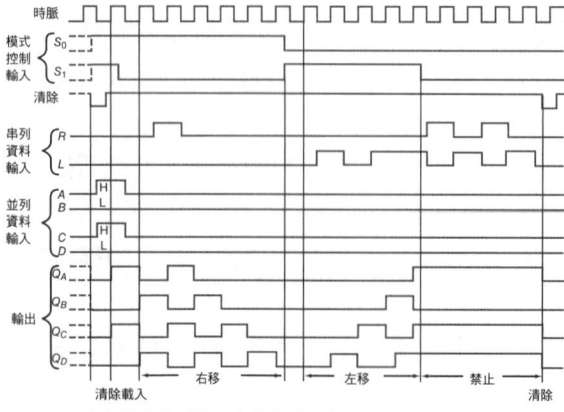

(e) 典型的清除、右移和載入順序

圖 9-6 4 位元 TTL 通用移位暫存器 (74194)。(a) 說明。(b) 邏輯圖。(c) 接腳配置圖。(d) 真值表。(e) 波形圖。

74194 暫存器的邏輯圖如圖 9-6(b) 所示。因為它是一個 4 位元暫存器，電路包含四個正反器。這一個通用的移位暫存器有許多額外的功能。圖 9-6(c) 的接腳圖將可以幫助你在實際接線時知道每個輸入和輸出的接腳標示。當然，74194 積體電路實際接線時，必須用到接腳圖。

圖 9-6(d) 為 74194 積體電路的真值表，圖 9-6(e) 為 74194 積體電路的波形圖，清楚說明 74194 積體電路的運作模式，包括清除、載入、右移、左移及禁止等運作模式。如果欲使用 74194 通用移位暫存器，需要很仔細地研讀其真值表和波形圖。

自我測驗

請填入下列空格。
13. 列出 74194 通用移位暫存器積體電路的五種運作模式。
14. 參考圖 9-6。如果 74194 通用移位暫存器積體電路的兩種模式控制輸入（S_0 和 S_1）均為高電位，則該暫存器是處於＿＿＿＿模式。
15. 參考圖 9-6。如果 74194 通用移位暫存器積體電路的兩種模式控制輸入（S_0 和 S_1）均為低電位，則該暫存器是處於＿＿＿＿模式。
16. 參考圖 9-6。當 S_0 為＿＿＿＿（高電位，低電位）和 S_1 是＿＿＿＿（高電位，低電位），且時脈由＿＿＿＿至＿＿＿＿時，74194 通用移位暫存器積體電路會產生右移動作。

9-4 使用 74194 積體電路移位暫存器

在這一節中，我們將說明 74194 通用移位暫存器在幾個方面的使用。圖 9-7(a) 和 (b) 顯示以 74194 積體電路作為串列載入暫存器。**串列載入右移暫存器 (serial load shift-right register)** 如圖 9-7(a) 所示，其運作與圖 9-2 的串列右移暫存器完全一樣。表 9-1 也可以說明這個新移位暫存器的功能。注意，該**模式控制輸入 (mode control inputs)**（S_0 和 S_1）必須在圖 9-7(a) 所示的位置，此電路才可在右移模式運作。製造商將資料從 Q_A 轉移到 Q_D 定義為右移動作，而且資料移至出 Q_D 後將被捨去。

圖 9-7(b) 顯示稍微修改的 74194 積體電路，成為左移串列輸入，所以控制輸入的模式已經被改變。該暫存器輸入數據從 Q_D 轉移到 Q_A，因此它是一個**串列載入左移暫存器 (serial load shift-left register)**。

圖 9-8 顯示將 74194 積體電路接線成**並列載入右移／左移暫存器 (parallel load shift-right/left register)**。當一個時脈產生，在 A、B、C 和 D 並列載入輸入端的數據將出現在顯示器上。此輸入模式只發生當模式控制輸入（S_0 和 S_1）都被設定為 1 時；模式控制可以設定為右移、左移或禁止三種模式之一。在右移／左移模式中，右移及左移串列載入都連接至 0 以載入 0 至暫存器；在禁止模式中（$S_0 = 0$，$S_1 = 0$），數據無法右移及左移，因而留在暫存器。當使用 74194 積體電路，你必須記住模式控制輸入，因為它是控制整個暫存器的操作模式。當 $\overline{CLR}$ 清除輸入被邏輯 0 所致能時，會將暫存器清除為

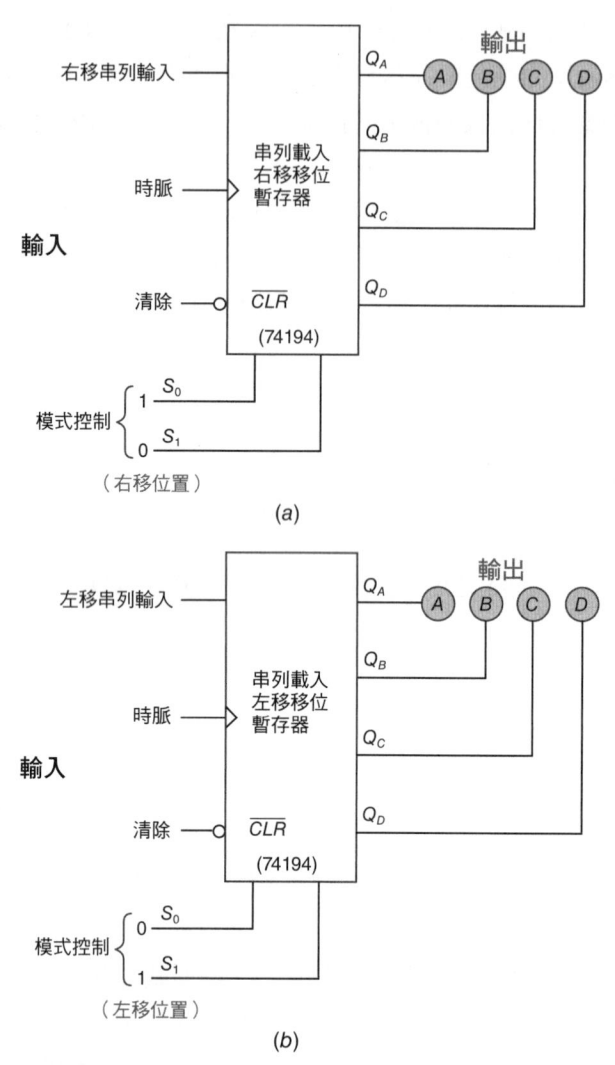

圖 9-7 (a) 一個 74194 積體電路接線成一個 4 位元串列載入右移暫存器。(b) 一個 74194 積體電路接線成一個 4 位元串列載入左移暫存器。

0000，此時非同步的 $\overline{CLR}$ 輸入會使所有其他的輸入都失去作用。

將兩個 74194 移位暫存器積體電路連接成一個 **8 位元並列載入右移暫存器 (8-bit parallel load shift-right register)**，如圖 9-9 所示。$\overline{CLR}$ 輸入端將輸出清除為 0000 0000。並列載入輸入端 A 至 H 允許所有 8 位元的數據，在一個時脈脈波進入暫存器，此模式控制 S_0 需為 1 且 S_1 需為 1。隨著這個模式控制（$S_0 = 1$，$S_1 = 0$），對於每一個輸入時脈，暫存器的數據會右移。請注意，重新循環線從輸出端 H（暫存器 2 的輸出 Q_D）接線回到移位暫存器 1 的右移串列輸入端。從輸出端 H 右移出的數據會重新循環回到暫存器 A 的位置中。當輸入 S_0 與 S_1 皆為 0，將會禁止暫存器的數據移位。

正如前面所述，74194 積體電路 4 位元雙向通用移位暫存器很有用。本節中的電路是如何使用的一些範例。記住，所有移位暫存器將作為正反器的基礎記憶特性。移位暫

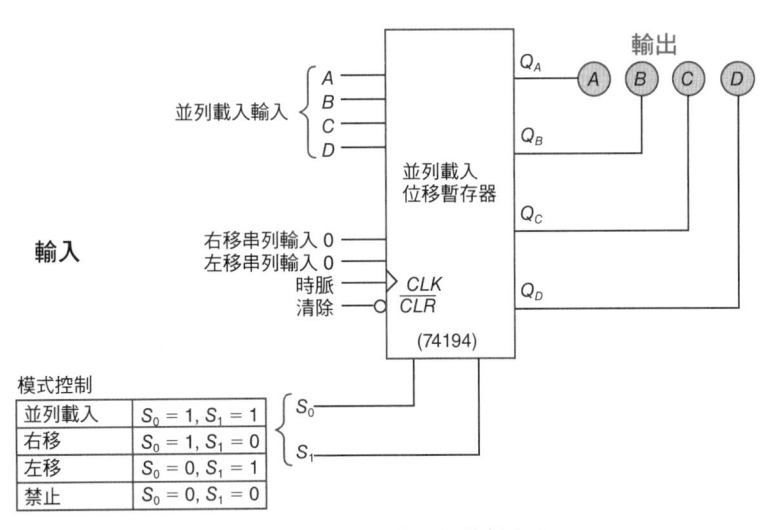

圖 9-8 一個 74194 積體電路接線成一個並列載入右移／左移暫存器。

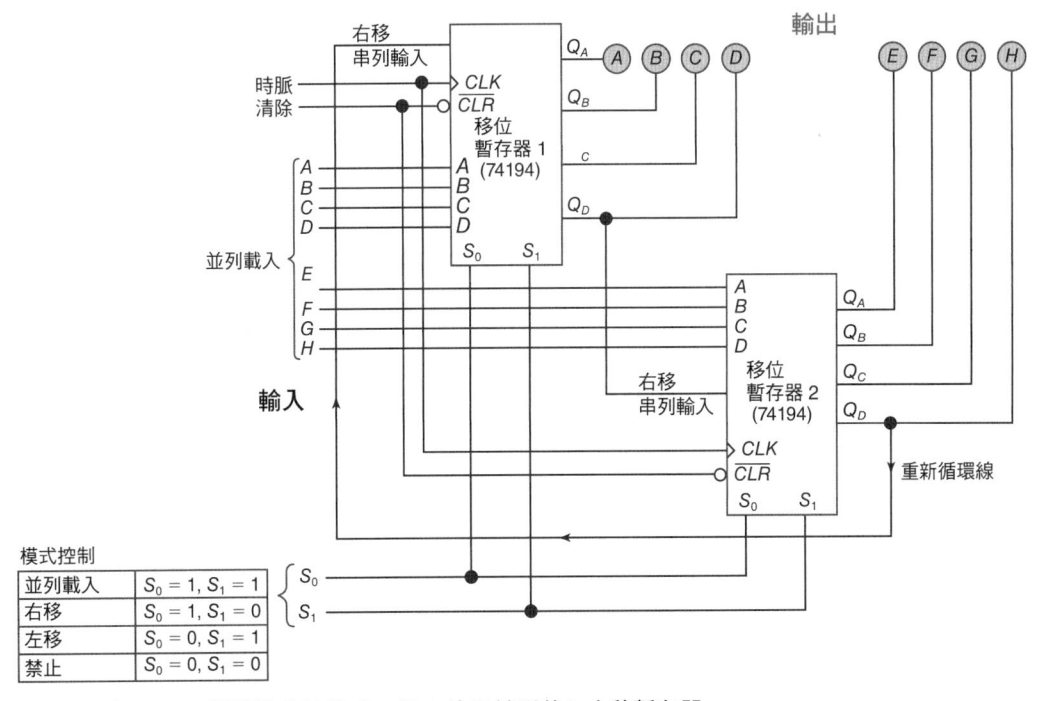

圖 9-9 兩個 74194 積體電路接線成一個 8 位元並列載入右移暫存器。

存器通常被作為暫存的記憶元件。移位暫存器也會用於串列資料和並列資料的互換。移位暫存器也可以用於延遲訊號（延遲線），並且移位暫存器也會使用於一些運算電路。微處理器和以微處理器為基礎的系統廣泛使用類似本章的暫存器。而與 74194 類似的積體電路有 74S194、74LS194A、74F194 和 74HC194 等。

自我測驗

請填入下列空格。

17. 在 74194 積體電路運作於並列載入模式時，模式控制輸入（S_0 和 S_1）兩者都需要為_____（高電位，低電位）。當_____（數字）個時脈送入 CLK 輸入端時，會將並列載入端的四個位元數據輸入到暫存器。
18. 如果 74194 積體電路的模式控制輸入（S_0 和 S_1）均為低電位，則移位暫存器是在_____模式。
19. 若 74194 積體電路的運作為右移，模式控制輸入 S_0 為_____，S_1 為_____，而且串列數據輸入是從_____輸入端輸入。
20. 參考圖 9-8。如果 $S_0 = 1$，$S_1 = 1$，左移串列輸入 = 1 並且清除輸入 = 0，則輸出為_____。
21. 參考圖 9-6。觸發 74194 積體電路是在時脈從_____（高電位至低電位，低電位至高電位）。
22. 參考圖 9-6。_____（清除，左移串列）動作輸入會使所有其他的輸入失去作用，且會將 74194 積體電路的輸出重置為 0000。
23. 參考圖 9-6。_____（左移，右移）是指 74194 積體電路的 Q_D 移向 Q_A 輸出。

9-5 8 位元 CMOS 移位暫存器

本節將詳細介紹製造商所生產多種 CMOS 移位暫存器的其中一種。圖 9-10 為 **74HC164 八位元串列輸入－並列輸出移位暫存器 (74HC164 8-bit serial in-parallel out shift register)** 的詳細資料。

74HC164 CMOS 積體電路是串列數據輸入的 8 位元邊緣觸發暫存器，並列輸出可從每個內部的 D 型正反器取得。圖 9-10 (a) 為詳細的邏輯圖，顯示使用八個 D 型正反器的並列數據輸出端（Q_0 至 Q_7）。

圖 9-10 的 74HC164 積體電路的特徵是具有串列輸入，數據以串列型式通過兩個輸入端（D_{sa} 和 D_{sb}）之一。觀察圖 9-10(a)，數據輸入（D_{sa} 和 D_{sb}）會經過 AND 運算。數據輸入可捆綁在一起視為一個單一輸入，或是其中之一的輸入連接至高電位，而將另一端視為數據輸入。

圖 9-10(a) 左下顯示 74HC164 積體電路的主重置輸入 ($\overline{MR}$)；這是一個低電位有效的輸入。在圖 9-10(b) 的真值表顯示出，$\overline{MR}$ 輸入會覆蓋所有其他的輸入，並激發所有正反器清除為 0。

在時脈 (CP) 輸入從低電位轉至高電位時，74HC164 積體電路會將數據往右移一個位置。時脈輸入數據也從輸入的數據 D_{sa} 和 D_{sb} 進入 FF 1 的 Q_0 輸出（見圖 9-10(a)）。

圖 9-10(c) 所示為 74HC164 移位暫存器積體電路的接腳圖。圖 9-10(d) 說明每個 CMOS 積體電路接腳的功能，將有助於實際使用此電路。

第 9 章 移位暫存器

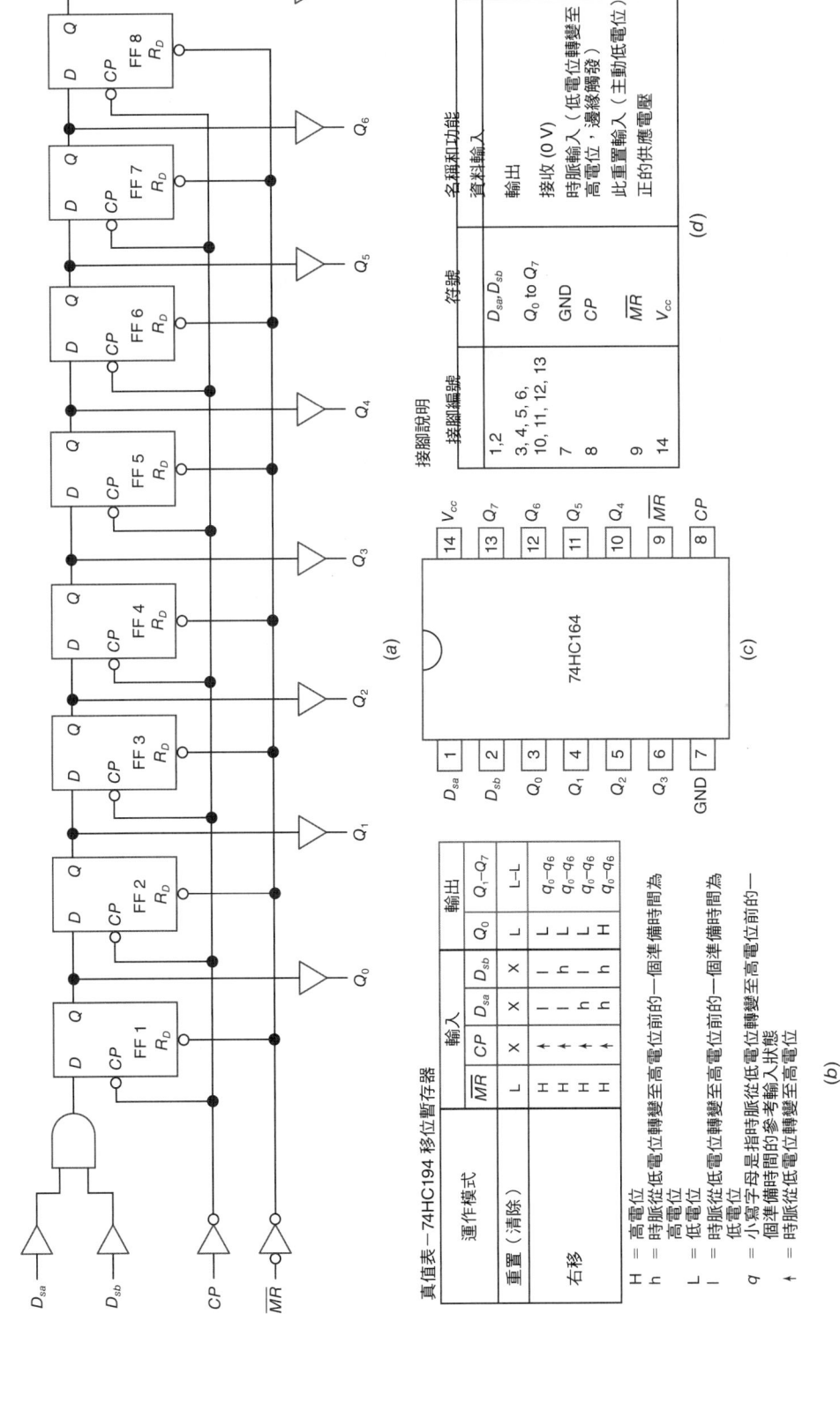

(a)

真值表—74HC194 移位暫存器

運作模式	輸入					輸出			
	$\overline{MR}$	CP	D_{sa}	D_{sb}	Q_0	Q_0	Q_1–Q_7
重置（清除）	L	X	X	X	L	L–L	
右移	H	↑	l	–	L	q_0–q_6
	H	↑	h	–	H	q_0–q_6
	H	↑	–	l	L	q_0–q_6
	H	↑	–	h	H	q_0–q_6

- H = 高電位
- h = 時脈從低電位轉變至高電位前的一個準備時間為高電位
- L = 低電位
- l = 時脈從低電位轉變至高電位前的一個準備時間為低電位
- q = 小寫字母是指時脈從低電位轉變至高電位前的參考輸入狀態
- ↑ = 時脈從低電位轉變至高電位

(b)

(c)

接腳說明

接腳編號	符號	名稱和功能
1, 2	D_{sa}, D_{sb}	資料輸入
3, 4, 5, 6, 10, 11, 12, 13	Q_0 to Q_7	輸出
7	GND	接收 (0 V)
8	CP	時脈輸入（低電位變至高電位，邊緣觸發）
9	$\overline{MR}$	此重置輸入（主動低電位）
14	V_{cc}	正的供應電壓

(d)

圖 9-10 8 位元 CMOS 串列輸入—並列輸出移位暫存器 (74HC164)。(a) 詳細的邏輯圖。(b) 真值表。(c) 接腳圖。(d) 接腳說明。

有關電子學

強化視覺的電子裝置

　　NOMAD 個人顯示系統是一個「透視」的高清晰度頭戴式顯示器。在各類亮度下，可以讓移動者觀看電子資訊。NOMAD 系統將高對比度的圖像疊加在使用者的視野，不論是圖示、維修紀錄、情境資料或是訓練手冊。儘管是工作於鷹架或是較險峻的地點，工作人員可以在任何時間，一面持續操作，一面透過 NOMAD 個人顯示系統獲得新的資訊。

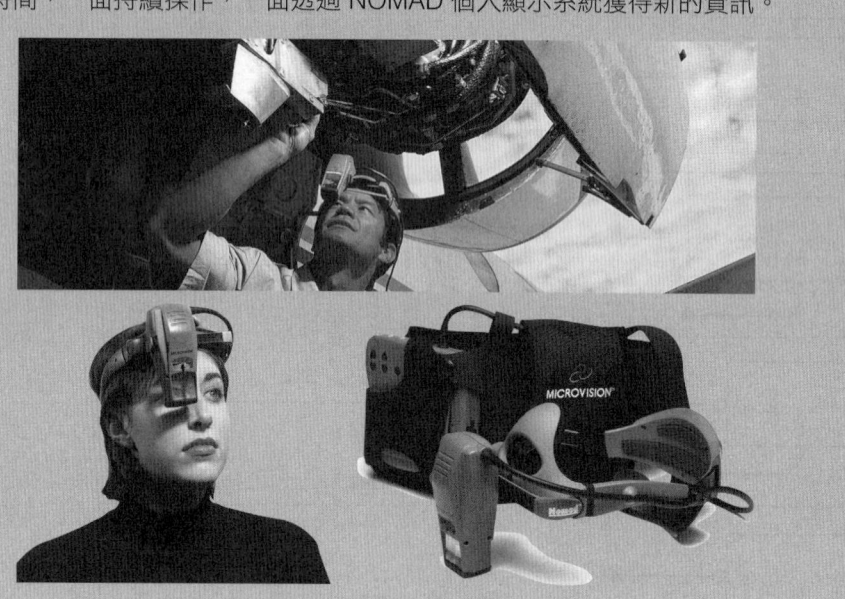

自我測驗

請填入下列空格。

24. 74HC164 積體電路的主重置接腳是_____（高電位，低電位）的輸入。
25. 74HC164 積體電路的時脈輸入是在時脈從_____（高電位至低電位，低電位至高電位）時才動作。
26. 參考圖 9-11。列出移位暫存器在每個時脈（t_1 至 t_6）的運作模式。
27. 參考圖 9-11。列出在六個時脈中的每一個之後的 8 位元輸出（Q_0 位元在左邊，Q_7 位元在右邊）。
28. 74HC164 積體電路是一個_____（CMOS，TTL）的移位暫存器積體電路。
29. 74HC164 積體電路是一個_____（4 位元，8 位元）_____（並列載入，串列載入）的移位暫存器積體電路。
30. 在 74HC164 積體電路，串列數據輸入端（D_{sa} 和 D_{sb}）在晶片內部進行_____（AND，OR）運算以作為串列數據輸入。

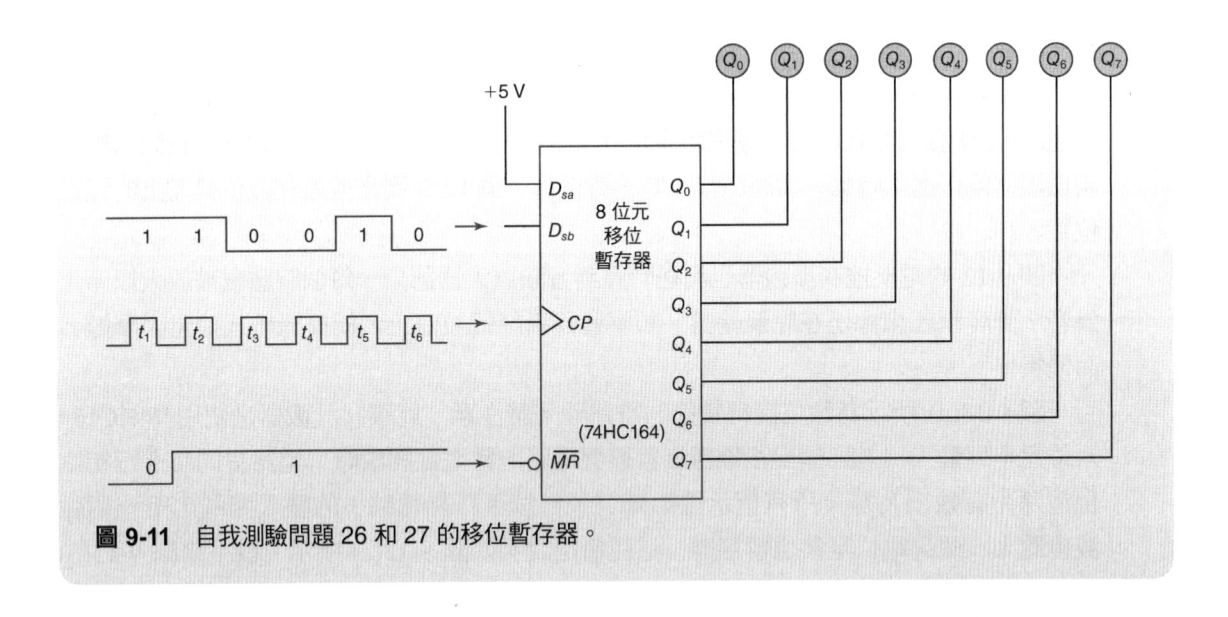

圖 9-11 自我測驗問題 26 和 27 的移位暫存器。

9-6 使用移位暫存器——數位輪盤

旋轉輪盤對所有人都具有巨大的魅力，只要將它變化就可以用在綜藝節目競賽或是賭博遊戲。本節探討電子版的數位輪盤，是很多學生最喜歡的題目。

圖 9-12 所示為**數位輪盤 (digital roulette wheel)** 的方塊圖，這個簡單的數位輪盤設計只採用了八個標記。此電子版的數位輪盤是以 LED 為數字標記。一次只有一個 LED（數字標記）發光，使用**環狀計數器 (ring counter)** 的電路，將使 LED 按順序一次一個發光。環狀計數器相當簡單，是由一個移位暫存器和一些額外的電路所構成。

當接通電源後，移位暫存器必須先清除所有輸出為 0，如圖 9-12 所示。注意，系統導通－截止開關沒有在方塊圖中。其次，當「旋轉輪」開關被按下時，單一個高電位訊號必須輸入至顯示器並使 LED 發光。**電壓控制振盪器 (voltage-controlled oscillator,**

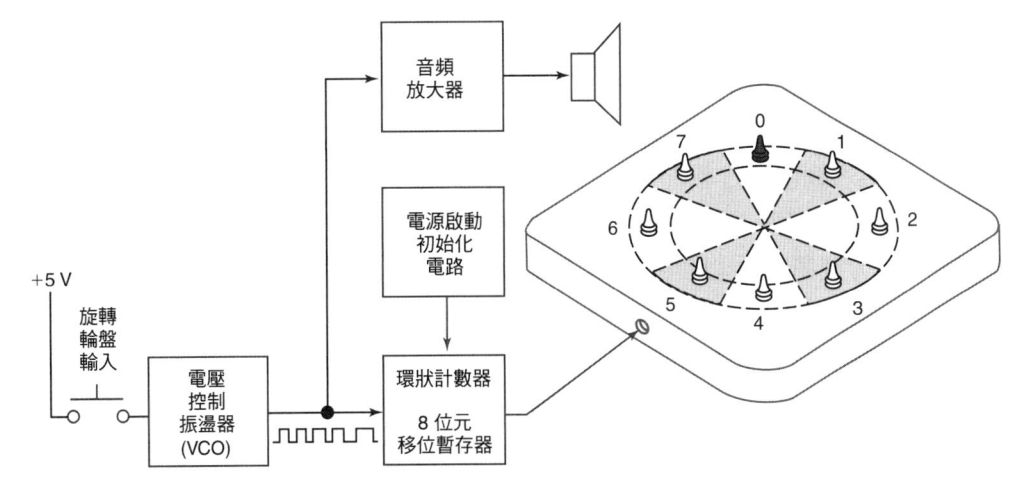

圖 9-12 簡化電子式數位輪盤的方塊圖。

VCO) 會送出一連串的時脈且隨著頻率降低而停止。此時脈是指向環狀計數器（移位暫存器）和**音頻放大器 (audio amplifier)** 的部分，每個時脈輸入至環狀計數器將使數位輪盤上的 LED 發光並且移位。發光順序是 0, 1, 2, 3, 4, 5, 6, 7, 0, 1，依此類推，直到電壓控制振盪器停止送出時脈。當時脈停止時，會保持一個 LED 發光並停在數位輪盤上的任意位置。

圖 9-12 的電壓控制振盪器也發送時脈到音頻放大器部分，每個時脈會被放大以產生聲音，聲音聽起來像是在點擊輪盤。頻率會逐漸降低並停止，模擬機械式輪盤因摩擦力而慢慢停下。

圖 9-13(a) 所示為數位旋轉輪盤的電路圖。請注意，此環狀計數器是使用 74HC164 八位元串列輸入－並列輸出移位暫存器積體電路。當電源開啟時，電路會同時進行初始化清除所有輸出為零（所有指示燈熄滅）。當按下「旋轉輪」的輸入開關，第一個脈波會載入一個高電位至移位暫存器，這種情況說明如圖 9-13(a) 所示，接下來圖 9-13(b) 所示時脈將使得單一燈發光並且移動。注意，在時脈每一次從低電位到高電位時，在 74HC164 八位元暫存器的發光燈泡會右移一個位置。當高電位到達輸出端 Q_7 時（在圖 9-13(b) 的第八個時脈之後），**重新循環線 (recirculating line)**〔即**回授 (feedback)**〕再接回至資料輸入端以轉移高電位至左邊的LED（輸出 Q_0）。在圖 9-13(b) 的這個例子中，當經過第十二個時脈後開關打開，發光燈泡停止在 Q_3，這即是這次輪盤遊戲的「中獎號碼」。

圖 9-13(a) 的環狀計數器是由 **74HC164 八位元移位暫存器積體電路 (74HC164 8-bit shift register IC)** 接線而成。該電路具有成為環狀計數器的兩個特點。首先，最後一個正反器 (Q_7) 會回授至第一個正反器 (Q_0)；其次，只要有時脈到達暫存器的 CP 輸入，就可以使給定的 1 和 0 模式載入再重新循環。在這個例子中，單一個 1 被輸入至移位暫存器並重新循環。

總結而言，圖 9-13(a) 的電路是一個非常簡單的電子輪盤。當按下旋轉輪開關時，單一燈會發光並在顯示器循環顯示，當放開旋轉輪開關時就停止移位。

為了增加吸引力，圖 9-13 的簡單數位輪盤電路可做修改，例如增加時鐘，使得按鈕被釋放後，將繼續運行一段時間。也可以添加聲音，使得模擬更加逼真。圖 9-14 所示為增加這兩種功能的數位輪盤。

圖 9-14 為多功能 555 計時器積體電路接線成電壓控制振盪器。按下旋轉輸入開關時，電晶體 Q_1 會導通，此時 555 計時器的運作就像是一個自由振盪多諧振盪器。電壓控制振盪器的方波輸出會驅動環狀計數器和音頻放大器的時脈輸入 (CP)。電壓控制振盪器的脈波會使電晶體 Q_2 交替導通與截止，而使喇叭放出聲音。

當旋轉開關輸入打開時，47 μF 電容器開關打開前以先被充滿電，因為開關打開前，具有正電荷且作用於電晶體 Q_1 的基極 (B)，這使電晶體在電容變成放電前會持續導通幾秒鐘。當 47 μF 電容器放電時，電晶體的電阻（從射極至集極）會持續變大且電晶體 Q_1 的基極電壓會持續變少，這降低了振盪器的頻率，將導致 LED 發光移動變慢，來

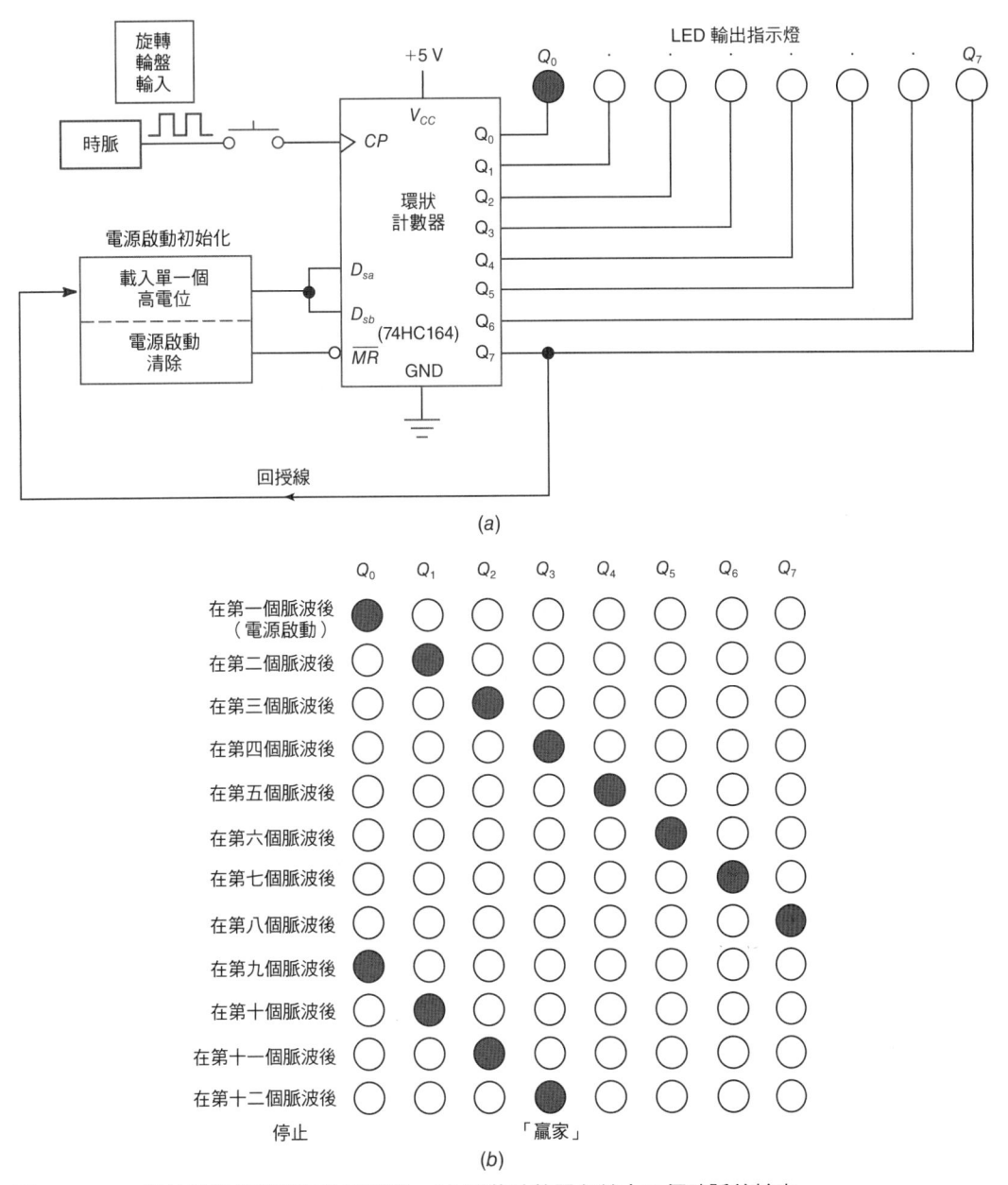

圖 9-13 (a) 數位輪盤的環狀計數器電路。(b) 環狀計數器在前十二個時脈的輸出。

自揚聲器的點擊頻率也降低。這是模擬機械輪盤慢慢停止的動作。

　　回顧一下，圖 9-14 **電源啟動初始化電路 (power-up initializing circuitry)** 方塊首先要先清除移位暫存器，然後只設定第一個輸出為高電位。這兩種電路都被加到圖 9-15 的數位旋轉輪盤。

　　自動清除電路 (automatic clear circuit) 已經被加到圖 9-15 的旋轉輪盤，它由電阻電容（R_7 和 C_4）組合而成。當電源開啟時，經由電阻 R_7 對 0.01 μF 電容充電，使得電容器頂部的電壓從低電位迅速增加到高電位。主重置 ($\overline{MR}$) 輸入低電位至 74HC164 暫存器足

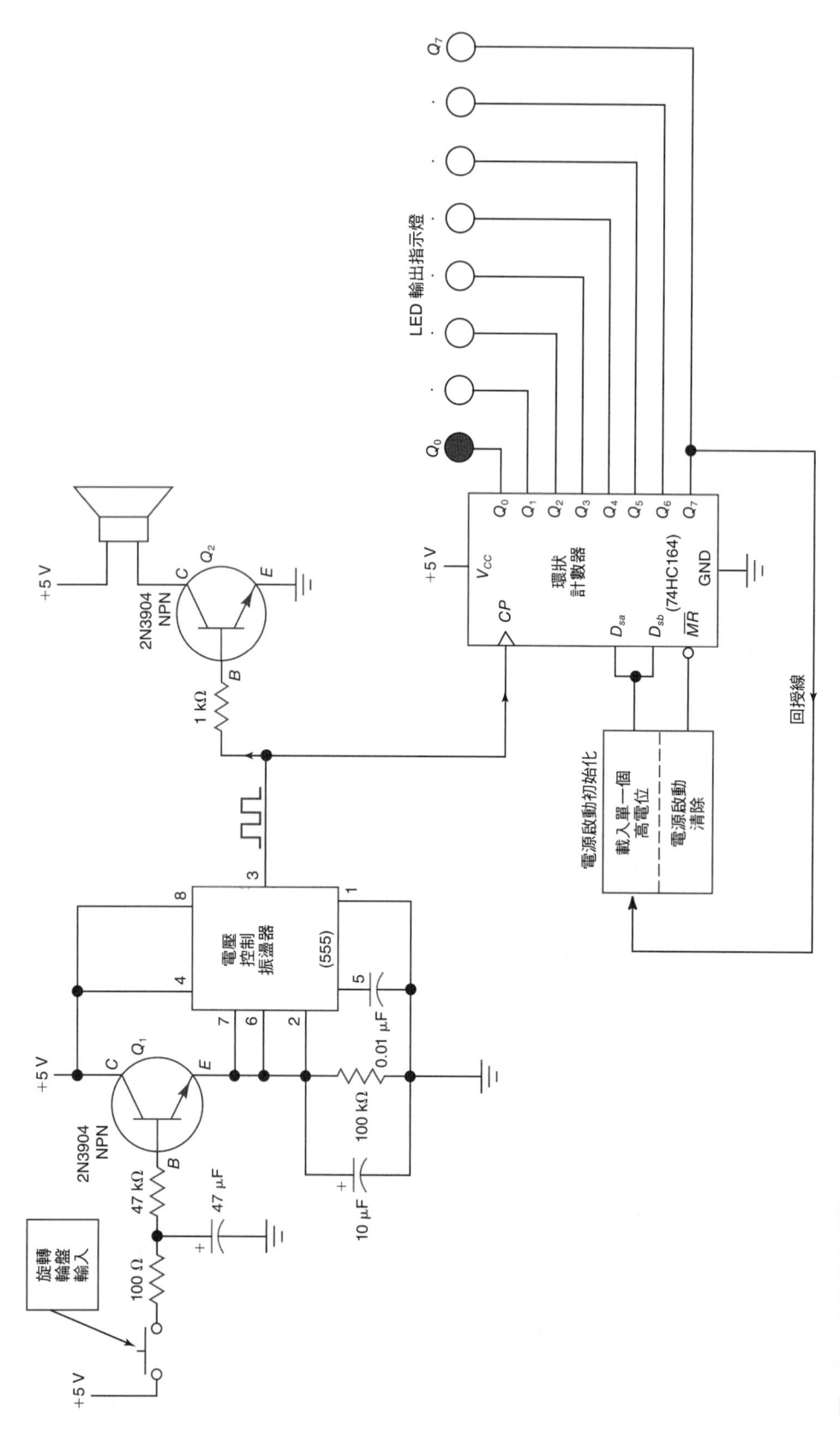

圖 9-14 數位輪盤於電壓控制振盪器電路。

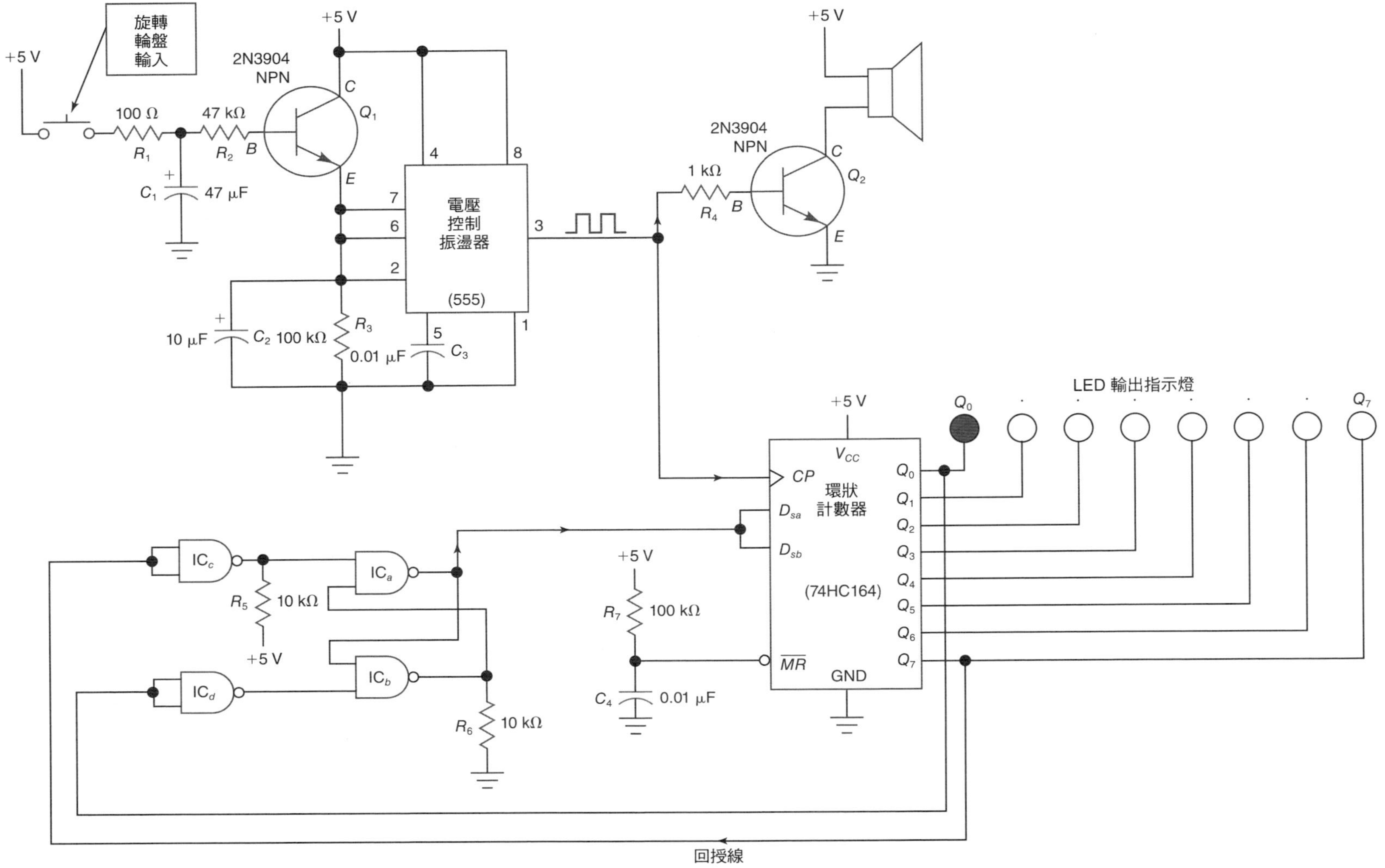

圖 9-15 已加入電源啟動初始化電路的完整數位旋轉輪盤。

夠久，使得輸出被清除為 00000000。此時所有指示燈熄滅。

圖 9-15 電路加載單一個 1 至環狀計數器，此環狀計數器包含四個 NAND 閘和兩個電阻（R_5 和 R_6），其中 NAND 閘是接線成 RS 閂鎖。當開啟電源時，這兩個電阻（R_5 和 R_6）強制使 NAND 閘（IC_d）輸出為高電位，此高電位再送至**環狀計數器 (ring counter)** 的輸入端。在此刻時脈第一次由低電位至高電位，數據輸入端的高電位被轉移到 74HC164 積體電路的輸出端 Q_0。這個高電位立即回授到 IC_d 的輸入端且重置閂鎖，所以在數據輸入端（D_{sa} 和 D_{sb}）為低電位。只有一個高電位會被輸入至環狀計數器，重複時脈移動到高電位，直到環狀計數器的 Q_7 變為高電位，這個高電位再回授 IC_c 的輸入以設定閂鎖，使一個1出現在環狀計數器的數據輸入端。此單一高電位循環回到 Q_0。

自我測驗

請填入下列空格。
31. 參考圖 9-15。元件 R_4、揚聲器和 Q_2 組成數位輪盤電路的＿＿＿＿＿＿方塊。
32. 參考圖 9-15。74HC164 八位元移位暫存器是在電路中接線成一個＿＿＿＿＿。
33. 參考圖 9-15。當電源開啟時，什麼元件導致 74HC164 八位元移位暫存器積體電路重置所有輸出為 0？
34. 參考圖 9-15。將 555 計時器積體電路接線成＿＿＿＿＿，其輸出時脈會送入至環狀計數器。
35. 參考圖 9-15。用於載入單一個 1 的四個 NAND 閘是接線成＿＿＿＿＿電路。

9-7 簡單移位暫存器的故障排除

圖 9-16 所示為故障的串列載入右移暫存器，四個 D 型正反器（兩個 7474 積體電路）接線在一起以形成此 4 位元暫存器。

檢查機械和溫度的問題後，學生或技術人員按以下順序來觀察此暫存器的問題：

1. 動作：清除輸入為 0 且返回到 1。
   結果：輸出指示器 = 0000（不亮）。
   結論：清除功能運作正常。
2. 動作：數據輸入 = 1。
   從邏輯脈波器輸出單一脈波至正反器的 *CLK*。
   結果：輸出指示器 = 1000。
   結論：1 正確輸入至 FF *A*。
3. 動作：數據輸入 = 1。
   從邏輯脈波器輸出單一脈波至正反器的 *CLK*。
   結果：輸出指示器 = 1100。
   結論：1 正確輸入至 FF *A* 和 FF *B*。

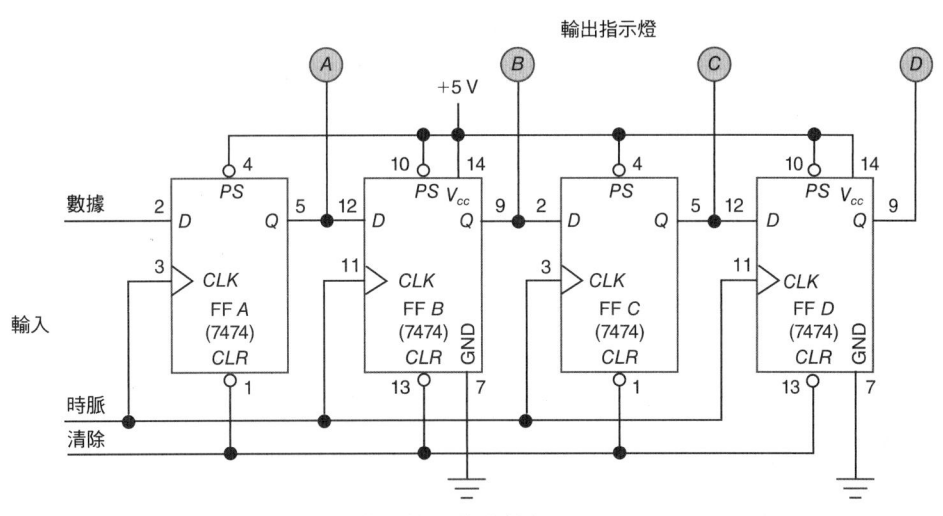

圖 9-16　故障排除例題所使用的 4 位元串列載入移位暫存器。

4. 動作：數據輸入 = 1。

　　　　從邏輯脈波器輸出單一脈波至正反器的 CLK。

　結果：輸出指示器 = 1110。

　結論：1 正確輸入至 FF A、FF B 和 FF C。

5. 動作：數據輸入 = 1。

　　　　從邏輯脈波器輸出單一脈波至正反器的 CLK。

　結果：輸出指示器 = 1110。

　結論：問題可能是在 FF D，原因為沒有正確地載入高電位。

6. 動作：使用邏輯探棒測試 FF D 輸入，查看 D 是否為 1。

　結果：在 FF D，D = 1。

　結論：在 FF D，D 輸入為高電位是正確的。

7. 動作：從邏輯脈波器輸出單一脈波至 FF D 的 CLK（接腳 11）。

　結果：輸出指示器 = 1110。

　結論：時脈無法從 FF D 的輸入 D 傳送至輸出 Q。

8. 動作：使用邏輯探棒測試 FF D 的輸出 Q（接腳 9）。

　結果：邏輯探棒上，不高也不低的電位指示燈才會發亮。

　結論：FF D 的輸出 Q（接腳 9）在高、低電位間浮動，可能是第二個 7474 積體電路的 FF D 發生錯誤。

9. 動作：以精確的 7474 積體電路電路替換第二顆 7474 積體電路（FF C 和 FF D）。

10. 動作：重新測試電路，並從步驟 1 開始。

　結果：所有正反器都可以輸入 1 和 0。

　結論：移位暫存器電路現在可以正常運作。

根據這一系列的測試，FF D 的 Q 輸出似乎停在低電位，而它實際上是在高、低電位之間浮動。這個事實使得在步驟 1 的結論不正確。此故障是由於第二顆 7474 積體電路電路本身開路所引起。同樣地，技術人員的知識與觀測對於找出電路的故障有幫助。邏輯探棒和數位邏輯脈波器可以輔助技術人員對電路進行觀察。

有時技術人員並不確定合適的邏輯準位。在具有**冗餘電路 (redundant circuitry)** 的電路中，技術人員可以回到 FF A 和 FF B 所讀取的值與 FF C 和 FF D 比較。數位電路有很多冗餘電路，有時這種技術有助於排除故障。

自我測驗

請填入下列空格。
36. 參考圖 9-16。描述所觀察到此電路的問題。
37. 參考圖 9-16。此電路有什麼不正確的地方？
38. 參考圖 9-16。如何修理此電路的故障之處？
39. 哪些測試儀器可以對移位暫存器電路進行檢修？

第 9 章　總結與回顧

總　結

1. 暫存器是一群記憶單元（例如正反器）的統稱，被視為一個單位。還有一些其他名稱可以用於表示暫存器，例如緩衝暫存器、移位暫存器和閂鎖。
2. 將正反器接線在一起以形成移位暫存器。
3. 移位暫存器同時具有記憶和移位特性。
4. 串列載入移位暫存器在每個時脈一次只允許一個位元數據輸入。
5. 並列載入移位暫存器在每個時脈一次允許所有位元數據輸入。
6. 一個重新循環暫存器的輸出數據會返回至輸入。
7. 移位暫存器可以設計為向左移或向右移。
8. 製造商生產多種通用的移位暫存器。
9. 移位暫存器被廣泛使用作為臨時記憶體和數據移位，在數位電子系統也有其他用途。
10. 環狀計數器是一種移位暫存器，特點包括：(1) 具有重新循環線，(2) 重複載入 0 和 1 的樣式。

章節回顧問題

9-1. 如圖 9-2，使用五個 D 型正反器繪製五位元串列載入移位暫存器的邏輯符號圖，標示輸入的數據、CLK 和 CLR，標示輸出 A、B、C、D、E。

9-2. 說明你如何將問題 9-1 繪製的 5 位元暫存器清除為 00000？

9-3. 說明在問題 9-1 的 5 位元暫存器清除完畢後，如何輸入 10000 進入暫存器中？

9-4. 說明在問題 9-1 的 5 位元暫存器清除完畢後，如何輸入 00111 進入暫存器中？

9-5. 參考問題 9-1 繪製的暫存器，列出在每一個時脈後的暫存器內容（假設資料輸入 = 0）。

a. 原始輸出 = 01001（$A=0$，$B=1$，$C=0$，$D=0$，$E=1$）
b. 經過一個時脈後
c. 經過兩個時脈後
d. 經過三個時脈後
e. 經過四個時脈後

9-6. 參考圖 9-8，並列載入移位暫存器使用 74194 積體電路需要_____（零，一，三，四）個時脈才可以將數據載入並列載入輸出端。

9-7. 一個_____（串列，並列）載入移位暫存器是最簡單接線的電路。

9-8. 一個_____（串列，並列）載入移位暫存器是最容易將數據載入的電路。

9-9. 參考圖 9-6 的 74194 積體電路移位暫存器來回答 a 至 i 小題：
a. 這個暫存器可以保存多少位元的資料？
b. 列出此暫存器的四種運作模式。
c. 模式控制輸入（S_0 和 S_1）的用途是什麼？
d. 此暫存器的_____輸入會使所有的輸入都失去效用。
e. 此暫存器是使用哪種類型的暫存器？使用多少個暫存器？
f. 此暫存器在時脈的_____（負，正）緣時會產生移位動作。
g. 運作的禁止模式是什麼意思？
h. 根據定義，左移是指將數據從_____移至_____。
i. 這個暫存器可以是_____（串列，並列，串列或並列）載入。

9-10. 參考圖 9-17，列出 74194 移位暫存器在八個時脈的每一個期間的運作模式。使用「清除」、「禁止」、「右移」、「左移」和「並列載入」回答。

9-11. 參考圖 9-10 的 74HC164 移位暫存器來回答 a 至 f 小題：
a. 這個暫存器可以保存多少位元的資料？
b. 這是一個_____（CMOS，TTL）積體電路的移位暫存器。
c. 這是一個_____（並列，串列）載入的移位暫存器。
d. 主重置是_____（高電位，低電位）的輸入。
e. 在時脈從_____（高電位到低電位，低電位到高電位）時，暫存器的數據會移位。
f. 該暫存器有兩個數據輸入，經過_____（AND，OR）運算將數據輸入至 FF 1。

9-12. 參考圖 9-18，列出暫存器在八個時脈每個期間的內容（Q_0 = 左邊的位元，Q_7 = 右邊的位元）。

9-13. 參考圖 9-12，該數位旋轉輪盤電路中，產生時脈的元件稱為_____。

9-14. 參考圖 9-13(a) 所示，該 74HC164 移位暫存器是接線成_____。

9-15. 參考圖 9-15，當電容_____（C_1，C_2，C_4）的電壓降低，VCO 的頻率會下降。

9-16. 參考圖 9-15，電阻 R_7 和電容 C_4 的作用是什麼？

9-17. 參考圖 9-15，當電源首次開啟時，電阻 R_5 和 R_6 會強制使 IC_a 的輸出為_____（高電位，低電位）。

9-18. 參考圖 9-15 所示，如果環狀計數器只有 Q_0 為高電位，RS 閂鎖會強制使 IC_a 的輸出為_____（高電位，低電位）。

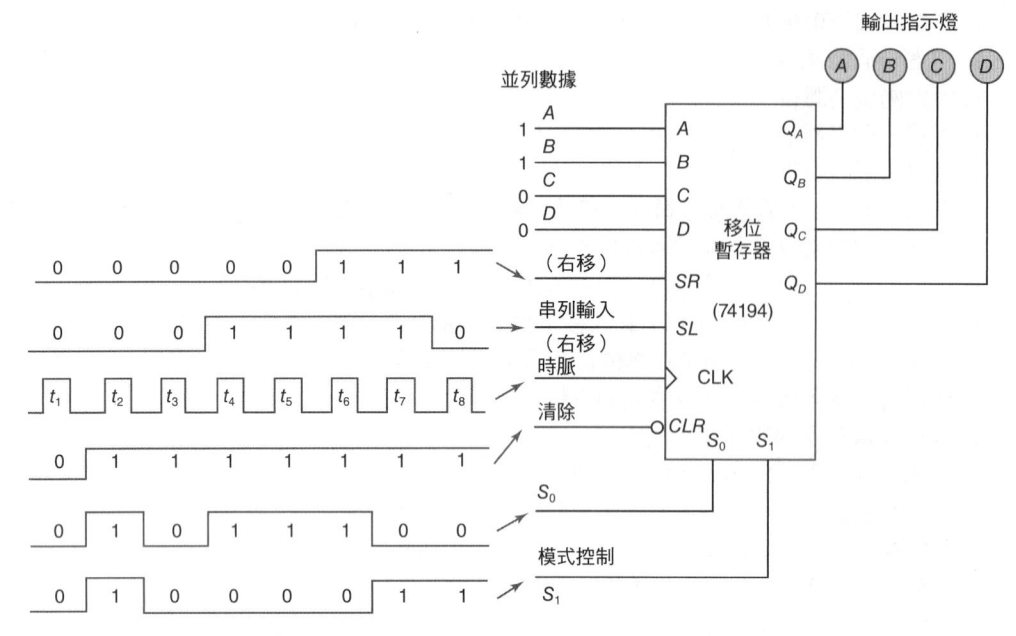

圖 9-17 問題 9-10 的移位暫存器。

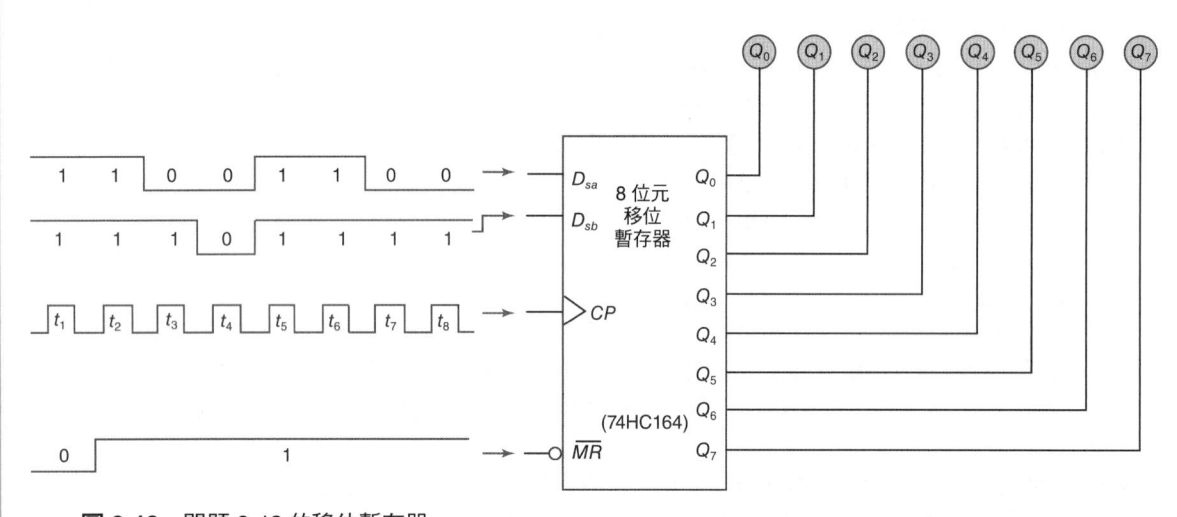

圖 9-18 問題 9-12 的移位暫存器。

關鍵性思考問題

9-1. 圖 9-4(b) 的移位暫存器需要＿＿＿＿＿＿（零，一，四）個時脈才可以將數據載入並列載入輸入端。

9-2. 圖 9-4(b) 的移位暫存器採用並列載入輸入端時只能輸入＿＿＿＿＿＿（0，1）。

9-3. 列出移位暫存器在數位系統中的數種用途。

9-4. 參考圖 9-17，列出暫存器在八個時脈每個期間的內容（A = 左邊的位元，D = 右邊的位元）。

9-5. 描述圖 9-12 的 VCO 的輸出性質。

9-6. 參考圖 9-4，當載入數據 1101 至 4 位元並列載入移位暫存器時，描述你將遵循的過程。提示：記住在啟動非同步並列輸入前要先將暫存器重置為 0000。

9-7. 參考圖 9-8，當使用 74194 移位暫存器

積體電路時，並列載入數據為＿＿＿＿＿＿
（非同步，同步）操作。

9-8. 環狀計數器被歸類為＿＿＿＿＿＿（移位暫存器，電壓控制振盪器）。

9-9. 繪製一個 16 位元電子輪盤方塊圖，內含電壓控制振盪器、音頻放大器、電源啟動初始化電路和環狀計數器。它看起來應該類似於圖 9-12 的 8 位元電子輪盤。

9-10. 請選擇使用 Electronics Workbench 或 Multisim 電路模擬軟體：(1) 繪製 8 位元串列載入移位暫存器，如圖 9-19 所示。(2) 測試此移位暫存器的運作。(3) 保存電路並向你的老師展示你的設計。

9-11. 請選擇使用 Electronics Workbench 或 Multisim 電路模擬軟體：(1) 添加一條重新循環線至問題 9-10 所設計的 8 位元移位暫存器（提示：重新循環線和數據輸入作 OR）。(2) 測試此循環移位暫存器的運作。(3) 保存電路並向你的老師展示你的設計。

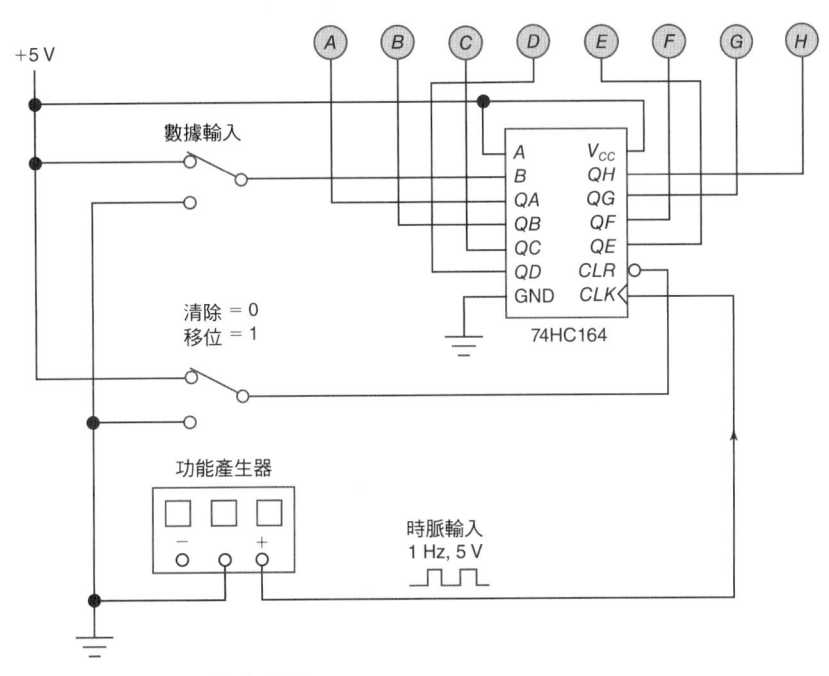

圖 9-19 EWB 或 Multisim 的電路問題。

CHAPTER 10
算術電路

學習目標 本章將幫助你：

- **10-1** 解決二進位加法問題。
- **10-2** 預測半加器電路的輸出。
- **10-3** 預測全加器電路的輸出。
- **10-4** 畫出 3 位元並列加法器邏輯方塊圖，並預測其運作。
- **10-5** 解決二進位減法問題。繪製半減器和全減器電路，並預測其操作。
- **10-6** 畫出 4 位元並列加法器／減法器電路的邏輯方塊圖，並預測其操作。
- **10-7** 使用 TTL 7483 IC（或 CMOS 4008 IC）作為一個 4 位元的加法器，將兩個加法器串接成為一個 8 位元二進位加法器電路。預測 4 位元和 8 位元加法器電路的操作。
- **10-8** 解決二進位乘法問題。除了使用二進位乘法外，也可使用加移法來計算。
- **10-9** 解釋一個簡單的重複加法型乘法器電路的操作，並分析加移型乘法器電路的操作。
- **10-10** 了解一些數位電路處理的 2 的補數。將十進位與二進位數字用 2 的補數表示，並將 2 的補數用十進位與二進位數字表示。使用 2 的補數來解出加法與減法的問題。
- **10-11** 使用 2 的補數加法和減法來進行加法與減法。預測使用 2 的補數的 4 位元加法器／減法器系統的操作。
- **10-12** 找出故障的全加器電路的可能原因。列出一些能成功幫助故障排除的提示。

　　大眾對於電腦和現代的計算機具有相當想像力，可能是因為這些機器以驚人的速度和準確性執行算術任務。本章將討論一些具有加減功能的邏輯電路。標準的邏輯閘可連接在一起，形成**加法器 (adder)** 和**減法器 (subtractor)**。基本的加法器和減法器電路為組合邏輯電路，但它們通常使用各種閂鎖和暫存器來保存數據。

　　在電腦的**中央處理器 (central processing unit, CPU)** 裡，運算處理通常在被稱為**算術邏輯單元 (arithmetic-logic unit, ALU)** 的部分裡完成。中央處理器裡的這個部分通常可以執行加、減、乘、除、補數、比較、移位和旋轉、遞增和遞減，並執行邏輯運算，例如 AND、OR 和 XOR。許多舊的**微處理器 (microprocessor)** 和數個最新的**微控制器**（**micrcontroller**，小型微控制器主要是用於控制用途）並沒有乘及除的指令集。

325

```
   0      1      0      1
  +0     +0     +1     +1
  ─      ─      ─      ─
   0      1      1      0 進位1
```
(a)

```
                  進位              進位   進位
                   ↱                ↱      ↱
                   1                1 1
   101     5     1010    10       11010    26
  + 10    +2    +  11    + 3     + 1100   +12
  ────    ──    ─────   ───      ──────   ───
   111     7     1101    13      100110    38
```
(b)

圖 10-1 (a) 二進位加法表。(b) 二進位加法問題。

10-1 二進位加法

回想一下，在一個二進位數字裡，例如 101011，最左邊的數字為**最高有效位元 (MSB)** 和最右邊的數字是**最低有效位元 (LSB)**。其中，二進位數的位數是：1 位數、2 位數、4 位數、8 位數、16 位數、32 位數、64 位數和 128 位數。

你可能還記得在小學所學過的加法和減法。這在十進位數字系統是一項艱鉅的任務，因為組合有很多種。本節將討論基礎的二進位數相加問題。因為它們只有兩個數字（0 和 1），所以二進位加法相當簡單。圖 10-1(a) 顯示二進位加法表，前三個問題很容易，正如十進位的加法。接下來的問題是 1 + 1，在十進位，答案是 2；在二進位中，2 是寫為 10。因此，在二進位，1 + 1 = 0，並且有 1 的進位到下一個最高有效位數。

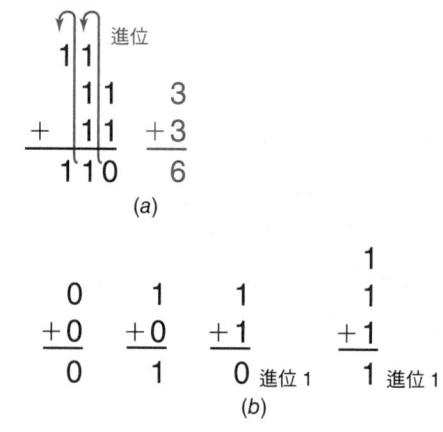

圖 10-1(b) 顯示了一些二進位數字加法例子，該問題也顯示出十進位數字相加的結果，以便檢驗你是否理解二進位加法。第一個問題是二進位 101 加 10，結果等於 111（十進位的 7），這個問題可以使用圖 10-1(a) 的加法表來解答。圖 10-1(b) 的第二個問題是二進位 1010 加 11。在這裡，你必須注意 1 + 1 = 0，以及有一個從 2 位數至 4 位數的進位，如圖所示，這個問題的答案是 1101（十進位的 13）。圖 10-1(b) 的第三個問題是二進位 11010 加 1100，如圖所示，這個問題的答案是 100110（十進位的 38）且具有兩個進位。

另一個範例如圖 10-2(a) 所示。這個答案看起來很簡單，直到我們算出 2 位數那一行，並且發現二進位的

```
  進位
   ↱
      進位
      ↱
   11
   11      3
 + 11     +3
 ────     ──
  110      6
```
(a)

```
                       1
   0      1      1     1
  +0     +0     +1    +1
  ─      ─      ─     ─
   0      1      0 進位1   1 進位1
```
(b)

圖 10-2 (a) 二進位加法問題。(b) 簡潔的加法表。

1 + 1 + 1，這等於十進位的 3，在二進位是 11。此一情況下，我們並不列入二進位加法表的第一個群組中。仔細看圖 10-2，你會看到 1 + 1 + 1 的情況會發生於任何一行。因此圖 10-1(a) 的加法表完全只適用於 1 位數。在圖 10-2(b) 的新簡潔加法表增加另一種可能的組合，為 1 + 1 + 1，因此除了 1 位數之外，適用於所有的位數（2 位數、4 位數、8 位數、16 位數等）。

要成為一個從事與數位設備相關的人員，必須掌握二進位加法。在下列自我測驗中也會提供幾個練習題。你可以使用有二進位算術功能的計算機檢查自己的答案。

自我測驗

請填入下列空格。
1. 二進位 1010 + 0100 的和為多少？（以十進位加法檢核答案。）
2. 二進位 1010 + 0111 的和為多少？
3. 二進位 1111 + 1001 的和為多少？
4. 二進位 10011 + 0111 的和為多少？
5. 二進位 0110 0100 + 0011 0010 的和為多少？（以十進位加法檢核答案。）
6. 二進位 1010 0111 + 0011 0011 的和為多少？（以十進位加法檢核答案。）
7. 二進位 0111 1111 + 0111 1111 的和為多少？（以十進位加法檢核答案。）

10-2 半加器

圖 10-1(a) 的加法表可以看作一個真值表。加數和被加數是在表中的輸入端。在圖 10-3(a) 的輸入端 A 和 B。真值表需要兩個輸出行，一行是和，另一行是進位。和的那一行標示為 Σ（加總符號），進位的那一行標示為 C_O，C_O 代表進位輸出 (carry out)。加法器的方塊符號如圖 10-3(b) 所示。這種電路稱為**半加器 (half-adder)** 電路。半加器電路有兩個輸入（A、B）和兩個輸出（Σ、C_O）。

半加器的真值表如圖 10-3(a) 所示。C_O 輸出的布林表示式是什麼？布林表示式為 $A \cdot B = C_O$，你需要一個兩輸入的 AND 閘來解答 C_O。

圖 10-3(a) 的半加器總和 Σ 輸出的布林表示式是什麼？布林表示式為 $\overline{A} \cdot B + A \cdot \overline{B} = \Sigma$，需要兩個 AND 閘、兩個反相器以及一個 OR 閘來完成這個工作。如果你仔細觀察，你會發現這種模式可以用 XOR 閘來表示，化簡的布林表示式為 $A \oplus B = $

輸入		輸出	
B	A	Σ	C_O
0	0	0	0
0	1	1	0
1	0	1	0
1	1	0	1
要相加的 二進位數		和	進位 輸出
		XOR	AND

(a)

(b)

(c)

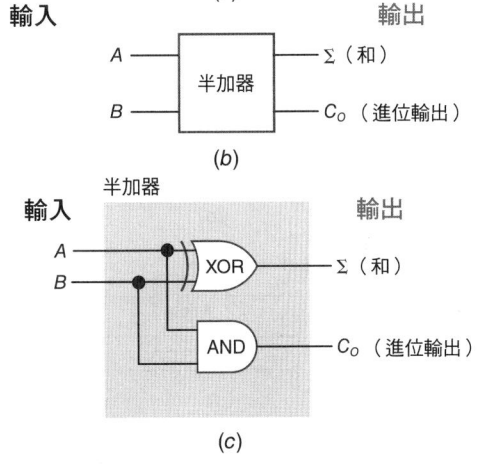

圖 10-3 半加器。(a) 真值表。(b) 方塊符號。(c) 邏輯圖。

Σ。換句話說，我們發現只要有一個具有兩輸入的 XOR 閘即可產生和輸出。

圖 10-3(c) 所示為半加器的邏輯符號圖，此半加器使用一個具有兩輸入的 AND 閘與一個具有兩輸入的 XOR 閘。半加器電路在二進位加法問題中只用於最低有效位元（1 位數）的相加。另一種稱為**全加器 (full adder)** 的電路則適用於 2 位數、4 位數、8 位數、16 位數以及更高位數的二進位加法。

自我測驗

請填入下列空格。
8. 繪製半加器的方塊圖，並標示輸入 A 和 B 以及輸出 Σ 和 C_O。
9. 繪製半加器的真值表，並標示輸入 B 和 A 以及輸出 Σ 和 C_O。
10. 半加器電路在二進位加法問題中只用於＿＿＿（1 位數，2 位數，4 位數，8 位數）。
11. 參考圖 10-4。列出每個輸入脈波（t_1 至 t_4）在半加器電路和 Σ 與進位輸出 C_O 端的輸出值。

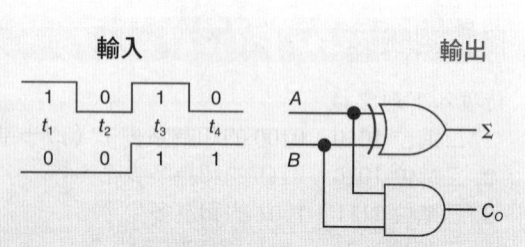

圖 10-4 自我測驗問題 11 的半加器脈波列。

10-3 全加器

二進位加法表的簡潔形式如圖 10-2(b) 所示，且顯示 1 + 1 + 1 的情況。圖 10-5(a) 顯示 A、B 和 C_{in}（進位輸入）所有可能的組合。這個真值表適用於全加器。全加器可用於所有二進位數，除了 1 位數外。當可能有額外的進位輸入時，則必須使用全加器。全加器的方塊圖如圖 10-5(b) 所示。全加器有三個輸入，分別為 C_{in}、A 和 B，這三個輸入必須被加在一起以獲得 Σ 與 C_O 輸出。

圖 10-5(c) 所示為最簡單的全加器組合邏輯電路，它使用兩個半加器電路和一個 OR 閘。這個電路的表示式是 $A \oplus B \oplus C = \Sigma$，進位輸出的表示式則為 $A \cdot B + C_{in} \cdot (A \oplus B) = C_O$。圖 10-6(a) 為全加器，該電路是以兩個半加器（圖 10-5(c)）為基礎。圖 10-6(b) 的邏輯圖是較容易接線的邏輯電路，它含有兩個 XOR 閘和三個 NAND 閘，使它相當容易接線。注意圖 10-6(a)

輸入			輸出	
C_{in}	B	A	Σ	C_O
0	0	0	0	0
0	0	1	1	0
0	1	0	1	0
0	1	1	0	1
1	0	0	1	0
1	0	1	0	1
1	1	0	0	1
1	1	1	1	1
進位 + B + A			和	進位輸出

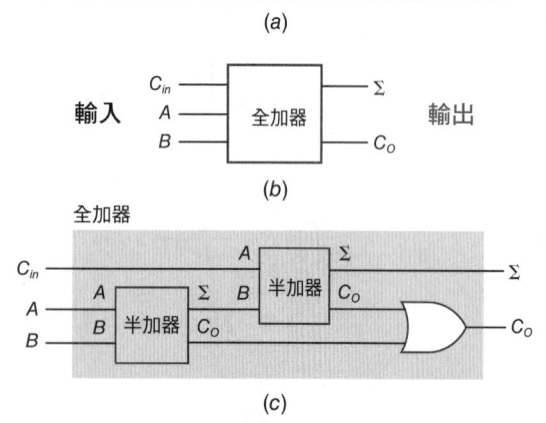

(a)

(b)

(c)

圖 10-5 全加器。(a) 真值表。(b) 方塊符號。(c) 以半加器和一個 OR 閘構建的全加器。

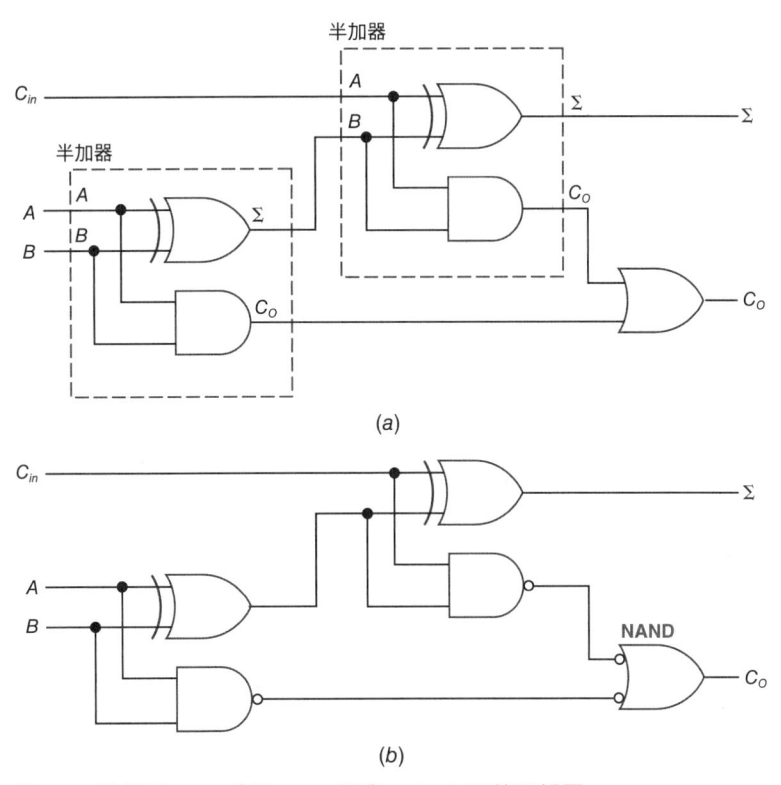

圖 10-6 全加器。(a) 邏輯圖。(b) 使用 XOR 閘與 NAND 閘的邏輯圖。

與圖 10-6(b) 的電路功能完全一樣，除了以 NAND 閘取代了 AND 閘和 OR 閘。

半加器與全加器可以一起使用。在圖 10-2(a) 中的問題，對於1位數我們需要一個半加器，對於 2 位數和 4 位數需要兩個全加器。半加器與全加器是相當簡單的電路。然而，對於更多的二進位數值的相加需要許多這種電路。

許多類似半加器與全加器的電路都是微處理器的**算術邏輯單元 (arithmetic-logic unit, ALU)** 的一部分。這些電路應用於微處理機系統的 8 位元、16 位元、32 位元和 64 位元的二進位數加法。微處理機系統的算術邏輯單元也可以使用相同的半加器與全加器電路進行減法。在本章稍後將使用加法器來執行二進位減法。

自我測驗

請填入下列空格。

12. 繪製全加器的方塊圖，並標示輸入 A、B 和 C_{in} 以及輸出 Σ 和 C_O。
13. 繪製全加器的真值表。
14. 加法器電路被廣泛應用在微處理器的_____部分。
15. 在二進位加法器問題中的 2 位數、4 位數、8 位數及更多有效位元必須使用_____（半加器，全加器）電路。
16. 參考圖 10-7。列出每個輸入脈波（t_1 至 t_8）在全加器電路和 Σ 與進位輸出 C_O 端的輸出值。

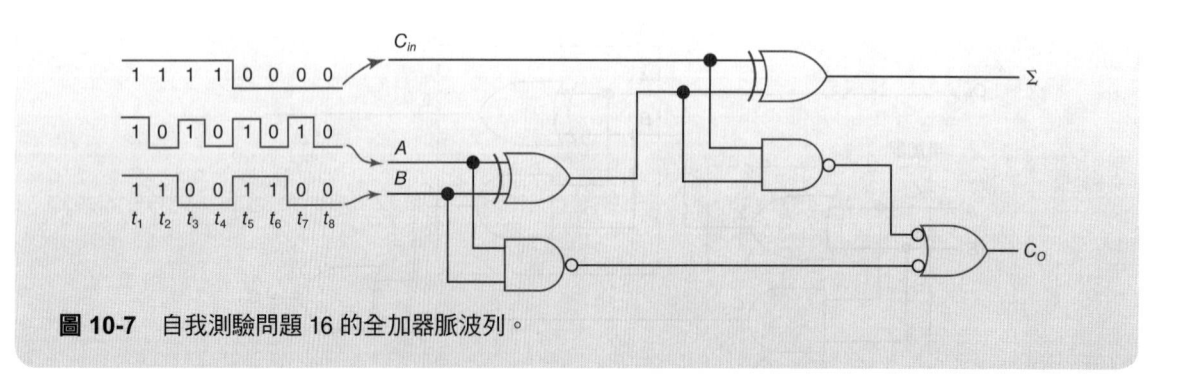

圖 10-7 自我測驗問題 16 的全加器脈波列。

10-4 三位元加法器

將半加器與全加器連接成加法器，可以同時相加數個二進位數值。圖 10-8 的系統可以進行兩組三位元數字的相加。這些數字分別被寫為 $A_2A_1A_0$ 和 $B_2B_1B_0$。1 位數數值會被輸入至半加器，2 位數加法器的輸入為半加器的進位以及問題中的新位元 A_1 與 B_1。4 位數加法器將 A_2 和 B_2 與 2 位數加法器產生的進位相加。二進位的總和顯示在圖的右下方。8 位數輸出則使用於處理和超過 111 的二進位數。注意，4 位數加法器的輸出 C_O 是連接到 8 位數和指示器。

三位元加法器的結構很像徒手計算相加與進位。圖 10-8 的電子式加法器計算比徒手計算快速很多。注意，多位元加法器的 1 位數相加是使用半加器，其他位數是使用全加器。這種類型的加法器稱為**並列加法器 (parallel adder)**。

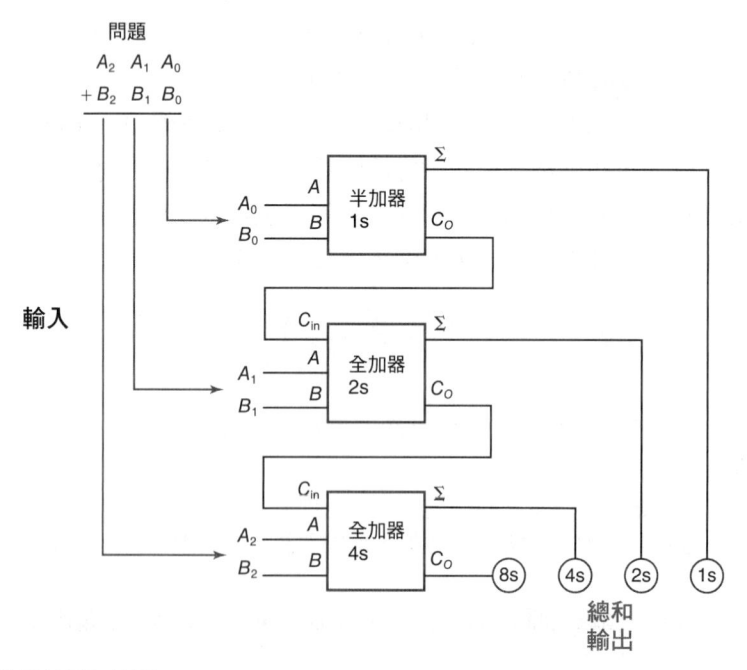

圖 10-8 三位元並列加法器。

在並列加法器中，所有位元是在同一時間被輸入至輸入端，輸出端幾乎會同時輸出計算的結果。圖 10-8 所示的並列加法器為**組合邏輯電路 (combinational logic circuit)**，一般需要多個暫存器鎖住數據的輸入和輸出。

自我測驗

請填入下列空格。

17. 圖 10-8 中的裝置是使用_____執行 1 位數的相加，並且使用_____執行更高位數的相加。
18. 並列加法器是_____（組合，序向）邏輯電路。
19. 若圖 10-8 所示三位元二進位加法器的輸入是 110_2 和 111_2，則輸出指標將顯示二進位的和為_____。
20. 若圖 10-8 所示三位元二進位加法器的輸入是 010_2 和 110_2，則輸出指標將顯示二進位的和為_____。
21. 若圖 10-8 所示三位元二進位加法器的輸入是 111_2 和 111_2，則輸出指標將顯示二進位的和為_____。
22. 繪製可以取代圖 10-8 中的 1 位數半加器方塊的邏輯圖（XOR 閘和 AND 閘），並標示輸入 A 和 B 以及輸出 Σ 和 C_O。
23. 繪製可以取代圖 10-8 中的 2 位數或 4 位數全加器方塊的邏輯圖（XOR 閘和 AND 閘），並標示輸入 A、B 和 C_{in} 以及輸出 Σ 和 C_O。

10-5 二進位減法

你會發現加法器和減法器非常相似。**半減器 (half subtractor)** 及**全減器 (full subtractor)** 的使用與半加器和全加器相同。二進位減法表如圖 10-9(a) 所示，將這些規則轉換成圖 10-9(b) 的真值表。在輸入端，A 減去 B 將得到輸出 D_i（差）。如果 B 大於 A，如圖中的第 2 列，我們就需要借位 (borrow)，如圖中所標示的 B_O（借位輸出）那一行。

圖 10-9(c) 所示為一個半減器的方塊圖，輸入 A 和 B 是在左邊，輸出 D_i 和 B_O 都在右邊。觀察圖 10-9(b) 的真值表，我們可以決定半減器的布林表示式。D_i 那一行的表示式為 $A \oplus B = D_i$，這與半加器是相同的（參見圖 10-3(a)）。B_O 那一行為 $\overline{A} \cdot B = B_O$。結合這兩個表示式的邏輯圖如圖 10-9(d) 所示。這是半減器邏輯電路，注意它看起來非常像圖 10-4 的半加器電路。

當計算二進位數字相減時，必須考慮到借位問題。在計算圖 10-10(a) 中的數字相減時，需隨時追蹤差與借位。仔細注意減法的問題，如果可以的話，使用普通減法計算二進位減法作為檢查。（你可以用下面的測驗自我檢核。）

考慮所有可能組合的二進位減法真值表如圖 10-10(b) 所示，例如表的第 5 列即為圖 10-10(a) 的 1 位數那一行情況，2 位數那一行即為表中的第 3 列，4 位數那一行即為表中

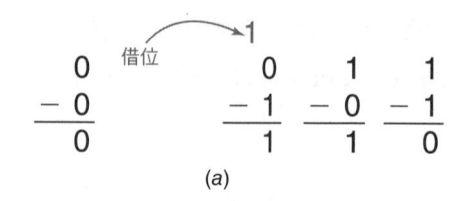

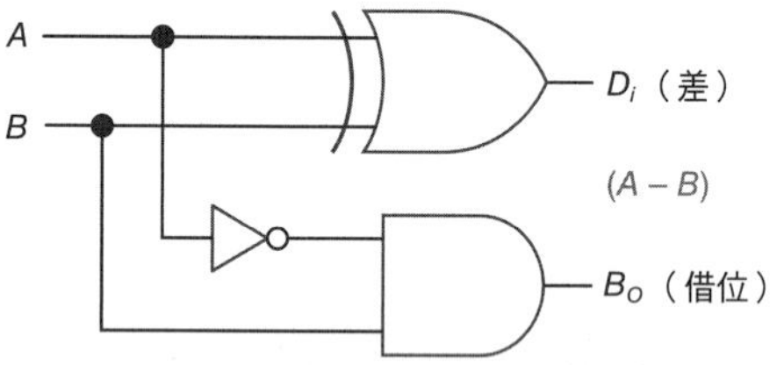

圖 10-9 半減器

(a) 二進位減法表。(b) 真值表。(c) 方塊符號。(d) 邏輯圖。

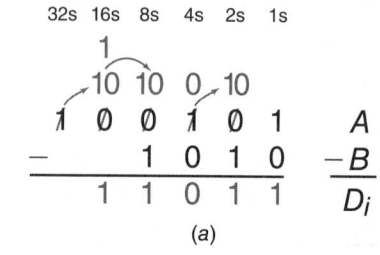

輸入		輸出	
A	B	D_i	B_O
0	0	0	0
0	1	1	1
1	0	1	0
1	1	0	0
A − B		差	借位輸出

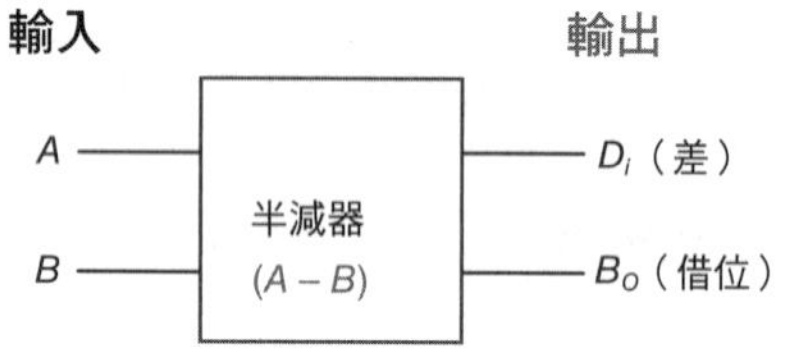

圖 10-10

(a) 二進位減法的問題。(b) 全減器的真值表。

	輸入			輸出	
	A	B	B_{in}	D_i	B_O
第 1 列	0	0	0	0	0
第 2 列	0	0	1	1	1
第 3 列	0	1	0	1	1
第 4 列	0	1	1	0	1
第 2 列	1	0	0	1	0
第 6 列	1	0	1	0	0
第 7 列	1	1	0	0	0
第 8 列	1	1	1	1	1
	A − B − B_{in}			差	借位輸出

的第 6 列，8 位數那一行即為表中的第 3 列，16 位數那一行即為表中的第 2 列，而 32 位數那一行即為表中的第 6 列。

圖 10-11(a) 所示為全減器的方塊圖，輸入 A、B 和 B_{in} 在圖左邊，輸出 D_i 和 B_O 在圖右邊。

與全加器一樣，可以利用兩個半減器連接一個 OR 閘接線成全減器。圖 10-11(b) 顯示如何使用半減器的全減器，一個完整的全減器邏輯圖如圖 10-11(c) 所示，該電路可執行圖 10-10(b) 中真值表所示的功能。此外，可以將 B_O 輸出的 AND-OR 電路轉換為三個 NAND 閘，該電路將類似圖 10-6(b) 的全加器電路。

自我測驗

請填入下列空格。

24. 計算 a 至 f 小題的二進位減法問題（可以使用十進位減法自我檢核）。

a. 11 − 10
b. 100 − 10
c. 111 − 111
d. 1010 − 101
e. 10010 − 11
f. 1000 − 01

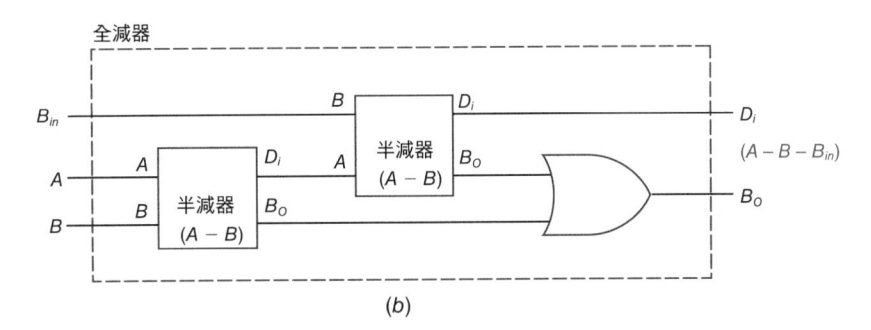

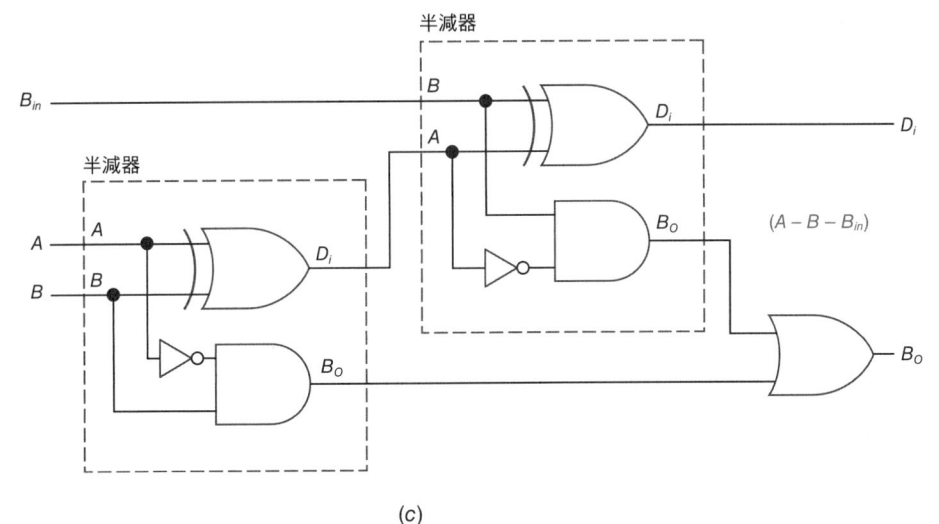

圖 10-11 全減器。(a) 方塊符號。(b) 以半減器和一個 OR 閘建構的全減器。(c) 邏輯圖。

25. 計算 **a** 至 **d** 小題的二進位減法問題（可以使用十進位減法自我檢核）。

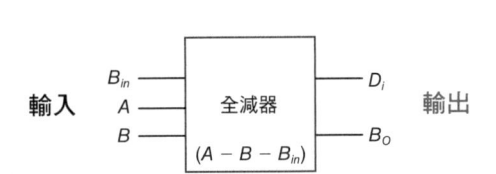

    a.   1010 1010$_2$ 170$_{10}$ c.   1100 0111$_2$ 199$_{10}$
       −0101 0110$_2$ − 86$_{10}$ −0000 1111$_2$ − 15$_{10}$

    b.   1111 1100$_2$ 252$_{10}$ d.   1010 0001$_2$ 161$_{10}$
       −0100 0101$_2$ − 69$_{10}$ −0101 0011$_2$ − 83$_{10}$

26. 繪製半減器的方塊圖，並標示輸入 A 和 B 以及輸出 D_i 和 B_O。
27. 繪製半減器的真值表。
28. 繪製全減器的方塊圖，並標示輸入 A、B 和 B_{in} 以及輸出 D_i 和 B_O。
29. 繪製全減器的真值表。

10-6 並列減法器

並列減法器 (parallel subtractor) 可以由半減器和全減器連接而成。你已經見過並列加法器可以由加法器連接而成,如圖 10-8 的三位元加法器。並列減法器是以類似的方式來接線。圖 10-8 的加法器被視為一種並列加法器,這是因為所有的數字都在同一時間內被送入加法器。

4 位元並列減法器如圖 10-12 所示,可以由一個半減器與三個全減器接線而成,它可以計算二進位數 $A_3A_2A_1A_0$ 減去二進位數 $B_3B_2B_1B_0$。注意如圖 10-12,上方的減法器(半減器)是執行最低有效位元的相減。1 位數減法器的輸出 B_O 是連接至 2 位數減法器的輸入 B_{in},每個減法的輸出端會連接到下一個更高有效位元的借位輸入端,這些借位線會記憶之前的借位狀態。

> **有關電子學**
>
> **簡易型資料儲存體。** 資料儲存變得愈來愈小且速度更快。今日,研究人員不斷超越矽的極限,研究利用分子來傳輸、儲存和存取數據的方式。將分子系統與電子結合的第一步是磁化單一分子。

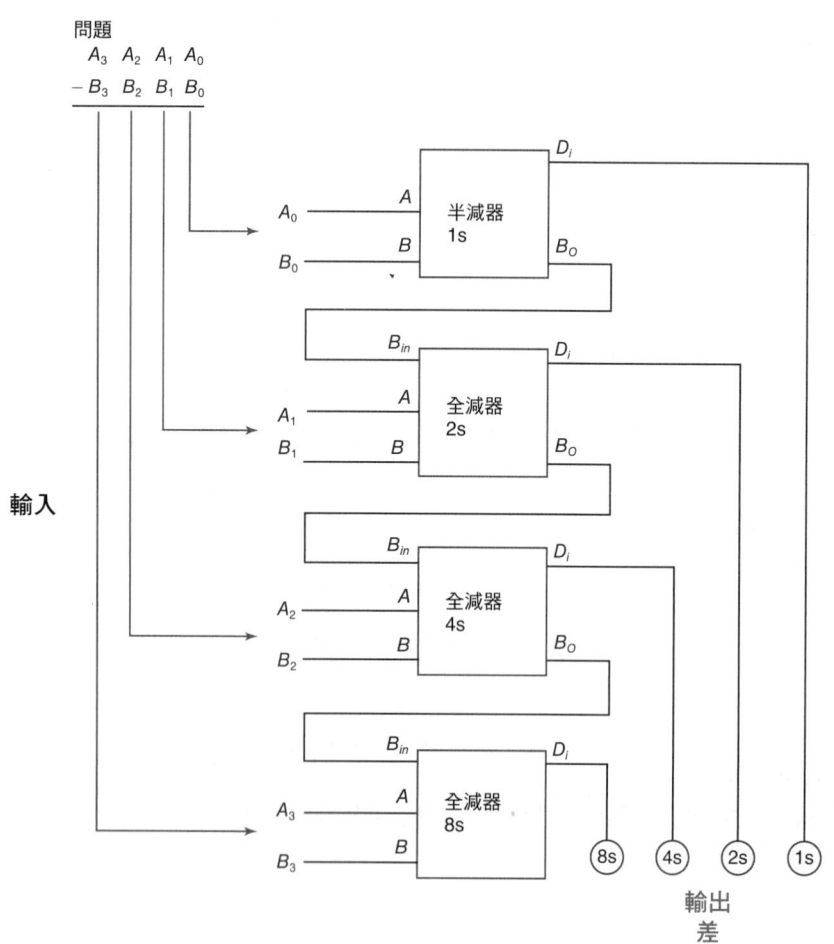

圖 10-12 4 位元並列減法器。

自我測驗

請填入下列空格。

30. 參考圖 10-12。這是一個 4 位元＿＿＿＿＿＿＿（並列加法器，並列減法器，串列加法器，串列減法器）電路。
31. 參考圖 10-12。減法器之間的線（B_O 至 B_{in}）在此減法器電路中的目的為何？

10-7 積體電路加法器

電路製造商生產多種加法器，**TTL7483 四位元二進位全加器 (TTL 7483 4-bit binary full adder)** 是其中一種。圖 10-13 所示為此加法器的方塊圖，在加法問題中，輸入兩組 4 位元二進位數字（$A_3A_2A_1A_0$ 和 $B_3B_2B_1B_0$）至 7483 積體電路的八個輸入端，注意編號系統與積體電路下標不一致。在兩組 4 位元數字相加時，C_O 的輸入是保持在 0，有一些製造商將 C_O 輸入標記為 C_{in} 輸入，且將輸出所示標記為輸出指標。C_4 輸出是連接至 16 位數輸出指示器，有一些製造商將 C_4 輸出標記為 C_O 輸出。當二進位 1111 加上 1111 時，這個二進位加法器可以顯示出最高的和達到 11110（十進位的 30）。

圖 10-14 所示為 7483 加法器積體電路詳細的內部構造。7483 加法器積體電路是一個組合邏輯電路，沒有記憶功能。接腳號碼以括號顯示於圖 10-14 中。例如，數據輸入端 A_1 是第 10 支接腳。從圖 10-14 的邏輯圖可知此電路相當複雜。

7483 加法器可以串接，連接積體電路 1 的 C_4 輸出（進位輸出）至下一個 7483 積體電路 2 的 C_O 輸入（進位輸入）。串接兩個 7483 加法器的詳細圖形如圖 10-15 所

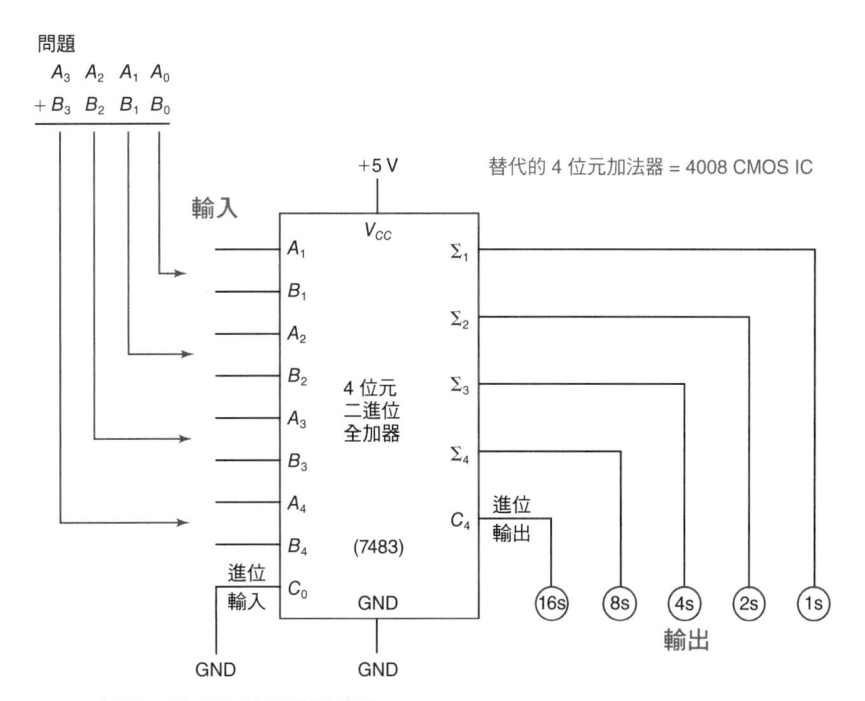

圖 10-13 7483 四位元二進位加法器積體電路。

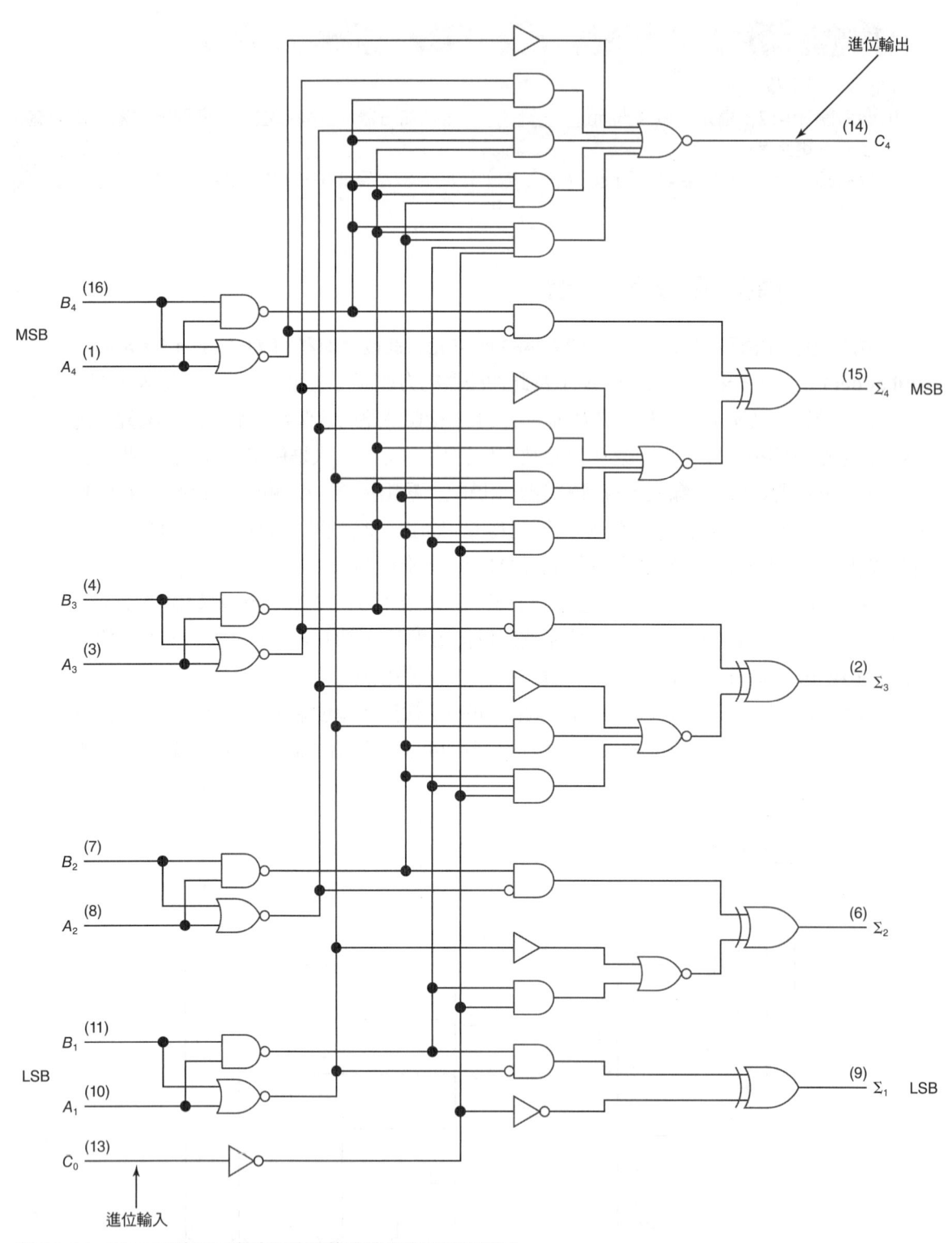

圖 10-14　7483 四位元二進位加法器積體電路的詳細邏輯圖。

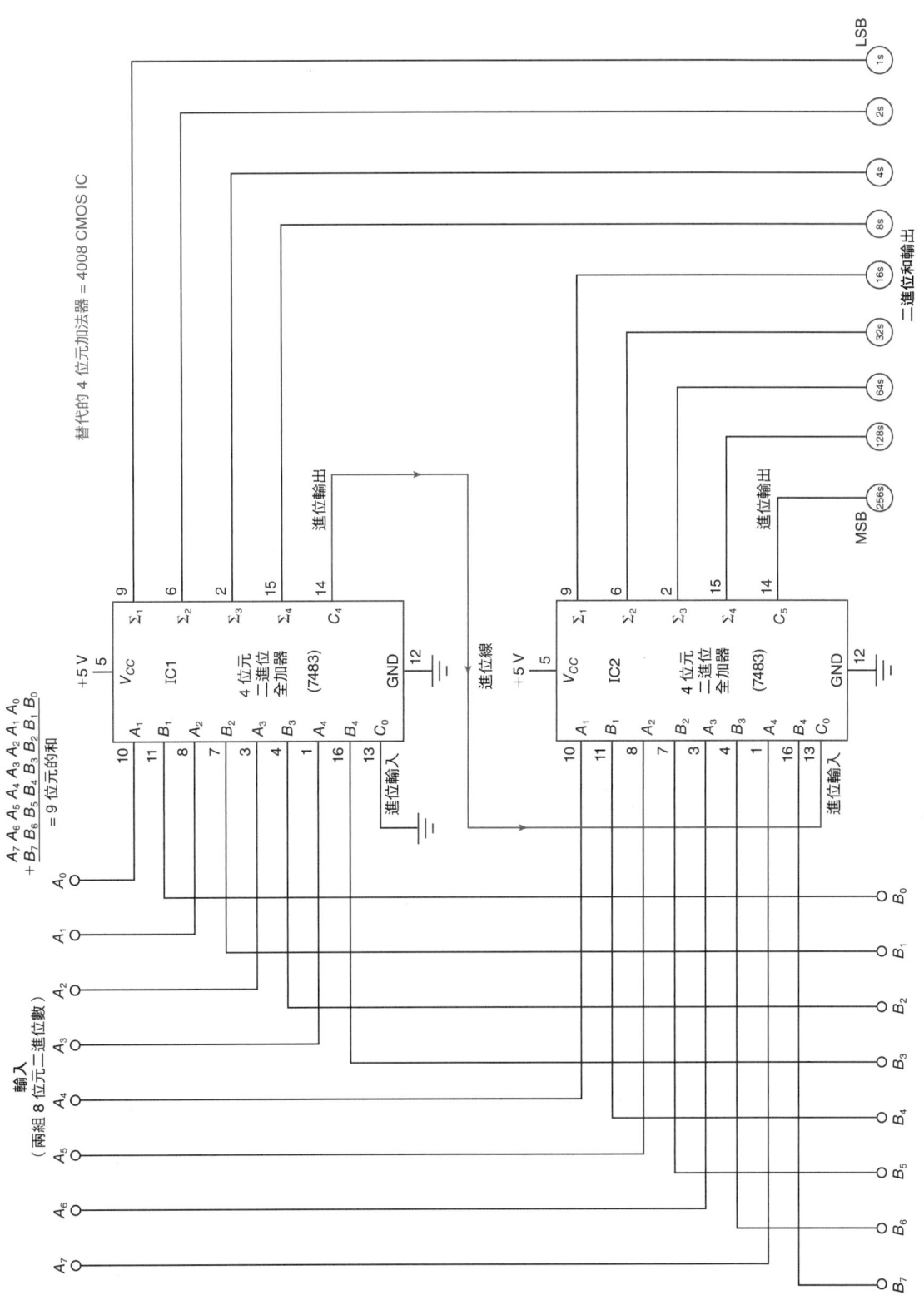

圖 10-15 串接兩個 7483 加法器以形成 8 位元二進位加法器電路。

示。該電路是一個 **8 位元二進位加法器 (8-bit binary adder)**，可以將 8 位元二進位輸入 $A_7A_6A_5A_4A_3A_2A_1A_0$ 和 $B_7B_6B_5B_4B_3B_2B_1B_0$ 相加，產生 9 位元二進位的和。8 位元二進位加法器可以處理的最多 9 位元的和為 111111110_2（$1FE_{16}$ 或 510_{10}）。例如，如果輸入是 00011100_2 和 11100011_2，則輸出將是 11111111_2（以十六進位來計算則為 1C + E3 = FF）。

相似的 7483 四位元加法器包括 74LS83、74C83 和 4008 積體電路；其他具有與 7483 積體電路相同功能，但有不同接腳配置的 4 位元加法器有 74283、74LS283、74S283、74F283 和 74HC283。

一個更複雜的運算晶片是 74LS181 積體電路。74LS181 與功能相近的 74LS381 積體電路被稱為**算術邏輯單元／功能產生器 (arithmetic-logic units/function generator)**。這些算術邏輯單元可以執行許多功能，這些功能包含加、減、移位、比較大小、XOR、AND、NAND、OR、NOR 和其他邏輯運算。近似於 74LS181 的 CMOS 電路有 74HC181 和 MC14581。

自我測驗

請填入下列空格。

32. 7483 積體電路包含一個 4 位元二進位_____。
33. 兩個 7483 積體電路_____形成一個 8 位元並列二進位加法器。
34. 7483 加法器積體電路沒有儲存裝置（例如閂鎖），因此被歸類為_____（組合，序向）邏輯裝置。
35. _____（74LS32，74LS181）是一種比較複雜的積體電路，能執行許多運算功能（例如加、減、移位、比較、AND、OR 等）以作為微處理器或微控制器的 ALU。
36. 參考圖 10-13。如果二進位輸入為 1100_2 和 1001_2，則二進位輸出為_____。
37. 參考圖 10-14。7483 加法器積體電路包含組合邏輯電路和序向邏輯電路。（是非題）
38. 參考圖 10-15。如果二進位輸入為 $1100\ 1100_2$ 和 $0001\ 1111_2$，則二進位輸出為_____。
39. 參考圖 10-15。如果二進位輸入為 $1111\ 1111_2$ 和 $1111\ 1111_2$，則二進位輸出為_____。
40. 參考圖 10-15。該電路可執行_____（BCD，二進位）數的加法。

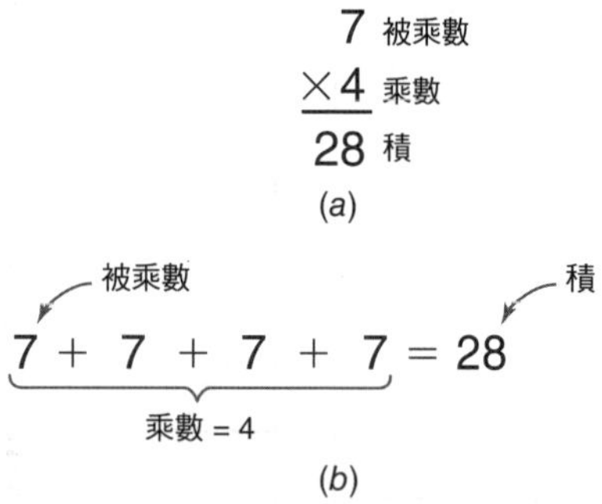

10-8 二進位乘法

```
  7  被乘數
 ×4  乘數
 ──
 28  積
(a)
```

```
 被乘數         積
┌─────────┐   ↓
7 + 7 + 7 + 7 = 28
└────┬────┘
   乘數 = 4
(b)
```

圖 10-16 (a) 十進位乘法問題。
(b) 乘以使用重複加法的乘法問題。

小學時，你已學會了乘法。你也學過像在圖 10-16(a) 的乘法問題，在上面的數字稱為**被乘數 (multiplicand)**，在下面的數字稱為**乘數 (multiplier)**，答案稱為**積 (product)**。如圖 10-16(a) 所示，7 × 4 = 28，所以積是 28。

圖 10-16(b) 顯示乘法實際上就是重複的加法，因為 4 是乘數，所以 7 × 4 就代表是重複將 7 加四次，所以積是 28。

如果要計算 54 乘以 14，則重複的加法系統相當複雜，需要很長的時間。被乘數 54 必須相加 14 次以得到積為 756。大多數人被教導以圖 10-17(a) 所示的方式來計算 54 乘以 14。為了求解 54 乘以 14 的問題，首先被乘數 54 乘以 4，如圖 10-17(b) 所示，這個結果的第一部分乘積為 216。接下來，將被乘數乘以 1，如圖 10-17(c) 所示，其實被乘數是乘以乘數 10，這個結果的第二部分乘積為 540。然後將第一部分和第二部分的乘積相加（216 和 540），最終得到的積為 756。一般會省略圖 10-17(a) 第二部分積的 0。

```
   54  被乘數
 × 14  乘數
  216
  54
  756  積
  (a)

   54
 × 14
  216  第一部分的積
  (b)

   54
 × 10
  216  第一部分的積
  540  第二部分的積
  (c)
```

圖 10-17　(a) 十進位乘法問題。(b) 計算第一部分的積。(c) 計算第二部分的積。

重要的是，要注意圖 10-17 中這個問題的解答過程，被乘數首先乘以乘數的最低有效位元，這樣可以得到第一部分的積。然後被乘數乘以乘數的最高有效位元，得到第二部分的積，再將這兩個部分的積相加得到最後的積，相同的過程也可以使用在**二進位乘法 (binary multiplication)**。

二進位乘法比十進位乘法簡單得多，二進位系統只有兩個數字（0 和 1），這使得乘法規則變得很簡單，圖 10-18(a) 所示即為二進位乘法規則。

二進位數的乘法，就像是十進位數的乘法計算，在二進位 111 乘以二進位 101 的問題如同圖 10-18(b) 所示，首先被乘數 (111) 乘以乘數的1位數，如圖 10-18(b) 所示，這個結果的第一**部分的積 (partial product)** 為 111。接下來，被乘數乘以 2 位數位元，其結果是第二部分的積為 0000。再來，被乘數乘以 4 位數位元，其結果是第三部分的積為 11100，最後將第一部分、第二部分和第三部分的積加總，其二進位積的總和為 100011。注意，同樣問題的十進位形式顯示在圖 10-18(b) 的左邊，二進位的積 100011 等於十進位的積 35。

```
二進位乘法法則
  0     0     1     1
×0    ×1    ×0    ×1
  0     0     0     1
         (a)

十進位        二進位
  7           111  被乘數
 ×5         ×101  乘數
 35           111  第一部分的積
             000   第二部分的積
            111    第三部分的積
         100011  積
            (b)
```

圖 10-18　(a) 二進位乘法規則。(b) 乘法問題。

圖 10-19 所示為另一個二進位乘法的問題，在圖左邊的問題是大家熟悉的十進位形式，而在圖右邊的問題是二進位形式，此問題為二進位 11011 乘以 1100，正如在十進位乘法將乘數中的兩個 0 放回在二進位中的 1 位數和 2 位數的地方，其二進位的積為 101000100，相當於十進位的 324。

```
十進位         二進位
  27              11011  被乘數
×12          ×   1100  乘數
  54           1101100  第三部分的積
 27            11011    第四部分的積
 324         101000100  積
```

圖 10-19　乘法問題。

你可以解出下列二進位乘法問題以獲更多解題經驗。

自我測驗

請填入下列空格。

41. 求出二進位 111 乘以 10 的積。
42. 求出二進位 1101 乘以 101 的積。
43. 求出二進位 1100 乘以 1110 的積。
44. 解出這些乘法問題：

a. $1111_2 \times 1001_2$ $\quad 15_{10} \times 9_{10}$

b. $1100_2 \times 1000_2$ $\quad 12_{10} \times 8_{10}$

c. $1011_2 \times 1011_2$ $\quad 11_{10} \times 11_{10}$

10-9 二進位乘法器

如圖 10-16(b) 所示，數字相乘其實就是重複的加法，被乘數 7 可以相加四次，獲得的積為 28。圖 10-20 所示為執行重複加法的電路圖，被乘數是在上方的暫存器。在我們的例子中，被乘數是十進位的 7，或是二進位的 111。乘數是儲存在圖 10-20 左側的下數計數器。在我們的例子中，乘數是十進位的 4，或是二進位的 100，將積存放在下方的積暫存器。

圖 10-21 所示為重複的加法操作模式，這個圖表顯示了被乘數（二進位 111）乘以乘數（二進位 100），其結果的積為 00000，在第一次下數後其部分的積為 00111（十進位7）會出現在積暫存器，在第二次下數後其部分的積為 01110（十進位 14）會出現在積暫存器，在第三次下數後其部分的積為 10101（十進位 21）會出現在積暫存器，在第四次下數後，得到**最終的積 (final product)** 為 11100（十進位 28）會出現在積暫存器，乘法問題（7×4 = 28）就完成。圖 10-20 的電路將 7 相加四次得到總和 28。

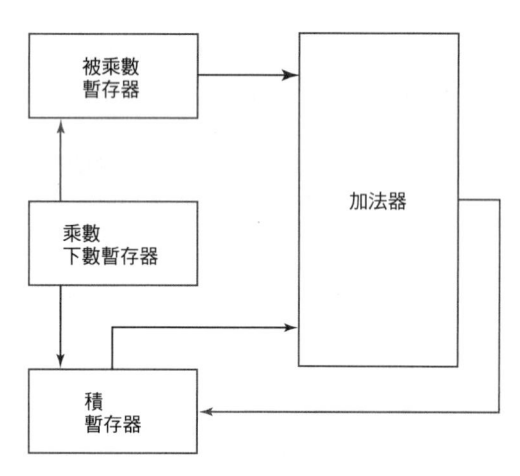

圖 10-20 重複加法的乘法器系統方塊圖。

	載入二進位數	第一次下數後	第二次下數後	第三次下數後	第四次下數後
被乘數暫存器	111	111	111	111	111
乘數計數器	100	011	010	001	000
積暫存器	00000	00111	01110	10101	11100
	載入				停止

圖 10-21 使用重複加法電路來計算二進位乘法 111 乘以 100。

這種類型的電路未被廣泛使用，因為需要長時間做大量的重複加法。在數位電子電路中，一個更實際的相乘方法是**加移法 (add-and-shift method)**，也稱為移加法。圖 10-22 顯示了一個二進位乘法問題，這個問題為二進位 111 乘以 101（十進位的 7×5），除了第 5 列的暫時積外，這是徒手計算的標準程序。第 5 列已被相加起來幫助你了解如何使用數位電路來完成乘法運算。密切觀察二進位乘法後，可發現以下三個重要的事實：

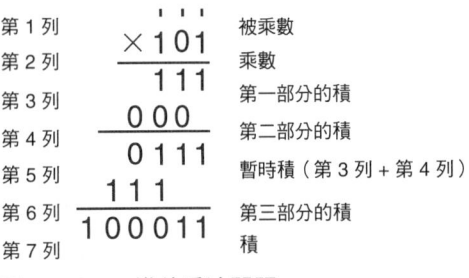

```
第 1 列      1 1 1       被乘數
第 2 列    × 1 0 1       乘數
第 3 列      1 1 1       第一部分的積
第 4 列    0 0 0         第二部分的積
第 5 列    0 1 1 1       暫時積（第3列＋第4列）
第 6 列   1 1 1          第三部分的積
第 7 列   1 0 0 0 1 1    積
```

圖 10-22 二進位乘法問題。

1. 如果乘數為 0，則部分的積為 000；若乘數為 1，則部分的積為被乘數。
2. 假設乘數有相同或更少的位元數時，積的暫存器需要被乘數暫存器位元數的兩倍。
3. 相加時，第一部分的積會右移一個位置（相對於第二部分的積）。

你可以觀察圖 10-22 找出該問題的每個特性。

上述已說明乘法的重要特性。利用這些乘法特性，可以設計出二進位乘法電路。在圖 10-23(a) 所示的二進位乘法電路中，被乘數 111 是被載入到左上角的暫存器，累積暫存器被重置為 0000，乘數 101 是被加載到右下角的暫存器。注意，累積暫存器和乘數暫存器被視為連接在一起，圖中以兩個暫存器的陰影連接部分來顯示。

讓我們使用圖 10-23(a) 中的電路來敘述相乘時的詳細程序，圖 10-23(b) 所示是一步一步說明如何使用加移法計算二進位 111 乘以 101。二進位 111 輸入至被乘數暫存器，累積暫存器和乘數暫存器在圖 10-23(b) 的步驟 A 輸入。步驟 B 顯示了控制線為 1 時累積暫存器的 0000 和被乘數暫存器 111 相加，即圖 10-22 乘法問題的第 3 列。步驟 C 是將累積暫存器和乘數暫存器向右移一個位置，乘數 (1) 的 LSB 將被右移並捨去。步驟 D 代表另一個相加的步驟，這一次控制線為 0，控制線 0 意味著不相加，該暫存器的內容保持不變，步驟 D 即圖 10-22 的第 4 列與第 5 列。步驟 E 顯示暫存器將被右移一個位置，此時乘數的 2 位數位元移出暫存器的最右端後並捨去。步驟 F 顯示乘數的 4 位數位元 (1) 會使加法器進行相加，累積器內容 (0001) 和被乘數 (111) 相加，其結果被存放在累積暫存器 (1000)。這個步驟即圖 10-22 的第 5 列至第 7 列。步驟 G 為加移法的最後步驟，它顯示了兩個暫存器都向右移動一個位置，最右端乘數 4 位數位元將右移並被捨去。最終的積將橫跨出現在兩個暫存器，為 100011，即二進位 111 乘以 101 的積為 100011（十進位 7×5 = 35）。利用此乘法器電路計算所得的積與圖 10-22 第 7 列徒手計算的結果是相同的。

到此已說明兩種類型的乘法器電路，第一種使用重複的加法以得到積，該系統如圖 10-20 所示；第二種電路使用乘法的加移法，如圖 10-23 所示。

在許多電腦中，像加移法的方法，可以程式化。為取代永久佈線電路，我們可以使用程式控制計算機依照如圖 10-23(b) 所示的程序，利用軟體來進行乘法運算。使用這種

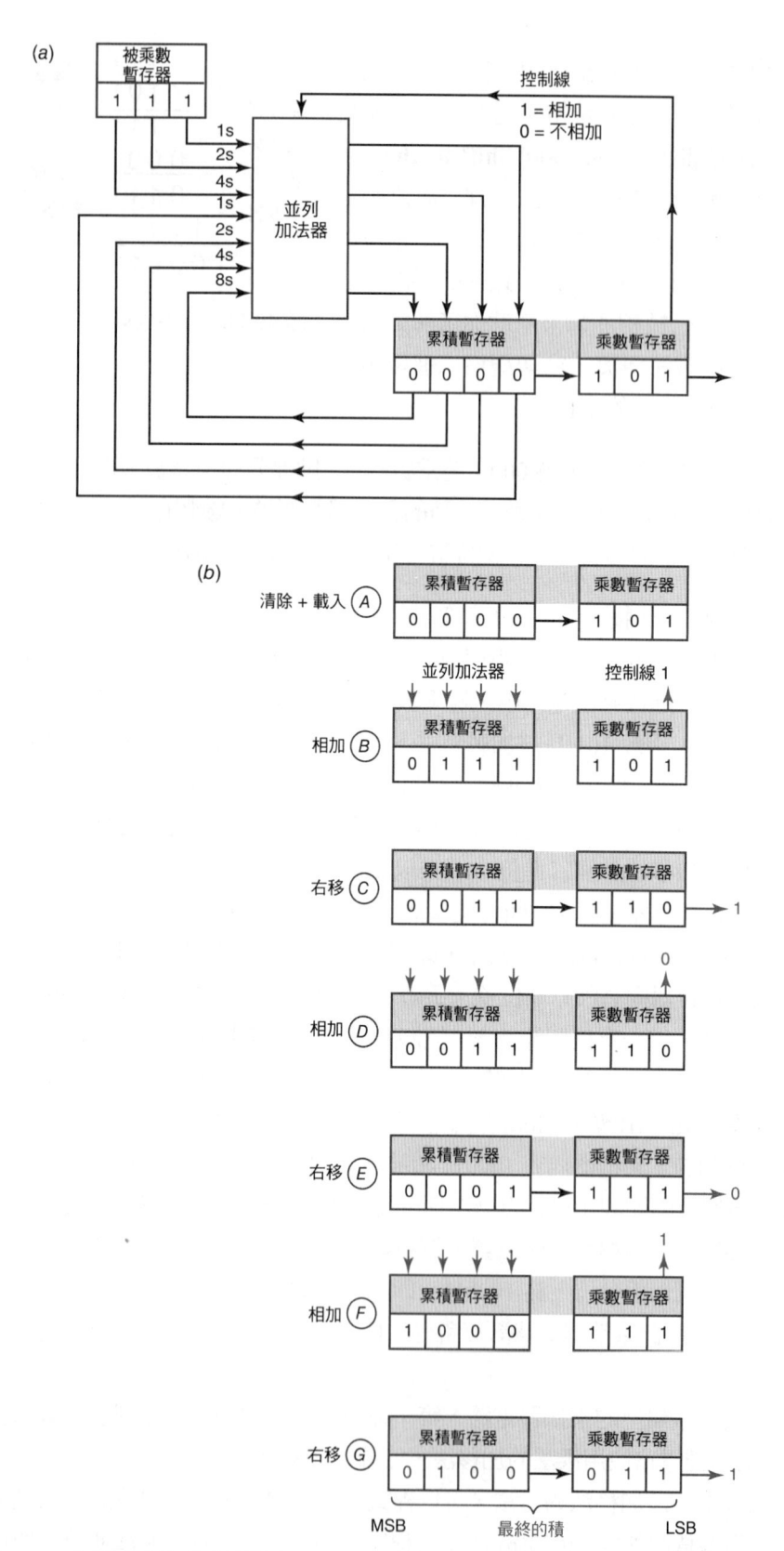

圖 10-23 (a) 加移型式的乘法器電路圖。(b) 乘法器電路中，累積暫存器和乘數暫存器的內容。

軟體將可以減少中央處理器所需的電子電路數量。

簡單的 8 位元微處理器，例如英特爾 8080/8051、摩托羅拉 6800 和 6502/65C02，在它們的算術邏輯電路裡沒有乘法電路。若要執行二進位乘法，工程師必須寫一個程式以計算數字的相乘，如果不是使用加移法就是利用重複的加法來計算乘法運算。大部分高階的微處理器都有乘法指令，一些較昂貴的微控制器也有乘法指令。

自我測驗

請填入下列空格。
45. 參考圖 10-20，該電路採用何種二進位乘法？
46. 一種使用數位電路來執行數字相乘的廣泛技術是＿＿＿＿＿法。
47. 參考圖 10-23。該電路採用何種二進位乘法？
48. 所有的微控制器都具有乘法指令。（是非題）
49. 參考圖 10-23。並列加法器被歸類為不具記憶特性的＿＿＿＿＿（組合，序向）邏輯元件。
50. 參考圖 10-23。這個系統中有哪三個元件被歸類為序向邏輯元件？

10-10　2 的補數表示法、加法與減法

2 的補數表示法被廣泛應用於微處理器。到現在為止，我們假設所有數字都是正數。然而，微處理器必須同時處理正數和負數，使用 **2 的補數表示法 (2s complement representations)** 就可以決定數字與符號的大小。

4 位元 2 的補數

假設我們使用的是 4 位元處理器，這意味著所有數據的傳送和處理是以 4 位元為一個單位。**符號位元 (sign bit)** 為數字的最高有效位元，顯示在圖 10-24(a)。符號位元為 0 意味著一個正數，而符號位元為 1 意味著一個負數。

圖 10-24(b) 所示為所有 4 位元數的 2 的補數表示法，範圍為從 +7 至 −8。圖 10-24(b) 所示正數的最高有效位元均為 0，負數的最高有效位元均為 1。注意，正數的 2 的補數表示法與二進位規則相同，因此，+7（十進位）= 0111（2 的補數）= 0111（二進位）。

負數之 2 的補數表示法可以將數字取 1 的補數後再加 1 來獲得，這個過程的例子。如圖 10-25(a) 所示，十進位的 −4 要轉換為 2 的補數的步驟：

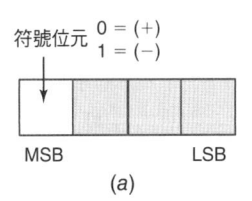

帶符號的十進位	4 位元 2 的補數表示法
+7	0111
+6	0110
+5	0101
+4	0100
+3	0011
+2	0010
+1	0001
0	0000
−1	1111
−2	1110
−3	1101
−4	1100
−5	1011
−6	1010
−7	1001
−8	1000

(b)

圖 10-24 (a) 4 位元暫存器的最高有效位元為符號位元。(b) 一些正數和負數的 2 的補數表示法。

−4（十進位）
↓ 步驟 ① 十進位轉換至二進位
0100（二進位）
↓ 步驟 ② 1 的補數
1011（1 的補數）
↓ 步驟 ③ 加 + 1(1011 + 1 = 1100)
−4₁₀ = 1100（2 的補數）

(a)

1100（2 的補數）
↓ 步驟 ① 1 的補數
0011（1 的補數）
↓ 步驟 ② 加 + 1 (0011 + 1 = 0100)
4₁₀ = 0100（二進位）

(b)

圖 10-25 (a) 將帶符號的十進位數轉換成 2 的補數形式。(b) 將 2 的補數形式轉換成二進位數。

```
  (+4)           0100
 +(+3)         + 0011
 ─────         ──────
  +7₁₀           0111  （2 的補數和）
                 (a)

  (−1)           1111
 +(−2)         + 1110
 ─────         ──────
  −3₁₀         1 1101  （2 的補數和）
                ↑
               捨去
                 (b)

  (+1)           0001
 +(−3)         + 1101
 ─────         ──────
  −2₁₀           1110  （2 的補數和）
                 (c)

  (+5)           0101
 +(−4)         + 1100
 ─────         ──────
  +1₁₀         1 0001  （2 的補數和）
                ↑
               捨去
                 (d)
```

圖 10-26 使用 4 位元 2 的補數來求解帶符號的四個加法問題。

1. 轉換十進位數至相等的二進位數。在這個例子中，轉換十進位數 −4 至二進位數 0100。
2. 改變全部的 1 至 0 和全部的 0 至 1，使二進位數轉換成 1 的補數。在此例中，轉換二進位數 0100 至 1 的補數 1011。
3. 使用普通二進位加法將 1 的補數加 1。在此例中，1011 + 1 = 1100，答案 (1100) 即為 2 的補數表示法。因此，十進位的 −4 = 1100（2 的補數）。

這個答案可以由圖 10-24(b) 的表來檢驗。

依照圖 10-25(b) 所示的程序，可以將 2 的補數轉換到二進位的形式。在這個例子中，2 的補數 (1100) 將被轉換為相等的二進位，而它的等效十進位數可以從二進位來獲得。

1. 改變 2 的補數全部的 1 至 0 和全部的 0 至 1，使其轉換成 1 的補數。在這個例子中，轉換 1100 至 0011。
2. 使用普通二進位加法將 1 的補數加 1。在此例中，0011 + 1 = 0100，答案 (0100) 即為二進位數。因此，二進位的 0100 = 十進位的 4。

由於 2 的補數 (1100) 的最高有效位元是 1，該數為負數。因此，2 的補數 1100 等於十進位的 −4。

2 的補數加法

2 的補數表示法之所以被廣泛採用，是因為它使帶符號的數可以方便地加減。四個 2 的補數的加法如圖 10-26 所示，圖 10-26(a) 中加入兩個正數，在這個例子中，2 的補數加法看起來就像二進位加法。圖 10-26(b) 所示為兩個負的十進位數（−1 與 −2）相加，這兩個數的 2 的補數分別為 1111 和 1110，將相加後的最高有效位元（4 位元暫存器中會溢位）捨去，留下 2 的補數和為 1101 或是十進位的 −3。看完圖 10-26(c) 與 (d) 的例子後，你是否了解使用 2 的補數表示法來計算帶符號的數字相加時的程序？

2 的補數減法

　　2 的補數表示法對於帶符號的數的減法也相當有用。四個減法的問題如圖 10-27 所示，第一個問題是十進位數的 7 減去十進位數的 3 等於十進位數的 4，先將十進位數減數的 3 轉換為二進位形式，再轉換成 2 的補數 1101。然後將 0111 加 1101 產生 1 0100，將相加後的最高有效位元（4 位元暫存器中會溢位）捨去，留下的差為二進位數的 0100 或十進位數的 4。注意加法器也會用於減法運算，這是因為轉換減數至 2 的補數與相加時會使用到，任何進位或溢位到二進位的第五位都將被捨去。

　　研讀過圖 10-27(b)、(c) 和 (d)，使用一個加法器的 2 的補數減法後，看看你是否可以按照程序來完成這些剩餘的減法問題。

8 位元 2 的補數

　　在之前的例子只有使用 4 位元 2 的補數表示法，大多數微處理器和微控制器是使用 8 位元、16 位元、32 位元或 64 位元，且二進位數的 4 位元 2 的補數也適用於 8 位元、16 位元、32 位元或 64 位元。

　　在 8 位元 2 的補數中，最高有效位元為符號位元，如圖 10-28(a) 所示，這可以用來表示數的符號和大小。圖 10-28(b) 顯示一些正數和負數的 8 位元 2 的補數，注意，8 位元 2 的補數數字範圍是從十進位數 –128 至 127。根據圖 10-28(b) 的上半部，對於從 0 到

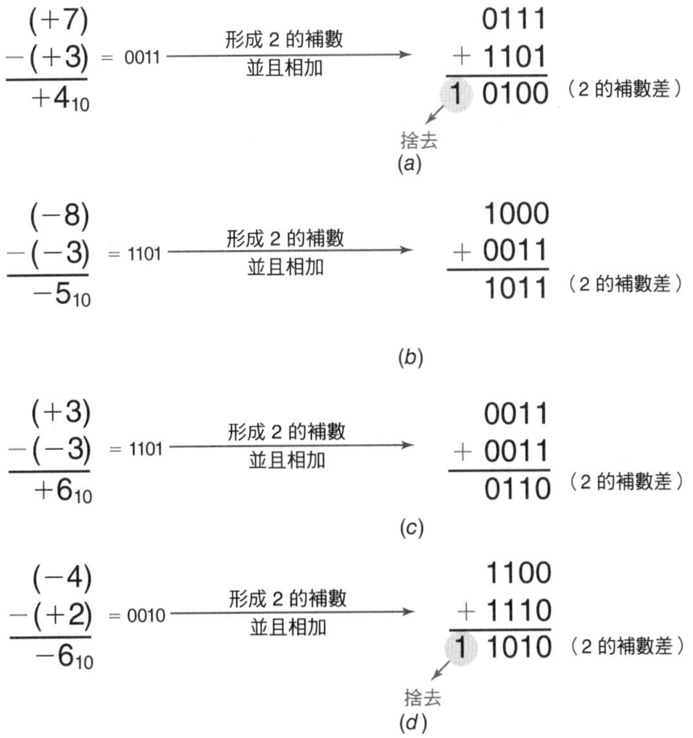

$$
\begin{array}{r}
(+7) \\
-(+3) \\ \hline
+4_{10}
\end{array} = 0011 \xrightarrow{\text{形成 2 的補數}\atop\text{並且相加}}
\begin{array}{r}
0111 \\
+\ 1101 \\ \hline
1\ 0100
\end{array}\text{（2 的補數差）}
$$

捨去
(a)

$$
\begin{array}{r}
(-8) \\
-(-3) \\ \hline
-5_{10}
\end{array} = 1101 \xrightarrow{\text{形成 2 的補數}\atop\text{並且相加}}
\begin{array}{r}
1000 \\
+\ 0011 \\ \hline
1011
\end{array}\text{（2 的補數差）}
$$

(b)

$$
\begin{array}{r}
(+3) \\
-(-3) \\ \hline
+6_{10}
\end{array} = 1101 \xrightarrow{\text{形成 2 的補數}\atop\text{並且相加}}
\begin{array}{r}
0011 \\
+\ 0011 \\ \hline
0110
\end{array}\text{（2 的補數差）}
$$

(c)

$$
\begin{array}{r}
(-4) \\
-(+2) \\ \hline
-6_{10}
\end{array} = 0010 \xrightarrow{\text{形成 2 的補數}\atop\text{並且相加}}
\begin{array}{r}
1100 \\
+\ 1110 \\ \hline
1\ 1010
\end{array}\text{（2 的補數差）}
$$

捨去
(d)

圖 10-27　使用 4 位元 2 的補數來求解帶符號的四個減法問題。

+127（正數）的十進位數，其 2 的補數與二進位數相同，例如十進位數 +125 的二進位或 2 的補數都是 0111 1101。

將負的十進位數（從 −1 至 −128）轉換到 8 位元 2 的補數是利用圖 10-25(a) 的方法來完成，按照下面這個三步驟的程序：

1. 轉換十進位數 −126 到等效的二進位數。
   例如：十進位數 126 等於二進位數 0111 1110。
2. 轉換二進位數到 1 的補數。
   例如：二進位數 0111 1110 等於 1 的補數 1000 0001。
3. 將 1 的補數加 1 形成 2 的補數。
   例如：1000 0001 加 1 等於 1000 0010。
   結果：十進位數 −126 等於 2 的補數 1000 0010。

接下來為負數的 2 的補數表示法轉換為等效十進位數。按照這個三步驟的程序：

1. 轉換 2 的補數至 1 的補數。
   例如：2 的補數 1001 1100 等於 1 的補數 0110 0011。
2. 將 1 的補數加 1 形成二進位數。
   例如：1 的補數 0110 0011 加 1 等於 2 進位數 0110 0100。
3. 轉換二進位數為等效的十進位數。
   例如：二進位數 0110 0100 等於十進位數的 100。
   結果：2 的補數 1001 1100 等於十進位數的 −100。

	符號位元			大小			
MSB	64s	32s	16s	8s	4s	2s	1s LSB

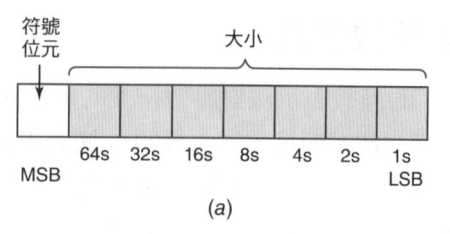

(a)

帶符號的十進位	8 位元 2 的補數表示法
+127	0111 1111
+126	0111 1110
+125	0111 1101
⋮	⋮
+5	0000 0101
+4	0000 0100
+3	0000 0011
+2	0000 0010
+1	0000 0001
0	0000 0000
−1	1111 1111
−2	1111 1110
−3	1111 1101
−4	1111 1100
−5	1111 1011
−6	1111 1010
⋮	⋮
−125	1000 0011
−126	1000 0010
−127	1000 0001
−128	1000 0000

(b)

圖 **10-28**　(a) 8 位元暫存器的最高有效位元為符號位元。(b) 一些正數和負數的 2 的補數表示法。

在前例中，將負的十進位數轉換成 2 的補數，與將 2 的補數轉換成負的十進位數是相反的程序。由於這些轉換相當費時且容易出錯，因此附錄 B 有一個 2 的補數轉換表，包含了十進位數 −1 至 −128 的 2 的補數。

幾個 8 位元 **2 的補數加法 (2s complement addition)** 的問題解答如圖 10-29(a) 所示。記住，當溢位（超過 8 個位元）發生時，它們將被捨去。和是以 2 的補數來表示，但要記住，對於正數，2 的補數和二進位數是相同的。回顧這些問題，檢視自己是否確實了解。之後將有實際問題可供練習。

$$
\begin{array}{r}
(+60) \\
+(+20) \\
\hline
+80_{10}
\end{array}
\qquad
\begin{array}{r}
0011\ 1100 \\
+\ 0001\ 0100 \\
\hline
0101\ 0000
\end{array}
\text{（2 的補數和）}
$$

$$
\begin{array}{r}
(-50) \\
+(-30) \\
\hline
-80_{10}
\end{array}
\qquad
\begin{array}{r}
1100\ 1110 \\
+\ 1110\ 0010 \\
\hline
\boxed{1}\ 1011\ 0000
\end{array}
\text{（2 的補數和）}
$$
捨去

$$
\begin{array}{r}
(+30) \\
+(-90) \\
\hline
-60_{10}
\end{array}
\qquad
\begin{array}{r}
0001\ 1110 \\
+\ 1010\ 0110 \\
\hline
1100\ 0100
\end{array}
\text{（2 的補數和）}
$$

$$
\begin{array}{r}
(+90) \\
+(-80) \\
\hline
+10_{10}
\end{array}
\qquad
\begin{array}{r}
0101\ 1010 \\
+\ 1011\ 0000 \\
\hline
\boxed{1}\ 0000\ 1010
\end{array}
\text{（2 的補數和）}
$$
捨去

(a)

$$
\begin{array}{r}
(+65) \\
-(+35) \\
\hline
+30_{10}
\end{array}
= 0010\ 0011
\xrightarrow{\text{形成 2 的補數並且相加}}
\begin{array}{r}
0100\ 0001 \\
+\ 1101\ 1101 \\
\hline
\boxed{1}\ 0001\ 1110
\end{array}
\text{（2 的補數差）}
$$
捨去

$$
\begin{array}{r}
(-78) \\
-(-35) \\
\hline
-43_{10}
\end{array}
= 1101\ 1101
\xrightarrow{\text{形成 2 的補數並且相加}}
\begin{array}{r}
1011\ 0010 \\
+\ 0010\ 0011 \\
\hline
1101\ 0101
\end{array}
\text{（2 的補數差）}
$$

$$
\begin{array}{r}
(+40) \\
-(-21) \\
\hline
+61_{10}
\end{array}
= 1110\ 1011
\xrightarrow{\text{形成 2 的補數並且相加}}
\begin{array}{r}
0010\ 1000 \\
+\ 0001\ 0101 \\
\hline
0011\ 1101
\end{array}
\text{（2 的補數差）}
$$

$$
\begin{array}{r}
(-45) \\
-(+22) \\
\hline
-67_{10}
\end{array}
= 0001\ 0110
\xrightarrow{\text{形成 2 的補數並且相加}}
\begin{array}{r}
1101\ 0011 \\
+\ 1110\ 1010 \\
\hline
\boxed{1}\ 1011\ 1101
\end{array}
\text{（2 的補數差）}
$$
捨去

(b)

圖 10-29 (a) 使用 8 位元 2 的補數來求解帶符號的四個加法問題。(b) 使用 8 位元 2 的補數來求解帶符號的四個減法問題。

幾個 8 位元 **2 的補數減法 (2s complement subtraction)** 的問題解答如圖 10-29(b) 所示。記住，當溢位（超過 8個位元）發生時，它們將被捨法。注意，減數會以 2 的補數法來表示，再與被減數相加。差是以 2 的補數來表示，但要記住，對於正數，2 的補數和二進位數是相同的。回顧這些問題，檢視自己是否確實了解。之後將有實際問題可供練習。

總結而言，之所以使用 2 的補數表示法，是因為它可以同時顯示數字的符號和大小。注意，正數的 2 的補數和二進位數是相同的。還有，2 的補數加法器可用於帶符號數的相加和相減。下一節將以圖示來說明 2 的補數加法器與減法器系統。

自我測驗

請填入下列空格。

51. 當微處理器同時處理正數和負數會使用＿＿＿＿表示法。
52. 4 位元 2 的補數 0111 是代表十進位數的＿＿＿＿和二進位數的＿＿＿＿。
53. 4 位元 2 的補數 1111 是代表十進位數的＿＿＿＿。
54. 在 2 的補數表示法，最高有效位元是＿＿＿＿位元。如果最高有效位元為 0，則代表＿＿＿＿（正數，負數），而如果最高有效位元為 1，則代表＿＿＿＿（正數，負數）。
55. 十進位數 –6 在 4 位元 2 的補數表示法中等於＿＿＿＿。
56. 十進位數 +5 在 4 位元 2 的補數表示法中等於＿＿＿＿。
57. 計算 4 位元 2 的補數 1110 加 1101 的和，答案以 2 的補數和十進位數來表示。
58. 計算 4 位元 2 的補數 0110 加 1100 的和，答案以 2 的補數和十進位數來表示。
59. 十進位 90 等於二進位的＿＿＿＿以及 8 位元 2 的補數的＿＿＿＿。
60. 十進制 –90 在 8 位元 2 的補數表示法中等於＿＿＿＿。
61. 2 的補數 0111 1111 與 2 的補數 1111 0000 相加後等於 8 位元 2 的補數的＿＿＿＿或十進位數的＿＿＿＿。
62. 2 的補數 1000 0000 與 2 的補數 0000 1111 相加後等於 8 位元 2 的補數的＿＿＿＿或十進位數的＿＿＿＿。
63. 2 的補數 1110 0000 與 2 的補數 0001 0000 相減後等於 8 位元 2 的補數的＿＿＿＿或十進位數的＿＿＿＿。
64. 2 的補數 0011 0000 與 2 的補數 1111 1111 相減後等於 8 位元 2 的補數的＿＿＿＿或十進位數的＿＿＿＿。

10-11 2 的補數加法器／減法器

2 的補數 4 位元加法器／減法器系統 (2s complement 4-bit adder/subtractor system) 如圖 10-30 所示，注意它使用四個全加器來處理兩個 4 位元數字。XOR 閘被加到每個全加器的 B 輸入來控制操作模式的單位。在模式控制在 0 時，系統將 2 的補數 $A_3A_2A_1A_0$ 和 $B_3B_2B_1B_0$ 相加，以 2 的補數符號表示的和將顯示在右下角的輸出指示器。XOR 閘在 A 輸入為低電位時，B 的數據可以通過邏輯閘且不會被反轉。如果 XOR 閘在 B_0 輸入為高電

位時,則邏輯閘的 Y 輸出為高電位,因此最上方的 1 位數全加器的 C_{in} 輸入為 0,時間控制模式在相加的位置。在相加模式中,2 的補數加法器的操作就像一個二進位加法器,除了 8 位數全加器的進位 C_O 將被捨去。在圖 10-30,8 位數全加器的 C_O 輸出是未連接的。

模式控制輸入被放置在邏輯 1 時,則為 2 的補數減法,這將導致 XOR 閘在 B 的數據輸入資料是反相的,在 1 位數的全加器 C_{in} 輸入也會為高電位。這種組合為 XOR 閘的反相作用加上 1 位數全加器的 C_{in} 輸入為 1,相當於取補數加 1。這樣好比是減數的 2 的補數(圖 10-30 的 B 數)。

記得圖 10-30 的系統只使用 2 的補數,4 位元加法器／減法器系統可以擴展到 8 位元、16 位元、32 位元或 64 位元來處理更大的 2 的補數。

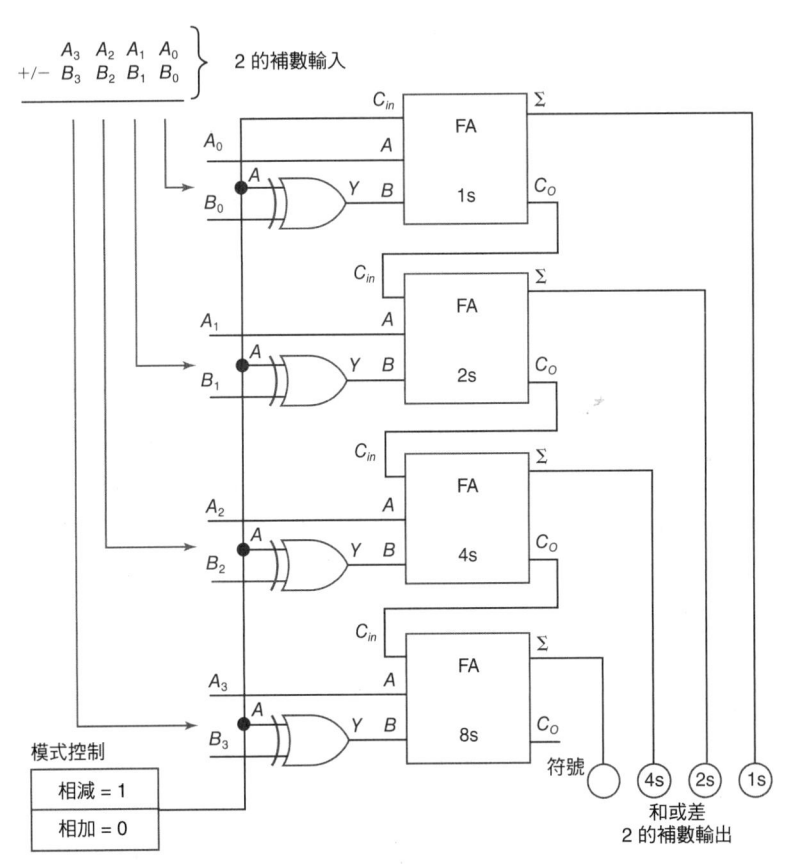

圖 10-30 使用 2 的補數的加法器／減法器系統。

自我測驗

請填入下列空格。

65. 參考圖 10-30。在這個系統,數字相加或相減必須為_____(二進位,BCD,1 的補數,2 的補數)形式。
66. 參考圖 10-30。在這個系統,和或差輸出將是_____(二進位,BCD,1 的補數,2 的補

數）形式。

67. 參考圖 10-30，該系統可以計算_____（帶符號，不帶符號）數字的相加或相減。
68. 參考圖 10-30，如果系統將 0011 加上 1100，輸出為_____，這是 2 的補數表示法，相當於十進位的_____。
69. 參考圖 10-30，如果系統將 0101 減去 0010，輸出為_____，這是 2 的補數表示法，相當於十進位的_____。
70. 參考圖 10-30，如果系統將 1010 加上 0100，輸出為_____，這是 2 的補數表示法，相當於十進位的_____。
71. 參考圖 10-30，如果系統將 1110 減去 1001，輸出為_____，這是 2 的補數表示法，相當於十進位的_____。

10-12 全加器的故障檢修

圖 10-31(a) 所示是一個故障的全加器電路，學生或技術人員首先檢查電路的外觀和過熱的跡象，但沒有發現這樣的問題。

全加器為一個組合邏輯電路。為了方便起見，將其真值表的正常輸出顯示於圖 10-31(b)。學生或技術人員使用邏輯探棒檢查全加器的輸入與輸出（Σ 和 C_O），實際的邏輯探棒輸出顯示圖 10-31(b) 真值表右側列的那兩行，H 代表高電位，而 L 代表低電位。兩個錯誤出現在真值表 C_O 那一行的第 6 列與第 7 列，並標示在圖 10-31(b)。而真值表 Σ 那一行的結果看起來並沒有錯誤。在圖 10-31(a) 的 Σ 電路包含兩個互斥或閘，分別標示為 1 與 2。看起來，這些閘可以正常運作。

疑難問題預計將發生在 OR 閘或是兩個 AND 閘。從真值表的最後一列可知底部的 AND 閘和 OR 閘是正常運作的，而上部的 AND 閘（標註為 4）可能有故障。技術人員對真值表的第 6 行輸入做檢查（$C_{in} = 1$，$B = 0$，$A = 1$），AND 閘 4 的接腳 1 和接腳 2 皆應該為 1。當邏輯探棒觸及到接腳 1 和接腳 2 時，AND 閘 4 的兩個輸入指示高電位，檢查 AND 閘 4 的第三支接腳輸出卻保持在低電位。

技術人員仔細檢查 7408 積體電路和周邊電路板，檢查是否有短路，但沒有發現此現象。假定 AND 閘 4 仍保持在低電位輸出，因此以一顆良好的 7408 積體電路替換來原來的 7408 積體電路。

在更換 7408 積體電路之後，檢查全加器電路是否可以正常運行。此電路可以根據其真值表來正常運作，真值表可以幫助技術人員和學生進行故障檢修。這樣的表定義了一個正常的電路應如何操作。真值表成為幫助技術人員了解電路的最佳工具。熟悉電路的正常運作將有助於故障排除。

成功的故障排除具有六個要點：

1. 了解電路的正常運作。
2. 確定積體電路是否有過熱的現象。

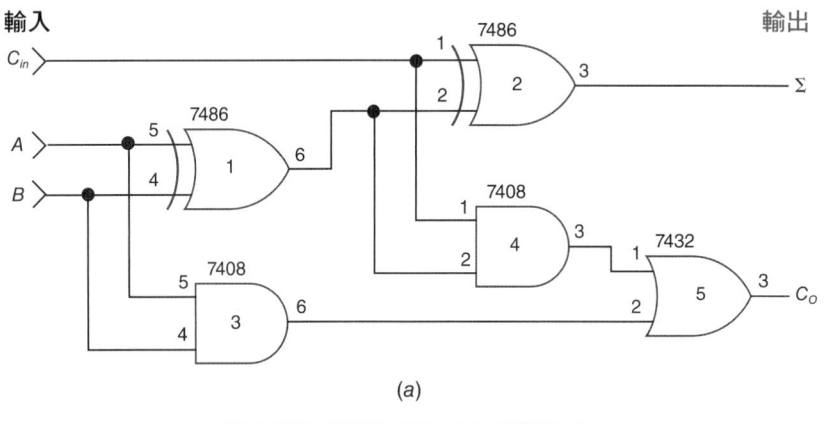

圖 10-31 (a) 故障的全加器電路。(b) 實際輸出的全加器真值表。

3. 尋找中斷的連接或過熱的跡象。
4. 能以嗅覺偵測是否有過熱。
5. 檢查電源和電源集成電路。
6. 檢查通過邏輯電路的路徑和隔離故障區域。

自我測驗

請填入下列空格。

72. 參考圖 10-31。此_____（組合，序向）邏輯電路似乎是故障在_____（進位輸出，和）的部分電路。
73. 參考圖 10-31。此電路是故障在邏輯閘_____（數字），輸出是保持在_____（高電位，低電位）。
74. 熟悉電路的正常運作是電路故障排除的重要關鍵。（是非題）
75. 列出一些成功排除故障的方法。

第 10 章　總結與回顧

總　結

1. 算術電路（例如加法器和減法器）是使用邏輯閘建構出組合邏輯電路。
2. 基本的加法電路稱為半加器，使用兩個半加器和一個 OR 閘可連接形成一個完整的全加器。
3. 基本的減法電路稱為半減器，使用兩個半減器和一個 OR 閘可連接形成一個完整的全減器。
4. 加法器可連接在一起，形成並列加法器。
5. 4 位元並列加法器可以將兩個 4 位元的二進位數相加，這種加法器包含一個半加器以及三個全加器。
6. 晶片製造商生產多種算術積體電路。
7. 加法器／減法器往往是計算機中央處理器的一部分。
8. 數位電路執行二進位乘法時，是使用重複的加法或是加移法。
9. 微處理器在處理帶符號的數時是使用 2 的補數表示法。當使用 2 的補數時，加法器可用於執行加法和減法。
10. 真值表定義正常運行的電路，有助於組合邏輯電路的故障排除。

章節回顧問題

回答下列問題。

10-1. 計算 a 至 h 小題的二進位加法問題：
　　a. 101　＋　011　＝
　　b. 110　＋　101　＝
　　c. 111　＋　111　＝
　　d. 1000　＋　0011　＝
　　e. 1000　＋　1000　＝
　　f. 1001　＋　0111　＝
　　g. 1010　＋　0101　＝
　　h. 1100　＋　0101　＝

10-2. 繪製半加器的方塊圖（標示兩個輸入和兩個輸出）。

10-3. 繪製全加器的方塊圖（標示三個輸入和兩個輸出）。

10-4. 計算 a 至 h 小題的二進位減法問題：
　　a. 1100　－　0010　＝
　　b. 1101　－　1010　＝
　　c. 1110　－　0011　＝
　　d. 1111　－　0110　＝
　　e. 10000　－　0011　＝
　　f. 1000　－　0101　＝
　　g. 10010　－　1011　＝
　　h. 1001　－　0010　＝

10-5. 繪製半減器的方塊圖（標示兩個輸入和兩個輸出）。

10-6. 繪製全減器的方塊圖（標示三個輸入和兩個輸出）。

10-7. 繪製二位元並列加法器的方塊圖（使用一個半加器和一個全加器）。

10-8. 使用電路模擬軟體：(1) 建立一個像圖 10-6(a) 的全加器電路。(2) 測試電路。(3) 顯示電路和結果。

10-9. 計算 a 至 h 小題的二進位乘法問題（以十進位乘法驗證你的答案）：
　　a. 101　×　011　＝
　　b. 111　×　011　＝
　　c. 10000　×　101　＝
　　d. 1001　×　010　＝
　　e. 1010　×　011　＝
　　f. 110　×　111　＝
　　g. 1100　×　1000　＝
　　h. 1010　×　1001　＝

10-10. 列出兩種利用數位電子電路執行二進位乘法的方法。

10-11. 將下列帶符號的十進位數轉換至 4 位元 2 的補數形式：
a. + 1 = 　　　　　　　　c. – 1 =
b. + 7 = 　　　　　　　　d. – 7 =

10-12. 將下列 4 位元 2 的補數轉換至帶符號的十進位數形式：
a. 0101 = 　　　　　　　c. 1110 =
b. 0011 = 　　　　　　　d. 1000 =

10-13. 將下列 8 位元 2 的補數轉換至帶符號的十進位數形式：
a. 0111 0000 = 　　　　　c. 1000 0001 =
b. 1111 1111 = 　　　　　d. 1100 0001 =

10-14. 將下列帶符號的十進位數轉換至 8 位元 2 的補數形式：
a. + 50 = 　　　　　　　 c. – 50 =
b. – 32 = 　　　　　　　 d. – 96 =

10-15. 將下列 4 位元 2 的補數相加的和以 4 位元 2 的補數與帶符號的十進位數表示：
a. 0110 + 0001 = 　　　　c. 0001 + 1100 =
b. 1101 + 1011 = 　　　　d. 0100 + 1110 =

10-16. 將下列 4 位元 2 的補數相減的差以 4 位元 2 的補數與帶符號的十進位數表示：
a. 0110 – 0010 = 　　　　c. 0010 – 1101 =
b. 1001 – 1110 = 　　　　d. 1101 – 0001 =

10-17. 將下列 8 位元 2 的補數相加的和以 8 位元 2 的補數與帶符號的十進位數表示：
a. 0001 0101 + 0000 1111 = 　　　c. 0000 1111 + 1111 1100 =
b. 1111 0000 + 1111 1000 = 　　　d. 1101 1111 + 0000 0011 =

10-18. 將下列 8 位元 2 的補數相減的差以 8 位元 2 的補數與帶符號的十進位數表示：
a. 0111 0000 – 0001 1111 = 　　　c. 0001 1100 – 1110 1111 =
b. 1100 1111 – 1111 0000 = 　　　d. 1111 1100 – 0000 0010 =

10-19. 見表 10-1，半加器電路故障問題似乎是在_____（C_o，和）輸出，似乎是在_____（堅持在高電位，堅持在低電位）。

10-20. 見表 10-1，在試圖修復發生故障的半加器電路時，你可以替換一顆_____（AND 閘積體電路，XOR 閘積體電路），然後測試電路是否可以正確操作。

表 10-1 故障半加器的邏輯探棒結果

輸入		輸出	
B	A	和	C_o
L	L	L	H
L	H	H	H
H	L	H	H
H	H	L	H

關鍵性思考問題

10-1. 繪製 2 位元並列加法器的邏輯符號圖，需採用 XOR 閘、AND 閘和 OR 閘。

10-2. 參考圖 10-11，繪製全減器的邏輯符號圖，需採用 XOR 閘、AND 閘和 NAND 閘。

10-3. 繪製 8 位元二進位加法器的邏輯圖，需採用兩個 7483 的 4 位元加法器積體電路。

10-4. 將帶符號數的十進位數 +127 轉換到其 8 位元 2 的補數形式。記住，最左邊的位元將是 0，這意味著該數是正的。

10-5. 將帶符號數的十進位數 –25 轉換到其 8 位元 2 的補數形式。記住，最左邊的位元將是 1，這意味著該數是負的。

10-6. 2 的補數被廣泛應用於數位系統中（例

10-7. 描述如何將二進位數轉換到 2 的補數。

10-8. 負的二進位數是它的＿＿＿＿＿＿（2 的補數，9 的補數）。

10-9. 為什麼十進位數的 0 在 2 的補數表示法中必須表示為正數？

10-10. 使用電路模擬軟體：(1) 建立一個使用 4 位元二進位加法器積體電路（參考圖 10-13）。(2) 加入一些 4 位元二進位數以測試電路。(3) 顯示電路和結果。你可以使用 7483TTL 積體電路代替 4008 4 位元加法器積體電路。

10-11. 使用電路模擬軟體：(1) 建立一個使用 2 的補數的加法器／減法器系統（參考圖 10-30）。(2) 加入或減去一些 2 的補數以測試電路（參考圖 10-26 和圖 10-27）。(3) 顯示電路和結果。

如微處理器），因為它們可以用來表示＿＿＿＿＿＿數。

CHAPTER 11
記憶體

學習目標 本章將幫助你：

11-1 列出並指出使用於微電腦系統中一般記憶體及儲存裝置的特性。描繪電腦的一般性組織，包括中央處理單元 (CPU)、控制匯流排、位置匯流排、資料匯流排、內部的隨機存取記憶體 (RAM)、唯讀記憶體 (ROM)、非揮發性隨機存取記憶體 (NVRAM) 和大容量儲存記憶體設備。了解特定半導體儲存單元類型與其特點和常見用途。連結特定的儲存設備與其基本技術，例如磁式、機械式、光學式或半導體式。

11-2 對於小型半導體記憶體的組織，將記憶體繪製成表格形式，以描繪出記憶體的邏輯符號，並解釋記憶體的執行程序。

11-3 定義小型靜態隨機存取記憶體 IC 之讀取及寫入的操作程序，並分析較大型靜態隨機存取記憶體之讀取及寫入的操作程序。

11-4 以格雷碼規劃小型靜態隨機存取記憶體。

11-5 定性描述唯讀記憶體，分析基本二極體唯讀記憶體電路。

11-6 使用唯讀記憶體解決計數問題。

11-7 解說可程式唯讀記憶體（例如 PROM、EPROM、EEPROM、以及快閃式非揮發性記憶體）的特性。

11-8 歸納非揮發性讀／寫記憶體（例如快閃 EEPROM、備用電源 SRAM 以及 NVSRAM），歸納較新型非揮發性讀／寫記憶體相關技術（例如 FeRAM 與 MRAM）。

11-9 識別數種常見的記憶體封裝。

11-10 描述電腦大容量儲存裝置的技術特性（機械式、磁式、光學式與半導體式），解釋每一類型元件的優點。

11-11 總結含有 NVRAM 數位式電位計的運作情形，分析特定數位式電位計的動作。

　　有人說，數位系統優於類比系統最重要的特點是擁有短期或長期儲存資料的能力。其有效的使用記憶體和數位儲存裝置已經推動了所謂的「資訊革命」。整個網際網路系統是依賴於從某一端的儲存／記憶設備上傳輸資料至另一端。當然，電腦和電信系統依賴於大量的數位儲存。

　　隨身碟 (USB flash drive) 是記憶體技術進步的一個例證，幾乎每個人都會使用這種小型可攜式的隨身碟。它不是硬碟，而是一種**半導體快閃式記憶體 (semiconductor flash memory)** 裝置。隨身碟常見的容量為 8 GB、16 GB、32 GB、64 GB、128 GB 及 256 GB。它幾乎已完全取代了軟式磁碟，同時也取代了可複寫式光碟之地位。隨身碟是可攜

式的、堅固耐用,而且相容於計算機及其他數位裝置。它的價格每十億位元組 (GB) 不到 2 美元,且持續降低中。隨身碟的儲存容量雖不如硬碟,但大量被應用於數位裝置,包括電腦、微控制器、攝影機和遊戲主機中。

我們已經學習過的正反器在某些**半導體記憶體 (semiconductor memory)** 當中成為了一個基本的「記憶單元」。一個簡單的移位暫存器、閂鎖和計數器,皆使用正反器作為臨時記憶體。本章將探討其他幾種類型的大容量半導體記憶體單元,大容量儲存設備依特性通常分類為:磁式、機械式、光學式或半導體式。

11-1 記憶體概述

電腦中的記憶體裝置

圖 11-1 描述在日常使用的機器中,一個典型的微電腦系統具有許多類型的記憶體和儲存裝置。**中央處理單元 (central processing unit, CPU)** 是電腦或微處理器其中一部分,它包含了算術、邏輯和控制的部分。大多數資料傳遞都集中在 CPU 的部分。圖 11-1 中,**位址匯流排 (address bus)** 和**控制匯流排 (control bus)** 是從 CPU 發出信號。**匯流排 (bus)** 是一組平行導線,其工作就是要傳遞信息到電腦或微處理器的其他部分。位址匯流排和控制匯流排是單向的通訊線路,告訴記憶體、儲存和其他周邊設備誰做什麼工作以及何時產生動作。**資料匯流排 (data bus)** 是雙向傳送之通訊通道,可以發送信息給記憶體、儲存和其他周邊設備和接收其信息。圖 11-1 的簡化圖顯示了一些常見的內部半導體記憶裝置,如用於電腦的**隨機存取記憶體 (random-access memory, RAM)**、**唯讀記憶體 (read-only memory, ROM)** 和**非揮發性隨機存取記憶體 (nonvolatile RAM, NVRAM)**。請注意,資料可以經由資料匯流排流入(寫入記憶體中)或流出(從記憶體讀取) RAM 和 NVRAM 中。ROM 是不同的,因為它是永久性被程式化的,資料只可以流出該半導體裝置,如圖 11-1 中的箭頭所示。多樣化的半導體唯讀記憶體裝置,例如可程式唯讀記憶體 (PROM) 、電子可程式唯讀記憶體 (EPROM) 或可擦拭程式化唯讀記憶體 (EPROM) 均可替代在電腦系統的 ROM。

如圖 11-1 中所示,通常與現代的微電腦相關之其他記憶元件歸屬在大容量儲存設備之下。根據相對應的儲存媒介,可以分類為磁式、雲端、光學式或半導體式。

磁式儲存

硬碟 (hard drive) 是個人電腦中最普遍的大量磁性儲存裝置,又被稱為**硬式磁碟機 (hard disk drive, HDD)**。硬碟經常使用在許多的數位設備之中,例如:攝錄像機、汽車及網路伺服器。硬碟是堅硬的拋光磁碟,以高速旋轉(通常每分鐘 7200 轉),將資料儲存在磁碟表面的薄層金屬氧化物鍍膜。數字 0 與 1 是以金屬氧化物表層磁疇對齊某一方向或其他方向來呈現。利用寫入頭將 0 與 1 的資料儲存在磁碟,並利用讀取頭在超音速移動的磁性介質上偵測資料是 0 或 1。

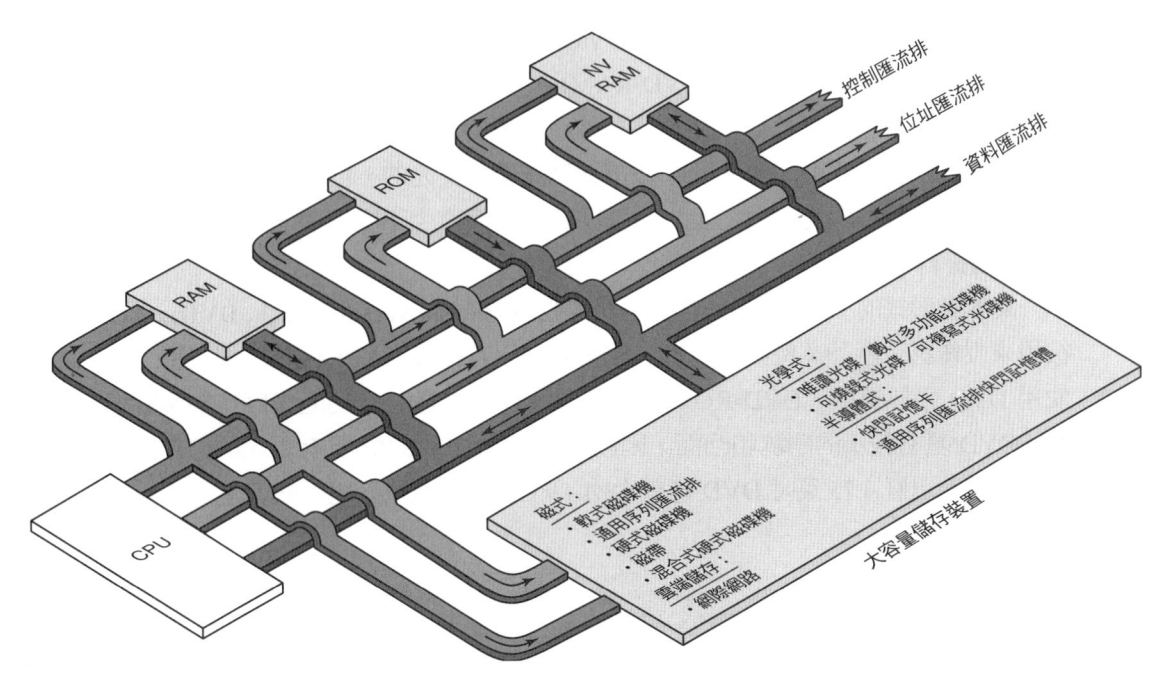

圖 11-1 典型電腦系統簡圖，顯示出不同類型的記憶體或儲存裝置。

家用或學校電腦中較大型硬式磁碟機擁有 500 GB 到超過 1 TB 的儲存容量。為了存取這種大容量，硬碟機構由許多堆疊的雙面堅硬磁碟組成，並經由搭配的讀寫臂與讀寫頭去讀取或寫入資料。硬碟機構非常精密，並仔細封裝以防止濕氣、煙霧與灰塵。

在過去，**軟式磁碟機 (floppy disk drive)** 是很多個人電腦的標準配備。軟式磁碟片的材料是在軟性塑膠碟片上做薄層金屬氧化物鍍膜。軟式磁碟機旋轉磁碟片，而讀寫頭在磁性介質上讀取或寫入資料。一個典型的軟碟可具有 1 MB 到 2 MB 的儲存容量。

由於光學式可複寫式光碟和隨身碟具有較大儲存容量，已成為非常普及的高容量移動式資料儲存裝置。當需要較大容量時（例如要備份你的電腦），常使用外接型硬式磁碟機。外接型硬式磁碟機的儲存容量，沒有內接型硬式磁碟機來得大。外接型硬式磁碟機通常使用電腦的通用序列匯流排埠來傳送資料。

網路伺服器是大型計算機系統，但沒有一般使用者介面，如鍵盤、喇叭或螢幕。這些伺服器強調有高容量處理器和巨大的網路記憶容量，通常使用堆疊硬式磁碟機組成網路伺服器的一部分。

光學式儲存

許多電腦系統包含一個光碟 (CD) 磁碟機，能夠從多種類型的光碟讀取資訊，音樂產業在 1980 年代初期開始使用光碟作為媒介。

常見的光學媒體包括光碟型唯讀記憶體光碟 (CD-ROM)、光碟型數位音訊 (CD-DA)、可燒錄式光碟 (CD-R)、可複寫式光碟 (CD-RW) 和數位多功能光碟 (DVD)；數位

多功能光碟可用作數位影音光碟 (DVD-video)、數位音樂光碟 (DVD-audio)、唯讀記憶體光碟以及隨機存取記憶體光碟 (DVD-RAM)。

CD-ROM 和 DVD 光碟的生產需要使用昂貴的工業塑料噴射成型設備。在製造過程中，微小的凹孔和平面（非凹孔）被塑造至光碟中反光的一面。光碟機讀取頭把雷射束瞄準在快速旋轉中的光碟軌道上，反彈凹孔和平面產生不同反射光，分別被解譯為邏輯 0 和 1 的資料。

高容量形式的 CD-ROM 是**數位多功能光碟 (digital versatile disk, DVD)**。DVD 最常被用來製作影音產品（例如：電影）。當光碟只有保存音頻／視頻（如電影）時，才會使用 DVD 視訊標準。DVD-ROM 標準則被使用在當數位多功能光碟作為電腦資料儲存時。DVD 具有較小的凹坑和凸面，因此比舊式的 CD-ROM 具有更大的儲存容量。一個簡單的單面單層 4.75 英吋 DVD 擁有大約 4.7 GB（47 億位元組）的容量。

半導體式儲存

圖 11-1 中的微電腦系統顯示一個單一的半導體型式大容量儲存設備。快閃記憶體可以普通的 IC 封裝或以記憶卡的形式呈現。記憶卡看起來像是一塊厚厚的信用卡。數位相機通常使用快閃記憶卡來儲存照片。十年前，快閃記憶體僅有小容量可用，但最近大容量的晶片已經面世。最終，半導體快閃記憶體可能成為**固態硬碟 (solid-state drive)**，因為它們取代了在某些攜帶式電腦和其他設備（例如電子記事簿）裡的硬式磁碟機。快閃記憶體的形式通常使用小型 **USB 快閃記憶體 (USB flash memory)** 裝置，USB快閃記憶體模組可攜帶移動且通常作為軟碟或光碟使用。

半導體儲存單元

半導體儲存裝置通常分為六大類：靜態隨機存取記憶體 (SRAM)、動態隨機存取記憶體 (DRAM)、唯讀記憶體 (ROM)、電子可程式唯讀記憶體 (EPROM)、電子式可清除程式化唯讀記憶體 (EEPROM) 和快閃記憶體（又稱為快閃電子式可清除程式化唯讀記憶體，flash EEPROM）。其中有一些半導體儲存裝置技術在執行某些數位系統工作時優於其他技術。以下是這些技術的簡短描述：

- 靜態隨機存取記憶體 (static random-access memory, SRAM)──高存取速度、可讀可寫、需要持續的供給電源（揮發性記憶體）、低密度、高成本，在微處理器中作為高速快取記憶體 (cache memory)。
- 動態隨機存取記憶體 (dynamic random-access memory, DRAM)──良好的存取速度、可讀可寫、揮發性記憶體需要外加一個更新 (refresh) 電路、高密度、低成本，在隨機存取記憶體類型中，被使用在幾乎所有現代的電腦。
- 唯讀記憶體 (read-only memory, ROM)──高密度、非揮發性（不能修改）、可靠、低成本，特別是在大量生產之應用。

- 電子可程式唯讀記憶體 (electrically programmable read-only memory, EPROM) ── 高密度、非揮發性（可以更新，雖然不太容易）、紫外線可清除，然後重新程式化。
- 電子式可清除程式化唯讀記憶體 (electrically erasable programmable read-only memory, EEPROM) ── 非揮發性，但可以電子式地以位元組的方式清除再重新程式化、低密度、高成本。
- 快閃記憶體 (flash memory) ── 非常高密度、低功率、非揮發性，但可以位元方式在數位系統內複寫，是相當新且發展中的科技，保持了作為固態硬式磁碟機的巨大潛力、可以記憶卡或 USB 快閃記憶體形式攜帶（如軟式磁碟）。
- 鐵電隨機存取記憶體 (ferroelectric RAM, FRAM) ── 非揮發性隨機存取記憶體、在電路上直接程式化、良好的存取速度（可讀可寫）、低密度、高成本，FRAM 記憶體單元以鐵電式電容和金氧半 (MOS) 電晶體建構。
- 磁阻式隨機存取記憶體 (magnetoresistive RAM, MRAM) 或稱為磁式隨機存取記憶體 (magnetic RAM) ── 非揮發性隨機存取記憶體、在電路上直接程式化、良好的存取速度、高密度，應用奈米技術製造，因為這是一項新技術，故成本尚未確定。

圖 11-2 顯示半導體記憶體的三個重要特性，以三個大圓圈表示：非揮發性、高密度、可用電子式更新的能力。請注意在圖 11-2，較新的快閃記憶體具有非揮發性、高密度和讀／寫功能（電子式更新）的最佳組合。快閃記憶體是一個正在發展中的技術，可以預料的是，密度將會上升以及價格將會下降，使這一種技術得以廣泛應用。

考慮圖 11-1 系統中所使用快閃記憶體的優勢。在常見的微電腦系統，電腦的控制單元將直接在軟式磁碟機傳輸單一或多個檔案到隨機存取記憶體（大多數系統中可能是動態隨機存取記憶體），這需要相當多時間。如果磁碟機被快閃記憶體取代，則資料搜尋時間（磁碟載入到動態隨機存取記憶體）可以降低，使用者能經歷更高速的操作。

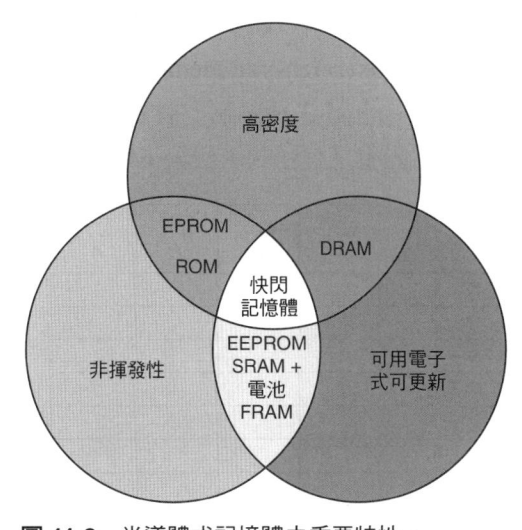

圖 11-2 半導體式記憶體之重要特性。

自我測驗

請填入下列空格。
1. 電腦系統中的一部分，其中包含算術、邏輯和控制部分，也是許多資料傳輸的中心，稱為_____。
2. 列出兩個在微電腦系統中的單向匯流排，它們直接連接記憶體、儲存和周邊設備。

3. 依使用技術的不同，列出大容量儲存設備的三個分類。
4. 列出至少兩個在微電腦系統中常見的大容量儲存設備。
5. 拼出下面每個英文縮寫術語的完整名稱：
   a. RAM					d. EEPROM
   b. ROM					e. SRAM
   c. EPROM				f. DRAM
6. DVD 是一種具有比 CD-ROM 更大儲存容量的光學式磁碟。（是非題）
7. 在許多個人電腦上，光碟燒錄磁碟機是用來將資料寫入至＿＿＿＿＿＿＿（CD-ROM，CD-R 或 CD-RW）。
8. 依據圖 11-2 中的資訊，如果你想要一個具有讀／寫能力和高密度非揮發性記憶體（記憶體單元是非常小的），哪一種半導體記憶體將是最好的選擇？

11-2　隨機存取記憶體

隨機存取記憶體 (random-access memory, RAM) 是使用於數位電子中的一種半導體式記憶體裝置。RAM 是一種可以「教」的記憶體。在「教學與學習」的過程（稱為寫入）後，RAM 會記住資訊一段時間，而 RAM 儲存的資訊可以在任何時刻被召回（或「被記憶」）。也就是說，我們可以寫入資訊（0 和 1）到隨機存取記憶體中，並可讀出（或召回）儲存的資訊。RAM 也稱為**讀／寫記憶體 (read/write memory)** 或**暫存式記憶體 (scratch-pad memory)**。

圖 11-3 所示為一個 64 個單元的半導體記憶體，其中將放置 0 和 1。64 個方格（通常內容是空白的）代表 64 個記憶單元，可以用來填入資料。請注意，此 64 位元 (bits) 被組織成 16 個群組，稱為字元 (words)。16 個字元中，每一字元包含 4 位元 (bit) 的資訊。該記憶體被視為是組織成一個 16×4 的記憶體。也就是說，它包含 16 個字元，每個字元長度是 4 位元。一個 64 位元記憶體可以被組織成一個 32×2 的記憶體（包含 32 個字元，每個字元長度是 2 位元），或是組織成一個 64×1 的記憶體（包含 64 個字元，每個字元長度是 1 位元），亦可以組織成一個 8×8 的記憶體（包含 8 個字元，每個字元長度是 8 位元）。

圖 11-3 中的記憶體看起來非常像寫在一張便條紙上的真值表。在表中，我們已經寫入 (0110) 的內容到字元 3。我們說我們已經儲存（或寫入）一個字元到記憶體中，這是**寫入操作 (write operation)**。察看記憶體位置中在字元3的是什麼，即是從圖 11-3 的表中讀取，這是**讀出操作 (read operation)**。

位址	位元 D	位元 C	位元 B	位元 A
字元 0				
字元 1				
字元 2				
字元 3	0	1	1	0
字元 4				
字元 5				
字元 6				
字元 7				
字元 8				
字元 9				
字元 10				
字元 11				
字元 12				
字元 13				
字元 14				
字元 15				

圖 11-3　64 位元記憶體的組成。

寫入操作的過程是把新資訊存到記憶體中。讀出操作的過程是從記憶體中複製資訊。讀出操作也稱為**感知 (sense)** 操作，因為它感知或讀取記憶體中儲存的內容。

你可以在圖 11-3 的表格中寫入任意 0 和 1 的組合，有點像寫在便條紙上。然後，你可以從記憶體讀取任何一個或多個字元，就像是讀取便條紙上的表格一樣。請注意，記憶體中的資訊在讀取後仍然保持其值。現在，為什麼這種記憶體有時也被稱為 64 位元暫存式記憶體，乃是因為記憶體有 64 位元的資訊空間，，且記憶體可以被寫入或讀取正如同一張便條紙。

圖 11-3 中的記憶體稱為隨機存取記憶體，因為你可以直接到字元 3 或字元 15 去閱讀其內容；換句話說，你可以在任何時刻存取任何位元（或字元）。你僅需要跳至其字元的位置並且讀取該字元。在記憶體中的一個位置，例如字元 3，稱為儲存位置或**位址 (address)**。在圖 11-3 的例子中，字元3的位址是 00112（即 310）；但是，儲存在該位址的資料是 0110。

RAM 不能作為永久性的記憶體，因為 RAM 晶片的電源關閉時，它的資料將會隨之消失，因此 RAM 被視為**揮發性記憶體 (volatile memory)**。揮發性記憶體應用於**暫時性的 (temporary)** 資料儲存。然而，有些記憶體是永久性的，當電源關閉時，它們不會「忘記」或丟失資料；像這種永久性的記憶體被稱為**非揮發性儲存裝置 (nonvolatile storage devices)**。

RAM 被使用在只需要暫時性記憶的情況下，經常作為計算器記憶體、緩衝記憶體和快取記憶體。

現代個人電腦內建的隨機存取記憶體同時使用靜態隨機存取記憶體 (SRAM) 和動態隨機存取記憶體 (DRAM)。

自我測驗

請填入下列空格。
9. 縮寫字母「RAM」代表_____。
10. 將資訊複製到記憶體中的儲存位置稱為_____至記憶體。
11. 從記憶體中的一個儲存位置複製資料稱為_____自記憶體。
12. RAM 也被稱為_____或暫存式記憶體。
13. 參考圖 11-3，這個 64 位元單元被組織成一個_____記憶體。
14. RAM 的缺點在於它是_____；當電源_____（關閉，開啟）時，它將失去資料。
15. 個人電腦中的 RAM 部分通常包含 SRAM 和_____（DRAM，PXRAM）。

有關電子學

可複寫式光碟機。 可複寫式光碟機 (CD-rewritable drive) 是一個多功能的電腦硬體，就像三種磁碟機集於一體。(1) 可複寫式光碟可以作為一個 700 百萬位元組 (megabyte) 容量的軟碟。(2) 若有特殊的軟體，可複寫式光碟可以記錄音訊光碟。(3) 最後，一片可複寫式光碟之容量可以當作兩片 CD-ROM 之容量來使用。

11-3 靜態隨機存取記憶體積體電路

7489 讀／寫電晶體電晶體邏輯隨機存取記憶體 (7489 read/write TTL RAM) 是一個積體電路 (IC) 形式的 64 位元資料儲存單元。圖 11-4(a) 是 7489 RAM 的邏輯符號。記憶體單元的布局排列如圖 11-3 的表格所示。在 7489 記憶體晶片中可容納 16 個字元，每個字元是 4 位元寬；7489 RAM 被稱為具有 16×4 位元組成之記憶體。積體電路 7489 的接腳圖如圖 11-4(b) 所示。

圖 11-4(c) 中呈現一個簡單的 7489 RAM 真值表。記憶體致能 (memory enable, $\overline{ME}$) 輸入接腳是被用來「開啟」或「選擇」RAM 以便進行讀出或寫入的動作。在真值表中最頂端的一行顯示，與寫入致能 (write enable, $\overline{WE}$) 輸入都是低電位。在資料輸入端（D_1 到 D_4）的 4 位元資料被儲存於位址輸入端（A_3 至 A_0）所選定的記憶體位置，RAM 正在進行**寫入模式 (write mode)**。

讓我們寫入資料到 7489 記憶體晶片；假設我們想要寫入 0110 到字元 3 的位置，如圖 11-3 所示，字元 3 位於 A_3 為 0，A_2 為 0，A_1 為 0 和 A_0 為 1 的位址。字元 3 被定址於記憶體上，是利用置放一個二進制 0011 到 7489 RAM 的**位址輸入 (address inputs)**，參見圖 11-4(a)。下一步，置放正確的輸入資料在**資料輸入 (data inputs)**，亦即輸入資料 0110，在 A 資料輸入放置 0，在 B 資料輸入放置 1，在 C 資料輸入放置 1，在 D 資料輸入放置 0。接下來，在寫入致能 ($\overline{WE}$) 輸入放置低 (LOW) 邏輯準位。最後，在記憶體致能 ($\overline{ME}$) 輸入放置低邏輯準位，則資料被寫入到記憶體中稱為字元3的儲存位置。

現在，讓我們讀取 (read) 或感知 (sense) 記憶體中儲存的是什麼資料；如果我們要讀出儲存在字元 3 的資訊，首先設置二進制 0011（十進制 3）至位址輸入端；而寫入致能 ($\overline{WE}$) 應設在讀取的模式，或按照圖 11-4(c) 中真值表所示，寫入致能應處於高 (HIGH) 邏輯準位。記憶體致能 ($\overline{ME}$) 的輸入則要設為低邏輯準位。資料輸出端將顯示 1001，這個輸出值與記憶體的實際內容（亦即 0110）是**互補 (complement)** 的。可以在 7489 晶片的輸出端附加反相器，使輸出與記憶體中儲存的資料相同，這說明了如何使用 7489 RAM 的**讀取模式 (read mode)**。

圖 11-4(c) 中真值表的最後兩行禁抑了讀取與寫入程序。當 $\overline{ME}$ 和 $\overline{WE}$ 的輸入皆為高 (HIGH) 準位時，所有的輸出端呈現高準位。當 $\overline{ME}$ 輸入為高準位，且 $\overline{WE}$ 輸入為低準位時，輸出呈現與輸入互補的資料，但沒有讀取或寫入的操作發生。

7489 RAM 擁有集極開路式（open-collector，簡稱開集式）輸出，因此需要在輸出端使用拉升(pull-up)電阻，如圖11-4(a)所示。**74189 64 位元 RAM (74189 64-bit RAM)** 是 7489的近親且具有相同配置和接腳，除了它的輸出採用三態類型而不是集極開路類型。一個**三態輸出端 (tristate output)** 有三種準位狀態：低、高或高阻抗。

你會發現，雖然各個製造商對這個 IC 的輸入和輸出使用不同的標示，但所有的 7489 晶片均擁有如圖 11-4 所示的輸入和輸出。積體電路製造商印製的半導體記憶體資料手冊通常也會包括很小的記憶體，例如 7489 RAM。

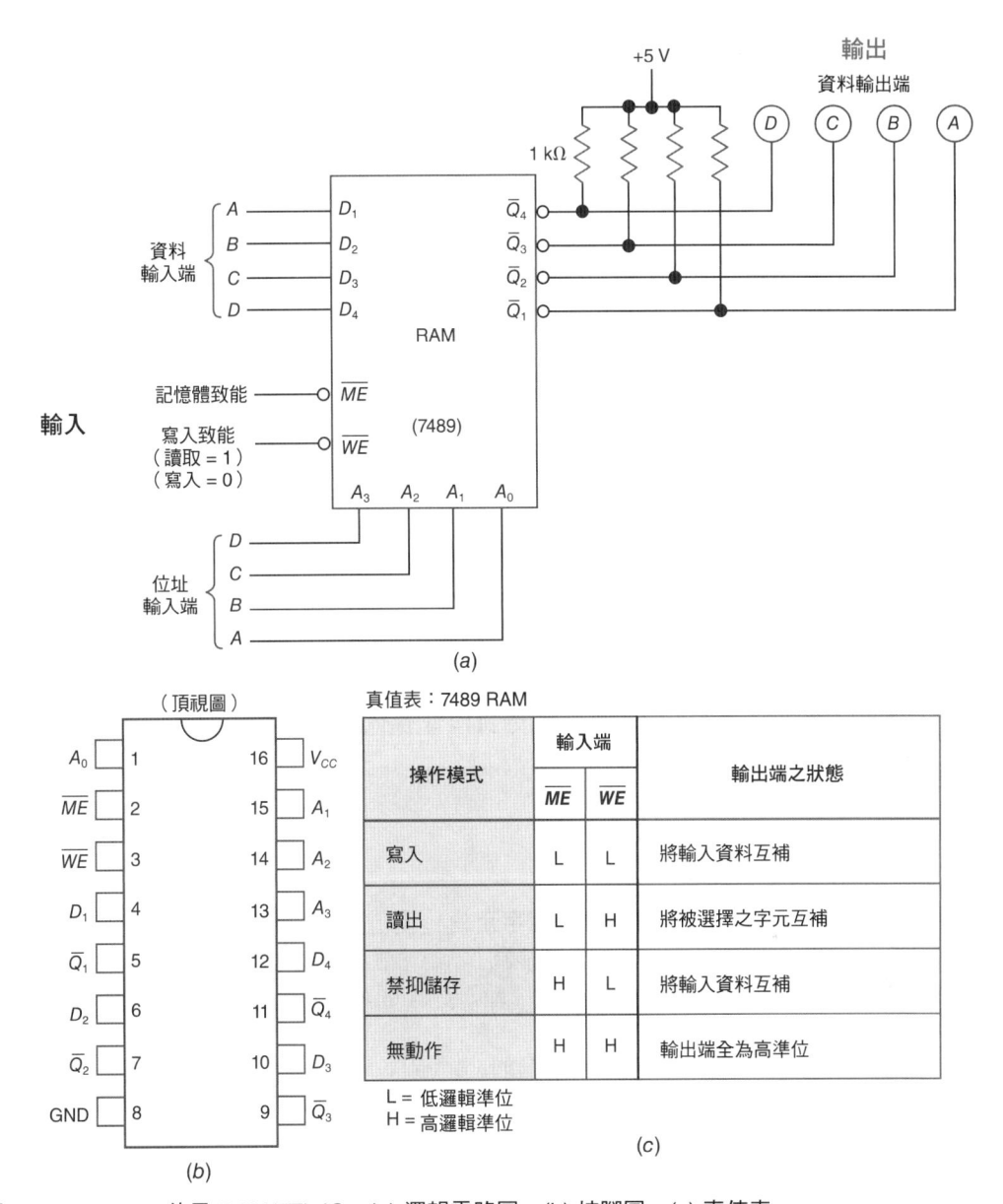

圖 11-4 7489 64 位元 RAM TTL IC。(a) 邏輯電路圖。(b) 接腳圖。(c) 真值表。

7489 RAM 是過時的 IC，通常用於實驗室中，以幫助學生學習半導體記憶體晶片如何定址、讀取和寫入。基於微處理器的設備，廣泛使用了許多 IC 形式的半導體讀／寫 RAM。

半導體 RAM 的積體電路被製造商細分為靜態和動態兩種。**靜態 RAM (static RAM)** 將資料儲存在類似正反器的元件中，之所以稱為靜態 RAM，是因為只要IC擁有電源，即可保持 0 或 1 的資料。**動態 RAM (dynamic RAM)** 積體電路將其邏輯狀態當作電荷儲存在 MOS 元件上，由於儲存的電荷會在很短的時間內洩漏，因此在每秒內必須多次刷新 (refresh)。動態 RAM 的邏輯元件更新需要相當大規模的刷新電路，動態 RAM 的邏輯

元件較為簡單，因此占用較少的矽晶片空間。動態 RAM 相較於靜態 RAM 可提供較大的記憶容量。動態 RAM 將刷新電路實現在晶片上，以提供使用的方便性。由於使用的簡易性，本章將使用靜態 RAM。

2114 靜態 RAM (2114 static RAM) 是一個金氧半 (MOS) 記憶體 IC，共可儲存 4096 個位元，組織成 1024 個字元，每個字元有 4 個位元。2114 RAM 的邏輯圖如圖 11-5(a) 所示。2114 RAM 有 10 條位址線，可以存取 1024 (2^{10}) 個字元。它具有晶片選擇 (chip select, $\overline{CS}$) 和 $\overline{WE}$ 控制的輸入。$\overline{CS}$ 輸入類似 7489 RAM 的 $\overline{ME}$ 輸入。四個輸入／輸出 (I/O$_1$, I/O$_2$, I/O$_3$, I/O$_4$) 接腳在 RAM 為寫入模式時提供輸入，在 IC 為讀取模式時提供輸出。2114 RAM 是由一個 +5 V 電源產生供給。

一個 2114 RAM 的方塊圖如圖 11-5(b) 所示。特別注意到**三態緩衝器 (three-state buffers)** 被用來隔離電腦資料匯流排的輸入／輸出 (I/O) 接腳。請注意，位址線也被緩衝。2114 RAM 可提供 18 支接腳的雙排標準封裝 (DIP) 積體電路形式。

RAM 的一個重要特性是它的存取時間。**存取時間 (access time)** 是找到並輸出（或輸入）一個片段的資料所花費的時間。7489 TTL RAM 的存取時間約為 33 ns（奈秒）。2114 MOS RAM 的存取時間介於 100 和 250 ns，取決於你所購買晶片的版本。因為具有較短的存取時間，TTL RAM 被認為是快於 2114 記憶體晶片。

自我測驗

請填入下列空格。
16. 7489 積體電路是一個 64 位元的_____。
17. 7489 記憶體 IC 可容納_____字元，每個字元是_____位元寬。
18. 參考圖 11-4，如果位址輸入為 1111，寫入致能為 0，記憶體致能為 0，資料輸入為 0011，然後 7489 IC 是在_____（讀取，寫入）模式。輸入資料 0011 正在_____（讀取，寫入）記憶體位置_____（十進制數）。
19. 一個_____（動態，靜態）的 RAM 必須每秒多次刷新。
20. 在 2114 RAM 的積體電路可以儲存_____位元的資料，這 1024 個字元各是_____位元寬。

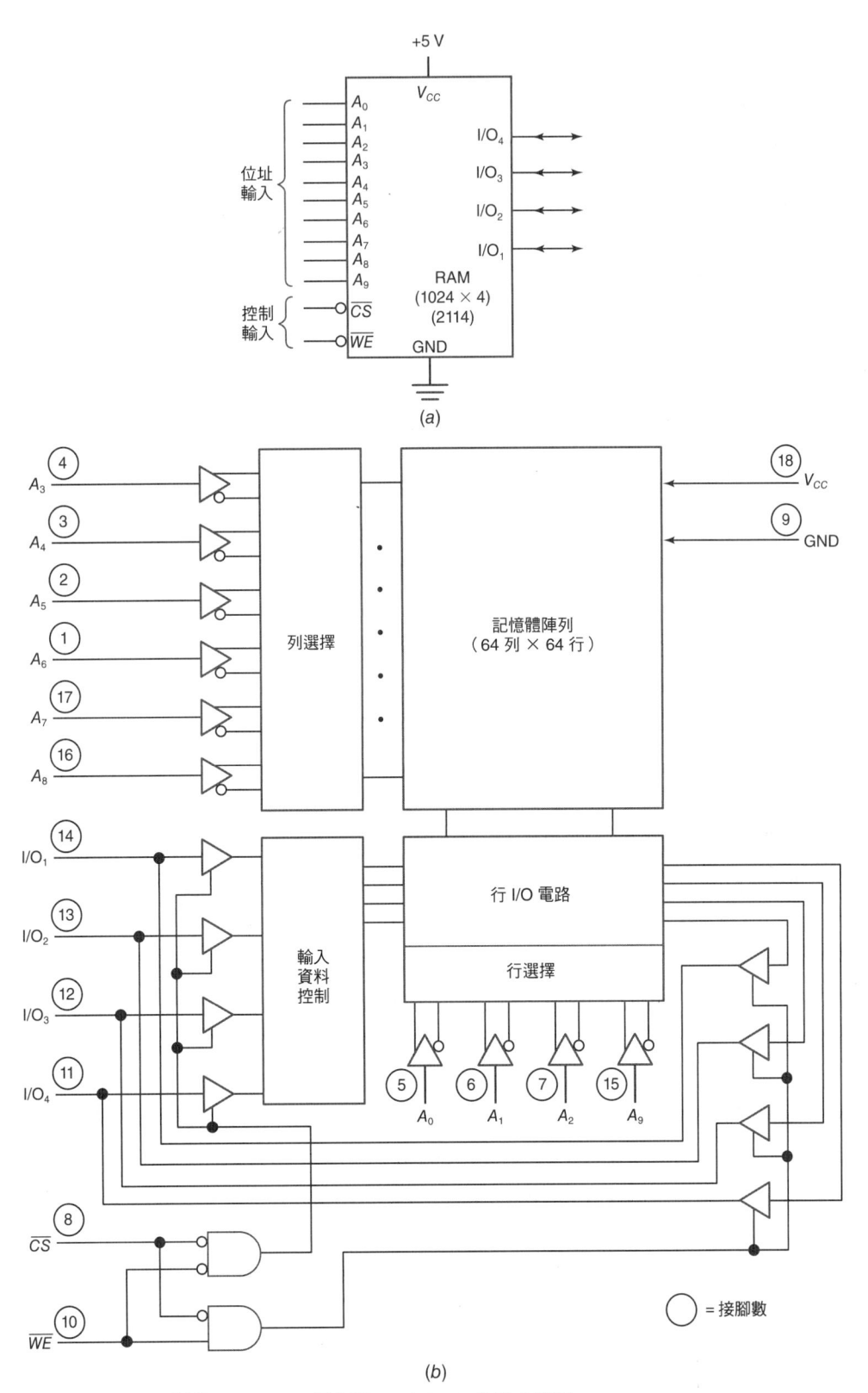

圖 11-5 2114 MOS 靜態 RAM。(a) 邏輯圖。(b) RAM 晶片方塊圖。

表 11-1 格雷碼

十進位數字	二進位數字	格雷碼數字
0	0000	0000
1	0001	0001
2	0010	0011
3	0011	0010
4	0100	0110
5	0101	0111
6	0110	0101
7	0111	0100
8	1000	1100
9	1001	1101
10	1010	1111
11	1011	1110
12	1100	1010
13	1101	1011
14	1110	1001
15	1111	1000

11-4　SRAM 的使用

我們需要練習 7489 讀／寫 RAM 的使用。讓我們將一些有用的信息程式化。程式化記憶體是指在每個記憶體單元將我們的資料寫入。

也許你不記得在**格雷碼 (Gray code)** 中，從 0 到 15 是如何計數的，所以我們選擇格雷碼並將它程式化至 7489 RAM 中。RAM 將會記住格雷碼，然後我們便可以使用 RAM 將二進制數轉換至格雷碼數。

表 11-1 顯示 0 到 15 的格雷碼數。為了方便起見，二進制數也包含在表 11-1 中。表中的 64 個邏輯的 1 和 0 的格雷碼數必須寫入到 64 位元 RAM 中。7489 IC 非常適合這份工作，因為它包含 16 個字元，每個字是 4 位元長。這是跟表 11-1 中格雷碼列具有相同的數列，表中之十進制數表將表示字元數（見圖 11-3）；二進位數字是被輸入到 7489 RAM 的位址輸入的數字（見圖 11-4）；格雷碼數字是被輸入到 RAM 的資料輸入（見圖 11-4(a)）。當 $\overline{ME}$ 和 $\overline{WE}$ 的輸入被啟動時，格雷碼會被寫入 7489 RAM 中，RAM 會記住此代碼，只要電源沒有關閉。

當 7489 RAM 被程式化為格雷碼之後，它就是一個**代碼轉換器 (code converter)**。圖 11-6(a) 顯示此基本系統。請注意，我們輸入一個二進制數字，該代碼轉換器讀出等效的格雷碼。此系統是一個**二進制至格雷碼轉換器 (binary-to-Gray code converter)**。

二進制的 0111（十進制 7）如何轉換至格雷碼？圖 11-6(b) 顯示二進制數 0111 被輸入到 7489 RAM 的位址輸入。的輸入為邏輯 0，輸入的是讀取位置（邏輯1）。7489 IC 接著以反相形式讀出儲存的字元 7。四個反相器互補了 RAM 的輸出，其結果為正確的格雷碼輸出。二進制 0111 的格雷碼輸出為 0100，顯示於圖 11-6(b)。你可以輸入從 0000 到 1111 的任何一個二進制數，並得到正確的格雷碼輸出。

圖 11-6 中的二進制至格雷碼轉換器運作正常。它顯示了如何程式化和使用 7489 RAM。然而，這是不實際的，因為 RAM 是揮發性記憶體。如果電源被關閉，即使只是一瞬間，所有的儲存單元將失去記憶且「忘記」格雷碼，也就是所謂的記憶被抹除了。你必須再次將格雷碼程式化（或教導）到 7489 RAM。

每當你的家中或學校的電腦第一次開機啟動時，它載入代碼／程式到其 RAM 的記憶體部分裡。這很像載入格雷碼至微小的 7489 RAM。

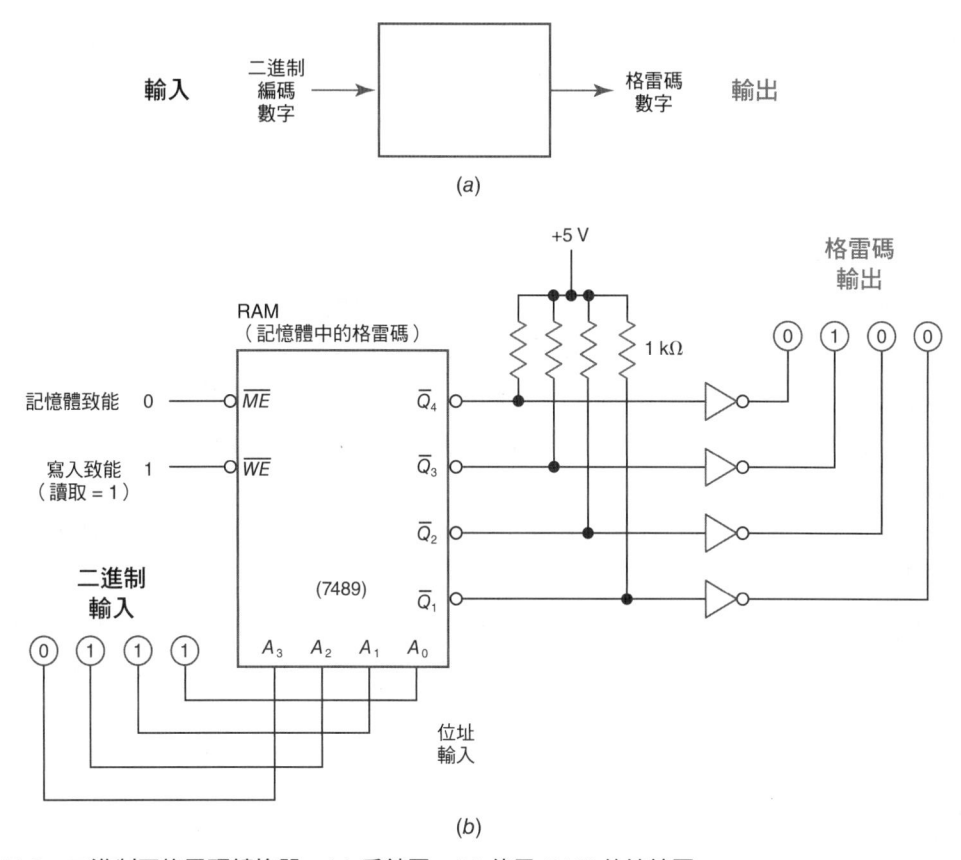

圖 11-6 二進制至格雷碼轉換器。(a) 系統圖。(b) 使用 RAM 的接線圖。

自我測驗

請填入下列空格。
21. 參考圖 11-6，在這個例子中，RAM 被設定為一個_____編碼轉換器。
22. 參考圖 11-6，如果位址輸入 1000，為 1 和 為 0，則顯示在右側的輸出將是_____。這是 _____ 碼等效於二進制_____。
23. 如果圖 11-6 中 7489 IC 的電源在瞬間關閉，RAM 將_____（失去程式並且需重新程式化，仍然保持在記憶體單元中的格雷碼）。

11-5 唯讀記憶體

許多數位設備，包括微型電腦，必須永久保存一些資訊。這可能儲存在**唯讀記憶體 (read-only memory, ROM)**。製造商依照使用者的規格設定 ROM。較小的 ROM 可以用來解決組合邏輯問題，例如解碼。

ROM 被分類為**非揮發性記憶體 (nonvolatile memories)**，因為當電源關閉時，它們不會失去其資料。唯讀記憶體也稱為**光罩式程式化 ROM (mask-programmed ROM)**。

ROM 只用於大量生產的應用，因為初始安裝的價格成本昂貴。可程式唯讀記憶體 (PROM) 使用於需要永久記憶體的低量應用。

圖 11-7 中的原始二極體式唯讀記憶體電路可以執行二進制轉換成格雷碼的任務。格雷碼、十進制和二進制列於表 11-1。

如果圖 11-7(a) 的旋轉開關選擇在十進制 6 的位置，則 ROM 輸出指標器將顯示什麼？輸出端 (D, C, B, A) 將表示 LHLH 或 0101。D 和 B 輸出直接通過電阻連接到接地，並且讀取低準位。C 和 A 輸出連接到 +5 V，通過兩個順向偏壓二極體，並且輸出電壓會讀到約 +2 至 +3 V，這是一個邏輯高準位。請注意，圖 11-7(a) 的二極體式唯讀記憶體中的二極體矩陣形式類似於表 11-1 的格雷碼行中的 1。每一個新的旋轉開關位置將給出正確的格雷碼輸出。在記憶體中，如圖 11-7 中的 ROM，每個旋轉開關的位置稱為**位址 (address)**。

一個改進的二極體式 ROM 顯示在圖 11-7(b)。圖 11-7(b) 中的二極體式 ROM 電路使用 **1-10 解碼器 (1-of-10 decoder)**（7442 TTL IC）和反相器做列選擇。這個例子顯示一個二進制輸入 0101（十進制5）。這將促使 7442 的輸出 5 具有低邏輯準位，而驅動反相器輸出一個高邏輯準位。此較高的順向偏壓使三個二極體連接到第五行的接線。輸出將是 LHHH 或 0111。這是根據表 11-1 的二進制 0101 的等效格雷碼。

二極體式 ROM (diode ROM) 受制於許多缺點。它們的邏輯準位較差，驅動能力也非常有限。二極體式 ROM 沒有和系統（包含數據和位址匯流排）一起運作時，所必須要有的輸入和輸出緩衝。

實際 ROM 可以從許多製造商購得，包括從非常小的兩極性 TTL 到相當大容量的 CMOS 或 NMOS ROM。商用的 ROM 可以購買到 DIP 的形式。舉個例子，一個非常小的容量單位可由 4 位元記憶體組織成 512 字元的 TTL 74S370 2048 位元 ROM 而來。一個較大容量的單位可能為 CMOS TMS47C512，由 8 位元記憶體組織成 65,536 字元的 524,288 位元 ROM。65,536×8 單位的存取時間為 200 至 350 ns，取決於你購買的版本。個人電腦上的是容量更大的 ROM。

舉一個商業產品為例：TMS4764 ROM。TMS4764 是一個 8192 字元且每一字元為 8 位元的 ROM。它的 8192×8 結構讓它在系統中可以 8 位元群組（或字元組）方式儲存資料，因而讓它易於使用。

圖 11-8(a) 是一個轉錄的 TMS4764 ROM 的接腳圖。該 ROM 封裝在一個 24 接腳的 DIP 封裝。接腳的名稱及功能如圖 11-8(b) 所示。請注意，8192 (2^{13}) 個記憶體位置需要 13 條位址線（A_0 到 A_{12}）以定址。A_0 是字元位址的最低有效位元 (LSB)，而 A_{12} 是最高有效位元 (MSB)。TMS4764 ROM 的存取時間是從 150

有關電子學

基於蛋白質的記憶體。 蛋白質會在未來成為 3D RAM 的記憶體？一個小方塊的光敏蛋白質（例如視紫紅質）懸浮在一個透明的塑料裡，可能是一個 20 Gbytes RAM 記憶體的基礎。兩個雷射光束可能在蛋白質方塊中的一點相交，可將「有機記憶單元」從一個邏輯狀態切換到另一個狀態。

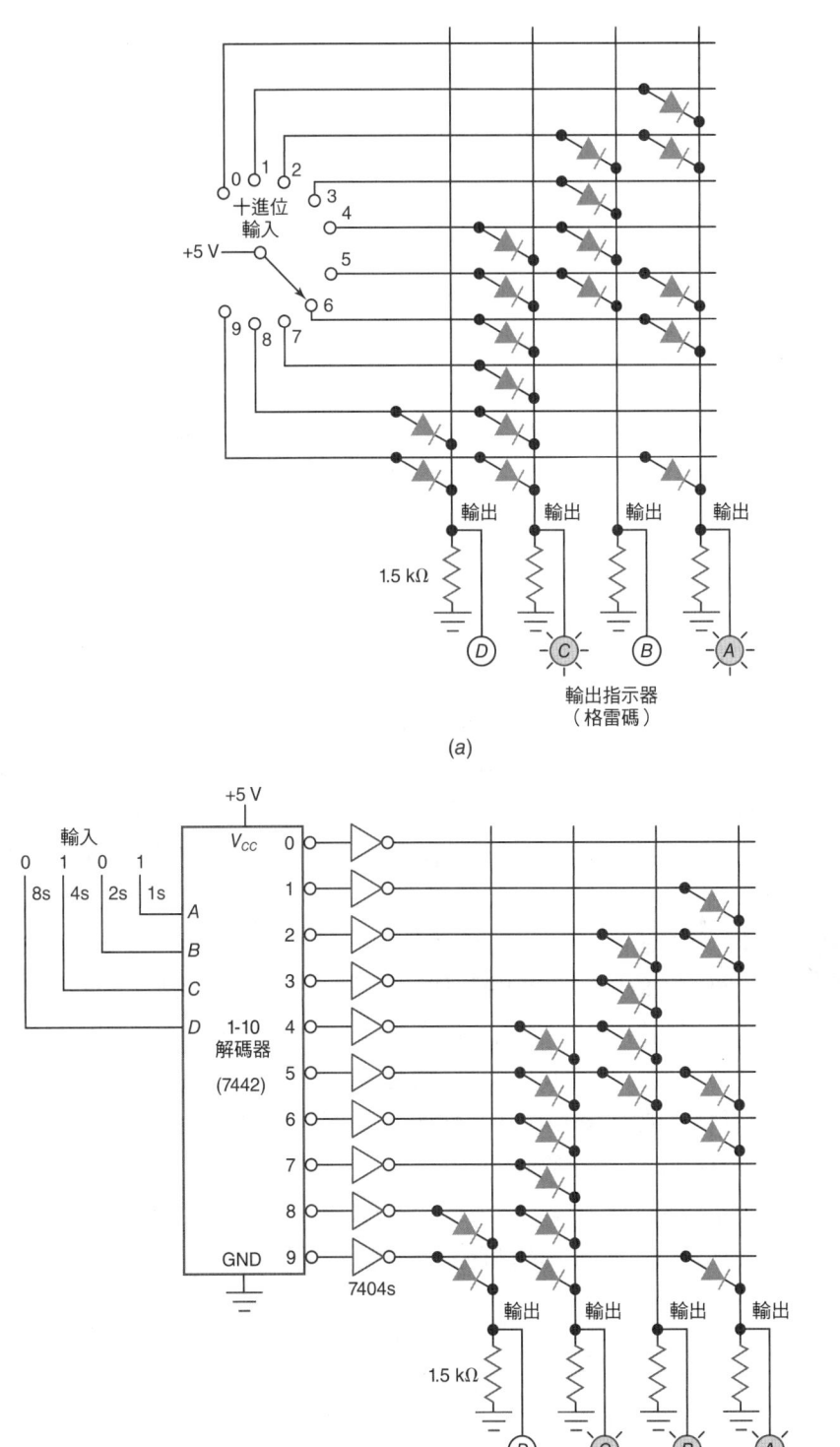

圖 11-7 二極體式 ROM。(a) 以格雷碼程式化的原始二極體式 ROM。(b) 具輸入解碼的二極體式 ROM（以格雷碼程式化）。

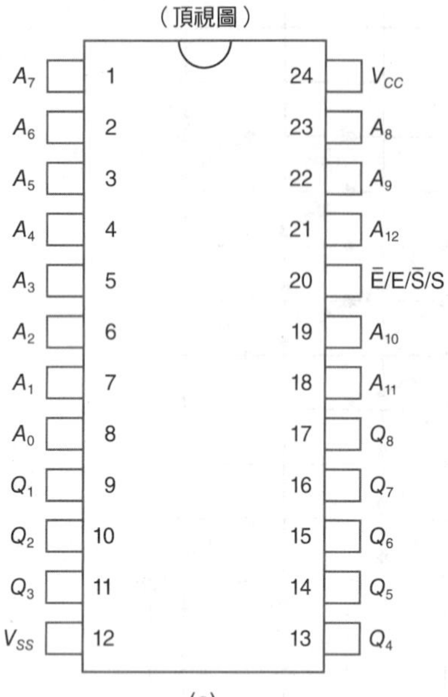

```
                    （頂視圖）
        A₇  ┤ 1        24 ├ V_CC
        A₆  ┤ 2        23 ├ A₈
        A₅  ┤ 3        22 ├ A₉
        A₄  ┤ 4        21 ├ A₁₂
        A₃  ┤ 5        20 ├ Ē/E/S̄/S
        A₂  ┤ 6        19 ├ A₁₀
        A₁  ┤ 7        18 ├ A₁₁
        A₀  ┤ 8        17 ├ Q₈
        Q₁  ┤ 9        16 ├ Q₇
        Q₂  ┤ 10       15 ├ Q₆
        Q₃  ┤ 11       14 ├ Q₅
        V_SS┤ 12       13 ├ Q₄
```

接腳命名原則	
A_0–A_{12}	位址輸入
$\overline{E}/E/\overline{S}/S$	晶片致能／電源關閉或晶片選擇
Q_1–Q_8	資料輸出
V_{CC}	5-V 電源
V_{SS}	接地

(a)　　　　　　　　　　(b)

圖 11-8　TMS4764 ROM IC。(a) 接腳圖。(b) 接腳命名原則。

到 250 ns，取決於你的晶片版本。永久被儲存的資料通過標記為 Q_1 到 Q_8 的接腳輸出。Q_1 是最低有效位元 (LSB)，而 Q_8 是最高有效位元 (MSB)。輸出接腳（Q_1 至 Q_8）被接腳 20 所致能。接腳 20 可以由製造商進行程式化，成為一個高或低邏輯準位而有效的 $\overline{CS}$ 或 $\overline{CE}$ 輸入。當三態輸出被禁止，它們是在高阻抗狀態，這意味著它們可以直接連接到微電腦系統的資料匯流排上。

唯讀記憶體被用來儲存永久性的資料和程式。電腦系統程序、查詢表、解碼器、特徵產生器也有少數使用 ROM。ROM 還可以用來解決組合邏輯問題。一般微電腦將內部記憶體分配較大的比例給RAM。然而，專用電腦則分配較多的位址給 ROM，通常只含有少量的 RAM。在一個最新資訊中顯示，約有 500 多個不同的 ROM 可供選用。

電腦程式通常稱為**軟體 (software)**。然而，當計算機程式儲存於 ROM 時，則稱為**韌體 (firmware)**，因為進行更改是困難的。

此處做一總結。回顧圖 11-2，請注意，ROM 是一個高密度的記憶體裝置，並且是非揮發性的。ROM 是一個永久性的儲存設備，無法重新程式化。

自我測驗

請填入下列空格。
24. 字母「ROM」代表_____。
25. 唯讀記憶體永遠不會忘記資料，被稱為_____記憶體。
26. _____這個詞是用來描述在 ROM 中永久保持著微電腦程式。
27. 唯讀記憶體由_____（製造商，計算機操作員）為你的規格進行程式化。
28. 一個備份電池_____（是，不是）ROM 在計算機中所需的電源，因此它在計算機中的電

源關閉時可以保留其程式和數據。
29. 參考圖 11-7(a)。如果輸入開關在 3（二進制 0011），則格雷碼輸出將是_____。
30. 參考圖 11-7(b)。如果輸入的是二進制1001，則格雷碼輸出將是_____。
31. 典型的 ROM 是一個_____（高，低）密度儲存設備。

11-6 運用 ROM

假設你要設計一種裝置，能顯示給定的十進制循序計數，如表 11-2 所示：1, 117, 22, 6, 114, 44, 140, 17, 0, 14, 162, 146, 134, 64, 160, 177，然後再返回到 1。這些數字被讀出到七段顯示器上，並且必須循序顯示。

因為要使用數位電路，所以要轉換十進制數到 BCD（二進位解十進位數碼），如表 11-2 所示。你會發現有 16 列和 7 行的邏輯 0 和 1，此部分形成一個真值表。當你看著真值表時，由邏輯閘或資料選擇器解決這個問題似乎很複雜。你決定嘗試使用 ROM。你計劃將記憶體的內部作為一個真值表。表 11-2 中的 BCD 部分提醒你，一個記憶體被組織成一個 16×7 的儲存單元將完成這份工作。這個 16×7 的 ROM 將有 16 個字元，代表真值表中的 16 列。每個字元將包含 7 個位元的資料，代表真值表中的 7 行。這將需要 112 位元的 ROM。

表 11-2 循序計數問題

十進位讀出數			二進位解十進位數碼		
100s	10s	1s	100s	10s	1s
		1	0	000	001
1	1	7	1	001	111
	2	2	0	010	010
		6	0	000	110
1	1	4	1	001	100
	4	4	0	100	100
	4	0	1	100	000
	1	7	0	001	111
		0	0	000	000
	1	4	0	001	100
1	6	2	1	110	010
1	4	6	1	100	110
1	3	4	1	011	100
	6	4	0	110	100
1	6	0	1	110	000
1	7	7	1	111	111

一個 112 位元的 ROM 顯示在圖 11-9。請注意，它有四個位址輸入，以選擇儲存在 ROM 中 16 種可能當中的一個字元。16 個不同的位址顯示在表 11-3 的左側列。假設位址輸入是二進制 0000，然後表 11-3 中的第一行顯示被儲存的字元是 0 000 001（a 至 g）。經過圖 11-9 的解碼，這個被儲存的字元讀出至數字顯示器上為十進制 1（百位數為 0，十位數為 0，個位數為 1）。

讓我們看看另一個例子。二進制 0001 被輸入到圖 11-9 中 ROM 的位址輸入。表 11-3 的第二列顯示儲存的字元是 1 001 111（a 至 g）。當解碼後，這個字元讀出到十進制數字顯示為 117（百位數為 1，十位數為 1，個位數為 7）。請記住，表 11-3 中，0 和 1 的部分被永久保存在 ROM 中。當位址出現在 ROM 左邊的位址輸入，一整列的 0 和 1（7 位元的字元）將顯示在輸出端。

你已經解決了困難的循序計數問題。圖 11-9 描繪出所使用的基本系統。表 11-3 的資訊顯示了 112 位元 ROM 的位址和程式，以及解碼後為十進制 BCD 碼讀數。你將向製

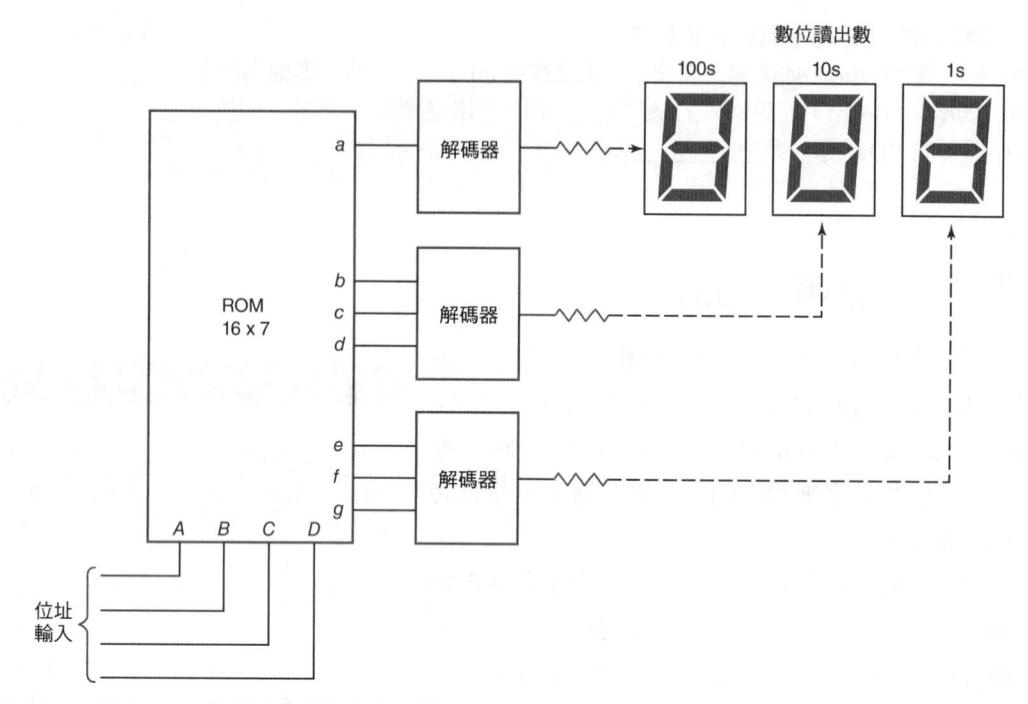

圖 11-9 使用 ROM 的循序計數問題之系統圖。

表 11-3 循序計數問題

輸入 位址或 字元位置				ROM 輸出							十進位 讀出數		
				100s	10s			1s					
				1s	4s	2s	1s	4s	2s	1s			
D	C	B	A	a	b	c	d	e	f	g	100s	10s	1s
0	0	0	0	0	0	0	0	0	0	1			1
0	0	0	1	1	0	0	1	1	1	1	1	1	7
0	0	1	0	0	0	1	0	0	1	0		2	2
0	0	1	1	0	0	0	0	1	1	0			6
0	1	0	0	1	0	0	1	1	0	0	1	1	4
0	1	0	1	0	1	0	0	1	0	0		4	4
0	1	1	0	1	1	0	0	0	0	0	1	4	0
0	1	1	1	0	0	0	1	1	1	1		1	7
1	0	0	0	0	0	0	0	0	0	0			0
1	0	0	1	0	0	0	1	1	0	0		1	4
1	0	1	0	1	1	1	0	0	1	0	1	6	2
1	0	1	1	1	1	0	0	1	1	0	1	4	6
1	1	0	0	1	0	1	1	1	0	0	1	3	4
1	1	0	1	0	1	1	0	1	0	0		6	4
1	1	1	0	1	1	1	0	0	0	0	1	6	0
1	1	1	1	1	1	1	1	1	1	1	1	7	7

造商提供表 11-3 中的資訊，使其客製盡可能多的 ROM，以符合你所需要的 0 和 1 正確模式。

製造商進行只有數個 ROM 的客製程式化是很昂貴的。如果你不需要很多的記憶體單元，你可能不會使用 ROM。請記住，這個問題也可以由採用邏輯閘的組合邏輯電路獲得解決。

半導體式記憶體尺寸通常是 2^n，也就是 64 位元、256 位元、1024 位元、4096位元、8192 位元及較大的單位。一個 112 位元的記憶體並不是尋常的大小。在這個例子中使用 112 位元記憶體，因為表 11-3 的真值表正是 7447 IC 的真值表。你先前已經使用 7447 IC 作為 BCD 到七段顯示器的解碼器。在實驗室中，你會想要使用 7447 IC 作為 ROM。

唯讀記憶體用於編碼器、碼轉換器、查詢表、微程式、特性產生器、函數產生器、微電腦系統韌體和微控制器韌體。

自我測驗

請填入下列空格。
32. 參考圖 11-9，如果電源關閉，然後再打開，編入 ROM 的計數序列將在記憶體中＿＿＿＿＿＿（消失，保持）。
33. 參考表 11-3 和圖 11-9，如果 ROM 的位址輸入為 1111，則數位讀數將為＿＿＿＿＿＿。
34. 參考表 11-3 和圖 11-9，如果 ROM 的位址輸入為 1001，則數位讀數將為＿＿＿＿＿＿。
35. 光罩式可程式 ROM 是由＿＿＿＿＿＿（製造商，使用者）進行規劃。
36. 一組程式和資料被永久保持在微電腦的＿＿＿＿＿＿（RAM，ROM），稱為韌體。

11-7 可程式唯讀記憶體

光罩式可程式 ROM 的程式化由製造商使用光罩曝光矽晶粒完成。**光罩式可程式 ROM (mask-programmable ROM)** 的開發時間長且初始成本高。光罩式可程式 ROM 通常簡稱為 ROM。

現場可程式 ROM (field-programmable ROM, PROM) 也是可用的，它們縮短開發時間，並多次降低成本。它們也更容易修正程式的錯誤，在產品更新時，PROM 可以由當地開發者進行程式化（燒錄）。一般的 PROM 只能程式化一次，但它的優點是可以生產有限制的數量，並且能在當地的實驗室或商店進行程式化。這種 PROM 也稱為**熔絲連結 PROM (fusible-link PROM)**。

可清除程式化唯讀記憶體 (erasable programmable read-only memory, EPROM) 是 PROM 的變化形式。EPROM 是在當地的實驗室使用 **PROM 燒錄器 (PROM burner)** 進行程式化或燒錄。如果 EPROM 需要重新程式化，將使用一個在 IC 頂部的特殊窗口。紫外線針對 EPROM 窗下的晶片照射。紫外線會藉由將 EPROM 中的所有儲存單元設

定為邏輯 1 來清除 EPROM，然後 EPROM 即可重新程式化。一個 24 接腳 DIP 封裝的EPROMIC如圖 11-10 所示。實際的 EPROM 晶片可以透過 IC 上面的窗口看到。這些單位有時被稱為**紫外線可清除 PROM (UV erasable PROM) 或紫外線 EPROM (UV EPROM)**。

EEPROM 是可程式唯讀記憶體的第三種形式。EEPROM 是一種電子式可清除 PROM (electrically erasable PROM)，也被稱為 E^2PROM。由於 EEPROM 可以被電子式清除，可以清除及程式化它們，不需從電路板移除。EEPROM 可以一次重新規劃一個字元。

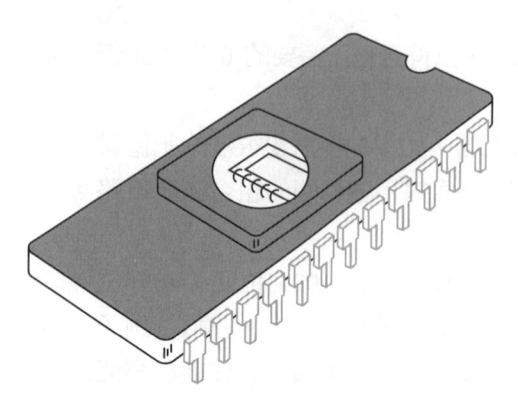

圖 11-10 EPROM。注意EPROM頂部的窗口用於照射紫外線以進行清除。

快閃電子式可清除程式化唯讀記憶體 (flash EEPROM) 是可程式唯讀記憶體的第四種變化。較新的快閃 EEPROM 就像是一個 EEPROM，它可以在電路板上清除和重新程式化。快閃 EEPROM 廣受喜愛，因為它們使用的是簡單的儲存單元，從而使一個晶片上有更多的記憶體單元，我們說它們有更大的密度。快閃 EEPROM 可以被逐個區域清除，並且重新規劃速度比 EEPROM 快。雖然部分 EEPROM 上的編碼可以被清除和重新編程，整個快閃 EEPROM 必須被清除和重新編程。

圖 11-11 顯示 PROM 的基本概念。這種簡化的 16 位元 (4×4) PROM 是類似於在上一節介紹的二極體 ROM。在圖 11-11(a)，每個記憶體單元包含一個二極體和一條完整的熔絲，這表示所有的記憶體單元都儲存邏輯 1。這就是 PROM 在程式化之前的樣子。

圖 11-11(b) 的 PROM 已被編程為七個 0。程式化或**燒錄 PROM (burn the PROM)**，微型保險絲必須被燒斷，如圖 11-11(b) 所示。被燒斷的熔絲在這種情況下斷開二極體，並表示邏輯 0 是永久性儲存在這個記憶體單元。由於永久被燒錄於 PROM 中，該單位不能重新程式化。如圖 11-11 所示類型的 PROM，只能程式化一次。

一個受歡迎的 EPROM 族系 (EPROM family) 是 **27XXX 系列 (27XXX series)**，可以從許多製造商購得。一些 27XXX 系列型號的簡短摘要列於表 11-4。請注意，它們都以輸出的位元組寬度（8 位元寬）組織，得以兼容於大多數的數位系統。這些基本號碼的許多版本皆可用，例如低功耗 CMOS 單元、具有不同存取時間的 EPROM，甚至接腳兼容的 PROM、EEPROM 和 ROM。

一個 EPROM 族系的 27XXX 系列樣本 IC 如圖 11-12 所示。圖 11-12(a) 中的接腳圖代表 2732A 32 (4K×8) **紫外線可清除的 PROM (2732A 32K (4K×8) ultraviolet-erasable PROM)**。在 2732

表 11-4 27XXX 系列 EPROM

EPROM 27XXX	組織	位元數
2708	1024 × 8	8192
2716	2048 × 8	16384
2732	4096 × 8	32768
2764	8192 × 8	65536
27128	16384 × 8	131072
27256	32768 × 8	262144
27512	65536 × 8	524288

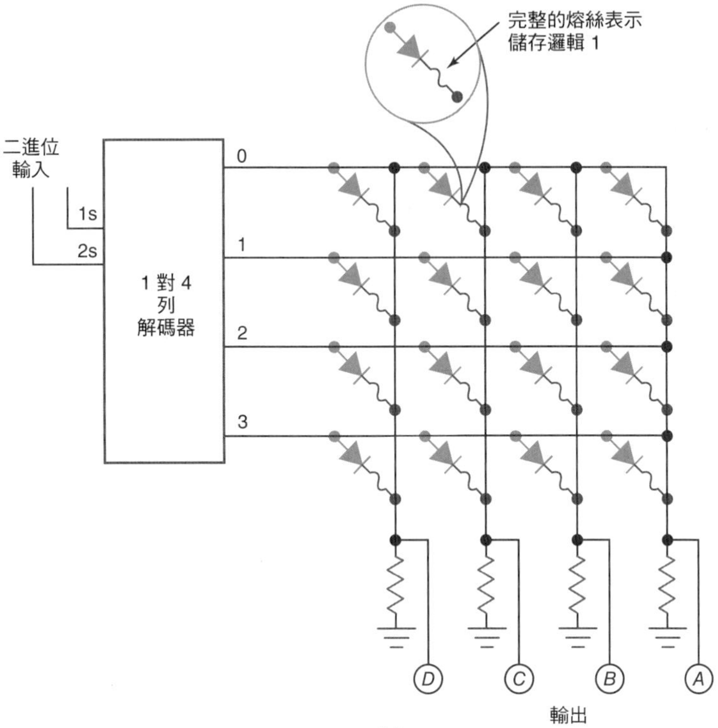

圖 11-11　簡化的 PROM。(a) 程式化前的 PROM：所有的熔絲皆保持完整（全部都是 1）。(b) 程式化後的 PROM：7 條熔絲被燒斷（7 個 0 被程式化）。

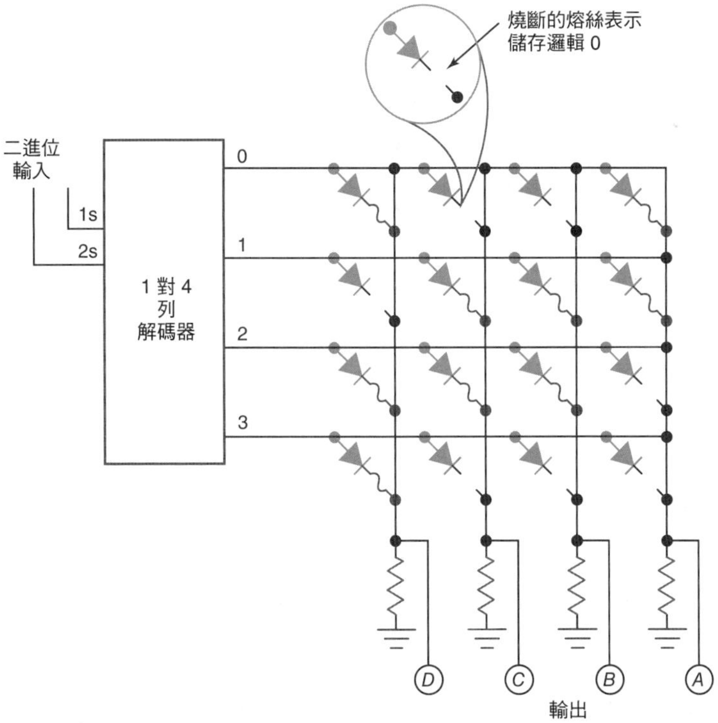

A_7	1	24 V_{CC}
A_6	2	23 A_8
A_5	3	22 A_9
A_4	4	21 A_{11}
A_3	5	20 $\overline{OE}/V_{PP}$
A_2	6	19 A_{10}
A_1	7 (2732A)	18 $\overline{CE}$
A_0	8	17 O_7
O_0	9	16 O_6
O_1	10	15 O_5
O_2	11	14 O_4
GND	12	13 O_3

(a)

接腳名稱	
A_0–A_{11}	位址
$\overline{CE}$	晶片致能
$\overline{OE}/V_{PP}$	輸出致能 $\overline{OE}/V_{PP}$
O_0–O_7	輸出

(b)

(c)

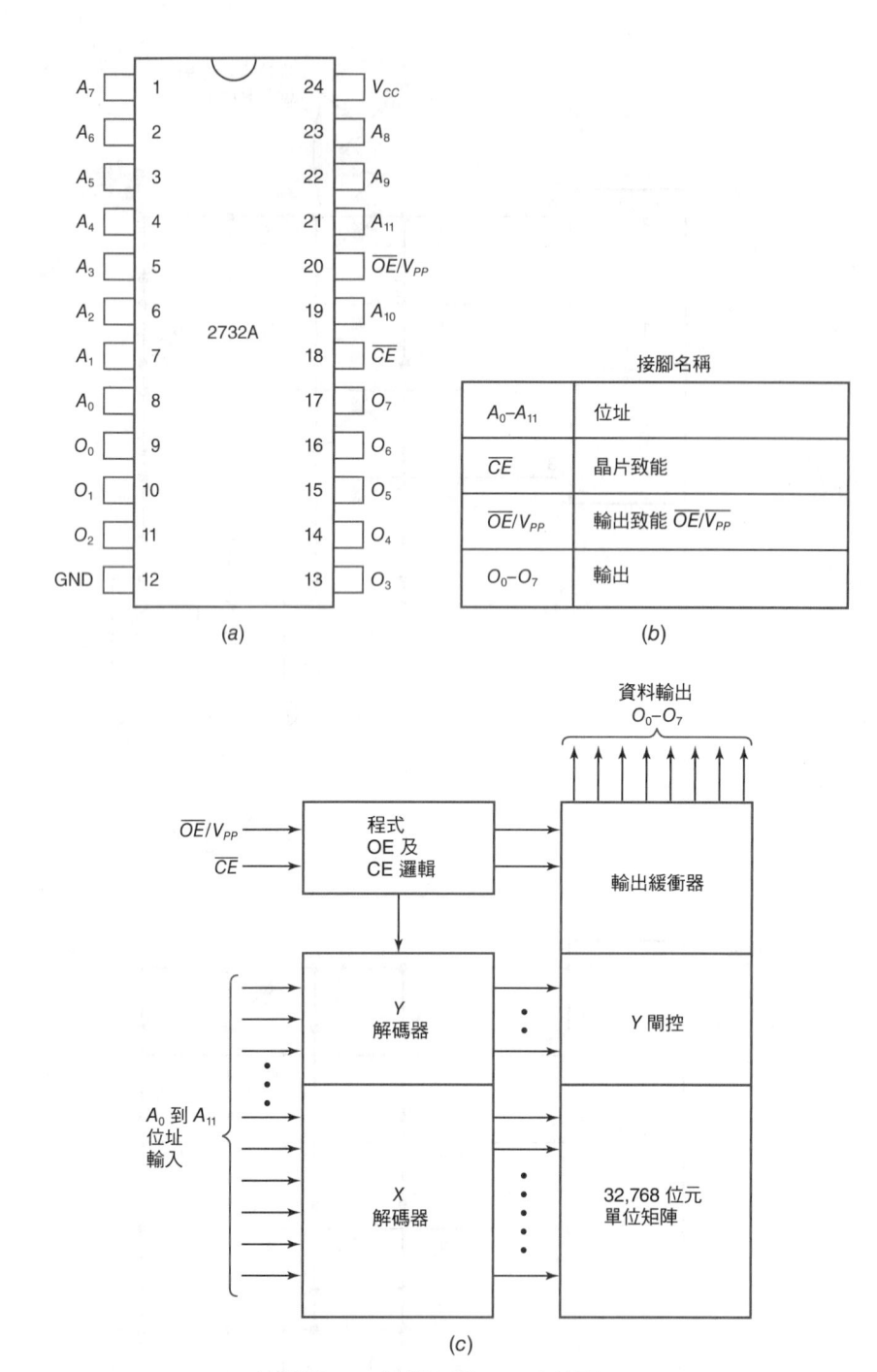

圖 11-12 2732 EPROM IC。(a) 接腳圖。(b) 接腳名稱。(c) 方塊圖。

EPROM 中有 12 個位址接腳（A_0 到 A_{11}），可以在記憶體中存取 4096 (2^{12}) 個位元組寬度的字元。2732 EPROM 使用 5-V 的電源，可使用紫外線清除。$\overline{CS}$ 輸入如一些其他的記憶體晶片上的晶片選擇 CS 輸入。$\overline{CE}$ 輸入在低邏輯準位被觸發。$\overline{OE}/V_{PP}$ 接腳有兩個目的，讀取期間有一個，寫入期間有另一個。一般 EPROM 的使用為讀取。低邏輯準位在

輸出致能 ($\overline{OE}$) 的接腳在記憶體讀取動作的期間輸出驅動計算機系統的資料匯流排。在 2732 EPROM 中的八個輸出接腳被標示為 O_0 到 O_7。一個方塊圖繪製於圖 11-12(b) 以顯示 2732 EPROM 晶片的組織。

當 2732 EPROM 被清除時，所有的記憶體單元將回到邏輯 1。透過改變記憶體單元選擇到 0 以引進資料。當兩用的 $\overline{OE}/V_{PP}$ 輸入處於 21 V，則 2732 是在**程式化模式 (programming mode)**（寫入到 EPROM）。在程式化（寫入）的過程中，輸入的資料將應用至資料輸出接腳（O_0 到 O_7）。字元被程式化至 EPROM 中是使用 12 條位址線來定址的。一個很短（小於 55 ms）的 TTL 級別低邏輯準位脈衝被輸入到 $\overline{CE}$ 輸入，然後完成寫入程序。

一個 EPROM 程式化處理的特殊設備，稱為 PROM 燒錄器。經過清除和重新程式化後，很常見的保護是將 EPROM 上的窗口（見圖 11-10）貼上不透明的貼紙。貼紙覆蓋在 EPROM 窗口，保護晶片免受紫外線燈、螢光燈和陽光的損害。要清除 EPROM，可以透過陽光直接照射大約一週，或室內等級的螢光燈照射大約三年。

自我測驗

請填入下列空格。

37. 字母「PROM」代表於_____。
38. 字母「EPROM」代表於_____。
39. 字母「EEPROM」代表於_____。
40. 欲清除 EPROM 可以藉由照射於_____光線通過 IC 頂部的一個特殊窗口。
41. 參考表 11-4，27512 EPROM 可以儲存共於_____位元的資料，編排為於_____個字元，每個為 8 位元寬。

11-8 非揮發性讀／寫記憶體

不論是靜態或動態的隨機存取記憶體 (RAM) 皆有容易揮發的缺點。易揮發性指的是當電源關閉時，資料就會遺失的情形，因此發展出非揮發性讀／寫記憶體(nonvolatile read/write memory)來克服這個問題。目前用下列方法來實現：(1) 在互補式金屬氧化物半導體(CMOS)靜態隨機存取記憶體 (SRAM) 裡，使用**備用電池 (battery backup)**，(2) 使用**非揮發性靜態隨機存取記憶體 (nonvolatile static RAM, NVSRAM)**，(3) 使用快閃電子式可清除程式化唯讀記憶體 (flash EEPROM) 或快閃記憶體，(4) 較新型的鐵電隨機存取記憶體(ferroelectric random-access memory, FRAM)。

新型磁阻式隨機存取記憶體 (MRAM) 具有高速度、高密度、非揮發性、低功耗和耐久性（不論是讀取或寫入）等特性。

備用電池式靜態隨機存取記憶體

目前普遍克服 SRAM 易揮發性問題的方法是使用備用電池。因為備用電池系統的功率消耗小，所以被使用在 CMOS RAM 上。高壽命的鋰電池通常被使用在 CMOS SRAM 的資料備份中。備用電池的壽命大約為 10 年，並且可以嵌入在記憶體封裝中。在正常運作條件下，SRAM 是由供電設備提供電源。當電源電壓下降到低於預定電壓時，電壓檢測電路會切換到備用電池來保持 SRAM 的電源，直到電源恢復。備用電池式 SRAM 普遍應用在微電腦系統中。

備用電池式靜態隨機存取記憶體亦簡稱為 BBSRAM，目前為市場主流。它被廣泛使用，但在一些無電池應用場合，例如醫療、太空和距離數據記錄等系統則無法使用。BBSRAM 保存資料時間比其他 NVSRAM 短。一些 BBSRAM 的替代產品，例如 NVSRAM、FRAM 和 MRAM，均提供較佳的存取時間（它們較快）。

非揮發性靜態隨機存取記憶體

非揮發性 RAM 可以克服易揮發的問題。非揮發性隨機存取記憶體可以稱為 **NVRAM (nonvolatile RAM)、NOVRAM (nonvolatile RAM)、NVSRAM (nonvolatile static RAM)**。NVRAM 結合 SRAM 的讀／寫功能與 EEPROM 的非揮發性。圖 11-13 詳細畫出小型 NVSRAM 的方塊圖。其中可以發現 NVSRAM 有兩個平行的記憶體陣列。SRAM 在前面的陣列，而映射式 (shadow) EEPROM 在後面的陣列。在正常運作期間，會使用到讀／寫 SRAM。而當電源電壓下降時，在 SRAM中 的所有資料會自動備份到非揮發性 EEPROM 的陣列中。在圖 11-1 3中，箭頭指向 EEPROM 陣列的部分，是表示資料備份的「儲存」動作。當電源啟動時，NVSRAM 會自動執行資料回復的動作，將 EEPROM 中的所有資料複製到 SRAM。在圖 11-13 中，箭頭指向前排 SRAM 的部分，是表示執行「資料回復」的動作。

NVSRAM 似乎稍微優於備用電池式 SRAM。NVSRAM 有較好的存取速度與普遍較長的整體壽命。而且 NVSRAM 積體電路 (IC) 的體積小於備用電池式 SRAM 封裝，因此可以更加節省主機板空間。不過就目前而言，NVSRAM 較昂貴，而且能製造的尺寸有限。

快閃記憶體

快閃 EEPROM (flash EEPROM) 可能會在備用電池式 SRAM 與 NVSRAM 之後成為一種低成本的選擇。快閃記憶體廣泛應用於筆記型電腦上。

圖 11-14 詳細敘述英特爾商業快閃記憶體的特色。英特爾的 28F512 512K (64K×8) CMOS **快閃記憶體 (flash memory)** 可以儲存 524,288 (2^{19}) 個位元，可以分為 65,536 (2^{16}) 個字元，每個字元為 8 個位元寬。圖 11-14 的方塊圖和接腳說明提供了一個快閃記憶體的概要。當 V_{PP} 的清除／編程電源接腳為低電壓時，28F512 快閃記憶體的運作會像 ROM 一樣。當 V_{PP} 接腳變為高電壓時（約 +12 V），記憶體會藉由附加的微處理器或微

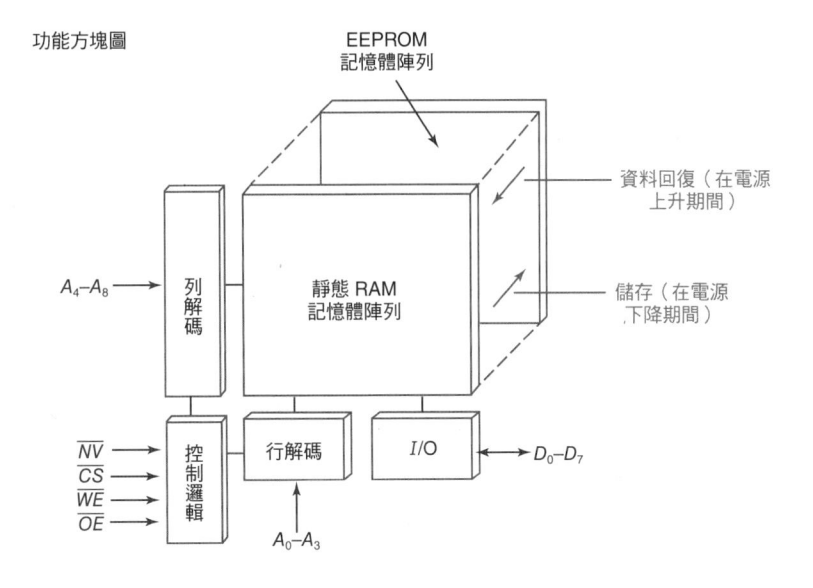

A_0–A_8	位址輸入
D_0–D_7	資料輸入／輸出
$\overline{CS}$	晶片選擇
$\overline{NV}$	非揮發性致能

$\overline{WE}$	寫入致能
$\overline{OE}$	輸出致能
V_{CC}	+5 V ±10%

圖 11-13 典型 NVSRAM 的方塊圖與接腳名稱。

控制器來發送指令到指令暫存器上，來快速完成清除或編程的動作。28F512 快閃記憶體的晶片採用 5 V 供應電源，但是當 V_{PP} 接腳處於清除與編程情況下，則需要 +12 V 供應電源。

　　總結而言，快閃EEPROM或快閃記憶體，將會是一種更受歡迎的新興記憶體技術。快閃記憶體具有很多理想的特性，包含非揮發性、線上可重複讀寫、高可靠度與低功耗，並且擁有高密度的特性（因為單電晶體儲存元件非常微小）。英特爾在最近的研究成果中提出，快閃記憶體將可以達到更高的密度。

鐵電隨機存取記憶體

　　鐵電隨機存取記憶體 (ferroelectric RAM, FeRAM 或 FRAM) 是一種類似 SRAM 或 DRAM 的高速記憶體，不過卻具有非揮發性的優點，而且 FRAM 的速度快於快閃 EEPROM。FRAM 並不像 SRAM 一樣，需要利用備用電池來提供固定功率的電源。因為 FRAM 的低功耗，所以在輕便的數位設備上是一個很好的選擇。一種類似 FRAM 的半導體記憶體，可以藉由加入些許製程步驟。而被結合到微控制器與其他晶片中。FRAM 是由**鐵電電容 (ferroelectric capacitor)** 與 MOS 電晶體所構成。鐵電電容（記憶體元件）並不像熱門的 DRAM 一樣，需要每一個元件都定期更新。只有在讀取特定的元件後才需

方塊圖

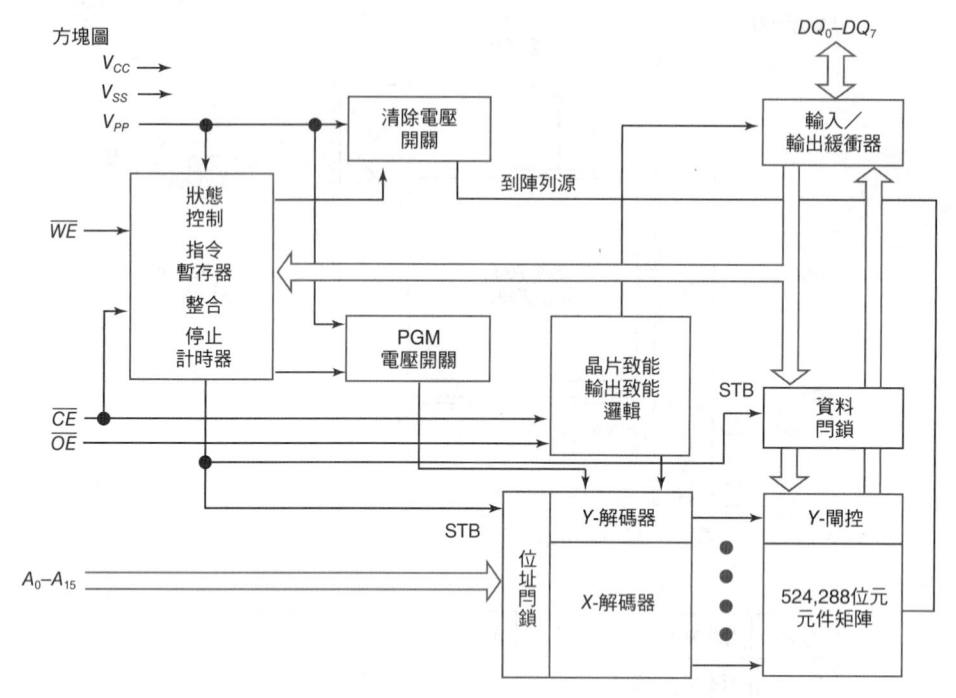

接腳說明

符號	類型	名稱與功能
A_0–A_{15}	輸入	位址輸入到記憶體位址上。在寫入週期時,位址被內部鎖住。
DQ_0–DQ_7	輸入/輸出	資料輸入/輸出:在記憶體寫入週期時,輸入資料;在記憶體讀取週期時,輸出資料。資料腳為高電位作用,當晶片被取消或將輸出中止時,資料腳浮接進入三態之關閉 (OFF) 狀態。在寫入週期時,資料被內部鎖住。
$\overline{CE}$	輸入	晶片致能:激發設備的控制邏輯電路、輸入緩衝器、解碼器與檢測放大器。$\overline{CE}$ 為低電位作用;$\overline{CE}$ 為高電位時,記憶體裝置不被致能進入低功率消耗的待機狀態。
$\overline{OE}$	輸入	輸出致能:在讀取週期時,限制輸出經過資料緩衝器。$\overline{OE}$ 為低電位作用。
$\overline{WE}$	輸入	寫入致能:控制寫入到命令暫存器與陣列。寫入致能為低電位作用。位址被鎖住在下落邊緣,並且資料被鎖住在 $\overline{WE}$ 脈波的上升邊緣。 注意:當 $V_{PP} \leq 6.5\,V$,記憶體的內容不能被修改。
V_{PP}		清除/編程電源供應用來寫入到命令暫存器,清除全部陣列,或編程陣列中的位元組。
V_{CC}		設備電源供應 ($5\,V \pm 10\%$)
V_{SS}		接地
NC		無內部連接到設備時,接腳會被驅動或者移除浮點。

圖 11-14 方塊圖與 28F512 512K CMOS 快閃記憶體的接腳說明(英特爾公司提供)。

要進行更新。

目前 FRAM 的密度偏低,且價格偏高。然而,因為 FRAM 是一個相當新的技術,所以預計密度將會提升,價格將會下降。目前 FRAM 主要的研發與製造公司是 Ramtron International。

磁阻式隨機存取記憶體

磁阻式隨機存取記憶體 (magnetoresistive RAM, MRAM) 是一種新興的半導體記憶體技術。MRAM 擁有相當好的特性，結合了 SRAM 的存取速度、DRAM 的密度與快閃 EEPROM 的非揮發性。MRAM 的小型記憶體元件是由一個單電晶體和一個磁性穿隧介面 (magnetic tunnel junction, MTJ) 結構所構成。根據元件造成阻抗的改變，代表不同的邏輯狀態（0或1）。MRAM 擁有快速的寫入與讀取速度，且讀取與寫入次數幾乎可以達到無限次，以及低功耗的需求。因為 MRAM 與 CMOS 處理器相容，所以允許處理器（例如微控制器）和記憶體能製作在同一晶片上。根據一些訊息表示，MRAM 有可能成為一種「通用的半導體記憶體」。MRAM 也被稱為**磁性隨機存取記憶體 (magnetic random access memory)**。

自我測驗

請填入下列空格。
42. 縮寫「NVRAM」代表_____。
43. 備用電池式 SRAM 普遍使用一個具有高壽命且在斷電情況下仍可以保存記憶體中資料的_____（碳鋅，鋰）電池。
44. 在一個 NVSRAM 中，包含 SRAM 陣列和映射式_____（EEPROM，ROM）的記憶體陣列。
45. 當一個 NVSRAM 在電源啟動時，資料_____（回復，儲存）運作模式會自動發生，造成所有的資料從 EEPROM 複製到 SRAM 記憶體陣列。
46. 根據圖 11-14，當 +12 V 的電壓連接到 IC 的_____接腳時，28F512 快閃記憶體可以被清除／重新編程。
47. _____（ROM，快閃記憶體）具有高密度、高可靠度，並且可重複讀寫。
48. _____（SRAM，PROM）是一個相當昂貴但非常快速的讀／寫記憶體。
49. 對一個唯讀記憶體而言，快閃 EEPROM 是一個很好的替代方法，但是因為不能重複讀寫，所以無法取代DRAM。（是非題）
50. 因為具有高速度、低功耗、高密度、良好的耐久性與非揮發性，所以新的_____（MRAM，ZDRAM）技術有可能取代許多半導體記憶體。
51. 在半導體記憶體的專有名詞中，縮寫 MRAM 代表_____。
52. 在半導體記憶體的專有名詞中，縮寫 FeRAM 代表_____。
53. 因為快閃 EEPROM 具有高密度、低速度與易揮發性的特性，所以類似 SRAM。（是非題）

11-9 記憶體封裝技術

圖 11-15 描繪出記憶體封裝的演化過程。圖 11-15(a) 描繪出雙排標準封裝 (dual in-line package, DIP)。DIP為傳統的 IC 封裝技術，並且占據了相當大的印刷電路板面積。在圖 11-15(a) 中的 DIP，可以分為表面黏著式或插入式類型。小型化積體電路 (small-outline IC, SOIC) 具有較小的面積，並且可以藉由 DIP 來降低電路板面積。在較不複雜

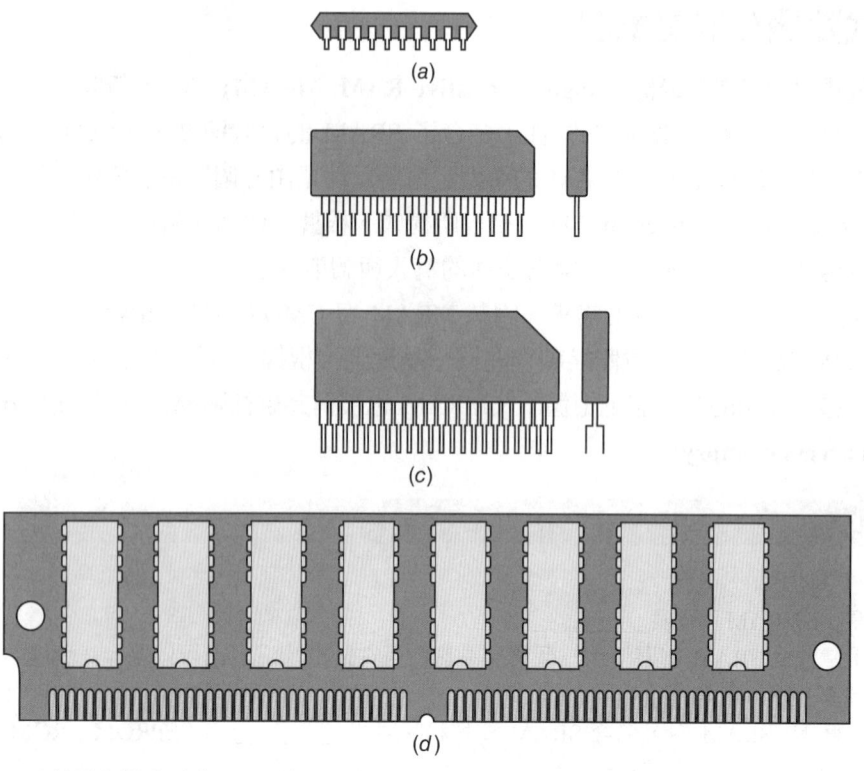

圖 11-15　記憶體封裝的演化。(a) 雙排標準封裝 (DIP)。(b) 單排標準封裝 (SIP)。(c) 交叉引腳封裝 (ZIP)。(d) 單排記憶體模組 (SIMM)。

的系統中（例如基於微控制器的主機板），使用 DIP 技術封裝成 SOIC，可以直接嵌入在電腦主機板上。在較大型的系統中（例如微電腦），DIP 記憶體 IC 不可以直接嵌入在主機板上，而是將記憶體模組（電路板上擁有許多 DIP SOIC 記憶體 IC）插入到電腦主機板的插槽上。

一些舊型電腦所使用的兩種記憶體模組類型，描繪在圖 11-15(b) 與 (c)。這兩種封裝方式為單排標準封裝 (single in-line package, SIP) 與交叉引腳封裝 (zig-zag in-line package, ZIP)。這些封裝可以在比較舊型的設備上找到，不過在新的設計中不會使用。

一些較舊型的微電腦也可能會使用**單排記憶體模組 (single-in-line memory module, SIMM)**。圖 11-15(d) 描繪出一個 72 支接腳的 SIMM。可以看到這 72 個接點是位在 SIMM 的底部邊緣。這些接點只有位在 SIMM 的一面而已。較早的 SIMM 是只有 30 支接腳。在圖 11-15(d) 中，可以看到 SIMM 的左面底部有槽口，技術人員藉由這些槽口將 SIMM 正確地安裝在插槽上。

較新型的微電腦普遍使用的記憶體模組，類似於圖 11-16(a) 所描繪的**雙排標準記憶體模組 (dual-in-line memory module, DIMM)**。這是一個有 168 支接腳的 DIMM。在圖 11-16(a) 中的 DIMM，電腦主機板的兩個面底部皆有 84 個接點。圖 11-16(b) 描繪出典型的 DIMM 設置，可以看到在插槽的兩邊皆有扣具。當記憶體往下插入插槽時，可以利用

扣具扣住記憶體並固定住；或者當要移除插槽上的記憶體時，可以利用扣具將記憶體拔出插槽。從圖 11-16(b) 可以知道槽口是沿著記憶體的底部。這些槽口會完全對應 DIMM 插槽上的形狀。這使得 DIMM 只能從一個方向插入插槽，並且確保能正確地安裝記憶體模組。

圖 11-16(c) 描繪出一個 184 支接腳的**雙倍資料率同步動態隨機存取記憶體 (double data rate synchronous DRAM, DDR SDRAM)**。目前在個人電腦上，DDR SDRAM 是很熱門的記憶體模組。另外，184 支接腳的 Rambus DRAM (RDRAM)，在現今的個人電腦上也被廣泛地應用。RDRAM 也稱作 RIMM，是由 Rambus 公司所研發。184 支接腳的 RDRAM 實際上有些不同於 DDR SDRAM，並且槽口的位置也不相同。因為主機板是由一個樣式或其他的 DIMM 所設計而成，所以 184 支接腳的 RDRAM 和 DDR SDRAM 不能互換。對於一些更高端的電腦，所使用的更大容量 DIMM 可能是 240 支接腳的 DDR2 SDRAM。

可攜式電腦所使用的記憶體模組，比圖 11-16 裡面的模組還要更小。實際上看起來是不一樣的。某些被使用在筆記型電腦的 DDR SDRAM 模組，使用的可能是小型化的 200 支接腳的 SO-DIMM 或 172 支接腳的微型 DIMM。

DIMM 有許多可變因素，包括不同尺寸、電壓、速度和記憶體容量，所以更換或增加記憶體模組時，必須要注意到電腦的規格。

記憶卡是另一種封裝方式。個人電腦記憶卡國際協會 (Personal Computer Memory Card International Association, PCMCIA) 對PCMCIA卡定義標準物理與電氣的特性。記憶卡的尺寸大約等同於標準信用卡的寬度與長度，厚度（有四種厚度）大約是 3 至 19 mm。記憶卡可由任何種類之記憶體（PROM、DRAM、備用電池式 SRAM、快閃 EEPROM 等）晶片及其他配合的電子元件構裝成所需之記憶體容量。因為快閃記憶體卡的高密度、低功耗、可讀／寫功能、非揮發性與低成本，所以目前是相當熱門的。一個包含快閃記憶體的 PCMCIA 裝置，也可以稱作**快閃記憶卡 (flash memory card)**。記憶卡允許增加記憶體到筆記型電腦與掌上電腦設備，甚至是一台複印機。大容量快閃記憶卡可以作為**固態硬碟 (solid-state disk drives)** 使用。標準的 PCMCIA 記憶卡具有68支接腳的邊緣連接器，用來分配執行的工作（位址線、數據線、電源供應、接地線等）。在PCMCIA記憶卡中的 68 支接腳，其中 26 支接腳為位址線，允許大量記憶體執行定址動作（226 = 64 MB）。當插上記憶卡時要注意其他規格的接口，例如 PCMCIA 的 88 支接腳接口、Panasonic 的 34 支接腳接口、Maxwell 的 36 或 38 支接腳接口、Epson 的 40 或 50 支接腳接口與其他類似的接口。

磁碟是一種電磁裝置，會因為消耗大量功率與機械磨損而導致問題發生。磁碟特別容易因為受到衝擊、振動、灰塵與污垢而受損。在筆記型電腦與其他體積必須要非常小的裝置上，所使用的**固態硬碟 (solid-state disk)** 是應用快閃記憶卡或類似的配件所組成，體積非常小，而且是低功耗、可抗衝擊與振動。對於**固態電腦 (solid-state**

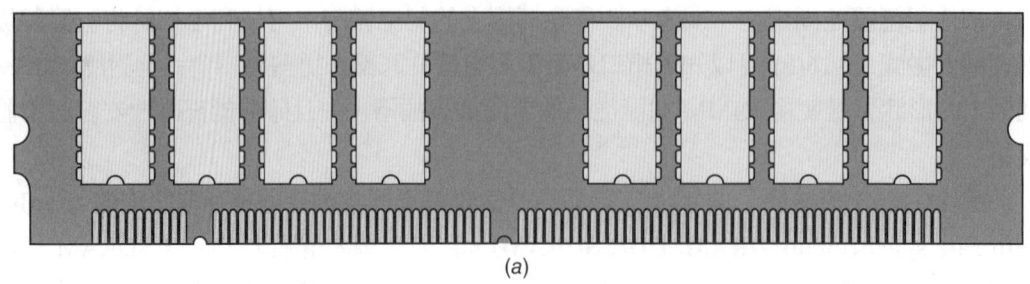

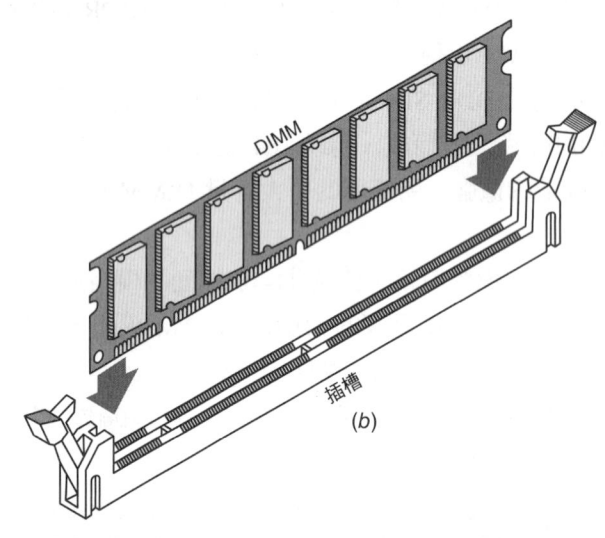

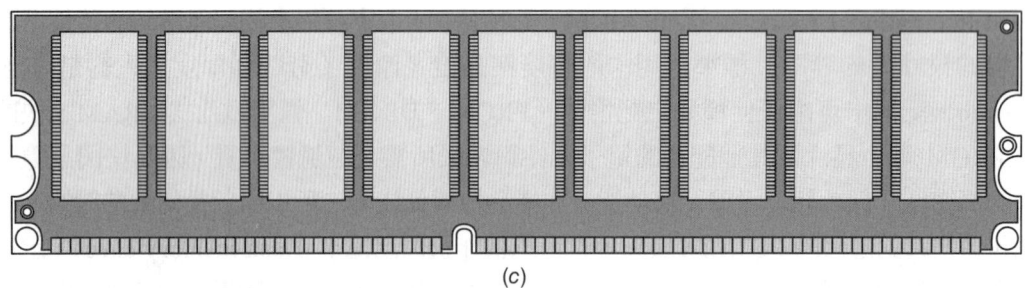

圖 11-16　DIMM 記憶體模組。(a) 168 支接腳的 DIMM SRRAM。(b) 把 DIMM 安裝在插槽上。(c) 184 支接腳的 DIMM DDR SDRAM。

computer) 來說，快速的 SRAM 與快閃記憶體將取代傳統 DRAM 與磁碟的組合。當把資料從固態硬碟傳輸到 RAM 時，SRAM／快閃記憶體組合是非常快速的。

自我測驗

請填入下列空格。
54. 圖 11-15(a) 是一種最為傳統的記憶體封裝技術，這種技術稱為＿＿＿＿＿＿（DIP，SIP，ZIP）。
55. 當提及電腦記憶體模組封裝時，縮寫 DIMM 代表什麼？

56. 當提及電腦記憶體模組封裝時，縮寫 DDR SDRAM 代表什麼？
57. 當提及電腦記憶體模組封裝時，縮寫 SIMM 代表什麼？
58. 當提及電腦記憶體模組封裝時，縮寫 RDRAM 代表什麼？
59. DIMM 有許多可變因素，包括不同尺寸、電壓、速度和記憶體容量。（是非題）
60. 當提及記憶卡時，縮寫 PCMCIA 代表什麼？
61. PCMCIA 快閃記憶卡的厚度大約等同於_____（信用卡，5.25 英吋軟碟機）。
62. 所有記憶卡的電性連接與物理尺寸的設計，是依照 PCMCIA 的 68 支接腳標準規格。（是非題）

11-10　電腦大容量記憶體裝置

一般而言，幾乎全部的近代電腦將半導體記憶體用於內部記憶體中，電腦的內部記憶體又可以稱為**主記憶體 (primary storage)**，但是也不可能將全部資料儲存在電腦內部。例如當支票被印刷和兌現後，最後一個月的工資訊息是沒有必要儲存到電腦內部的，因此大部分的資料被儲存在電腦外部。外部記憶體也被稱作是**次要記憶體 (secondary storage)**。對於目前或未來的電腦來說，有數種方法可以儲存資料。外部儲存裝置通常可以分為機械式、磁性式、光學式或半導體式。

機械式裝置

機械式大容量記憶體 (mechanical bulk storage) 裝置包括打孔卡與打孔帶。打孔卡是在 1900 年以前由 Herman Hollerith 所研發，當時是為了在 1890 年進行美國人口普查而開始打孔卡的改造。打孔卡上面的洞代表字母與數字的資料。這種編碼方式稱作 Hollerith **卡片代碼 (Hollerith card code)**。典型的 Hollerith 打孔卡由重磅紙製造，大約為 3.25×7.5 英吋，一個普通的打孔卡可以容納 80 個字元。打孔卡已經是被淘汰的技術。

另一種機械式儲存資料方式是打孔帶。紙帶是一個狹長形狀的打孔紙，其中孔洞是依照編碼來完成。打孔帶可以儲存在圓盤上。這種技術目前也已經被淘汰了。

磁式裝置

普通的**磁性大容量記憶體 (magnetic bulk storage)** 裝置為磁帶、磁碟片與磁鼓。每一個裝置的作業方式像是普通的磁帶錄音機。資料被記錄（儲存）在磁性材料裡，也可以從磁性材料中讀取資料。

把**磁帶 (magnetic tape)** 當作次級儲存工具已經廣泛應用多年，也因為價格便宜，目前仍然是資料備份的熱門工具。磁帶的主要缺點在於其連續存取特性。也就是說，在磁帶上尋找資料時，必須依照磁帶的順序，造成存取時間變長。

磁鼓 (magnetic drum) 記憶體使用於早期的計算機（1950 年代和 1960 年代），它由表面塗上磁性鐵氧物質的旋轉金屬圓筒組成，靠著讀／寫頭配合來記錄和偵測二進制資

料。不像磁帶，磁鼓是隨機存取記憶裝置，因而具有較短的存取時間，磁鼓記憶體一直被用來儲存程式和資料（主記憶體），直到半導體記憶體進入了儲存媒體的領域。磁鼓這種技術目前已經被淘汰。

磁碟 (magnetic disk) 在最近幾年變得特別熱門。因為磁碟為隨機存取裝置，意思是說，任何資料皆可以很簡單地存取，而且只要花費很短的時間。磁碟分為**硬式磁碟 (rigid disk)** 與**軟式磁碟 (floppy / flexible disk)** 兩種類型。對於許多微電腦而言，軟式磁碟是一個相當熱門的次要記憶體。

將**硬式磁碟 (rigid magnetic disk)** 和非常高速的非揮發性 RAM（例如快閃 RAM）組合，可製造成**混合式 RAM 碟 (hybrid RAM disks)**。這些混合式硬式磁碟機 (H-HDD) 具有較快的存取速度和較少的功率消耗。正規的硬式磁碟機連續旋轉硬碟，然而 H-HDD 則時停時轉磁片。混合式硬式磁碟機之資料傳輸存入或讀出，主要是經由非揮發性 RAM。混合式硬式磁碟機僅在需要時旋轉起來，而在休息時停止轉動。混合式硬式磁碟機的主要缺點在於成本、雜訊（時停時轉），以及較低的使用壽命。

硬式磁碟

在近代的電腦系統中，硬式磁碟是目前最重要的大容量記憶體裝置。其中一種最初的密封無塵硬碟裝置是由 IBM 公司所研發，並且被命名為溫徹斯特硬碟 (Winchester drive)（以 30 ms 存取 30 MB 的存取速度聞名）。硬盤已經被證實是可靠且快速的，時至今日，已經有非常大容量的記憶體空間。圖 11-17 是 Seagate 公司的硬碟產品。移除硬碟的外層後可以看到有四個 3.5 英吋的硬碟（稱作磁片 (platter)），其中磁片的材料為鋁、玻璃或陶瓷。磁片上塗有一層薄膜介質，讓一微小金屬層結合到磁盤。圖 11-17 中的硬碟有八個讀寫頭（只能看到一個），四個磁片的每一面各一個。當磁片轉動時，讀寫頭會移動到磁片表面之上，且支臂將讀寫頭固定在特定的環狀磁軌上。許多硬碟的轉速為每分鐘 3600 轉或更快。類似於圖 11-17 的 Seagate 公司 Cheetah 硬碟的轉速達到每分鐘 10,000 或 15,000 轉。如果有愈高的轉速，就能讓讀寫頭的讀取速度愈快。

硬碟的說明書上會提供一些基本資料，如總記憶體空間、磁片的數量和大小、讀寫頭的數量、平均存取時間（讀／寫）、平均等待時間、主軸轉速、實際尺寸、功率需求與操作溫度。磁碟上的資料結構可以看成扇面的數量〔一個扇面通常為 512 位元組的資料以及其他資訊（例如位址）〕、磁軌的數量（資料的同心圓）或磁柱的數量（如三維的磁軌的總數量，包括所有磁片的雙面）。

圖 11-17 是電腦系統內部記憶體的硬碟設計。目前而言，近代電腦硬碟的儲存空間為 100 GB 到

圖 11-17 Seagate 公司的 Cheetah 硬碟。

3 TB。圖 11-18 中的隨身硬碟，是一種可攜式型硬碟，是目前的熱門選擇。隨身硬碟的儲存空間大約為 5 GB 到 1 TB。其大概只有襯衫口袋的大小、幾盎司的重量而已。它有一個內建的伸縮式連接頭，可使用熱插拔方式接到電腦上的 USB 埠，且資料傳輸速度高達 480 Mbps。隨身硬碟（圖 11-18）是由 USB 端提供電壓。其他類型的攜式型硬碟具有較大的儲存空間，不過體積也比較大，而且可能需要獨立的電源。

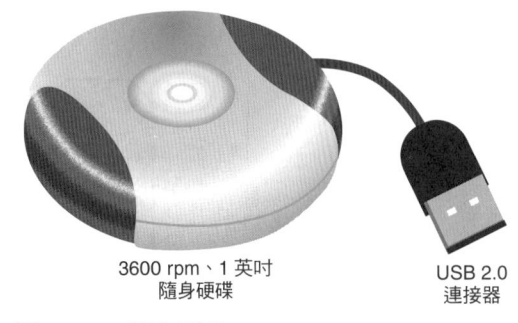

3600 rpm、1 英吋 隨身硬碟

USB 2.0 連接器

圖 11-18 隨身硬碟。

軟式磁碟

在過去，軟式磁碟機 (floppy disk drive) 是一種很重要的可攜式磁性儲存裝置，經常使用在存取資料。過去 50 多年來，軟式磁碟的直徑有 8 英吋、5.25 英吋及最近的 3.5 英吋。十年前，家用、學校和小型商用微電腦都內建有軟式磁碟機。最近的 3.5 英吋之軟式磁碟擁有 1.4 到 2.0 MB 的儲存容量。軟式磁碟仍然使用於許多舊型設備中。在較新型電腦系統中，可以選用 USB 軟式磁碟機 (USB floppy disk drive) 作為可攜式儲存裝置。另外也有較佳的可攜式儲存選項，包括 USB 隨身碟、可攜式硬碟、光碟和記憶卡。

圖 11-19 是一個一般的 3.5 英吋軟式磁碟。圖片為磁碟的背面圖。外部的硬質塑膠殼與滑動金屬保護門，都有助於保護容易受損的軟式磁碟內部。當打開滑動金屬保護門後，可以看到裡面的軟式磁碟。放開之後，滑動金屬保護門會自動彈回並保護軟式磁碟。磁碟的讀寫頭可以從兩側的軟式磁碟儲存或檢索資料。在中心有一個金屬集線器連接到軟碟底部用來扣住磁碟。寫入的保護槽口在圖 11-19 的右下角。如果寫入保護孔被關閉（如圖所示），可以寫入或讀取磁碟。如果寫入保護孔打開（將塑膠滑塊往下移），只能讀取磁碟，此時稱作「寫入保護」。

光碟

對於近代的個人電腦而言，**光碟 (optical disc)** 已經變成一種最廣為人知的大容量記憶體裝置。光碟技術的熱門是因為 (1) 可靠度、(2) 高容量、(3) 可攜帶性與 (4) 價格低廉。

光碟有許多不同的類型，包括熱門的**唯讀光碟 (compact-disc read-only memory, CD-ROM)**、可記錄光碟 (compact-disc recordable, CD-R) 與可重複讀寫光碟 (compact-disc rewritable, CD-RW)。一些更新的大容量光碟包括數位多功能唯讀光碟 (digital versatile disc read-only memory, DVD-ROM)、數位多功能可記錄光碟 (digital versatile disc recordable, DVD-R)、數位多功能可重複讀寫光碟 (digital versatile disc rewritable, DVD-RW) 與 DVD + RW（其他類型的數位多功能可重複讀寫光碟）。光碟的尺寸可以分為一

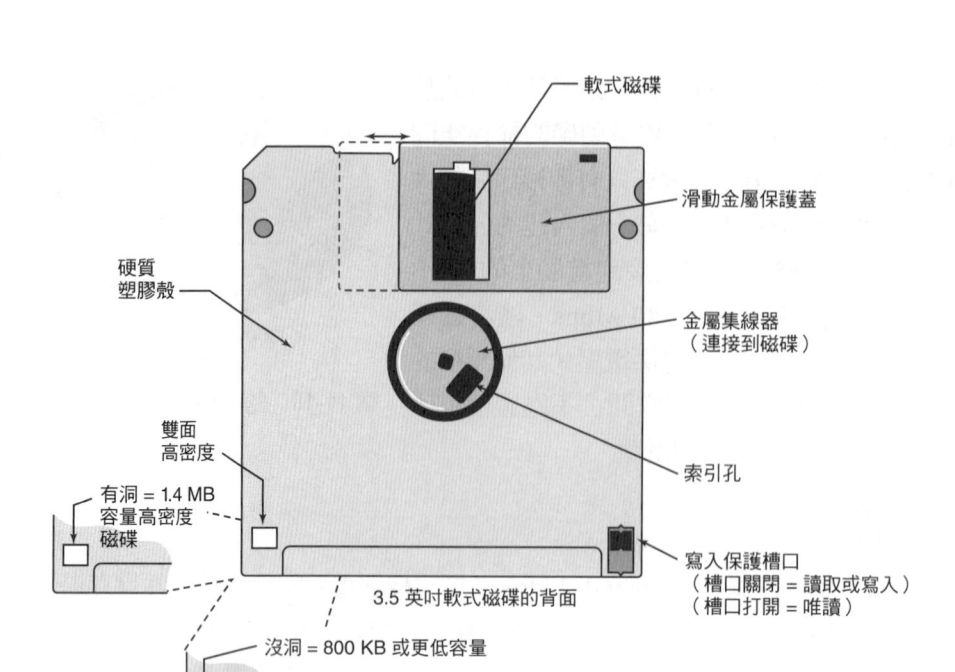

圖 11-19　3.5英吋軟式磁碟。

一般的 120 mm（約 4.72 英吋）與較小的 80 mm（約 3.15 英吋）。光碟不只可以儲存電腦資料，也被普遍地用來儲存聲音與影像。

CD 一開始是被研發用來儲存聲音，後來在 1980 年代中期，被改進成可以使用在電腦上的 CD-ROM 型式。CD-ROM 是由玻璃基板製造而成，將基板置入模具中，把聚碳酸酯樹脂注入模具內，即可形成 CD-ROM。產生的 CD-ROM 包含小型的凹孔與平面（無凹孔）。圖 11-20(a) 描繪一個 CD-ROM。當讀取 CD-ROM 光碟機時，雷射從底部瞄準光碟且從磁片上的凹孔與平面反射出來，利用光偵測器與數位電路來判斷為邏輯 1 或 0。

CD-ROM 光碟機的**資料傳輸速度 (data transfer rate)** 是根據製造商的設計，例如 1×、2×、16× 或 32×。一個 1×（1 倍速）的 CD-ROM 光碟機的最大資料傳輸速度為每秒 150 KB，所以一個 16×（16 倍速）的 CD-ROM 光碟機的最大資料傳輸速度為每秒 2400 KB（150 KB/s × 16 = 2400 KB/s 或 2.4 MB/s）。這些資料傳輸速度為最大值，實際資料傳輸速度通常會比較低。目前新型個人電腦的 CD 光碟機的速度為 48× 或者更高。

CD-ROM 的近代相似產品是 DVD-ROM。CD 與 DVD 有著相似的外型，皆為塑膠製的光碟，直徑 120 mm，厚 1.2 mm。它們由同樣的技術製造而成，並且從螺旋狀磁軌的凹孔與平面中讀取資料，但是 DVD-ROM 具有較大容量的記憶體空間。一個單層的 DVD-ROM 記憶體空間大約是 CD-ROM 的七倍。比較 CD-ROM 和 DVD-ROM 的凹孔大小和磁軌間距（寬度），DVD-ROM 的凹孔與平面排列得更加緊密，如圖 11-20(b) 所

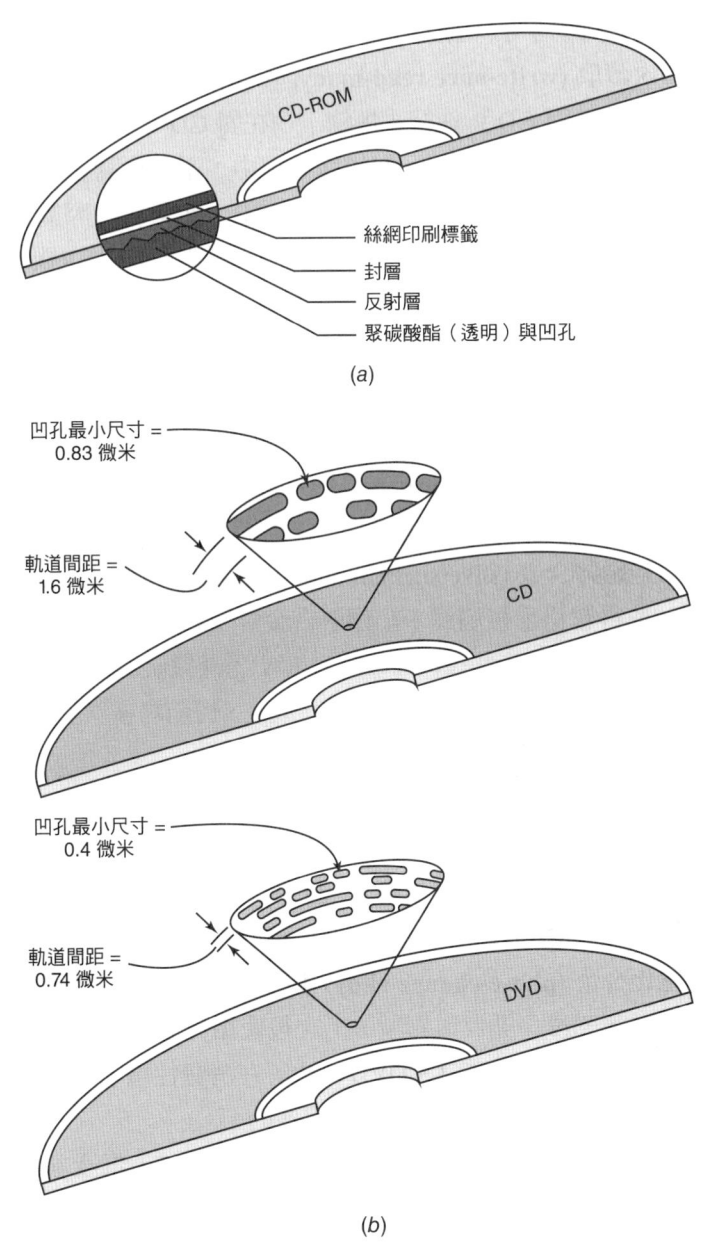

圖 11-20 (a) CD-ROM 結構。(b) 比較 CD 和 DVD 的磁軌間距（寬度）與凹孔大小。

示。因為 DVD-ROM 的磁軌可以排列得更緊密，所以每個磁片上可以有更多的磁軌。磁軌的凹孔的尺寸也變得更小。目前的 CD 光碟機可以讀取 CD-ROM 或者更大容量的 DVD。可以讀取 DVD 的 CD 光碟機普遍會在前面印上 DVD 的標籤。

DVD-ROM 可以儲存 4.7 GB（單面單層）或 9.4 GB（雙面單層）或 8.5 GB（單面雙層）或 17 GB（雙面雙層），而標準的 CD-ROM 則是 0.65 GB。DVD-ROM 光碟機提供每秒 1.385 MB 的資料傳輸速度。這意味著，一個1倍速的 DVD-ROM 光碟機的資料傳輸速度大約等同於 9 倍速的 CD-ROM 光碟機。

可記錄光碟 (CD-R) 因為可以永久儲存資料（檔案儲存），因此變得相當熱門。CD-R 是**單次寫入多次讀取 (write-once read-many, WORM)** 的記憶體裝置，而電腦使用者可以利用 CD 燒錄光碟機對 CD-R 進行「燒錄」。在對 CD-R 光碟進行燒錄前，CD 上的反射面是一個連續的平面（無凹孔）。在燒錄過程中，雷射會對金反射層加熱，而且會造成染料層的外觀變得無光澤。反射層可能為金或銀，而染料層因為製造商的關係分成金片、綠片或藍片。當讀取 CD-R 時，燒錄過的深色區域（如 CD-ROM 上的凹孔）會反射較少量的光源。光亮的區域（平面）和無光澤的區域（燒錄過的）可以藉由 CD-R 的讀取器和數位電路來判斷為邏輯 0 或 1。CD-R 光碟只能燒錄一次。大多數 CD-R 的儲存空間大約為 650 MB。

可重複讀寫光碟 (CD-RW) 因為有大量的儲存空間與可重複讀寫的特性，所以成為替代軟式磁碟的選擇。CD-RW 光碟有時被稱作可消除式的 CD (erasable-CD) 或 CD-E。CD-RW 可以被寫入 1000 次甚至更多。當燒錄 CD-R 時，光敏性染料被永久改變。當燒錄 CD-RW 時，由銀鋼銻碲合金 (silver-indium-antimon y-tellurium alloy) 組成的記錄層會被記錄或重新記錄，使得它可重複燒錄。記錄層合金會反射多晶狀態或無光澤的非定形狀態（就像 CD-ROM 的凹孔與平面）。CD-R/CD-RW 光碟機使用雷射來確認 CD-RW 上的區域為反射區域或無光澤區域，並判斷為邏輯 0 或 1。目前許多新型的 CD-ROM 光碟機也將可以讀取 CD-R 和 CD-RW。

三種新式的高容量 DVD 技術正開始出現，分別為 DVD-RW、DVD+RW、DVD-RAM。DVD-RAM 光碟是較早被研發的，但是不能與 CD-RW/DVD 產品相容。盒裝的 DVD-RAM 就像是大型的軟碟機。DVD-RW（以前稱作 DVD-R/W）與 DVD + RW 光碟利用**相變化技術 (phase-change technology)** 來進行讀取、寫入與清除資料的動作。當寫入時，雷射會對**相變化合金 (phase-change alloy)** 進行加熱，因此成為結晶狀區域（反射區域）或無定形區域（無光澤、非反射區域）。之後使用光偵測器讀取光碟上的反射區域與無光澤區域，並判斷為邏輯 0 或 1。DVD + RW 在消費性電子產品與個人電腦環境上具有更高的相容性，這對於多媒體應用是非常重要的。

因為光碟的可靠度、高容量、低成本與可攜帶性，所以期待將來有多種光碟能使用在電腦、聲音與影像的儲存上。

通用序列匯流排快閃記憶體

通用序列匯流排快閃記憶碟 (USB flash drive)，又稱為 USB 快閃記憶棒或隨身碟，已成為取代軟式磁碟和光碟的重要儲存裝置。典型 USB 快閃記憶碟如圖 11-21 所示，為具有 USB 標準 A 型插頭之 64 MB 容量快閃記憶體。大部分 USB 快閃記憶碟均會提供插頭保護，如圖

圖 11-21 USB 快閃記憶碟具有 64 MB 記憶容量及 USB 標準 A 型插頭。

11-21 所示的帽套。在圖 11-21 中 USB 快閃記憶碟上面所呈現的圖形是標示 USB 埠和裝置的標準圖案。在大部分應用場合，USB 快閃記憶碟是由電腦的 USB 埠來提供電源。

USB 快閃記憶碟命名可能有些錯誤，因它沒有包含任何可移動部分（像是在硬碟或光碟中）。它是一種固態快閃記憶裝置帶有適當的數位介面電路。快閃記憶體是根據 EEPROM 的記憶單元發展出來。USB 快閃記憶碟擁有比軟式磁碟和光碟更大容量，它的記憶容量從 4 MB 到 1 TB；同時，它的價格持續大幅度下降中。它的存取時間與資料傳輸速度也遠優於軟式磁碟和光碟。USB 2.0 埠最大資料傳輸速度為每秒 480 MB，而較新的 USB 3.0 埠之最大資料傳輸速度高達每秒 5 GB。

USB 快閃記憶常被做成棒型和鑰匙、筆、拇指、手指、跳接等形狀的隨身碟。USB 快閃記憶碟經常使用於各類電腦（桌上型、膝上型、筆記型）、一些遊戲機、電話及儀器中。

存取時間

圖 11-22 比較數種大容量記憶體裝置的存取時間與儲存空間。存取時間的單位是秒，儲存空間的單位是 MB。**存取時間 (access time)** 指的是從記憶體中擷取一段資料所需要的時間。從圖中看到最高效能（最短的存取時間）的裝置是快閃記憶卡。

機械式的儲存資料方法（打孔帶與打孔卡）的效能最低，且對於大部分的應用來說，已經被淘汰。磁帶與數位錄音帶 (digital audiotape, DAT) 的存取時間慢，但擁有大容量與低成本。硬碟因為易於使用、儲存空間大、存取速度快、價格合理、普遍使用等特性，所以是非常熱門的。軟式磁碟過去非常熱門，因為其使用方便、成本非常低、可隨身攜帶、存取速度適中，因而過去被廣泛使用。

光碟則變成個人電腦上的標準大容量記憶體工具，例如 CD-ROM、CD-R 與 CD-RW。其他更高容量類型的光碟，例如 DVD，已經變成大眾化的儲存工具。光學式儲存裝置因為具有高容量、低成本、可攜帶性與可靠度，所以相當熱門。

如圖 11-22 所示，用作外接式儲存的半導體記憶體具有高速度和高容量特性。USB 快閃記憶碟即是此種裝置之一，因而被廣泛使用。混合式硬式磁碟機 (hybrid hard disk drive, H-HDD) 是最近型態的硬式磁碟機，它包含傳統的硬式磁碟 (rigid magnetic disk) 和非揮發性半導體記憶體。混合式硬式磁碟機在應用上具有硬式磁碟機的特性；但用作經常性的資料傳輸，卻因使用非揮發性半導體記憶體，而具有較快的存取速度。

自我測驗

請填入下列空格。
63. 外部的電腦大容量記憶體儲存裝置可以被分類為機械式、＿＿＿＿、＿＿＿＿或＿＿＿＿。
64. 列出數個電腦大容量儲存裝置。
65. 磁碟可以被製造成軟式與＿＿＿＿（無定形的，硬式）兩種類型。
66. 幾乎在所有的電腦系統中，最重要的大容量記憶體儲存裝置是＿＿＿＿（磁光碟機，硬式磁碟機）。

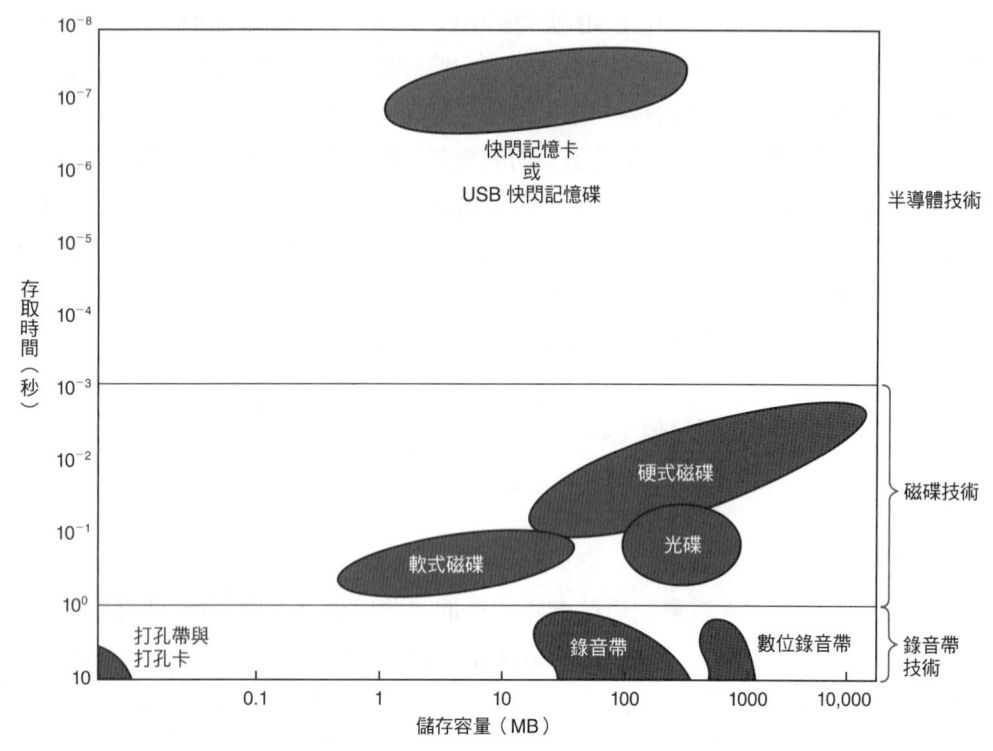

圖 11-22　數種大容量記憶體裝置的比較。

67. ＿＿＿＿＿＿（軟式磁碟，硬式磁碟）具有較快的存取速度與較多的儲存空間。
68. 根據圖 11-17，在圖中磁碟機的硬式磁碟普遍被稱作＿＿＿＿＿（磁片，軸心）。
69. 1 Gbytes 等於＿＿＿＿＿ bytes。
70. 由 IBM 公司所研發的 Winchester，是＿＿＿＿＿（光碟機，硬式磁碟機）早期的名稱。
71. 近代個人電腦所配備的硬碟容量約為＿＿＿＿＿（30 MB，250 GB 或更高）。
72. ＿＿＿＿＿＿（USB 快閃記憶碟，磁帶）是大容量記憶體裝置，具有低成本、可靠性、高容量與可攜帶的特性。
73. 熱門的數位影像光碟稱作 DVD，此縮寫 DVD 也代表＿＿＿＿＿ ＿＿＿＿＿ ＿＿＿＿＿。
74. CD 和 DVD 皆為＿＿＿＿＿（機械式，光學）大容量記憶體裝置。
75. 當提及光碟時，縮寫 WORM 代表什麼？
76. 當提及光碟時，縮寫 CD-RW 代表什麼？
77. ＿＿＿＿＿＿（CD-ROM，CD-RW）光碟是藉由小型的凹孔與平面來判斷為邏輯 0 或 1。
78. 軟式磁碟被淘汰的原因在於它具有較少的儲存空間與＿＿＿＿＿（較慢，非常快）的存取速度。
79. 硬式磁碟機不使用於現代電腦中。（是非題）
80. 光碟具有不同的種類，可使用來儲存聲音、影像與數位資料。（是非題）

11-11 數位式電位計：使用非揮發性記憶體

許多產品和電子裝置含有許多嵌入式的半導體記憶體。其中一種裝置是**數位式電位計 (digital potentiometer)** 或**固態電位計 (solid-state potentiometer)**。

圖 11-23(a) 的一般電位計是一個類比裝置。如果移動轉接器 (wiper)，則從轉接器與底部終端測量到的電阻值會逐漸改變。如果固定元件的電阻值為 1 kΩ，則從 A 點到 B 點之間測量到的電阻值，會是一個範圍從 0 到 1 kΩ 的任意值。

圖 11-23(b) 是一個數位式電位計。這個固定阻抗元件是由十個 100 Ω 的電阻串聯而成。輸入阻抗等於 1 kΩ。在這個模組中，轉接器只能和最後一個電阻的端點連結。因此，當把轉接器從底部的數位式電位計往上移動時，測量到的阻抗會以離散的階層跳躍（在這個例子中為 100 Ω 的階層）。舉例來說，歐姆計只可以讀取到 0、100、200、300、400、500、600、700、800、900 或 1000 歐姆的離散階層。

圖 11-24(a) 是一個數位式電位計的方塊圖。圖 11-24(b) 為其 DIP 接腳以及接腳說明。圖中為 Dallas Semiconductor 公司的 DS1804 **非揮發性微調電位器晶片 (NV Trimmer**

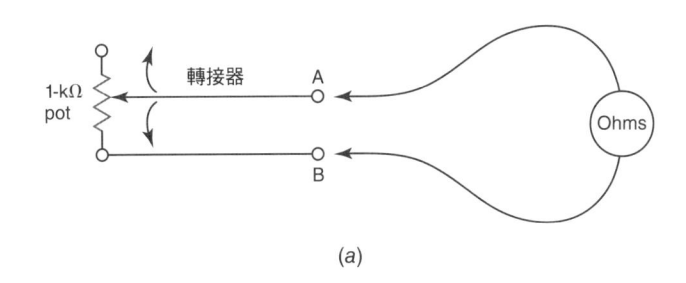

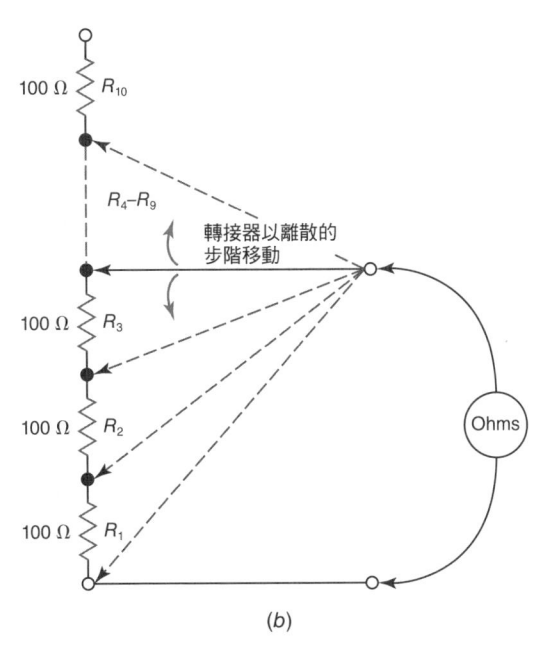

圖 11-23 (a) 電位計的類比輸出。(b) 固態電位計的數位輸出（10 段，每段 100 Ω）。

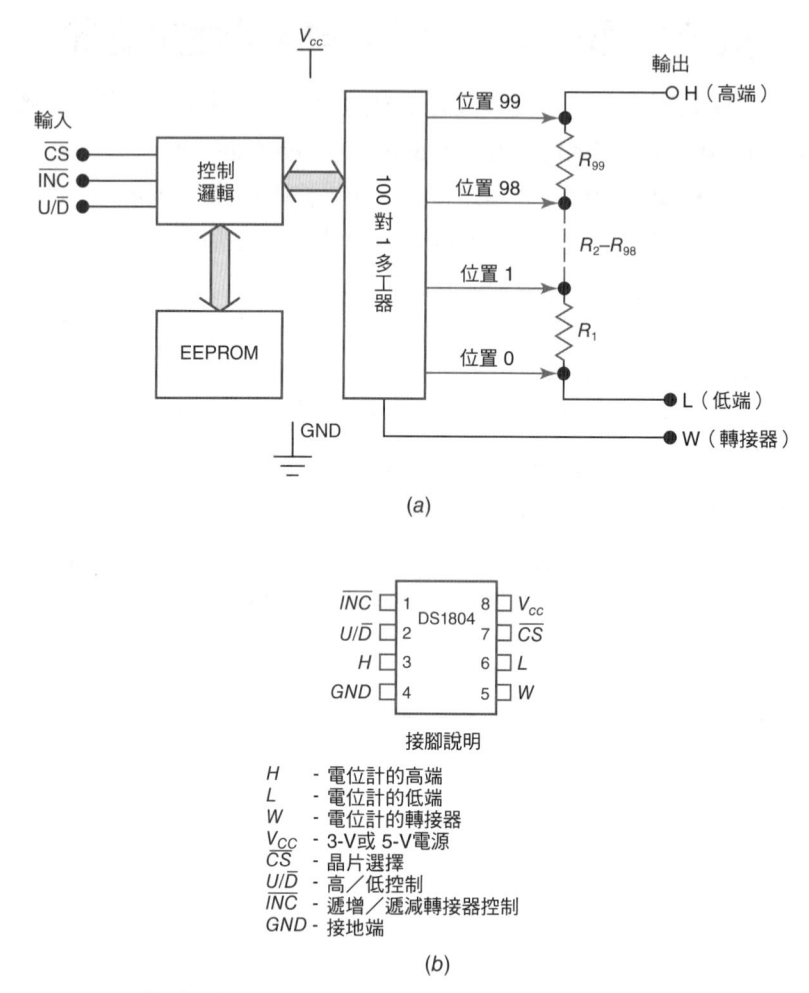

圖 11-24 (a) DS1804 數位式電位計的方塊圖。(b) DS1804 數位式電位計 (DIP IC) 的接腳圖與接腳說明。(Maxim Integrated Products 公司提供。)

Potentiometer IC) 或數位式電位計。注意，有三個輸出符號為 H、L、W，與一般的電位計相同。在圖 11-24(a) 裡的輸出端，DS1804 IC 的串聯電阻符號為R1到R99。數位式電位計中的輸出 W（轉接器），可以被連接到 100 個不同的串聯電阻符號中的任一點。在圖中被標記成位置 0 到位置 99。如果是一個 100 kΩ 的電位計，則每一個串聯電阻皆為 1 kΩ。如果轉接器在位置 1 上，則在 L 與 W 之間的電阻為 1 kΩ。如果轉接器在位置 98 上，則在輸出 L 與 W 之間的阻抗為 98 kΩ。

當圖 11-24 裡的 DS1804 IC 是剛啟動電源，轉接器的初始位置被儲存在非揮發性 EEPROM 中時，則會自動地載入晶片中控制邏輯的部分。這是用來傳遞到多工器來定位轉接器的起始位置。可以藉由輸入信號（$\overline{CS}$、$\overline{INC}$ 和 $U/\overline{D}$）的控制來改變轉接器的位置。

考慮使用圖11-25的邏輯方塊來改變DS1804-100 IC（100 kΩ 數位量）的轉接器位置。第一個例子（圖 11-25(a)），晶片選擇 ($\overline{CS}$) 輸入是低電位，且高／低 ($U/\overline{D}$) 輸入是

高電位。當進入增頻 ($\overline{INC}$) 輸入，每一個負脈波都會將轉接器往上移動一個位置。在這個例子中，有三個負脈波進入 $\overline{INC}$ 輸入，所以轉接器將會從初始值設定向上移動三個位置。這個例子中的每一個位置皆是 1 kΩ，所以三個脈波會使輸出 L 與 W 之間增加 3 kΩ 的阻抗。

關閉晶片選擇輸入 ($\overline{CS}$ = HIGH) 將造成 DS1804 IC 的全部輸入關閉。這會允許晶片的單次燒錄 (one-time programming, OTP)。在電源下降期間，當晶片選擇輸入是 HIGH，EEPROM 不會被寫入。EEPROM 仍然保持最後寫入的轉接器位置，且當電源啟動時，將會從非揮發性記憶體中讀取這個位置。

圖 11-25(b) 描繪第二個例子。其中晶片選擇 ($\overline{CS}$) 輸入是 LOW，高／低 ($U/\overline{D}$) 輸入是 LOW 且被選擇為低的模組。有兩個負脈波進入 IC 的 $\overline{INC}$ 接腳。這會造成轉接器下降兩個位置，且減少輸出 W 到 L 的阻抗 2 kΩ。

最後的轉接器位置會將 $\overline{INC}$ 與 $\overline{CS}$ 輸入儲存到 EEPROM。當 $\overline{INC}$ 輸入是 HIGH 時，則每當 $\overline{CS}$ 輸入從 LOW 變成 HIGH 時，就會對轉接器的位置進行儲存。當耗損情況 (wear-out condition) 發生前，DS1804 IC 至少可以接受 50000 次的寫入到 EEPROM。在 DS1804 IC 的耗損情況發生後，當電源開啟，IC 仍然是有功能的且轉接器的位置也可以被改變，但是位置會隨機改變。

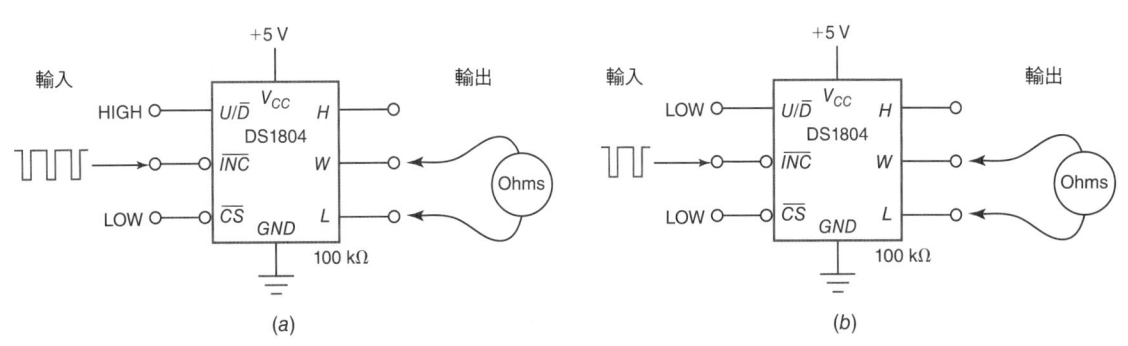

圖 11-25 改變 DS1804-100 數位式電位計上的轉接器位置。

自我測驗

請填入下列空格。
81. 根據製造商的敘述，DS1804 IC 是一個_____，也可以稱作固態電位計。
82. 參考圖 11-24(a)，在電源開啟時（IC 電源第一次被開啟），轉接器的初始位置從_____（RAM，EEPROM）中被擷取，而且由_____（多工器，XOR 閘）控制轉接器以儲存轉接器的位置。
83. 參考圖 11-26，假設初始輸出阻抗是 50 kΩ。經過輸入脈波 t_1 之後，測量輸出阻抗是_____歐姆。
84. 參考圖 11-26，經過輸入脈波 t_2 之後，測量 DS1804 IC 的輸出阻抗是_____歐姆。
85. 參考圖 11-26，經過輸入脈波 t_3 之後，測量 DS1804 IC 的輸出阻抗是_____歐姆。
86. 參考圖 11-26，經過輸入脈波 t_4 之後，測量 DS1804 IC 的輸出阻抗是_____歐姆。

87. 參考圖 11-26，經過輸入脈波 t_5 之後，測量 DS1804 IC 的輸出阻抗是_____歐姆。
88. 參考圖 11-26，經過輸入脈波 t_6 之後，測量 DS1804 IC 的輸出阻抗是_____歐姆。

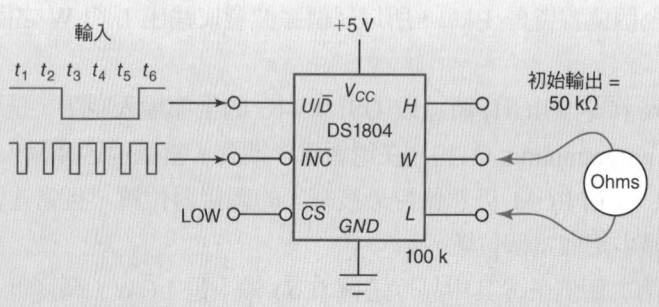

圖 11-26　數位式電位計脈波列問題。

第 11 章　總結與回顧

總　結

1. 許多電子裝置是使用數位而非類比電路的設計，是因為記憶體與資料儲存的可用性。
2. 電腦的內部記憶體裝置，常見的形式為 RAM、ROM 和 NVRAM。CPU 還包含其他更小的記憶體裝置，例如暫存器、計數器、閂鎖。
3. 外部大容量記憶體裝置通常會根據技術分類：磁式、機械式、光學式或半導體式。
4. 大容量記憶體裝置包括軟式磁碟、硬式磁碟、磁帶、CD-ROM、DVD 與快閃記憶體模組。
5. 半導體大容量元件可以分類為 SRAM、DRAM、SDRAM、ROM、EPROM、EEPROM、快閃 EEPROM、MRAM 與 FRAM。半導體記憶體裝置的重要特性為密度、可靠度、成本、功耗、唯讀或可讀寫、非揮發性／揮發性與電子式更新。
6. RAM 是半導體讀／寫隨機存取記憶體裝置。RAM 有兩種主要的類型，分別為 SRAM（靜態 RAM）與 DRAM（動態 RAM）。速度較快的 SRAM 與速度較慢的 DRAM 都可以被歸類為揮發性記憶體。
7. 能夠永久儲存元件的 ROM，具有唯讀的特性。
8. PROM 的運作像是 ROM。PROM 是單次燒錄裝置。PROM 有許多種類型，例如 EPROM、EEPROM 與 NVSRAM。其中 EPROM 裡的「E」代表的是可以電子式清除的，或是藉由照射紫外線，通過 IC 頂部的特殊透明「窗口」。
9. 在寫入程序時，會儲存資料到記憶體中。在讀取或感應程序時，會擷取記憶體元件中的內容。
10. 可以在電腦中運行的 NVRAM（非揮發式 RAM）有備用電池式 SRAM、快閃 EEPROM、FRAM（鐵電 RAM）或較新的 MRAM（磁阻式 RAM）。
11. 快閃記憶卡是新式且低成本的 EEPROM，可以快速地清除與重新編程。快閃記憶體晶片可以封裝成可移動的

快閃記憶卡或模組。
12. 電腦的外部儲存方法包括磁帶、軟式磁碟、硬式磁碟、光碟與快閃記憶卡或模組。
13. 微電腦的內部主記憶體，普遍可以使用的類型有 RAM、ROM 與 NVRAM。軟式磁碟、硬式磁碟、CD/DVD 和快閃記憶卡與模組，對小型的電腦系統而言，是最為熱門的大容量記憶體裝置。
14. 1 byte 等於 8 位元的字元。記憶體裡的 1 Gbyte 等於十億 bytes (2^{30})。1 Mbyte 等於一百萬 bytes (2^{20})。1 Kbyte 等於一千 bytes（2^{10} 或 1024）。
15. DIP、SIP、ZIP、SIMM、DIMM 與 RIMM 為常見的記憶體封裝技術。記憶卡普遍被封裝成 PCMCIA（個人電腦記憶卡國際協會）裝置。
16. 一個有 EEPROM 特徵的數位式電位計，在電源下降期間，允許改變其他輸出轉接器的位置，並且將轉接器的位置儲存在 NV 記憶體中。

章節回顧問題

回答下列問題。

11-1. 和類比系統相比，數位系統最重要的特性為_____（儲存資料的功能，能夠與現實世界輕鬆連結）。

11-2. CD-RW 是一個使用_____（機械式，光學式）技術的大容量記憶體裝置的例子。

11-3. _____（CPU，RAM）是電腦系統的一部分，包含算術、邏輯和控制部分，而且是許多資料傳輸的中樞。

11-4. 大部分電腦系統使用的三個內部半導體記憶體裝置是_____（軟碟、硬碟與 CD-ROM，RAM、ROM 與 NVRAM）。

11-5. 半導體 RAM 是一種_____（唯讀，讀取／寫入）類型的記憶體裝置。

11-6. 半導體 ROM 是一種_____（唯讀，讀取／寫入）類型的記憶體裝置。

11-7. 半導體 RAM 是一種_____（非揮發性，揮發性）類型的記憶體裝置。

11-8. 半導體 ROM 是一種_____（非揮發性，揮發性）類型的記憶體裝置。

11-9. 半導體 NVRAM 是一種_____（唯讀，讀取／寫入）類型的記憶體裝置。

11-10. 寫出典型個人電腦系統的三種匯流排名稱。

11-11. 在典型的個人電腦系統中，_____（位址，資料）匯流排是一個單向匯流排，且被使用在選取一個特定的記憶體位址或電腦周邊配件。

11-12. USB 快閃記憶碟即是一種使用_____（機械式，半導體）技術的大容量記憶體裝置。

11-13. 軟式磁碟與硬式磁碟使用_____（磁性，光學）技術來儲存資料。

11-14. 和典型的軟式磁碟相比，硬式磁碟可以儲存較_____（少，多）的資料。

11-15. CD-ROM 是一種光碟儲存裝置，可以儲存大約_____（30 MB，650 MB）的資料。

11-16. 列出至少五種半導體記憶體裝置。

11-17. 按下計算機上的儲存鍵。這個動作是記憶體中的_____（讀取，寫入）程序。

11-18. 按下計算機上的回復鍵。這個動作是記憶體中的_____（讀取，寫入）程序。

11-19. 下列的縮寫分別代表什麼？
　　　a. RAM　　　　　e. EEPROM
　　　b. ROM　　　　　f. NVRAM
　　　c. PROM　　　　g. FRAM
　　　d. EPROM　　　　h. MRAM

11-20. ＿＿＿＿＿＿（RAM，ROM）同時具有讀取與寫入的功能。
11-21. ＿＿＿＿＿＿（RAM，ROM）是永久性記憶體。
11-22. ＿＿＿＿＿＿（RAM，PROM）是非揮發性記憶體。
11-23. ＿＿＿＿＿＿（RAM，ROM）具有一個讀取／寫入的輸入控制。
11-24. ＿＿＿＿＿＿（RAM，ROM）可以寫入資料。
11-25. 一個 32×8 的記憶體可以記憶＿＿＿＿＿＿個字元。每一個字元等於＿＿＿＿＿＿ bits 的長度。
11-26. 列出至少三種半導體記憶體的優點。
11-27. ＿＿＿＿＿＿（RAM，ROM）可以輕鬆地清除資料。
11-28. ＿＿＿＿＿＿（快閃記憶體，ROM）可以快速地清除與重新寫入資料。
11-29. ＿＿＿＿＿＿（快閃記憶體，UV EPROM）可以在非常短的時間內進行電子式清除。
11-30. ＿＿＿＿＿＿（快閃記憶體，ROM）是非揮發性的讀取／寫入記憶體裝置。
11-31. ＿＿＿＿＿＿（EEPROM，UV EPROM）可以位元組對位元組方式進行清除與重新寫入，不必先移除。
11-32. ＿＿＿＿＿＿（DRAM，備用電池式 SRAM）是非揮發性的讀取／寫入記憶體裝置。
11-33. ＿＿＿＿＿＿（MRAM，SRAM）半導體記憶體是新式的非揮發性 RAM。
11-34. ＿＿＿＿＿＿（FRAM，SRAM）半導體記憶體可以被分類為 NVRAM。
11-35. 在＿＿＿＿＿＿（類比，數位）電路上，記憶體或資料儲存會比較容易運行。
11-36. 2114 IC 是一個＿＿＿＿＿＿（動態，靜態）RAM。
11-37. TTL 7489 RAM 的資料存取速度比 MOS 2114 RAM ＿＿＿＿＿＿（快，慢）。
11-38. 參考圖 11-7(b)，如果輸入到解碼器的為二進制 0010，則 ROM 的輸出為格雷碼＿＿＿＿＿＿。
11-39. 在 ROM 中，被永久保存的電腦程式稱為＿＿＿＿＿＿。
11-40. 參考表 11-4，27XXX 系列的 EPROM 是否可以在微電腦中用來執行一個 16 K 的 ROM？
11-41. 參考圖 11-14，28F512 快閃記憶體 IC 有 16 條線的位址輸入，共可以定址＿＿＿＿＿＿（數字）個字元，每一個字有 8 位元寬。
11-42. 參考圖 11-14，要清除和重新寫入 28F512 快閃記憶體 IC，輸入＿＿＿＿＿＿（CE，V_{PP}）必須要拉高到約＿＿＿＿＿＿（+5，+12）伏特。
11-43. 列出至少四種一般的外接大容量電腦儲存裝置。
11-44. 磁碟的存取速度比磁帶還要＿＿＿＿＿＿（快，慢）。
11-45. 在記憶體裝置中，快速的存取時間為＿＿＿＿＿＿（好的，壞的）效能。
11-46. 參考圖 11-16(b)，被安裝在個人電腦主機板插槽上的 168 支接腳 DIMM，具有＿＿＿＿＿＿（ROM，SDRAM）的記憶體晶片。
11-47. 近代個人電腦使用的 RIMM，裡面的記憶體模組具有＿＿＿＿＿＿（RDRAM，ROM BIOS）類型的半導體記憶體晶片。
11-48. 被取代或增加的記憶體模組（例如 DIMM）是通用的，在任何的個人電腦上都是適合的。（是非題）
11-49. 筆記型（攜帶式）電腦使用完全相同的 DIMM 與 RIMM，而且體積大於桌上型電腦的 DIMM 和 RIMM。（是非題）
11-50. CD-R 與 CD-RW 光碟使用＿＿＿＿＿＿（磁式，光學式）介質來儲存資料。
11-51. 縮寫 DVD 可以代表數位影像光碟，或＿＿＿＿＿＿ ＿＿＿＿＿＿ ＿＿＿＿＿＿。
11-52. ＿＿＿＿＿＿（CD-R，CD-RW）是一個 WORM 光碟類型的例子。
11-53. 在過去，使用軟式磁碟當作攜帶式的儲存裝置。它的記憶容量大約為 1 到 2 ＿＿＿＿＿＿（KB，MB）。

11-54. 參考圖 11-21，USB 快閃記憶碟使用磁性技術（1/2 英吋硬碟）來儲存資料。（是非題）

11-55. 應用在電腦系統中的非揮發性 RAM 是使用備用電池式靜態隨機存取記憶體 (BBSRAM) 建構的。（是非題）

11-56. 混合式硬式磁碟機是由硬式磁碟片和 NVSRAM 半導體記憶體組合而成。（是非題）

11-57. 具有最佳存取時間（最快速度）的高容量儲存裝置是_____（軟式磁碟，USB快閃記憶碟）。

11-58. 容量為 1 GB 的記憶體，意味著其儲存容量大約為_____（十億，百萬）位元組。

11-59. 現代電腦使用的硬式磁碟機，其儲存容量大約為_____（1 MB，1 TB）。

11-60. 一個數位式電位計，例如 DS1804 IC，是一個_____（非揮發性，揮發性）記憶體，用來儲存轉接器的位置，當有斷電情況時，可利用此位置進行復原。

11-61. 一般來說，類比輸入（逐漸改變電壓）可以控制固態電位計（例如 DS1804 IC）的數位輸出。（是非題）

關鍵性思考問題

11-1. 描繪一個圖形，顯示以表格形式展現的 32×8 記憶體。參考圖 11-3 中的表格。

11-2. 列出至少三種唯讀記憶體的用途。

11-3. 假設一台電腦中有 4 GB 的 SRAM 記憶體，則其具有多少位元組的可讀取／儲存記憶？

11-4. 解釋軟體與韌體之間的不同。

11-5. 解釋光罩式可程式 PROM 與熔絲連結 PROM 之間的不同。

11-6. 解釋 UV EPROM 與 EEPROM 之間的不同。

11-7. 為什麼對於大部分的微電腦來說，硬碟已經幾乎變成標準化的大容量記憶體裝置？

11-8. 列出數種非揮發性的讀取／儲存記憶體的類型。

11-9. 網路研究：為什麼在新電腦中，你會訂購固態硬碟來取代硬式磁碟？

11-10. 網路研究：什麼是混合式硬式磁碟機？

11-11. 網路研究：什麼是全像通用光碟 (HVD)？

11-12. 網路研究：藍光光碟的使用場合為何？

CHAPTER 12
與類比元件連接

學習目標 本章將幫助你：

12-1 討論類比至數位與數位至類比的轉換，並回答有關簡單數位至類比轉換器的問題。
12-2 設計一個具增益之運算放大器電路。
12-3 分析由電阻電路與加總放大器組成的基本數位至類比轉換器的電路運作。
12-4 分析由 R-2R 階梯電路與加總放大器組成的數位至類比轉換器的階梯電路運作。
12-5 回答針對具有電壓比較器之計數斜坡式類比至數位轉換器的問題。
12-6 明瞭使用運算放大器當作電壓比較器之方法。
12-7 分析基本數位電壓表的操作，並回答基本數位電壓表的操作問題。
12-8 明瞭斜坡式類比至數位轉換器的操作原理，並分析連續漸近型類比至數位轉換器的操作，繪出使用於類比至數位轉換器的邏輯。
12-9 研讀 A/D 轉換器的相關規格，並回答有關 A/D 轉換器規格的問題。
12-10 測試 ADC0804 8 位元 A/D 轉換器積體電路，並回答有關 ADC0804 A/D 轉換器積體電路的問題。
12-11 分析使用硫化鎘光電管 (CdS photocell) 感測器作為輸入的兩個不同測光表電路原理，並回答一些 A/D 電路和 CdS 光電管輸入的問題。
12-12 測試熱阻器作為溫度感測器的運作，並且以一個史密特觸發反向器作為數位化熱阻器的輸出，研究幾個較昂貴的線性溫度感測器。

到目前為止，大多數資料進入或離開一個數位系統時均為已數位化之資訊。然而，許多數位系統的輸入為介於兩個電壓之間連續變化的類比訊號。在本章中，我們將討論類比元件與數位系統的**介面 (interfacing)**。

在真實世界的大部分資訊都是類比式。例如，時間、速度、重量、壓力、光照強度與地點的測量，本質上都是類比性質。

圖 12-1 之數位系統有一個類比輸入，電壓從 0 到 3 V 連續變化。圖中之**編碼器 (encoder)** 為一電子元件，可以把類比訊號轉成數位訊號。此編碼器稱為**類比至數位轉換器 (analog-to-digital converter)** 或 **A/D 轉換器 (A/D converter)**。A/D 轉換器能將類比資訊轉換成數位資料。

圖 12-1 之數位系統圖也有一個**解碼器 (decoder)**，此解碼器是一種特殊的類型：它能將數位處理單元之數位資訊轉換成類比輸出。例如，類比輸出可能是一個從 0 到 3 V

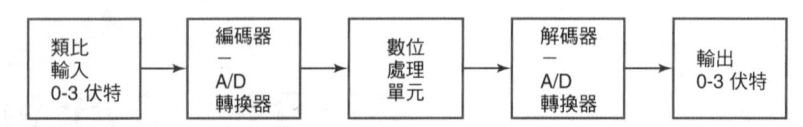

類比
輸入
0-3 伏特 → 編碼器 — A/D 轉換器 → 數位處理單元 → 解碼器 — A/D 轉換器 → 輸出
0-3 伏特

圖 12-1 具類比輸入和類比輸出之數位系統。

連續變化的電壓。我們稱此解碼器為**數位至類比轉換器 (digital-to-analog converter)** 或 **D/A 轉換器 (D/A converter)**。D/A 轉換器能將數位資訊解碼為類比形式。

圖 12-1 之整個系統稱為**混合系統 (hybrid system)**，因為它同時包含數位和類比元件。編碼器與解碼器分別轉換類比至數位與數位至類比，工程師與技術人員稱之為**介面元件 (interface device)**。當元件或電路將某一種運作模式轉換到另一種模式，通常會使用「介面」這個名詞。在此範例中，我們正將類比和數位資料相互作轉換。

注意，圖 12-1 之輸入方塊圖指出類比電壓的範圍從 0 到 3 V，此電壓訊號可以藉由一個**換能器 (transducer)** 所產生。換能器被定義為可將一種型式的能量轉換為另一種型式的元件，例如，光電池可作為輸入換能器，可將光照強度依大小比例轉換為電壓。在此例子中，光電池將光能轉換為電能。其他型式換能器包括麥克風、揚聲器、應變儀 (strain gauges)、光敏電阻元件、溫度感測器、電位計、距離感測器與霍爾效應感測器。

12-1 D/A 轉換

表 12-1 D/A 轉換器的真值表

	數位輸入				類比輸出
	D	C	B	A	伏特
第 1 列	0	0	0	0	0
第 2 列	0	0	0	1	0.2
第 3 列	0	0	1	0	0.4
第 4 列	0	0	1	1	0.6
第 5 列	0	1	0	0	0.8
第 6 列	0	1	0	1	1.0
第 7 列	0	1	1	0	1.2
第 8 列	0	1	1	1	1.4
第 9 列	1	0	0	0	1.6
第 10 列	1	0	0	1	1.8
第 11 列	1	0	1	0	2.0
第 12 列	1	0	1	1	2.2
第 13 列	1	1	0	0	2.4
第 14 列	1	1	0	1	2.6
第 15 列	1	1	1	0	2.8
第 16 列	1	1	1	1	3.0

參考圖 12-1 的 D/A 轉換器，假設我們想要將處理單元的二進制資料轉換為 0 至 3 V 的輸出。對於任何解碼器，首先要先建立一個包含所有可能情況的真值表。表 12-1 顯示了四個輸入（D、C、B、A）至 D/A 轉換器。由於輸入是二進制形式，所以其確切輸入數值並不重要；每個 1 約以 +3 V 到 +5 V 表示，每個 0 約以 0 V 表示。表 12-1 的最右欄顯示輸出電壓。根據此表，如果 D/A 轉換器的輸入出現二進制 0000，則輸出為 0 V。如果輸入是二進制 0001，則輸出為 0.2 V。如果輸入是二進制 0010，則輸出為 0.4 V。注意，在表 12-1 中，每往下一列，類比輸出增加 0.2 V。

圖 12-2 顯示一個 D/A 轉換器之方塊圖，數位輸入（D、C、B、A）標示在左邊。此解碼器包括兩個部分：**電阻電路 (resistor network)** 和**加總放大器 (summing amplifier)**。輸出電壓顯示在右邊的電壓表上之讀值。

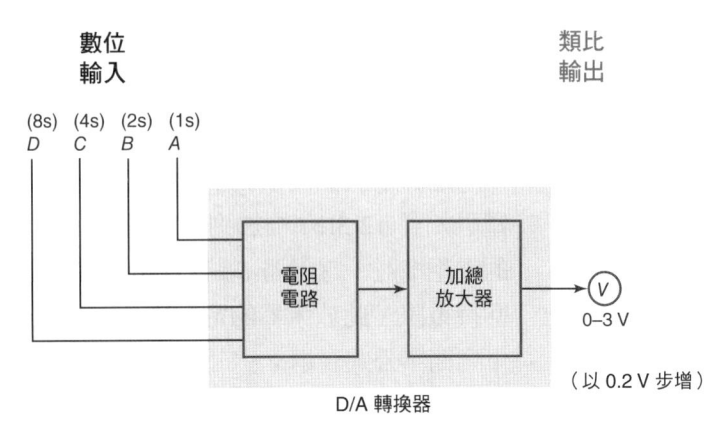

圖 12-2 D/A 轉換器的方塊圖。

圖 12-2 之電阻電路必須考慮到，在輸入 B 端的 1 是在輸入 A 端的 1 的兩倍權重。另外，在輸入 C 端的 1 是在輸入 A 端的 1 的四倍權重。有數種型式的電阻器連接安排可用來作此權重之設計，這些電路稱為**電阻階梯電路 (resistive ladder network)**。

圖 12-2 之加總放大器將電阻電路之輸出電壓適當地放大至如表 12-1 最右欄所示之電壓。加總放大器通常使用 IC 單元，稱為**運算放大器 (operational amplifier)**。運算放大器經常簡稱為 **op amp**。加總放大器也稱為**比例放大器 (scaling amplifier)**。

一種稱為 D/A 轉換器的特殊解碼器由兩部分組成：一組形成電阻階梯電路的電阻和一個作為加總放大器的運算放大器。

自我測驗

請填入下列空格。
1. 一個能轉換類比至數位資訊的特殊編碼器被稱為_____。
2. 一個能轉換數位至類比資訊的特殊解碼器被稱為_____。
3. 一個 D/A 轉換器包含一個_____電路和一個_____放大器。
4. "op amp" 這個名稱所代表的是_____。
5. 參考圖 12-2 和表 12-1。如果到 D/A 轉換器的二進制輸入是 0111，則類比輸出將是_____ V。
6. 參考圖 12-2 和表 12-1。如果到 D/A 轉換器的二進制輸入是 1111，則類比輸出將是_____ V。
7. 參考圖 12-2 和表 12-1。如果二進制輸入從 0001 增加到 0010，則類比輸出將增加_____ V。

12-2 運算放大器

一種被稱為**運算放大器 (op amps)** 的特殊放大器，其特點為具有高輸入阻抗、低輸出阻抗與可透過外部電阻設定的可變電壓增益。圖 12-3(a) 為運算放大器之符號，運算放大器有兩個輸入端，上面的輸入端被標示為**反相輸入 (inverting input)**，反相輸入在

符號上以減號 (−) 表示。另一個輸入端被標示為**非反相輸入 (noninverting input)**，非反相輸入在符號上以加號 (+) 表示。放大器的輸出則顯示在符號的右邊。

運算放大器幾乎從不單獨使用。一般情況下，兩個電阻如圖 12-3(b) 被加到運算放大器，以設定此放大器的電壓增益。電阻器 R_{in} 稱為輸入電阻，電阻器 R_f 稱為回授電阻，此放大器的**電壓增益 (voltage gain)** 可藉由下列簡單公式表示：

$$A_v \text{ (電壓增益)} = \frac{R_f}{R_{in}}$$

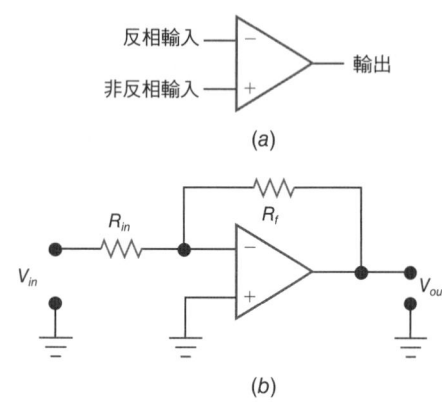

圖 12-3 運算放大器。(a) 符號。(b) 具輸入電阻與回授電阻以設定增益。

假設連接到運算放大器的電阻值 R_f 是 10 kΩ 與 R_{in} 是 10 kΩ，使用電壓增益公式，我們發現

$$A_v = \frac{R_f}{R_{in}} = \frac{10,000}{10,000} = 1$$

此放大器的增益為 1。在此範例中，如果圖 12-3(b) 輸入電壓 V_{in} 是 5 V，則輸出電壓 V_o 是 5 V。使用反相輸入，如果輸入電壓為 5 V，則輸出電壓為 −5 V。運算放大器的電壓增益也可以使用以下公式計算：

$$A_v = \frac{V_{out}}{V_{in}}$$

上述電路之電壓增益為

$$A_v = \frac{V_{out}}{V_{in}} = \frac{5}{5} = 1$$

再一次計算得出電壓增益為 1。

假設**輸入電阻 (input resistor)** 和**回授電阻 (feedback resistor)** 為 1 kΩ 和 10 kΩ，如圖 12-4 所示，此電路的電壓增益是多少？電壓增益可被計算為

$$A_v = \frac{R_f}{R_{in}} = \frac{10,000}{1,000} = 10$$

電壓增益為 10，如果輸入電壓為 +0.5 V，則輸出電壓是多少 V？如果增益為 10，則輸入電壓 0.5 V 乘以 10 等於 5 V。輸出電壓是 −5 V，如圖 12-4 的電壓表所量測。

你已經看到如何藉由改變輸入電阻和回授電阻之間的比例，以改變運算放大器的電壓增益。你應

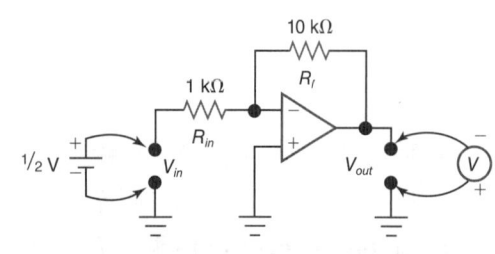

圖 12-4 使用運算放大器之放大器電路。

該知道如何使用不同的 R_{in} 和 R_f 電阻值以設定運算放大器的增益。

綜合上面所述，運算放大器是 D/A 轉換器的一部分電路，在轉換器中作為加總放大器。運算放大器的增益可藉由改變輸入電阻和回授電阻之比例，很容易作設定。

自我測驗

請填入下列空格。
8. 參考圖 12-3(b)。此運算放大器電路中，標示為 R_f 的電阻元件被稱為_____電阻。
9. 參考圖 12-3(b)。此運算放大器電路中，標示為 R_{in} 的電阻元件被稱為_____電阻。
10. 參考圖 12-3(b)。假如 R_{in} = 1 kΩ 和 R_f = 20 kΩ，此運算放大器之電壓增益 (A_v) 為多少？
11. 在問題 10 中，如果輸入電壓為 +0.2 V，運算放大器之輸出電壓 (V_{out}) 為多少？
12. 參考圖 12-3(b)。假如 R_{in} = 5 kΩ 和 R_f = 20 kΩ，此運算放大器之電壓增益 (A_v) 為多少？
13. 在問題 12 中，如果輸入電壓為 +1.0 V，運算放大器之輸出電壓 (V_{out}) 為多少？

12-3　基本 D/A 轉換器

圖 12-5 顯示一個簡單 D/A 轉換器，D/A 轉換器的組合可分兩個部分：左側的**電阻電路 (resistor network)** 由電阻器 R_1、R_2、R_3 和 R_4 所組成，右側之加總放大器則由一個運算放大器和一個回授電阻所組成。輸入 (V_{in}) 是 3 V 且供至開關 D、C、B 和 A，電壓表用來量測輸出電壓 (V_{out})。注意，運算放大器需要雙電源供電：+10 V 電源與 –10 V 電源。

將所有開關均設在接地 GND (0 V)，如圖 12-5 所示，在 A 點輸入電壓為 0 V，輸出電壓也為 0 V，這相當於表 12-1 的第 1 列。假設我們將圖 12-5 開關 A 移動至邏輯 1 的位置，3 V 的輸入電壓將供至運算放大器。接下來我們計算放大器的增益，增益是依回授電阻值 (R_f)（此例為 10 kΩ）與輸入電阻值 (R_{in})（此例為 150 kΩ 的 R_1 電阻）決定。使用增益公式，將得出

$$A_v = \frac{R_f}{R_{in}} = \frac{10,000}{150,000} = 0.066$$

為了要計算輸出電壓，我們將輸入電壓乘以增益，如下所示：

$$V_{out} = A_v \times V_{in} = 0.066 \times 3 = 0.2\ V$$

當輸入是二進制 0001，輸出電壓為 0.2 V，這滿足表 12-1 第 2 列之要求。

現在將二進制 0010 加入到圖 12-5 的 D/A 轉換器，只有開關 B 移動到邏輯 1 的位置，使 3 V 供至運算放大器。增益是

$$A_v = \frac{R_f}{R_{in}} = \frac{10,000}{75,000} = 0.133$$

將輸入電壓乘以增益得到 0.4 V，輸出電壓是 0.4 V，這滿足了表 12-1 第 3 列之要求。

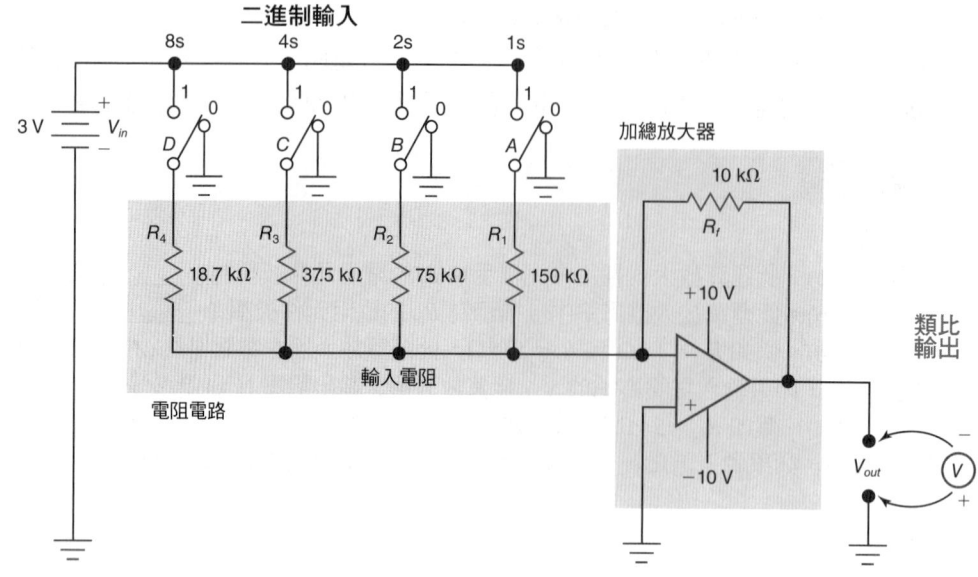

圖 12-5 D/A 轉換器電路。

注意，對於表 12-1 中的每一個二進制數，此 D/A 轉換器的輸出電壓每次會增加 0.2 V。輸出電壓增加的原因為：由於我們切換不同的電阻 (R_1、R_2、R_3、R_4) 造成運算放大器電壓增益增加。在圖 12-5，藉由開關 D 啟動，如果只有電阻 R_4 被連接，則增益將為

$$A_v = \frac{R_f}{R_{in}} = \frac{10,000}{18,700} = 0.535$$

將增益乘以 3 V 之輸入電壓，運算放大器將輸出 1.6 V，這滿足了表 12-1 第 9 列之要求。

當圖 12-5 的所有開關啟動（在邏輯 1），由於放大器的增益已增加至 1，運算放大器將輸出完整 3 V。

任何輸入電壓準位高至運算放大器電源 (±10 V) 的限制時，還是可以使用。增加額外開關可以增加更多二進制權重位置。在圖 12-5，如果要增加一個權重 16 的開關，它需要一個電阻值為 R_4 電阻值一半的電阻器，其值將為 9350 Ω，而回授電阻值也需改為 5 kΩ。此時輸入為一個 5 位元之二進制數，輸出仍然是一個從 0 到 –3.1 V 變化的類比輸出（每次以 0.1 V 變化）。

若嘗試將圖 12-5 的 D/A 轉換器擴大至更多位元，結果將導致電阻值大小範圍過大而不實際，並且準確性也會變差。

自我測驗

請填入下列空格。
14. 當只有開關 C（即 4s 開關）在邏輯 1 時，計算圖 12-5 的運算放大器的電壓增益。
15. 沿用問題 14 之電壓增益，當只有開關 C 是在邏輯 1 時，計算圖 12-5 的 D/A 轉換器的輸出電壓。

16. 針對大的二進制位元，列出如圖 12-5 的基本 D/A 轉換器的兩個限制。
17. 當兩個開關 A 和 B 在邏輯 1 時，計算圖 12-5 的運算放大器的電壓增益（提示：使用並聯電阻公式：$R_T = (R_1 \times R_2)/(R_1 + R_2)$。）
18. 沿用問題 17 之電壓增益，當兩個輸入開關 A 和 B 是在邏輯 1 時，計算圖 12-5 的 D/A 轉換器的輸出電壓。

12-4 階梯式 D/A 轉換器

數位至類比轉換器可由一個電阻電路與一個加總放大器所構成。針對二進制位元輸入，圖 12-6 顯示能提供適當權重之電阻電路的其中一種型式，此電阻電路有時也被稱為 **R-2R 階梯電路 (R-2R ladder network)**。此種電阻電路型態的優點是，電阻器只有兩種電阻值。電阻 R_1、R_2、R_3、R_4 和 R_5 都為 20 kΩ，電阻 R_6、R_7、R_8 和 R_F 都為 10 kΩ。請注意，所有「階梯」電路的橫向電阻，正好都是垂直電阻值的兩倍，因此稱為 R-2R 階梯電路。

在圖 12-6 之加總放大器，與前一節所使用的是同一型態。再次注意，運算放大器中使用雙電源供電。

D/A 轉換器的運作與前一節所使用基本型相似。表 12-2 列出 D/A 轉換器的運作。注意，在此轉換器中，使用 3.75 V 的輸入電壓。表 12-2 的最右欄呈現對於每個二進制數計數，類比輸出增加了 0.25 V。記住，在表的輸入端的每個 0 是指 0 V 供至輸入端，在表的輸入端的每個 1 是指 3.75 V 供至輸入端。會使用 3.75 V 的輸入電壓，是因為與 TTL 計數器的輸出非常接近，其他種類的 IC 輸出也是此電壓值。圖 12-6 的輸入（D、C、B、A）可以直接連接到 TTL IC 的輸出，並且可根據表 12-2 運作。但是，在實際操作中，TTL IC 的輸出是不夠精準的；它們必須經由一個準位轉換器，以得到一個非常精準的電壓輸出。

表 12-2 D/A 轉換器的真值表

二進制輸入				類比輸出
8s	4s	2s	1s	
D	C	B	A	伏特
0	0	0	0	0
0	0	0	1	0.25
0	0	1	0	0.50
0	0	1	1	0.75
0	1	0	0	1.00
0	1	0	1	1.25
0	1	1	0	1.50
0	1	1	1	1.75
1	0	0	0	2.00
1	0	0	1	2.25
1	0	1	0	2.50
1	0	1	1	2.75
1	1	0	0	3.00
1	1	0	1	3.25
1	1	1	0	3.50
1	1	1	1	3.75

更多的二進制位元（權重 16、32、64 等等）可以加至圖 12-6 的 D/A 轉換器，應按照該圖電阻值的分布型態，來增加合適的電阻。

此處已經討論兩種特殊型態的解碼器，稱為數位至類比轉換器。R-2R 階梯式 D/A 轉換器具有一些優於基本型態電路的優點。D/A 轉換器的核心是由電阻電路與加總放大器所組成。

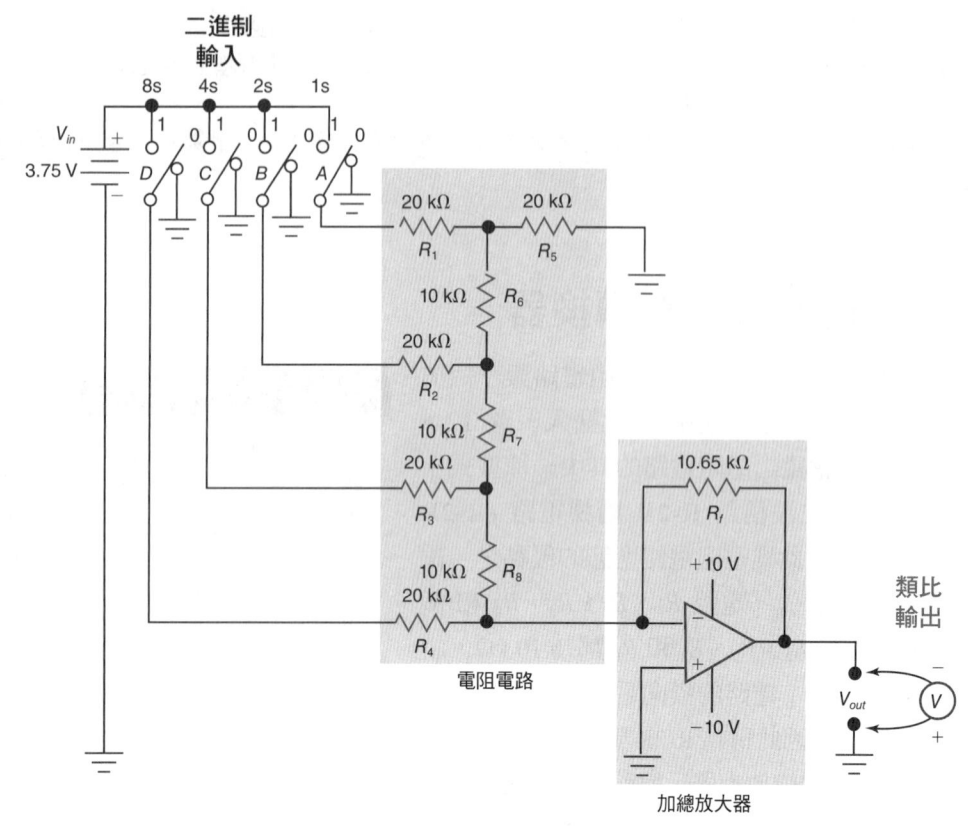

圖 12-6 使用 R-2R 階梯電路的 D/A 轉換器電路。

自我測驗

請填入下列空格。

19. 圖 12-6 之數位至類比轉換器，是一種_____型 D/A 轉換器。
20. 參考圖 12-6。當所有的輸入開關在邏輯_____（0，1）時，運算放大器具有最大的增益。
21. 參考圖 12-6 和表 12-2。當只有開關_____（A、B、C、D）在邏輯 1 時，運算放大器的增益是最小的。
22. 參考圖 12-6 和表 12-2。如果 D/A 轉換器之二進制輸入是 1011，則類比輸出電壓為_____ V。
23. 參考圖 12-6 和表 12-2。如果 D/A 轉換器之二進制輸入從 0111 增加到 1000，則類比輸出電壓增加_____ V。

12-5　A/D 轉換器

　　類比對數位轉換器是一種特殊類型的編碼器。一個 A/D 轉換器的基本方塊圖如圖 12-7 所示。輸入是一個單一可變電壓。在此範例，電壓能從 0 到 3 V 變化。A/D 轉換器的輸出是二進制。A/D 轉換器將輸入端的類比電壓轉換為一個 4 位元二進制字元。相

表 12-3 A/D 轉換器的真值表。

	類比輸入	二進制輸出			
		8s	4s	2s	1s
	伏特	D	C	B	A
第 1 列	0	0	0	0	0
第 2 列	0.2	0	0	0	1
第 3 列	0.4	0	0	1	0
第 4 列	0.6	0	0	1	1
第 5 列	0.8	0	1	0	0
第 6 列	1.0	0	1	0	1
第 7 列	1.2	0	1	1	0
第 8 列	1.4	0	1	1	1
第 9 列	1.6	1	0	0	0
第 10 列	1.8	1	0	0	1
第 11 列	2.0	1	0	1	0
第 12 列	2.2	1	0	1	1
第 13 列	2.4	1	1	0	0
第 14 列	2.6	1	1	0	1
第 15 列	2.8	1	1	1	0
第 16 列	3.0	1	1	1	1

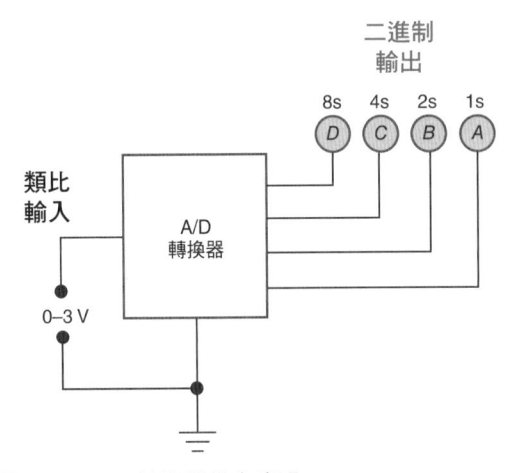

圖 12-7 A/D 轉換器的方塊圖。

較於其他編碼器，它可以很準確地定義其輸入和輸出。表 12-3 的真值表顯示 A/D 轉換器應如何運作。第 1 列顯示 0 V 正被加入到 A/D 轉換器的輸入，輸出是二進制 0000。第 2 列顯示一個 0.2 V 輸入，其輸出是二進制 0001。注意，每增加 0.2 V，則二進制計數會增加 1。最後，第 16 列顯示，當最大值 3 V 被加入到輸入端時，輸出將讀出二進制 1111。注意，表 12-3 的真值表正好與表 12-1 D/A 轉換器的真值表相反；亦即輸入和輸出正好相反。

A/D 轉換器的真值表看起來非常簡單，要能夠執行如真值表般詳細內容的電子電路則會有點複雜。A/D 轉換器的其中一種類型的電路方塊圖如圖 12-8 所示。此 A/D 轉換器包含一個**電壓比較器 (voltage comparator)**、一個及閘 (AND gate)、一個二進制計數器和一個 D/A 轉換器。除了比較器以外，你已熟悉 A/D 轉換器的所有部分。

類比電壓被加入在圖 12-8 的左邊。比較器檢查來自 D/A 轉換器的電壓。假如比較器的 A 點類比輸入電壓大於 B 點輸入電壓，則時脈會增加 4 位元計數器的計數。計數器會持續增加計數，直到來自 D/A 轉換器的回授電壓大於類比輸入電壓。在此時，比較器使計數器停止往更高數值計數。假設輸入的類比電壓為 2 V。依據表 12-3，二進制計數器增加到 1010 才停止。計數器會重置到二進制 0000，並且計數器重新開始計數。

A/D 轉換器的更多細節如圖 12-8 所示。讓我們假設在比較器的輸出 X 點上有一個邏輯 1，另外也假設計數器處於二進制 0000。此時，假設類比輸入為 0.55 V。X 點上之邏輯 1 使得 AND 閘致能，時脈訊號的第一個脈波出現在計數器的時脈 (CLK) 輸入端。計數器前進計數為 0001。此 0001 被顯示在圖 12-8 的右上燈號。而此 0001 也應用於 D/A 轉換器。

依據表 12-1，二進制 0001 在 D/A 轉換器的輸出端產生 0.2 V，此 0.2 V 回授至比較器的 B 點輸入。此比較器檢查其輸入端電壓準位，由於 A 點輸入電壓較高（0.55 V 相對

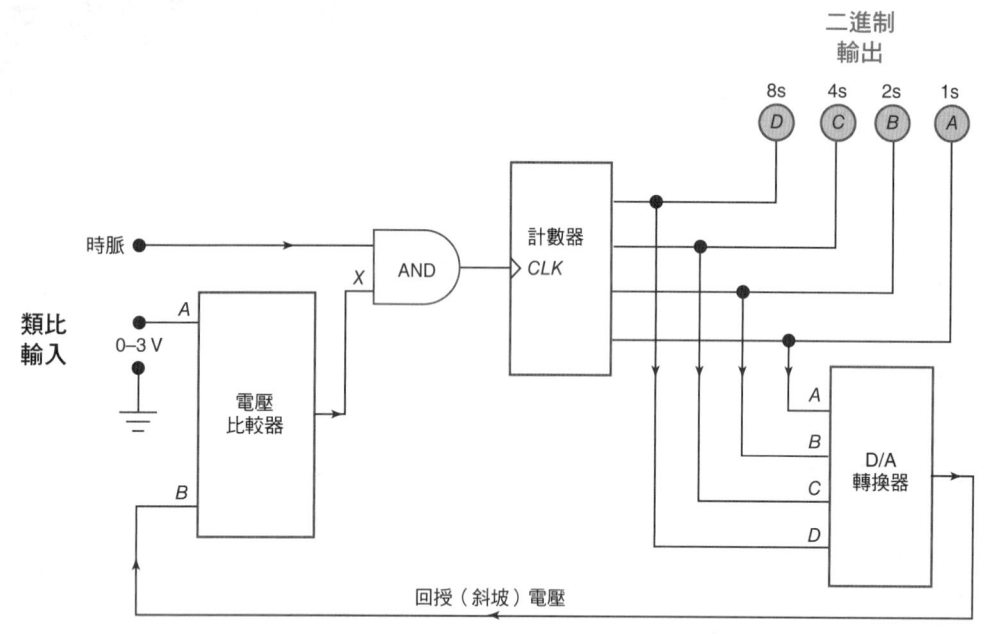

圖 12-8 計數器斜坡 A/D 轉換器方塊圖。

於 0.2 V），所以比較器輸出為邏輯 1。此邏輯 1 使得 AND 閘致能，可以讓在下一個時脈脈波通過計數器，使計數器的往前計數增加 1，現在計數器內容是 0010，此 0010 被應用到 D/A 轉換器。

依據表 12-1，0010 輸入後，將產生 0.4 V 輸出，此 0.4 V 回授至比較器的 B 點輸入，此比較器再度檢查 B 點準位與 A 點輸入準位，由於 A 點輸入電壓仍較大（0.55 V 相對於 0.4 V），比較器輸出為邏輯 1，使得 AND 閘致能，讓下一個時脈脈波到達計數器，使計數器增加計數至二進制 0011，此 0011 仍被應用到 D/A 轉換器。

依據表 12-1，一個 0011 輸入產生 0.6 V 輸出，此 0.6 V 回授到比較器的 B 點輸入。比較器檢查了 A 點輸入與 B 點輸入。第一次 B 點輸入準位大於 A 點輸入，比較器輸出產生邏輯 0。此邏輯 0 將使得 AND 閘失能，此時沒有更多的時脈脈波可以到達計數器，二進制計數器停在二位元 0011。查看表 12-3 第 4 列，0.6 V 所讀出的值為二進制 0011，我們的 A/D 轉換器已依據真值表運作。

假如輸入的類比電壓為 1.2 V，依據表 12-3，二進制輸出將為 0110。計數器在被比較器停止之前，必須從二進制 0000 計數到 0110。假如輸入的類比電壓為 2.8 V，二進制輸出將為 1110，計數器在被比較器停止之前，必須從二進制 0000 計數到 1110。注意，類比電壓欲轉換為二進制讀值，確實需要一些時間。無論如何，在大多數情況下，時脈運作的速度足夠快，所以這個時間延遲是沒有問題的。

現在你應該明白為什麼我們先討論 D/A 轉換器，再討論 A/D 轉換器的原因。這個**計數器斜坡 A/D 轉換器 (counter-ramp A/D converter)** 具有相當複雜性，並且需要一個 D/A 轉換器以進行運作。此轉換器的「斜坡」這個名稱乃是相對於 D/A 轉換器輸出回授到比

較器的電壓逐步增加。一個 4 位元轉換器產生一個樓梯形狀之波形，當有足夠的位元使用時，波形將會趨近於一個平滑斜坡。

自我測驗

請填入下列空格。

24. 一個 A/D 轉換器將一個_____輸入電壓轉變為一個_____輸出。
25. 參考表 12-3。假如類比輸入電壓為 1 V，二進制輸出將為_____。
26. 參考圖 12-8。當 B 點的電壓比 A 點小，比較器的 X 點輸出是_____（高，低）。這會導致時脈脈波_____（阻隔，通過）AND 閘。
27. 在圖 12-8 中的單元，是一個_____型 A/D 轉換器。
28. 參考圖 12-8。D/A 轉換器回授電壓至_____（計數器，比較器）的 B 點輸入，當使用示波器觀察時，會顯示一個斜坡或「階梯」的波形。
29. 參考圖 12-8。比較器是比較在輸入 A 點和 B 點之_____（二進制值，電壓）。
30. 參考圖 12-8。當比較器的輸出是_____（高，低），_____（AND 閘，XOR 閘）阻隔時脈脈波至計數器。

12-6 電壓比較器

我們在前一節使用了一個**電壓比較器 (voltage comparator)**。比較器可比較兩個電壓，並且告訴我們哪一個具有較大的值。圖 12-9 是一個比較器的基本方塊圖。如果 A 的輸入電壓大於 B 點的輸入電壓，比較器會輸出邏輯 1。如果 B 點的輸入電壓大於 A 點的輸入電壓，則會輸出邏輯 0。圖 12-9 裡標示成 $A > B = 1$ 與 $B > A = 0$。

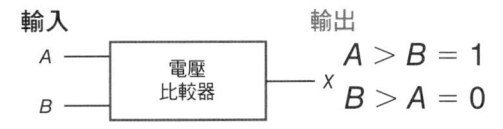

圖 12-9 電壓比較器的方塊圖。

電壓比較器的核心是一個**運算放大器 (op amp)**。圖 12-10(a) 顯示一個比較器電路。注意，A 輸入為 1.5 V 輸入和 B 輸入為 0 V 輸入。輸出電壓表讀值約 3.5 V，或邏輯 1。

圖 12-10(b) 顯示 B 的輸入電壓已提高到 2 V，A 的輸入仍然在 1.5 V。B 的輸入值大於 A 的輸入值，比較器電路的輸出約為 0 V（實際上電壓約為 –0.6 V），或邏輯 0。

在圖 12-8 的 A/D 轉換器中的比較器，其運作方式與此電路完全一樣。圖 12-10 的比較器中的**齊納二極體 (zener diode)**，用來箝制輸出電壓約在 +3.5 V 或 –0.6 V。如果沒有齊納二極體，輸出電壓大約是 +9 V 和 –9 V。+3.5 V 和 –0.6 V 更相容於 TTL 積體電路。

自我測驗

請填入下列空格。
31. 圖 12-8 的比較器的方塊圖，是比較兩個_____（二進制數，十進制數，直流電壓）。
32. 一個電壓比較器的電路可以由一個_____ IC、數個電阻和一個齊納二極體所構成。
33. 參考圖 12-10。當 B 的輸入增加，並且高於 A 的輸入，運算放大器的輸出將會從_____

（高，低）改變到＿＿＿＿＿＿（高，低）。

34. 參考圖 12-10。＿＿＿＿＿＿（10 kΩ 電阻，齊納二極體）用來「箝制」運算放大器的輸出電壓在約 3.5 V（高）或 0.6 V（低）。

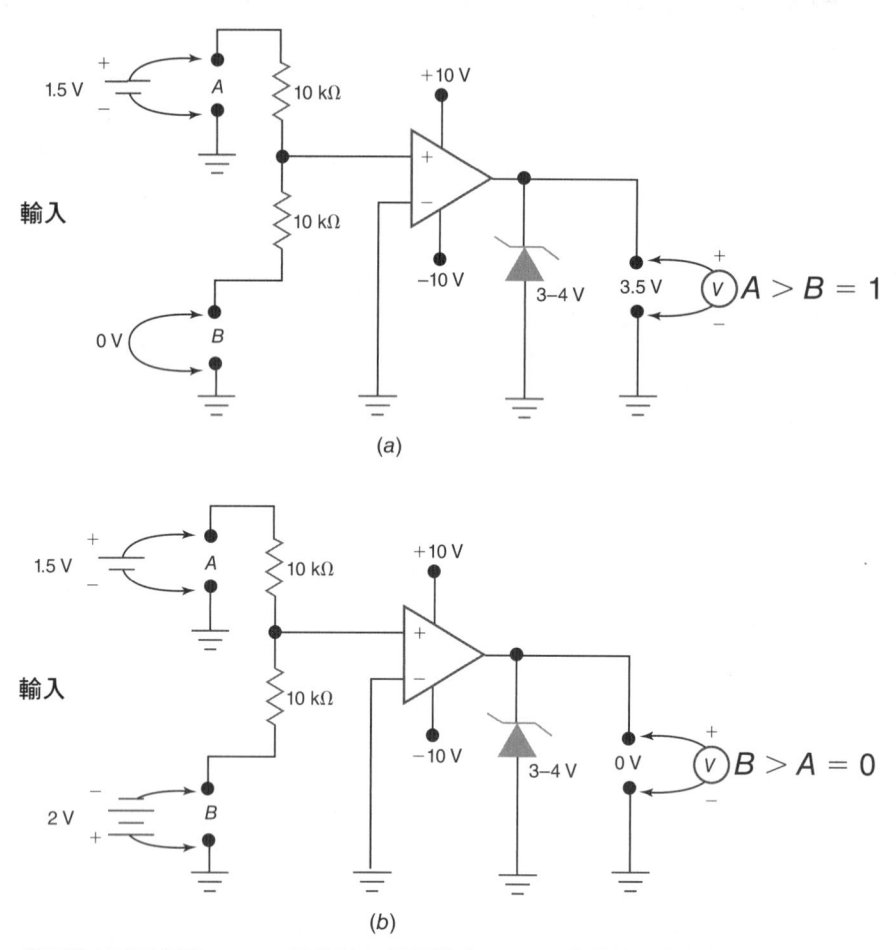

圖 12-10 電壓比較器的電路。(a) A 點的輸入電壓較大。(b) B 點的輸入電壓較大。

12-7 基本數位電壓表

A/D 轉換器的一個應用是**數位電壓表 (digital voltmeter)**，你已經使用過要製作一個基本數位電壓表系統所需之所有子系統，圖 12-11 為一個簡單數位電壓表的方塊圖，A/D 轉換器將類比電壓轉換成二進制形式。二進制資料被送至解碼器，將被轉換為七段碼，七段讀值將顯示十進制電壓值。如圖所示，7 V 被送至 A/D 轉換器的輸入端，輸出將為二進制 0111。解碼器啟動七段顯示器之 a 線段至 c 線段，顯示器 a 線段至 c 線段將會發光，顯示器讀值為十進制 7。注意，A/D 轉換器也是一個編碼器，它將類比輸入訊號編碼為二進制輸出。

圖 12-12 為一個基本數位電壓表的接線圖，注意電壓比較器、AND 閘、計數器、解

第 12 章　與類比元件連接　413

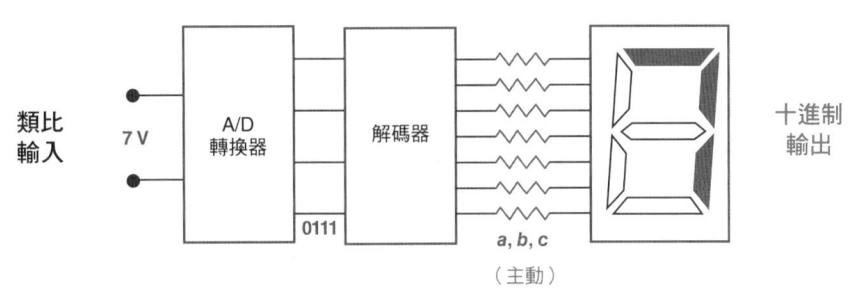

類比
輸入　7 V　→　A/D 轉換器　→　解碼器　→　七段顯示器　→　十進制輸出
　　　　　　　　　　0111　　　　　a, b, c
　　　　　　　　　　　　　　　　　（主動）

圖 12-11　基本數位電壓表的方塊圖。

碼器、七段顯示器和 D/A 轉換器。這個電路運作需要多組電源，雙 ±10 V 電源（或兩個獨立 10 V 電源）使用於 741 運算放大器。7408、7493、7447 TTL 積體電路和七段 LED 顯示器使用一個 5 V 電源，類比輸入電壓將會需要一個 0 V 到 10 V 的可變直流電源。

假設一個 2 V 輸入至數位電壓表的類比輸入端，如圖 12-12 所示。將計數器重置為 0000，比較器檢查輸入 A 與 B 的大小，因為 A 比較大（A = 2 V，B = 0 V），比較器輸出為邏輯 1，這個邏輯 1 將致能 AND 閘。時脈脈波將通過 AND 閘，該脈波使計數器往前計數，現在計數器內容為 0001，此 0001 被應用於解碼器。解碼器致能七段顯示器之 b 與 c 線段，顯示器 b 與 c 線段因此發光，產生十進制 1 之讀值。此 0001 也應用於 D/A 轉換器。計數器約產生 3.2 V，經由 150 kΩ 電阻送至運算放大器的輸入端。運算放大器的電壓增益是

$$A_v = \frac{R_f}{R_{in}} = \frac{47,000}{150,000} = 0.31$$

增益為 0.31。輸出電壓等於電壓增益乘以輸入電壓：

$$V_{out} = A_v \times V_{in} = 0.31 \times 3.2 = 1 \text{ V}$$

D/A 轉換器的輸出電壓是 –1 V，此 1 V 被回授到比較器。

現在，2 V 輸入仍然在輸入端，比較器檢查 A 與 B 的大小，此時輸入 A 比較大。比較器產生一個邏輯 1 至 AND 閘。第二個時脈脈波將通過 AND 閘送至計數器，導致計數器往前計數至 0010。此 0010 被解碼，並在七段顯示器上讀出十進制 2。0010 也被應用到 D/A 轉換器，D/A 轉換器輸出產生約 2 V，這個電壓將被回授至比較器的 B 點輸入。

該顯示器目前讀值為 2，且 2 V 仍然應用於比較器的 A 點輸入。比較器會檢查 A 與 B 的大小，因 B 點電壓只是稍微大些，比較器的 X 點會輸出邏輯 0，導致 AND 閘失能不作動。因無時脈脈波到達計數器，所以顯示器上的計數仍然停留在 2，這些是電壓加在類比輸入的運作情形。

圖 12-12 是一個數位電壓表之實驗電路，之所以涵蓋此電路，是因為它說明數位電壓表如何運作。圖中顯示如何運用小型積體 (SSI) 和中型積體 (MSI) 晶片以建構更複雜的功能。這是一個同時包含數位元件與類比元件之**混合電子系統 (hybrid electronic**

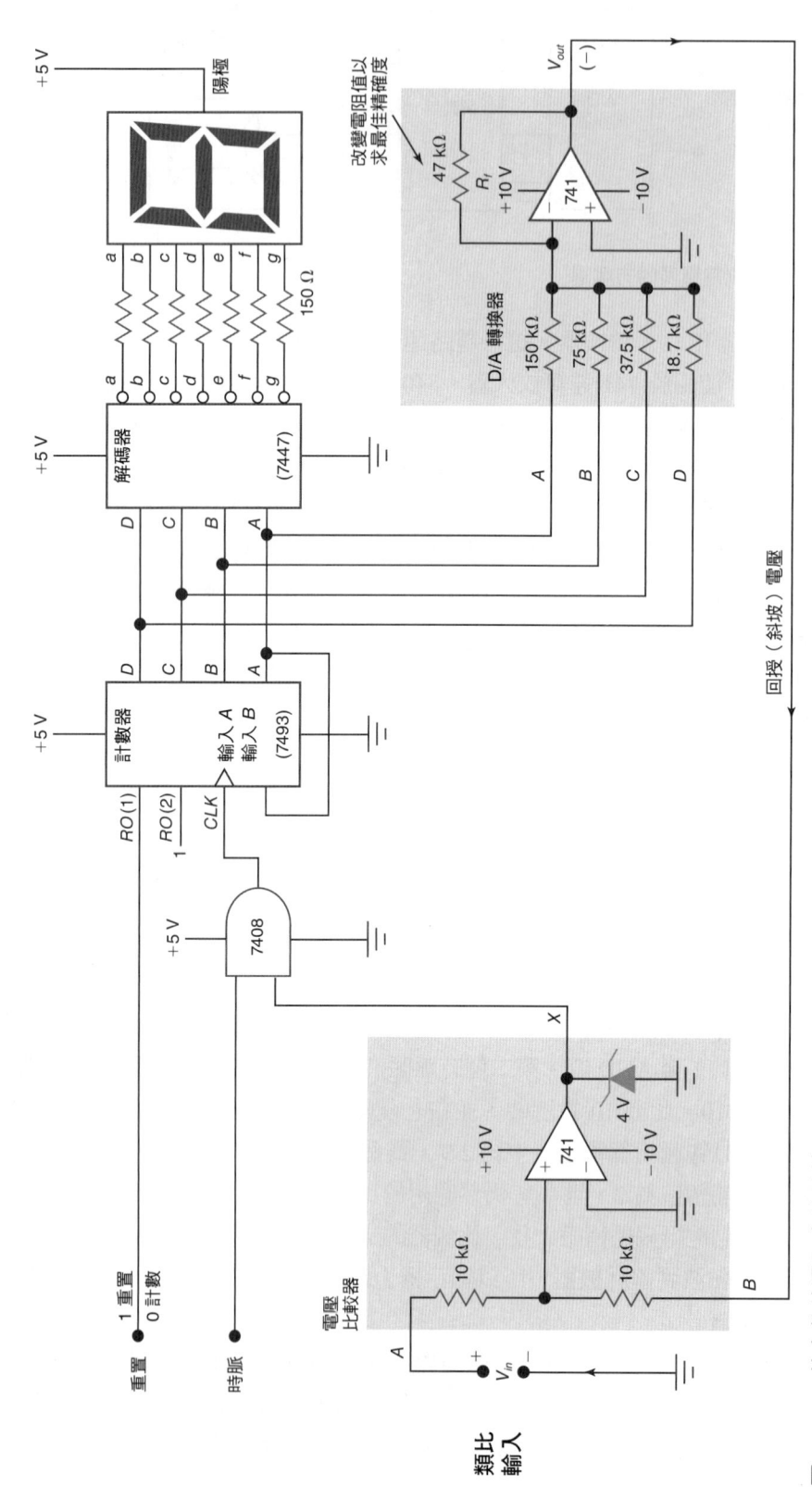

圖 12-12 基本數位電壓表的接線圖。

system) 的簡單例子。

現代數位電壓表和數位多功能電表 (DMM) 均是基於大型積體 (LSI) 晶片所設計。這些專業的 A/D 轉換器可以從許多製造商處取得。**大型積體數位電壓表晶片 (large-scale-integrated digital voltmeter chips)** 將所有的主動元件置於單一 CMOS IC，包含 A/D 轉換器、七段編碼器、顯示驅動器和時脈電路。ICL7106 和 ICL7107 三位半 (3 1/2- digit) A/D 轉換器為這些複雜元件的兩個例子。它們可直接驅動 LCD (7106 IC) 或 LED (7107 IC) 三位半數位顯示器。它們的特點是內建時脈、電壓參考準位、精確的 A/D 轉換器、自動歸零、高輸入阻抗、解碼器，並直接驅動三位半之七段顯示器，這些晶片可以使用在數位電壓表或數位式溫度計。

自我測驗

請填入下列空格。
35. A/D 轉換器的一個應用是＿＿＿＿＿＿。
36. 參考圖 12-12。基本的數位電壓表因為同時包含數位和類比積體電路，被認為是一個＿＿＿＿＿＿（數位，混合）系統。
37. 參考圖 12-12。當計數器重置為 0000，回授（斜坡）電壓大約為＿＿＿＿＿＿ V。
38. 參考圖 12-12。如果類比輸入電壓為 3.5 V，計數器被重置，則在計數器停止計數前，有多少個時脈脈波可到達 7493 IC？
39. 參考圖 12-12。如果類比輸入電壓為 4.6 V，在重置與計數程序後，顯示器將顯示＿＿＿＿＿＿ V。
40. 參考圖 12-12。右側的運算放大器被接線為一個＿＿＿＿＿＿，而在左側的運算放大器功能為電壓比較器。
41. 參考圖 12-12。如果類比輸入電壓為 8.5 V，在重置與計數程序後，顯示器將顯示＿＿＿＿＿＿ V。
42. 參考圖 12-12。當電壓比較器的 B 點輸入電壓＿＿＿＿＿＿（大於，小於）A 點輸入電壓，則比較器輸出為 LOW，而且 AND 閘＿＿＿＿＿＿（不通過，通過）時脈脈波至計數器。

12-8 其他 A/D 轉換器

在 12-5 節中，我們已探討計數器斜坡 A/D 轉換器，也有數種其他類型的 A/D 轉換器，本節將探討兩種其他類型的轉換器。

圖 12-13 為**斜坡 A/D 轉換器 (ramp A/D converter)**，此 A/D 轉換器之運作方式非常像圖 12-8 之計數器斜坡 A/D 轉換器。在圖 12-13 的左邊為**斜坡產生器 (ramp generator)**，是唯一新的子系統。斜坡產生器產生如圖 12-14(a) 之**鋸齒波形 (sawtooth waveform)**。

假設 3 V 輸入圖 12-13 之 A/D 轉換器的類比電壓輸入端，如圖 12-14(a) 所示。斜坡電壓開始增加，但其準位仍低於比較器 A 端的輸入準位，比較器輸出為邏輯 1。這個 1 會致能 AND 閘，所以時脈脈波可以通過。圖 12-14(a) 顯示在斜坡電壓大於輸入電壓

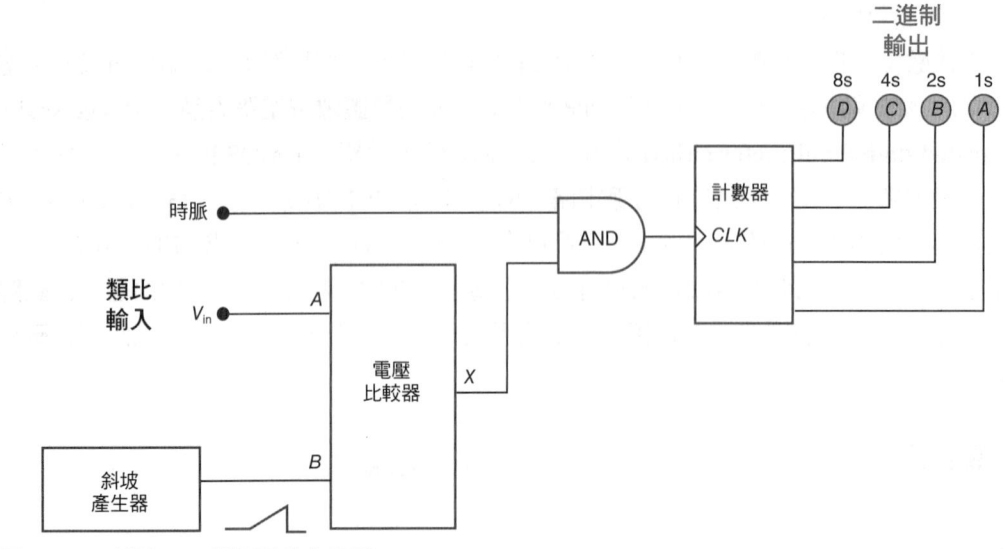

圖 12-13 斜坡 A/D 轉換器的方塊圖。

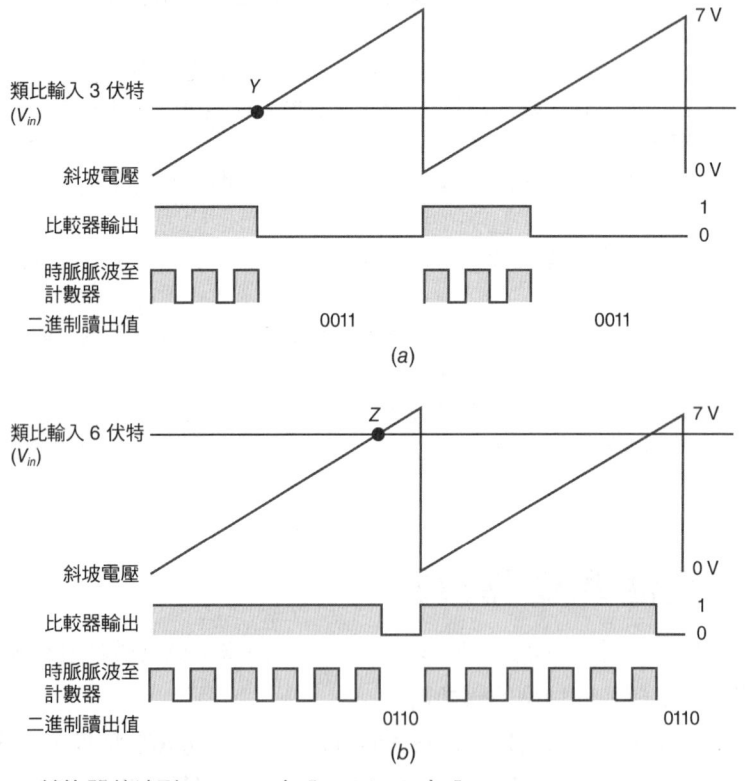

圖 12-14 斜坡 A/D 轉換器的波形。(a) 3 V 加入。(b) 6 V 加入。

前,通過 AND 閘的三個時脈脈波。在圖 12-14(a) 之 Y 點,比較器輸出將為邏輯 0,此時 AND 閘被失能。計數器停在二進制 0011,並停止計數,二進制 0011 代表 3 V 加在輸入端。

圖 12-14(b) 為另一個範例，在此情況下，斜坡 A/D 轉換器輸入電壓是 6 V。斜坡電壓由左到右開始增加。因為 A 點輸入電壓大於斜坡產生器的 B 點輸入電壓，比較器輸出為邏輯 1，此時計數器繼續往前計數。在斜坡電壓的 Z 點，斜坡產生器的電壓大於輸入電壓 V_{in}，在此點比較器輸出一個邏輯 0，這個 0 使 AND 閘失能，時脈脈波不再到達計數器。此時計數器停在二進制 0110，此二進制 0110 代表了 6 V 類比輸入。

使用斜坡 A/D 轉換器之困難是需要花費長時間的計數，才能完成更高電壓的轉換。舉例來說，如果二進制輸出是八位元，計數器可能要數到 255。為了消除這種緩慢的轉換時間，我們使用不同類型的 A/D 轉換器。一個減少轉換時間類型的轉換器為**連續漸近型 A/D 轉換器 (successive-approximation A/D converter)**。

圖 12-15 顯示連續漸近型 A/D 轉換器的方塊圖，此轉換器由一個電壓比較器、一個 D/A 轉換器以及一個新的邏輯方塊所組成。這個新邏輯方塊被稱為連續漸近邏輯區塊。

假設類比輸入是 7 V，連續漸近型 A/D 轉換器首先「猜測」此類比輸入電壓。此處藉由設定 MSB 為 1 作猜測，如圖 12-16 的方塊 1。這項工作是由連續漸近邏輯單元所執行，結果 (1000) 經由 D/A 轉換器回授到比較器。比較器回答如圖 12-16 方塊 2 之問題：1000 與輸入電壓相比是高或低？在此情況下，若答案是「高」，則連續漸近邏輯區塊執行區塊 3 的任務，權重 8 的位元被清除為 0，而權重 4 位元被設為 1。結果 (0100) 經由 D/A 轉換器回授到比較器。接著比較器需回答如圖 12-16 方塊 4 之問題：0100 與輸入電壓相比是高或低？若答案是「低」，連續漸近邏輯區塊執行區塊 5 任務，權重 2 之位元被設為 1，結果 (0110) 回授到比較器。比較器回答方塊 6 之問題：0110 與輸入電壓相比

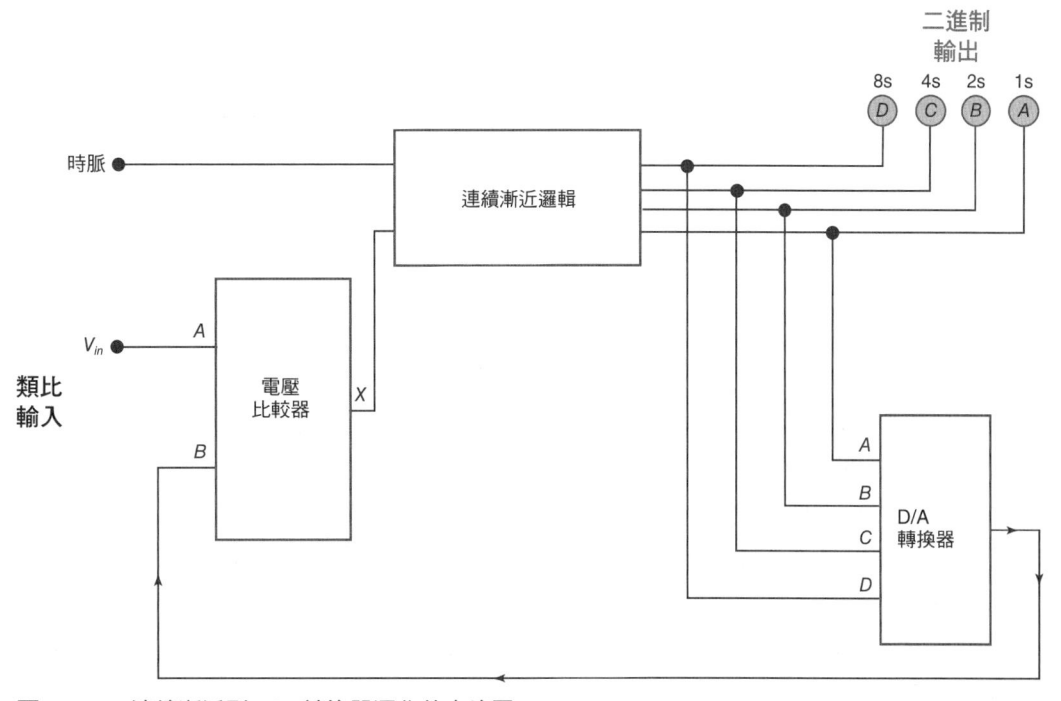

圖 12-15 連續漸近型 A/D 轉換器運作的方塊圖。

[流程圖: 連續漸近型 A/D 轉換器運作流程]

- 開始
- 1. MSB 設為 1 → 結果 = 1000
- 2. 比 1000 大或小？ (小 → ；大 ↓)
- 3. 清除 8 位置，4 位置設為 1 → 結果 = 0100
- 4. 比 0100 大或小？ (小 → ；大 ↓)
- 5. 2 位置設為 1 → 結果 = 0110
- 6. 比 0110 大或小？ (小 → 得出結果 = 0111；大 ↓)
- 7. 1 位置設為 1
- 結束

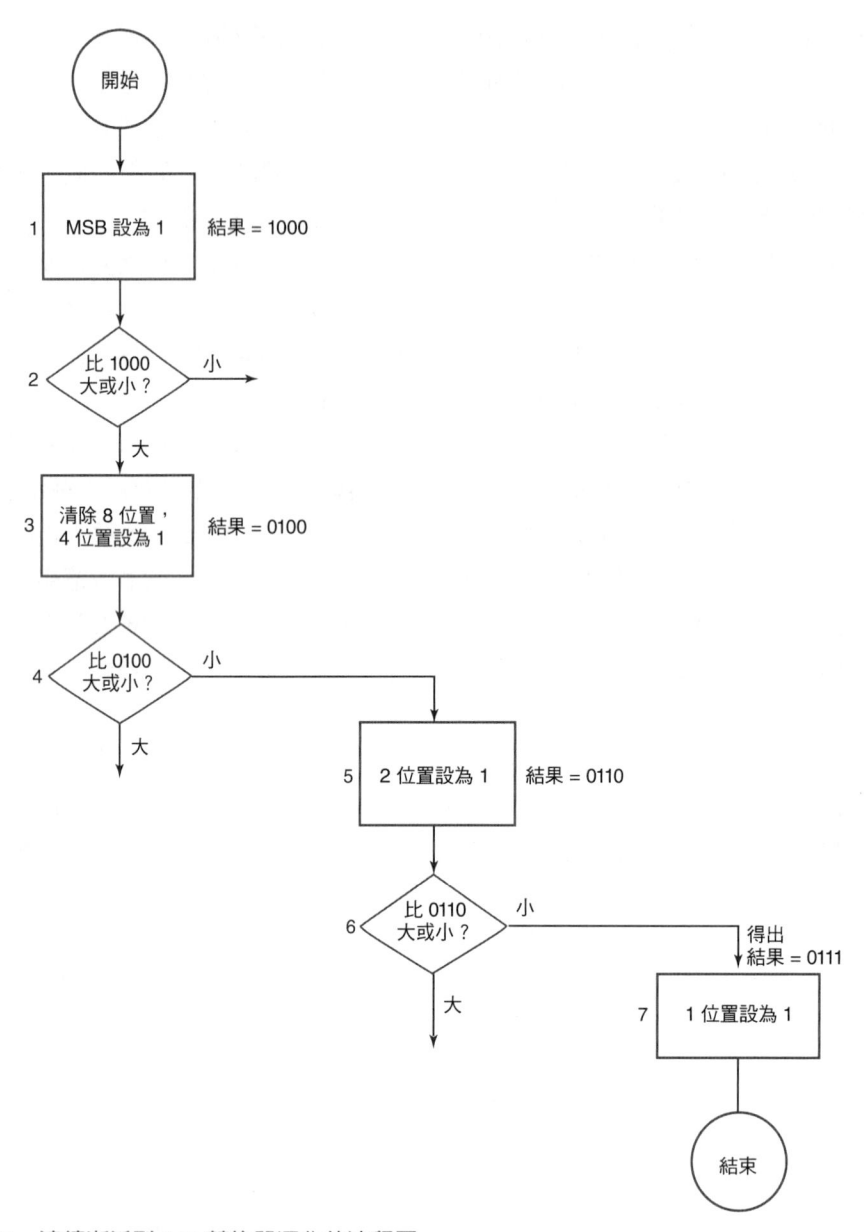

圖 12-16 連續漸近型 A/D 轉換器運作的流程圖。

是高或低？若答案是「低」，連續漸近邏輯區塊執行區塊 7 任務，權重 1 之位元被設為 1，最後結果是二進制 0111，表示有 7 V 加在 A/D 轉換器之輸入。

注意圖 12-16 方塊圖之項目是由連續漸近邏輯單元來執行，問題是由比較器來回答。還要注意連續漸近邏輯單元所執行項目取決於先前問題的答案是「低」或「高」（查看方塊 3 和 5）。

連續漸近 A/D 轉換器的優點是它需要較少的推測就可得到答案，其數位化的過程是較快的，連續漸近 A/D 轉換器的使用非常廣泛。

自我測驗

請填入下列空格。

43. 列出三種 A/D 轉換器電路。
44. 計數器斜坡 A/D 轉換器使用一個 D/A 轉換器來產生斜坡電壓回授到比較器,而斜坡式使用一個_____來做此工作。
45. 比起斜坡式,連續漸近型 A/D 轉換器是_____(較快,較慢)的。
46. 參考圖 12-13。斜坡產生器產生一個_____(鋸齒,方形)波形。
47. 參考圖 12-14。若輸入電壓 (V_{in}) 為 2 V 且斜坡電壓為 0 V,則電壓比較器之輸出為_____(高,低),並且 AND 閘允許時脈通過至計數器。
48. 參考圖 12-15。當開始一個新的轉換,_____首先將 MSB 設為 1,電壓比較器檢查輸入電壓 (V_{in}) 是否高於 B 端的回授電壓。

12-9 A/D 轉換器規格

製造商生產各式各樣的 A/D 轉換器,最近的一份出版資料列出眾多製造商所製造超過 300 種不同類型的 A/D 轉換器。

下面將詳細介紹 A/D 轉換器一些較普遍的規格。

輸出型態

一般而言,A/D 轉換器被分類為二進制或十進制的輸出。十進制輸出的類比數位轉換器通常使用於數位電壓表、數位面板儀表和數位多功能電表(DMM)。

二進制輸出的類比至數位轉換器具有 4 到 16 個輸出。以微處理器為基礎的系統,二進制輸出的類比至數位轉換器是常見的輸入設備,有時稱為**微處理器型 A/D 轉換器 (μP-type A/D converter)**。

微控制器的輸入通常在本質上是二進制,而微控制器使用的許多輸入感測器在本質上是類比的。傳統的 A/D 轉換器可作為類比感測器和數位的微控制器輸入之介面。

當使用低成本的傳統微控制器時,會以較簡單的電路取代 A/D 轉換器,此時,大多使用 RC 電路(電阻器/電容器電路),微控制器藉由量測經由電阻器對電容器充電(或放電)時間而獲取資訊。

解析度

A/D 轉換器的**解析度 (resolution)** 可用二進制輸出單元之輸出位元數 (number of bits) 加以表示。對於十進制輸出 A/D 轉換器(使用於數位多功能電表DMMs)的解析度,可用在讀取時之數字位數 (number of digits)(例如 3 位半或 4 位半)表示。典型二進制輸出的 A/D 轉換器具有 4、6、8、10、12、14 與 16 位元。由於使用離散二進制的有限間隔表示連續的類比電壓,將造成錯誤發生,此錯誤被稱為**量化誤差 (quantizing error)**。

一個 16 位元 A/D 轉換器比 4 位元轉換器具有更精細的解析度，因為它將輸入或參考電壓劃分成更小的離散間隔。例如，在 4 位元 A/D 轉換器，每一間隔為輸入範圍的十五分之一 ($2^4 - 1 = 15$)，這將是 6.7% 的解析度 (1/15 × 100 = 6.7%)。一個 8 位元 A/D 轉換器具有較精細的增加量，一個 8 位元轉換器有 255 ($2^8 - 1 = 255$) 個離散間隔，提供了 0.39% 的解析度 (1/255 × 100 = 0.39%)，8 位元轉換器比 4 位 A/D 轉換器具有更好的解析度。一個 16 位元轉換器的解析度為 0.0015%。

精確性

由於在積體電路的輸出端可用的離散間隔有限，A/D 轉換器的解析度可以被想像成固有的「數位化」錯誤。A/D 轉換器的另一個錯誤來源可能是類比元件，例如比較器，其他錯誤可能會發生在電阻電路。A/D 轉換器的整體精準度被稱為 A/D 轉換器積體電路的**精確性 (accuracy)**。

典型二進制輸出的 A/D 轉換器積體電路之精確性範圍從 ±1/2 LSB 至 ±2 LSB，十進制輸出的轉換器精確性範圍從 0.01% 至 0.05%。

轉換時間

轉換時間 (conversion time) 是 A/D 轉換器的另一個重要規格，這是此積體電路將類比輸入電壓轉換成輸出端二進制（或十進制）所需的時間。二進制輸出的 A/D 轉換器積體電路的典型轉換時間範圍從 0.05 μs 到100,000 μs。十進制輸出的 A/D 轉換器之轉換時間稍微較長一些，典型的可能範圍在 200 ms 至 400 ms。

其他規格

A/D 轉換器的其他四個共同特性為電源電壓、輸出邏輯準位、輸入電壓和最大功率消耗。電源電壓通常為 +5 V，然而，一些 A/D 轉換器 IC 的工作電壓在 +5 V 至 +15 V。輸出邏輯準位可為 TTL、CMOS 或三態。輸入電壓範圍通常是 5 V。A/D 轉換器積體電路的最大功率可能消耗範圍是從 15 mW 至 3000 mW。

自我測驗

請填入下列空格。
49. 一個二進制輸出的 A/D 轉換器有時也被稱為_____（儀表，微處理器）型轉換器。
50. 一個 A/D 轉換器之_____為二進制型單元輸出的位元數目。
51. 一個 8 位元 A/D 轉換器比一個_____（4，12）位元之晶片具有更高的解析度。
52. 一個 A/D 轉換器的典型轉換時間可能約為_____（110 μs，1 s）。
53. 一個典型的 A/D 轉換器的可能最大功率消耗約為_____（850 mW，10 μW）。
54. 比起微處理器 (μP) 型單元，儀表型 A/D 轉換器的轉換時間_____（較長，較短）。
55. 微控制器可使用傳統的 A/D 轉換器或低成本的 RC 計時電路，去蒐集類比感測器的資訊。（是非題）

12-10　A/D 轉換器積體電路

此節將說明一個商業 A/D 轉換器的 IC 特性。圖 12-17(a) 顯示一個 **ADC0804 8 位元 A/D 轉換器晶片 (ADC0804 8-bit A/D converter IC)** 的接腳圖，圖 12-17(b) 列出 ADC0804 IC 的每個接腳的名稱與功能。

ADC0804 A/D 轉換器之設計具有界面可與較舊的 8080、8085 或 Z80 微處理器作界面連接，有些接腳之標示亦與流行的微處理器相對應。例如，ADC0804 使用 $\overline{RD}$、$\overline{WR}$ 與 $\overline{INTR}$ 接腳標示，對應於舊式 8085 微處理器的 RD、WR 與 INTR 接腳。ADC0804 也可以與其他舊型的 8 位元微處理器（例如 6800 與 6502）作界面連接。ADC0804 A/D 轉換器 $\overline{CS}$ 控制輸入接收來自微處理器的地址解碼電路信號（晶片選擇）。

ADC0804 是一個 CMOS 8 位元**連續漸近型 A/D 轉換器 (successive approximation A/D converter)**。它具有三態輸出，因此可以與微處理器基礎的系統之資料匯流排直接作界面連接。ADC0804 有二進制輸出，並且具有 100 微秒轉換時間的特色，它的輸入和輸出都是與 MOS 和 TTL 兩者相容。此晶片上具有時脈產生器，晶片上的產生器需要兩個外部元件（電阻和電容）來運作。ADC0804 IC 晶片工作在標準的 +5 V 直流電源，而且可編碼輸入類比電壓，範圍是從 0 V 到 5 V。

ADC0804 A/D 轉換器晶片可以用圖 12-18 的電路來測試。此電路的功能為將輸入 $V_{in}(+)$ 與 $V_{in}(-)$ 電壓差與參考電壓（在此例子為 5.12 V）相比，並產生一對應的二進制值。ADC0804 晶片的解析度為 8 位元或 0.39%。這意味著類比輸入電壓每增加 0.02 V (5.1 V×0.39% = 0.02 V)，二進制計數將增加 1。

圖 12-18 的「啟動開關」先關閉然後打開，啟動此自由運行的 A/D 轉換器。它是「自由運行」的，這是因為它不斷轉換類比輸入到數位輸出。一旦 A/D 轉換器運行，啟動開關應處於打開狀態。$\overline{WR}$ 輸入可以看作一個時脈輸入與中斷輸出 ($\overline{INTR}$) 在每個類比至數位轉換結束後脈波這個 $\overline{WR}$ 輸入。一個低到高轉換信號 $\overline{WR}$ 輸入啟動 A/D 轉換器處理。當轉換完成後，二進制顯示器被更新，$\overline{INTR}$ 輸出發出一個負的脈波。此負的中斷脈波回授到時脈 $\overline{WR}$ 輸入，並且啟動另一個 A/D 轉換。圖 12-18 的電路每秒將執行約 5,000 至 10,000 次轉換。因為 ADC0804 在轉換過程使用連續漸近的技術，它的轉換速率是高的。

電阻 (R_1) 和電容 (C_1) 連接到圖 12-18 ADC0804 晶片的 CLK R 和 CLK IN 輸入端，導致內部時脈進行運作。資料輸出 (DB7-DB0) 驅動 LED 二進制顯示，資料輸出為主動 HIGH 之三態輸出。

如果類比輸入電壓為 1.0 V，圖 12-18 的二進制輸出是什麼？回想一下，每 0.02 V 等於一個二進制計數。1.0 V 除以 0.02 V 等於十進制 50。將十進制 50 轉換為二進制等於 00110010，輸出指示器將顯示二進制 00110010 (LLHHLLHL)。

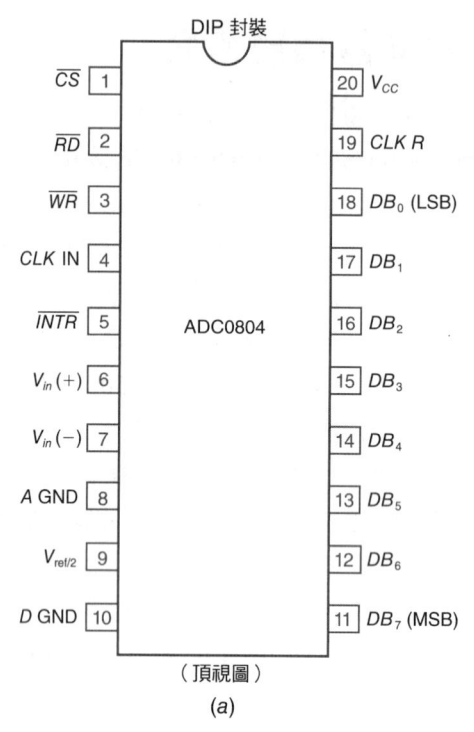

```
                    DIP 封裝
              ┌─────────┐
         CS  1│         │20  V_CC
         RD  2│         │19  CLK R
         WR  3│         │18  DB_0 (LSB)
       CLK IN 4│         │17  DB_1
        INTR 5│ ADC0804 │16  DB_2
       V_in(+) 6│         │15  DB_3
       V_in(-) 7│         │14  DB_4
        A GND 8│         │13  DB_5
       V_ref/2 9│         │12  DB_6
        D GND 10│        │11  DB_7 (MSB)
              └─────────┘
                 （頂視圖）
                    (a)
```

ADC0804 A/D 轉換器 IC

接腳號碼	符號	輸入／輸出或電源	描述
1	$\overline{CS}$	輸入	來自微處理器的晶片選擇線
2	$\overline{RD}$	輸入	來自微處理器的讀取線
3	$\overline{WR}$	輸入	來自微處理器的寫入線
4	CLK IN	輸入	時脈
5	$\overline{INTR}$	輸出	中斷進入使微處理器中斷輸入
6	$V_{in}(+)$	輸入	類比電壓（正的輸入）
7	$V_{in}(-)$	輸入	類比電壓（負的輸入）
8	A GND	電源	類比接地
9	$V_{ref/2}$	輸入	另一電壓參考 (+)
10	D GND	電源	數位接地
11	DB_7	輸出	MSB 資料輸出
12	DB_6	輸出	資料輸出
13	DB_5	輸出	資料輸出
14	DB_4	輸出	資料輸出
15	DB_3	輸出	資料輸出
16	DB_2	輸出	資料輸出
17	DB_1	輸出	資料輸出
18	DB_0	輸出	LSB 資料輸出
19	CLK R	輸入	連接外部電阻（時脈使用）
20	V_{CC} 或參考電壓	電源	正 5 V 電源與主要參考電壓

(b)

圖 12-17 ADC0804 A/D 轉換器晶片。(a) 接腳圖。(b) 接腳標示與功能。

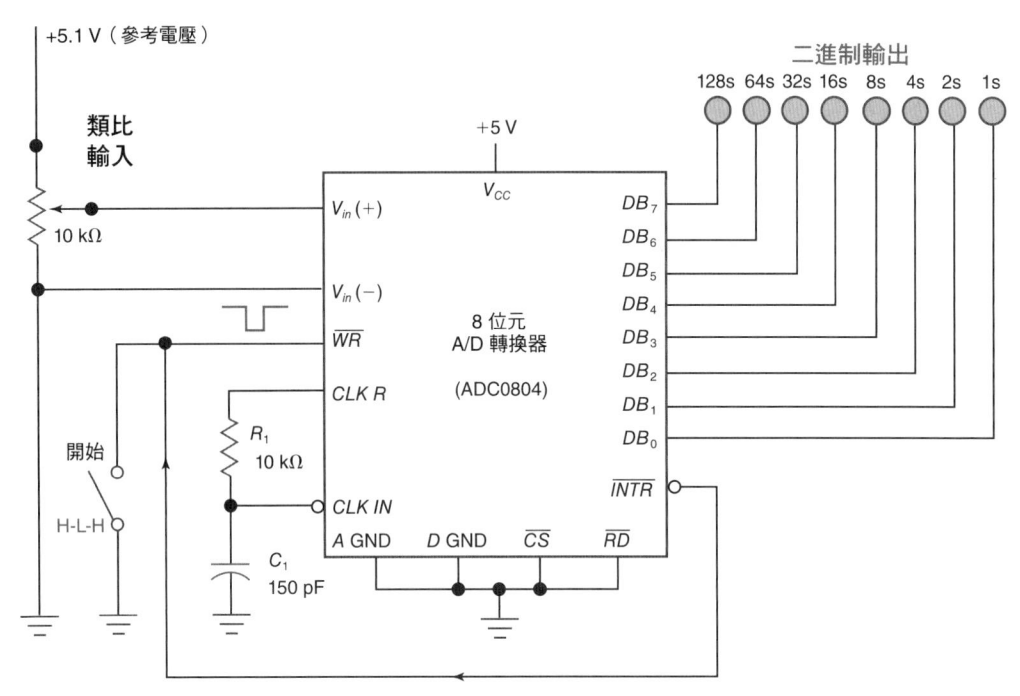

圖 12-18 使用 ADC0804 CMOS A/D 轉換器晶片之測試電路的接線圖。

自我測驗

請填入下列空格。

56. ADC0804 A/D 轉換器是採用_____（CMOS，TTL）技術製作。
57. ADC0804 晶片是一個_____（儀表，微處理器）型 A/D 轉換器。
58. ADC0804 是一個具有_____位元解析度的 A/D 轉換器。
59. ADC0804 晶片的輸入和輸出同時滿足 MOS 和_____電壓準位規範。
60. ADC0804 晶片的轉換時間約為_____（100 μs，400 ms）。
61. 參考圖 12-18。ADC0804 晶片的內部_____（時脈，比較器）使用 R_1 和 C_1 元件。
62. 參考圖 12-18。如果類比輸入電壓為 2.0 V，二進制輸出為_____。
63. 參考圖 12-18。一個_____（高到低，低到高）$\overline{WR}$ 信號輸入到 ADC0804 晶片會啟動一個新的 A/D 轉換。
64. 參考圖 12-18。在每次 A/D 轉換後，ADC0804 晶片的哪個輸出端會立即產生一個負脈波？

12-11 數位測光表

A/D 轉換器是用於將類比電壓編碼為數位形式的電子設備，這些類比電壓往往由換能器產生。例如，光的強度可使用光電管轉換為可變電阻型式。

圖 12-19 為一個基本的**數位測光表 (digital light meter)** 的電路圖。在前一節，ADC0804 IC 被接線為一個自由運行的 A/D 轉換器。按一次按鈕開關，將啟動 A/D 轉換器。透過電阻 R_2，可以測量類比輸入電壓。光電管 (R_3) 在此電路作為光的感應器或**換能**

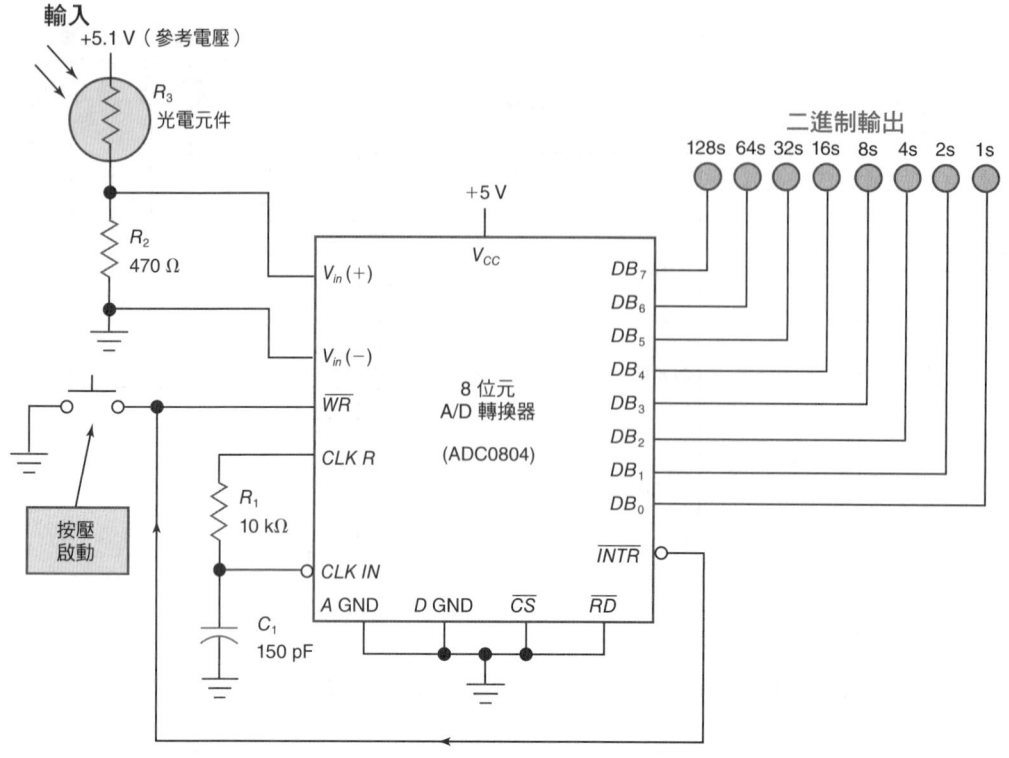

圖 12-19 使用二進制輸出的數位測光表之接線圖。

器 (transducer)。隨著光強度的增加，光電管的電阻 (R_3) 減少。減少 R_3 電阻導致通過串聯電阻 R_2 和 R_3 的電流增加，通過 R_2 電流增加導致電阻電壓降按照比例增加。R_2 的電壓降是 A/D 轉換器的類比輸入電壓，類比輸入電壓增加導致二進制輸出讀值增加。

圖 12-19 所使用的**硫化鎘光電管 (cadmium sulfide photocell)** 是一個可變電阻，照在光電管的光強度增加，將減少其電阻值。圖 12-19 的光電管具有的可能最大電阻約 500 kΩ，最小約 100 Ω。硫化鎘光電管對光譜綠色至黃色部分是最敏感的。光電管也被稱為**光敏電阻 (photoresistor)**、硫化鎘 (CdS) 光電元件、**光阻元件 (photoresistive cell)**，或 **LDR 光敏電阻 (light-dependent resistor)**。

CdS 光電元件之最大值及最小值的光敏電阻值範圍變化很廣。圖 12-19 可以使用其他光電元件，如果替代光電元件有不同的電阻規格，你可以在測光表電路上改變 R_2 電阻值以調整至所需要的二進制輸出。

圖 12-20 繪製第二個數位測光儀表電路。這種測光表以十進位（0 到 9）顯示，光照在光電管上的相對亮度，此新的測光表類似圖 12-19 的電路。新的測光表有一個新增的時鐘電路，時脈脈波由一個 555 計時器晶片、兩個電阻器和一個電容器接線組成非穩態振盪電路 (MV)。時脈產生一個約為 1 Hz 頻率的 TTL 輸出，這意味著每秒一次將類比輸入電壓轉換成數位的形式。在七段 LED 顯示器上，此非常低的轉換頻率能防止在兩輸出讀數之間產生「跳動」(jittering)。

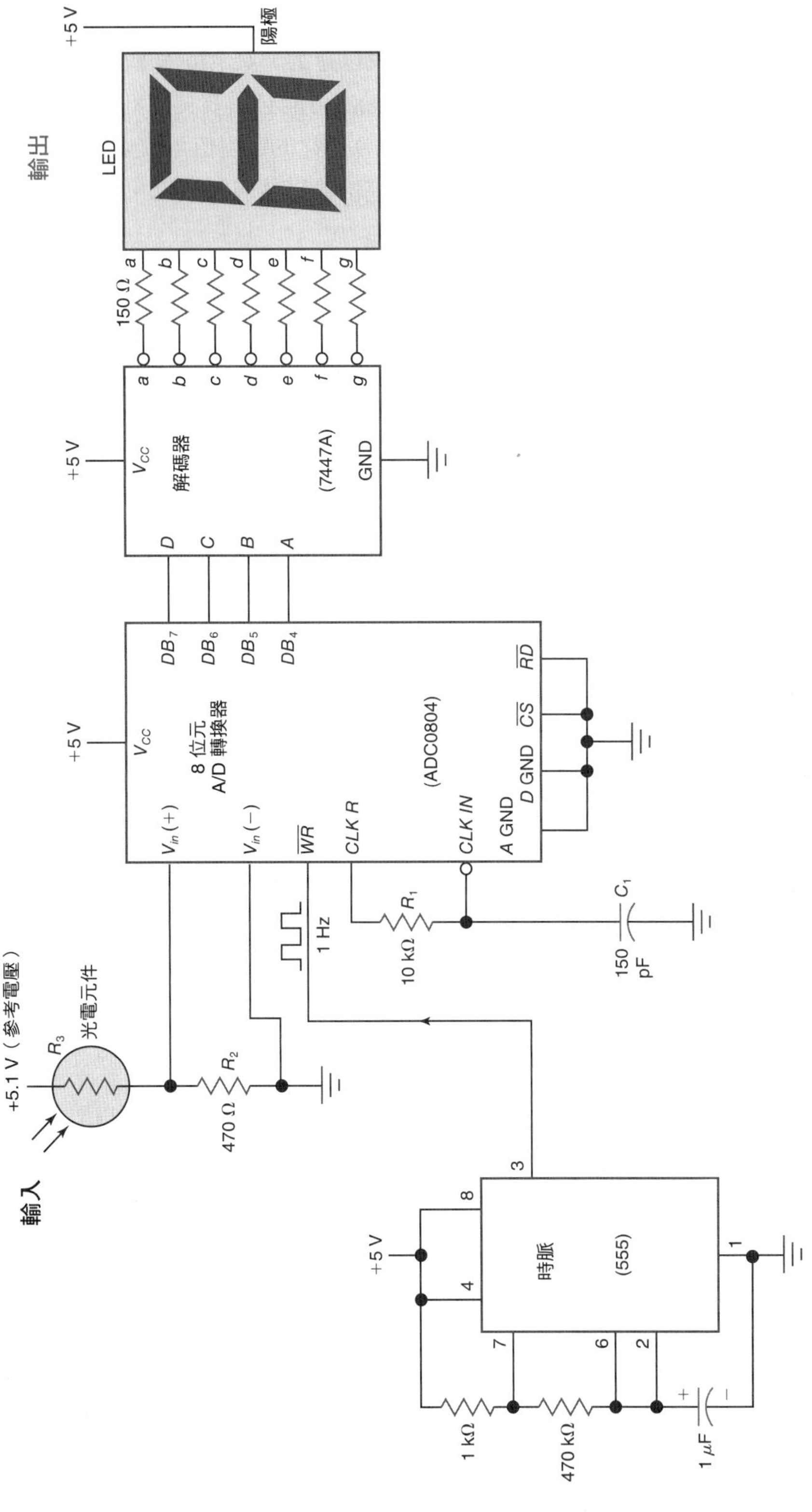

圖 12-20 使用十進制顯示器的數位測光表之接線圖。

7447A 晶片從 ADC0804 A/D 轉換器的輸出解碼 4 個 MSB（DB_7、DB_6、DB_5、DB_4）。7447A 晶片也驅動七段 LED 顯示器。位於 7447A 晶片與七段 LED 顯示器之間的七個 150 Ω 電阻，限制通過「點亮」(on) 線段的電流以達到一安全電流準位。

如之前的電路（圖 12-19），新測光表的輸出可能必須要調整刻度，使得七段 LED 顯示器上能將低光亮度顯示 0 與高光亮度顯示 9。R_2 的電阻值可改變以調整輸出。如果 R_2 以低電阻值替代，在相同的光強度下，十進位輸出讀取將較低。無論如何，如果 R_2 電阻值增加，輸出讀取將較高。

自我測驗

請填入下列空格。

65. 參考圖 12-19。當照在光電管表面的光強度增加，測光表電路的輸出端二進制值將＿＿＿＿＿＿（減少，增加）。
66. 參考圖 12-19。當照在光電管表面的光強度增加，光電管的電阻值將＿＿＿＿＿＿（減少，增加）。
67. 參考圖 12-20。如果通過串聯電阻 R_2 與 R_3 的電流增加，A/D 轉換器的類比輸入電壓將＿＿＿＿＿＿（減少，增加）。
68. 參考圖 12-20。在數位測光表電路中，ADC0804 晶片的轉換速率大約是每秒作＿＿＿＿＿＿（1，400）次的 A/D 轉換。
69. 參考圖 12-20。在相同的光強度下，使用一個歐姆值較低的電阻取代 R_2 會引起輸出顯示器讀取＿＿＿＿＿＿（較高，較低）的讀值。
70. 參考圖 12-20。在測光表電路中，R_3 的部分標示是一個＿＿＿＿＿＿（換能器，變壓器），可將光強度轉換為可變電阻值。
71. 參考圖 12-20。元件 R_3 是一個＿＿＿＿＿＿鎘的材料。
72. 在圖 12-20 數位測光表中 A/D 轉換器的轉換時間，相較起來遠低於圖 12-19。（是非題）
73. CdS 光電元件又稱為 LDR 光敏電阻 (light-dependent resistor)。（是非題）

12-12 溫度數位化

A/D 轉換器可用於將類比溫度轉換到數位化的數值。一個數位溫度計就是使用一個 A/D 轉換器，將溫度數位化的一個例子。除了 A/D 轉換器外，其他設備也可用來將類比溫度轉換為數位形式。

根據一般的定義，**數位化 (digitize)** 為將一個類比量測值轉換為數位單位或數位脈波。A/D 轉換器是一個**數位化轉換器 (digitizer)** 的例子，在本節中的數位化轉換器將是一個基本的史密特觸發反向器。

一個將溫度數位化的簡單電路如圖 12-21 所示，此數位化的元件是一個簡單的史密特觸發反相器（74LS14 晶片）。一個**熱敏電阻 (thermistor)** 是溫度換能器，熱敏電阻是一種對溫度敏感的電阻。隨著熱敏電阻的溫度增加，其電阻會減少。熱敏電阻可說是有

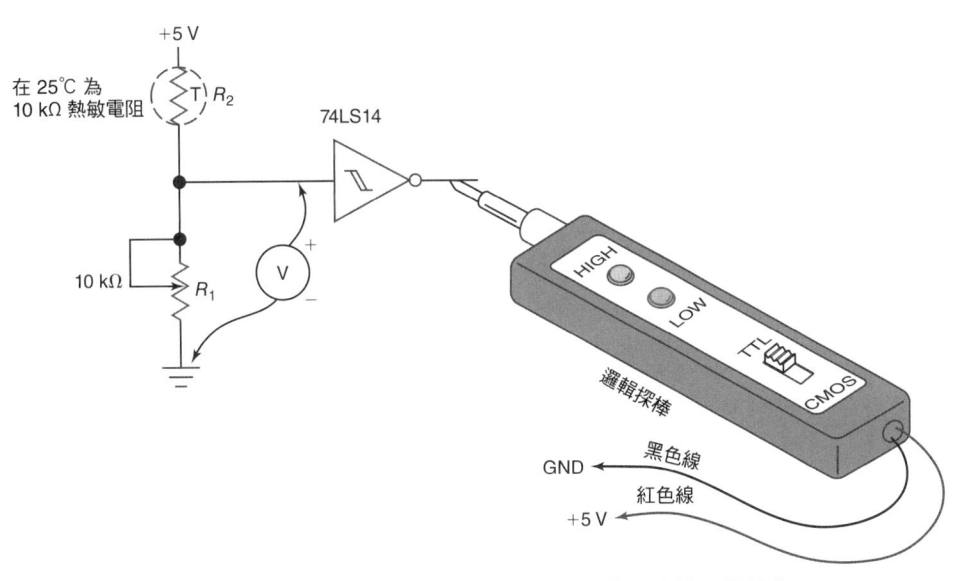

圖 12-21 使用熱敏電阻感應溫度與使用史密特觸發反向器，將類比輸入數位化。

一個負溫度係數，而大多數金屬（例如銅）則具有正溫度係數。

回想一下，當輸入電壓增加，74LS14 史密特觸發反向器的開關閾值約為 1.7 V。由於遲滯現象，當輸入電壓下降，史密特觸發反向器的開關閾值低於或約為 1 V。

在圖 12-21，熱敏電阻隨著溫度增加，其電阻值會下降，這將引起史密特觸發反向器的輸入電壓增加（如電壓表）。當溫度升高，反向器的輸入電壓最終將超過約 +1.7 V，而且反向器的輸出將由 HIGH 到 LOW 變化，且將在邏輯探棒上指示。

此外，在圖 12-21，熱敏電阻隨著溫度降低，其電阻會增加，這將引起反向器的輸入電壓減少（如電壓表）。當溫度下降低於約 +1 V 之閾值電壓，史密特觸發反向器的輸出將從 LOW 到 HIGH 變化，且將在邏輯探棒上指示。圖 12-21 中之電位計允許使用者調整在什麼溫度可觸發到 HIGH 或觸發到 LOW。換句話說，電位計 R_1 可作為校正用途。

在圖 12-21 的這個例子，我們已將溫度數位化。此例採用產生 HIGH 或 LOW 的形式來數位化，就像是自動調溫器 (thermostat) 的感應功能。當微控制器（像 BASIC Stamp）的 I/O 接腳作為輸入時，可以像是圖 12-21 的電路將類比資料數位化。在感應 HIGH 或 LOW 的輸入後，微控制器可以進行規劃，以對此較高或較低溫度作反應。

如圖 12-21 中所使用的熱敏電阻，是以金屬氧化物燒結組合成不同的形狀所建構。熱敏電阻的常見形狀是一個小淚珠形狀，並透過導線作連接。製造熱敏電阻常用的金屬氧化物包括鈦、鐵、銅、鈷與鎳。在實驗室裡，常見的熱敏電阻在溫度 25℃ 時的電阻值為 10 kΩ，同樣的熱敏電阻在 0℃ 時的電阻值為 28 kΩ，在 100℃ 時的電阻值為 1 kΩ。

熱敏電阻的優點是它很簡單、便宜和容易作為界面連接，缺點是它具有**溫度對電阻非線性之特性 (nonlinear temperature-vs.-resistance characteristic)**。在溫度計的應用

上，這種非線性性質使得熱敏電阻很難使用作為溫度感應器。

在 IC 產品中，存在許多更昂貴的**線性熱感應器 (linear thermal sensor)**，可作為溫度計感測使用。這些產品包含美國國家半導體 (National Semiconductor) 公司的 LM34 和 LM35 溫度感應器之三端元件，以及類比設備公司 (Analog Devices) 的 AD592 精密 IC 溫度感應器之兩端元件。更複雜的 IC，例如 8 接腳的 DIP DS1620 數位溫度計和溫控 IC，具有更多功能，包括溫度感測、可將溫度轉換成一個 9 位元資料、三線串接的界面與可程式之恆溫控制。當配合微控制器（例如 BASIC Stamp）作連接時，DS1620 是特別有用的。DS1620 是由達拉斯半導體公司 (Dallas Semiconductor) 所生產製造。

自我測驗

請填入下列空格。

74. 參考圖 12-21。可被分類為溫度換能器的裝置是_____（史密特觸發反向器，熱敏電阻）。
75. 參考圖 12-21。可被分類為數位化轉換器的裝置是_____（史密特觸發反向器，熱敏電阻）。
76. 參考圖 12-21。電位計 R_1 可用於校準數位化轉換器電路。（是非題）
77. 參考圖 12-21。如果熱敏電阻的溫度大幅提高，其電阻值將_____（減少，增加，保持不變），到反向器的輸入電壓將_____（減少，增加）。增加熱敏電阻的溫度引起史密特觸發反向器的輸出從_____（高到低，低到高）作變化。

第 12 章　總結與回顧

總　結

1. 使用於類比和數位設備之間特殊界面的編碼器與解碼器，稱為 D/A 轉換器與 A/D 轉換器。
2. D/A 轉換器由一個電阻電路與一個加總放大器所組成。
3. 運算放大器可使用於 D/A 轉換器和比較器。運算放大器之增益可用外部電阻很容易地設定。
4. 幾種不同的電阻電路可使用於 D/A 轉換器輸入訊號之二進制加權。
5. 常見的 A/D 轉換器為計數器斜坡、斜坡產生器和連續漸近型。
6. 一個電壓比較器比較兩個輸入電壓，並確認哪個輸入具有較大的值。比較器的核心是一個運算放大器。
7. A/D 轉換器的常用規格，包括輸出類型、解析度、精確性、轉換時間、電源電壓、輸出邏輯準位、輸入電壓與功率消耗等特性。
8. ADC0804 晶片是一個 CMOS 八位元 A/D 轉換器。它具有快速的轉換時間、微處理器相容性、三態的輸出、TTL 輸入和輸出準位和一個晶片內建的時脈。
9. 光電管，或稱為 LDR 光敏電阻，可以作為光與電之換能器，在數位測光表電路中可以用來驅動 A/D 轉換器。

10. 一個熱敏電阻（溫度敏感電阻）可作為溫度感應器，熱敏電阻具有溫度對電阻非線性之特性。

11. 史密特觸發裝置可以作為一個非常基本的數位化轉換器。

12. 數位電壓表的核心是一個 A/D 轉換器。大多數商業用之數位電壓表和數位多功能電表使用複雜的儀表型 A/D 轉換器大型積體電路晶片。

章節回顧問題

回答下列問題。

12-1. 一個 A/D 轉換器是一種特殊類型的_____（解碼器，編碼器）。

12-2. 一個 D/A 轉換器是一個_____（解碼器，編碼器）。

12-3. _____（A/D，D/A）轉換器將類比資訊數位化。

12-4. _____（A/D，D/A）轉換器將二進制轉換為類比電壓。

12-5. 一個 D/A 轉換器是由一個_____電路和一個加總_____所組成。

12-6. 「運算放大器」經常縮寫為_____。

12-7. 圖12-3(b)中的運算放大器的電壓增益是由_____（R_f，R_{in}）的值除以_____（R_f，R_{in}）的值所決定。

12-8. 繪製一個運算放大器符號，使用減號標示反相輸入端，使用加號標示非反相輸入端，並標示輸出端，以及 +10 V 與 –10 V 之電源連接。

12-9. 參考圖 12-4。假如 R_{in} = 1 kΩ 與 R_f = 20 kΩ，運算放大器在此圖的增益 (A_v) 是多少？

12-10. 參考圖 12-4。輸入電壓是 +1/2 V，輸出電壓為_____（+，−）5 V。這是因為我們使用的運算放大器是_____（反相，非反相）輸入。

12-11. 參考圖 12-5。只有開關 A 在邏輯 1 時，運算放大器在這個電路的電壓增益為多少？

12-12. 參考圖 12-5。如果兩個開關 A 與 B 都是在邏輯 1 時，並聯電阻 R_1 與 R_2 的合成電阻為多少？

12-13. 參考圖 12-5。當開關 A 和 B 都在邏輯 1 時，運算放大器的增益 (A_v) 為多少？（使用問題 12-12 的電阻值。）

12-14. 參考圖 12-5。當二進制 0011 輸入 D/A 轉換器時，輸出電壓為多少？（使用問題 12-14 的增益 A_v。）

12-15. 在圖 12-6 中，這些電阻的安排被稱為_____階梯電路。

12-16. 來自 TTL 元件的一個高或邏輯 1，約_____（0，3.75，8.5）V。

12-17. _____（A/D，D/A）轉換器是較為複雜的電子系統。

12-18. 參考圖 12-8。如果 X 點是在邏輯_____（0，1），當時脈脈波來到時，計數器往上計數。

12-19. 參考圖 12-8。如果比較器輸入 B 相對於輸入 A 具有更高的電壓，則 AND 閘是_____（失能，致能）。

12-20. 電壓比較器的主要組件是一個_____（計數器，運算放大器）。

12-21. 參考圖 12-12。此數位電壓表使用一個_____（計數斜坡式，連續漸近式）A/D 轉換器。

12-22. _____（斜坡，連續漸近）A/D 轉換器在數位化信息的速度較快。

12-23. 如麥克風、喇叭、應變感應器、光電管、溫度感應器和電位器等裝置，將一種能量形式轉換成另一種，這種裝置一般被稱作為_____。

12-24. 一個二進制輸出的 A/D 轉換器可被歸類為一個_____（儀表，微處理器）型轉換器。

12-25. 參考圖 12-18。ADC0804 A/D 轉換器的解析度是多少？

12-26. 一個_____（8，16）位元 A/D 轉換器有一個較低的量化誤差，並且被認為是更「準確」的。

12-27. _____（儀表，微處理器）型的 A/D 轉換器之轉換時間較長。

12-28. ADC0804（圖 12-17）有_____（二進制，十進制）輸出。

12-29. 如圖 12-18 接線之 A/D 轉換器，每秒可執行約_____（3，5,000 到 10,000）次 A/D 轉換。

12-30. 參考圖 12-18。如果類比輸入電壓為 3.0 V，二進制輸出是_____。

12-31. 參考圖 12-20。降低光電管 R_3 電阻的光強度，將導致光電管電阻值_____（減少，增加）。

12-32. 參考圖 12-20。降低光電管的光強度，將導致十進制輸出_____（減少，增加）。

12-33. 參考圖 12-20。如果通過串聯電阻 R_2 和 R_3 的電流減少，A/D 轉換器之類比輸入電壓將_____（減小，增大）。

12-34. 熱敏電阻可作為溫度感應器，但具有溫度對電阻值非線性之特性，這使得它們很難用作為溫度計之溫度感應。（是非題）

12-35. 參考圖 12-21。隨著熱敏電阻的溫度下降，74LS14 反向器的輸入電壓_____（減少，增加），這是由於熱感應器的 R_2 電阻值_____（減少，增加）。

12-36. 參考圖 12-21。隨著熱敏電阻的溫度大幅降低，史密特觸發反向器的輸出將從_____（高到低，低到高）作變化。

12-37. 參考圖 12-21。在這個簡單 A/D 轉換器的電路中，電位計 R_1 是用於_____（數位化，校準）。

關鍵性思考問題

12-1. 計算圖 12-4 運算放大器電路的增益，如果 $R_{in} = 1$ kΩ 且 $R_f = 5$ kΩ。使用計算得到的增益值，當 $V_{in} = 0.5$ V 時，輸出電壓 V_{out} 為多少？

12-2. 參考圖 12-5：
a. 如果兩個開關 B 和 C 都是在邏輯 1，並聯電阻 R_2 和 R_3 之合成電阻為多少？
b. 使用計算得到的電阻值，當開關 B 和 C 都在邏輯 1 時，運算放大器的增益（A_v）為多少？
c. 當二進制 0110 應用在 D/A 轉換器的輸入時，輸出電壓為多少（使用計算得到的增益值 A_v）？

12-3. 比較表 12-1 與表12-2，解釋這兩個表的資料之間的差異。

12-4. 列出計數斜坡 A/D 轉換器電路的四個組成部分。

12-5. 列出斜坡 A/D 轉換器電路的四個組成部分。

12-6. 比較圖 12-5 與圖 12-6 的 D/A 轉換器電阻電路。為什麼在圖 12-6 的 R-2R 電阻階梯電路會比較容易從四個二進制輸入擴大到八個？

12-7. 參考圖 12-8。這個 A/D 轉換器的解析度是多少？

12-8. 數位電壓表是一個_____（A/D，D/A）轉換器的應用。

12-9. 依你的老師的選擇，使用電路模擬軟體 (1) 使用 R-2R 電阻階梯電路與圖 12-22 的運算放大器，畫出 4 位元的 D/A 轉換器，(2) 使此 4 位元的 D/A 轉換電路運作，(3) 向你的老師展示運作中的 D/A 轉換器。

12-10. 依你的老師的選擇，使用電路模擬軟體：(1) 使用 R-2R 電阻階梯電路與圖 12-22 的運算放大器，畫出 5 位元的 D/A 轉換器，(2) 使此 5 位元的 D/A 轉換電路運作，(3) 向你的老師展示運作中的 5 位

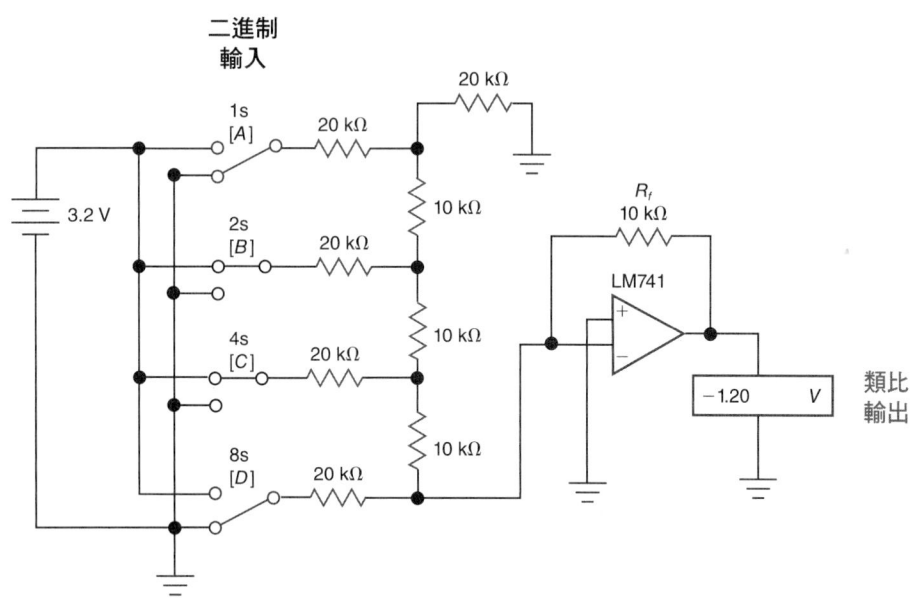

圖 12-22 採用 R-2R 電阻電路和運算放大器（比例放大器）之 D/A 轉換器電路的電子工作台 (Electronics Workbench) 模擬電路。

元 D/A 轉換器。

12-11. 依你的老師的選擇，使用電路模擬軟體：(1) 畫出一般的 8 位元 A/D 轉換器電路（具有二進制輸出），如圖 12-23，(2) 使此 8 位元的 A/D 轉換電路運作，(3) 向你的老師展示運作中的 A/D 轉換器。

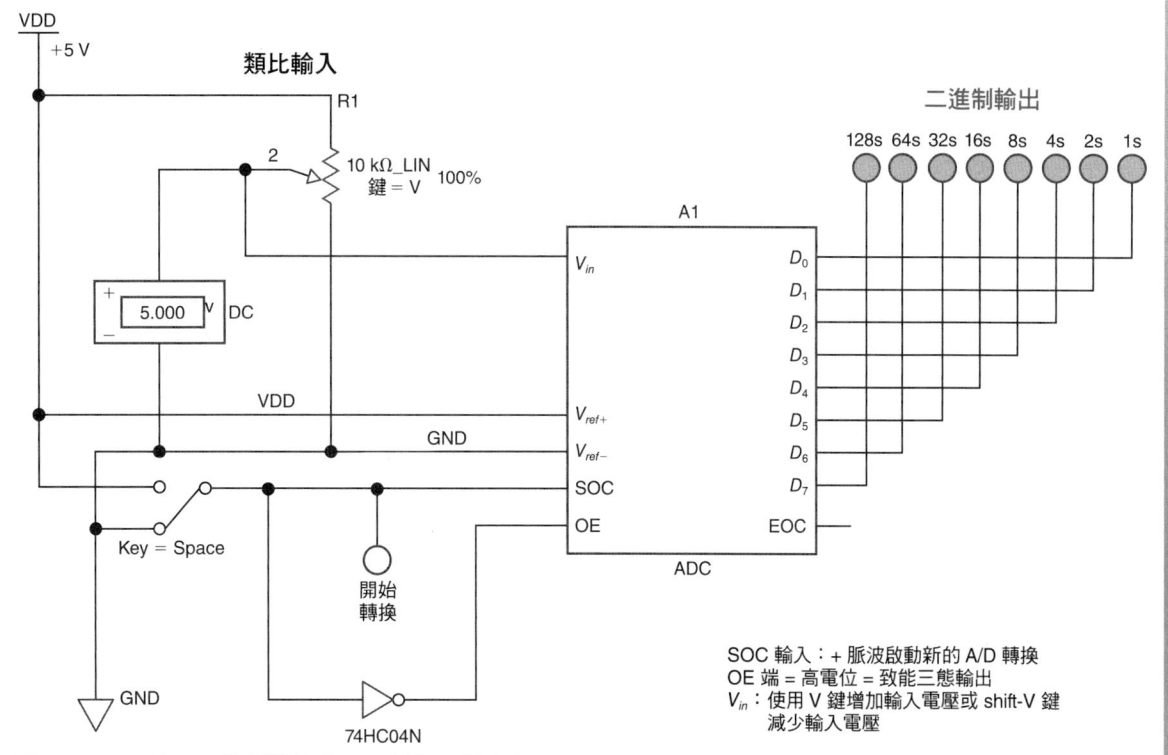

圖 12-23 8 位元二進制讀值的 A/D 轉換器電路。

自我測驗解答

第 1 章

1. 數位的，高
2. 類比的
3. 類比的
4. 數位的
5. 數位的
6. 數位的
7. 類比
8. 減少，降低
9. 1-6
10. 錯
11. 類比
12. 錯
13. 數位
14. 許多可能：電腦、記憶體、數位時鐘、數位相機、許多電話、自動 ECM
15. 對
16. 對
17. 錯
18. DMM、邏輯探棒、邏輯分析器、示波器
19. 高電位，低電位
20. 未定義的
21. 雙穩態
22. 單穩態
23. 計時器，非穩態
24. 消除彈跳
25. 單擊
26. 互補
27. b
28. 單穩態
29. 非穩態
30. LED（邏輯顯示器），壓力蜂鳴器，dc 馬達，繼電器
31. LED、LCD、VF
32. 亮，順向
33. 關閉，不會
34. 下面，陽極
35. 高
36. 低
37. c
38. 對
39. 錯
40. 邏輯探棒，示波器
41. 函數產生器
42. 2
43. 5 ms 或 0.005 s
44. 200 Hz
45. 3 V
46. 1 ms，4 ms

第 2 章

1. 基底 2
2. 1000
3. 6
4. 9
5. 8 或 2^3
6. 10
7. 32
8. 128
9. 255
10. 2^0
11. 64
12. 15
13. 34
14. 522
15. 100111
16. 1100100
17. 10000101
18. 編碼器
19. 解碼器
20. 編碼
21. 解碼
22. 1100
23. 0011
24. a, b, c, d, g
25. F
26. 10100110
27. 1E
28. 502
29. 3F
30. 111011
31. 40
32. 491
33. 77
34. 位元
35. 位元組
36. 半字節
37. 字元
38. 雙字元
39. 16 位元

第 3 章

1. $A \cdot B = Y$ 或 $AB = Y$
2. HIGH，亮
3. 0
4. 0
5. 1
6. 0
7. HIGH
8. HIGH
9. $A + B = Y$
10. 1
11. 0
12. 1
13. LOW
14. 包含
15. LOW
16. LOW
17. LOW
18. $Y = \overline{A}$ 或 $Y = A'$
19. 否定，互補
20. LOW
21. HIGH
22. LOW
23. 高阻抗
24. $\overline{A \cdot B} = Y$ 或 $\overline{AB} = Y$ 或 $(AB)' = Y$
25. 1
26. 0
27. 1
28. LOW
29. $\overline{A \cdot B \cdot C} = Y$ 或 $\overline{ABC} = Y$ 或 $(ABC)' = Y$
30. LOW
31. $\overline{A + B} = Y$ 或 $(A+B)' = Y$
32. 1
33. 0
34. 0
35. HIGH
36. $\overline{A + B + C} = Y$ 或 $(A+B+C)' = Y$
37. HIGH
38. $A \oplus B \oplus C = Y$
39. 1
40. 0
41. 1
42. 1
43. 0
44. 奇
45. $\overline{A \oplus B \oplus C} = Y$
46. 0
47. 0
48. 0
49. 1
50. 1
51. LOW
52. 連接在一起
53. $A \cdot B = Y$ 或 $AB = Y$
54. 0
55. 0
56. 1
57. 0
58. 0
59. 1
60. $\overline{A \cdot B \cdot C} = Y$ 或 $\overline{ABC} = Y$ 或 $(ABC)' = Y$
61. 8
62. $\overline{A + B + C + D} = Y$ 或 $(A+B+C+D)' = Y$
63. 32 或 2^5
64. AND
65. 128
66. 反相器
67. NOR
68. NAND
69. OR
70. $\overline{A + B} = Y$
71. $\overline{A} \cdot \overline{B} = Y$
72. TTL，CMOS
73. 雙邊引腳封裝 (DIP)
74. 5，+
75. 四個兩輸入 TTL AND 閘
76. 封裝型式 = 雙邊引腳封裝 DIP
邏輯家族 = 低功率蕭特基
函數 = 四個兩輸入 AND 閘
77. FAST（Fairchild 高階蕭特基 TTL）
78. CMOS
79. 低
80. 3，18
81. 四個兩輸入 CMOS AND 閘
82. CMOS 未使用之接腳不能浮接，必須接在某一電壓準位
83. HIGH, on
84. 對
85. 對
86. 對
87. TTL 與 CMOS
88. 使用你的直覺找出可能的開路、短路與過載等問題點
89. 檢查每一個 IC 是否有電源
90. 不允許
91. A B C & → Y
92. A B C ≥1 → Y
93. A B C & → Y
94. 小圓圈
95. 傳統符號
96. 失能
97. 通過
98. 頻率計數器
99. 壓下，LOW，HIGH
100. 主動 HIGH
101. 小圓圈
102. 會響
103. 不會響
104. 微控制器
105. 錯
106. OR
107. Y = ~(A & B)
108. Y = A & B
109. Y = ~(A ^ B)
110. Y = ~(A | B)
111. HIGH，亮
112. LOW，不亮

第 4 章

1. 邏輯電路如下圖 a、b 與 c。
   a. 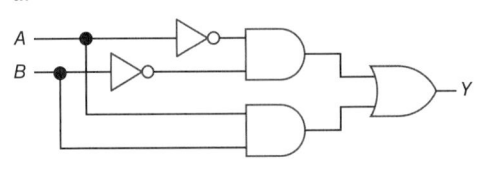
   b. 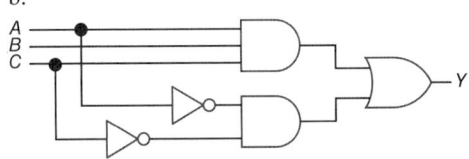
   c.

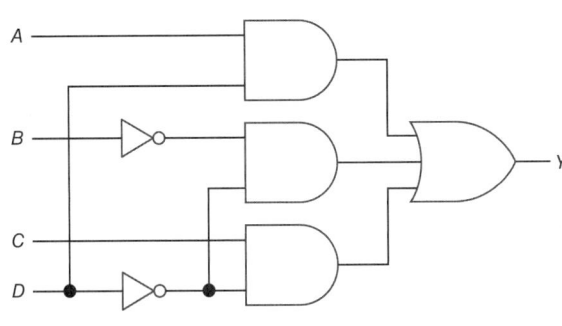

2. 積之和
3. 和之積
4. 積之和
5. 和之積
6. 邏輯電路如下圖 a、b 與 c。
   a. 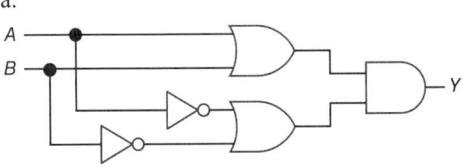
   b. 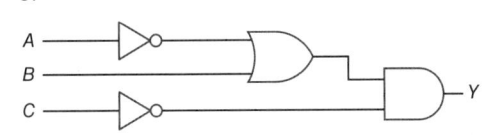
   c.

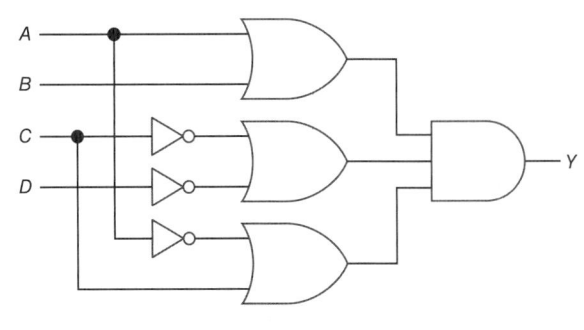

7. 最大項
8. 和之積
9. OR-AND
10. $C \cdot B \cdot \overline{A} + C \cdot B \cdot A = Y$
11. 第 0 行與第 1 行
12. 如下表。

輸入			輸出
C	B	A	Y
0	0	0	0
0	0	1	0
0	1	0	0
0	1	1	0
1	0	0	0
1	0	1	1
1	1	0	1
1	1	1	0

13. 最小項
14. 最小項
15. C'B'A + BA' = Y
16. 對
17. 對
18. 錯
19. $\overline{C} \cdot B \cdot \overline{A} + C \cdot \overline{B} \cdot A = Y$
20. 如下圖。

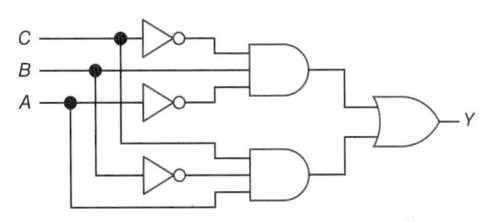

21. 相同
22. 布林式，卡諾圖
23. Quine-McCluskey 或表列法

24. 莫里斯・卡諾
25. 步驟 1：從最小項布林式開始。
    步驟 2：在卡諾圖內標記 1。
    步驟 3：找尋相鄰的 1（兩個一組、四個一組或八個一組）。
    步驟 4：在同一組內含有項次本身與其互補項者可化簡。
    步驟 5：所有剩餘項（已化簡過）用 OR 功能建立布林式。
    步驟 6：寫出最後最小項布林式。
26. 項次 a 至項次 c 如下圖。

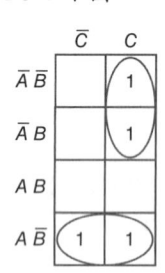

    d. $\overline{A} \cdot C + A \cdot \overline{B} = Y$
27. 項次 a 至項次 c 如下圖。

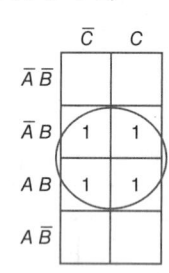

    d. $B = Y$
28. 項次 a 至項次 c 如下圖。

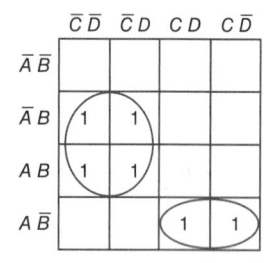

    d. $B \cdot \overline{C} + A \cdot \overline{B} \cdot C = Y$
29. 項次 a 至項次 c 如下圖。

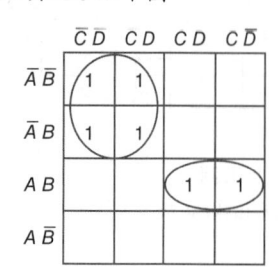

    d. $\overline{A} \cdot \overline{C} + A \cdot B \cdot C = Y$
30. 項次 a 至項次 c 如下圖。

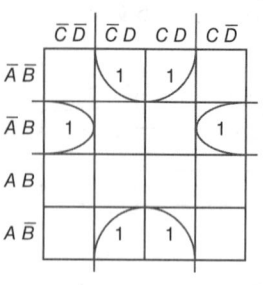

    d. $\overline{A} \cdot B \cdot \overline{D} + \overline{B} \cdot D = Y$
31. 項次 a 至項次 c 如下圖。

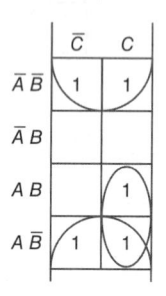

    d. $\overline{B} + A \cdot C = Y$
32. 項次 a 至項次 c 如下圖。

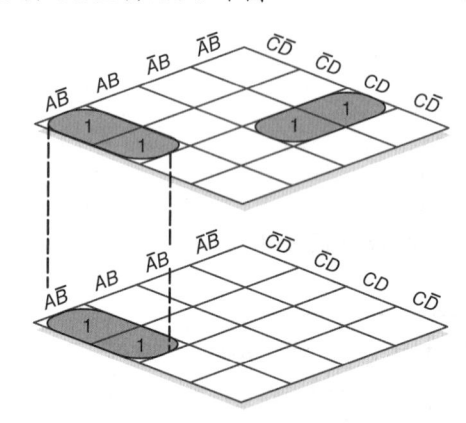

    d. $A \cdot \overline{B} \cdot \overline{C} + \overline{A} \cdot C \cdot D \cdot E = Y$
33. AND-OR
34. 相同
35. 步驟 1：從最小項布林式開始。
    步驟 2：使用 AND、OR 與 NOT 符號，畫出 AND-OR 邏輯圖。
    步驟 3：用 NAND 符號逐一取代每一個 AND 與 OR 符號，並保持連接線不變。
    步驟 4：用 NAND 符號取代每一個反相功能。
    步驟 5：測試整體電路，包含所有 NAND 閘，與驗證真值表。

36. a.

b.

37. a.

b.

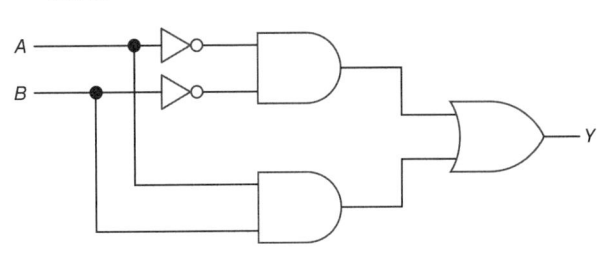

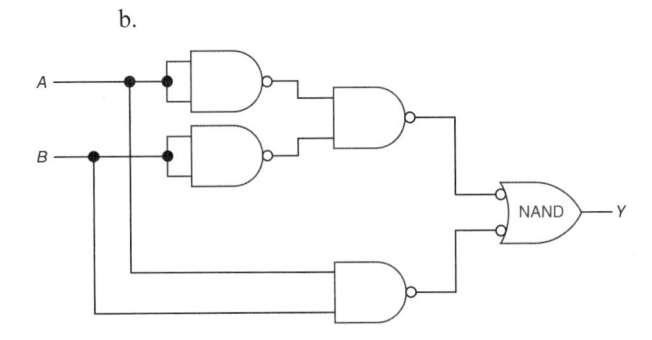

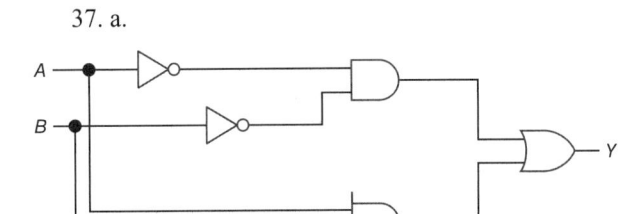

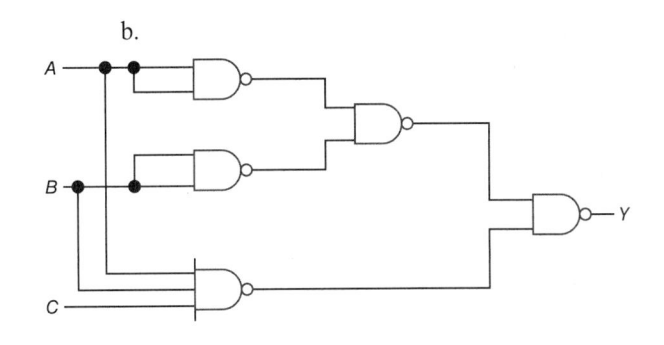

38. b.

輸入				輸出
A	B	C	D	Y
0	0	0	0	0
0	0	0	1	0
0	0	1	0	0
0	0	1	1	1
0	1	0	0	0
0	1	0	1	0
0	1	1	0	0
0	1	1	1	0
1	0	0	0	0
1	0	0	1	0
1	0	1	0	1
1	0	1	1	1
1	1	0	0	0
1	1	0	1	1
1	1	1	0	1
1	1	1	1	1

c. $A'B'CD + ACD' + ABD$

39. b.

輸入				輸出
A	B	C	D	Y
0	0	0	0	0
0	0	0	1	0
0	0	1	0	0
0	0	1	1	0
0	1	0	0	1
0	1	0	1	0
0	1	1	0	1
0	1	1	1	0
1	0	0	0	0
1	0	0	1	1
1	0	1	0	0
1	0	1	1	0
1	1	0	0	0
1	1	0	1	1
1	1	1	0	1
1	1	1	1	0

c.

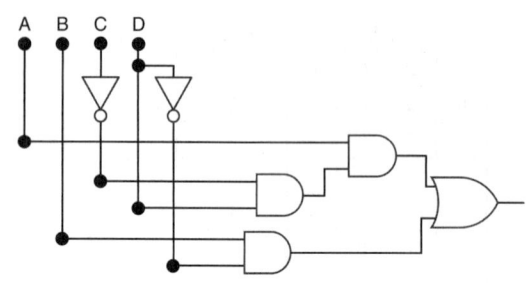

40. b. $A'B'C'D' + A'B'CD' + ABCD' + ABCD$
    c. $A'B'D' + ABC$
    d.

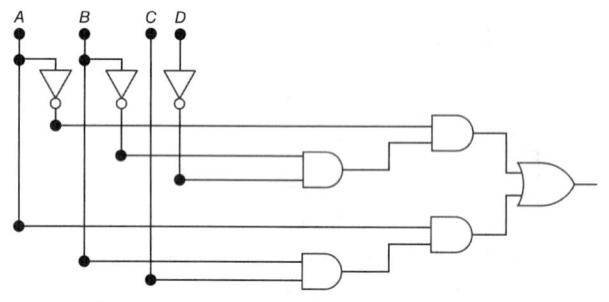

41. 資料選擇器
42. 7，W
43. 旋轉
44. 15，HIGH
45. 多工器
46. $\overline{A} \cdot \overline{B} \cdot \overline{C} \cdot \overline{D} + \overline{A} \cdot \overline{B} \cdot C \cdot D + \overline{A} \cdot B \cdot \overline{C} \cdot D + A \cdot B \cdot C \cdot D = Y$

47.

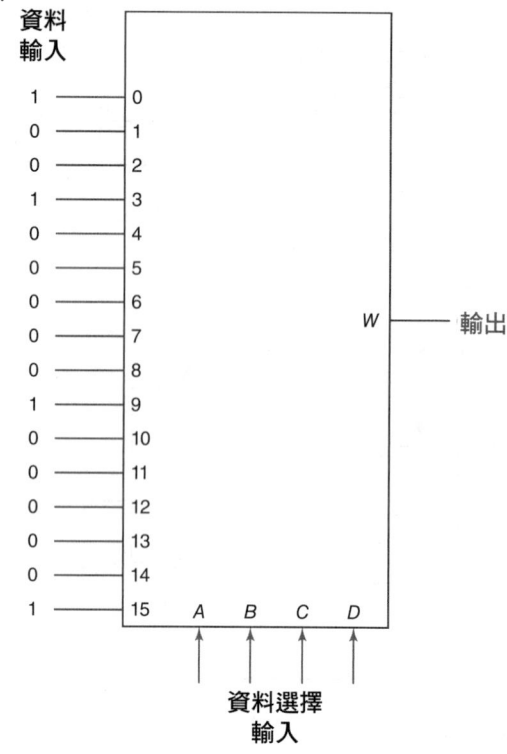

48. 可程式邏輯元件
49. 可程式陣列邏輯
50. 通用陣列邏輯
51. 現場可程式邏輯陣列
52. 組合
53. 使用者
54. 將選定的保險絲燒成開路
55. PLD 燒錄器或程式器
56. 布林式
57. 積之和
58. 12，6，主動HIGH
59. CMOS
60. 8
61. AND
62. $\overline{A} \cdot \overline{B} + A \cdot B = Y$
63. $\overline{A + B} = \overline{A} \cdot \overline{B}$
    $\overline{A \cdot B} = \overline{A} + \overline{B}$
64. 開始：$\overline{(A + \overline{B} + \overline{C}) \cdot (\overline{A} + B + \overline{C})} = Y$
    步驟 1：$\overline{(A \cdot \overline{B} \cdot \overline{C}) + (\overline{A} \cdot B \cdot \overline{C})} = Y$
    步驟 2：$\overline{(\overline{A} \cdot \overline{\overline{B}} \cdot \overline{C}) + (\overline{\overline{A}} \cdot \overline{B} \cdot \overline{\overline{C}})} = Y$
    步驟 3：$\overline{(\overline{A} \cdot \overline{\overline{B}} \cdot \overline{C}) + (\overline{\overline{A}} \cdot \overline{B} \cdot \overline{C})} = Y$
    步驟 4：刪除雙橫線。

結束：$\overline{A} \cdot B \cdot C + A \cdot \overline{B} \cdot C = Y$

65. 開始：$\overline{A} \cdot B \cdot C + \overline{A} \cdot B \cdot \overline{C} = Y$

步驟 1：$\overline{(\overline{A} + B + C) \cdot (\overline{A} + \overline{B} + C)} = Y$

步驟 2：$\overline{\overline{(\overline{A} + \overline{B} + \overline{C}) \cdot (\overline{A} + \overline{\overline{B}} + \overline{C})}} = Y$

步驟 3：$\overline{\overline{\overline{(A + \overline{B} + \overline{C}) \cdot (\overline{A} + \overline{\overline{B}} + \overline{C})}}} = Y$

步驟 4：刪除雙橫線。

結束：$(A + \overline{B} + \overline{C}) \cdot (A + B + C) = Y$

66. $(A'BC + A'B'C')'$

67.

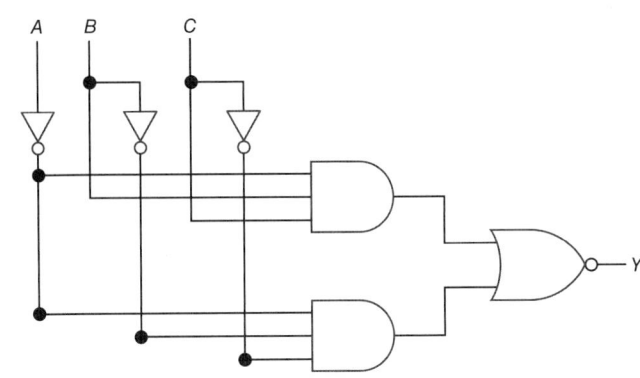

68.

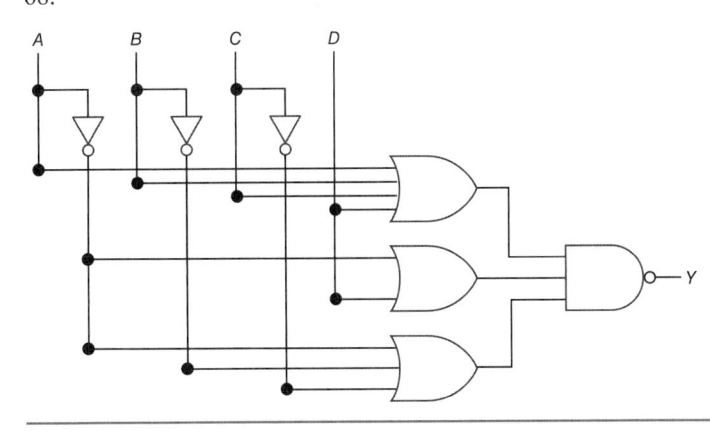

69. 主動 HIGH
70. 黃色 (Y3)，紅色 (Y1)
71. $\overline{A} \cdot \overline{B} \cdot \overline{C} + A \cdot B \cdot C = Y$
72. 下載
73. 綠色 (Y2) 與黃色 (Y3)
74. $\overline{A} \cdot \overline{B} + A \cdot C = Y$
75. 第 26 行
76. 第 30 行
77. 輸入
78. 第 29 行

第 5 章

1. 介面
2. HIGH
3. LOW
4. 未定義
5. 未定義
6. ＋10
7. HIGH
8. CMOS
9. 對
10. CMOS
11. 低電壓
12. HIGH
13. 扇出
14. FAST TTL 系列
15. 20 (8 mA/400 μA ＝ 20)
16. 長
17. FACT 系列 CMOS
18. 相同
19. MOS
20. complementary symmetry metal oxide semiconductor
21. 低功率消耗
22. GND
23. 正極
24. FACT
25. 對
26. CMOS
27. 非常
28. 對
29. LOW，浮接 HIGH

30. 拉升
31. RS 正反器
32. HIGH，LOW
33. 錯
34. 開關彈跳消除電路
35. a
36. LOW 至 HIGH
37. c
38. 減少
39. 4000
40. 暗
41. 關閉，不亮
42. Q_1，紅色
43. 主動 LOW
44. 導入電流
45. LOW
46. 不是
47. 拉升
48. 電流驅動
49. 電晶體
50. 不能
51. 導通，響聲
52. 暫態電壓
53. HIGH
54. 線性
55. 隔離
56. 導通
57. 從 NC 到 NO
58. 繼電器
59. 光電晶體
60. 亮，致能，LOW
61. 拉升
62. 不亮，失能，HIGH，無聲
63. 導通，運轉
64. 固態
65. 響聲
66. dc 馬達
67. 步進馬達
68. 對
69. 伺服馬達
70. 輸入
71. 脈波寬度
72. 雙極性
73. 控制，雙極性
74. 逆時鐘
75. 邏輯
76. 350
77. 逆時鐘，半步
78. 磁
79. 齒輪牙感測器
80. 霍爾效應感測器
81. 增加
82. 雙極性
83. 亮，LOW
84. 關閉，HIGH
85. 史密特觸發器
86. 不貴
87. 拉升
88. 開路
89. 邏輯探棒或電壓表
90. LOW
91. 脈波寬度
92. 錯
93. 75
94. 錯
95. 1.5
96. 旋轉至中間位置

第 6 章

1. 11101
2. 0010 1001
3. 8765
4. 8421 BCD
5. 79
6. 1000 0101BCD
7. 錯
8. 0100 1011
9. 60
10. 不是
11. 格雷碼在計數時每次只會有一個位元改變
12. 法蘭克·格雷
13. 光編碼
14. HIGH
15. 0111
16. 二位元正交編碼
17. 順時鐘
18. 字母與數字符號構成的
19. American Standard Code for Information Interchange
20. 101 0010
21. $
22. LOW，LOW
23. output D = HIGH
    output C = LOW
    output B = LOW
    output A = LOW
24. 反相器的小圓圈表示輸入接腳 4 是主動 LOW 啟動
25. output D = LOW
    output C = HIGH
    output B = HIGH
    output A = HIGH
26. 5
27. 真空螢光
28. 發光二極體
29. b，c，LED，1
30. 陰極
31. 限流
32. 主動 LOW
33. 4
34. 所有線段，8
35. 1. BCD 碼至七段顯示
    2. 8421BCD 碼至十進制
    3. 超 3 碼至十進制
    4. 格雷碼至十進制
    5. BCD 碼至二位元
    6. 二位元碼至 BCD
36. 限流電阻
37. 0011
38. a、b、c，7
39. HIGH，LOW
40. LOW
41. 前置零
42. 脈波 t_1 = 0
    脈波 t_2 = 阻隔顯示（非 BCD 數目）
    脈波 t_3 = 2
    脈波 t_4 = 8
    脈波 t_5 = 5
    脈波 t_6 = 3
    脈波 t_7 = 9

43. 脈波 t_1 = a, b, c, d, e, f
    脈波 t_2 = 阻隔顯示
    脈波 t_3 = a, b, d, e, g
    脈波 t_4 = a, b, c, d, e, f, g
    脈波 t_5 = a, c, d, f, g
    脈波 t_6 = a, b, c, d, g
    脈波 t_7 = a, b, c, f, g
44. 對
45. 導入
46. 共陽極
47. 主動 LOW
48. OFF
49. 黑色，銀色
50. 向列式
51. dc
52. 非常小量
53. CMOS
54. 5
55. $a、c、d、f、g$
56. 180° 反相
57. BCD，七段
58. 對
59. 脈波 t_1 = 4
    脈波 t_2 = 2
    脈波 t_3 = 6
    脈波 t_4 = 9
    脈波 t_5 = 1
60. b 與 c
61. XOR
62. 四位元閂鎖
63. 輸入與共接點為反相之訊號
64. 藍綠（藍色或綠色）
65. 均無
66. A = 柵極
    B = 陰極或加熱極
    C = 屏極
67. $a、c、d、f、g$，5
68. CMOS，VF
69. 限制陰極電流至一安全準位
70. 脈波 t_1 = 3
    脈波 t_2 = 8
    脈波 t_3 = 7
    脈波 t_4 = 0
71. 線段 a 到 f = +12 V，線段 g = GND
72. 基於對電路的了解，判斷電路何處發生開路或短路，或哪些地方 IC 溫度太高
73. 短路

第 7 章

1. 低電位
2. 脈波 t_1 = 設定
   脈波 t_2 = 重置
   脈波 t_3 = 保持
   脈波 t_4 = 設定
   脈波 t_5 = 保持
   脈波 t_6 = 重置
3. 脈波 t_1 = 1
   脈波 t_2 = 0
   脈波 t_3 = 0
   脈波 t_4 = 1
   脈波 t_5 = 1
   脈波 t_6 = 0
4. 高電位
5. 脈波 t_1 = 設定
   脈波 t_2 = 保持
   脈波 t_3 = 重置
   脈波 t_4 = 保持
   脈波 t_5 = 重置
6. 脈波 t_1 = 1
   脈波 t_2 = 1
   脈波 t_3 = 0
   脈波 t_4 = 0
   脈波 t_5 = 1
7. 高電位
8. 致能
9. 脈波 t_1 = 非同步設定（或預設）
   脈波 t_2 = 重置
   脈波 t_3 = 設定
   脈波 t_4 = 非同步重置（或清除）
   脈波 t_5 = 重置
10. 脈波 t_1 = 1
    脈波 t_2 = 0
    脈波 t_3 = 1
    脈波 t_4 = 0
    脈波 t_5 = 1
11. 對
12. 主動低電位
13. 脈波 t_1 = 非同步設定（或預設）
    脈波 t_2 = 切換
    脈波 t_3 = 重置
    脈波 t_4 = 非同步重置（或清除）
    脈波 t_5 = 設定
    脈波 t_6 = 切換
    脈波 t_7 = 切換
    脈波 t_8 = 保持
14. 脈波 t_1 = 1
    脈波 t_2 = 0
    脈波 t_3 = 0
    脈波 t_4 = 0
    脈波 t_5 = 1
    脈波 t_6 = 0
    脈波 t_7 = 1
    脈波 t_8 = 1
15. 切換
16. 高至低
17. 脈波 t_1 = 00
    脈波 t_2 = 01
    脈波 t_3 = 10
    脈波 t_4 = 11
    脈波 t_5 = 00
18. 計數器
19. Q（正常）
20. 低電位
21. 不會影響輸出端
22. 閂鎖
23. 低至高
24. 高至低
25. 邊緣觸發
26. 負緣觸發
27. 正緣觸發
28. 對
29. 史密特觸發器
30.

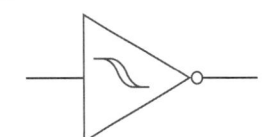

31. 遲滯現象
32. 訊號調整
33. 時序
34. 三角形
35. 低電位，重置
36. 低電位
37. 對
38. 110_2，6
39. 記憶體
40. 7475

第 8 章

1. 2
2. 4
3. 切換
4. 脈波 t_1 = 00
   脈波 t_2 = 01
   脈波 t_3 = 10
   脈波 t_4 = 11
   脈波 t_5 = 00
   脈波 t_6 = 01
5. 漣波，十進位
6. 脈波 t_1 = 111，在脈波 t_2 之前清除為 000
   脈波 t_2 = 001
   脈波 t_3 = 010
   脈波 t_4 = 011
   脈波 t_5 = 100
   脈波 t_6 = 000
7. 漣波，5
8. 同步
9. 並聯
10. 切換
11. 全部正反器都會切換
12. FF 3
13. 切換
14. 高電位至低電位
15. 只有 FF 1 會切換
16. 脈波 t_1 = 00
    脈波 t_2 = 11
    脈波 t_3 = 10
    脈波 t_4 = 01
    脈波 t_5 = 00
    脈波 t_6 = 01
17. 下數
18. 低電位，保持
19. 高電位，切換
20. 對
21. 脈波 t_4 = 100
    脈波 t_5 = 011
    脈波 t_6 = 010
    脈波 t_7 = 010
    脈波 t_8 = 010
22. 1000
23. 2
24. 0000（重置）
25. 四，上數
26. 十進位，同步
27. 5
28. 高電位
29. 主動低電位負載
30. 下數與上數
31. 對
32. B 點 = 200 Hz
    C 點 = 100 Hz
    D 點 = 50 Hz
33. 8
34. 四位元二進位
35. 高電位
36. 高電位至低電位
37. 16，漣波
38. 同步
39. 非同步
40. $Q_0 - Q_3$
41. 0001、0010、0011、0100、0101、0110（十進位的 1 至 6）
42. 在最高的計數 0110 之後，預設計數器至 0001
43. 不同製造商對於一樣的邏輯符號會有不同標示
44. 計數器，多工器
45. 高電位動作，將所有計數器輸出重置為 0
46. 高電位至低電位
47. 負緣
48. 高電位動作
49. 低電位
50. 錯
51. 對
52. 設定多工器掃描頻率
53. 4543
54. 4553
55. 000 至 999
56. 遮斷器模組
57. 紅外
58. 光電晶體
59. 槽溝型
60. 低電位至高電位
61. 進入
62. 十進位，暫時儲存計數值
63. 紅色，過高
64. 按下和釋放開關 SW_1
65. 非穩態
66. t_1 = 綠色
    t_2 = 紅色
    t_3 = 黃色
    t_4 = 紅色
    t_5 = 綠色
    t_6 = 紅色
67. 轉速計
68. 霍爾效應開關
69. 時脈
70. 重置計數器為 000_{10}，555
71. 235
72. 啟動，顯示多工器
73. 顯示多工器
74. 數字
75. C_3 或電容器 C_3
76. 4543
77. 高電位
78. 清除
79. 預設（非同步），高電位
80. 7，浮接

第 9 章

1. 串列
2. 脈波 t_1 之後 = 000
   脈波 t_2 之後 = 100
   脈波 t_3 之後 = 010
   脈波 t_4 之後 = 001
   脈波 t_5 之後 = 000
   脈波 t_6 之後 = 100
3. 單一位元
4. 低電位
5. 高電位，低電位至高電位
6. 並列
7. 脈波 t_1 = 清除
   脈波 t_2 = 並列載入
   脈波 t_3 = 右移
   脈波 t_4 = 右移
   脈波 t_5 = 右移
   脈波 t_6 = 並列載入
   脈波 t_7 = 右移
   脈波 t_8 = 右移
8. 脈波 t_1 之後 = 000
   脈波 t_2 之後 = 010
   脈波 t_3 之後 = 001
   脈波 t_4 之後 = 100
   脈波 t_5 之後 = 010
   脈波 t_6 之後 = 101
   脈波 t_7 之後 = 110
   脈波 t_8 之後 = 011
9. 重新循環式
10. 非同步
11. 第 2 列至第 9 列
12. 第 3 列至第 10 列
13. 1. 清除
    2. 並列載入
    3. 右移
    4. 左移
    5. 禁止
14. 並列載入
15. 禁止
16. 高電位，低電位，低電位，高電位
17. 高電位，一
18. 禁止
19. 1，0，串列右移
20. 0000
21. 低電位至高電位
22. 清除
23. 左移
24. 低電位
25. 低電位至高電位
26. 脈波期間 t_1 = 重置
    脈波期間 t_2 = 右移
    脈波期間 t_3 = 右移
    脈波期間 t_4 = 右移
    脈波期間 t_5 = 右移
    脈波期間 t_6 = 右移
27. 脈波期間 t_1 = 00000000
    脈波期間 t_2 = 10000000
    脈波期間 t_3 = 01000000
    脈波期間 t_4 = 00100000
    脈波期間 t_5 = 10010000
    脈波期間 t_6 = 01001000
28. CMOS
29. 8 位元，串列載入
30. AND
31. 音頻放大器
32. 環狀計數器
33. R_7 和 C_4
34. 電壓控制振盪器
35. R-S 閂鎖或閂鎖
36. 不會將高電位移入 D 位置
37. 輸出 Q 的 FF D 為浮接；7474 積體電路 FF C 和 FF D 都故障
38. 應該換上一顆新的 7474 積體電路以代替 FF C 和 FF D
39. 邏輯脈波器，邏輯探棒

第 10 章

1. 1110
2. 10001
3. 11000
4. 11010
5. $1001\ 0110_2$，150_{10}
6. $1101\ 1010_2$，218_{10}
7. $1111\ 1110_2$，254_{10}
8. A — HA — Σ
   B —   — C_O
9.
B	A	Σ	C_O
0	0	0	0
0	1	1	0
1	0	1	0
1	1	0	1
10. 1 位數
11. t_1：和 = 1，C_O = 0
    t_2：和 = 0，C_O = 0
    t_3：和 = 0，C_O = 1
    t_4：和 = 1，C_O = 1
12. C_{in} — FA — Σ
    A —   — C_O
    B —
13.
C_{in}	B	A	S	C_O
0	0	0	0	0
0	0	1	1	0
0	1	0	1	0
0	1	1	0	1
1	0	0	1	0
1	0	1	0	1
1	1	0	0	1
1	1	1	1	1
14. 算術邏輯單元
15. 全加器
16. t_1：和 = 1，C_O = 1
    t_2：和 = 0，C_O = 1
    t_3：和 = 0，C_O = 1
    t_4：和 = 1，C_O = 0
    t_5：和 = 0，C_O = 1
    t_6：和 = 1，C_O = 0
    t_7：和 = 1，C_O = 0
    t_8：和 = 0，C_O = 0
17. 半加器，全加器
18. 組合
19. 1101
20. 1000
21. 1110

22. [電路圖：A、B 輸入 XOR 得 Σ，AND 得 C_O]

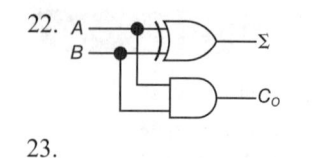

23. [電路圖：C_{in}、A、B 輸入的全加器電路，輸出 Σ 與 C_O]

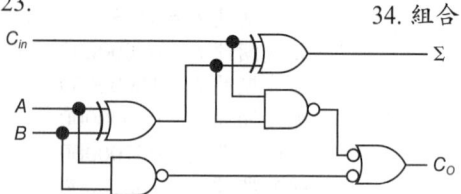

24. a. 01
    b. 10
    c. 000
    d. 101
    e. 1111
    f. 111

25. a. $0101\ 0100_2$，84_{10}
    b. $1011\ 0111_2$，183_{10}
    c. $1011\ 1000_2$，184_{10}
    d. $0100\ 1110_2$，78_{10}

26. [方塊圖：A、B 輸入 HS，輸出 D_i、B_O]

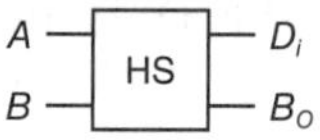

27.

A	B	D_i	B_O
0	0	0	0
0	1	1	1
1	0	1	0
1	1	0	0

28. [方塊圖：B_{in}、A、B 輸入 FS，輸出 D_i、B_O]

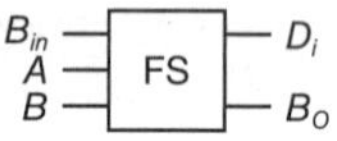

29.

A	B	B_{in}	D_i	B_O
0	0	0	0	0
0	0	1	1	1
0	1	0	1	1
0	1	1	0	1
1	0	0	1	0
1	0	1	0	0
1	1	0	0	0
1	1	1	1	1

30. 並列減法器
31. 借位線
32. 加法器
33. 串接
34. 組合
35. 74LS181
36. 10101
37. 錯
38. 1110 1011
39. 1 1111 1110
40. 二進位
41. 1110
42. 1000001
43. 1010 1000
44. a. $1000\ 0111_2$，135_{10}
    b. $0110\ 0000_2$，96_{10}
    c. $0111\ 1001_2$，121_{10}
45. 重複加法
46. 加和移
47. 加和移
48. 錯
49. 組合
50. 被乘數暫存器；乘數暫存器；累加器暫存器
51. 2 的補數
52. 0111，+7
53. −1
54. 符號，正數，負數
55. 1010
56. 0101
57. 1011，−5
58. 0010，+2
59. 0101 1010，0101 1010
60. 1010 0110
61. 0110 1111，+111
62. 1000 1111，−113
63. 1101 0000，−48
64. 0011 0001，+49
65. 2 的補數
66. 2 的補數
67. 帶符號
68. 1111，−1
69. 0011，+3
70. 1110，−2
71. 1011，−5
72. 組合，進位輸出
73. 4，低電位
74. 對
75. 了解電路的正常操作、感受積體電路的頂端、檢查電源、斷開過熱的電路並隔離故障區段

第 11 章

1. CPU 或中央處理器
2. 位址匯流排，控制匯流排
3. 磁式、光學、半導體或機械式
4. 軟式磁碟機，硬式磁碟機，CD-ROM，DVD，快閃卡
5. a. 隨機存取記憶體
   b. 唯讀記憶體
   c. 電子式程式化唯讀記憶體
   d. 電子式可清除程式化唯讀記憶體
   e. 靜態 RAM
   f. 動態 RAM
6. 對
7. CD-R 或 CD-RW
8. 快閃記憶體或 MRAM
9. 隨機存取記憶體
10. 寫入
11. 讀取
12. 讀取／寫入
13. 16 × 4 位元
14. 易揮發性，關閉
15. DRAM
16. RAM
17. 16，4
18. 寫入，寫入，15
19. 動態
20. 4096，4
21. 二進制至格雷碼 (binary-to-Gray)
22. 1100，格雷碼，1000
23. 失去程式並且需重新程式化
24. 唯讀記憶體
25. 非揮發性
26. 韌體
27. 製造商
28. 不是
29. 0010
30. 1101
31. 高
32. 保持
33. 177
34. 14
35. 製造商
36. ROM
37. 程式化唯讀記憶體
38. 可清除程式化唯讀記憶體
39. 電子式可清除程式化唯讀記憶體
40. 紫外光
41. 524,288，65,536
42. 非揮發性隨機存取記憶體 (nonvolatile RAM)
43. 鋰
44. EEPROM
45. 回復
46. VPP
47. 快閃記憶體
48. SRAM
49. 錯
50. MRAM
51. 磁阻式 RAM
52. 鐵電材料 RAM
53. 錯
54. DIP
55. 雙排標準記憶體模組
56. 雙倍資料率同步 DRAM
57. 雙排標準記憶體模組
58. Rambus DRAM
59. 對
60. 個人電腦記憶卡國際協會
61. 信用卡
62. 錯
63. 磁性，光學，半導體
64. 磁帶，磁碟片（軟式與硬式），磁鼓，光碟，快閃記憶體或記憶卡，打孔帶，打孔卡
65. 硬式
66. 硬式磁碟機
67. 硬式磁碟
68. 磁片
69. 一百萬
70. 硬式磁碟機
71. 250 GB 或更高
72. USB 快閃記憶碟
73. 數位多功能光碟
74. 光學
75. 單次寫入多次讀取
76. 可重複讀寫光碟
77. CD-ROM
78. 較慢
79. 錯
80. 對
81. 非揮發性微調電位計 (NV trimmer potentiometer)
82. EEPROM，多工器
83. 51 kΩ
84. 52 kΩ
85. 51 kΩ
86. 50 kΩ
87. 49 kΩ
88. 50 kΩ

第 12 章

1. 類比至數位轉換器（A/D 轉換器）
2. 數位至類比轉換器（D/A 轉換器）
3. 電阻，加總（比例）
4. 運算放大器
5. 1.4
6. 3.0
7. 0.2
8. 回授
9. 輸入
10. $A_v = 20$
11. $V_o = -4$ V
12. $A_v = 4$
13. $V_o = -4$ V
14. $A_v = 0.266$
15. $V_o = -0.8$ V
16. 1. 低精確度
    2. 需要大範圍的電阻值
17. $A_v = 0.2$
18. $V_o = -0.6$

19. 階梯（R-2R 梯型）
20. 1
21. A
22. 2.75
23. 0.25
24. 類比，數位（二進制）
25. 0101
26. 高，通過
27. 計數器斜坡
28. 比較器
29. 電壓
30. 低，AND 閘
31. 直流電壓
32. 運算放大器
33. 高，低
34. 齊納二極體
35. 數位電壓表
36. 混合
37. 0
38. 四
39. 5
40. D/A 轉換器
41. 9
42. 大於，不通過
43. (1) 計數器斜坡
    (2) 斜坡
    (3) 連續漸近
44. 斜坡產生器
45. 較快
46. 鋸齒
47. 高
48. 連續漸近邏輯
49. 微處理器
50. 解析度
51. 4
52. 110 μs
53. 850 mW
54. 較長
55. 對
56. CMOS
57. 微處理器
58. 8 (0.39%)
59. TTL
60. 100 μs
61. 時脈
62. 011001002（十進制 100）
63. 低到高
64. $\overline{INTR}$
65. 增加
66. 減少
67. 增加
68. 1
69. 較低
70. 換能器
71. 硫化物光電管
72. 對
73. 對
74. 熱敏電阻
75. 史密特觸發反向器
76. 對
77. 減少，增加，低到高

附錄 A
焊接與焊接程序

從簡易的任務到好的作品

焊接係利用低溫熔化金屬合金,而將兩個金屬接合在一起的程序。其是已知最早的接合技術之一,第一次是埃及人在製造兵器如矛與劍時所發明。自此之後,逐漸形成現在使用於電子材料的製造上。目前的焊接和以前簡單的製作有極大的不同,現在它是屬於一種精緻的藝術,需要細心、經驗以及相關的基礎知識方能達成。隨著無鉛焊錫的出現,要達到高可靠性的好作品,需要更加細心才行。不完美的焊接點一直是造成儀器失靈的重要原因。由此可知,焊接是一個相當關鍵性的技術。

本附錄中的內容主要是設計用於提供學生在焊接作業方面所需具備的基礎知識與實用技能,以便用於現今的電子科技所需的高可靠焊接操作。本附錄內容涵蓋基礎焊接程序,正確選擇烙鐵、尖頭、材料,以及焊接工具的使用。波峰焊與熔焊適用於電子儀器製造的焊接技術。本附錄著重在再加工的焊接,通常此為修補程序的一部分。

本附錄的主要觀念在於提供高可靠度的焊接技術。大部分現今的技術是立基於無數次焊接所累積的成果。高可靠度的焊接技術係根據早期的失敗經驗發展而來。之後,其觀念與實務逐漸地擴展至軍事與醫學儀器等用途。現在,它與我們每天使用的電子產品無不息息相關。

焊接的優點

焊接是指將兩片金屬結合在一起,而形成穩定的電子通路。為何焊接會是首要的選擇呢?事實上,用螺帽與螺栓便足以將兩片金屬接在一起,或者以其他的機械方式亦可達成。然而,這些方法會產生三個缺點,第一,其連接會由於震動的情形而不牢固。第二,金屬因為長期氧化與鏽蝕的原因,金屬電子導電性會很明顯地降低。焊接可避開上述的問題,沒有接點移動及表面生鏽的現象,一旦導電通路形成之後,其特性基本上是取決於焊錫本身。第三,在製造過程中,數以百計或數以千計的接點可以同時形成。

焊錫的特性

焊錫之所以用於電子方面主要是具有低溫熔化的特性,其係利用不一樣的金屬以不同比例結合而成。最常見的組合為錫和鉛。當比例相等時,就成為 50/50 焊錫——

表 A-1　部分常用的含鉛與無鉛的焊錫合金

合金	熔點	具有漿糊狀的型態
63% 錫，37% 鉛	361°F (183°C)	是
60% 錫，40% 鉛	361–374°F (183–190°C)*	否
96.5% 錫，3% 銀，0.5% 銅	422–428°F (217–220°C)*	是
96.5% 錫，3.5% 銀	430°F (221°C)	否

*此合金具有介於液態與固態傳輸區間的塑膠性（半液體狀）範圍。

圖 A-1　接點表面：(a) 含鉛合金焊錫，(b) 無鉛合金焊錫。

50% 錫，50% 鉛。同樣地，60/40 焊錫——60% 錫，40% 鉛。比例的大小通常會在各類型焊錫中標示出來。錫的化學符號是Sn，因此，Sn 63 是指焊錫含有 63% 的錫。

純鉛 (Pb) 熔點為 327°C (621°F)，純錫熔點為 232°C (450°F)，但是將兩者結合成 60/40 焊錫時，其熔點降至 190°C (374°F)，低於任一種單一金屬。今日，無鉛焊錫被規定使用於許多製造與修補的程序上。表 A-1 所示為含鉛與無鉛的焊錫合金，所有合金均有金屬線型的類型可用於修補的工作，其中有 2 種具有漿糊狀的型態。漿糊狀型態的焊錫是使用在熔焊的焊接，如用於製造印刷電路板及表面固定的元件，有時亦可用於再加工的地方。

表 A-1 說明 60/40 焊錫在 183°C (351°F) 時開始熔解，但會在到達 190°C (374°F) 時才會完全熔解。當溫度介於這兩種之間時，焊錫會以塑膠性（半液體狀）的型態存在，即表示部分（但不是全部）焊錫已經熔解了。同樣的情況也發生在表 A-1 的錫銀銅合金上。但其中有 2 種合金並未具有塑膠性的區間，它們加熱時（或冷卻時）會直接從固態轉至液態（或者從液態轉為固態），這些稱為共熔合金或共熔焊錫。

當使用焊錫於塑膠性的範圍時，要特別避免接點在冷卻期間有振動或移位的情形。若有移位發生，則接點會出現灰暗、粒狀的外觀。這種焊接點容易出問題，會被品管人員淘汰。然而，採用無鉛焊錫的接點，先天上就會有灰暗的粒狀，如圖 A-1 所示。因此，工作人員與檢視人員必須因應無鉛焊錫而學習新的檢視方法。

在某些情況之下，接點在降溫期間很難保持穩定的接合，例如，生產過程中，使用波焊在移動輸送帶上的電路板。另外，也有其他情形，例如必須使用低溫避免傷害到溫度高敏感性的元件。在上述的情形下，共熔焊錫是最佳的選擇，因其從液態到固態時不具有非可塑性的範圍。

潤濕動作

對某些人來講，第一次看到焊接的過程，會以為是簡單地將兩個金屬結合在一起，如熱熔膠一樣，但實際情況並非如此。當熱的焊錫接觸到銅的表面時，會起化學反應。此時，焊錫開始熔化並穿過表面，焊錫的分子與銅混合而形成一個新的金屬合金，其含

有部分的焊錫及部分的銅，但卻有擁有自身的特性，此原因稱為潤濕現象，而形成介於焊錫與銅之間的金屬間結合鍵。

正確的潤濕動作僅在銅表面沒有污垢及氧化的情況下方可進行，焊錫與銅的表面同時也均需到達應有的溫度。縱使焊接前外表看起來相當乾淨，但上面仍可能存在一些細微的氧化物。

當進行焊接時，髒污的表面會像一滴水落在油的表面上一樣，因為氧化物會形成一層保護膜防止外物接觸。當然，此時不會有任何化學反應，而焊錫就會很輕易地剝落，因此，要形成良好的焊接接合，表面的氧化物必須先得除去才行。

助焊劑的角色

牢靠的焊接有賴於乾淨的表面。某種程度的清理程序對於焊接成功與否是很重要的一環，但大部分的情況均有所不足。此導因於熱的金屬的氧化速度非常快，因此，氧化物即形成了一層保護膜。為了克服這些氧化物，有需要使用助焊劑 (flux)，其含有天然或合成的松香，有時也會添加催化劑。

助焊劑在焊接時可以除去金屬表面的氧化膜，其在焊接熔化時具有極高的腐蝕性，因此可以迅速地除去金屬氧化膜，並且可防止新的氧化物產生，以利於焊接接合。

助焊劑必須在低於焊接溫度時使用，因此，要使其可以在焊錫湧出之前便開始作用。由於它的揮發性非常快，必須強制使其能夠在焊接表面流過，而不致被加熱的烙鐵尖端揮發掉，如此才能展現其優點。

目前有許多種助焊劑可供選擇，例如，在焊接薄金屬板時，可以使用酸性助焊劑；銀色鍍黃銅（需更高溫才能熔化）可以使用硼砂漿糊。每一種助焊劑均可去除氧化，有許多的場合下也具有額外的功能。在電子電路上用手焊接時，助焊劑是使用純松香，與溫和的活化劑混合之後，可以加速松香助焊的能力，而酸性助焊劑或者高活化性的助焊劑不可用於電子電路上。有許多種無鉛錫線目前皆相當普遍，因其容易控制使用量，使用上相當方便，如圖 A-2 所示。

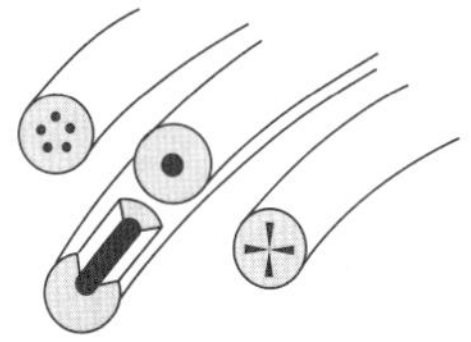

圖 A-2 松香心焊錫的各種種類，具有不同的焊錫與助焊劑比例。

電烙鐵

任何焊接最重要的要求就是熱度。供熱的方式有傳導性、對流性、輻射性，此處在利用電烙鐵時，主要是考慮傳導的方法。

焊接站具有不同的大小與形狀，但基本上含有三種元素：電阻加熱單元、加熱器區塊（扮演儲熱器的功能）、尖端（傳熱之用）。標準的生產站擁有溫度可調、閉迴路的系統（可更換尖端）以及由 ESD 安全塑料所製成。

控制接點的熱度

　　控制焊接時尖端的熱度其實不困難，最重要的挑戰在於控制工件的熱循環——如何加速熱度的傳導？多熱？持久性如何？事實上影響的因素很多，尖端的熱度實際上不是最關鍵的因素。

　　第一個重要的因素為焊接區域的相對熱質量，此質量可能散布很廣的範圍。考慮單面麵包板。由於其具有很少的質量，因此，接觸點區域加熱速度極快，但是雙面麵包板具鍍金穿孔，其質量超過兩倍，多層板質量更是可觀。此僅考慮元件導線質量尚未加入之前的情形，而導線的質量可能差異極大，因有些導線規格是相當大的。再者，有可能存在一些端點（如轉台、分叉點）是植於板子上面，此時熱質量便會增加，當其連接線增加時，其質量更多了。

　　每次接線均會形成特別的熱質量。與電烙鐵尖端的質量相比，此混合的質量（相對質量）將會決定工件溫度上升的時間。若使用大工件質量與小的烙鐵尖端，溫度上升的時間將會減緩；反之，若使用大的烙鐵尖端在小的工件質量上，溫度上升會快很多，縱使烙鐵尖端的溫度是相同的。

　　我們需考慮到烙鐵本身的容量與其忍受熱流的程度。最重要的是，烙鐵是一種產生及儲存熱能的工具，容量與其規格大小及其尖端有關。而尖端有各種不同的大小與形狀，主要是將熱傳導至工件的管道。對於小工件而言，我們使用的是圓錐形的尖端，因此，僅有小熱流會產生。對於大工件而言，使用大鑿子型的尖端，以便產生較大的熱流。表 A-2 列出一些不同的烙鐵種類與規格。

表 A-2　一些烙鐵尖嘴的種類

形狀	英寸大小	說明
	0.031	30° 鑿子
	0.047	30° 長彎鑿
	0.063	30° 彎鑿
	0.063	60° 鑿子
	0.078	60° 鑿子
	0.094	30° 鑿子
	0.125	90° 長鑿
	0.203	鑿子
	0.250	單邊鑿子

　　烙鐵儲存的熱能是以熱元素補充而來，但當使用較大的尖端於大工件時，熱能的損失會比補充更快。因此，可以儲存熱能的多寡便成了一個很重要的一環：較大加熱的區塊能夠保持較大的熱流量。烙鐵的容量可以較大加熱元素來增加，即增加其烙鐵的瓦特數。此兩種因素，即加熱區塊與瓦特數，是可以決定烙鐵之回復率的。

　　在特殊接線時，若需要大量的熱能，精確的溫度配合正確的尖端大小是有必要的。此時，烙鐵具有足夠的容量以及夠快的回復率。

　　第二個重要的因素為焊接的表面條件。如果有任何氧化物或污垢在焊接區域上，將會對熱流產生障礙，縱使烙鐵的規

格與精確的溫度均合乎要求，也可能無法提供焊接足夠的熱量，因此，應該先行清理焊接處表面的油脂或油垢等。在某些情況，焊接前除去重度氧化物對於提高焊接的效果而言可能是相當必要的環節。

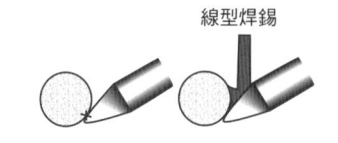

圖 A-3 增加接觸面積以改善熱流效率。

第三個因素為熱量連結──介於烙鐵尖端與工件間的接觸區域。圖 A-3 顯示烙鐵尖端與圓形鉛接觸的橫切面，接觸點是在點「+」上，因此，熱量連結的區域非常小。以小量的焊錫加在烙鐵尖端與工件的接觸點，其接觸的面積便可大幅地增加，因而大幅改善熱傳導的效率。

以上很明顯地看出，有許多除了溫度以外的因素影響到加熱的速度。在實務上，焊接可說是一個相當複雜的控制問題，其有許多的變數，之間又會互相影響，其中最重要的變數是時間。一般而言，在電路板上所進行的焊接若要具有高可靠度，其所需加熱的時間從熔化開始算起不會超過 2 秒，若超過 2 秒，可能會將板子或元件，或者兩者同時燒毀。

烙鐵尖嘴處應置於最大熱量連結的區域內，如此才能將熱很快地傳至焊接處，焊錫可提供熱能連結，使得熱能快速地傳導至焊接點當中，事實上熔化的焊錫總是會朝向預定連接的熱源處流動。

對於焊接與去除焊點而言，一個基本的製件指示計是作為加熱速率的識別工具──觀察熱能流至連接點的速度。在實務上，應觀察焊錫開始熔化時的速率，是在 1 至 2 秒以內。指示計包含以最小熱效應達成滿足焊接所有的變數，涵蓋烙鐵的容量、尖端的溫度、表面條件、尖端與工件間的熱量連結，以及內含的相對熱質量。

假如使用的烙鐵尖端太大，加熱速度可能會太快而無法控制；如果烙鐵尖端太小，則可能會產生漿糊狀的熔化物；加熱速度將會變得太慢，縱使此時尖端的溫度是相同的。一般防止過熱的方式是「快進快出」，意即用加熱的烙鐵在連接處駐足 1 至 2 秒焊接。

選擇烙鐵與尖端

一個良好的萬能焊接工作站是可以調整溫度的，在 ESD 安全站中，甚至當高溫時，其具有之鉛筆般烙鐵與尖端是很容易替換的。烙鐵尖端應該使用加熱元件並且要鎖緊，此可以允許最大的熱能從加熱器傳導至其尖端。

烙鐵尖端應該每天拆掉，以防止由於加熱所造成的累積之氧化作用標度。要確保正確的熱傳導以及避免焊錫弄髒的問題，需要將焊接面保持成一個發亮且含錫錫的表面。

鍍金的尖端剛開始時要吸一些助焊劑在表面上，以便當到達可讓焊錫熔化之最低溫度時，錫可附著在接點的表面上。一旦尖端達到工作溫度時，通常對於良好鍍錫的條件而言，此溫度是過高的，因為會造成快速的氧化現象。加熱的鍍金尖端必須以濕海棉輕輕地擦拭，以抖掉氧化物，當烙鐵不用時，應塗上一層焊錫以保護之。

焊接

焊接時,烙鐵的尖端應該置於連接處之最大熱質量範圍,此可以使得焊接部分產生快速熱能的提升,熔化的焊錫總是會流到加熱的連接處。

當焊錫連接處加熱時,尖端先附著一小量的焊錫,以增加可進行熱連結的區域,然後,焊錫加到連接處的反面,以便加工的表面(非烙鐵)可以自行熔化焊錫。一定要利用烙鐵尖端的操作方式去熔化焊錫,以及使它以低於熔化溫度時流至表面。

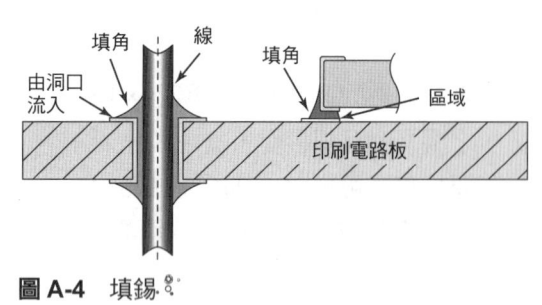

有助焊劑的焊錫置於乾淨加熱的表面時將會熔化,且無需直接接觸即會自行流動,而提供了相當平滑的表面,並且沿著薄的邊緣平行擴散(圖 A-4)。不正確的焊接方式將會造成加大且不規則的外貌,以及不良的熔接。焊接的部位必須牢牢地固定不動,直到溫度降到焊接可以確保牢靠為止。

圖 A-4 填錫

選擇正確規格的具核心焊錫直徑有助於控制焊錫的用量(例如,小的標準規格用於小的連接,大的標準規格用於大型的連接)。

最終檢查及除去助焊劑

焊接可說是是一門藝術,需要一些相關的背景知識,如了解程序如何進行、使用正確的工具與材料、許多的練習、以及仔細的檢查等。大部分的連接處包括填角,以及其所形成的外貌特性。圖 A-4 即為填角的例子。經驗將會有助於形成一個良好的接點。一般而言,正確的填角形狀可以看出是否具有乾淨的條件、正確的焊接溫度、焊接時間與焊錫量的適當性。

焊接之後可能需要進行清潔的工作,以除去某些種類的助焊劑。如果需要清除的話,殘餘的助焊劑應儘速除去,最好是在焊接之後的 1 小時內完成。如果沒做,長期而言可能會導致電路的不可靠性。例如,殘餘的助焊劑會助長樹枝狀的結晶,最後導致鄰近間隔之間發生短路的現象。

法律的規範

有關電子焊接的相關法律,每個國家的規定均有所不同。因本書篇幅有限,無法詳列之。在許多歐洲國家,對於有毒物質 (RoHS) 與電機電子廢棄物 (WEEE) 具有強制的規範。

附錄 B

2 的補數轉換

2 的補數轉換表

2 的補數	十進制數	2 的補數	十進制數	2 的補數	十進制數	2 的補數	十進制數
11111111	−1	11011111	−33	10111111	−65	10011111	−97
11111110	−2	11011110	−34	10111110	−66	10011110	−98
11111101	−3	11011101	−35	10111101	−67	10011101	−99
11111100	−4	11011100	−36	10111100	−68	10011100	−100
11111011	−5	11011011	−37	10111011	−69	10011011	−101
11111010	−6	11011010	−38	10111010	−70	10011010	−102
11111001	−7	11011001	−39	10111001	−71	10011001	−103
11111000	−8	11011000	−40	10111000	−72	10011000	−104
11110111	−9	11010111	−41	10110111	−73	10010111	−105
11110110	−10	11010110	−42	10110110	−74	10010110	−106
11110101	−11	11010101	−43	10110101	−75	10010101	−107
11110100	−12	11010100	−44	10110100	−76	10010100	−108
11110011	−13	11010011	−45	10110011	−77	10010011	−109
11110010	−14	11010010	−46	10110010	−78	10010010	−110
11110001	−15	11010001	−47	10110001	−79	10010001	−111
11110000	−16	11010000	−48	10110000	−80	10010000	−112
11101111	−17	11001111	−49	10101111	−81	10001111	−113
11101110	−18	11001110	−50	10101110	−82	10001110	−114
11101101	−19	11001101	−51	10101101	−83	10001101	−115
11101100	−20	11001100	−52	10101100	−84	10001100	−116
11101011	−21	11001011	−53	10101011	−85	10001011	−117
11101010	−22	11001010	−54	10101010	−86	10001010	−118
11101001	−23	11001001	−55	10101001	−87	10001001	−119
11101000	−24	11001000	−56	10101000	−88	10001000	−120
11100111	−25	11000111	−57	10100111	−89	10000111	−121
11100110	−26	11000110	−58	10100110	−90	10000110	−122
11100101	−27	11000101	−59	10100101	−91	10000101	−123
11100100	−28	11000100	−60	10100100	−92	10000100	−124
11100011	−29	11000011	−61	10100011	−93	10000011	−125
11100010	−30	11000010	−62	10100010	−94	10000010	−126
11100001	−31	11000001	−63	10100001	−95	10000001	−127
11100000	−32	11000000	−64	10100000	−96	10000000	−128

專有名詞與符號

名詞	定義	符號或縮寫
Access time 存取時間	從記憶體中檢索儲存資料所需的時間。	
Active HIGH input 主動高電位輸入	數位輸入訊號是以高電位狀態執行其功能時稱之。	
Active LOW input 主動低電位輸入	數位輸入訊號是以低電位狀態執行其功能時稱之。	
Active-matrix display 主動陣列顯示	高品質昂貴的彩色液晶顯示器,使用主動陣列的技術,內含薄膜電晶體。另一種相對的技術為被動陣列顯示。	
A/D converter 類比/數位轉換器	將類比訊號轉為對應數位數值的裝置。	ADC
Adder 加法器	利用組合電路將兩個數位輸入相加以產生總和與進位。	
Address 位址	在電腦系統中,能夠代表唯一儲存資料的位置所在的數字。	
Alphanumeric 字母與數字符號	包含數值、字母與其他字元。美國資訊交換標準碼 (ASCII) 是通用的字母與數字符號。	
Ampere 安培	電流的基本單位。	A
Analog 類比	電子學的分支,用於處理無限變化量的大小。請一併參考線性電子學 (linear electronics)。	
Analog to digital 類比至數位	類比訊號轉換為數位訊號。	A/D
AND gate AND 閘	此為基本組合邏輯裝置,當所有輸入均必須為 HIGH 時,其輸出方為 HIGH。	
Angular velocity 角速率	描述轉子物體之旋轉速度。	
Anode 陽極	裝置(例如二極體或 LED)正端的接點。	
Arithmetic logic unit 算術邏輯單元	電腦之中央處理單元,負責處理算術與邏輯。	ALU
American Standard Code for Information Interchange 美國資訊交換標準碼	最為廣泛使用的字母與數字碼之一。	ASCII
Astable multivibrator 非穩態多諧振盪器	可振盪出兩種穩定之間的訊號狀態,一般稱為自由振盪脈波或多諧振盪器。	

名詞	定義	符號或縮寫
Asynchronous 非同步	在數位電路中，與時脈電路不在同一時間執行動作。	
Base 基極	雙極電晶體中間之接腳，用於控制射極到集極之電流。	
BASIC	一種適合初學者學習之程式語言，為「初學者的全方位符式指令代碼」(beginners all-purpose symbolic instruction code) 之縮寫。	BASIC
BASIC Stamp 2 module BASIC Stamp 2 模組	一種易於使用之微控制器系統，包括 PBASIC 軟體，微控制器，記憶體，以及界面型態。	
Baud 鮑率	一種資料處理的速度單位，即每秒的電碼數。	Bd
BCD counter BCD 計數器	一種四位元的計數器，其計數範圍從 0000 到 1001，然後再從 0000 開始。	
Bilateral switch 雙向開關	其動作非常類似繼電器，能夠提供一個在控制訊號與輸入／輸出端（數位或類比）之間良好的隔離作用，典型的雙向開關 IC 型態係採用 CMOS 技術，亦稱為傳輸閘或類比關關。	
BiMOS	一種用於製造晶片的技術，包括雙極性電晶體與金屬氧化半導體 MOS 的部分。	
Binary 二進位	以 2 為底的數字系統，使用數值 0 或 1。	
Binary-coded decimal BCD	以四位元表示 0 至 9 之十進位數值。	BCD
Bistable multivibrator 雙穩態多諧振盪器	可輸出兩種穩定狀態的裝置，但必須被觸發時才會轉態。也稱為正反器。	
Bit 位元	單一二進制數字（0 或 1），可用於代表開關的狀態。	
Block diagram 方塊圖	運用標示方塊以表示電子系統某種功能的圖形。	
Boolean algebra 布林代數	描述邏輯敘述的數學系統。	
Boolean expression 布林表示式	邏輯函數的數學表示式，可用真值表或邏輯圖描述。	$AB + C'D = Y$
Boundary-scan technology 邊界掃描技術	在設計過程中於矽晶片中植入測試點的系統，以便易於檢測品質控制與實地試驗。	JTAG
Broadside loading 寬邊加載	並聯加載。	
Bubble 小圓圈	邏輯符號，為主動 LOW 輸入或輸出。	
Buffer 緩衝器	為特殊的固態裝置，可用於增加輸出的驅動電流。非反向緩衝器並無邏輯轉換函數。	
Bus 匯流排	在電腦系統中之並排連接線，其用於 CPU、記憶體與周邊設備之通訊，大部分系統均有位址匯流排、資料匯流排、控制匯流排。	
Byte 位元組	為 8 位元之組成，一般用於電腦與數位電子之數值或代碼。	

專有名詞與符號

名詞	定義	符號或縮寫
Cache memory 快取記憶體	是在電腦中一種相當快速、但很昂貴的靜態隨機存取記憶體，用於儲存經常用到的資料。此快取記憶體是超速處理器與速度較慢之硬碟／CD ROM 之間的介面。快取記憶體一般標示成 L1（主要）或 L2（次要）。	
Cascading 串接	是指電子裝置的串聯，一般而言，第一級的輸出端會接到第二級的輸入端。此名詞通常使用在線性以及數位電路上。	
Cathode 陰極	裝置（例如二極體或 LED）負端的接點。	▷⊢ K
Cathode-ray tube 陰極線管	為真空管，使用於電視機、監視器以及大部分之示波器顯示畫面。	CRT
CD-R 光碟	一種碟片，允許使用者在標準 PC 上使用光碟燒錄器以其來記錄資料。	CD-R
CD-ROM 光碟唯讀記憶體	是一種高密度碟片之唯讀型大容量儲存器。	
CD-RW 可重複燒錄光碟	一種可以在電腦中重複寫入資料的碟片。	CD-RW
Cell 儲存單元	記憶體之單一儲存元件。	
Central processing unit 中央處理單元	在電腦系統中之邏輯單元，可以進行邏輯運算、控制與資料傳輸之功能。	CPU
Charge-coupled device 電荷耦合元件	使用光敏陣列光電池的一種影像感測器，是基於類似電容功能之半導體元件，用於數位照相機、掃描器、攝錄像機以及其他影像處理的儀器。	CCD
Chip 晶片	一種積體電路。	IC
Clock 時脈	由振盪器所產生的訊號，用於提供電腦等數位系統所需之時序。	
CMOS image sensor CMOS 影像感測器	使用光敏陣列光電池的一種影像感測器，與 CCD 非常相像，但製作價格較為便宜。	
Collector 集極	雙極電晶體中接收電流載子的區域。	⊣C
Combinational logic 組合邏輯	利用邏輯閘用於立即產生輸出的邏輯電路，但不具有記憶或者閂鎖的特性。	
Complementary metal-oxide semiconductor 互補金屬氧化物半導體	一種常用的製作 IC 的技術，可製成氧化物半導體具有低耗能的特性，在其設計上使用場效電晶體的相反極性。	CMO
CPLD	一種可程式邏輯裝置，僅用於處理較為大型的邏輯問題上，其為複雜可程式邏輯裝置（complex programmable logic device）的縮寫。	CPLD
Current 電流	電荷於某一方向的移動，基本單位為安培。	A
Current sinking 電流導入	傳統電流流入數位設備的低電位輸出端，電流「導入」至接地端。	
Current sourcing 電流源	傳統負載電流的流向是由高電位到低電位，輸出端是電流的源頭。	
Cylinder 磁柱	在硬碟機中，各類型轉盤中一系列相同的磁軌。	

名詞	定義	符號或縮寫
D/A converter 數位／類比轉換器	將數位訊號轉成類比訊號的裝置。	DAC
D flip-flop D 型正反器	一種正反器僅具有設定與重置的功能，亦稱為資料或延遲正反器。	$\begin{smallmatrix}D\\CLK\end{smallmatrix}$─FF─$\begin{smallmatrix}Q\\\overline{Q}\end{smallmatrix}$
Data selector 資料選擇器	組合邏輯電路，可以選擇許多資料中的一個當作輸入訊號傳至輸出端。也稱為多工器。	
Decoder 解碼器	一種邏輯裝置，可以將二進位碼編譯成十進位。	
Decrement 減量	將計數減一。	
Demultiplexer 解多工器	單一輸入分配到多條輸出之組合邏輯電路，又稱為資料分配器，可以將串列改為並列型態。	DEMUX
Digital 數位的	屬電子學的分支，專門處理離散訊號。訊號通常為 HIGH 或者 LOW，可以表示為二進位數。	
Digital potentiometer 數位式電位計	有別於傳統的電位計，是以半導體式可變電阻器調整其電位大小的裝置，電位指標的位置當電源關掉時，可以儲存於 EEPROM 中。數位輸入的脈波訊號可以控制電位的指標位置。	
Digital signal processor 數位訊號處理器	特殊的類微處理器裝置，具有可程式化的能力，一般與 A/D 和 D/A 轉換器連結使用。	DSP
Digital to analog 數位至類比	數位訊號至類比訊號的轉換。	D/A
Digital Versatile Disc 數位多功能光碟	一種具有非常高容量的光碟，外型似傳統的 CD，可儲存 4.7 GB 到 17 GB 的影像、聲音或電腦資料。	DVD
Digitize 數位化	將訊號轉成數位單位或脈波。	
Dual In-Line Memory Modules, DIMM 雙通道記憶體模組	是相當新型的隨機存取記憶體，使用在最新型的電腦上。	DIMM
Deutsche Industrie Norm (DIN) connector 德國工業標準連接器	使用在電腦中之德國工業標準連接器。	DIN
Diode 二極體	具有兩個端點的半導體元件，通常僅允許單向電流通過。	─▷├─
Discrete time signal 離散時間訊號	數位訊號的另一種名稱，通常在數位訊號處理中是取樣於類比訊號。	
Display multiplexing 顯示多工器	可以連續快速地同時顯示多個數字，此多工器可節省許多元件的數量與成本。	
Double data rate SDRAM 雙倍資料率同步動態隨機存取記憶體	同步動態 RAM，比一般的 SDRAM 快很多。	DDR SDRAM
Drive 磁碟機	在電腦中大量儲存器的裝置，如軟碟機、硬碟機、光碟機或甚至於固態磁碟機等。經常使用在電磁或光學設備，可移動大量的資料以供讀寫之用。	
Driver 驅動器	在數位電路中，一種能夠提供較大電流及適當電壓以推動負載的 IC（或其他介面電路）。	

名詞	定義	符號或縮寫
Dual in-line package 雙邊引腳封裝	較舊式的 IC 封裝方法。	DIP
Dynamic RAM, DRAM 動態隨機存取記憶體	非常通用的隨機存取記憶體,其記憶單元每秒可更新數次之多。	DRAM
Edge triggering 邊緣觸發	在同步觸發的元件(像是正反器等)裡,元件的動作係利用脈波之正緣或負緣觸發。	
8421 BCD code 8421 BCD 碼	4 位元 BCD 碼,具有 8、4、2 及 1 之權重。	
Electrically erasable programmable read-only memory 電子式可清除程式化唯讀記憶體	可以電子式編程的非揮發性記憶體、清除與重新編程。快閃記憶體是 EEPROM 中的一種記憶體類型。	EEPROM
Electronic control unit 電子控制電路	在現代化汽車中,一種嵌入式的電子控制模組,其中有某些會包含:(1) 引擎控制模組,(2) 本體控制模組,(3) 煞車控制模組,(4) 傳輸控制模組,(5) 氣囊控制單元,(6) 儀表板模組。	ECU
Emitter 射極	雙極性電晶體中能夠將電流載子傳送至集極端的區域。	
Enable 致能	使數位電路動作的機制,反之為失能。	
Encoder 編碼器	一種邏輯裝置,可以將十進制編譯成其他數碼(例如二進制)。一般而言,對於輸入資料轉換成數位電路所需的數碼是相當有用的工具。	
Even parity 偶同位元	在資料傳輸中,傳送端使整個字串成為偶數個 1。接收端接到資料後進行計算,如果是偶數個 1,表示沒有發現錯誤;否則表示資料已發生錯誤。	
Extended Binary-Coded Decimal Interchange Code 延伸式二進碼十進制交換碼	8 位元數字碼,主要用於大型主機。	EBCDIC
Fan-out 扇出	邏輯裝置之輸出驅動能力,單一輸出所能驅動之邏輯族輸入的個數。	
Ferroelectric RAM 鐵電隨機存取記憶體	是半導體非揮發性隨機存取記憶體,具有良好的存取速度,亦可允許置入式電路編程。此記憶元件係利用鐵電電容器與 MOS 電晶體組成。	FeRAM 或 FRAM
Field-effect transistor 場效電晶體	電晶體的一種,其閘極可以控制半導體通道的電阻值。	
Firmware 韌體	電腦的程式與資料可永久地儲存於非揮發性的記憶裝置,例如 ROM。	
Flash memory 快閃記憶體	較為新型的非揮發性記憶體,類似 EEPROM,其最優越的性能是具有非常高的密度、低耗能、非揮發性以及可重複寫入等能力。	

名詞	定義	符號或縮寫
Flip-flop 正反器	基本的循序邏輯裝置，具有兩種狀態，可當作記憶體使用，有時亦稱為雙穩態多諧振盪器。	
Floating input 浮接輸入	輸入端沒有接高電位或低電位訊號，屬於浮動的情形，因此，輸入端可能是 HIGH、LOW 或介於之間的訊號。	
Field programmable logic device 場效可程式邏輯裝置	是一種特殊可程式化的邏輯裝置，類似 CPLD，但在設計處理上更具有彈性。	FPLD
Frequency divider 除頻器	屬於邏輯方塊元件，可以將輸入訊號的頻率除以某一數值，計數器即是利用此一功能。	
Full-adder 全加器	屬於數位電路，其具有三個輸入，以執行進位及 2 位元的加法，並有進位輸出。	
Gain 增益	輸入對輸出的比值，可用電壓、電流或功率加以量測，也稱為放大 (amplification)。	
Gate 邏輯閘	基本的組合邏輯，可以執行特定的邏輯函數（AND、OR、NOT、NAND 及 NOR）。	
Generic array logic 通用型可程式陣列邏輯	特殊的可程式邏輯陣列，內有 AND 閘與 OR 閘的陣列可供規劃。	GAL
Glitch 失靈	不可預期的電流或電壓突波干擾，此現象會經常重複發生但不規律。	
GND 接地	TTL 或一些 CMOS IC 所使用電源之負端。	
Gray code 格雷碼	係用於旋轉編碼器的數碼，與二進碼不同的是當進入下一個連續的數值（上或下）時，僅有一個位元會改變。格雷碼也稱為反射二進碼。	
Half-adder 半加器	屬數位電路，可以執行 2 位元的加法，並產生和與進位的輸出，但無進位運算的功能。	
Hall-effect sensor 霍爾效應感測器	能夠將遞增或遞減的磁場轉換成相對應的電壓訊號，這些感測器一般包裝成霍爾效應開關，直接轉為數位輸出的型態（HIGH 或 LOW）。	
Hardware 硬體	電腦的硬體元件。	
Hertz 赫茲	頻率的基本單位，為每秒之週期數。	Hz
Hexadecimal 十六進位	為十六進位數字系統，使用 0 到 9、A、B、C、D、E 和 F，可表示成 0000 到 1111 的二進位數。	Hex
Hybrid hard disk drive 混合式硬式磁碟機	硬式磁碟與非揮發性記憶體的組合，一般用於較大的緩衝器，其優點在於快速存取與低耗能。	H-HDD
Hysteresis 遲滯	開關切換呈現不相等的門檻值，使得數位電路輸出值具有「彈簧動作」。史密特觸發邏輯裝置即是典型的例子。	
IEEE	電機電子工程學會。	
Increment 增量	將計數加一。	
Input/Output 輸入／輸出	數位電路之連接端，可作為輸入或者輸出之用，在許多複雜的裝置中非常普遍，如微控制器。	I/O

名詞	定義	符號或縮寫
Instruction set 指令組	一組完整的指令，可用於微處理機、微控制器或 PLC 之程式。	
Integrated circuit 積體電路	將許多電子元件集合在一個小的包裝之中，而可以執行類比、數位或兩種混合的電路，根據電路的複雜度，可分類成 SSI、MSI、LSI、VLSI 或 ULSI。	IC
Interfacing 介面	為不同電路間溝通的橋樑，其可以調整電壓或電流的準位以達成連結的功能。	
Inverter 反向器	為基本的邏輯電路，其輸出與輸入狀態相反，亦稱為 NOT 閘。	
JEDEC	聯合電子設備工程委員會。	
J-K flip-flop J-K 正反器	為正反器，具有設定、重置、觸發及保持的功能。	
JTAG	在一般用途上，在矽晶片設計過程中，用於植入式測試點的邊界掃描方法，此為聯合測試行動小組 (Joint Test Action Group) 的縮寫。	JTAG
Karnaugh map 卡諾圖	簡化布林代數圖形化的方法。	K 圖
Large-scale integration 大型積體電路	積體電路複雜程度的表示法，通常指內含 100 至 9999 個邏輯閘。	LSI
Latch 門鎖	基本的二進位儲存元件，亦稱為正反器。	
Least significant bit 最低有效位元	指二進位數值中最低的位元值。	LSB
Light-emitting diode 發光二極體	特殊的 PN 接面，當通過電流時會產生亮光，且有聚光的效果。	LED
Liquid-crystal display 液晶顯示器	非常低耗能的顯示器，大部分的電池均能驅動，主要原理為以電流刺激液晶分子產生點、線、面，並配合背部燈管構成畫面。目前已有彩色 LCD。	LCD
Logic analyzer 邏輯分析儀	是一種相當昂貴的測試設備，其可以進行取樣及儲存多種通道的資料。	
Logic diagram 邏輯圖	邏輯元件如邏輯閘、正反器等連接之圖解。	
Logic family 邏輯家族	相容性的 IC 族群，沒有介面溝通的問題，最常見的例子為 7400 系列 TTL、74HC00 系列 CMOS 以及 4000 系列 CMOS。	
Logic function 邏輯函數	執行邏輯性的工作，可用邏輯符號（例如 AND）、布林表示式（例如 $AB = Y$）與真值表等表示。	
Logic levels 邏輯準位	在數位電子中，輸入電壓的範圍為高電位 (HIGH)、低電位 (LOW) 或未定義。電壓門檻值隨著不同的邏輯族而有所差異。	
Logic probe 邏輯探棒	可以檢測邏輯準位 0、1 或脈波訊號的簡易工具。	
Logic subfamilies 邏輯子家族	相關數位 IC 的族群，其特性相近，但速度、功率消耗、電流驅動能力等均有所差異，例如 7400、74LS00、74F00、74ALS00 及 74AS00 系列 TTL IC。	
Logic symbols 邏輯符號	美國使用兩種系統，傳統上使用特有形狀的邏輯閘符號，而較新 IEEE 符號則使用矩形框。	

名詞	定義	符號或縮寫
Low-voltage CMOS 低電壓 CMOS	低電壓 CMOS 的家族,僅需 3 V 電源驅動。具有優越的性能,應用於可攜式儀器上面。	LVC
Magnetoresistive RAM 磁阻式隨機存取記憶體	是一種非揮發性隨機存取記憶體,具有優越的速度,允許植入式規劃,以及低耗能與高密度。MRAM 係利用電晶體和磁性穿隧連接點製作而成。	MRAM
Magnitude comparator 大小比較器	是一個被用來比較兩個數值大小關係的組合電路,有三個輸出($A>B$、$A=B$ 或 $A<B$)。	
Maxterm Boolean expression 最大項布林表示式	參考和之積。	
Medium-scale integration 中型積體電路	積體電路複雜程度的表示法,通常指內含 12 至 99 個邏輯閘。	MSI
Memory card 記憶卡	記憶體裝置(如快閃記憶體)陣列的包裝方法,這些卡片通常有信用卡般的大小。	
Metal oxide semiconductor 金屬氧化物半導體	積體電路製作的技術,其最重要的組成是使用金屬與氧化物。	
Microcontroller 微控制器	一種不算昂貴的 IC,其包含一個微小的處理器、有限制的 RAM、ROM 以及 I/O。可視為一部在晶片上的小型電腦。它們通常嵌入在產品中。	
Microprocessor 微處理器	一種 IC,為大多數微電腦的 CPU。	MPU
Minterm Boolean expression 最小項布林表示式	參考積之和。	
Minuend 被減數	減數中被減的數值。	
Monostable multivibrator 單穩態多諧振盪器	當被觸發時會發出一個脈波訊號,亦稱為單擊多諧振盪器。	
Most significant bit 最高有效位元	二進位數中最高的位元值。	MSB
Multiplex 多工技術	在多個輸入線上的信號選擇其中之一傳送至單一輸出,以增加其頻寬。	
Multiplexer 多工器	組合邏輯電路,可以選擇許多資料中的一個當作輸入訊號傳至輸出端,亦稱為資料選擇器,可將並列資料轉成串列資料。	MUX
Multivibrator circuits 多諧振盪器	可分類為雙穩態、單穩態及非穩態。	MV
NAND gate NAND 閘	基本的邏輯裝置,其所有輸入均必須為 HIGH 時,輸出才會為 LOW。	
Nibble 半字節	位元組的一半,即 4 位元字元。	
Noise 雜訊	為不想要的電壓,其來自於接線與 PC 板,可能會影響到輸入邏輯的準位,因而干擾電路的輸出。	

名詞	定義	符號或縮寫
Noise immunity 抗雜訊能力	數位電路對不想要之電壓或雜訊的不靈敏程度。亦稱為數位電路中的雜訊邊界。	
Nonvolatile memory 非揮發性記憶體	電源關閉時仍可保存資料的記憶體。	
Nonvolatile RAM 非揮發性隨機存取記憶體	可進行讀／寫之記憶體,其儲存的資料在電源關閉時亦可保留。	NVRAM
NOR gate NOR 閘	基本邏輯組合元件,其所有輸入均必須為 LOW 時,輸出才會為 HIGH。	
NOT gate NOT 閘	基本邏輯組合元件,其輸出與輸入訊號為相反的狀態。	
Octal 八進制	基本的八位數,數字從 0 到 7。	
Odd parity 奇同位元	在資料傳輸中,傳送端使整個字串成為奇數個 1。	
Ohm 歐姆	電阻的基本單位。	Ω
1s complement 1 的補數	將二進位數中每一個位元取補數。	
Open collector 開路集極	數位電路之輸出端未接至電源正端,通常必須使用拉升電阻。	
Operational amplifier 運算放大器	是一種適應性強的放大器,其具有反向端、非反向端輸入,以及具高阻抗輸入、低輸出阻抗與高增益的特性,其增益可由外加元件值所決定。	op amp
Optical disc drive 光碟機	具有非常高的儲存容量,其資料是存於光碟表面凹孔,利用雷射束在凹孔／平面可進行讀取動作,從反射式碟片中可偵測光線反射情形,也會使用其他光學記錄方法。	
Optoisolator 光隔離器	一種介面的裝置,可將輸入與輸出以電子式的方式隔離,且其利用光束傳輸資料。	
OR gate OR 閘	基本的組合邏輯元件,當有任一個輸入為 HIGH 時,其輸出必為 HIGH。	
Oscillator 振盪器	可將直流電源轉換成交流訊號的電子電路。	
Oscilloscope 示波器	一種量測儀器,其可將訊號以時間對電壓的波形圖呈現。示波器不是類比就是數位的類型。	
Parallel data 並列資料	資料的傳輸是多線同時進行的型態。	
Parity 同位	二進位資料傳輸的偵錯系統。	
Parity bit 同位元	外加的位元,用以檢查傳輸是否有誤。	
Passive-matrix display 被動矩陣顯示	一種低解析度的 LCD,適合使用於便宜的黑白顯示器,但不適合用於高品質的彩色 LCD。	
PBASIC	BASIC 語言之特殊高階版本,為 Parallex 公司所發展,用於 BASIC Stamp 微控制器模組。	
PC	通常是指個人電腦,但有時亦可表示為可程式控制器或可程式邏輯控制器。	
PCMCIA	國際個人電腦記憶卡協會,從事制定記憶卡的標準。	

名詞	定義	符號或縮寫
Phase-change technology 相變技術	使用在 DVD-RW 與 DVD+RW 光碟上，其相變合金用於讀、寫和刪除資訊。光碟片中微小的凹孔及平面區域，如果合金是在非結晶形的狀態，則具有顏色較深／非反射性的特性，如果相變合金在結晶的狀態，則具有反射性的特性。這些光碟片都是可重複寫入的。	
Photo resistive cell 光電阻元件	對光線具有敏感的電阻性，當光線對單位面積增加時，其電阻值會減少。硒光電池或光電阻均利用此一原理。	Cds
Pipelining 流水線	電腦系統之專門術語，指加速提早取得與解碼指令程序的方法，因此，下一指令即可立即執行，亦稱為「先提取」(prefetching)。	
Plastic leaded chip carrier 塑膠有引線晶片載體	表面黏著 IC 包裝的類型，其導線彎曲在外殼下面。	PLCC
Platter 圓形磁盤片	一種簡易型的硬碟，此可包含一疊轉盤以增加其儲存容量。	
Port 埠	電腦與微控制器中，用於傳遞資料至系統的介面。	I/O
Product-of-sums 和之積	布林代數表示式的形式，其型態就像 $(A + B)(C + D) = Y$，可用 OR/AND 閘構成，亦稱為最大項布林表示式。	
Program 程式	由一連串的指令所構成，以便命令電腦執行動作，目前有許多種語言可以使用。	
Programmable array logic 可程式陣列邏輯	一種含有 AND 閘陣列之特殊可程式邏輯裝置 (PLD)，可利用固定的 OR 閘陣列加以編程。	PAL
Programmable logic controller 可程式邏輯控制器	一種重負荷的特殊電腦系統，使用於程序控制，常見於工廠、化學設備及倉庫管理等場合。功能很接近傳統的繼電器邏輯，有時亦稱為可程式控制器 (PC)。	PLC
Programmable logic device 可程式邏輯裝置	泛指特定的可程式邏輯裝置之類型，如 PAL、GAL、CPLD 及 FPLD。	PLD
Programmable read-only memory 可程式唯讀記憶體	非揮發性記憶體，其僅可允許編程一次。	PROM
Propagation delay 傳輸延遲	當輸入訊號時，裝置改變輸出狀態所需要的時間。	
Pull-up resistor 拉升電阻	當電路未致動時，需在接點處以一個電阻連接至電源的正端，以保持接點在 HIGH 的狀態。	
Pulse-width modulation 脈波寬度調變	增加及減少數位訊號之脈波寬度，可使用在伺服馬達的驅動上。	PWM
Quadrature code 正交碼	2 位元碼（格雷碼的型態），可用於旋轉編碼器，以測得轉軸旋轉的角度。根據軸的旋轉，Quadrature（正交）意即有 90 度的相位差。	2 位元格雷碼 0　0 0　1 1　1 1　0
Radix 根	數字的基底。	

專有名詞與符號

名詞	定義	符號或縮寫
Random-access memory 隨機存取記憶體	記憶體的組成類型，可易於存取每一位元、位元組與字元組的資料，其一般用於半導體讀／寫記憶體。	RAM
RDRAM Rambus 動態隨機存取記憶體	非常快速的動態 RAM，為 Rambus dynamic RAM 的縮寫，請與 DRAM 及 SDRAM 作一比較。	RDRAM
Read 讀取	從記憶體中檢測與擷取資料的程序。	
Read-only memory 唯讀記憶體	非揮發性記憶體，通常規劃好之後就不再變更其內容，ROM 一般用於非程式化的唯讀記憶體。	ROM
Register 暫存器	可短暫儲存資料的記憶體族群（例如正反器）均稱之，其有不同的名稱（如 DIRS）與特定的寬度（例如 8 位元或 16 位元）。	
Relay 繼電器	利用電磁原理致動的開關元件，一般作為重負載開關與隔離電路之用。	
Reset condition 重置狀態	在正反器中，正常輸出 (Q) 已被重置或清除為 0。	
Resistance 電阻器	抵抗電流流動的元件。	R
Rewritable optical disc 可複寫光碟	一種具有非常大容量的光碟片，可以多次重複寫入，有些稱為 PD rewritable optical disc 或 CD-E (compact disc erasable)。	CD-E
RIMM	屬 Rambus 動態隨機存取記憶體的包裝型態，可媲美 DIMM，但兩者不可互換之。	
Ring counter 環狀計數器	一種循環式的移位暫存器，以「1」連續加載的方式形成循環的狀態。	
Ripple counter 漣波計數器	簡易型二進位計數器，由最低位元觸發脈波輸入端而改變其狀態，時間的延遲導因於計數從最低位元至最高位元的漣波變化。	
RoHS	歐洲專用的縮寫符號，用於危險物質的限制，在某些電子元件上會使用，有時候稱為無鉛標示，意即限制鉛、水銀、鉻、PBB、PBDE、丙烯醯胺等使用在電子產品上。	RoHS
R-S flip-flop RS 正反器	為正反器，具有設定、重置、觸發及保持的功能。	
Sampling 取樣	以離散時間量測訊號的準位，是將類比訊號數位化的過程，其廣泛應用於 DSP。	
Schmitt trigger 史密特觸發器	具有遲滯功能的電路，可用於數位號訊調整上，亦可使用於將類比輸入訊號數位化。	
Schottky diode 蕭特基二極體	一種二極體其順向偏壓電壓低於矽二極體，反向時具有快速反應的特性，因此，用於加速蕭特基 TTL IC 的開關時間，蕭特基二極體有時稱為障壁二極體。	
Synchronous dynamic RAM 同步動態記憶體	非常快速的動態 RAM。	SDRAM
Semiconductor 半導體	具四個化學價電子，導電性介於導體與絕緣體之間。	

名詞	定義	符號或縮寫
Sensor 感測器	可將物理量轉成電氣訊號的偵測元件，一般用於感測與量測光線、顏色、壓力、距離、溫度、濕度、羅盤方向、GPS、加速、偏向、近接、流量、移動、雜訊、震動、磁場、電量（電壓、電流、電阻）、輻射、霍爾效應，以及化學物質等。	
Sequential logic 序向邏輯	其邏輯的狀態係根據非同步及同步輸入所決定，具有記憶體的特性。	
Serial data 串列資料	同一時間僅有一位元的傳輸。	
Servo 伺服	一般用於馬達的專有名詞，其旋轉角度或是速度，係利用負回授以伺服迴圈的方式進行精確的控制。	
Set condition 設定條件	在正反器中，正常輸出 (Q) 已被設定為 1。	
Seven-segment display 七段顯示器	具有七節的數字顯示，可使用 LED、LCD 或真空螢光等技術。可以顯示一些字母以表示 16 進位數字。	$\begin{array}{c}a\\f\ \|\ b\\e\ \|\ g\ \|\ c\\d\end{array}$
Shaft encoder 轉軸編碼器	一種編碼器，用於將旋轉或轉軸的角度位置轉換成數位訊號，如格雷碼，有時亦稱為旋轉解碼器。	
Shift register 移位暫存器	利用正反器所製成的序向邏輯電路，可允許並列或串列輸出，以及一次一位元的移位。	
Signal 訊號	可在電子電路中傳輸的訊息資料。	
Silicon 矽	半導體元素，用於製造大部分的固態裝置，例如二極體、電晶體、積體電路等。	
single-in-line memory module 單排記憶體模組	是一種 RAM 記憶體板，可以容納許多記體晶片，常用於新型的個人電腦中。	SIMM
Small-outline DIMM 小型包裝 DIMM	精巧的記憶體模組，使用於膝上型電腦，例如 200 支接腳的 DDR SDRAM SO DIMM。	SO DIMM
Small-scale integration 小型積體電路	積體電路複雜程度的表示法，通常指內含少於 12 個邏輯閘。	SSI
Software 軟體	電腦程式用於執行硬體電路，主要分成兩類，一類為應用類，例如文書編輯等，一類為作業系統。其餘分類可包含網路軟體與程式軟體。	
SOIC	比 DIP 小的 IC 包裝，用於 SMT，其為 small-outline integrated circuit 的縮寫。	
Solenoid 螺線管	一種致動器，可將電能轉換成線性的移動，以螺線線圈繞可滑動之鐵芯，當電流通過時，彈簧支撐的鐵芯是被吸進去的狀態。	
Solid-state drive 固態硬碟	非揮發性讀／寫記憶體，具有像硬碟一樣的功能，但僅包含半導體記憶體在內，可用於節能與減少重量。	SSD
Source 源極	場效電晶體的接點，可傳送電流載子至汲極。	
Static RAM 靜態 RAM	一般的隨機存取讀寫記憶體，可將資料儲存於正反器中。	SRAM
Stepper motor 步進馬達	一種直流馬達，可給予一數位訊號以進行微小的角度移動，位移角度可為 1.8、3.6、7.5 和 15。有兩種類型，分別是永久磁場與可調磁阻型步進馬達。	步進馬達
Subtrahend 減數	由被減數要減去的數。	

名詞	定義	符號或縮寫
Successive approximation 連續漸近	在 D/A 與 A/D 轉換器中,用於減少轉換時間的技術。	
Sum-of-products 積之和	布林代數表示式,其型態就像 $AB + CD = Y$,可用 OR/AND 閘構成,亦稱為最小項布林表示式。	
Surface-mount technology, SMT 表面黏著技術	包含所有有關印刷電路板之組裝技術,插件之銲接為可直接黏著於印刷電路板上。	塑料引線晶片載體 (PLCC) 小型封裝 (SOT) 晶片元件 焊錫 焊錫 電路板
Synchronous 同步	在數位系統中的運算與脈波時序同步執行。	
T flip-flop T 型正反器	短暫觸發型正反器,其輸出會隨著重複性脈波訊號而轉態至相反的狀態。在計數器電路的應用上特別有用。	T
Thermistor 熱敏電阻	為溫度感測電阻性的元件。	
Three-state output 三態輸出	指輸出的狀態,在某些特定的 IC 中含有三種可能的狀態,分別為 HIGH、LOW 或高阻抗。此有時亦稱為 Tristate®(National Semiconductor 的商標)。	
Toggle 切換	改變邏輯狀態的脈波訊號,可使邏輯電路的狀態反向,此運算模式使輸出隨著連續性脈波訊號而不斷地反向。	
Transducer 換能器	一種電子裝置,可以將能量狀態轉換至另一種的型態,如光電池將光能轉成電能,或者,擴音器將電能轉換成機械能。	
Transistor 電晶體	具有放大或是控制能力的固態元件,通常有三個接點。	
Transistor-transistor logic 電晶體-電晶體邏輯	使用雙極性電晶體製作而成的數位 IC。	TTL
2s complement 2 的補數	是一種表示法,通常以 0 和 1 表示其正負值符號,只要將二進位數取 1 的補數再加 1 即可獲得,利用二進位加法器執行減法演算時非常好用。	
Trigger 觸發器	可以致動或者改變邏輯裝置的脈波訊號。	
Truth table 真值表	可以將邏輯函數以輸入與輸出之結果表示的表格。	A B | Y 0 0 | 0 0 1 | 0 1 0 | 0 1 1 | 1
2s complement subtraction 2 的補數減法	一種執行減法的方法,即將減數取 2 補數後與被減數相加後的結果,採用這樣的加法器可以執行減法的動作。	
Ultra large-scale integration 超大型積體電路	積體電路複雜程度的表示法,通常指內含至少 100,000 個邏輯閘。	ULSI
Universal shift register 通用移位暫存器	指暫存器具有多種功能,例如串列輸入/輸出、並列輸入/輸出、保持以及左移或右移。	

名詞	定義	符號或縮寫
USB port 通用序列匯流排埠	是現代化通用串列埠，可作為從電腦傳輸資料至周邊設備，例如印表機、數據機、滑鼠、鍵盤、可攜式光碟機／磁碟機或者快閃記憶體模組。USB 埠可提供設備所需電源，當電腦開啟時，可以進行插入或拔出的動作。	
V_{CC}	使用於標示 TTL IC 及某些 CMOS IC 的電源正端（通常為 5 V）。	
V_{DD}	使用於標示許多（但非全部）CMOS IC 的電源正端（+3 V 到 +8 V）。	
V_{SS}	使用於標示許多（但非全部）CMOS IC 的電源負端。	
Vacuum fluorescent display 真空螢光顯示器	低電壓三極真空管顯示器，通常會發出綠光。	VF
Very large-scale integration 超大型積體電路	積體電路複雜程度的表示法，通常指內含 10,000 至 99,999 個邏輯閘。	VLSI
Volatile memory 暫態記憶體	當電源關閉時，此種記憶體儲存的資料也隨之消失。	V
Volt 伏特	電壓的基本單位。	V
Voltage 電壓	電的壓力大小。	
Voltage comparator 電壓比較器	一種放大器，可利用其反向端與非反向端之輸入訊號來做比較，由輸出結果指出哪一個輸入訊號較大。	
Waveforms 波形	電壓對時間的圖形呈現，可以用示波器觀測。	
Winchester drive 溫徹斯特硬碟	紀念硬碟的歷史名稱。	
Word 字元	一組位元可當成一個單位，可以表示成一個字元，通常是 16 位元或 32 位元。	
Write 寫入	在記憶體中記錄資料的程序。	
Write-once read-many 一次性寫入多次讀取	為光碟片，僅能記錄一次永久性的資料，之後其功能就像CD-ROM一樣。	WORM
XNOR gate XNOR 閘	基本的組合電路，當有偶數個HIGH輸入時會輸出HIGH。	
XOR gate XOR 閘	基本的組合電路，當有奇數個HIGH輸入時會輸出HIGH。	

英中索引

μP-type A/D converter 微處理器型 A/D 轉換器 419

10-line-to-4-line priority encoder 10 線對 4 線優先權編碼器 197

1-of-10 decoder 1-10 解碼器 368

1-of-16 data selector 十六選一資料選擇器 111

1-of-8 data selector 八選一資料選擇器 111

2114 static RAM 2114 靜態 RAM 364

2732A 32K(4K×8) ultraviolet-erasable PROM 2732A 32 (4K×8) 紫外線可清除的 PROM 374

27XXX series 27XXX 系列 374

2-bit quadrature 二位元正交 196

2-bit ripple counter 二位元漣波計數器 291

2s complement 4-bit adder/subtractor system 2 的補數 4 位元加法器／減法器系統 348

2s complement addition 2 的補數加法 346

2s complement numbers 2 的補數 27

2s complement representations 2 的補數表示法 343

2s complement subtraction 2 的補數減法 348

3-bit synchronous counter 三位元同步計數器 261

4511 BCD-to-sevensegment latch/decoder/driver CMOS IC 4511 BCD 對七段閂鎖／解碼器／驅動器 CMOS IC 219

4-bit counter 四位元計數器 256

4-bit parallel load recirculating shift register 4 位元並列載入重新循環式移位暫存器 303

4-bit shift register 4 位元移位暫存器 301

74189 64-bit RAM 74189 64 位元 RAM 362

74194 4-bit bidirectional universal shift register 74194 四位元雙向通用移位暫存器 305

7447A BCD-to-seven-segment decoder/drivers TTL 7447A BCD 碼對七段解碼器／驅動器 204

7489 read/write TTL RAM 7489 讀／寫電晶體電晶體邏輯隨機存取記憶體 362

74HC164 8-bit serial in-parallel out shift register 74HC164 八位元串列輸入－並列輸出移位暫存器 310

74HC164 8-bit shift register IC 74HC164 八位元移位暫存器積體電路 314

74HC4543 BCD-to-seven-segment latch/decoder/driver CMOS IC 74HC4543 BCD 對七段閂鎖／解碼器／驅動器 CMOS IC 214

8421 binary coded decimal code 8421 二進位十進制碼 192

8-bit binary adder 8 位元二進位加法器 338

8-bit parallel load shift-right register 8 位元並列載入右移暫存器 308

A

A/D converter　A/D 轉換器　401
access time　存取時間　364, 391
accuracy　精確性　420
active LOW inputs　主動低輸入　197
active LOW outputs　主動低輸出　197
active matrix LCD, AMLCD　主動矩陣型 LCD　211
ADC0804 8-bit A/D converter IC　ADC0804 8 位元 A/D 轉換器晶片　421
add-and-shift method　加移法　341
adder　加法器　325
address　位址　361, 368
address bus　位址匯流排　356
address inputs　位址輸入　362
American Standard Code for Information Interchange, ASCII　美國資訊交換標準碼　197
analog electronic system　類比電子系統　4
analog signal　類比訊號　2
analog-to-digital converter　類比／數位轉換器　5, 401
AND function　AND 函數　44
AND gate　AND 閘　43
arithmetic-logic unit, ALU　算術邏輯單元　325, 329
arithmetic-logic units/function generator　算術邏輯單元／功能產生器　338
ASCII code　ASCII 碼　27
astable multivibrator　非穩態多諧振盪器　11
asynchronous counter　非同步計數器　256
audio amplifier　音頻放大器　314
automatic clear circuit　自動清除電路　315

B

base 10　基底 10　35
base 8　基底 8　36
base-10 system　基底 10 系統　27
base-16 system　基底 16 系統　35
base-2 system　基底 2 系統　27
battery backup　備用電池　377
BCD-to-seven-segment latch/decoder/driver for LCDs　BCD 對七段碼的閂鎖／解碼器／驅動器　213
bilateral switches　雙向開關　146
binary　二進位　27
binary coded decimal, BCD　BCD 碼　27, 192
binary count　二進位數　256
binary multiplication　二進位乘法　339
binary number system　二進位系統　27
binary point　二進位數小數點　30
binary term　二進位項　38
binary to decimal conversion　二進位至十進位轉換　29
binary to hexadecimal conversion　二進位至十六進位轉換　35
binary-to-Gray code converter　二進制至格雷碼轉換器　366
bipolar stepper motor　雙極性步進馬達　167
bipolar technology　雙極性製程　61
biquinary counter　二五混合進位計數器　267
bistable multivibrator　雙穩態多諧振盪器　11
bit　位元　38
blanking input, BI　遮斷輸入訊號　204
Boolean algebra　布林代數　44, 98
Boolean expression　布林表示式　44
buffer register　緩衝暫存器　299

burn the PROM 燒錄 PROM 374
bus 匯流排 356
byte 位元組 38

C

cadmium sulfide photocell 硫化鎘光電管 424
cascading counters 串接計數器 276
cathode, K 陰極 216
central processing unit, CPU 中央處理單元 5, 325, 356
chip select, 晶片選擇 364
circuits imulation software 電路模擬軟體 90
clamp diode 箝位二極體 159
CLK input CLK輸入 232
clock 時脈 11
clocked R-S flip-flop 時序式RS 正反器 232
CMOS buffer CMOS 緩衝器 158
CMOS family CMOS 邏輯家族 62
code converter 代碼轉換器 366
combinational logic circuits 組合邏輯電路 89, 204, 229, 331
commercial grade 商業規格 63
common-anode 共陽極 202
common-cathode 共陰極 202
compact-disc read-only memory, CD-ROM 唯讀光碟 387
complement 互補 47, 362
complementary 互補的 229
complementary symmetry metal-oxide semiconductor, CMOS 互補對稱金屬氧化物半導體 145
contact bounce 接觸點彈跳 9
control bus 控制匯流排 356

control sequence 控制順序 168
conversion time 轉換時間 420
core part number 核心元件編號 63
counter 計數器 229, 239, 242, 252
counter-ramp A/D converter 計數器斜坡 A/D 轉換器 410
current sinking 電流導入 152
current sourcing 電流源 152

D

D flip-flop D 型正反器 234, 241
D/A converter D/A 轉換器 402
data bus 資料匯流排 356
data inputs 資料輸入 362
data selectors 資料選擇器 111
data transfer rate 資料傳輸速度 388
data-enabled mode 資料致能模式 242
data-latched mode 資料閂鎖模式 242
debounced 彈跳消除 10, 147
debouncing circuit 彈跳消除電路 12
decade counter 十進位計數器 258
decimal 十進位 27
decimal number system 十進位數字系統 27
decimal to binary conversion 十進位至二進位轉換 31
decode 解碼 192
decoder 解碼器 31, 192, 202, 401
delay flip-flop 延遲正反器 234
delay units 延遲元件 242
DeMorgan's theorem 迪摩根定理 60, 123
dependency notation 附屬標記 71
digital circuitry 數位電路 1, 2
digital clocks 電子數位時鐘 266
digital light meter 數位測光表 423
digital potentiometer 數位式電位計 393

digital roulette wheel　數位輪盤　313
digital versatile disk, DVD　數位多功能光碟　358
digital voltmeter　數位電壓表　412
digital waveform　數位波形　9
digital-to-analog converter　數位至類比轉換器　402
digitize　數位化　426
digitizer　數位化轉換器　426
diode ROM　二極體式 ROM　368
disabled　失能　73
display driver　顯示驅動器　202
double data rate synchronous DRAM, DDR SDRAM　雙倍資料率同步動態隨機存取記憶體　383
double-word　雙字元　38
down counter　下數計數器　262
drive capabilities　驅動能力　140
dual-in-line memory module, DIMM　雙排標準記憶體模組　382
dual-in-line package, DIP　雙邊引腳　62
dynamic RAM　動態 RAM　363

E

edge triggering　邊緣觸發　235
electrically erasable PROM　電子式可清除 PROM　374
electronic translators　電子編譯器　31
enabled　致能　73
encoder　編碼器　31, 191, 401
encrypt　加密　191
erasable programmable read-only memory, EPROM可清除程式化唯讀記憶體　373
excess-3 code　超 3 碼　193
exclusive NOR gate　互斥 NOR 閘　54
exclusive OR gate　互斥 OR 閘　52
experimental electronic tachometer　實驗性電子轉速計　287

F

families of digital ICs　數位 IC 家族系列　61
fan-in　扇入　141
fan-out　扇出　140
feedback　回授　314
feedback resistor　回授電阻　404
ferroelectric capacitor　鐵電電容　379
ferroelectric RAM, FeRAM (FRAM)　鐵電隨機存取記憶體　379
field-effect LCD　場效 LCD　208
field-programmable logic array, FPLA　現場可程式邏輯陣列　120
field-programmable ROM, PROM　現場可程式 ROM　373
filament　燈絲　216
final product　最終的積　340
firmware　韌體　370
flash EEPROM　快閃電子式可清除程式化唯讀記憶體　374
flash EEPROM　快閃 EEPROM　378
flash memory　快閃記憶體　378
flash memory card　快閃記憶卡　383
flip-flop, FF　正反器　10, 229
floppy / flexible disk　軟式磁碟　386
floppy disk drive　軟式磁碟機　357
four-input AND gate　四輸入端之 AND 閘　57
four-input NAND gate　四輸入端之 NAND 閘　58
four-input OR gate　四輸入端之 OR 閘　57
free-running multivibrator　自由振盪多諧振

盪器　11
frequency counters　頻率計數器　266
frequency dividers　除頻器　242
frequency division　除頻　264
full adder　全加器　328
full subtractor　全減器　331
function generator　函數產生器（函數波產生器）　20
fuse map　保險絲圖　119
fusible-link PROM　熔絲連結PROM　373

G

gallium arsenide, GaAs　砷化鎵　201
gas-discharge tube　氣體放電管　200
geostationary earth orbit, GEO　地球同步軌道　69
Gray code　格雷碼　27, 194, 366
grid, G　柵極　216

H

half adder　半加器　327
half subtractor　半減器　331
Hall-effect sensors　霍爾效應感測器　172
hard disk drive, HDD　硬式磁碟機　356
hard drive　硬碟　356
hardware　硬體　32
heater　加熱極　216
hexadecimal　十六進位　27
hexadecimal notation　十六進位標示　35
hexadecimal number system　十六進位數字系統　35
hexadecimal to binary conversion　十六進位至二進位轉換　35
HIGH　高電位　2
hold condition　保持狀態　230

Hollerith card code　Hollerith 卡片代碼　385
hybrid electronic system　混合電子系統　413
hybrid hard disk drive, H-HDD　混合式硬式磁碟機　391
hybrid RAM disks　混合式 RAM 碟　386
hybrid system　混合系統　402
hysteresis　遲滯現象　245

I

IEEE functional logic symbol　美國電子電機協會功能邏輯符號　71
incandescent display　白熾顯示器　200
inclusive OR function　包含 OR 之函數　46
input resistor　輸入電阻　404
interface device　介面元件　402
interfacing　介面　135, 401
internal short circuit　內部短路　222
Internet　網際網路　8
invalid BCD input　不正確的 BCD 碼輸入　206
invert　反相　47
inverter　反相器　47
inverting input　反相輸入　403

J

J-K flip-flop　JK 正反器　236
J-K master/slave flip-flop　JK 主／僕正反器　243

K

Karnaugh map, K map　卡諾圖　98, 99

L

large-scale-integrated digital voltmeter chips　大型積體數位電壓表晶片　415

latch　閂鎖　10, 149, 231, 240, 299
leading zeros　前置零　206
least significant bit, LSB　最低有效位元　256, 326
light-dependent resistor　LDR 光敏電阻　424
light-emitting diode, LED　發光二極體　201
linear thermal sensor　線性熱感應器　428
liquid-crystal display, LCD　液晶顯示器　200, 208
logic converter　邏輯轉換器　93
logic family　邏輯家族　63, 135
logic function　邏輯函數　43
logic gate　邏輯閘　43
logic probe　邏輯探棒　17, 69
logic switches　邏輯開關　11
logic symbol　邏輯符號　43
looping　迴圈　99
LOW　低電位　2
low-earth orbit, LEO　低地球軌道　69
low-power Schottky　低功率蕭特基　63

M

magnetic bulk storage　磁性大容量記憶體　385
magnetic disk　磁碟　386
magnetic drum　磁鼓　385
magnetic random access memory　磁性隨機存取記憶體　381
magnetic tape　磁帶　385
magnetoresistive RAM, MRAM　磁阻式隨機存取記憶體　381
mask-programmable ROM　光罩式可程式 ROM　373
mask-programmed ROM　光罩式程式化 ROM　367

maxterm form　最大項　90
MC3479 stepper motor driver IC　MC3479 步進馬達驅動 IC　170
mechanical bulk storage　機械式大容量記憶體　385
medium-earth orbit, MEO　中地球軌道　69
Memory characteristic　記憶特性　233
memory device　記憶體元件　229, 240
metal oxide semiconductor (MOS) technology　金屬氧化物半導體製程　61
micrcontroller　微控制器　325
microprocessor　微處理器　325
microprocessor-based system　微處理機系統　35
minterm form　最小項　90
mod-10 counter　模數 10 計數器　258
mod-8 asynchronous down counter　模數 8 非同步下數計數器　262
mode control inputs　模式控制輸入　307
modulo-16 (mod-16) counter　模數 16 計數器　256
modulus of a counter　計數器的模數　256
monostable multivibrator　單穩態多諧振盪器　11
most significant bit, MSB　最高有效位元　256, 326
multiplexers　多工器　112
multiplicand　被乘數　338
multiplier　乘數　338
multivibrator　多諧振盪器　11

N

NAND gate　NAND 閘　49
negated　否定　48
negative-edge triggering　負緣觸發　237

negative-edge-triggered flip-flop 負緣觸發正反器 243
nematic fluid 向列式流體 208
nibble 半字節 38
noise 雜訊 139
noise immunity 抗雜訊能力 138
noise margin 雜訊容限 138
noninverting buffer/driver 非反相的緩衝器或驅動器 48
noninverting input 非反相輸入 404
nonlinear temperature-vs.-resistance characteristic 溫度對電阻非線性之特性 427
nonvolatile memories 非揮發性記憶體 367
nonvolatile RAM, NVRAM 非揮發性隨機存取記憶體 356, 378
nonvolatile read/write memory 非揮發性讀／寫記憶體 377
nonvolatile static RAM, NVSRAM 非揮發性靜態隨機存取記憶體 377, 378
nonvolatile storage devices 非揮發性儲存裝置 361
NOR gate NOR 閘 51
NOT circuit NOT 電路 47
NV Trimmer Potentiometer IC 非揮發性微調電位器晶片 393

O

octal 八進位 27
octal number system 八進位數字系統 36
octal-to-binary conversion 八進位至二進位轉換 36
one-shot multivibrator 單擊多諧振盪器 11, 13
open-collector 開路集極 150

operational amplifier, op amps 運算放大器 403, 411
optical disc 光碟 387
optical encoding 光編碼 194
optical sensor 光學感測器 280
optoisolator 光隔離器 161
OR gate OR 閘 46
oscilloscopes 示波器 266
output indicator 輸出顯示器 16

P

parallel adder 並列加法器 330
parallel load shift-right/left register 並列載入右移／左移暫存器 307
parallel loading 並列載入 303
parallel subtractor 並列減法器 334
partial product 部分的積 339
passive matrix LCD 被動矩陣型 LCD 211
phase-change alloy 相變化合金 390
phase-change technology 相變化技術 390
photoresistive cell 光阻元件 424
photoresistor 光敏電阻 424
piezo buzzer 壓電蜂鳴器 158
Pin diagram 接腳圖 62
pixel 像素 212
place value 位值 28
plate, P 屏極 216
PN-junction diode PN 接面二極體 201
positive logic 正邏輯 44
positive-edge triggering 正緣觸發 235
positive-edge-triggered flip-flop 正緣觸發正反器 242
power-up initializing circuitry 電源啟動初始化電路 315
primary storage 主記憶體 385

printed circuit board, PCB　印刷電路板　69
product　積　338
product-of-sums, POS　和之積　90
programmable logic device, PLD　可程式邏輯元件　114
programming mode　程式化模式　377
PROM burner　PROM 燒錄器　373
propagation delay　傳遞延遲　142
pull-down resistor　拉低電阻　73, 147
pull-up resistor　拉升電阻　73, 147, 155
pulse width　脈波寬度　14

Q

quadruple two-input AND　四個兩輸入端 AND 閘　62
quad-word　四倍字元　38
quantizing error　量化誤差　419
Quine-McCluskey method　Quine-McCluskey 法　98

R

R-2R ladder network　R-2R 階梯電路　407
ramp A/D converter　斜坡 A/D 轉換器　415
ramp generator　斜坡產生器　415
random-access memory, RAM　隨機存取記憶體 356, 360
read mode　讀取模式　362
read operation　讀出操作　360
read/write memory　讀／寫記憶體　360
read-only memory, ROM　唯讀記憶體　356, 367
recirculating counter　重新循環計數器　263
recirculating line　重新循環線　314
redundant circuitry　冗餘電路　320
register　暫存器　299

relay　繼電器　159
repeated divideby-8 process　重複除以 8 的程序　37
repeated divided-by-16 process　重複除以 16 的程序　36
repeated divided-by-2 process　重複除以 2 的程序　31
reset　重置　229
reset condition　重置狀態　230
resistive ladder networks　電阻階梯電路　403
resistor network　電阻電路　402, 405
resolution　解析度　419
rigid disk　硬式磁碟　386
ring counter　環狀計數器　313, 318
ripple counter　漣波計數器　256
ripple-blanking input, RBI　漣波遮斷輸入　204
ripple-blanking output, RBO　漣波遮斷輸出　204
rise and fall times　上升與下降時間　244
rotary switch　旋轉開關　111
RS flip flop　RS 正反器　149, 229
R-S latch　RS 閂鎖　229

S

sawtooth waveform　鋸齒波形　415
scaling amplifier　比例放大器　403
Schmitt trigger inverter　史密特觸發反相器　149, 244
scratch-pad memory　暫存式記憶體　360
secondary storage　次要記憶體　385
semiconductor flash memory　半導體快閃式記憶體　355
semiconductor memory　半導體記憶體　356
sense　感知　361

sequential logic circuits　序向邏輯電路　89, 229
serial load shift register　串列載入移位暫存器　302
serial load shift-left register　串列載入左移暫存器　307
serial load shift-right register　串列載入右移暫存器　307
servo motor　伺服馬達　165
set　設定　229
set condition　設定狀態　230
seven-segment decoder/driver　七段解碼器／驅動器　202
seven-segment display　七段顯示器　200
seven-segment LED display　七段 LED 顯示器　202
shaft encoder　轉軸編碼器　195
shift registers　移位暫存器　229, 236, 242, 299
sign bit　符號位元　343
signal　訊號　2
signal conditioning　訊號調整　245
single-in-line memory module, SIMM　單排記憶體模組　382
single-pulse clock　單脈波時脈　11
sinking current　導入電流　153
software　軟體　32, 370
solid-state computer　固態電腦　383
solid-state drive　固態硬碟　358, 383
solid-state potentiometer　固態電位計　393
solid-state relay　固態繼電器　163
sourcing current　源頭電流　153
static RAM　靜態 RAM　363
stepper motor　步進馬達　167
storage registers　儲存暫存器　236

subfamily　子家族　63
subscripts　下標　35
subtractor　減法器　325
successive-approximation A/D converter　連續漸近型 A/D 轉換器　417, 421
summing amplifier　加總放大器　402
sum-of-products, SOP　積之和　90
surface-mount technology, SMT　表面黏著技術　62
switch debouncing circuit　開關彈跳消除電路　149
switching threshold　切換臨界　139, 245
synchronous counter　同步計數器　259
synchronous flip-flops　同步正反器　242
synchronous operation　同步運作　233, 235

T

T flip-flop　T 型正反器　239, 272
tabular method of simplification　表列化簡法　98
temporary　暫時性的　361
temporary memory　暫時的記憶體　299
thermistor　熱敏電阻　426
three-dimensional Karnaugh map　三維卡諾圖　104
three-input AND gate　三輸入端之 NAND 閘　57
three-state buffer　三態緩衝器　48, 364
three-variable Karnaugh map　三變數卡諾圖　100
time duration　持續時間　21
toggling　切換　9, 237
transducer　換能器　402, 423
transistor-transistor logic, TTL　電晶體－電晶體邏輯　9

transmission gate　傳輸閘　146
tristate output　三態輸出端　362
truth table　真值表　44, 92
TTL 7483 4-bit binary full adder　TTL7483 四位元二進位全加器　335
TTL voltage levels　TTL電壓準位　9
twisted-nematic field-effect technology　扭轉向列式場效技術　210

U

unipolar stepper motor　單極性步進馬達　171
USB flash drive　隨身碟　355
USB flash memory　USB 快閃記憶體　358
UV EPROM　紫外線 EPROM　374
UV erasable PROM　紫外線可清除 PROM　374

V

vacuum fluorescent display, VF display　真空螢光顯示器　200, 216
variable reluctance stepper motors　可變磁阻的步進馬達　168
volatile memory　揮發性記憶體　361
voltage comparator　電壓比較器　409, 411
voltage gain　電壓增益　404
voltage-controlled oscillator, VCO　電壓控制振盪器　313
volt-ohm-millimeter, VOM　電壓歐姆表　3

W

word　字元　38
word size　字元大小　38
write mode　寫入模式　362
write operation　寫入操作　360
write-once read-many, WORM　單次寫入多次讀取　390

Z

zener diode　齊納二極體　411
zinc-oxide fluorcscent material　氧化鋅螢光物質　217